平成24年9月

国土交通省鉄道局　監修
鉄道総合技術研究所　編

鉄道構造物等設計標準・同解説

耐震設計

丸善出版

監 修 者 の 序

　国土交通省鉄道局においては，安全で経済的な鉄道構造物の設計・施工が行えるよう，実施事例，最新の技術開発や研究の成果等を踏まえて，具体的な設計手法を「鉄道構造物等設計標準」として順次とりまとめてきています．耐震設計に関する設計標準については，平成7年1月17日の兵庫県南部地震での鉄道構造物の被害の重要性に鑑み，平成11年10月に「鉄道構造物等設計標準・同解説（耐震設計）」が発刊され，その後，実務に広く活用されてきています．

　しかしながら，発刊から既に10年以上が経過しました．この間，我が国ではマグニチュード7前後の大きな地震が相次いで発生し，これらの地震に関する分析が進むとともに，構造物の耐震設計に関する新しい知見が飛躍的に蓄積されてきました．また，国際規格を始めとして国内外で，いわゆる性能規定化の動きが活発化しました．このような背景から新しい成果を踏まえつつ，国際的な整合性に配慮した設計標準に改訂する必要が生じてきました．

　そこで，国土交通省では，公益財団法人鉄道総合技術研究所に委託して，従来の設計法を見直し，新技術を取り入れた技術基準を整備するための調査研究を進めることとしました．同研究所において，有識者，鉄道事業者等からなる「耐震設計標準に関する委員会」（委員長：佐藤忠信神戸学院大学教授）が設置され，設計全般にわたる詳細な審議が重ねられ，平成23年の春には改訂する予定でした．しかしながら，平成23年3月に国内観測史上最大のM9の東北地方太平洋沖地震が発生したことから，新たに「鉄道構造物耐震基準検討委員会」（委員長：佐藤忠信神戸学院大学教授）を設置し，この地震についての検証が進められ，その結果，従前取りまとめられた内容に影響がないことが確認されました．

　国土交通省鉄道局では，これらの審議のとりまとめと検証を受け，平成24年7月に新しい「鉄道構造物等設計標準（耐震設計）」を鉄道事業者に周知しました．

　このたび，公益財団法人鉄道総合技術研究所がこれまでのデータの蓄積等を活用して，設計実務の一助となるよう本設計標準に解説を加え，「鉄道構造物等設計標準・同解説（耐震設計）」として刊行されることは誠に時宜を得たものであると考えており，本書が耐震設計・施工の実務に大いに活用されることを期待しています．

　おわりに，佐藤忠信委員長（神戸学院大学教授）をはじめ，本書の刊行に至るまで多大なご尽力をいただいた関係各位に対し，心から敬意と謝意を表します．

　平成24年9月

国土交通省大臣官房技術審議官（鉄道局担当）

高 橋 俊 晴

刊行にあたって

　鉄道総合技術研究所では，省令・告示に関わる具体的な研究委託を国から受け，国土交通省の指導のもとに各分野の設計標準に関する委員会を設けて検討を進めてきています．これまで，土構造物，コンクリート構造物および鋼・合成構造物の3分野については平成4年10月に「鉄道構造物等設計標準・同解説」として刊行し，その後も各分野について順次刊行してきました．耐震設計についても，平成11年10月に刊行し，設計実務に広く活用して頂いています．

　本書「鉄道構造物等設計標準・同解説（耐震設計）」は平成18年3月から約3年半にわたって，当研究所に設置した「耐震設計標準に関する委員会」（委員長：佐藤忠信神戸学院大学教授）において調査研究を行ってきた成果をとりまとめたものです．性能照査型設計を深度化させるとともに，近年発生した地震に関する分析結果や最新の研究成果を取り込みました．

　また，本書の刊行を目前に控えた平成23年3月に，東北地方太平洋沖地震が発生しました．これまでの設計地震動の規模をはるかに上回る地震であったことから，国土交通省に「鉄道構造物耐震基準検討委員会」（委員長：佐藤忠信神戸学院大学教授）が設置され，そこで，設計地震動を含めた検証作業を行い，大きな問題がないことを確認するとともに，短周期成分が卓越した地震動への配慮など，いくつかの新たな知見も盛り込みました．

　本書は，平成24年7月に国土交通省鉄道局長から通達された「鉄道構造物等設計標準（耐震設計）」に解説を加えたものであり，巻末の付属資料を併せて今回の刊行としました．

　もとより，「鉄道構造物等設計標準・同解説」は，現時点における鉄道構造物の標準的な設計手法を示すもので，今後の技術の進歩や設計データの蓄積・更新によって，逐次，見直しや付属資料の充実をはかってゆく必要のあるものであります．

　近年の設計実務は，コンピュータの利用，新材料・新工法の有効な活用により，ますます合理的に行えるようになりつつあります．より安全かつ経済的で環境に調和した鉄道構造物は，ゆとりのある生活を支える社会資本の要として，さらに重要性を増すことが予想されます．本書が鉄道事業者で実施される構造物設計の実務に大いに活用されることを期待しています．

　おわりに，本標準の作成および審議にあたられた「耐震設計標準に関する委員会」の委員長・幹事長をはじめ委員・幹事等の関係者各位の長期間にわたるご努力に対し，深甚なる謝意を表する次第であります．

　平成24年9月

公益財団法人　鉄道総合技術研究所
理事長　垂　水　尚　志

ま え が き

　現在，鉄道事業者において用いられている「鉄道構造物等設計標準・同解説（耐震設計）」（以下，平成11年標準という）は，平成11年に刊行されて以来，すでに10年以上が経過しています．

　平成11年標準は，平成7年の兵庫県南部地震における鉄道構造物の大被害を契機に，今後の土木構造物の耐震性のあり方について検討を行い，とりまとめられました．従来の耐震設計で考えられてきた地震動に加えて，断層近傍域で発生する強い地震動をも考慮した2段階設計法を採用するとともに，設計地震動に対して所要の耐震性能を照査する性能照査型の設計体系をいち早く導入しました．

　その後，構造物の設計体系は本格的に性能照査型へ移行し，関連する国際規格や学会基準等も性能照査型のものが制定され，土木学会からは「土木構造物の耐震設計法に関する第3次提言」が示されました．平成11年標準は，性能照査型の設計体系ではありましたが，最新の基準類との整合をとるため改訂が望まれていました．

　一方，兵庫県南部地震以降，飛躍的に整備された地震観測網により多数の強震記録が得られ，地震動や地盤震動に関する研究が進展しました．また，実験や数値解析の進歩により，構造物の耐震設計に関する技術も高度化され，地震工学の分野の研究は大きく進展しました．

　中央防災会議から発表されているように，地震はいつどこで発生してもおかしくない状況の中，マグニチュード7前後の地震が日本各地で相次いで発生しています．また，政府の地震調査委員会が発表している「長期評価」でも，21世紀前半には各地で大地震の起きる可能性が指摘されています．

　このような背景から，鉄道構造物の地震時における安全性を確保する重要性が一層高まり，「鉄道構造物等設計標準・同解説（耐震設計）」の充実を図る必要が生じてきました．そこで，国土交通省の指導のもとに，平成18年に財団法人鉄道総合技術研究所に「耐震設計標準に関する委員会」が設けられました．以来，3年半にわたり設計地震動，要求性能，地盤および構造物の挙動評価，照査方法等について検討を重ね，平成23年春には改訂する整備を整えていました．しかしながら，同年3月に国内観測史上最大のマグニチュード9の東北地方太平洋沖地震が発生したため，新たに「鉄道構造物耐震基準検討委員会」を設置し，主に地震動，液状化，土木構造物上の付帯施設について耐震性に関する検証を行いました．その結果，既にまとめられていた改

訂版の原案に大きな問題のないことを確認するとともに，短周期成分が強く卓越した地震動や土木構造物上に設置された付帯施設への地震作用の定義，地震随伴事象など，当該地震から得られた新たな知見について加筆することとしました．

　本書は，これらの研究の成果を「鉄道構造物等設計標準・同解説（耐震設計）」としてまとめたものです．新しい材料や構造に関する技術を取り入れやすくするための配慮をしているので，今後，耐震設計法のさらなる発展が期待できます．また，新しい試みとしてトータルコストを考慮した設計法についても可能性を追求しました．

　東北地方太平洋沖地震では，観測された地震動の強度が設計地震動を超える可能性のあることを再認識しました．耐震設計においては，設計想定地震に対して所要の性能を確保するのみならず，それを超える地震に対しても破滅的な被害に至らないような配慮が肝要です．本書ではこの点についても耐震構造計画や破壊形態の制御などで対応することにしましたが，今後の課題のひとつと言えます．

　最後に，本委員会の活動に終始ご尽力を賜った幹事長・委員・幹事等関係者各位に深甚の謝意を表する次第であります．

　　平成24年9月

耐震設計標準に関する委員会
鉄道構造物耐震基準検討委員会
委員長　佐　藤　忠　信

耐震設計標準に関する委員会

（平成 21 年 9 月現在）

委　員　長	佐　藤　忠　信	神戸学院大学　学際教育機構　教授	
委　　　員	家　村　浩　和	近畿職業能力開発大学校　校長	
委　　　員	川　島　一　彦	東京工業大学大学院　理工学研究科　教授	
委　　　員	小長井　一　男	東京大学生産技術研究所　基礎系部門　教授	
委　　　員	龍　岡　文　夫	東京理科大学大学院　理工学研究科　教授	
委　　　員	丸　山　久　一	長岡技術科学大学　教授	
委員兼幹事長	澤　田　純　男	京都大学防災研究所　地震災害研究部門　教授	
委員兼幹事	古　関　潤　一	東京大学生産技術研究所　人間・社会系部門　教授	
委員兼幹事	島　　　　　弘	高知工科大学大学院　工学研究科　教授	
委員兼幹事	山　口　栄　輝	九州工業大学大学院　工学研究院　建設社会工学研究系　教授	
委員兼幹事	運　上　茂　樹	国土交通省　国土技術政策総合研究所　危機管理技術研究センター　地震災害研究官	
委員兼幹事	菅　野　高　弘	独立行政法人　港湾空港技術研究所地盤・構造部地震防災研究領域　領域長	
委員兼幹事	佐　藤　清　隆	財団法人　電力中央研究所　地球工学研究所地震工学領域　領域リーダー	
委　　　員	白　川　秀　則	北海道旅客鉄道株式会社　鉄道事業本部　工務部　工事課長	
委　　　員	吉　野　伸　一*	北海道旅客鉄道株式会社　鉄道事業本部　工務部長	
委　　　員	石　橋　忠　良	東日本旅客鉄道株式会社　執行役員　建設工事部担当部長・構造技術センター　所長	
委　　　員	荒　鹿　忠　義	東海旅客鉄道株式会社　総合技術本部技術開発部軌道・構造物チームマネージャー	
委　　　員	関　　　雅　樹*	東海旅客鉄道株式会社　執行役員　総合技術本部技術開発部長	
委　　　員	松　田　好　史	西日本旅客鉄道株式会社　構造技術室長	
委　　　員	杉　木　孝　行*	西日本旅客鉄道株式会社　大阪工事事務所長	
委　　　員	北　園　茂　喜*	西日本旅客鉄道株式会社　創造本部　副本部長	
委　　　員	西　牧　世　博	四国旅客鉄道株式会社　取締役　鉄道事業本部　副本部長	
委　　　員	津　髙　　　守	九州旅客鉄道株式会社　鉄道事業本部　施設部長	

委　　　員	古　賀　徹　志*	九州旅客鉄道株式会社　鉄道事業本部　施設部長	
委　　　員	早　瀬　藤　二	日本貨物鉄道株式会社　ロジスティック本部保全工事部　部長	
委　　　員	三　枝　長　生*	日本貨物鉄道株式会社　執行役員　ロジスティック本部保全工事部部長	
委　　　員	生　馬　道　紹	独立行政法人鉄道建設・運輸施設整備支援機構　鉄道建設本部　設計技術部長	
委　　　員	武　藤　義　彦	東京地下鉄株式会社　鉄道本部工務部長	
委　　　員	泊　　　弘　貞*	東京地下鉄株式会社　鉄道本部工務部長	
委　　　員	中　島　宗　博*	東京地下鉄株式会社　鉄道本部工務部長	
委　　　員	原　　　史　郎	近畿日本鉄道株式会社　鉄道事業本部　企画統括部　土木部長	
委　　　員	北　澤　雅　文*	近畿日本鉄道株式会社　鉄道事業本部　企画統括部　土木部長	
委　　　員	田　中　秀　育	近畿日本鉄道株式会社　企画統括部　土木部長	
委　　　員	西　村　昭　彦	株式会社ジェイアール総研エンジニアリング　代表取締役副社長	
委　　　員	北　村　不二夫	国土交通省　鉄道局技術企画課長	
委　　　員	米　澤　　　朗*	国土交通省　鉄道局技術企画課長	
委　　　員	河　合　　　篤*	国土交通省　鉄道局技術企画課長	
委　　　員	鈴　木　節　雄	財団法人鉄道総合技術研究所　鉄道技術推進センター長	
委員兼幹事	舘　山　　　勝	財団法人鉄道総合技術研究所　構造物技術研究部長	
委員兼幹事	小　西　真　治*	財団法人鉄道総合技術研究所　構造物技術研究部長	
委員兼幹事	市　川　篤　司*	財団法人鉄道総合技術研究所　構造物技術研究部長	
委　　　員	石　田　弘　明	財団法人鉄道総合技術研究所　鉄道力学研究部長	
委　　　員	石　田　　　誠	財団法人鉄道総合技術研究所　軌道技術研究部長	
委　　　員	白　取　健　治*	財団法人鉄道総合技術研究所　理事，鉄道技術推進センター長	
委　　　員	高　井　秀　之*	財団法人鉄道総合技術研究所　軌道技術研究部長	
委　　　員	鈴　木　康　文*	財団法人鉄道総合技術研究所　鉄道力学研究部長	
幹　　　事	米　澤　豊　司	独立行政法人鉄道建設・運輸施設整備支援機構　鉄道建設本部　設計技術部設計技術第一課長補佐	
幹　　　事	進　藤　良　則	独立行政法人鉄道建設・運輸施設整備支援機構　鉄道建設本部　設計技術部設計技術第一課担当係長	
幹　　　事	丸　山　　　修*	独立行政法人鉄道建設・運輸施設整備支援機構　鉄道建設本部　設計技術部設計技術第一課主任技師	
幹　　　事	西　　　恭　彦*	独立行政法人鉄道建設・運輸施設整備支援機構　鉄道建設本部　設計技術部設計技術第一課技師	
幹　　　事	枝　松　正　幸	北海道旅客鉄道株式会社　鉄道事業本部工務部工事課副課長	
幹　　　事	白　川　秀　則*	北海道旅客鉄道株式会社　鉄道事業本部工務部工事課長	
幹　　　事	佐　藤　俊　哉*	北海道旅客鉄道株式会社　鉄道事業本部工務部副部長	
幹　　　事	谷　口　善　則	東日本旅客鉄道株式会社　建設工事部構造技術センター課長	

幹 事	渡 辺 康 夫*	東日本旅客鉄道株式会社 建設工事部構造技術センター基礎・土構造グループ課長
幹 事	吉 田 幸 司	東海旅客鉄道株式会社 総合技術本部技術開発部構造ダイナミクスグループ グループリーダー
幹 事	長 縄 卓 夫*	東海旅客鉄道株式会社 総合技術本部技術開発部構造物チーム地震防災グループリーダー
幹 事	大 坪 正 行	西日本旅客鉄道株式会社 構造技術室課長 コンクリート構造グループリーダー
幹 事	深 田 隆 弘	西日本旅客鉄道株式会社 大阪工事事務所施設技術課長
幹 事	光 中 博 彦	四国旅客鉄道株式会社 鉄道事業本部工務部工事課 課長
幹 事	瀧 口 将 志	九州旅客鉄道株式会社 鉄道事業本部 施設部工事課 担当課長
幹 事	西 川 佳 祐*	九州旅客鉄道株式会社 鉄道事業本部 施設部企画課 担当課長
幹 事	中 薗 裕	日本貨物鉄道株式会社 本社保全工事部 設備管理・施設グループリーダー
幹 事	三 浦 康 夫*	日本貨物鉄道株式会社 ロジスティクス本部保全工事部副部長
幹 事	高 橋 聡	東京地下鉄株式会社 鉄道本部工務部 構造物担当部長
幹 事	米 島 賢 二*	東京地下鉄株式会社 鉄道本部工務部 構築物構造改善構造技術担当課長
幹 事	寺 本 泰 久	近畿日本鉄道株式会社 鉄道事業本部 企画統括部 土木部 課長
幹 事	牧 洋 史*	近畿日本鉄道株式会社 鉄道事業本部 企画統括部 土木部 課長
幹 事	青 木 一二三	株式会社レールウエイエンジニアリング 技術部長
幹 事	棚 村 史 郎	ジェイアール東日本コンサルタンツ株式会社 技術本部照査室長
幹 事	今 村 徹	国土交通省 鉄道局技術企画課 課長補佐
幹 事	水 野 寿 洋	国土交通省 鉄道局技術企画課 土木基準係長
幹 事	虹 林 康 二*	国土交通省 鉄道局技術企画課 課長補佐
幹 事	山 本 典 彦*	国土交通省 鉄道局技術企画課 技術基準管理官
幹 事	高 橋 英 樹*	国土交通省 鉄道局技術企画課 土木基準係長
幹 事	佐 藤 勉	財団法人鉄道総合技術研究所 構造物技術研究部 主管研究員
幹 事	室 野 剛 隆	財団法人鉄道総合技術研究所 構造物技術研究部 耐震構造 研究室長
幹 事	羅 休	財団法人鉄道総合技術研究所 構造物技術研究部 耐震構造 主任研究員
幹 事	岡 本 大	財団法人鉄道総合技術研究所 構造物技術研究部 耐震構造 主任研究員
幹 事	豊 岡 亮 洋	財団法人鉄道総合技術研究所 構造物技術研究部 耐震構造 副主任研究員
幹 事	井 澤 淳	財団法人鉄道総合技術研究所 構造物技術研究部 耐震構造 副主任研究員

幹 事	川 西 智 浩	財団法人鉄道総合技術研究所 構造物技術研究部 耐震構造 副主任研究員
幹 事	坂 井 公 俊	財団法人鉄道総合技術研究所 構造物技術研究部 耐震構造 研究員
幹 事	西 村 隆 義	財団法人鉄道総合技術研究所 構造物技術研究部 耐震構造 研究員
幹 事	今 村 年 成*	財団法人鉄道総合技術研究所 構造物技術研究部 耐震構造 研究員
幹 事	野 上 雄 太*	財団法人鉄道総合技術研究所 構造物技術研究部 耐震構造 研究員
幹 事	田 上 和 也	財団法人鉄道総合技術研究所 構造物技術研究部 耐震構造 研究員
幹 事	本 山 紘 希	財団法人鉄道総合技術研究所 構造物技術研究部 耐震構造 研究員
幹 事	京 野 光 男	財団法人鉄道総合技術研究所 構造物技術研究部 耐震構造 研究員
幹 事	神 田 政 幸	財団法人鉄道総合技術研究所 構造物技術研究部 基礎・土構造 研究室長
幹 事	小 島 謙 一	財団法人鉄道総合技術研究所 構造物技術研究部 基礎・土構造 主任研究員
幹 事	澤 田 亮	財団法人鉄道総合技術研究所 構造物技術研究部 基礎・土構造 主任研究員
幹 事	渡 辺 健 治	財団法人鉄道総合技術研究所 構造物技術研究部 基礎・土構造 副主任研究員
幹 事	西 岡 英 俊	財団法人鉄道総合技術研究所 構造物技術研究部 基礎・土構造 副主任研究員
幹 事	松 丸 貴 樹	財団法人鉄道総合技術研究所 構造物技術研究部 基礎・土構造 研究員
幹 事	羽 矢 洋*	財団法人鉄道総合技術研究所 構造物技術研究部 基礎・土構造 主任研究員
幹 事	谷 村 幸 裕	財団法人鉄道総合技術研究所 構造物技術研究部 コンクリート構造 研究室長
幹 事	田 所 敏 弥	財団法人鉄道総合技術研究所 構造物技術研究部 コンクリート構造 副主任研究員
幹 事	松 枝 修 平*	財団法人鉄道総合技術研究所 構造物技術研究部 コンクリート構造 研究員
幹 事	杉 本 一 朗	財団法人鉄道総合技術研究所 構造物技術研究部 鋼・複合構造 研究室長
幹 事	池 田 学	財団法人鉄道総合技術研究所 構造物技術研究部 鋼・複合構造 主任研究員
幹 事	小 島 芳 之	財団法人鉄道総合技術研究所 構造物技術研究部 トンネル 研究室長

幹 事	野 城 一 栄	財団法人鉄道総合技術研究所 構造物技術研究部 トンネル 主任研究員
幹 事	関 根 悦 夫	財団法人鉄道総合技術研究所 軌道構造研究部 軌道・路盤 研究室長
幹 事	宮 本 岳 史	財団法人鉄道総合技術研究所 鉄道力学研究部 車両力学研究室 研究室長
幹 事	浅 沼 潔	財団法人鉄道総合技術研究所 鉄道力学研究部 構造力学研究室 研究室長
幹 事	松 本 信 之*	財団法人鉄道総合技術研究所 鉄道力学研究部 構造力学研究室 研究室長
幹 事	浦 部 正 男	財団法人鉄道総合技術研究所 鉄道技術推進センター 課長
幹 事	新 井 泰	財団法人鉄道総合技術研究所 鉄道技術推進センター 主査
幹 事	江 成 孝 文*	財団法人鉄道総合技術研究所 鉄道技術推進センター 主査
幹 事	堀 川 厳*	財団法人鉄道総合技術研究所 鉄道技術推進センター 主査

(＊印 途中退任の委員，幹事．役職は退任当時のもの)

鉄道構造物耐震基準検討委員会

(平成 24 年 3 月現在)

委員長	佐藤 忠信	神戸学院大学 経営学部（学際教育機構）教授
委員	家村 浩和	近畿職業能力開発大学校 校長
委員	川島 一彦	東京工業大学大学院 理工学研究科 教授
委員	小長井 一男	東京大学生産技術研究所 基礎系部門 教授
委員	龍岡 文夫	東京理科大学大学院 理工学研究科 教授
委員	丸山 久一	長岡技術科学大学 教授
委員兼幹事長	澤田 純男	京都大学防災研究所 地震災害研究部門 教授
委員兼幹事	古関 潤一	東京大学生産技術研究所 人間・社会系部門 教授
委員兼幹事	島 弘	高知工科大学大学院 工学研究科 教授
委員兼幹事	山口 栄輝	九州工業大学大学院 工学研究院 建設社会工学研究系 教授
委員兼幹事	星隈 順一	独立行政法人 土木研究所 橋梁構造研究グループ 上席研究員
委員兼幹事	菅野 高弘	独立行政法人 港湾空港技術研究所 特別研究官
委員兼幹事	佐藤 清隆	財団法人 電力中央研究所 地球工学研究所 上席研究員
委員	新宮 康弘	北海道旅客鉄道株式会社 鉄道事業本部 工務部長
委員	石橋 忠良	東日本旅客鉄道株式会社 執行役員 建設工事部構造技術センター所長
委員	関 雅樹	東海旅客鉄道株式会社 専務取締役，総合技術本部長
委員	松田 好史	西日本旅客鉄道株式会社 技術理事 構造技術室長
委員	松木 裕之	四国旅客鉄道株式会社 鉄道事業本部 工務部長
委員	津高 守	九州旅客鉄道株式会社 鉄道事業本部 施設部長
委員	服部 修一	独立行政法人鉄道建設・運輸施設整備支援機構 鉄道建設本部 設計技術部長
委員	藤井 高明	西武鉄道株式会社 鉄道本部 工務部長
委員	福井 弘高	京阪電気鉄道株式会社 工務部長
委員兼幹事	北村 不二夫	国土交通省 鉄道局技術企画課長
委員兼幹事	舘山 勝	公益財団法人鉄道総合技術研究所 構造物技術研究部長
幹事	山東 徹生	独立行政法人鉄道建設・運輸施設整備支援機構 鉄道建設本部 設計技術部設計技術第一課 総括課長補佐

幹 事	米澤 豊司	独立行政法人鉄道建設・運輸施設整備支援機構 鉄道建設本部 設計技術部設計技術第一課 課長補佐	
幹 事	川村 力	北海道旅客鉄道株式会社 鉄道事業本部工務部工事課グループリーダー	
幹 事	小林 將志	東日本旅客鉄道株式会社 建設工事部構造技術センター 課長	
幹 事	吉田 幸司	東海旅客鉄道株式会社 総合技術本部技術開発部構造リノベーション2グループ グループリーダー	
幹 事	柏原 茂	西日本旅客鉄道株式会社 構造技術室 コンクリート構造耐震PG担当課長	
幹 事	高瀬 直輝	四国旅客鉄道株式会社 鉄道事業本部工務部工事課 課長	
幹 事	吉野 敏成	九州旅客鉄道株式会社 鉄道事業本部施設工事課 課長	
幹 事	中薗 裕	日本貨物鉄道株式会社 本社保全工事部 設備管理・施設グループリーダー	
幹 事	井戸 明	西武鉄道株式会社 鉄道本部工務部 次長兼建設課長	
幹 事	大塚 祐一郎	京阪電気鉄道株式会社 工務部 技術課課長	
幹 事	潮崎 俊也	国土交通省 鉄道局施設課 課長	
幹 事	今村 徹	国土交通省 鉄道局技術企画課 課長補佐	
幹 事	水野 寿洋	国土交通省 鉄道局技術企画課 土木基準係長	
幹 事	佐藤 勉	公益財団法人鉄道総合技術研究所 構造物技術研究部 主管研究員	
幹 事	室野 剛隆	公益財団法人鉄道総合技術研究所 構造物技術研究部 耐震構造研究室長	
幹 事	羅 休	公益財団法人鉄道総合技術研究所 構造物技術研究部 耐震構造主任研究員	
幹 事	豊岡 亮洋	公益財団法人鉄道総合技術研究所 構造物技術研究部 耐震構造副主任研究員	
幹 事	井澤 淳	公益財団法人鉄道総合技術研究所 構造物技術研究部 耐震構造副主任研究員	
幹 事	坂井 公俊	公益財団法人鉄道総合技術研究所 構造物技術研究部 耐震構造研究員	
幹 事	西村 隆義	公益財団法人鉄道総合技術研究所 構造物技術研究部 耐震構造研究員	
幹 事	本山 紘希	公益財団法人鉄道総合技術研究所 構造物技術研究部 耐震構造研究員	
幹 事	仲秋 秀祐	公益財団法人鉄道総合技術研究所 構造物技術研究部 耐震構造研究員	
幹 事	加藤 尚	公益財団法人鉄道総合技術研究所 構造物技術研究部 耐震構造研究員	
幹 事	神田 政幸	公益財団法人鉄道総合技術研究所 構造物技術研究部 基礎・土構造 研究室長	

幹　　事	小　島　謙　一	公益財団法人鉄道総合技術研究所　構造物技術研究部　基礎・土構造　主任研究員
幹　　事	谷　村　幸　裕	公益財団法人鉄道総合技術研究所　構造物技術研究部　コンクリート構造　研究室長
幹　　事	岡　本　　　大	公益財団法人鉄道総合技術研究所　構造物技術研究部　コンクリート構造　主任研究員
幹　　事	清　水　政　利	公益財団法人鉄道総合技術研究所　電力技術研究部　電車線構造　研究室長

目　　次

1章　総　　則 …………………………………………………………………………1
　1.1　適用の範囲 ………………………………………………………………………1
　1.2　用語の定義 ………………………………………………………………………2
　1.3　記　　号 …………………………………………………………………………5

2章　耐震設計の基本 …………………………………………………………………7
　2.1　一　　般 …………………………………………………………………………7
　2.2　耐震構造計画 ……………………………………………………………………8
　2.3　設計地震動 ………………………………………………………………………11
　2.4　重要度の設定 ……………………………………………………………………12
　2.5　設計耐用期間 ……………………………………………………………………13
　2.6　要求性能と性能照査 ……………………………………………………………13
　2.7　耐震設計の前提条件 ……………………………………………………………14

3章　構造物の要求性能と性能照査の基本 …………………………………………15
　3.1　一　　般 …………………………………………………………………………15
　3.2　構造物の要求性能 ………………………………………………………………15
　3.3　性能照査の原則 …………………………………………………………………17
　3.4　性能照査の方法 …………………………………………………………………18
　3.5　安全係数および修正係数 ………………………………………………………19

4章　材料および地盤 …………………………………………………………………21
　4.1　一　　般 …………………………………………………………………………21
　4.2　材　　料 …………………………………………………………………………21
　4.3　地盤・盛土 ………………………………………………………………………22

5 章　作　　用 …………………………………………………………………………… 27

  5.1　一　　般 …………………………………………………………………………… 27

  5.2　作用の特性値および設計作用 ……………………………………………………… 28

  5.3　地　震　作　用 ……………………………………………………………………… 28

  5.4　設計作用の組合せ …………………………………………………………………… 32

6 章　設 計 地 震 動 ……………………………………………………………………… 35

  6.1　一　　般 …………………………………………………………………………… 35

  6.2　耐震設計上の基盤面 ………………………………………………………………… 35

  6.3　L1 地震動の設定 …………………………………………………………………… 36

  6.4　L2 地震動の設定 …………………………………………………………………… 38

    6.4.1　一　　般 ………………………………………………………………………… 38

    6.4.2　活断層の調査 …………………………………………………………………… 39

    6.4.3　L2 地震動の対象地震の選定 ………………………………………………… 40

    6.4.4　L2 地震動の算定 ……………………………………………………………… 41

      6.4.4.1　一　　般 ……………………………………………………………… 41

      6.4.4.2　強震動予測手法により算定する L2 地震動 ……………………… 42

      6.4.4.3　簡易な手法により算定する L2 地震動 …………………………… 45

  6.5　復旧性を検討するための地震動の設定 …………………………………………… 49

7 章　表層地盤の挙動の算定 …………………………………………………………… 51

  7.1　一　　般 …………………………………………………………………………… 51

  7.2　耐震設計上注意を要する地盤 ……………………………………………………… 51

    7.2.1　一　　般 ………………………………………………………………………… 51

    7.2.2　地盤の液状化 …………………………………………………………………… 54

      7.2.2.1　地盤の液状化の判定を行う土層 …………………………………… 54

      7.2.2.2　地盤の液状化の判定 ………………………………………………… 55

  7.3　地盤応答解析 ………………………………………………………………………… 60

    7.3.1　一　　般 ………………………………………………………………………… 60

    7.3.2　地盤応答解析法の選択 ………………………………………………………… 61

    7.3.3　動的解析による方法 …………………………………………………………… 62

      7.3.3.1　一　　般 ……………………………………………………………… 62

      7.3.3.2　地盤材料のモデル化 ………………………………………………… 63

      7.3.3.3　地盤のモデル化 ……………………………………………………… 66

      7.3.3.4　地盤の液状化の可能性のある場合 ………………………………… 67

7.3.3.5　不整形地盤の場合 ·· 68
　7.3.4　簡易解析による方法 ·· 69
　　　7.3.4.1　一　　般 ·· 69
　　　7.3.4.2　地　盤　種　別 ·· 69
　　　7.3.4.3　地表面設計地震動の算定 ··· 70
　　　7.3.4.4　地盤の設計水平変位量の鉛直方向分布の算定 ····································· 72
　　　7.3.4.5　液状化の可能性がある場合および不整形地盤の場合 ····························· 74
 7.4　地盤挙動の空間変動の影響 ·· 77

8章　構造物の応答値の算定 ·· 79
 8.1　一　　般 ·· 79
 8.2　設計地震動に対する応答値を算定するための解析 ··· 80
 8.3　構造物の破壊形態を確認するための解析 ··· 83
 8.4　構造物のモデル ·· 83
　8.4.1　一　　般 ·· 83
　8.4.2　構造物のモデル化 ·· 84
　8.4.3　部材のモデル化 ·· 85
　8.4.4　支承部のモデル化 ·· 90
　8.4.5　地盤のモデル化 ·· 94
　8.4.6　液状化の可能性のある地盤のモデル化 ··· 96
 8.5　応答値の算定 ·· 99
 8.6　構造物に付随する施設の応答値の算定 ·· 99

9章　構造物の性能照査 ·· 103
 9.1　一　　般 ·· 103
 9.2　安全性の照査 ·· 104
 9.3　復旧性の検討 ·· 105
 9.4　構造物の破壊形態の確認 ··· 106
 9.5　限界値の設定 ·· 108
　9.5.1　部材等の破壊および損傷に関する設計限界値 ····································· 108
　9.5.2　支承部の破壊および損傷に関する設計限界値 ····································· 112
　9.5.3　基礎の安定および残留変位に関する設計限界値 ··································· 114
　9.5.4　盛土等の土構造物の残留変位に関する設計限界値 ······························ 115
　9.5.5　トンネルの安定に関する設計限界値 ··· 116
　9.5.6　地震時の走行安全性に係る変位に関する設計限界値 ····························· 116

10章　橋梁および高架橋の応答値の算定と性能照査 …… 117
10.1　一　　般 …… 117
10.2　応答値の算定 …… 119
10.2.1　一　　般 …… 119
10.2.2　橋梁および高架橋のモデル …… 119
10.2.3　動 的 解 析 法 …… 126
10.2.4　静 的 解 析 法 …… 127
10.2.4.1　一　　般 …… 127
10.2.4.2　慣性力による影響 …… 129
10.2.4.3　地盤変位による影響 …… 131
10.2.4.4　慣性力と地盤変位の組合せ …… 132
10.2.5　破壊形態を確認するための解析 …… 134
10.2.6　液状化の可能性がある地盤における応答値の算定 …… 135
10.3　性 能 照 査 …… 140
10.3.1　一　　般 …… 140
10.3.2　破壊形態の確認 …… 142
10.3.3　安　全　性 …… 142
10.3.4　復　旧　性 …… 144

11章　橋台の応答値の算定と性能照査 …… 147
11.1　一　　般 …… 147
11.2　応答値の算定 …… 149
11.2.1　一　　般 …… 149
11.2.2　動 的 解 析 法 …… 150
11.2.3　静 的 解 析 法 …… 152
11.2.3.1　一　　般 …… 152
11.2.3.2　慣性力および地震時土圧による影響 …… 153
11.2.3.3　地盤変位による影響 …… 156
11.2.3.4　慣性力と地震時土圧および地盤変位の組合せ …… 156
11.2.4　破壊形態を確認するための解析 …… 156
11.2.5　液状化の可能性のある地盤における応答値の算定 …… 157
11.3　性 能 照 査 …… 159
11.3.1　一　　般 …… 159
11.3.2　破壊形態の確認 …… 160
11.3.3　安　全　性 …… 161

11.3.4　復　旧　性 ………………………………………………………………163

12章　盛土の応答値の算定と性能照査 ………………………………………………165
　12.1　一　　般 ……………………………………………………………………………165
　12.2　応答値の算定 ………………………………………………………………………166
　　　12.2.1　一　　般 ………………………………………………………………………166
　　　12.2.2　動的解析法 ……………………………………………………………………167
　　　12.2.3　静的解析法 ……………………………………………………………………167
　　　12.2.4　液状化の可能性のある地盤における応答値の算定 …………………………168
　12.3　性　能　照　査 ……………………………………………………………………168
　　　12.3.1　一　　般 ………………………………………………………………………168
　　　12.3.2　安　全　性 ……………………………………………………………………169
　　　12.3.3　復　旧　性 ……………………………………………………………………170

13章　擁壁の応答値の算定と性能照査 ………………………………………………171
　13.1　一　　般 ……………………………………………………………………………171
　13.2　応答値の算定 ………………………………………………………………………173
　　　13.2.1　一　　般 ………………………………………………………………………173
　　　13.2.2　動的解析法 ……………………………………………………………………174
　　　13.2.3　静的解析法 ……………………………………………………………………177
　　　13.2.4　破壊形態を確認するための解析 ………………………………………………179
　　　13.2.5　液状化の可能性のある地盤における応答値の算定 …………………………179
　13.3　性　能　照　査 ……………………………………………………………………180
　　　13.3.1　一　　般 ………………………………………………………………………180
　　　13.3.2　破壊形態の確認 ………………………………………………………………181
　　　13.3.3　安　全　性 ……………………………………………………………………181
　　　13.3.4　復　旧　性 ……………………………………………………………………182

14章　トンネルの応答値の算定と性能照査 …………………………………………185
　14.1　一　　般 ……………………………………………………………………………185
　14.2　応答値の算定 ………………………………………………………………………186
　　　14.2.1　一　　般 ………………………………………………………………………186
　　　14.2.2　動的解析法 ……………………………………………………………………188
　　　14.2.3　静的解析法 ……………………………………………………………………189
　　　14.2.4　破壊形態を確認するための解析 ………………………………………………192

14.2.5 液状化の可能性のある地盤における応答値の算定 …………………………192
14.3 性　能　照　査 ………………………………………………………………………196
　14.3.1 一　　　般 ……………………………………………………………………196
　14.3.2 破壊形態の確認 …………………………………………………………………198
　14.3.3 安　全　性 ……………………………………………………………………198
　14.3.4 復　旧　性 ……………………………………………………………………199

付　属　資　料

1-1	性能照査に対する基本的考え方 ………………………………………………………	203
2-1	断層を跨ぐ橋梁を設計する場合の検討事項 …………………………………………	208
5-1	分離型モデルを用いた静的解析法における地震作用の考え方 …………………	212
6-1	L2地震動の対象地震の選定のための資料 …………………………………………	216
6-2	L2地震動の算定時に詳細な検討を必要とする地域と対応の考え方 ……………	217
6-3	L2地震動の標準スペクトルの設定方法 ……………………………………………	226
6-4	短周期成分の卓越したL2地震動の考え方 …………………………………………	232
6-5	スペクトルIIの規模および距離による低減方法 …………………………………	236
6-6	簡易に復旧性を検討する場合の作用と限界値の組合せに関する検討の例 ……	238
7-1	側方流動による建設地点での地盤変位量の推定方法 ……………………………	246
7-2	液状化強度比の評価方法 ………………………………………………………………	250
7-3	乱れの影響を除去した液状化強度比の推定 ………………………………………	254
7-4	地点依存の動的解析に用いる土の非線形モデル …………………………………	256
7-5	不整形地盤における地表面設計地震動の補正方法 ………………………………	265
7-6	地盤のせん断弾性波速度の推定式 ……………………………………………………	270
7-7	地盤種別ごとの地表面設計地震動 ……………………………………………………	271
7-8	地盤変位分布の簡易な設定方法 ………………………………………………………	274
7-9	液状化の可能性のある地盤の地表面設計地震動 …………………………………	277
7-10	地盤挙動の空間変動の簡易な設定方法および適用 ………………………………	279
8-1	橋梁および高架橋のプッシュ・オーバー解析 ……………………………………	284
8-2	鉄筋コンクリート部材の復元力モデル ……………………………………………	288
8-3	地震動の繰返しによる剛性低下を考慮した非線形モデル ………………………	292
8-4	鉄骨鉄筋コンクリート部材の復元力モデル ………………………………………	296
8-5	コンクリート充填鋼管部材の復元力モデル ………………………………………	306
8-6	鋼部材の復元力モデル …………………………………………………………………	317
8-7	相互作用ばねの非線形性のモデル化方法 …………………………………………	322

8-8	構造物上の電車線柱の設計応答値算定法について	332
9-1	列車の地震時の走行安全性に係る変位の考え方	339
9-2	トータルコストを考慮した復旧性照査方法	341
9-3	支承部の損傷レベルと各装置の関係の例	349
10-1	基礎が先行降伏する場合の地盤抵抗の割増しの考え方	354
10-2	減衰の設定方法と設定例	356
10-3	橋梁および高架橋の所要降伏震度スペクトル	362
10-4	所要降伏震度スペクトルの補正	374
10-5	液状化の影響を考慮した所要降伏震度スペクトル	375
11-1	抗土圧橋台の所要降伏震度スペクトル	378
12-1	盛土材料のせん断剛性率、履歴減衰について	386
12-2	土構造物の応答値算定用の地震動について	390
12-3	盛土の適合みなし仕様の滑動変位量に関する試計算	395
12-4	盛土の揺すり込み沈下量の算定	397
12-5	液状化地盤上の盛土の沈下量の目安	399
12-6	盛土の被害程度と沈下量の目安	401
14-1	シールドトンネルの耐震設計の考え方	402
14-2	山岳トンネルの耐震設計の考え方	405
14-3	開削トンネルの応答変位法に用いる地盤ばねの設定方法	407
14-4	開削トンネルにおける破壊形態の確認方法	410
14-5	開削トンネルの浮き上がりによる安定レベルの照査方法	413

1章 総則

1.1 適用の範囲

　鉄道構造物の設計において，地震に対する構造計画および性能照査（以下，耐震設計という）を行う場合には，本標準によるものとする．

　ただし，特別な検討により，鉄道構造物が本標準に定める性能を満足することを確かめた場合には，この限りではない．

【解説】

　鉄道構造物の設計において，地震に対する構造計画および性能照査を行う場合には，本標準によるものとする．ただし，仮設構造物や簡易な構造物は本標準を適用しなくてよい．また，既設構造物の耐震性の検討など，必要に応じて本標準を参考としてよい．

　本標準では，鉄道の橋梁，高架橋，橋台，盛土，擁壁，開削トンネルおよびその他の特殊な条件下のトンネルを対象として，これらについての地震に対する性能の照査方法を規定している．ここで，擁壁および盛土に関しては，重要度の高い場合や，地震の影響を受けやすい地形にあるなど耐震設計を行う必要のある擁壁と盛土を対象とする．特殊な条件下のトンネルとは，地震の影響を受けやすく耐震設計を行う必要のあるシールドトンネルや山岳トンネルなどをいう（「14.1 一般」参照）．

　「1.2 用語の定義」に示すように鉄道構造物には，列車の走行空間を確保するための人工の工作物も含まれる．例えば，線路上空建築物における列車走行空間を確保する階層部や跨線橋なども，地震に対して所要の安全性を満足させる必要がある．この場合，本標準を準用するか，あるいは本標準と同等の安全性が得られることが確認されている他の設計基準例えば1)を適用してもよい．

　また，専ら鉄道旅客の用に供するための人工の工作物に関しても，本標準を準用するのがよい．

　地震に対する性能の照査において，本標準に定められていない事項については，各種構造物別に定められている鉄道構造物等設計標準（「1.2 用語の定義」参照）による．また，地震時の列車の走行に係る性能を照査する場合は，「鉄道構造物等設計標準・同解説（変位制限）」による．

　模型実験や高度な解析等，工学的な方法で所要の性能を満足することを確かめた場合には，必ずしも本標準によらなくてよいが，本標準の主旨を十分に尊重し，実状に適合するように行う必要がある．

　性能照査に対する基本的な考え方は，「**付属資料1-1 性能照査に対する基本的考え方**」に示す．

　関連法令および本標準に記述されていない事項で参照すべき基準類のうち主なものを次に示す．

「鉄道に関する技術上の基準を定める省令」		国土交通省令第 151 号（平成 13 年 12 月 25 日）
「鉄道構造物等設計標準・同解説（コンクリート構造物）」		鉄道総合技術研究所（平成 16 年 4 月）
「鉄道構造物等設計標準・同解説（鋼・合成構造物）」		鉄道総合技術研究所（平成 21 年 7 月）
「鉄道構造物等設計標準・同解説（鋼とコンクリートの複合構造物）」		
		鉄道総合技術研究所（平成 14 年 12 月）
「鉄道構造物等設計標準・同解説（基礎構造物）」		鉄道総合技術研究所（平成 24 年 1 月）
「鉄道構造物等設計標準・同解説（土構造物）」		鉄道総合技術研究所（平成 19 年 1 月）
「鉄道構造物等設計標準・同解説（土留め構造物）」		鉄道総合技術研究所（平成 24 年 1 月）
「鉄道構造物等設計標準・同解説（開削トンネル）」		鉄道総合技術研究所（平成 13 年 3 月）
「鉄道構造物等設計標準・同解説（シールドトンネル）」		鉄道総合技術研究所（平成 14 年 12 月）
「鉄道構造物等設計標準・同解説（都市部山岳工法トンネル）」		鉄道総合技術研究所（平成 14 年 3 月）
「鉄道構造物等設計標準・同解説（変位制限）」		鉄道総合技術研究所（平成 18 年 2 月）

参 考 文 献

1) （財）鉄道総合技術研究所編：線路上空建築物（低層）構造設計標準 2009, 2009.7.

1.2 用語の定義

本標準では，用語を次のように定義する．

鉄 道 構 造 物：列車を直接的，間接的に支持する，もしくは列車の走行空間を確保するための人工の工作物．ただし仮設物を含まない．以下，構造物と記す．

鉄道構造物等設計標準：本標準を除く「鉄道構造物等設計標準」の総称

設　　　　　計：要求される性能を念頭において計画された構造物の形を創造し，性能を照査し，設計図を作成するまでの一連の作業

構 造 物 の 機 能：目的に応じて，構造物が果たす役割

要　 求　 性　 能：目的および機能に応じて，構造物に求められる性能

照　　　　　査：構造物が，要求性能を満たしているか否かを，適切な供試体による確認実験や，経験的かつ理論的確証のある解析による方法等により判定する行為

検　　　　　討：照査に加え，定性的，経験的な事項も考慮すること

設 計 耐 用 期 間：構造物または材料，部材がその使用にあたり，目的とする機能を十分に果たさなければならない設計上与えられた耐用期間

照　 査　 指　 標：性能項目を定量評価可能な物理量に置き換えたもの

性　 能　 項　 目：構造物の要求性能を使用材料や部材の特性等に応じてより細分化した項目

限 界 状 態	：構造物が要求性能を満足しなくなる限界の状態
安 全 性	：構造物が使用者や周辺の人々の生命を脅かさないための性能
復 旧 性	：構造物の機能を使用可能な状態に保つ，あるいは短期間で回復可能な状態に留めるための性能
地震時の走行安全性に係る変位	：安全性に係る性能項目の一つで，地震時の構造物の変位を走行安全上定まる一定値以内に留めるための性能
地 震 時	：地震の影響を考慮した状態
地 震 動	：地震が発生し，地震波が伝播する際，その経路にあたる地盤に生ずる振動
設 計 地 震 動	：建設地点における構造物の設計に用いる地震動で，耐震設計上の基盤面で設定する地震動
耐震設計上の基盤面	：表層地盤の下にあって，表層地盤の地震時の挙動に対して基盤とみなすことができる地盤の上面で，設計地震動を定義する面
作 用	：構造物または部材に応力や変形を増減させ，もしくは材料特性に経時変化を生じさせるすべての働き
地 震 作 用	：設計地震動および設計地震動による慣性力，地盤変位，土圧，動水圧，側方流動等の作用の総称
永 久 作 用	：変動がほとんどないか，変動が持続的成分に比べて無視できるほど小さい作用
変 動 作 用	：変動が頻繁または連続的に起こり，かつ変動が持続的成分に比べて無視できないほど大きい作用
偶 発 作 用	：設計耐用期間中に発生する頻度は稀であるが，発生すると構造物または部材に重大な影響を及ぼす作用
作 用 の 特 性 値	：性能項目および変動作用の主たる・従たるの区分ごとに定められた作用の基本値
作 用 の 規 格 値	：作用の特性値とは別に，本標準以外の示方書または規格等に定められた作用の値
作 用 の 公 称 値	：作用の特性値とは別に，慣用的に用いられている作用の値
作 用 修 正 係 数	：作用の規格値または公称値を特性値に変換するための係数
作 用 係 数	：作用の特性値からの望ましくない方向への変動，作用の算定方法の不確実性，設計耐用期間中の作用の変化，作用の特性が限界状態に及ぼす影響，環境の影響等を考慮するための安全係数
設 計 作 用	：作用の特性値に作用係数を乗じた値
構 造 解 析 係 数	：応答値算定時の構造解析の不確実性等を考慮するための安全係数
設 計 応 答 値	：設計作用の組合せによる応答値に構造解析係数を乗じた値

材 料 修 正 係 数：材料強度の規格値を特性値に変換するための係数
材 料 係 数：材料強度の特性値から望ましくない方向への変動，供試体と構造物中との材料特性の差異，材料特性が限界状態に及ぼす影響，材料特性の経時変化等を考慮するための安全係数
部 材 係 数：部材性能の限界値算定上の不確実性，部材寸法のばらつきの影響，部材の重要度（対象とする部材が限界状態に達したときに構造物全体に及ぼす影響）等を考慮するための安全係数
設 計 限 界 値：材料の設計値を用いて算定した部材性能の限界値を部材係数で除した値
構 造 物 係 数：構造物の重要度，限界状態に達したときの社会的影響等を考慮するための安全係数
リ ニ ア メ ン ト：空中写真判読等により認められる直線的に長く続く線状構造で，活断層を探す場合の地形上の手掛り
活 断 層：断層のうち最近の地質時代（主として第四紀後期）に繰り返し活動し，今後も活動すると考えられる断層
伏 在 断 層：活断層のうち，沖積層等に厚く覆われ，地表に断層変位地形が直接現れないもの
表 層 地 盤：地表面から耐震設計上の基盤面までの地層
地 盤 応 答 解 析：表層地盤を考慮して，地震動に対するその地点の応答を求める解析
地 盤 の 液 状 化：飽和した砂質地盤において，地震動により間隙水圧が上昇し，地盤がせん断強度を失い土の構造が破壊すること
側 方 流 動：液状化に伴い，地盤が水平方向に移動すること
不 整 形 地 盤：地盤構成が水平方向に大きく変化している地盤
地点依存の地盤応答解析：地点固有の条件を考慮した個別の地盤応答解析
有 効 応 力 解 析：土の動的特性や地震中の応力変化を全応力から間隙水圧を差し引いた有効応力を用いて表現する解析
過 剰 間 隙 水 圧：繰返し載荷により上昇した初期の間隙水圧からの増分
地 盤 種 別：地震時における地盤の振動特性および地層構成に応じて，工学的に分類する地盤の種別
地表面設計地震動：設計地震動を表層地盤に入力したときに得られる地表面位置での地震動
地震動の空間変動：所与の範囲内の水平面における地震動の変動
非 線 形 性：応力とひずみの間に線形関係が成立しない材料非線形性，および大きな変形領域において，変形とひずみの間に線形関係が成立しない幾何学的非線形性の総称
地盤と構造物の相互作用：地盤とそれに接する構造物がお互いにそれぞれ全体の応答に影響しあうことによっておこる効果

動 的 解 析 法：地震時における構造物および地盤の挙動を動力学的に解析して応答値を算定する方法

静 的 解 析 法：地震の影響を構造物および地盤に静的な荷重や変位として載荷し，応答値を算定する方法

時刻歴動的解析法：動的解析法の一つで，逐次積分法により時刻歴の応答値を算出する方法

プッシュ・オーバー解析：地震作用に相当する静的荷重を構造物が終局に達するまで漸増載荷し，構造物全体系の荷重～変位関係を算出する解析

非線形応答スペクトル法：構造物の等価固有周期および降伏震度を用いて，所要降伏震度スペクトルにより応答塑性率を算定する方法

応 答 変 位 法：地震時の表層地盤のせん断変形の影響を考慮して，基礎，開削トンネル等の変位量や断面力を算定する方法

開 削 ト ン ネ ル：土留め工等によって地盤の崩壊を防止しながら地表から掘削し，く体を構築する箱形断面のトンネル

1.3 記 号

本標準では，記号を次のように定める．

(1) 設計応答値および設計限界値

  I_{Rd}：設計応答値

  I_{Ld}：設計限界値

(2) 安全係数

  γ_f：作用係数

  γ_m：材料係数

  γ_a：構造解析係数

  γ_b：部材係数

  γ_I：構造物係数

(3) 修正係数

  ρ_f：作用修正係数

  ρ_m：材料修正係数

2章　耐震設計の基本

2.1　一　般

(1)　構造物は，「2.2 耐震構造計画」により建設地点の地形，地盤条件および地震環境等に適した構造を計画するものとする．

(2)　地震時に対する性能照査においては，「2.3 設計地震動」で想定する地震動および「2.4 重要度の設定」に示す構造物の重要度に応じて，「2.6 要求性能と性能照査」によって必要な性能を定めて照査するものとする．

【解説】
(1)について
　構造物の耐震設計にあたって大切な事項は，地形，地盤条件および地震環境に適合した構造物を建設することである．したがって，耐震構造計画は構造物の目的，地形・地盤条件，活断層の分布状況や過去の地震発生履歴などの地震環境等を考慮することが必要である．

(2)について
　鉄道構造物は一般に公共性の高いものであり，それらの円滑な機能の維持・確保が個人の生命や生活，社会・生産活動にとって非常に重要である．したがって，本標準で定める耐震設計は，想定される地震に対して，地震時の安全性の確保や壊滅的な損傷の発生を防ぐことのみならず，地域住民の生活に支障を与えるような機能の低下を極力抑制するために必要な性能を確保することを基本とする．

　また，本標準では，地震動以外に地震に付随して発生し得る地震随伴事象に対しては，未解明な部分も多く，設計手法も確立していないことから，性能を定めて照査をする対象としていない．しかし，これらに対しても，構造物の安全性の確保の面から，構造計画の段階で適切に配慮しておくことが重要である．

　鉄道構造物に影響を与える地震随伴事象としては，構造物周辺斜面の崩落，津波，地表断層変位，余震の地震動などがある．例えば，1999年トルコ・コジャエリ地震や台湾集集地震では大規模な地表断層変位により，橋梁が落橋している．また，2007年新潟県中越沖地震や2008年岩手・宮城内陸地震では，構造物周辺の斜面崩壊により構造物が被害を受けている．さらに，2011年東北地方太平洋沖地震では，津波により多数の橋梁が落橋・流出してしまった．また，この地震では，M7クラスの余震が発生しており，余震により構造物の損傷が進展した事例も見られた[1]．

参 考 文 献

1) 東日本旅客鉄道（株）：東北地方太平洋沖地震と鉄道構造物, SED, No.37, 2011.11.

2.2 耐震構造計画

耐震構造計画にあたっては，構造物の建設地点における地震動および地震に伴い生ずる事象が構造物に与える影響等を総合的に考慮して構造物の位置，形式等を定めるものとする．

【解説】

構造物の耐震設計にあたっては，建設地点の地震動および地震に伴い生ずる事象が構造物に与える影響等を総合的に考慮して構造物の位置，形式等を定め，構造物および各部材が所要の安全性および復旧性を満足するように検討する必要がある．さらに，地震時においては，列車走行安全性に有利な構造物を計画するとともに，鉄道システム全体からみて適切で効果的なリスク低減手段を検討する必要がある（「鉄道構造物等設計標準・同解説（変位制限）」を参照）．

構造物の計画・設計においては，地震発生後の復旧性を考慮しておくことが重要である．構造物の復旧性は，その構造物周辺の環境状況に大きく影響を受けるため，構造物の損傷の程度だけでなく，これらを総合的に考慮する必要がある．構造物が地震により損傷し，その構造物を速やかに復旧するのに影響の大きい事項のうち構造物の計画・設計で配慮すべき事柄として以下の項目がある．

① 構造物への進入路，作業ヤードの確保
② 高架橋下などの利用状況
③ 構造物の損傷の程度

第一としては，損傷した構造物への進入路および復旧作業のための作業ヤードの確保である．進入路は，地震の発生時に構造物の損傷を速やかに確認するために，また，その後の復旧に向けて資材を搬入する上で重要であり，その有無が構造物の復旧時間を大きく左右する．また復旧作業を行う上で作業ヤードの確保も重要である．一般には高架橋や橋梁の下などのスペースが考えられるが，重機，鋼材等の資材の仮置きなどをする上で作業ヤードは必要不可欠である．過去の地震においても損傷した構造物を復旧するにあたり，損傷箇所の確認とともに最初に行うことは，上記の進入路および作業ヤードの確保であった．また構造物を建設する場合，側道の存在や側道のない場合には高架下に道路を確保するなどの構造計画が必要である．進入路の存在が構造物の被災状況の確認やその後の復旧作業を大きく左右することから，構造物の復旧性を考える上でこれらの確保は重要である．

第二は，高架橋下，例えば高架橋の柱周辺などの場所を点検や作業しやすい状況にしておくことである．復旧のためのコストは，高架下等の利用状況により大きく影響を受ける．構造物の復旧コストよりも周辺の機器や店舗内装の撤去・復旧のコストの方が大幅に大きいことが一般的である．逆に，高架下を撤去しにくい利用形態で活用することがわかっている場合などには，構造物が損傷を受けにくいように設計することも有効と考えられる．

第三は，構造物の崩壊を防ぐとともに，補修の困難な箇所の損傷を小さくすることへの配慮である．同一の構造形式であっても，構造物が損傷を受けた場合，修復に要する期間や工事費は，損傷の大きさだけ

でなく損傷が生じた部位によっても大きく異なると考えられる[1]．したがって，構造物の損傷想定箇所を点検や修復工事が実施しやすい箇所に想定することが望ましい．特に基礎を修復することは非常に困難であるため，できる限り基礎に過大な残留変位や損傷が生じないような配慮が必要である．

さらに，構造物の復旧性は，構造形式によっても左右されるため，建設地点の復旧活動の環境等を考慮して，構造物が損傷を受けた場合の修復や機能回復ができるだけ容易となるような構造形式を検討する必要がある．また，近年では免震や制震構造の適用が各分野で積極的に行われている．免震や制震構造は，地震時における変形や損傷をこれらの装置に集中させ，効率的にエネルギーを逸散させることで構造物自体の損傷を制御するものであり，また，一般にこれらの装置の取り替えは部材の補修と比べて容易に行うことができるため，適切に用いることで地震中および地震後の構造物の安全性や復旧性を大きく向上させることが可能である．特に，地震直後にも通常の供用が必要とされる構造物では，免震や制震構造等を用いて構造物の損傷を制御する方法についても検討するのがよい．なお，免震や制震構造の適用にあたっては，装置自体の非線形性や地震時の挙動はもとより，走行安全性に与える影響や軌道構造による拘束力の影響，長周期化による地震動との共振の可能性などについて慎重に検討を行う必要がある．

上記のほか，耐震構造計画にあたっては，次の事項を考慮するのがよい．また，「鉄道構造物等設計標準・同解説（基礎構造物）」に記載されている構造計画などを参考にするとよい．

1) 隣接する構造物との連成効果を考慮に入れる．

隣接している構造物の動的特性，基礎構造，地盤条件等が相違する場合，一方の構造物の応答が他方の構造物のそれに影響を与え，思わぬ被害に結びつくことがある．隣接構造物の周期が大きく異ならないようにするなど，耐震構造計画にあたって考慮しておく必要がある．

2) 構造物の剛性の中心と作用の中心ができるだけ一致するように配慮する．

構造物に水平ねじりが生じないように，構造物の剛性の中心と作用の中心ができるだけ一致するように配慮することが必要である．構造物の剛性の中心と作用の中心を一致させることができない場合には，部材の損傷を抑制する等の対処が必要である．

また，斜角を有する構造物は過去の地震でも大きな被害を受けている例が多いので，できる限り角度を大きくしたり，桁座の拡幅などの配慮が必要である．

3) 構造上塑性ヒンジができる部分には，十分な変形性能を持たせておく．

地震の影響により過大な変形や応力集中が生じないような構造とするとともに，構造物全体系の破壊を防止するため，構造上塑性ヒンジができる部分には十分な変形性能を持たせておくことが大切である．例えば，高架橋柱の塑性ヒンジ発生部位に十分な帯鉄筋やスパイラル鉄筋を配置するのがよい．また，耐震設計上は，静定構造物よりも不静定構造物の方が力の再配分が可能で変形性能に優れている．

4) 地盤の液状化および液状化に起因する側方流動が構造物に悪影響を与えないように配慮するか，避けられない場合には地盤や基礎の強化を考慮しておくことが大切である．また，地盤の液状化やこれに起因する地盤の側方流動は，基礎構造物の挙動に大きな影響を与えるため，耐震設計にあたっては地盤の安定性を十分に検討しなければならない．

また液状化が生じると，過剰間隙水圧の消散に伴い地盤沈下が発生する場合がある．この場合，構造物に不同沈下が生じる可能性があるため，液状化の可能性がある地盤では，耐震構造計画の段階から地盤沈下の影響に配慮して，構造形式や基礎形式を選択しておくのがよい．

5) 構造物の基礎形式は，構造物の種類と構造条件，荷重規模，地盤条件および施工条件等を考慮して選定する必要がある．特に，軟弱地盤では地盤の変形等が生じることを考慮し，それに適した基礎形式お

6) おぼれ谷地形のような極めて軟弱な不整形地盤では，各橋脚位置における地震時の地盤変位量が大きく異なること，地震動の局所的な増幅や位相差によって，地震時の走行安全性が確保できないことがある．このような場合には，上部構造を連続桁とし，比較的良好な地盤に橋台位置を選定して，上部工の地震時水平力を両橋台に受け持たせる構造が考えられる．

7) 支持層の傾斜・不陸が著しい場合については，ラーメン高架橋を避け，スパン長が長くなる桁式高架橋が望ましい．軟弱地盤で支持層の傾斜が存在する場合については，基礎構造物はできるだけ傾斜の緩やかな支持層位置，あるいは傾斜の影響が少ない深い支持層に設置するのが望ましい．

8) 土構造物の耐震構造計画にあたっては，土質や地盤のばらつき等に配慮し，相対的な弱点箇所に対して適切な処置を行うことが重要である．また，盛土と橋台の接続部においては，地震時に橋台の前傾や滑動，盛土の線路直角方向への変位などにより，橋台背面盛土の沈下が大きくなる場合があるので，橋台裏盛土の沈下対策を検討しておくのがよい．

9) 開削トンネルにあっては，く体や継手部分からの浸水などの防水対策や地盤の液状化に起因する浮き上がり等に対しても検討する．周辺地盤の地震時の変位や変形などの挙動と安定性が開削トンネルの耐震設計にとって重要である．

10) シールドトンネルにおいて耐震性が問題となる場合には，継手を柔らかい構造のものにしたり，二次覆工を鉄筋コンクリート構造にすることを検討するのがよい．また，山岳トンネルにおいて耐震性が問題となる場合には，インバートを設置するほか，覆工に短繊維を混入させたり，鉄筋コンクリート構造にすることも検討するのがよい．

11) 構造物の地震時の安全性をより向上させるため，冗長性（リダンダンシー）や頑健性（構造ロバスト性）を有する構造物とするのが望ましい．設計で想定している以上の地震の発生により，構造物が想定以上の被害を受ける可能性が全くないわけではないことから，そのような残余のリスクを少しでも低減するような配慮が必要である．例えば，構造物全体系として脆性的な破壊形態となるのを避けること（「**8.3 構造物の破壊形態を確認するための解析**」）や，一部の部材が破壊の限界状態に達しても構造物全体系の破壊が生じないような構造とすることなどがある．また，構造物周辺の環境状況について，復旧性の面から配慮すべき事柄として先に示した内容は，設計で想定した以上の地震が作用した場合に，破滅的な被害に陥ることを防ぐ観点からも有益である．

また，地震随伴事象が鉄道構造物に与える影響は非常に大きい場合もある．この場合には，まずは地震随伴事象の影響を極力小さくするような路線計画や構造形式等による配慮が必要である．

1) 地震随伴事象として想定される地表断層変位に関しては，既往の断層調査結果等を参考にしながらその影響を受けないように路線計画するのがよい．しかし，やむを得ず活断層と交差する場合，断層の位置が明確にわかっていれば，橋梁の場合は，断層方向とできるだけ直交させる，あるいは断層交差角度に応じた橋梁全体の挙動を考慮して，桁座拡幅量の検討（「**付属資料2-1 断層を跨ぐ橋梁を設計する場合の検討事項**」参照）等の落橋防止対策の強化や構造物の高強度化等の対策が考えられる[2),3)]．山岳トンネルの場合は，断層方向とできるだけ直交させたり，断層の前後区間ではインバートを設置するほか，覆工に短繊維を混入させたり，鉄筋コンクリート構造にするなどの対策が考えられる．さらに，交通システムとしての代替性等ソフト面からの対策も併せて考慮する必要がある．

2) 急傾斜地等においては，地震随伴事象として周辺斜面の崩壊が想定されるので，危険度マップ等を

参考にしながら，その影響を受けないように路線計画するのがよい．ただし，その影響を受ける場合には，地盤調査結果などを参考に下部構造物の設置位置をよく検討するのがよい．

3) 地震随伴事象として津波の影響が想定される場合には，国や地域の防災計画等を参考にしながら，その影響を大きく受けないように路線計画するのが望ましい．やむを得ず，津波により構造物が影響を受けると想定される場合には，現時点では未解明な部分も多いことから，今後の技術的動向を踏まえつつ，津波の影響を受け難い構造形式に配慮するのが望ましい．

4) 地震随伴事象として，余震の繰返しによる影響により構造物の損傷が進展する可能性がある．そのため，想定地震に対する損傷をなるべく小さく抑えたり，残存耐力の高い材料や構造の採用を考えるとよい．

なお，数メートル級の大規模な地表断層変位や大規模な津波などに対しては，構造的な対応だけでは安全性を確保できない場合があることは否定できない．そのような場合には，早期地震警報システムなどの導入により，ソフト対策とハード対策を組み合わせて対処するのがよい．例えば，列車を安全な場所に早期に停車させることや避難路を確保することで，人的な被害を受けないようにするなど，リスクの低減手段を講じておくことが重要である．

参 考 文 献

1) 足立幸朗，庄司学：兵庫県南部地震で被災を受けた都市高速道路橋の復旧費に関する検討，土木学会地震工学論文集，Vol.27, pp.1-4, 2003.
2) 常田賢一：土木構造物における地震断層の工学的対応に関する考察，土木学会論文集，No.752/Ⅰ-66, pp.63-77, 2004.1
3) 安西綾子，室野剛隆，川西智浩，紺野克昭：断層交差角度に着目した橋梁の性能評価ノモグラムの開発，第13回日本地震工学シンポジウム，pp.2361-2367, 2010.

2.3 設計地震動

（1） 設計地震動は，構造物に影響があると想定される地震動に基づいて設定するものとする．この場合，構造物の要求性能との関係において，特定の地震動を設定することができる場合は，それを設計地震動としてよい．

（2） 本標準では，設計地震動として，次の二つのレベルの地震動を「**6章 設計地震動**」に示す方法により設定するものとする．

　　L1地震動：構造物の建設地点で設計耐用期間内に数回程度発生する確率を有する地震動

　　L2地震動：構造物の建設地点で考えられる最大級の地震動

【解説】
（1）について

耐震設計では，構造物に影響があると想定されるすべての地震動を対象に，構造物の保有性能が要求性能を満足していることを確認する必要がある．ただし，設計実務において，すべての地震動に対して上記の確認を行うことは一般に困難であり，これらの地震動の中から，構造物の要求性能との関係から，特定

の地震動を設計地震動として設定できることとする．

設計地震動は，実際の設計計算の際に用いる地震作用を算出する際の基本となるものであり，自然現象と見なせる地震動である．これは，ISO 23469 で参照地震動として定義されるものに相当する．そのため，構造物種別，設計に用いる計算モデルや，重要度とは無関係に評価されなければならない．

従来の耐震設計では，動的相互作用の結果として評価される入力損失効果や逸散減衰効果を設計地震動の中に陰な形で取り入れて短周期側を実際の地震動よりも小さく評価したり，重要度に応じて設計地震動を変える場合も見られるが，本標準では，動的相互作用の結果として得られる効果は設計地震動に含めないこととし，解析モデルに応じて適宜，地震作用に変換される際に含めることとした．また，重要度に関しては要求される性能として評価するものとした．

(2) について

本標準に基づいて性能照査を行うための地震動として，二つのレベルの地震動を想定することとする．

L1地震動は，構造物の建設地点で設計耐用期間内に数回程度発生する確率を有する地震動で，主として「鉄道構造物等設計標準・同解説（変位制限）」に規定される走行安全性に係る変位の照査等において用いる地震動である．

L2地震動は，構造物の建設地点で想定される最大級の地震動で，陸地近傍に発生する大規模な海溝型地震と内陸活断層型地震を対象とするものである．L2地震動は，主として構造物全体系の破壊に関する安全性の照査において用いる地震動である（「**6.4 L2地震動の設定**」を参照）．

なお，復旧性の検討において，上記のL1およびL2地震動以外の地震動を設定する場合には，構造物の設計耐用期間と地震動の再現期間を考慮して，適切な地震動を設定するのがよい（「**6.5 復旧性を検討するための地震動の設定**」を参照）．

2.4 重要度の設定

原則として，次の構造物を重要度の高い構造物とする．
(1) 新幹線鉄道および大都市旅客鉄道の構造物
(2) 開削トンネル等被害が生じた場合の復旧が困難な構造物

【解説】

構造物の重要度は，「3.2 構造物の要求性能」に示すとおり，地震時の構造物の復旧性に関する要求性能を設定する際の指標であり，本節においてその判断の考え方を示すものである．ここで，「原則として」としているのは，本文に示されている構造物以外に鉄道事業者が重要と判断する構造物について，重要度の設定を妨げるものではないためである．

新幹線鉄道は，都市間の幹線ネットワークを形成する高速鉄道であり，また，大都市旅客鉄道は，その都市圏の旅客輸送の分野で重要な役割を果たしている．このため，兵庫県南部地震の例に見られるように，地震によりその構造物が大きく損傷した場合には，これによる社会的損失は極めて大きい．したがって，これらの鉄道の構造物については，重要度が高い構造物とすることが適当である．

ここで，大都市旅客鉄道とは，ピーク1時間当たり片道の計画平均断面輸送量が概ね1万人を超える線区等，計画輸送量の多い線区から設定するのが適当である．

また，開削トンネルが大きな被害を受けた場合には，橋梁等の地上構造物と比較してその復旧は相当困

難であることから，重要度が高い構造物とすることが適当である．また，重機の進入が困難な箇所にある構造物等についても，復旧の難易度を検討したうえで，鉄道事業者の判断により必要に応じて重要度を設定することとする．

なお，切取部の擁壁等，列車荷重を受けず，列車の走行に直接支障を及ぼさない場合には，この限りでない．

2.5 設計耐用期間

構造物の設計耐用期間は，関連する「鉄道構造物等設計標準」によるものとする．

2.6 要求性能と性能照査

構造物の要求性能の設定および性能照査の方法は，「**3章** 構造物の要求性能と性能照査の基本」によるものとする．

【解説】

本標準における構造物の耐震設計は，要求性能の設定および耐震構造計画の検討を行ったうえで，基盤で設定した設計地震動を用いて，表層地盤および構造物の応答解析を行い，性能照査することを基本としている．橋梁および高架橋における耐震設計の流れの例と各章との関連を**解説図 2.6.1**に示す．

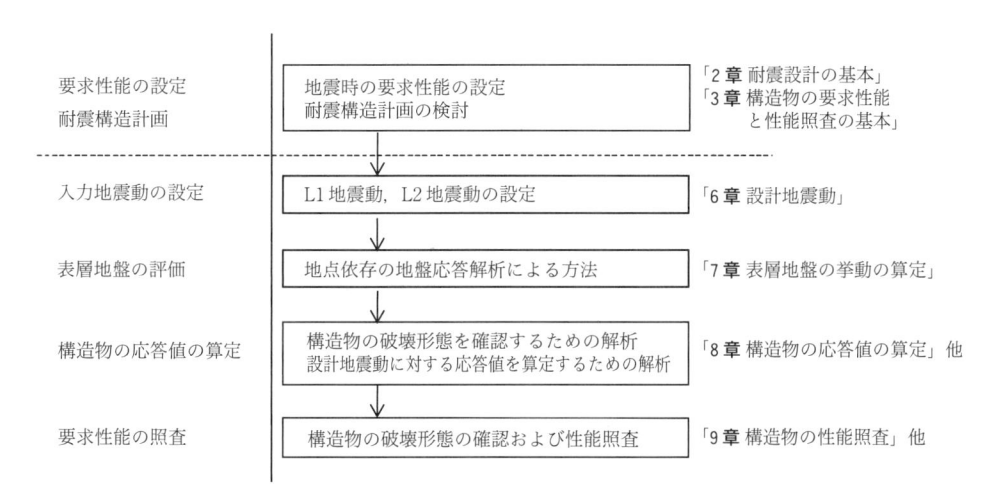

要求性能の設定 耐震構造計画	地震時の要求性能の設定 耐震構造計画の検討	「**2章** 耐震設計の基本」 「**3章** 構造物の要求性能 　と性能照査の基本」
入力地震動の設定	L1地震動，L2地震動の設定	「**6章** 設計地震動」
表層地盤の評価	地点依存の地盤応答解析による方法	「**7章** 表層地盤の挙動の算定」
構造物の応答値の算定	構造物の破壊形態を確認するための解析 設計地震動に対する応答値を算定するための解析	「**8章** 構造物の応答値の算定」他
要求性能の照査	構造物の破壊形態の確認および性能照査	「**9章** 構造物の性能照査」他

解説図 2.6.1 耐震設計の流れの例と各章との関連

2.7 耐震設計の前提条件

本標準に基づく耐震設計は，現場等において適切な施工が行われ，また，構造物の供用中は適切な維持管理が行われることを前提とする．

【解説】

構造物の施工は現場作業が多く，施工の良否が構造物の性能に大きな影響を与える．したがって，設計段階において，前提とする施工条件を定めておくことが重要である．また，施工段階において，設計で前提とした施工の条件が満足されない場合には，その時点において試験などを行い，所要の性能が得られることを確認する必要がある．

3章 構造物の要求性能と性能照査の基本

3.1 一般

構造物の性能照査においては，使用目的に応じた要求性能を設定し，適切な照査指標を用いて，要求性能を満足することを照査するものとする．

【解説】

構造物が保有している性能を評価し，要求性能を満足していることを照査するためには，定量評価可能な指標により性能を表す必要がある．例えば，破壊に関する安全性は，部材の耐力や変形などを指標として照査される（**解説表 3.2.1 参照**）．本標準では，現状の技術で定量評価可能な指標の算定方法を記述しているが，技術の進歩に伴い高度な方法が利用可能となり，各性能をより直接的に表現する指標により照査できる場合には，その方法によることができる．また，定量的な照査指標やその限界値が定められない性能については，適切な方法により検討する必要がある．

3.2 構造物の要求性能

（1） 構造物には，使用目的に適合するために要求されるすべての性能を設定するものとする．地震時における要求性能は，安全性について設定し，「**2.4 重要度の設定**」に示す重要度の高い構造物については，復旧性についても設定するものとする．

（2） 安全性は，想定される作用のもとで，構造物が使用者や周辺の人々の生命を脅かさないための性能である．安全性には，構造物の構造体としての安全性と機能上の安全性がある．

　（a） 地震時における構造物の構造体としての安全性は，L2地震動に対して，構造物全体系が破壊しないための性能とする．

　（b） 地震時における構造物の機能上の安全性は，車両が脱線に至る可能性をできるだけ低減するための性能で，少なくともL1地震動に対して構造物の変位を走行安全上定まる一定値以内に留めるための性能とする．

（3） 復旧性は，想定される作用のもとで，構造物の機能を使用可能な状態に保つ，あるいは短期間で回復可能な状態に留めるための性能である．

本標準における地震時の復旧性は，構造物周辺の環境状況を考慮し，想定される地震動に対して，構造物の修復の難易度から定まる損傷等を一定の範囲内に留めることにより，短期間で機能回復できる状態に保つための性能とする．

【解説】
（1）について
構造物には，一般に安全性，使用性，復旧性，環境および景観など，使用目的に応じて要求されるすべての性能を設定する必要がある．本標準では，要求性能として，安全性について設定することとし，「**2.4 重要度の設定**」で示すような構造物においては，復旧性についても設定することとした．ただし，重要度の高い構造物以外の一般構造物も含め，「**2.2 耐震構造計画**」の解説で示されている復旧性に関する事項については，考慮する必要がある．

なお，復旧性について，国際標準では使用性の中に含まれているが，地震国である我が国においては，地震後の構造物の機能回復の観点から設計を行っていくことは重要であると考え，復旧性と使用性を独立した別の要求性能であることとした．

ところで，将来の地震に関しては，現時点では震源断層の位置や大きさ，破壊過程の想定等に不確定要因が多く含まれるため，予測結果には大きなばらつきを伴う．そのため，L2地震動を越える地震動の発生の可能性は排除できない．例えば2011年に発生した東北地方太平洋沖地震では，4つ程度の震源域が連動した結果，マグニチュード9.0という規模の地震となったが，この地域において事前にこのような想定はされていなかった．鉄道構造物は一般に公共性の高いものであり，それらの円滑な機能の維持・確保が個人の生命や生活，社会・生産活動にとって非常に重要であることを考えると，耐震設計においても，上記の安全性，復旧性に加えて，設計段階で想定された以上の地震が発生した場合であっても，構造物またはシステムとして，破滅的な状況に陥らないように設計する必要があると考えられる．ただし，このような想定を超えた状態（危機）に対する性能（「**付属資料1-1 性能照査に対する基本的考え方**」の**3.2**参照）を直接的に定義し照査する体系はまだ構築されていないので，本標準では「**2.2 耐震構造計画**」でこれを配慮することとした．

（2）について
本標準では，地震時の安全性として，構造物の構造体としての安全性と機能上の安全性の2つを設定することとした．構造物の構造体としての安全性は，以下に示す「1) 破壊に関する安全性」と「2) 安定に関する安全性」を，機能上の安全性としては「3) 走行安全性に係る変位」を性能項目として定める．なお，走行安全性に係る変位の照査は，「鉄道構造物等設計標準・同解説（変位制限）」によるものとする．

また，**解説表3.2.1**に安全性の性能項目に対する照査指標の例を示す．

1) 破壊に関する安全性

構造物全体系が破壊しないための性能を指す．破壊に関する構造物全体系としての性能は，構造物を構成する各部材の状態と密接な関係にある．構造物が複数の部材により構成されている場合，一部の部材が破壊しても構造物全体系として破壊に至らないことがあるが，本標準では，構造物の破壊を安全側に照査するため，部材のいずれか一つが破壊に至る状態とした場合の照査方法を「**9章 構造物の性能照査**」に記述している．しかし，一部の部材が破壊して以降の構造物全体系の挙動を評価できる信頼性のある解析

モデルを用いることができる場合には，構造物全体系として破壊しないことを照査すればよい．また，基礎の安定の喪失による構造物全体系の破壊や，基礎の部材単独の破壊は，「安定に関する安全性」として区別する．

2) 安定に関する安全性

地盤の支持力破壊や基礎の滑動，転倒，基礎部材等の破壊により，安定を喪失して構造物全体系の破壊に至らせないための性能を指す．

3) 走行安全性に係る変位

地震時において車両が脱線に至る可能性をできるだけ低減するための性能で，少なくともL1地震動に対して構造物の変位を走行安全上定まる一定値以内に留めるための性能を指す．

(3)について

地震時の復旧性において，想定される地震動に対して短期間で機能回復できる状態に保つというのは，適用可能な技術により，妥当な経費の範囲内で機能回復することを前提にしたものである．これに関しては，構造物が供用期間中想定される複数の地震動を受けた場合，復旧期間や経費等が供用期間を通じて妥当な範囲内となることを，初期費用と地震損失費用などから直接照査することが可能である[1]．ただし，「2.2 耐震構造計画」で記述したように，機能回復に必要な時間や経費は，構造物の損傷等に対する修復の難易度のみならず，被災時の構造物への進入路，作業ヤードの確保や高架橋下の利用状況などの構造物周辺の環境状況に大きく左右される．この点に関して，本標準では，構造物周辺の環境状況の要因を耐震構造計画において別途考慮することを前提としている．また，これまでの設計との連続性や簡便性を考慮し，「6.5 復旧性を検討するための地震動の設定」に示す地震動に対して，損傷等を一定の範囲内に留めることで復旧性を確保することでもよい．この場合，修復の難易度から定まる損傷等に関わる力学的な性能項目を1)～3)のように定めて，これを照査することにより復旧性の確保を図るものとする．

1) 損傷に関する復旧性

構造物が過大な損傷を受けない，または受けた場合に性能回復が容易に行えるための性能を指す．

2) 基礎の残留変位に関する復旧性

地盤の支持力破壊や，基礎の滑動，転倒，基礎部材等の損傷により基礎の安定が損なわれ，過大な残留変位を生じさせない，または生じた場合に性能回復が容易に行えるための性能を指す．

3) 盛土等の土構造物の残留変位に関する復旧性

盛土等の土構造物に，過大な残留変形を生じさせない，または生じた場合に性能回復が容易に行えるための性能を指す．

解説表 3.2.1 に，復旧性の性能項目に対する照査指標の例を示す．

解説表 3.2.1 要求性能，性能項目に対する照査指標の例

要求性能	性能項目	照査指標の例
安全性	破壊	力，変位・変形
	安定	力，変位・変形
	走行安全性に係る変位	変位・変形
復旧性	損傷	力，変位・変形，応力度
	基礎の残留変位	変位・変形，力
	盛土等の土構造物の残留変位	変形

参 考 文 献

1) 坂井公俊，室野剛隆，佐藤勉，澤田純男：トータルコストを照査指標とした土木構造物の合理的な耐震設計法の提案，土木学会論文集A1（構造・地震工学），Vol.68, No.2, pp.248-264, 2012.

3.3 性能照査の原則

(1) 構造物の性能照査は，あらかじめその精度が検証された信頼性の高い方法によって行

うものとする．
（2） 本標準における構造物の性能照査は，要求性能に対して限界状態を設定し，構造物または部材が限界状態に達しないことを「**3.4 性能照査の方法**」に示す限界状態設計法によって確認することを基本とする．

【解説】
（1）について

作用，材料，構造解析法などには，少なからず不確定性が存在しており，その結果，作用による構造物の応答値や保有性能の算定などにも不確定性が生じる．性能照査においては，この不確定性を考慮するのが望ましい．その方法の一つとして，信頼性設計法がある．信頼性設計法は，作用や材料，応答値の算定式等の不確定性を適切に評価し，目標とする破壊確率等に基づき，構造物の性能の照査を行うものである．しかし，地震作用は，その他の変動作用に比べて供用期間中に対象構造物が経験する頻度が少なく，また地震の再現期間にも大きな差がある．また，構造物の設計においては，これまで部分安全係数を用いた限界状態設計法を採用してきた実績があり，その基盤は既に確立しており信頼性は高いものである．そこで，本標準においては部分安全係数を用いた限界状態設計法を用いることを基本とする．

また，模型実験や現地試験に基づいて，構造物の性能を照査する場合には，実際の構造物の挙動との相違に十分配慮する必要がある．特に，模型実験の場合には，破壊領域での相似則の設定方法など未解明な部分があり，模型と実際の構造物では破壊形態が異なる場合があることも指摘されているので，適用にあたっては慎重に判断する必要がある．

なお，性能照査の方法については，上記の方法以外の新しい方法の導入を妨げるものではない．

（2）について

本標準では，限界状態設計法に基づく性能照査を信頼性の高い方法と位置づけ，構造物に求められる要求性能を設定し，それに対応する等価な限界状態を設定し照査することを原則とする．構造物または部材が限界状態と呼ばれる状態に達すると，構造物はその機能を果たさなくなったり様々な不都合が発生して，要求性能を満足しなくなる．本標準では，このような考え方に則り，破壊や損傷等の限界状態に達しないことを確認することで性能照査を行うこととする．

性能照査にあたっては，構造物や部材の状態，材料の状態等に関する指標を選定し，要求性能に応じた適切な限界値を与えることとする．これに対して，各種作用により生じる応答値を算定し，それが限界値を超えないことで照査することとする．なお，限界値は，応答値の算定に用いる数値解析の方法やモデルの適用範囲も考慮して設定する必要がある．

数値解析の方法は，実構造物の地震観測事例や振動実験結果の再現等によりその精度の検証を行うことにより，その適用性を確認する必要がある．現在の技術水準を考慮して，対象とする構造種別ごとに数値解析方法を適切に選択するものとする．

3.4 性能照査の方法

（1） 限界状態設計法による構造物の性能照査は，「**3.5 安全係数および修正係数**」に定める安全係数を用い，「**8章 構造物の応答値の算定**」に定める方法で応答値を算定した上

で，「**9章　構造物の性能照査**」によって限界値を定めて行うものとする．この場合，性能照査は，式（3.4.1）により行うものとする．

$$\gamma_\mathrm{i} \cdot I_\mathrm{Rd}/I_\mathrm{Ld} \leqq 1.0 \tag{3.4.1}$$

ここに，I_Rd：設計応答値

I_Ld：設計限界値

γ_i：構造物係数

（2）　応答値を算定する関数は，作用および部材，材料，地盤の強度や剛性を実際の値としたときに，応答値の平均値を算定するものであることを原則とする．

（3）　構造物または部材の性能の限界値を算定する関数は，材料や地盤の強度や剛性等を実際の値としたときに，限界値の平均値を算定するものであることを原則とする．

【解説】

（1）について

　性能の照査は，一般に経時変化の影響を考慮し，設計耐用期間終了時点の状態に対して，式（3.4.1）により行う必要がある．式（3.4.1）は，性能の限界値 I_Ld を下限とする場合を示しており，I_Ld が上限を表すような場合には，不等号の向きや安全係数の考慮の方法が式（3.4.1）と異なる．

（2），（3）について

　限界状態設計法による性能照査において，応答値を算定する関数 I_R および限界値を算定する関数 I_L についての原則を定めたものである．

　新たな知見によって新しい算定式等を用いる場合には，それが応答値あるいは限界値の平均値を表す式であることが必要であり，同時にその式のばらつきを考慮して，これに対する安全係数も併せて提案することが望ましい．

3.5　安全係数および修正係数

（1）　安全係数は，作用係数 γ_f，構造解析係数 γ_a，材料係数 γ_m，部材係数 γ_b および構造物係数 γ_i とする．このほか，地盤等の諸数値に関する安全係数を設定する．これらの安全係数は，関連する「鉄道構造物等設計標準」によるものとする．

（2）　修正係数は，作用修正係数 ρ_f および材料修正係数 ρ_m とする．このほか，地盤等の諸数値に関する修正係数を設定する．これらの修正係数は，関連する「鉄道構造物等設計標準」によるものとする．

【解説】

（1）について

　作用係数 γ_f は，作用の特性値からの望ましくない方向への変動，作用の算定方法の不確実性，設計耐用期間中の作用の変化，作用の特性が限界状態に及ぼす影響，環境の影響等を考慮するための安全係数である．

　構造解析係数 γ_a は，構造解析の不確実性等を考慮するための安全係数である．

材料係数 γ_m は，材料強度の特性値からの望ましくない方向への変動，供試体と構造物中との材料特性の差異，材料特性が限界状態に及ぼす影響，材料特性の経時変化等を考慮するための安全係数である．

部材係数 γ_b は，部材性能の限界値算定上の不確実性，部材寸法のばらつきの影響，部材の重要度，すなわち対象とする部材がある限界状態に達したときに，構造物全体に与える影響等を考慮するための安全係数である．

構造物係数 γ_i は，構造物の重要度，限界状態に達したときの社会的影響等を考慮するための安全係数である．

また，地盤等の諸数値に関する安全係数は，関連する各章および「鉄道構造物等設計標準・同解説（基礎構造物）」による．

安全係数は対象とする性能に応じて定まるものであり，必ずしも同一の値をとるものではない．さらに，安全係数は考えられる不確実性を分割して割り付けたものであるが，これらをまとめて取り扱ってもよい．

破壊に関する安全性および損傷に関する復旧性の照査に用いる安全係数の標準的な値を**解説表 3.5.1** に示す．

解説表 3.5.1 安全係数の標準的な値[*5]

安全係数 性能項目	作用係数 γ_f	構造解析 係数 γ_a	材料係数 γ_m[*2]			部材係数 γ_b	構造物係数 γ_i
			γ_c	γ_r	γ_s		
破壊に関する安全性	1.0	1.0[*1]	1.3	1.0 (1.05)[*4]	1.05	1.0〜1.15 (1.1〜1.3)[*3]	1.0
損傷に関する復旧性	1.0	1.0[*1]	1.3	1.0 (1.05)[*4]	1.05	1.0〜1.15 (1.1〜1.3)[*3]	1.0

[*1]：構造解析法によって，必要に応じ 1.0 以上の値を設定する．
[*2]：材料係数のうち，γ_c：コンクリートの材料係数，γ_r：鉄筋の材料係数，γ_s：構造用鋼材の材料係数を表す．
[*3]：コンクリート部材のせん断耐力の算定に適用する．
[*4]：ストッパーに使用する鋼材に適用する．
[*5]：地盤等の諸数値に関する安全係数の値は，関連する各章および「鉄道構造物等設計標準・同解説（基礎構造物）」による．

「**3.4 性能照査の方法**」(1) に示した限界状態設計法による構造物の性能照査の方法において，設計限界値および設計応答値の算定における安全係数の関係の例を**解説図 3.5.1** に示す．

(2) について

作用修正係数 ρ_f は，作用の規格値または公称値を特性値に変換するための係数である．材料修正係数 ρ_m は，材料強度の規格値を特性値に変換するための係数である．作用および材料特性に関して，特性値とは別に規格値または公称値がある場合，それらの特性値は，規格値または公称値を適切な修正係数により変換して定める必要がある．

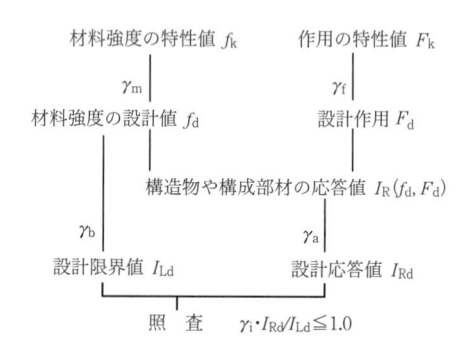

解説図 3.5.1 限界値および応答値の算定と安全係数の関係の例

地盤および基礎に関する修正係数は，「鉄道構造物等設計標準・同解説（基礎構造物）」による．

4章　材料および地盤

4.1　一　般

(1) 構造物に使用する材料は，品質の確かめられたものを用い，その特性値および設計値は本標準ならびに関連する「鉄道構造物等設計標準」によるものとする．

(2) 地盤・盛土の諸数値の特性値および設計用値は，本標準ならびに関連する「鉄道構造物等設計標準」により適切な値を定めた上で用いるものとする．

【解説】

　構造物に使用する材料の品質，特性値および設計値については本標準によるが，本標準に示していない事項については，構造物種別に応じて，「鉄道構造物等設計標準・同解説（コンクリート構造物）」，「鉄道構造物等設計標準・同解説（鋼・合成構造物）」，「鉄道構造物等設計標準・同解説（鋼とコンクリートの複合構造物）」，「鉄道構造物等設計標準・同解説（基礎構造物）」，「鉄道構造物等設計標準・同解説（土構造物）」，「鉄道構造物等設計標準・同解説（土留め構造物）」，「鉄道構造物等設計標準・同解説（開削トンネル）」，「鉄道構造物等設計標準・同解説（シールドトンネル）」および「鉄道構造物等設計標準・同解説（都市部山岳工法トンネル）」等に定められたものを用いてよいものとする．

　構造物に使用するコンクリート，鋼材等の材料の品質，特性値および設計値は，使用環境や施工条件等を考慮して適切に定める必要がある．

　構造物の耐震設計に用いる地盤・盛土の諸数値の特性値および設計用値は，調査・試験の方法，精度および数量，特に地盤の動的特性等を考慮した上で適切に定める必要がある．

　なお，近年の材料に関する技術の進歩は著しいものがあり，構造物種別ごとの「鉄道構造物等設計標準・同解説」に示していない材料を使用するケースも増えている．このような新しく開発された材料の品質，特性値および設計値については，関連する設計標準等を参照して試験等を行い，適切に設定するものとする．

4.2　材　料

　構造物に使用する材料の特性値および設計値は，試験値のばらつきや施工条件等を考慮した

上で適切な値を用いるものとし，本標準ならびに関連する「鉄道構造物等設計標準」により定めるものとする．

【解説】
　耐震設計においては，コンクリートや鋼材の材料の特性値を，試験によるばらつきを考慮した上で適切に設定することが重要である．本標準で対象としているコンクリート構造物のコンクリート，および鉄筋の材料強度の特性値および設計値は，「鉄道構造物等設計標準・同解説（コンクリート構造物）」に定められたものを，鋼構造物，鋼とコンクリートの合成構造物，鉄骨鉄筋コンクリート構造物，およびコンクリート充填鋼管構造物等に用いられる構造用等鋼材の材料強度の特性値および設計値は，「鉄道構造物等設計標準・同解説（鋼・合成構造物）」および「鉄道構造物等設計標準・同解説（鋼とコンクリートの複合構造物）」に定められたものを用いるものとする．

　各材料の設計値は，特性値を材料の種類に応じた材料係数 γ_m で除した値とする．コンクリートの材料係数 γ_c，鉄筋の材料係数 γ_r および構造用等鋼材の材料係数 γ_s は，材料強度が構造物の耐震性に及ぼす影響を考慮し適切に定めるものとするが，一般には**解説表 3.5.1** によってよい．

　また，支承部および免震・制震装置に用いる材料については，設計時に要求される強度や変形性能，耐久性等の特性に応じて，所定の品質を満足することが確認できる材料を用いる必要がある．これらの装置の特性は，変位や速度，温度や環境の影響を強く受けるため，載荷試験や促進劣化試験等により，設計で想定する特性を長期にわたって発揮することを確かめる必要がある．支承部および免震・制震装置を構成する材料に要求される品質やその確認方法，特性値および設計値については，「鉄道構造物等設計標準・同解説（鋼とコンクリートの複合構造物）」および「鉄道構造物等設計標準・同解説（コンクリート構造物）」による．なお，新しい技術や材料を用いた免震・制震装置を適用する場合についても，「鉄道構造物等設計標準」等を参考に適切な試験を実施し，材料耐久性や耐腐食性等の観点から品質が確認された材料を用いる必要がある．

4.3　地盤・盛土

（1）　地盤・盛土の諸数値の特性値は，調査に基づき定めるものとするが，各種の地盤・盛土の調査は本標準ならびに関連する「鉄道構造物等設計標準」により定めるものとする．

（2）　地盤・盛土の諸数値の設計用値は，地盤の調査方法，試験データのばらつき，数量および構造物の設計条件等を考慮した上で適切な値を定めるものとし，本標準ならびに関連する「鉄道構造物等設計標準」によるものとする．

【解説】
（1）について
　地盤・盛土の諸数値は，調査に基づき定める．本標準に示していない調査事項については，構造物種別に応じて，「鉄道構造物等設計標準・同解説（基礎構造物）」，「鉄道構造物等設計標準・同解説（土構造物）」および「鉄道構造物等設計標準・同解説（土留め構造物）」に定められたものを用いてよいこととする．

1) 地盤調査について
a) 調査の目的

地盤調査は，「2.2 耐震構造計画」での事項，設計対象構造物の種類と規模，地盤等の条件を考慮し，目的に合致した調査計画と調査項目・内容を設定するものとする．特に，耐震設計においては，次の目的に関連する地盤調査が重要となる．

① 耐震設計上の基盤面の設定
② 地盤の液状化および側方流動の判定
③ 軟弱な粘性土の判定
④ 地盤種別の選定
⑤ 地盤の動的解析を行う場合のパラメータの設定
⑥ 活断層の判定
⑦ 耐震設計上の基盤面以深の地震増幅特性の把握

解説表 4.3.1 に，耐震設計のための地盤調査の項目と調査の目的との関連を示す．

b) 調査の内容

ⅰ) 資料調査

既往の地盤および活断層の情報やデータベース，地震による周辺での災害記録（例えば，地盤の液状化履歴等）

ⅱ) 現地調査および原位置試験

地形・地質および活断層に関する踏査，ボーリング，地下水位測定，標準貫入試験等のサウンディング（例えば，電気式静的コーン貫入試験，オランダ式二重管コーン貫入試験，孔内水平載荷試験等），弾性波速度検層（PS検層），乱れの少ない土質試料等の採取（粘性土，シルト，砂質土）
地震観測，常時微動観測

ⅲ) 地盤材料の室内試験

土の粒度試験，土粒子の密度試験，土の湿潤および乾燥密度試験，土の一軸圧縮試験あるいは三軸圧縮試験，土の液状化強度特性を求めるための繰返し非排水三軸試験，地盤材料の変形特性を求めるための繰返し三軸試験，土の変形特性を求めるための中空円筒供試体による繰返しねじりせん断試験

c) 調査上の留意点

これらの調査方法については，「鉄道構造物等設計標準・同解説（基礎構造物）」および「地盤工学会：地盤調査の方法と解説」，「地盤工学会：地盤材料試験の方法と解説」に準じるのがよい．

地盤調査を計画・実施する際の主な留意事項および調査目的と調査項目の関係等について，以下に示す．

ⅰ) 土層構成と各層のせん断弾性波速度の実測

建設地点での土層構成と各土層のせん断弾性波速度は，耐震設計を行う際に最も重要な地盤特性の1つである．これらをもとに，耐震設計上の基盤面の設定や地盤の動的解析を実施する場合のモデルが設定される．また，地盤種別に応じた地表面設計地震動の設定がなされる．

簡便的にせん断弾性波速度を N 値から算出することもできるが，N 値とせん断弾性波速度との関係には，ばらつきがある．よって，地盤を構成する各土層のせん断弾性波速度は，弾性波速度検層（PS検層）等によって実測するのがよい．特に，軟弱な土層が厚く堆積していたり，液状化す

解説表 4.3.1　耐震設計のための地盤調査の目的と調査項目の関連表

調査項目	調査内容	調査の主な目的				
		地震動設定のための調査	耐震設計上の基盤面の設定	地盤の液状化・側方流動の判定，軟弱な粘性土の判定	地盤種別の設定	地盤の動的解析を行う際のパラメータの設定
資料調査	活断層の調査	○				
	既往の地盤情報		○	○	○	○
	地震被害記録	○		○		
現地調査 原位置試験	地震観測，常時微動観測	△				
	地形・地質踏査（活断層を含む）	△	△	△	△	
	ボーリング		○	○	○	○
	地下水位測定方法（JGS 1311～JGS 1312）			○		○
	標準貫入試験方法（JIS A 1219）等のサウンディング		○	○	○	○
	弾性波速度検層方法（JGS 1122）		○	△	△	○
	土の乱れの少ない試料の採取方法（JGS 1221～JGS 1224，JGS 1231）			△		△
地盤材料の室内試験	土の粒度試験方法（JIS A 1204）			○		○
	土の湿潤密度試験方法（JGS 0191）			△		△
	土の一軸圧縮試験方法（JIS A 1216）あるいは三軸圧縮試験方法（JGS 0520～JGS 0524）			△		△
	土の繰返し非排水三軸試験方法（JGS 0541）			△		△
	地盤材料の変形特性を求めるための繰返し三軸試験方法（JGS 0542）					△
	土の変形特性を求めるための中空円筒供試体による繰返しねじりせん断試験方法（JGS 0543）					△

○：行うことが原則　　△：状況により必要

る可能性のある地盤，土層が互層状で土の動特性の変化の著しい地盤等については実測することが重要である．また，表層地盤は，対象地点のある程度の広がりをもっていることを想定しており，平面的な表層地盤の変化が著しい場合や基盤の深度が隣接する地点で大きく異なる場合等には，留意する必要がある．

ii）軟弱な粘性土地盤の評価

　　ごく軟弱な粘性土層およびシルト質土層を評価する際には，採取試料による地盤材料試験や原位置試験が必要である．乱れの少ない土質試料により一軸または三軸圧縮試験を行うか，ベーン試験

等の原位置試験を行い，地盤の土層の強度低下が生じるか否かを定める．

ⅲ）地盤の液状化・側方流動の判定

地下水位が10m以浅で，深度20m以内に分布する砂質土層およびまさ土等の礫質土層については，粒度試験により求まる平均粒径や細粒分含有率等から液状化の判定を行う必要のある土層か否かを判定する．また，液状化の判定を行う必要のある土層の細粒分含有率について，「**7.2.2.2 地盤の液状化の判定**」に示す値は，「鉄道構造物等設計標準・同解説（基礎構造物）」に示す砂質土の区分に使用された値とは異なることに注意を要する．なお，地盤の液状化の判定には，周辺での既往地震による被害に関する資料等を収集し，その内容も参考にすることが望ましい．また，側方流動の判定には，護岸からの距離や地表面勾配等の現地の状況を把握する必要がある．

地盤の液状化の判定には液状化強度比を求める必要があり，乱れの少ない試料による土の繰返し非排水三軸試験を行うことが望ましい．この際，試料が乱されることのないように採取方法や試料の移動，供試体の取扱いには十分な注意をするものとする．なお，試料の乱れはわずかな密度変化で生じる可能性があるため，圧密後の初期せん断剛性率と原位置S波速度から求められたせん断剛性率との比較によって，乱れの程度を把握することが望ましい．ただし，試験の実施が困難な場合には，N値や粒度分布による簡便的な方法を用いてもよいが，非常にばらつきが大きいことに注意が必要である．

ⅳ）地盤の動的解析を行うためのパラメータの設定

地盤の動的解析を行う場合には，土のせん断弾性係数Gや減衰定数hおよびそのひずみ依存性に関する非線形特性等を求めることが必要である．これらの特性は，N値や粒度分布といった土質諸数値との関連式も提案されており，これらの提案式を用いることもできるが，PS検層，乱れの少ない土質試料等による土の変形特性を求めるための繰返し三軸試験，中空円筒供試体による繰返しねじりせん断試験，および繰返し非排水三軸試験等を実施して適切に定めるのが望ましい．

ⅴ）活断層の調査

対象地域における活断層の調査に関しては，「**6.4.2 活断層の調査**」による．

ⅵ）耐震設計上の基盤面以深の地震増幅特性の把握

耐震設計上の基盤面以深の深部地下構造の影響により，局所的に地震動が大きくなる可能性が考えられる．このような地点では，設計地震動を設定する際にL2地震動の標準応答スペクトルを適用することが適切ではなく，強震動予測手法のような詳細な検討により評価する必要がある．深部地下構造による地震増幅特性は，既往の観測事例等により明らかにされている地点も存在するが，その地域は限定的である．そのため事前に短期の地震観測を実施することで，建設地点の地震増幅特性を評価するのがよい．また，常時微動計測結果と周辺の公開地震観測点の情報を用いて，建設地点の地震増幅特性を推定する手法も提案されていることから，地震観測に代わり常時微動観測を用いることも可能である（「**付属資料6-2 L2地震動の算定時に詳細な検討を必要とする地域と対応の考え方**」）．

2） 盛土材料調査について

盛土の安定性の照査や，背面盛土から土留め構造物に作用する土圧を算定する際には，盛土材料の内部摩擦角や粘着力等の土質諸数値が必要となる．盛土材料の土質諸数値の特性値は，事前に三軸圧縮試験，試験施工等の試験，調査を行い，対象箇所の土質分類や施工管理値等の特性に応じた値を求めることが望ましい．しかしながら，設計に先だって盛土材料を入手し，地盤材料試験や試験施工を行うことは稀であ

る．さらに，盛土や背面盛土は一定の施工管理の下に施工を行うが，盛土材料の不均質性や締固め管理の不均一性が大きく，それらの影響を考慮して特性値を定めることは容易ではない．そのため，一般には土質区分に応じて「鉄道構造物等設計標準・同解説（土構造物）」および「鉄道構造物等設計標準・同解説（土留め構造物）」に示す盛土材料の諸数値の特性値を用いてよいものとする．

三軸圧縮試験や試験施工により盛土材料の諸数値の特性値を求める際には土質区分に応じて適切な条件で試験を行う必要がある．地震時における盛土の安定性の照査や土留め構造物に作用する土圧を算定する場合，砂質土については圧密排水（CD）三軸試験，粘性土については圧密非排水（CU）三軸試験を行うことが望ましい．また，同じ土であっても内部摩擦角 ϕ や粘着力 c は拘束圧に大きく依存するため，試験を行う際には検討対象とする盛土の拘束圧に応じて，適切な拘束圧下で実施することが望ましい．また，地震時における詳細な盛土の安定計算・変形計算を行う場合や，L2地震時における地震時土圧を修正物部・岡部式により算定する場合等において，ひずみの局所化によりすべり面上で発揮されるせん断強度がピーク強度から残留強度に低下する影響を考慮することがある．この場合には，同一の盛土材料に対してピーク状態と残留状態における2つの内部摩擦角を設定する必要がある．これらを考慮した特性値についても，「鉄道構造物等設計標準・同解説（土構造物）」および「鉄道構造物等設計標準・同解説（土留め構造物）」を参考にして，ピーク強度 ϕ_{peak} および残留強度 ϕ_{res} を設定するものとする．

(2) について

構造物の耐震設計に用いる地盤・盛土の諸数値の設計用値については，関連する「鉄道構造物等設計標準」により定めるものとした．

1) 地盤について

地盤の諸数値の設計用値は，地盤調査・地盤材料試験の精度および信頼性に大きく依存するため，精度・信頼性の程度を表す地盤調査係数 γ_g で特性値を除した値を設計用値とするのが原則である．ただし，特性値を大きく評価した方が安全側の設計となる場合には，特性値に地盤調査係数 γ_g を乗じて設計用値とする．なお，地盤調査法により地盤調査係数 γ_g が変わることに留意が必要である．

2) 盛土について

盛土材料の諸数値の設計用値は，精度・信頼性の程度を表す土質調査係数 f_s で特性値を乗じたものを設計用値とするのが原則である．これは試験結果が土質試料の採取方法や土質試験の精度および信頼性に大きく依存するためである．土質調査係数 f_s は当面は1.0としてよいが，土質試料の採取方法や土質試験の精度が十分ではない場合は，この影響を勘案して f_s を適切に評価し，試験で求めた特性値を減じるものとする．

3) 地盤の動的解析に必要なパラメータについて

「7.3.3.2 地盤材料のモデル化」に示される地盤の動的解析に必要なパラメータに関する設計用値は，地盤調査・地盤材料試験に基づき設定する．その際，地盤調査係数 γ_g は1.0とするのがよい．

5章 作　用

5.1　一　般

　構造物の耐震設計においては，設計耐用期間中に想定される永久作用，変動作用および偶発作用を構造物の要求性能に応じて，適切な組合せのもとに考慮するものとする．なお，本標準における偶発作用としては，地震作用を扱う．

【解説】

　構造物の耐震設計における作用は，作用の頻度，持続性および変動の程度によって，一般に永久作用，変動作用および偶発作用に分類される．耐震設計にあたって，偶発作用としては地震作用を扱うものとする．一般に構造物の形式および環境の影響を配慮して次の作用を考慮する必要がある．ただし，風荷重，衝撃および遠心荷重等は考慮しなくてよい．

1) **永久作用**
   ① 固定死荷重（D_1）
   ② 付加死荷重（D_2）
   ③ プレストレス力（P_S）
   ④ コンクリートの収縮の影響（S_H）
   ⑤ コンクリートのクリープの影響（C_R）
   ⑥ 水圧，浮力（平水位）（W_{P1}）
   ⑦ 永久作用としての土圧（E_D）
   ⑧ 地盤の側方移動の影響（G_F）

2) **変動作用**
   ① 列車荷重（L）
   ② 変動作用による土圧（E_L）

3) **偶発作用**
   地震作用は「5.3 地震作用」による．

> ### 5.2 作用の特性値および設計作用
>
> （1） 地震作用は「5.3 地震作用」によるものとする．
> （2） 地震作用を除く作用の特性値は，本標準ならびに関連する「鉄道構造物等設計標準」によるものとし，設計作用は，作用の特性値に作用係数を乗じた値とする．
> （3） 作用の規格値または公称値が特性値とは別に定められている場合，作用の特性値は，その規格値または公称値に作用修正係数 ρ_f を乗じたものとする．

【解説】
（2）について
　作用の特性値は「5.3 地震作用」に従い，地震動レベル，性能項目および照査指標に応じて定めなければならない．また，作用係数の値は一般的に 1.0 としてよい．

> ### 5.3 地震作用
>
> 　地震作用は，設計地震動および設計地震動によって生じるすべての作用とし，構造物の解析法の種別や解析モデルに応じて適切に設定するものとする．

【解説】
　構造物の耐震設計に考慮する地震作用は，2つの段階を経て決定される．1つ目の段階では，地震作用を求める際の基準となる自然現象としての設計地震動を評価する（「6章 設計地震動」）．2つ目の段階では，設計地震動を基に，構造物形式，構造物の解析法の種別や解析モデルに応じて，構造物の耐震設計で考慮すべき地震作用を決定する．重要なことは，地震作用は設計地震動を基に構造物モデルに応じて変化するということである．例えば，ISO 23469 では，人間活動に依らない自然現象と，設計行為との境界を明確化するために，新たに参照地震動という概念を導入している．実際に設計計算のときに構造物モデルに作用させる力，変位，ひずみ等の「地震作用」の値は計算に用いる構造物モデルや解析法に依存するので，これらに依存しない自然現象としての地震動のうち地震作用を評価する際に"参照"される地震動を「参照地震動」と呼んでいる[1]．
　以下に地震作用の考え方の例を構造物モデルに応じて示す．
1） 一体型モデルによる動的解析法を用いる場合
　一体型モデルによる動的解析法で設計応答値を算定する場合の地震作用は，地盤・構造物全体系の解析領域の底面境界および側方境界における設計地震動の加速度時刻歴（「6章 設計地震動」）である．ただし，一般には底面境界における加速度の時刻歴を考えればよい．
2） 分離型モデルによる動的解析法を用いる場合
　分離型モデルによる動的解析法で設計応答値を算定する場合の地震作用は，構造物系（部分系）の解析領域の底面境界および側方境界における設計地震動の加速度もしくは，速度や変位の時刻歴である．これらの地震作用は，「6章 設計地震動」で定義された設計地震動を基に，「7章 表層地盤の挙動の算定」により算定する．ただし，一般には，自由地盤の地震動と実際に構造物に入射される地震動は，基礎の存在

により異なる．よって，必要に応じてその入力損失効果を考慮するのが望ましい．

また，盛土等の土構造物については，地震により片方向に変位・変形が累積する傾向にあり，この傾向は橋梁や高架橋等の他構造物とは大きく異なる．そのため，土構造物の残留変位量をニューマーク法によって算定する場合，地震作用としては，「**付属資料 12-2 土構造物の応答値算定用の地震動について**」に示す土構造物用照査波を用いるものとする．土構造物用照査波は土構造物の動力学特性や変位の累積性を考慮して，設計地震動に対して補正を行った地震波である．

3) 一体型モデルによる静的解析法を用いる場合

一体型モデルによる静的解析法で設計応答値を算定する場合の地震作用は，地盤・構造物全体系の解析領域に分布する慣性力で規定することが多い．これらの地震作用は，「**6章 設計地震動**」で定義された設計地震動を基に，「**7章 表層地盤の挙動の算定**」および「**8章 構造物の応答値の算定**」を参考に，等価な静的作用に置き換えることにより設定する．

4) 分離型モデルによる静的解析法を用いる場合

分離型モデルによる静的解析法で設計応答値を算定する場合の地震作用は，構造物系（部分系）の解析領域に作用する慣性力，地盤変位，土圧等である．これらの地震作用は，「**6章 設計地震動**」で定義された設計地震動を基に，構造物に作用する地震作用を「**7章 表層地盤の挙動の算定**」および「**8章 構造物の応答値の算定**」を参考に，等価な静的作用に置き換えることにより設定する．また，分離型モデルによる静的解析法を用いる場合には，設計地震動により算定される慣性力，地盤変位，土圧等は，特に断らない限り設計作用としてよい．

例えば，橋脚を例とした場合の地震作用の考え方の例を**解説図 5.3.1**(a) と (b) に示す．一体型モデルによる動的解析法では，「**6章 設計地震動**」により求めた耐震設計上の基盤面の設計地震動の時刻歴加速度をそのまま地震作用として設定する（**解説図 5.3.1**(a)）．構造物部分だけを取り出してモデル化した分離型モデルによる静的解析法では，慣性力と地盤変位を地震作用として設定する（**解説図 5.3.1**(b)）．この場合，慣性力は構造物に入射された地震動に対する出力としての応答加速度と等価でなければならないが，実際に構造物に入射される地震動は設計地震動とは異なることに注意が必要である．構造物が存在することによって，地震動による地盤の動きが拘束されることにより，構造物に入射される地震動が低減されるからである（これを入力損失と呼ぶ）．入力損失は，基礎に比べて波長が短い成分ほど顕著であり，短周期の地震動ほど入力損失効果が大きく期待される．つまり，分離型モデルに用いる慣性力は，この入力損失分を考慮することができる．東北地方太平洋沖地震では，短周期が非常に卓越した地震動が放出され，大きな加速度をもつ地震動が広範囲で観測されたにも関わらず，鉄道構造物等で被害が少なかった．その原因としては，地震動の周期帯域が構造物の周期帯域と異なっていたこと以外に，入力損失効果が原因の一つと思われる[2]．

このように構造物と関係なく定義された地盤本来の揺れとしての地震動と，動的相互作用の結果として得られる構造物への作用とは必ずしも同じものであるとは限らず，解析モデルの特性に応じて作用を設定することになる．

また，開削トンネルを例とした場合の解析モデルと地震作用の例を**解説図 5.3.1**(c) と (d) に示す．なお，静的解析法に用いる地震作用の考え方の詳細は「**付属資料 5-1 分離型モデルを用いた静的解析法における地震作用の考え方**」による．

水平方向の地震作用については，一般的に線路方向および線路直角方向の2方向に対してそれぞれ考慮するものとする．ただし，構造物の形状や質量配置によっては構造物の作用の中心と剛性の中心が一致せ

ず，その影響が無視できない場合がある．この場合については3次元の解析モデルを用い，必要と考えられる方向に対しても検討するものとする．

一方，鉛直方向の地震作用についても考慮することが原則であるが，一般的な構造物であればこの影響は比較的小さいことから，検討を省略してもよい．ただし，鉛直方向の作用の中心と剛性の中心が大きく異なる構造物および長大径間の橋梁など，鉛直方向の地震作用の影響が大きいと考えられる構造物については，これを考慮しなければならない．

耐震設計上考慮する主な地震作用および留意事項を以下に示す．

1) **地震動（E_{QB}）**

表層地盤を含む地盤と構造物をモデル化した一体型モデルによる動的解析法では，地震作用として耐震設計上の基盤面での地震動を設定するものとする．この場合，以下に示す2)～6)の各地震作用は，一般的には自動的に考慮される（**解説図 5.3.1**(a)(c)）．

2) **慣性力（E_{QI}）**

死荷重による水平方向の慣性力は，死荷重の質量特性値に応答加速度を乗じた値としてよい．また，列

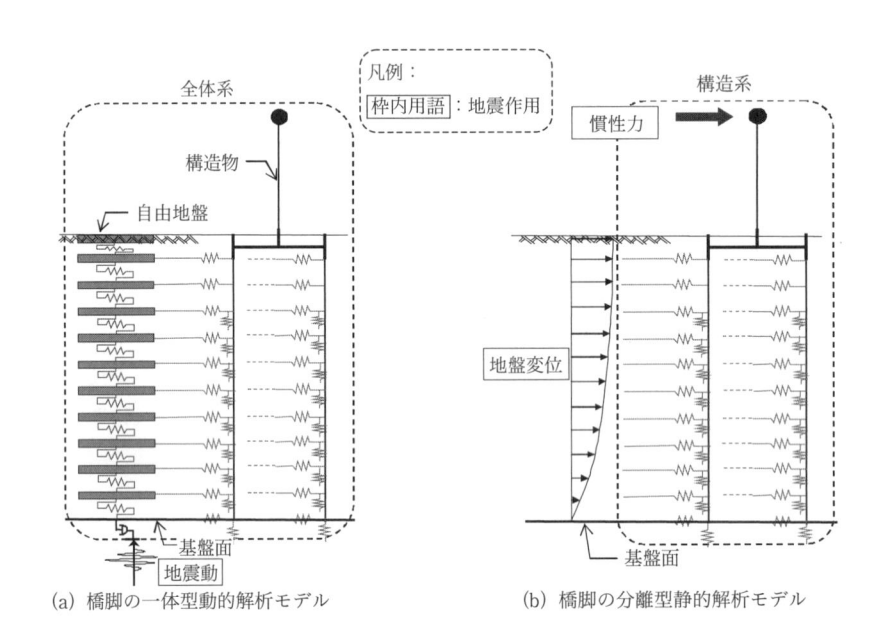

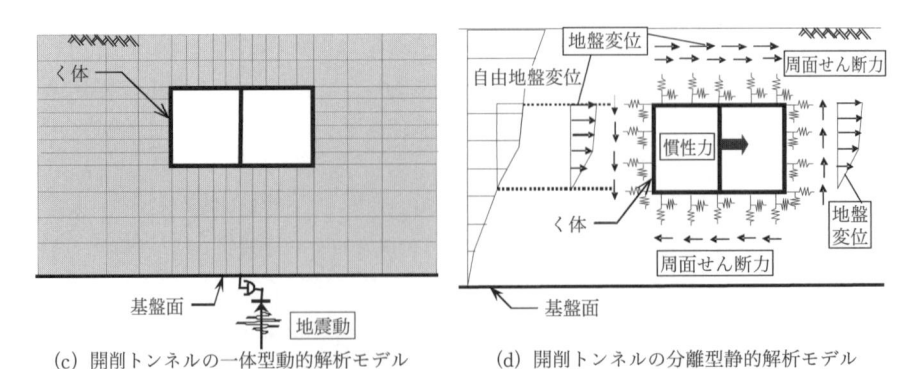

解説図 5.3.1　橋脚および開削トンネルの解析モデルと地震作用の例

車荷重による水平方向の慣性力は，列車荷重の特性値に線路方向については 0.2 g，線路直角方向については 0.3 g を乗じた値を上限値としてよい．列車荷重による線路方向の慣性力の算定において，応答加速度の上限値を 200 gal としたのは，車輪とレールとの粘着係数は 0.2 程度であり，それ以上の水平力が作用すると滑動するからである．また，線路直角方向の慣性力の算定において，応答加速度の上限値を 300 gal としたのは，車両には動的制振効果があること，また車両と構造物とは必ずしも同位相では応答しないことを考慮したものである．

3) 地盤変位（E_{QG}）

地震による慣性力以外に地盤変位の影響も大きいので，杭基礎等の深い基礎や開削トンネル等の地下構造物について分離型モデルを用いる場合は，その影響を適切に考慮するのがよい．

4) 地下構造物の周面せん断力（E_{QS}）

開削トンネルのような地下構造物について，**解説図 5.3.1**(d) に示すように静的解析法により分離型モデルを用いる場合の地震作用は，地盤変位，構造物の慣性力のほかに周面せん断力の影響を適切に考慮するのがよい．

5) 地震時土圧（E_{QE}）

橋台や擁壁について分離型モデルを用いる場合，地震時に作用する土圧は，地震時主働土圧を基本としてよい．その算定法は「鉄道構造物等設計標準・同解説（土留め構造物）」による．

6) 地震時動水圧（E_{QW}）

河川をわたる橋梁の橋脚，河川護岸，水路等に働く地震時動水圧の影響が顕著となるのは，構造高さの高いしかも水深の深い設計条件の場合に限られる．この場合には，地震時動水圧の影響を考慮することができる動的解析法により地震時の挙動を算定する，もしくは以下の簡便式により地震時動水圧を算出するのがよい．ただし，一般的な鉄道構造物であれば，地震時動水圧の影響は比較的小さいことから，検討を省略してもよい．

a) 壁状構造物に働く地震時動水圧（解説図 5.3.2）

片面にのみ水が存在する壁状構造物の動水圧は次式による．

$$P = \frac{7}{12} \frac{a_h}{g} \gamma_w b h^2 \qquad (解5.3.1)$$

ここに，P：構造物に加わる全動水圧（kN）
　　　　a_h：地表面の最大加速度（gal）
　　　　g：重力加速度（gal）
　　　　γ_w：水の単位体積重量（kN/m³）
　　　　h：水深（m）

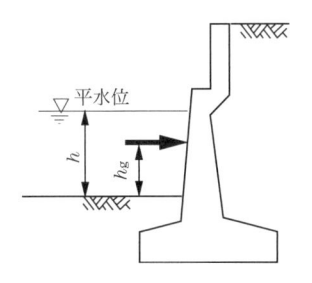

解説図 5.3.2 壁状構造物の動水圧 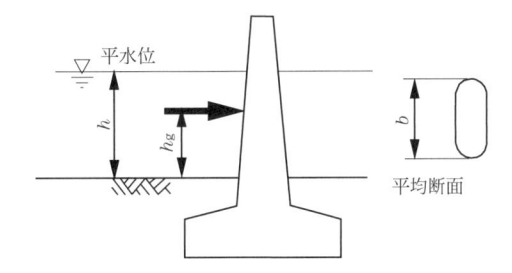　　**解説図 5.3.3** 柱状構造物の動水圧

b：動水圧の作用方向に直角のく体幅（m）

なお，全動水圧の合力作用点の地盤面からの距離 h_g（m）は次式による．

$$h_g = \frac{1}{2}h \qquad \text{（解 5.3.2）}$$

b) 柱状構造物に働く地震時動水圧（解説図 5.3.3）

周辺を完全に水で取り囲まれた柱状構造物の動水圧は次式による．

$$P = \frac{3}{4}\frac{a_h}{g}\gamma_w b^2 h \left(1 - \frac{b}{4h}\right) \qquad \frac{b}{h} \leq 2.0 \text{ の場合} \qquad \text{（解 5.3.3）}$$

$$P = \frac{3}{8}\frac{a_h}{g}\gamma_w b^2 h \qquad \frac{b}{h} > 2.0 \text{ の場合} \qquad \text{（解 5.3.4）}$$

記号は式（解 5.3.1）と同じ．

7) 地盤の液状化に伴う地盤の側方流動の影響（E_{QF}）

地盤の液状化に伴う側方流動が発生すると予測される地盤の変位は，地盤ばねを介して水平力として構造物へ与える．ただし，この場合には，構造物の重量による慣性力は考慮しない．

参考文献

1) 日本規格協会（JSA）：ISO 23469：2005，Bases for design of structures―Seismic actions for designing geotechnical works（和訳：構造物の設計の基本－地盤基礎構造物の設計に用いる地震作用）．
2) 室野剛隆，坂井公俊：短周期の卓越した地震動が橋梁・高架橋の耐震設計に与える影響評価，鉄道総研報告，Vol. 26，No. 11，2012．

5.4 設計作用の組合せ

設計作用の組合せは，構造物の種類と要求性能に応じて定めるものとする．

【解説】

設計地震動を用いて，地盤-構造物の動的一体解析を行う場合は，慣性力や地盤変位が自動的に反映される．一方，分離型モデルによる静的解析では慣性力や地盤変位を作用として考慮する必要がある．本標準の考え方を基本とした各要求性能において考慮する作用の組合せの一例を**解説表 5.4.1**に示す．

解説表 5.4.1 作用の組合せの例（杭基礎を有する高架橋）

作用の組合せ / 作用の種類		要求性能	安全性，復旧性			
			動的解析（一般の場合）		静的解析	
			一体型モデルの場合	分離型モデルの場合	一般の場合（分離型モデル）	側方流動の場合（分離型モデル）
固定死荷重		D_1	○	○	○	○
付加死荷重		D_2	○	○	○	○
プレストレス力		P_S	△	△	△	△
水圧，浮力（平水位）		W_{P1}	○	○	○	○
変動作用による土圧		E_L				
永久作用としての土圧		E_D				
地盤の側方移動の影響		G_F	△	△	△	
列車荷重		L	○	○	○	○
コンクリートの収縮の影響		S_H	△	△	△	△
コンクリートのクリープの影響		C_R	△	△	△	△
地震作用	地震動	E_{QB}	○	○		
	地震時慣性力	E_{QI}	※	※	○	
	地盤変位	E_{QG}	※	○	△	
	地震時土圧	E_{QE}				
	地震時動水圧	E_{QW}	※	△	△	
	側方流動の影響	E_{QF}				○

注）○：考慮するものとする．　△：必要により考慮するものとする．　※：自動的に反映されるものである．

6 章　設計地震動

6.1　一　般

（1） 設計地震動は，建設地点周辺における活断層の分布状況や活動度等の調査結果，および地盤の堆積構造や強震観測結果，地震活動履歴等の利用可能な資料を十分に活用して設定するものとする．

（2） 設計地震動は，建設地点の耐震設計上の基盤面を基準にして，水平方向および鉛直方向について設定するものとする．

【解説】
(1) について

　地震動の特性は，震源の特性，伝播経路の特性および対象地点周辺の地盤による増幅特性に依存する．また構造物の地震応答量，損傷程度は地震動の振幅の大小だけでなく周期特性や経時特性によっても大きく変化する．設計地震動は，これらの諸特性を適切に反映したものであることが望ましい．そのためには，歴史地震の発生状況や活断層調査結果，地盤構造の調査結果，建設地点周辺での地震・常時微動観測結果等の関連分野で利用可能な知識や資料を最大限に活用することが必要である．また，意思決定過程の透明性を確保する観点から，設計地震動を設定する際に用いたデータや評価手法，意思決定の根拠などの関連資料を設計図書に明記しなければならない．

　また，本標準における設計地震動は，自然現象としての地震動に影響のある各種の物理的要因をもとに設定するものである．そのため設計地震動は，構造物種別，設計に用いる計算モデルや構造物の重要度とは無関係に評価しなければならない．

6.2　耐震設計上の基盤面

　耐震設計上の基盤面は，せん断弾性波速度または土質柱状図に基づき，比較的強固な連続地層の上面に設定するものとする．

【解説】

建設地点周辺の深層を含む地盤構造と不整形性は地震動に顕著に影響することが知られている．したがって，地震動はこれらの影響を受けない硬質な岩盤（地震基盤：せん断弾性波速度が3.0 km/s程度の堅固な岩盤）の上面において規定し，この地震動に堆積層による増幅等を考慮して，構造物への入力地震動を推定するのが理想的である．しかし，鉄道構造物の設計で必要な周期帯域までを考慮できる精度で深部地下構造が判明している地域は少ないのが現状である．これらの背景と設計実務における土質調査の現状を勘案して，設計地震動は耐震設計上の基盤面で設定するものとする．

耐震設計上の基盤面とは，以下の2つの条件を満足する地層の上面としてよい．

① せん断弾性波速度が400 m/s以上の比較的強固な連続地層

② 上層とのせん断弾性波速度の差が十分に大きく，下層とのせん断弾性波速度の差が小さい

この耐震設計上の基盤面は，必ずしも洪積層上面あるいは「鉄道構造物等設計標準・同解説（基礎構造物）」に示される支持層とは一致しない．また，実際の地盤調査においては，支持層まで到達した段階で調査を終了している場合が多く，せん断弾性波速度400 m/sを満たす地盤まで到達していないケースもあると考えられる．このような場合には，砂質土でN値50以上，粘性土でN値30以上の連続地層とその上層との剛性比が大きいことを確認することにより，上記①，②の条件を満足するものと考え，この連続地層上面を耐震設計上の基盤面としてもよい．

6.3 L1地震動の設定

L1地震動は，建設地点における構造物の設計耐用期間内に数回程度発生する確率を有する地震動として，基準となる地震動に地域特性を考慮して設定するものとする．

【解説】

L1地震動は，主として鉄道構造物の安全性を車両の走行安全性の観点から照査するための地震動である．また，これまでの経験からL1地震動に対して損傷させないように設計された構造物は，これまでの大地震によく耐えてきたという事実もあり，構造物の降伏耐力を設定する際に参考とすることもできる．

国土交通省鉄道局からは，L1地震動として**解説表6.3.1，解説図6.3.1**に示す減衰定数5%の弾性加速度応答スペクトルを，地域別係数として**解説表6.3.2，解説図6.3.2**を当面の間用いることがそれぞれ

解説表 6.3.1 L1地震動の弾性加速度応答スペクトル（減衰定数5%）

周期 T (s)	応答加速度 (gal)
$0.1 \leq T < 0.2$	$508 \times T^{0.44}$
$0.2 \leq T < 1.4$	250
$1.4 \leq T$	$350 \times T^{-1.0}$

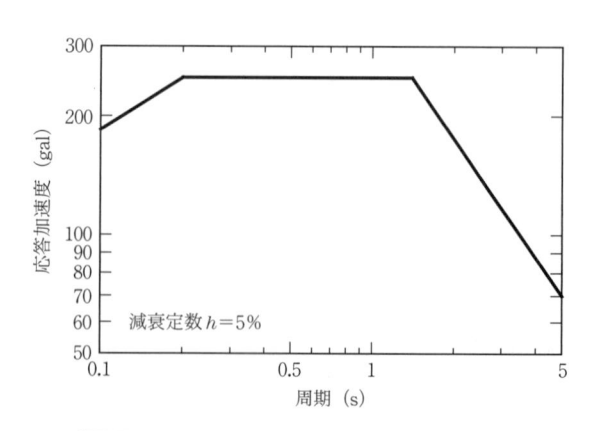

解説図 6.3.1 L1地震動の弾性加速度応答スペクトル

6章 設 計 地 震 動　37

解説表 6.3.2 地域別係数

地域区分		A	B	C
地域別係数		1.00	0.85	0.70
対象地域	北海道	日高，釧路，十勝，根室の各支庁	上川，網走，胆振，渡島の各支庁	石狩，後志，檜山，宗谷，留萌，空知の各支庁
	東 北	青森，岩手，宮城，福島	秋田，山形	
	北 陸	富山，石川，福井	新潟	
	関 東	茨城，栃木，群馬，千葉，埼玉，東京，神奈川		
	中 部	静岡，山梨，長野，愛知，岐阜，三重		
	近 畿	滋賀，京都，大阪，奈良，和歌山，兵庫		
	中 国		鳥取，岡山，島根，広島	山口
	四 国	徳島，香川，高知	愛媛	
	九 州	宮崎	大分，長崎，熊本，鹿児島，沖縄	佐賀，福岡

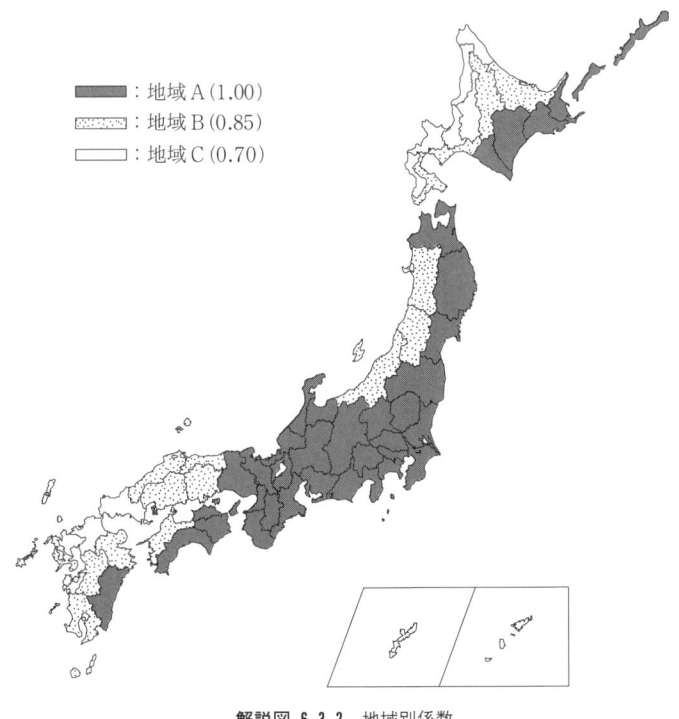

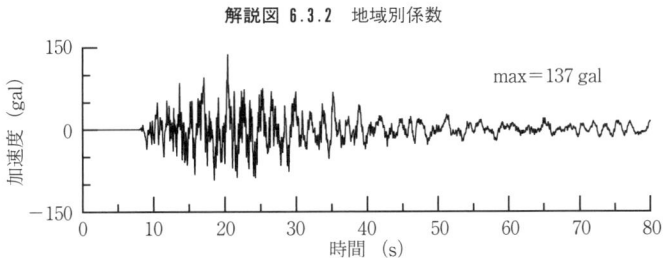

解説図 6.3.2 地域別係数

解説図 6.3.3 L1地震動の時刻歴波形 (max=137 gal)

示されている[1]．**解説表 6.3.1**，**解説図 6.3.1**は水平方向成分を想定した弾性加速度応答スペクトルである．L1地震動を用いた動的解析を実施する場合には**解説図 6.3.3**に示す時刻歴波形を用いてよい．また，固有周期が2秒以上の構造物は減衰特性が特殊であることや，高次モードの影響が無視できないなど，地震時に複雑な挙動をすることが想定されるため，L1地震動の適用にあたっては注意を要する．

解説表 6.3.2，**解説図 6.3.2**の地域別係数は地域ごとの地震活動度の差を反映させるための係数であり，**解説表 6.3.1**のL1地震動に乗ずることができる．この地域別係数は，近年の地震調査結果などに基づいた，確率論的地震危険度解析をもとに設定されている．

なお，このL1地震動は，耐震設計上の基盤面としてせん断弾性波速度が400 m/s程度の地盤面で定義された弾性加速度応答スペクトルである．よって，この条件よりもせん断弾性波速度が大きな地盤を耐震設計上の基盤面とする場合には，地盤条件の違いを適切に考慮した上で設計地震動を設定することができる．例えば，「7.3.4 簡易解析による方法」で定義されているG0地盤は，せん断弾性波速度700 m/s程度の岩盤を想定して設定されたスペクトルであるため，このような地盤を耐震設計上の基盤面とする場合には，**解説表 7.3.3**におけるG0地盤の弾性加速度応答スペクトルをL1地震動とすることができる．さらに硬質な地盤が確認されている場合には，地震動の増幅，減衰の影響を考慮した上で，**解説表 6.3.1**の地震動を補正して用いることも可能である．なお，鉛直方向成分は，その地盤による増幅が比較的小さいと考えられるので，G0地盤の弾性加速度応答スペクトルの1/2としてよい．

参 考 文 献

1) 国土交通省鉄道局：鉄道構造物等設計標準（耐震設計）の運用について，国鉄技第34号（平成24年7月2日）．

6.4 L2地震動の設定

6.4.1 一 般

L2地震動は，建設地点で考えられる最大級の強さをもつ地震動として，「**6.4.2 活断層の調査**」および「**6.4.3 L2地震動の対象地震の選定**」に基づき，震源となる活断層と建設地点を特定して，「**6.4.4 L2地震動の算定**」により設定するものとする．

【解説】

L2地震動は，主として，構造物の安全性を照査するための地震動である．従来の鉄道構造物の耐震設計におけるL2地震動は，「極めて稀であるが非常に強い地震動」と表現されており，地震の発生確率を考慮していた．しかし，陸地近傍で発生する大規模なプレート境界地震と活断層による内陸直下の地震では，その再現期間が大幅に異なっているため両者の地震を同列に扱うことは困難である．また，全般的に特定の地震の再現期間に関する情報は現時点では極めて不足している．以上のことから，本標準では，地震の発生確率をL2地震動の設定時に考慮しないものとした．

将来の地震に関しては，現時点では震源断層の破壊過程等に多くの不確定要因が含まれるため，予測結果には大きなばらつきが伴うことは避けられない．例えば2011年に発生した東北地方太平洋沖地震では，4つ程度の震源域が連動した結果，マグニチュード9.0という規模の地震となったが，この地域において事前にこのような想定はされていなかった．鉄道構造物の安全性はこのような不確定性，ばらつきをすべ

て包含する形で確保されることが望ましい．一方で従来の耐震設計では，設計地震動の大きさだけでなく，構造物の強度，安全性の限界状態等，各プロセスに存在する不確定性やばらつきに対して経験的に設定された安全率を付与する形で全体の安全性を確認してきた．そのため，各段階で設定される安全率の大きさや経済性とのバランスで地震動強度や構造物の性能を適切に設定する必要がある．本標準においても基本的にはこの設計体系を踏襲しており，その場合には，L2地震動は物理的に発生可能と考えられる極限としての地震動強さを下回ることもある．なお，最大級の強さとは単なる加速度の大きさを指すのではなく，対象とする構造物にとって最大級の影響を与える地震動ということである．

6.4.2 活断層の調査

活断層の調査は，既存資料により，対象とする路線近傍の断層あるいはリニアメントの分布位置，確実度および活動度等に関する情報を収集するものとする．さらに，必要な場合はその目的に応じて調査の事項，方法，精度等を検討のうえ計画，実施するのがよい．

【解説】

日本列島は環太平洋造山帯に位置し，活断層等で特徴付けられる比較的新しい時代の地質構造が多く知られるなど複雑な地形・地質条件のもとにある．このような条件下で線状構造物である鉄道の路線選定を

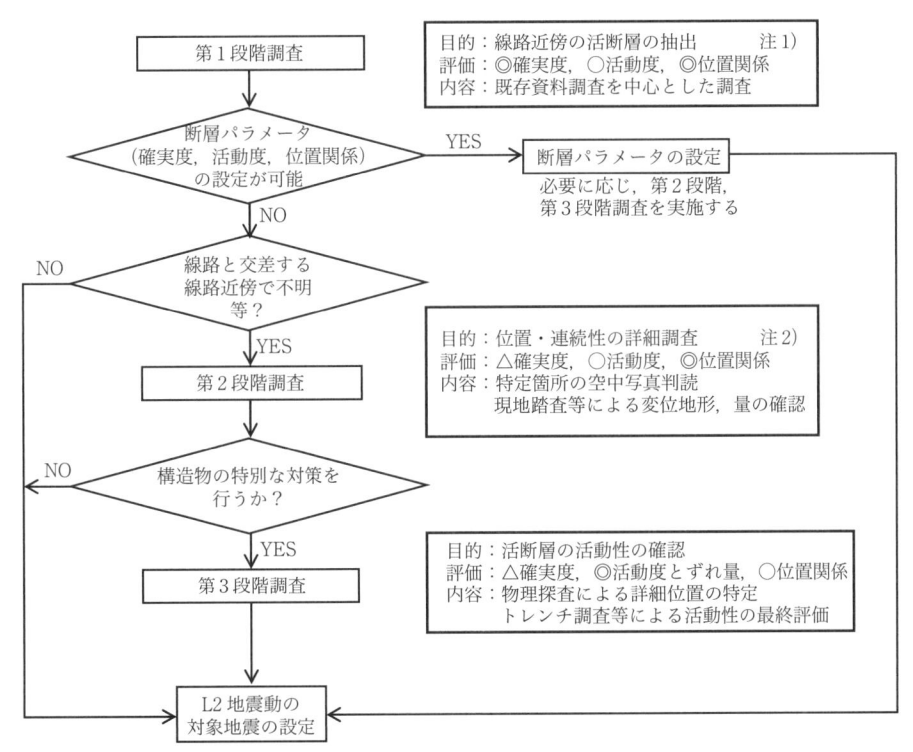

注1) 確実度Ⅰ，Ⅱの活断層を抽出，調査範囲は20～30 kmを目安とする．
注2) 調査の範囲は路線の重要度を考慮する必要はあるが，線路から10 km程度までの範囲を基本と考える．ただし，範囲外近傍に重要な断層（確実度，活動度の高い活断層等）がある場合にはこれも対象とする．
注3) 評価については主な3項目の評価指標（確実度，活動度，位置関係）を調査段階ごとの重要性（◎，○，△）により区分し，さらに次の調査段階に進む必要がある場合の主な例を示す．

解説図 6.4.1 断層に関する調査の基本フロー

行う場合，すべての活断層を把握し，かつ避けることは困難である．また，活断層に関わる調査は調査方法等の基準化や客観的な評価基準の設定が困難であり，個々の断層の調査に費やす時間や経費に比べて十分な成果が必ずしも期待できない現状にあると考えられる．

このような背景から，耐震設計のための地震動の選定を目的とする場合，活断層の調査はまず既存資料の収集，整理により，活断層やその疑いのあるリニアメントの分布位置，確実度および活動度等に関する情報を収集することを基本とし，必要な場合には**解説図 6.4.1** に示すように目的に応じて調査の事項，方法，精度等を検討のうえ計画，実施することが望ましい．資料調査（第1段階調査）での範囲は，現段階では線路から 20～30 km の幅の範囲とする．また，次段階の詳細調査（第2，第3段階調査）ではいくつかの既往事例調査に基づき，現段階では線路から 10 km の範囲を基本とし，構造物の重要度を考慮して決定するものとする．なお，既存資料調査については，「新編 日本の活断層」[1]等がその基礎的資料となるが，最新の情報や今後の調査結果等を随時追加し，その時点での総合的な評価を行うことが重要である．

断層の危険度判断の際の評価指標として，従来の検討では対象範囲内の調査結果から得られる各断層あるいはリニアメントの確実度，活動度および最終活動期と再現期間等がその危険度という観点から重要とされていた．これらの評価指標の重要性は鉄道においても大きな違いはないが，線状構造物であることを考慮すると，**解説表 6.4.1** に示す路線と対象となる活断層との位置関係も危険度を工学的に判断するうえで重要となる．また，現段階で詳細な活動性，再来期間等が明らかな断層は限られており，さらに L2 地震動においては地震の発生確率などは考慮していない．そのため実際には，路線と断層との位置関係を把握することを主体に調査を行うのがよい．

解説表 6.4.1　線路と活断層の近接程度

断層の近接程度	線路と活断層の位置関係
1. 交差	路線計画上，あるいは既設線路と直接交差する位置関係にある断層
2. 近接	交差する関係にはないが，十分な離隔距離がとり得ない断層
3. 分布	ある程度の離隔距離が確保される断層

注）2,3 の区分については検討調査範囲幅の 1/2 の距離を目安とする．

調査結果は個別の断層やリニアメント，あるいは調査対象範囲全域の調査結果を目的に合わせて整理する．これらの結果の利用にあたっては，その危険度を主に断層と路線の位置関係，確実度等から総合的に検討したうえで，L2 地震動の対象地震を選定することになる．

参 考 文 献

1) 活断層研究会編：新編日本の活断層，東大出版会，1991．

6.4.3　L2 地震動の対象地震の選定

L2 地震動の対象地震は，過去の地震に関する地震学的情報や，活断層等の地質学的情報と構造物の動特性等を総合的に考慮した上で選定するものとする．

【解説】

　建設地点周辺で過去に発生した地震に関する情報や周辺に分布する活断層等の地質学的情報等に基づき，建設地点において最大級の強さの地震動をもたらし得る地震をL2地震動の対象地震として選定する．L2地震動を選定する際には，わが国における過去の被害地震や活断層に関する特徴を総合的に網羅した資料や，過去に発生した比較的規模の大きな地震のデータがまとめられた代表的な地震カタログなどが利用可能である．また，わが国における活断層の情報を網羅したデータベースや地図などもあり，これらも有用である（「**付属資料6-1　L2地震動の対象地震の選定のための資料**」を参照）．

　一方，兵庫県南部地震以降，地震の発生源としての活断層の見直しと種々の調査が精力的に行われ，それらの成果は将来の地震の発生確率とともに地震調査研究推進本部[1]より順次公表されている．また，各地方公共団体や国の研究機関による活断層の調査結果，強震動予測結果[例えば2),3)]も蓄積されつつある．これらの情報は今後逐次更新されていくと考えられるため，その時点での最新の資料や情報を収集するとともに，それらの情報を総合的に踏まえた形でL2地震動の対象地震を選定する必要がある．ただし，現在までに様々な機関，組織によって強震動予測が実施されているが，何を目的としているかによって，予測手法や結果に大きな差が生まれることに注意が必要である．そのためこれらの強震動予測の意図，目的，解析手法を十分に理解したうえで，鉄道構造物の耐震設計に適した地震動となっていることを確認しておく必要がある．

　また，同一地点であっても対象とする構造物の振動特性によってL2地震動の対象地震が異なる場合がある．例えば，構造物の周期が長い場合や液状化が予測される地盤などでは，加速度が小さくても周期や継続時間が長い地震の方が大きな影響を及ぼす可能性があり，遠方で発生する規模の大きな地震が選定される場合もある．例えば2011年東北地方太平洋沖地震では，震源から数百km離れた千葉県浦安市付近で大規模な地盤の液状化が発生した．そのためL2地震動の選定にあたってはこのような特徴を十分に踏まえておく必要がある．

参　考　文　献

1) 地震調査研究推進本部地震調査委員会：「全国を概観した地震動予測地図」報告書，2005.
2) 中央防災会議　首都直下地震対策専門調査会：首都直下地震対策専門調査会報告，2005.
3) 大阪府：大阪府自然災害総合防災対策検討（地震被害想定）報告書，2007.

6.4.4　L2地震動の算定

6.4.4.1　一　般

　L2地震動は，強震動予測手法に基づき地点依存の地震動として算定するものとする．ただし，詳細な検討を必要としない場合は，簡易な手法によりL2地震動を算定してもよい．また，L2地震動の算定時には，伏在断層による地震についても配慮するものとする．

【解説】

　L2地震動を算定する手法を選択する時の考え方を**解説図6.4.2**に示す．L2地震動は，震源特性・伝播経路特性・地点特性を考慮した強震動予測手法に基づき，地点依存の地震動として算定するものとする．ただし，詳細な検討を必要としない場合は，簡易な手法によりL2地震動を算定してもよい．

　詳細な検討が必要な場合とは，

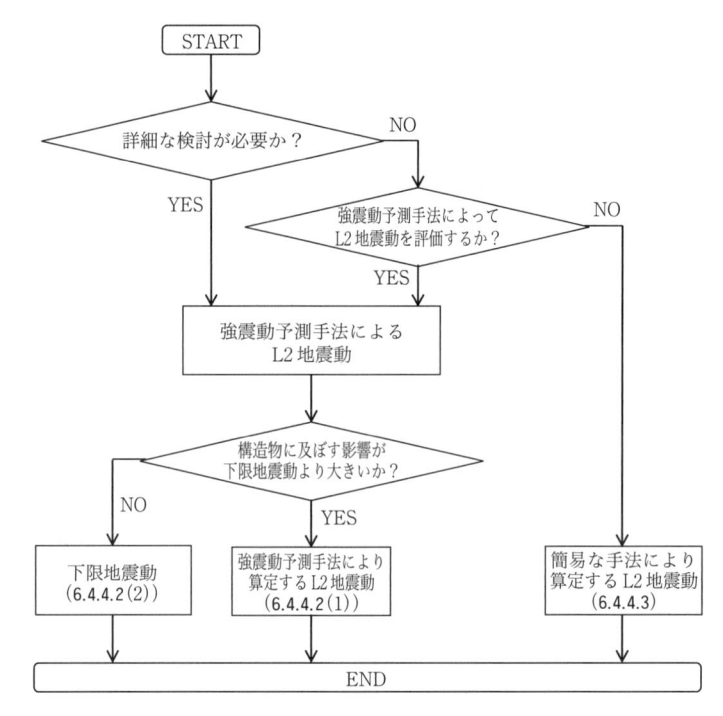

```
                    START
                      │
                      ▼
            ┌─────────────────┐ NO
            │ 詳細な検討が必要か？├──────┐
            └─────────────────┘      │
                   │ YES              ▼
                   │         ┌─────────────────┐ NO
                   │         │ 強震動予測手法によって├──────┐
                   │         │ L2地震動を評価するか？│     │
                   │         └─────────────────┘     │
                   │                │ YES            │
                   ▼                ▼                │
            ┌─────────────────┐                      │
            │ 強震動予測手法による │                      │
            │    L2地震動     │                      │
            └─────────────────┘                      │
                   │                                 │
                   ▼                                 │
            ┌─────────────────┐                      │
            │ 構造物に及ぼす影響が │                      │
            │ 下限地震動より大きいか？│                    │
            └─────────────────┘                      │
             NO │         │ YES                      │
                ▼         ▼                          ▼
        ┌──────────┐ ┌──────────────┐ ┌──────────────┐
        │ 下限地震動 │ │強震動予測手法により│ │ 簡易な手法により│
        │(6.4.4.2(2))│ │算定するL2地震動 │ │算定するL2地震動│
        │          │ │ (6.4.4.2(1))  │ │  (6.4.4.3)   │
        └──────────┘ └──────────────┘ └──────────────┘
                         │
                        END
```

解説図 6.4.2 L2地震動の算定方法

① モーメントマグニチュード Mw=7.0 よりも大きな震源域が建設地点近傍に確認される場合
② 耐震設計上の基盤面より深い地盤構造の影響によって地震動の著しい増幅が想定される場合

である．上記①については，東海・東南海・南海地震などの巨大海溝型地震の震源断層が陸地直下に潜り込むような地点の近傍や，中央構造線などの大規模な内陸活断層などが存在する地点の近傍が該当する可能性がある．「**付属資料6-2 L2地震動の算定時に詳細な検討を必要とする地域と対応の考え方**」に詳細な検討を必要とする地域の目安と対応の考え方を示すが，実際の適用に当たっては慎重に対応することが望ましい．②については，耐震設計上の基盤面以深の地盤構造の影響によって，局所的に大きな地震動となる可能性がある．例えば新潟県中越沖地震においては，ごく限られた領域において周期2～3秒程度で非常に大きな地震記録が観測されたが，その要因としては地点の地震増幅特性と震源特性の組み合わせによって発生したと考えられている．**解説表6.4.3**，**解説表6.4.4**は標準的な地震増幅特性を有する地点を念頭に設定したものであるため，深部地下構造の影響により地震動特性が大きく増幅することが分かっているような地域においてこれらの地震動を用いることはできない．建設地点の地震増幅特性を評価するには，地震観測，常時微動観測が有効であり，事前に調査を行うことが望ましい．これら調査に基づいて地震増幅特性を評価する方法を，「**付属資料6-2 L2地震動の算定時に詳細な検討を必要とする地域と対応の考え方**」に示す．

6.4.4.2 強震動予測手法により算定するL2地震動

（1） L2地震動を強震動予測手法により算定する場合は，断層の広がりと破壊伝播の影響，距離減衰特性，深部地下構造による地震動の増幅特性を考慮するものとする．

6章 設計地震動　43

（2）　建設地点およびその周辺に活断層が知られていない場合においても，伏在断層による地震が直下で発生する可能性に配慮するものとする．この伏在断層による地震動をL2地震動の下限値として設定するものとする．

【解説】
(1) について

震源特性，伝播経路特性，地点増幅特性を考慮した強震動予測手法に基づき，地点依存の地震動を評価する手法としては，理論的方法，半経験的方法，経験的方法がある．利用できるパラメータの量と質，設計する構造物の重要性や動特性などを勘案しながら，適切な手法を選択することが望ましい．以下にそれぞれの特徴を記すが，現状では2）の方法が耐震設計において最も適用性の高い方法である．

1）理論的方法

地盤構造や震源過程などを理論的にモデル化し，差分法や有限要素法，波数積分法などの数値解析法によって地震動を推定する方法である．深部地盤の調査を詳細に行った場合には，周期数秒程度より長周期では，信頼性の高い予測結果が期待される．しかしながら本手法において構造物の設計に必要な短周期成分を精度よく推定することは，地盤構造の推定精度や計算容量を勘案すると現時点では困難である．そこで短周期側を2）または3）の方法で求め，これに理論的方法で求めた地震動を組み合わせるハイブリッド合成法もある．震源近傍の堆積盆地上の地震動を予測する場合には，たとえ経験的グリーン関数が存在しても，小地震の震源の位置によって，堆積盆地構造内で励起されるやや長周期の地震動の特性が大きく変化する可能性があるので，上記のハイブリッド合成法を用いることが多い．

2）半経験的方法

建設対象地点で観測された小さな地震記録を，想定した断層の破壊過程に応じて重ね合わせることによって，当該断層の地震動を推定する方法である．伝播経路特性および地点の増幅特性が小地震記録（経験的グリーン関数）によって正確に評価されていることが期待されるため，現時点では鉄道構造物の周期帯域付近において最も精度の高い強震動予測手法であると考えられる．しかしながら対象とする断層面上で発生した小規模地震の観測記録が対象地点で観測されていない場合には，理論的方法または経験的・統計的方法によってグリーン関数を評価することになる．この場合の予測精度は，グリーン関数を評価した方法の精度に依存するため，注意が必要である．対象地点において地震観測記録が得られている場合には，地震動の信頼性は飛躍的に向上することが期待されるため，対象地点において短期間の地震観測を行い，地震観測記録を蓄積しておくことは非常に有効である．

3）経験的方法

距離減衰式などの各種経験式によって強震動予測を行う方法である．経験式によって断層の広がりや破壊伝播の影響などを考慮できるように工夫されているものがあり，このような経験式はL2地震動の評価に用いることができる．しかしながら，多くの経験式は与えられた条件に対する地震動の平均的な大きさを与えるに過ぎないことに注意が必要である．

上記1）～3）の各方法によって算定された地震動には，断層のモデル化のばらつきや，パラメータ設定のばらつき，計算手法によるばらつきなど数多くの不確定性が含まれていることを認識しておかなければならない．設計地震動を算定する際には，これらのばらつき，不確定性を適切に判断することが必要である．さらに各手法を用いて算定される地震動がどの程度の精度を持っているかについても確認しておくことが望ましい．予測精度を確認する方法としては，対象地点において観測された中小地震の記録に対し

て，各手法を用いて予測を行った場合の再現性を把握しておくこと等が考えられる．

（2）について

　活断層の存在が知られていない地域でも中規模以下の直下型地震が発生した事例は多く，それに伴う地震被害も発生している．既往の研究では，概ねマグニチュード6.5以下の地震は活断層として地表に痕跡を残していないものが多く，活断層データから地震の発生を予測することは困難であるとされている[1]．このような理由から，本標準では，綿密な調査を行った場合においても，全国すべての地点で最低限考慮するL2地震動の下限値として，マグニチュード6.5の地震が直下で発生することを想定することにより，震源断層が伏在する場合に備えることとした．

　マグニチュード6.5以上の地震でも例外的に地表地震断層を出現させない地震もあるが，既往の被害データによると，これらの地震の被害程度がマグニチュード6.5以下の地震による被害の上限とそれほど大きな差がないことが分かっている．そのためマグニチュード6.5の地震が直下で発生することを想定しておくことによってこれらの例外的な地震に対してもある程度の対応は可能であるものと考えられる．

　この下限地震動の弾性加速度応答スペクトルとしては，国土交通省鉄道局より当面の間，**解説表 6.4.2** および**解説図 6.4.3** を用いることとされている[2]．なお，**解説表 6.4.2** は水平方向成分を想定した弾性加速度応答スペクトルであり，このスペクトルは数値計算や観測記録との比較により，マグニチュード6.5程度の地震が近傍で発生した場合における応答スペクトルをほぼ包絡することが確認されている．なおこの下限地震動は，耐震設計上の基盤面としてせん断弾性波速度が400 m/s程度の地盤を設定した場合の弾性加速度応答スペクトルである．よって，この条件よりもせん断弾性波速度が大きな地盤を耐震設計上の基盤面とする場合には，地盤条件の違いを適切に考慮した上で下限地震動を設定することができる．また，L2地震動には発生確率を考慮しないため，下限地震動には地域別係数は考慮しない．

解説表 6.4.2　下限地震動の弾性加速度応答スペクトル（減衰定数5%）

周期 T (s)	応答加速度 (gal)
$0.1 \leq T \leq 0.9$	1100
$0.9 < T$	$1000 \times T^{-1.137}$

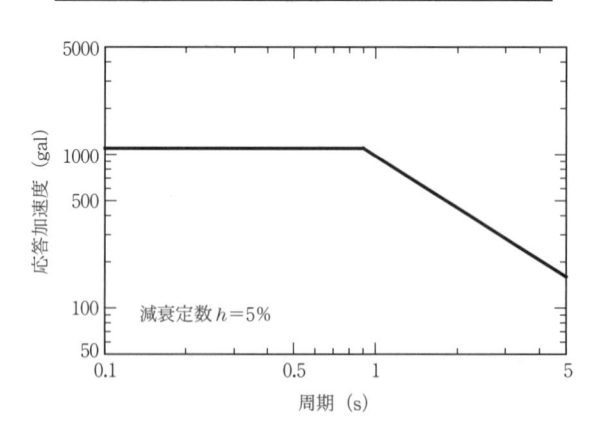

解説図 6.4.3　下限地震動の弾性加速度応答スペクトル

参 考 文 献

1) 土木学会地震工学委員会耐震基準小委員会：土木構造物の耐震設計ガイドライン（案），2001．
2) 国土交通省鉄道局：鉄道構造物等設計標準（耐震設計）の運用について，国鉄技第34号（平成24年7月2日）．

6.4.4.3 簡易な手法により算定するL2地震動

L2地震動を簡易な手法により算定する場合は，あらかじめ妥当性が検証された標準的な弾性加速度応答スペクトルに基づき算定してよい．

【解説】
1) **簡易な手法によりL2地震動を算定する場合の弾性加速度応答スペクトル**

簡易な手法によりL2地震動を算定する場合には，国土交通省鉄道局より当面の間，**解説表6.4.3**，**解説表6.4.4**に示す2種類の弾性加速度応答スペクトル（標準応答スペクトル）を用いることとされている[1]．これら標準応答スペクトルは，L2地震動の水平方向成分を想定した弾性加速度応答スペクトルであり，具体的には以下の地震動を想定したものである．

① 海溝型の地震：プレート境界で繰返し発生する Mw 8.0 程度の海溝型地震が60 km程度離れた地点で発生した場合の地震動を想定したもの（スペクトルI）で，その形状を**解説図6.4.4**に示す．

② 内陸活断層による地震：Mw 7.0 程度の内陸活断層による地震が直下で発生した場合の地震動を想定したもの（スペクトルII）で，その形状を**解説図6.4.5**に示す．

これらの地震動は，既往の地震による観測記録を耐震設計上の基盤面位置に補正し，さらに想定している地震規模，距離となるように補正して得られた応答スペクトル群に対して，一定非超過確率（非超過確率90%）で包絡したものである[2],[3]．これは，従来のL2地震動と同様の手順で算定されているが，近年

解説表 6.4.3 スペクトルIの弾性加速度応答スペクトル（減衰定数5%）

周期 T (s)	応答加速度 (gal)
$0.1 \leq T \leq 0.7$	1500
$0.7 < T \leq 2.0$	$1000 \times T^{-1.137}$

解説表 6.4.4 スペクトルIIの弾性加速度応答スペクトル（減衰定数5%）

周期 T (s)	応答加速度 (gal)
$0.1 \leq T \leq 0.5$	2200
$0.5 < T \leq 2.0$	$1000 \times T^{-1.137}$

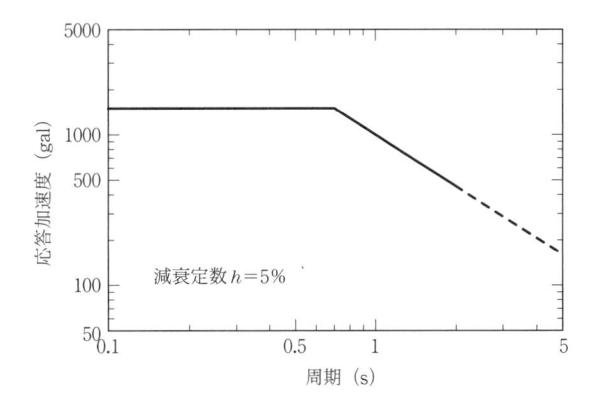

解説図 6.4.4 スペクトルIの弾性加速度応答スペクトル

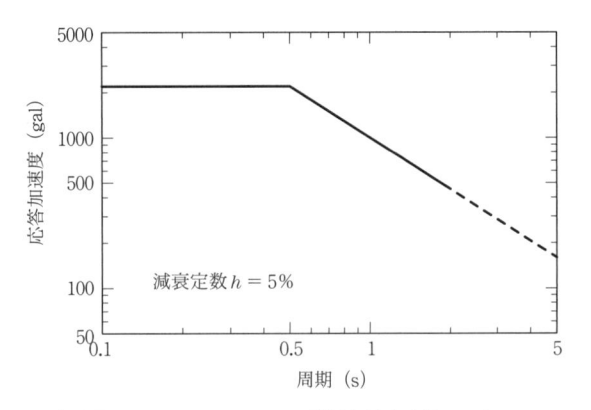

解説図 6.4.5 スペクトルⅡの弾性加速度応答スペクトル

発生したマグニチュード7級の大規模地震による地震動特性も踏まえて再検討されたものである．これらの標準応答スペクトルを設定した手順を「**付属資料6-3 L2地震動の標準応答スペクトルの設定方法**」に示す．これらのスペクトルは，周期0.1秒から2秒程度までを対象として算定している．そのため等価固有周期が2秒以上の構造物に対して標準応答スペクトルを適用することはできない．また，L2地震動には発生確率を考慮しないため，地域別係数は考慮しない．

また，地震動は地震基盤から耐震設計上の基盤面までの堆積構造により増幅特性が大きく異なることが指摘されている[2),3)]．例えば，地震基盤（V_s＝3000 m/s程度の堅固な岩盤）が浅い地域では短周期が卓越し，地震基盤の深い地域では地震動の卓越周期が長くなることが過去の観測記録から明らかになってきている．2011年の東北地方太平洋沖地震では，地震基盤が浅い地域で広範囲にわたり短周期成分の非常に大きな地震動が観測された．一方で，標準応答スペクトルは，鉄道構造物の周期帯域における増幅特性を勘案して，地震基盤が概ね500mより深い場合を想定して算定したものである．そのため，地震基盤の浅い地域に周期の短い橋梁・高架橋（等価固有周期0.3秒以下）を設計するような場合には，標準応答スペクトルに加えて短周期成分の大きな地震動を設定し，構造物の性能を照査することが望ましい．この時のL2地震動の設定の考え方は「**付属資料6-4 短周期成分の卓越したL2地震動の考え方**」による．

また標準応答スペクトルは，耐震設計上の基盤面としてせん断弾性波速度が400 m/s程度の地盤を設定した場合の弾性加速度応答スペクトルである．よって，この条件よりもせん断弾性波速度が大きな地盤を耐震設計上の基盤面とする場合には，地盤条件の違いを適切に考慮した上で設計地震動を設定することができる．例えば，「**7.3.4 簡易解析による方法**」で定義されているG0地盤は，せん断弾性波速度700 m/s程度の岩盤を想定して算定されたスペクトルであるため，このような地盤を耐震設計上の基盤面とする場合には，これを設計地震動とすることができる．さらに硬質な地盤が確認されている場合には，地震動の増幅，減衰の影響を考慮した上で，**解説表6.4.3**および**解説表6.4.4**の地震動を補正して用いることも可能である．なお，鉛直方向成分は，その地盤による増幅が比較的小さいと考えられるので，G0地盤の弾性加速度応答スペクトルの1/2としてよい．

2) 簡易な手法によりL2地震動を算定する場合の時刻歴波形

簡易な手法によりL2地震動を算定した場合の動的解析に用いる地震動波形は，地震動の非定常性を考慮して，設計地震動の弾性加速度応答スペクトルに適合させたものを用いてよい．これまでは，振幅特性のみに重点が置かれており，位相特性については乱数を用いる方法およびある実地震波のある観測点記録

6章 設 計 地 震 動   47

の位相をそのまま用いる方法などが一般的に用いられてきた．しかし，位相特性が地震動の非定常性と関係があること，およびその非定常性が構造物の弾塑性応答に与える影響が大きいことを考慮すると，位相特性についても想定地震に応じて適切に算定しなければならない．

　解説図 6.4.6，**解説図 6.4.7** に示す時刻歴波形は，これまでの観測記録および断層破壊過程を考慮した手法により位相特性をモデル化[4),5)]し，**解説表 6.4.3**，**解説表 6.4.4** の弾性加速度応答スペクトルに適合させることによって算定したものである[6)]．これは，標準応答スペクトルに適合する時刻歴波形の1サンプルであり，地盤，構造物の応答値を動的解析によって算定する際に用いることを目的として作成されたものである．そのため，他の目的に用いるときには，この波形を用いることの妥当性を予め確認しておく必要がある．

3） 簡易な手法によりL2地震動を算定する場合の弾性加速度応答スペクトル，時刻歴波形の選択

　簡易な手法によりL2地震動を算定する場合の流れを**解説図 6.4.8** に示す．

　建設地点周辺にマグニチュード6.5以上の断層が存在しないことが確かめられた場合には，**解説表 6.4.3** のスペクトル I をL2地震動として算定することができる．この**解説表 6.4.3** のスペクトル I は，**解説表 6.4.2** の下限地震動を包絡している．断層の有無の判断としては，**解説図 6.4.1** に示す第2段階調査を実施しても断層の存在が確認されない場合に，断層が存在しない可能性が高いものと判断してもよいものとする．

　周辺の活断層の存在が明らかな場合には，建設地点に最も影響を与える震源域の地震規模，震源域から対象地点までの距離によって**解説表 6.4.4** に示すスペクトル II を低減させることができる．スペクトル II を低減させる方法を「**付属資料 6-5 スペクトル II の規模および距離による低減方法**」に示す．また，**解説表 6.4.3** に示すスペクトル I は，$M_w 8.0$ 程度の海溝型地震が60 km程度離れた地点で発生した場合の地震動を想定したものであるため，海溝型地震の発生域から距離が離れた地点では，この地震動を補正することも考えられるが，その場合にも**解説表 6.4.2** の下限地震動を下回ることはできない．

　マグニチュード6.5以上の断層の存在が不明な場合には，標準応答スペクトル（スペクトル I ，スペク

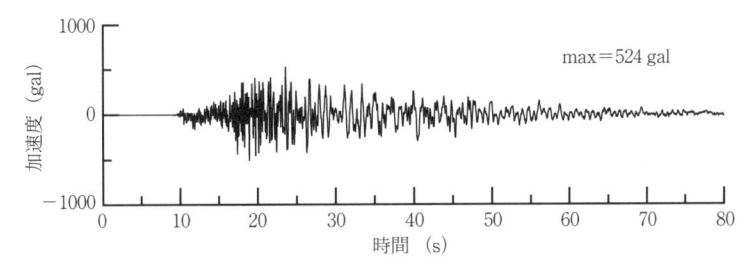

解説図 6.4.6　スペクトル I の時刻歴波形

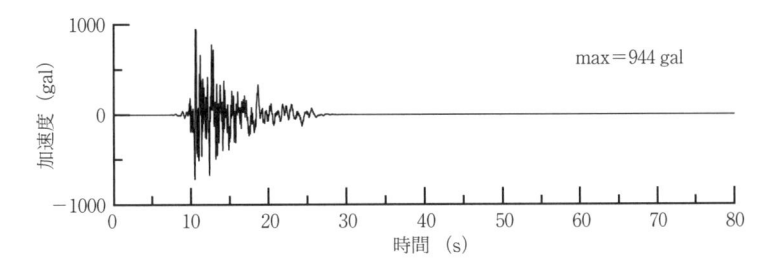

解説図 6.4.7　スペクトル II の時刻歴波形

```
                        ┌─────────┐
                        │  START  │
                        └────┬────┘
                             │
                    ╱─────────────────╲
           NO    ╱ マグニチュード6.5以上の震源 ╲    不明
        ┌──────<   エリアが近傍に存在するか?     >──────┐
        │       ╲                   ╱              │
        │         ╲───────┬───────╱                │
        │                 │ YES                    │
        │                 ▼                        │
        │         ╱─────────────╲                  │
        │       ╱  規模および距離による ╲   NO         │
        │      <    低減を行うか?       >────────┐   │
        │       ╲                    ╱         │   │
        │         ╲──────┬──────────╱          │   │
        │                │ YES                 │   │
        │                ▼                     │   │
        │    ┌──────────────────────┐          │   │
        │    │ スペクトルⅡを低減係数で修正 │          │   │
        │    │    (付属資料6-5)        │          │   │
        │    └──────────┬───────────┘          │   │
        │               │                     │   │
        ▼               ▼                     ▼   │
  ┌──────────┐  ┌──────────────┐       ┌──────────────┐
  │ スペクトルⅠ │  │ 修正スペクトルⅡ  │       │  スペクトルⅡ   │
  │(解説表6.4.3)│  │ (付属資料6-5), │       │(解説表6.4.4), │
  │          │  │  スペクトルⅠ    │       │  スペクトルⅠ   │
  │          │  │ (解説表6.4.3)  │       │(解説表6.4.3)* │
  └─────┬────┘  └──────┬───────┘       └───────┬──────┘
        │              │                       │
        └──────────────┼───────────────────────┘
                       ▼
                  ┌─────────┐
                  │   END   │
                  └─────────┘
```

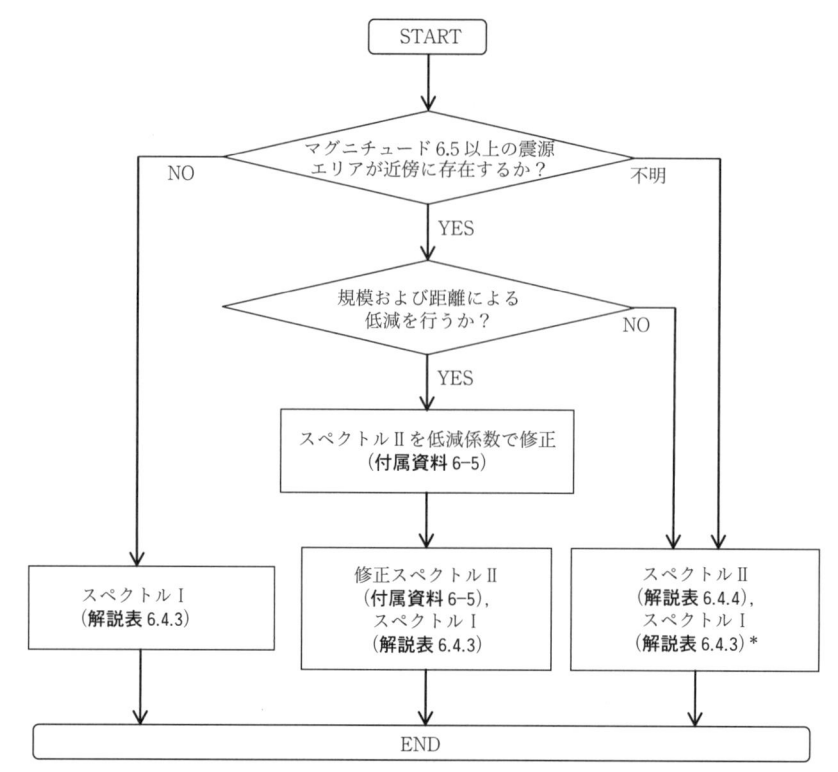

※原則的にはスペクトルⅠ, Ⅱに対して照査を行うが, 地震動の繰返しの影響が小さい場合における応答値の算定, 性能照査を行う場合には, スペクトルⅠによる照査を省略できる

解説図 6.4.8 L2地震動を簡易な手法により算定する場合の流れ

トルⅡ)を用いる.ここで, **解説図 6.4.6, 解説図 6.4.7** より, スペクトルⅠの弾性加速度応答スペクトルはスペクトルⅡで包含されているものの, 想定する地震規模や震源からの距離の違いによって, 継続時間はスペクトルⅠの方がより長くなっている. そのため液状化地盤中の高架橋等のように, 地震動の繰り返し作用によって損傷の進行が想定されるような橋梁および高架橋に対しては, スペクトルⅠの方がより損傷が大きくなる可能性が考えられる. よってこれらの構造物を設計する場合には, L2地震動としてスペクトルⅠ, スペクトルⅡのどちらを選択するかの判断は十分に注意が必要であり, その判断が難しい場合などは, スペクトルⅠとスペクトルⅡの両者を考慮した設計を行うべきである. ただし, 非液状化地盤中の橋梁や高架橋のように, 地震動の繰返しの影響が小さい場合における応答値の算定, 性能照査を行う場合には, スペクトルⅠによる照査を省略できる場合がある.

参 考 文 献

1) 国土交通省鉄道局:鉄道構造物等設計標準(耐震設計)の運用について, 国鉄技第34号(平成24年7月2日).
2) 坂井公俊, 室野剛隆, 佐藤勉, 澤田純男:深部地下構造を考慮した内陸活断層型地震の経験的評価, 土木学会地震工学論文集, 第29巻, pp.98-103, 2007.
3) 坂井公俊, 室野剛隆, 澤田純男:地震基盤深度を考慮したレベル2地震動の簡易評価, 第12回地震時保有耐力法に基づく橋梁等構造の耐震設計に関するシンポジウム講演論文集, pp.317-322, 2009.

4) 佐藤忠信，室野剛隆，西村昭彦：震源・伝播・地点特性を考慮した地震動の位相スペクトルのモデル化，土木学会論文集，No.612/I-46，pp.201-213，1999．
5) 室野剛隆，川西智浩，坂井公俊：位相のインバージョンに基づく地震波形合成法，鉄道総研報告，Vol.23, No.12, pp.5-10, 2009．
6) 坂井公俊，室野剛隆，川西智浩：鉄道構造物の耐震設計で用いる設計地震動の時刻歴波形に関する検討，鉄道工学論文集，Vol.15, pp.164-169, 2011．

6.5 復旧性を検討するための地震動の設定

復旧性を検討するための地震動は，あらかじめ妥当性が検証された地震動に基づき設定してよい．ただし詳細な復旧性の検討を行う場合は，構造物の設計耐用期間と地震動の再現期間を考慮して地震動を設定するものとする．

【解説】

復旧性を検討するための地震動とは，主として鉄道構造物の復旧性を復旧期間や経済性の観点から検討するための地震動であり，構造物の耐用期間とその再現期間などを考慮して設定される．

地震時の復旧性を検討するには，構造物の耐用期間内に想定される複数の地震動を受けた場合に復旧期間や経費等が妥当な範囲内となることを，初期費用と地震損失費用等を考慮して確認する方法が有効である[1]．この際の地震動設定方法としては，過去に発生した地震のデータおよび活断層データを用いて，確率論的地震危険度解析により各地震動レベル毎の発生確率を算定し，この危険度解析結果に適合した生起確率付地震動群を算定する手法がある[2]．

しかしながらこの方法で復旧性を検討するためには，現状では非常に多くの不確定な事項もあり，また適用においては制約も多い．そこで，国土交通省鉄道局から示されている[3]ように，当面の間は**解説表6.4.4**に示す標準応答スペクトル（スペクトルⅡ）を復旧性を検討するための地震動として用いてもよいものとする．この場合には，地域ごとの地震活動度の差を考慮するために**解説表6.3.2**に示す地域別係数により，標準応答スペクトルを低減してもよい．

なお，「**付属資料6-6** 簡易に復旧性を検討する場合の作用と限界値の組合せに関する検討の例」において，東京・名古屋などの地震活動の高い地域を対象にした詳細な検討を行った結果，ある条件下では**解説表6.6.4**に示す標準応答スペクトルを用いて復旧性を検討することにより，初期費用と地震損失費用という観点からも適切な断面を与えることを確認している[4]．また，上記のスペクトルを用いることで，従来からの設計体系との連続性も確保できるというメリットもある．

参 考 文 献

1) 土木学会・地震工学委員会・耐震設計基準小委員会：土木構造物の耐震性能設計における新しいレベル1の考え方（案），委員会活動報告書，2003．
2) 坂井公俊，室野剛隆：地震危険度解析に基づく生起確率付地震動群の作成方法，鉄道総研報告，Vol.24, No.5, pp.11-16, 2010．
3) 国土交通省鉄道局：鉄道構造物等設計標準（耐震設計）の運用について，国鉄技第34号（平成24年7月2日）．
4) 坂井公俊，室野剛隆，佐藤勉，澤田純男：トータルコストを照査指標とした土木構造物の合理的な耐震設計法の提案，土木学会論文集A1（構造・地震工学），Vol.68, No.2, pp.248-264, 2012．

7章　表層地盤の挙動の算定

7.1　一般

> 表層地盤の挙動の算定は,「**6章** 設計地震動」で設定された設計地震動を用いて,地点依存の地盤応答解析によるものとする.

【解説】
　耐震設計における構造物への影響という視点で表層地盤を捉えると,表層地盤には大きく分けて2つの側面が存在する.一つは,表層地盤は地震動を伝える媒体としての側面であり,その地震時挙動が構造物への作用(地震作用)を決めている.もう一つは,表層地盤は構造物を支持するという側面であり,表層地盤が安定を失うと構造物は大きな被害を受ける.つまり,表層地盤には,構造物への作用としての側面と構造物を支持するという側面が存在する.表層地盤の挙動を評価することは,構造物の耐震設計を考える上で非常に重要であり,このことは,既往の震災事例および解析事例からも明らかにされている.
　本章では主に構造物への作用としての地盤挙動の評価方法を示す.支持性能など安定問題としての地盤挙動については「**8章** 構造物の応答値の算定」によるものとする.
　表層地盤の挙動を適切に評価するためには,「**4.3** 地盤・盛土」に基づいて地盤の諸数値を決定し,地盤応答解析により「**6章** 設計地震動」で設定した設計地震動に対する表層地盤の挙動を評価するものとする.

7.2　耐震設計上注意を要する地盤

7.2.1　一般

　以下の特性を有する地盤および現象が想定される地盤では,耐震設計上,特に注意して表層地盤の挙動を評価するものとする.
　（1）　ごく軟弱な粘性土層およびシルト質土層
　（2）　地下水位下の砂質土を主体とする土層に生じる地盤の液状化
　（3）　液状化に伴う地盤の側方流動
　（4）　地盤の動力学特性や地層構成による地震動の増幅

(5) 不整形地盤における局所的な地震動の増幅

【解説】
(1) について
　一軸圧縮強さが小さい粘性土地盤は，試料の作成が困難で測定精度に問題があること，地震による繰返し応力によって強度が低下する場合があることに注意が必要である．そこで，現地盤面から深さ3m以内にある粘性土層であって，一軸圧縮試験または原位置試験より推定される強度が20 kN/m²以下の極めて低い軟弱な土層については，それより下方の土層に対して上載土として働くものの，その強度および変形係数は考慮しないものとする．

(2) について
　地下水位下の砂質土を主体する土層が液状化することにより地盤の強度や剛性が低下するため，地盤の挙動は大きく変化し，加速度の頭打ちや変位の著しい増大，卓越周期の長周期化等が想定される．近年では，この加速度の頭打ち現象を一種の免震効果と考えた対策工なども提案されている．一方，液状化により地盤の強度が低下するため，地盤の支持力低下にも繋がる．構造物は沈下，傾斜する場合があり，これまでも多くの被害事例が報告されている．したがって，耐震設計にあたっては対象地盤が液状化する地盤であるかどうかを適切に判定しなければならない．その具体的な方法は「**7.2.2 地盤の液状化**」に示す．

(3) について
　1964年の新潟地震や1995年の兵庫県南部地震では，河川や海等の水際線背後の地盤が広範囲にわたって液状化し，護岸の崩壊や移動に起因して地盤が水平方向に数mのオーダーで移動する現象，いわゆる側方流動が生じ，多数の構造物基礎に甚大な被害を与えた．また，1983年の日本海中部地震等では，緩やかな傾斜地盤で広範囲にわたって液状化が発生し，側方流動が発生したことが報告されている[1]．
　このため，構造物の建設予定地点が河川や海等の水際線背後地盤または地表面と液状化の想定される地層が広範囲で傾斜している地盤で，「**7.2.2　地盤の液状化**」に示す方法により，広範囲にわたって液状化すると判定された地盤は，側方流動の影響を考慮して，構造物の性能を照査する必要がある．液状化地盤の側方流動のメカニズムについては1995年の兵庫県南部地震以降，活発に研究が進められているが，現時点においても未解明な点が残されている．ここでは既往地震における事例および模型実験からの知見をもとに側方流動が生じる可能性のある地盤として上記のように定める．ただし，以下の条件を満足することが確認された場合には側方流動の影響を考慮しなくてもよい．

1) 設計地震動に対して護岸が安定である場合
2) 側方流動の起点と考えられる地盤，あるいは建設地点近傍地盤のどちらかにおいて，式（解7.2.3）で算定される液状化指数 P_L が15以下の場合
3) 側方流動による地盤変位量と側方流動を考慮する層厚の比が1/100以下の場合

1) について
　水際線背後地盤の側方流動量は護岸の崩壊または大移動に起因している．このため設計地震動に対して護岸が安定であることが確認された場合には，側方流動の検討を行わなくてよいものとする．

2) について
　地表面が傾斜している地盤の側方流動は，重力により液状化した土が流体として下方に流れることが原因とされている．このため，地表面の傾斜の程度と方向および液状化層の平面的な分布形状を調査して側方流動の発生の可能性を検討する必要がある．模型実験によれば側方流動は，砂質土が完全な液状化状態

に達し，流体的な振る舞いをすることによって生じることが明らかにされている[2]．このため，液状化指数が15以上である地盤が3%以上の傾斜で広範囲にわたって存在している場合は，その影響を検討する必要がある．

ただし，側方流動の起点と考えられる地盤あるいは建設地点地盤のどちらか一方の液状化指数が15以下の場合は側方流動の影響を考慮しなくてよいものとする．

3) について

側方流動による構造物の被害の多くは，側方流動を考慮する層の上下間の相対変位による変形率に影響していると考えられる．既往の研究によれば，RC構造物などは変形率が1/100程度以下であれば大きな損傷には至らないことが確認されていることから，式（解7.2.1）を満足すれば側方流動の影響を考慮しなくともよいものとする．

$$D/H \leq 1/100 \qquad (解 7.2.1)$$

ここに，D：側方流動による地盤変位量（m）
　　　　H：液状化層の厚さ（m）

なお，水際線背後地盤および地表面が傾斜している地盤における側方流動による地盤変位量は，現在までの調査・研究成果を整理・集約した「**付属資料7-1 側方流動による建設地点での地盤変位量の推定方法**」による方法で推定してよい．

(4) について

土の動力学特性により，地震動の増幅特性が大きく異なることに注意が必要である．例えば，非線形化しやすい地盤であれば，一般には地表面での地震動の加速度は頭打ちの傾向を示すが，変形は大きくなる．逆に非線形化しにくい地盤であれば，変形は小さいものの大きな加速度を伝えることになる．例えば2004年新潟県中越地震では，表層3mの土質のせん断弾性波速度と非線形特性の違いにより，わずか700mしか離れていない地点の地震動の大きさが1.5倍も異なることが指摘されている[3]．また，地震動は各土層内で重複反射を繰り返しながら伝播するので，地層構成によっても地震動の増幅特性は大きく異なる．

これらのことに鑑みると，地震動の増幅という観点から注意が必要な地盤のおおまかな目安としては，(2)に示す以外に次のような地盤が考えられる．

① N値が0～1のような軟弱な粘性土層が連続し，地震時に特性が大きく変化するような地盤
② 内陸部の腐植土層やシラス等の火山灰質土が厚く堆積する地盤や沿岸部の極軟弱な埋立て地盤等
③ 地層構成に変化が多い地盤
④ 上下の土層とインピーダンス比の変化が大きい中間土層が存在する地盤

(5) について

地表面が崖地形である場合や地表面は水平に近くても，耐震設計上の基盤面が大きく傾斜している地盤

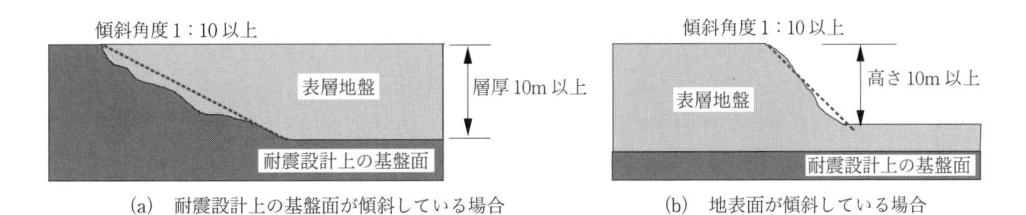

解説図 7.2.1 不整形地盤としての影響を考慮する必要がある範囲の目安

等では，複雑な波動伝播特性により，地震動が局所的に増幅することに注意が必要である．これらの地盤は不整形地盤と呼ばれ，過去の地震被害もこのような場所で集中している場合が多く，耐震設計上は注意を要する．

不整形地盤としての影響を考慮する必要がある条件としては，1) かつ2) にあてはまる地盤を目安としてよい（**解説図 7.2.1** 参照）．

1) 平均的な傾斜角度が 1：10 程度よりも大きい場合
2) 層厚（崖地の高さまたは堆積層の層厚）が 10 m よりも大きい場合

参 考 文 献

1) 濱田政則，安田進，磯山龍二，恵本克利：液状化による地盤の永久変位の測定と考察，土木学会論文集，第 376 号，III-6，pp. 211-220，1986.12.
2) 澤田亮，菊入崇，西村昭彦，木村正彦，田所淳，大河内保彦，川久保政茂：液状化による地盤の側方流動が基礎構造物に及ぼす影響に関する研究（その1），（その2），第 33 回地盤工学研究発表会，pp. 987-990，1998.7.
3) 藤川智，先名重樹，藤原広行，大井昌弘：2004 年新潟県中越地震の強震観測点における表層地盤の地震動増幅，日本地震工学会論文集　第 6 巻，第 3 号，pp. 27-42，2006.

7.2.2　地盤の液状化

7.2.2.1　地盤の液状化の判定を行う土層

地下水位下の砂質土を主体とする土層のうち，液状化の可能性がある土層については，地盤の液状化の判定を行うものとする．

【解説】

液状化の判定は，密度，拘束圧，粒度，応力状態などを考慮して，適切に行う必要があるが，一般には，液状化の判定を行う必要のある土層は，以下に示す項目のすべてに該当する土層とする．

1) 地下水位面が現地盤面から 10 m 以内にある地盤中の土層
2) 現地盤面から 20 m 以内の範囲にある土層
3) 平均粒径 D_{50} が 10 mm 以下で，かつ 10% 粒径 D_{10} が 1 mm 以下の土層
4) 細粒分含有率 F_C が 35% 以下，または F_C が 35% を越えても粘土分含有率 P_C が 15% 以下の土層

ここで，液状化の判定を行う土層は，以下に示す理由により定めた．

1) について

地下水位面が低い場合には有効上載圧が増加して土の液状化強度が大きくなることが期待できる．そこで，過去の被害事例をもとに，地下水位面 10 m を閾値として設定した．なお，地下水位面の設定にあたっては，その変動が大きい場合には注意を要する．

2) について

深い位置における土層は有効上載圧も大きく，液状化した例は極めて少ないこと，さらに液状化が生じても構造物に与える被害は小さいこと等による．ただし，20 m 以深でも，深い開削トンネルなど液状化の発生により浮き上がり等の構造物に重大な損傷が生じると判断された場合や，明らかに上部 20 m 以浅の液状化する可能性のある土層と連続する層である判断された場合は，液状化の判定を行うのがよい．

3) について

1995 年の兵庫県南部地震では平均粒径 D_{50} が 5 mm 以上のまさ土等の礫質土の液状化が確認されたこ

とを踏まえて定めている．また，粗粒で均等係数が低く，透水性が高い礫質土は液状化しにくいことを考慮し，透水係数との相関が高い10%粒径D_{10}が1mmを越える場合は液状化の判定を省略してよい[1]．

4)について

液状化が確認された土層の大部分は細粒分含有率F_cが35%以下の土層であることを考慮して定めている．しかし，F_cが35%を越えても粘土分含有率P_cが小さい土層では液状化した例があるためそれを考慮するものとする[2]．

なお，洪積砂層は一般にN値が高く，液状化抵抗が高いため液状化の可能性は低いと考えられる．したがって，本標準では洪積砂層については液状化判定土層から除外してもよいものとする．ただし，洪積砂層でありながら液状化抵抗が小さい特殊な洪積砂層については乱れの少ない試料を用いた室内土質試験等を実施して液状化の判定を行うことが望ましい[3]．

また，初期せん断応力が作用しているような地表面のみが傾斜している地盤（液状化が想定される地層は水平）については，作用せん断力が一方向に卓越する傾向となることから変形が一方向に集中し，軟化する．しかし，過剰間隙水圧の上昇程度は低く，一般的に言われている液状化現象とは異なる傾向を示すことが確認されている．そのため，盛土のり尻部のような地表面のみが傾斜している地盤などの条件では液状化の可能性は低いと考えられるので，液状化判定を行う土層から除外してもよい．

また，比較的深い掘削を行って開削トンネルを施工する場合や，大幅な地下水位低下・回復の履歴を受けた場合などでは，一般に地盤は過圧密状態にあるものと想定される．既往の研究では，過圧密状態にある地盤は正規圧密状態と比較して液状化強度が大きくなることが確かめられている[3]ことから，過圧密の程度を精緻に把握できる場合においては液状化の判定においてこの影響を考慮してよいものとする．

なお，判定の適用にあたっては，構造物の建設地点における既往の液状化発生履歴に関する資料等が存在すれば，それも参考にするのがよい．

参考文献

1) 松尾修，東拓生：液状化の判定法，土木技術資料，Vol.39, No.2, pp.20-25, 1997.2.
2) 森伸一郎，境野典夫，沼田淳紀，長谷川昌弘：埋立地の液状化で生じた噴砂の諸特性，土と基礎，Vol 39, No.2, pp.17-22, 1991.
3) 澤田亮：洪積砂層の液状化強度特性に関する実験的検討，日本鉄道施設協会誌，Vol.47, No.12, pp.1006-1008, 2009, 12.
4) 松丸貴樹，澤田亮，伊藤晋，大村寛和：細粒分を含む砂の液状化強度特性に及ぼす過圧密の影響の検討，土木学会第63回年次学術講演会論文集（CD-ROM），pp.111-112, 2008.

7.2.2.2　地盤の液状化の判定

地盤の液状化の判定は，構造物の建設地点における土質特性および設計地震動の特性等を考慮して行うものとする．

【解説】

地盤の液状化の判定は，構造物の建設地点における土質特性および設計地震動の特性等を考慮して行うものとする．液状化の判定方法には，液状化抵抗率による方法と動的解析による方法の2つの方法が考えられる．

1) **液状化抵抗率による方法**

液状化抵抗率よる方法は，地盤特性と地震動特性を定量的に評価して液状化抵抗率により地盤の液状化

危険度等を予測する方法である．原位置試験あるいは室内地盤材料試験から求められる液状化強度比と地表面最大加速度から求められる地震時最大せん断応力比を比較して液状化の危険度を判定する場合と，地盤の動的応答値から各土層の地震時最大せん断応力比を算定し，液状化強度比と比較することで液状化の危険度を判定する場合がある．

液状化抵抗率による方法では，各検討深さにおいて式（解7.2.2）より算定される液状化抵抗率が1.0未満の土層については液状化するものとする．

$$F_L = \frac{R}{L} \qquad (解7.2.2)$$

ここに，F_L：液状化抵抗率
R：液状化強度比
L：地震時最大せん断応力比

ここで，判定に用いる土の液状化強度の推定方法については，これまでにも様々な検討がなされてきている．これまでに得られた知見から，液状化強度特性に影響を及ぼす可能性のあるものとして，密度，拘束圧，粒度，応力状態，波形などの要因が挙げられている．このうち，砂質土そのものの性質である密度，粒度による影響に関してはかなり解明されているが，拘束圧，応力状態などの初期応力，波形の影響については，まだ完全に明らかにされていないのが現状である．

これらの研究の大部分は，1964年の新潟地震を契機に実施され始めたもので，近年の大規模地震の影響を考慮したものは数少ないのが現状である．そこで，本標準では照査の対象とする地震に応じて，以降a)およびb)に示すように土の液状化強度の推定方法を規定するものとする．

また，液状化の範囲，程度については，深さ方向の分布および周辺地盤の状況等から総合的に判断するものとする．この場合，式（解7.2.3）より算定される液状化指数[1]（液状化抵抗率の深さ方向の変化から，液状化の激しさの程度を表す指標）が目安となる．

$$P_L = \int_0^H (1-F_L) w \, dz$$
$$w = 10 - 0.5z \qquad (解7.2.3)$$

ここに，P_L：液状化指数
F_L：式（解7.2.2）より算定される液状化抵抗率．$F_L>1$の土層および液状化の判定対象外の土層については$F_L=1$として考慮する
w：液状化抵抗率の深さ方向の重み関数
z：地表面からの深さ（m）
H：液状化の判定を考慮する表層地盤の厚さで$H \leq 20$ mとする

ここで，式（解7.2.3）より算定される液状化指数$P_L>5$の場合について，液状化地盤としてその影響を考慮するものとし，その際における構造物の応答値は「**8章 構造物の応答値の算定**」による．

a） L1地震動に対する液状化判定

L1地震動に対する液状化判定に用いる液状化強度比Rについては，既往の構造物の安全性を考慮して土の繰返し非排水三軸試験結果において，繰返し回数が20回で軸ひずみ両振幅5%に至る際の動的せん断強度比R_{20}を液状化強度比Rとして用いてよい．ただし，試験の実施が困難な場合は，式（解7.2.4）により液状化強度比Rを算定してよい[2),3)]．

また，この時の地震時最大せん断応力比Lは「**付属資料1-7** 地盤種別ごとの地表面設計地震動」における地表面の最大加速度a_{max}を用いて式（解7.2.6）より算定することを原則とするが，便宜的に地表面最大加速度a_{max}として200 gal（震度換算0.2）を用いて式（解7.2.6）より算定してもよい．

7 章 表層地盤の挙動の算定

$$R = f_R \times \begin{cases} a\{N_1^{0.5} + (bN_1)^c\} + h(N_1, \sigma_v') + f(D_{50}, F_c, \sigma_v') & D_r \geq 60\% \\ 0.0882\sqrt{\dfrac{N}{\sigma_v'/100 + 0.7}} + f(D_{50}, F_c, \sigma_v') & D_r < 60\% \end{cases} \quad (解 7.2.4)$$

$$h(N_1, \sigma_v') = 9.8 \times 10^{-8} \left\{ \frac{0.68(\sigma_v'/100 + 1.5)}{(\sigma_v'/100 + 0.7)} N_1 - 9.9433 \right\}^{5.1} \quad (解 7.2.5)$$

$$L = (1.0 - 0.015z)\frac{\alpha_{\max}}{g}\frac{\sigma_v}{\sigma_v'} \quad (解 7.2.6)$$

$$\sigma_v = \gamma_{t1} h_w + \gamma_{t2}(z - h_w) \quad (解 7.2.7)$$

$$\sigma_v' = \gamma_{t1} h_w + \gamma_{t2}'(z - h_w) \quad (解 7.2.8)$$

ここに, R：液状化強度比
L：最大せん断応力比
z：地表面から検討する位置までの深さ（m）
N：N 値
D_r：相対密度で次式による

$$D_r = 36\left(\frac{N}{\sigma_v'/100 + 1.5}\right)^{0.37} \quad (解 7.2.9)$$

N_1：基準化 N 値で次式による．

$$N_1 = 2.5\left(\frac{N}{\sigma_v'/100 + 1.5}\right) \quad (解 7.2.10)$$

$\alpha_{\max}$：地表面最大加速度（gal）
σ_v：全上載圧（kN/m²）
σ_v'：有効上載圧（kN/m²）
γ_{t1}：地下水位面より浅い位置での土の単位体積重量（kN/m³）
γ_{t2}：地下水位面より深い位置での土の単位体積重量（kN/m³）
γ_{t2}'：地下水位面より深い位置での土の有効単位体積重量（kN/m³）
h_w：地表面から地下水位面までの深さ（m）
f_R：液状化強度の算定上の不確実性を考慮する地盤抵抗係数で 1.0 とする

$f(D_{50}, F_c, \sigma_v')$：細粒分および平均粒径の補正項で次式による

$$f(D_{50}, F_c, \sigma_v') = \begin{cases} 0.0027 F_c + 0.065 & D_{50} < 0.075\,\text{mm},\ F_c > 50\% \\ 0.21 \cdot \log_{10}\left(\dfrac{0.20}{D_{50}}\right) + 0.065 \cdot \log_{10}(F_c + 1) - 0.065 \cdot \log_{10}\dfrac{\sigma_v'}{100} & 0.075\,\text{mm} \leq D_{50} \leq 0.5\,\text{mm} \\ -0.084 + 0.065 \cdot \log_{10}(F_c + 1) - 0.065 \cdot \log_{10}\dfrac{\sigma_v'}{100} & D_{50} > 0.5\,\text{mm} \end{cases}$$

(解 7.2.11)

D_{50}：平均粒径（mm）
F_c：細粒分含有率（%）
a, b, c：係数でそれぞれ 0.0676, 0.0368 および 4.52 である．

b) L2 地震動に対する液状化判定

L2 地震動に対する液状化判定に用いる液状化強度比 R は，乱れの少ない試料を用いた室内土質試験結果から軸ひずみ両振幅 10～15% における動的せん断強度比～繰返し回数の関係，および「**7.3.3 動的解析による方法**」による自由地盤の動的解析結果から得られる各深さのせん断応力波形を用い，累積損傷度理論を適用して補正[4]を行い，式（解 7.2.12）により算定する．

$$R = \frac{1+2K_0}{3} R_D \tag{解 7.2.12}$$

ここに，R_D：累積損傷度理論を適用して補正した液状化強度比

K_0：静止土圧係数

累積損傷度理論により液状化強度比を補正するのは，液状化の発生機構および液状化強度比に与える地震動の繰返しの影響を考慮するためである．2011年東北地方太平洋沖地震では，千葉県浦安の埋立地盤で，地震動の加速度が小さいにも関わらずその継続時間が非常に長かったために，大規模な液状化に至るという事象が発生したが，累積損傷度理論を適用することにより，このような事象にも十分に適用が可能であることが確認されている[5]．

累積損傷度理論を適用した液状化強度比の補正方法を以下に示すが，「**付属資料7-2 液状化強度比の評価方法**」にもその詳細を示す．

① 建設地点の地震動における検討対象層のせん断応力比のピーク波列を推定
② 検討対象層の動的せん断強度比～繰返し回数の関係（土質試験）を推定
③ ①より得られるせん断応力比を②の関係に代入して繰返し回数を算定
④ ③で得られた繰返し回数から累積損傷度を算定
⑤ ④で得られた累積損傷度が1.0となるように①で得られたせん断応力比を補正
⑥ ⑤で補正したせん断応力比の最大値を検討対象層における建設地点の地震動を考慮した液状化強度比 R_D とする

補正方法のイメージを**解説図7.2.2**に示す．

i）建設地点の地震動における検討対象層のせん断応力比のピーク波列の推定

累積損傷度理論により補正を行う際の地震時せん断応力比のピーク波列は，「**7.3.3 動的解析による方法**」による地盤の応答解析結果から得られる各深さのせん断応力のピーク値を式（解7.2.13）によりせん断応力比に換算して求めるものとする．

$$L_{(i,z)} = \frac{\tau_{(i,z)}}{\sigma_v'} \tag{解 7.2.13}$$

ここに，$L_{(i,z)}$：深さ z における繰返し回数 i 回目におけるせん断応力比

$\tau_{(i,z)}$：深さ z における繰返し回数 i 回目におけるせん断応力（kN/m²）

σ_v'：有効上載圧（kN/m²）

なお，「**7.3.3 動的解析による方法**」に示す地盤の動的解析の実施が困難な場合には，「**7.3.4 簡易解析による方法**」で示す地表面の設計地震動波形のピーク値より式（解7.2.6）により各深さの地震時せん断応力比のピーク値を算定してもよい．この場合の地表面加速度は，「**付属資料7-7 地盤種別ごとの地表面設計地震動**」による．

ii）検討対象層の動的せん断強度比～繰返し回数の関係の推定

室内試験から液状化強度を推定する場合は，乱れの少ない試料を採取して試験を実施することが基本である．しかし，一般的にはサンプリング試料には乱れが生じることが多い．この場合，サンプリング試料の乱れの補正方法として原位置と試験試料のせん断弾性係数を一致させることが考えられる．すなわち，室内試験実施時に原位置とのせん断弾性係数を比較し，必要に応じて試験試料に微小な繰返しひずみ振幅を載荷して原位置のせん断弾性係数と合致するように調整を行ってから試験を実施することで乱れの影響を除去した液状化強度の推定が可能となる．「**付属資料7-3 乱れの影響を除去した液状化強度比の推定**」にその例を示す．

7章 表層地盤の挙動の算定

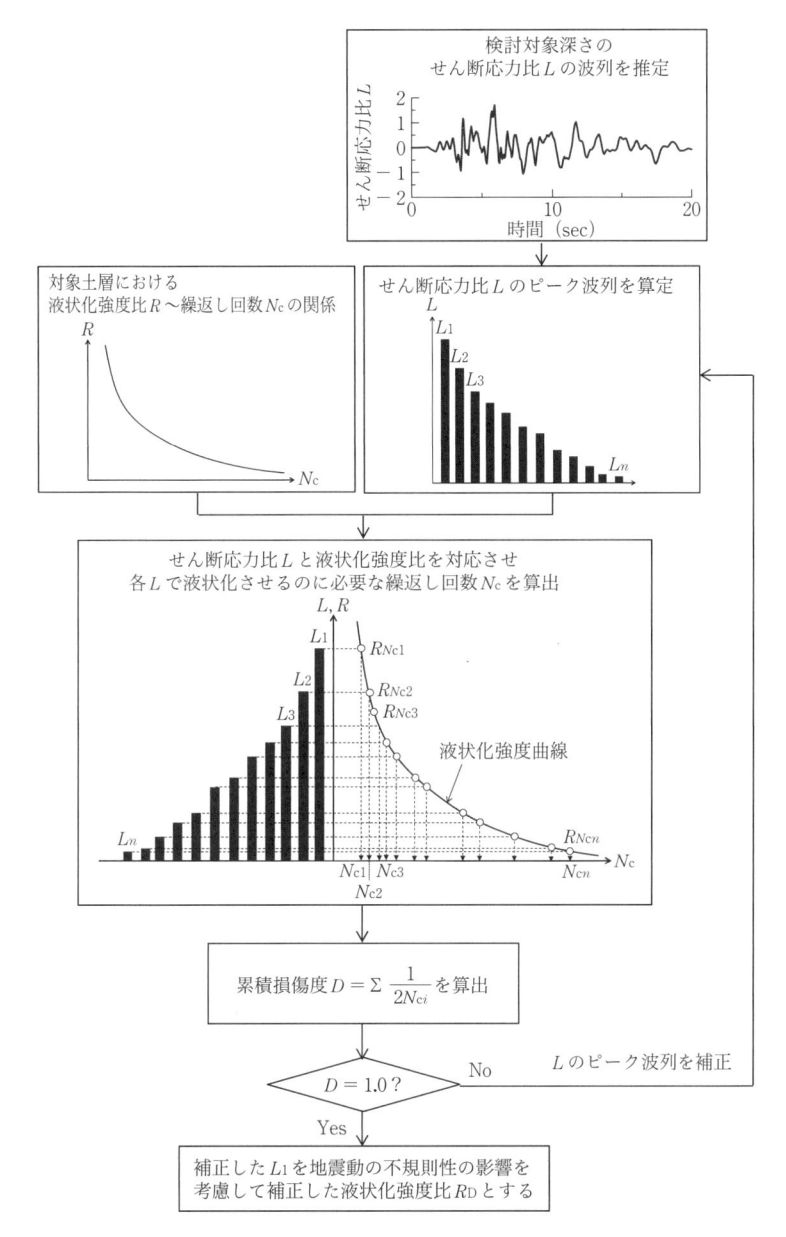

解説図 7.2.2 累積損傷度理論を適用した場合の液状化強度比の補正方法のイメージ

なお，室内試験から動的せん断強度比～繰返し回数の関係を推定するのが困難な場合は，式（解 7.2.4）より算定される値 R_{20} を繰返し回数 20 回で軸ひずみ両振幅 5% に至る液状化強度比として用い，式（解 7.2.14）より軸ひずみ両振幅 10～15% における動的せん断強度比～繰返し回数の関係を推定してよい．

$$\begin{aligned} R_{Nci} &= R_{20}\left(\frac{N_{ci}}{20}\right)^{-0.23} & N_{ci} > 20 \\ R_{Nci} &= R_{20}\left(\frac{N_{ci}}{20}\right)^{(-1.35\exp(-3.64+0.037D_r))} & N_{ci} \leq 20 \end{aligned}$$

（解 7.2.14）

ここに，R_{Nci}：繰返し回数 N_{ci} における動的せん断強度比

R_{20}：繰返し回数 $N_{ci}=20$ 回における動的せん断強度比

D_r：相対密度で式（解7.2.9）より求める．ただし，50％以下の場合は50％として考慮する．

N_{ci}：任意の繰返し回数

iii）液状化強度比の補正

累積損傷度はせん断応力比のピーク波列における各せん断応力比に対して液状化するのに必要な繰返し回数を用いて，式（解7.2.15）により算定する．

$$D=\sum \frac{1}{2N_{ci}} \qquad (解7.2.15)$$

ここに，D：累積損傷度

N_{ci}：せん断応力比 $L_{(i)}$ で液状化させるのに必要な繰返し回数

累積損傷度が $D=1.0$ 以外であれば，せん断応力比のピーク波列を補正し，$D=1.0$ となるようにする必要があり，$D=1.0$ となるせん断応力比のピーク波列の最大値を累積損傷度理論を適用して地震動の不規則性の影響を補正した液状化強度比 R_D とする．

なお，地震時最大せん断応力比 L は，式（解7.2.13）から求まるせん断応力比のピーク値の最大値とする．

2） 動的解析による方法

動的解析による方法は，地盤の挙動をある程度直接的に予測する有効応力解析法による方法である．この場合には，数値解析より直接的に過剰間隙水圧の上昇量や地盤の動的応答値を算定し液状化の危険度を判定する．

参 考 文 献

1) 岩崎敏男，龍岡文夫，常田賢一，安田進：地震時地盤液状化の程度の予測について，土と基礎，Vol.28, No.4, pp.23-29, 1980．
2) 国生剛治，吉田保夫，長崎清：密な砂地盤のN値による液状化判定法，第19回土質工学研究発表会発表講演集，pp.559-562, 1984.6．
3) 草野郁，阿部博，岩本恵一：細粒分を含む自然堆積地盤の液状化特性，第22回地震工学研究発表会講演概要，pp.111-114, 1993.7．
4) 大川征治，前田良刀，真鍋進，龍岡文夫：累積損傷度理論を用いた簡易液状化判定手法の提案，第19回地震工学研究発表会講演概要，pp.249-252, 1987.7．
5) 井澤淳，西岡英俊，室野剛隆：東北地方太平洋沖地震における液状化地盤上の鉄道高架橋に関する検証解析，第15回性能に基づく橋梁等の耐震設計に関するシンポジウム講演論文集，pp.361-366, 2012.7．

7.3 地盤応答解析

7.3.1 一 般

地点依存の動的解析により，表層地盤の挙動を算定する際は，建設地点の土の動力学特性や地層構成などに基づき，動的解析により求めるものとする．ただし，詳細な検討を必要としない場合等は，簡易解析法により算定してもよい．

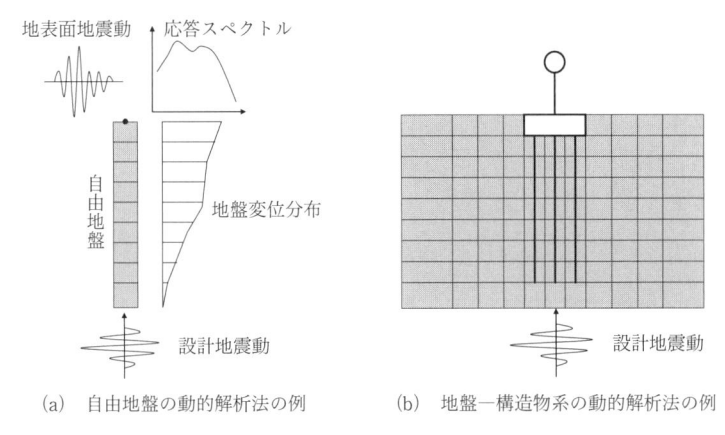

解説図 7.3.1 地点依存の動的解析法の例

(a) 自由地盤の動的解析法の例　　(b) 地盤－構造物系の動的解析法の例

【解説】

表層地盤の地震時挙動を評価する上で非常に重要なことは，地盤の動力学特性をできるだけ忠実に反映することである．また，構造物の建設地点の地盤の情報を適切に反映するのが望ましい．よって，表層地盤の挙動を算定するためには，建設地点の土の動力学特性や地層構成などの影響を再現できる，地盤応答解析法を用いなければならない．

表層地盤の挙動を評価するための地盤応答解析法には種々の方法がある．耐震設計への適用が可能な手法としては，大別すると地点依存の動的解析による方法と簡易解析法に分けられる．

1) 地点依存の動的解析による方法

地点依存の動的解析による方法は，建設地点の詳細な情報を用いて，時刻歴非線形動的解析法などにより個別に地盤挙動を評価する方法である．地点依存の動的解析法は，構造物の応答解析法との関係から，**解説図 7.3.1** に示すように以下の 2 つに分けられる．

① 地盤のみ（自由地盤）を取り出して解析する方法（「自由地盤の地点依存の動的解析法」）
② 構造物を含めた地盤-構造物全体系で解析する方法（「地盤-構造物系の地点依存の動的解析法」）

2) 簡易解析法

簡易解析法として地盤種別による方法を用いることができる．地盤種別による方法は，建設地点の詳細な情報を用いずに，固有周期などの簡単な指標を用いて地盤を数種類の地盤種別に区分し，地盤種別に応じて予め設定された応答スペクトル等を用いる方法である．

上記 1)，2) の中から，「**7.3.2 地盤応答解析法の選択**」に応じて適切な手法を選択する．また，「**7.2 耐震設計上注意を要する地盤**」に示す影響は必要に応じて考慮しなければならない．

なお，自由地盤の地点依存の動的解析法や簡易解析による方法で算定される地盤挙動に関する指標（加速度や地中変位分布）は，「**8 章 構造物の応答値の算定**」に引き継がれて，地震作用として用いることができる．また，地盤-構造物系の地点依存の解析法では，地盤-構造物系の地震応答が直接計算される．

なお，あらかじめその精度が検証されていれば，**解説図 7.3.1** に示す以外の新しい方法の導入を妨げてはいない．

7.3.2 地盤応答解析法の選択

地盤応答解析においては，以下に示す事項を考慮して，最も適切な手法を選択しなければな

> （1） 入手したデータの質と量
> （2） 建設地点の土の動力学特性
> （3） 建設地点の地形・地層構成および地下水位

【解説】
(1)について

　地盤応答解析では，地盤に関する様々なデータが必要となり，一般には高度な解析方法ほど，データの質・量とも高いものが要求される．例えば，N値しかデータが得られていないのに地点依存の動的解析法により地盤挙動を評価することは必ずしも精度の高い評価とはならないことに注意が必要である．高度な解析手法を用いるためには，それだけ多くのパラメータを必要とし，入念な土質調査が必要となる．設計で要求される精度や調査・設計にかかる費用を総合的に勘案することが重要である．

(2)，(3)について

　「7.2 耐震設計上注意を要する地盤」に示す(2)から(4)に該当する現象が想定される地盤では，地震時に土の動力学特性が大きく変化し，その増幅特性は地点固有の特性に大きく支配される．よって，簡易解析による方法の適用を避け，「7.3.3 動的解析による方法」に示す方法により地盤挙動を評価することが望ましい．

　「7.2 耐震設計上注意を要する地盤」に示す(5)に該当する不整形地盤では，非常に複雑な波動伝播により局所的に地震動が増幅する．耐震設計においてはその影響を評価することが重要である．このような場合には，簡易解析による方法ではなく，多次元モデルによる動的解析法を採用するのが望ましい．また，構造物近傍の支持地盤が著しく非対称な場合には，変形が片方に累積するなどの影響があり，この場合には，自由地盤の地点依存の解析ではなく，地盤-構造物系の地点依存の解析によるのが望ましい．

　なお，上記に該当しない地盤では，「7.3.4 簡易解析による方法」に示す方法を適用することができる．

7.3.3 動的解析による方法

7.3.3.1 一般

> 動的解析による方法により表層地盤の挙動を算定する場合は，土の動力学特性および地盤を適切にモデル化した時刻歴非線形動的解析法によるのがよい．

【解説】

　動的解析法としては，「6章 設計地震動」を入力地震波とした時刻歴非線形動的解析法によるのがよい．動的解析法では，特に次の事項に注意が必要である．

1) 地盤材料の動力学特性のモデル化（「7.3.3.2 地盤材料のモデル化」）
   a) 土の応力-ひずみ関係の非線形性のモデル化
   b) 減衰特性のモデル化
2) 地盤のモデル化（「7.3.3.3 地盤のモデル化」）
   a) 地層構成，地形構造による増幅効果
   b) 境界条件

3) 地盤の液状化の可能性の有無

過剰間隙水圧の扱い方から大別すると，全応力法と有効応力法がある．一般には全応力法が用いられるが，液状化の可能性のある地盤では，過剰間隙水圧の上昇による影響により地盤剛性や強度が低下するので，このような地盤においては，有効応力法による動的解析法を用いる必要がある（「**7.3.3.4 地盤の液状化の可能性のある場合**」）．

4) 運動方程式の解法

運動方程式の解法から大別すると，周波数応答解析法（周波数領域における動的解析法）と時刻歴応答解析法（時間領域における動的解析法）に分けられる．周波数応答解析法では，地盤の非線形性の考慮は一般に等価線形化法により行われる．等価線形化法とは，地震応答解析を行う全時間の間の平均的な材料特性を用い，線形系の応答を求めようとする近似解法である．一方，時刻歴応答解析法では，運動方程式を時々刻々解く方法であり，土の応力τ～ひずみγ関係を忠実に追跡しながら，地盤の応答値を算定することが可能である．時刻歴非線形動的解析法では，土の応力～ひずみ関係を適切に評価すれば，比較的大きなひずみ領域まで地盤の地震時挙動を精度よく評価することが可能である．一方，等価線形化法では，以下のような問題点がある．

① 地震開始から終了まで，同じ剛性（等価剛性）を用いているので，地盤の応答を適切に評価できない可能性がある．

② ひずみレベルが10^{-2}を越える範囲では，地盤の実挙動との適合性が悪くなることが多い．軟弱地盤のようにひずみが大きくなる地盤では適用が難しい．

③ 最大ひずみから有効ひずみに換算するための係数が1より小さいために，ひずみが同じであればせん断応力が大きく評価され，せん断応力が同じであればひずみは小さく評価される．したがって，変位と加速度を同時に満足することは難しい．一般には，加速度は同等もしくは過大に評価し，変位を過小に評価することが多い．

以上のことを勘案すると，小さいひずみから大きいひずみレベルまでの適用性が高い時刻歴非線形動的解析法を動的解析法として用いるのがよい．

7.3.3.2 地盤材料のモデル化

動的解析による方法では，以下の手順に従い，土の動力学特性を適切にモデル化するものとする．

（1） 地盤調査および地盤材料試験に基づく土の動力学特性の把握

（2） 土の動力学特性のモデル化

なお「**7.2 耐震設計上注意を要する地盤**」で示された液状化の可能性がある地盤においては，「**7.3.4 地盤の液状化の可能性のある場合**」による．

【解説】

動的解析により，地盤の挙動を算定する場合には，解析手法およびその精度に見合った地盤調査を行い，地盤モデルに用いる各種のパラメータを決定する必要がある．

(1) について

地盤の動的解析に必要な土の動力学特性を把握するための方法を**解説表 7.3.1**にまとめる．解析に用いる地盤材料の諸数値は，実測値に基づき決定するのが望ましいが，解析の対象となるすべての土層から試

解説表 7.3.1 一般的な地盤の動的解析に必要なパラメータ

必要な情報	試験・調査方法	間接的推定の可能性	解析モデルとの関連
土質，地層構成	ボーリング調査 標準貫入試験 (JIS A 1219)	—	層分割に利用（土層情報）
地下水位	ボーリング調査	—	有効応力解析の必要性判断 平均有効主応力
せん断波速度 V_s 粗密波速度 V_p	弾性波速度検層 (JGS 1122) ・孔内起振受振方式 ・ダウンホール方式	N 値から推定することも可能	層分割に利用 初期せん断弾性係数 G_0
密度 ρ	室内試験	標準的な値を設定することも可能	拘束圧 質量（単位土柱の質量）
（変形特性） $G/G_0 \sim \gamma$ 関係 $h \sim \gamma$ 関係	室内試験（変形特性試験） ・地盤材料の変形特性を求めるための繰返し三軸試験方法 (JGS 0542) ・土の変形特性を求めるための中空円筒供試体による繰返しねじりせん断試験方法（JGS 0543）	既存の提案式の適用も可能	非線形性
（強度定数） 内部摩擦角 ϕ 粘着力度 c	室内試験 ・土の三軸圧縮試験方法 　(JGS 0520～JGS 0524) ・土の一軸圧縮試験方法 　(JIS A 1216)	N 値等から推定することも可能	非線形性 有効応力経路の変相角
（過剰間隙水圧） 液状化強度 R	室内試験（液状化強度試験） ・土の繰返し非排水三軸試験方法（JGS 0541）	N 値等から推定することも可能（式（解7.2.4））	有効応力法に適用
（体積変化特性） 体積弾性係数	室内試験	既存の提案式の適用	有効応力法に適用

料をサンプリングして室内試験を実施し，もしくは原位置での試験を実施するのは，技術的・経済的な面で困難な場合が多い．このような場合は，以下のような方法で，パラメータを代用することも有効である．

① パラメータの変動幅がある程度決まっているものや動的解析結果への影響の小さいパラメータは，その標準的な値を用いる．
② 既往の調査結果が豊富なものは，それらを有効活用する．

（2）について

土の力学特性のモデル化については，**解説表7.3.1**の調査結果に基づき適切に設定する．ただし，土の初期弾性係数，非線形性および減衰特性については，解析結果に与える影響が特に大きいので，以下の点に注意して設定する必要がある．

1）土の初期弾性係数

地盤の動的解析に必要な土の初期弾性係数を決めるための最もよい方法はPS検層（弾性波速度検層）を用いる方法である．地盤は鉛直方向にも，水平方向にも不均質であり，耐震設計において地盤の動的解析を実施する場合には，ある領域を代表するような地盤構造を用いる方が好ましいといえる．PS検層は大きく分類すると，走時曲線から速度を読みとるダウンホール法と，同じ波動の伝播を二つの計測点で読

み取り速度を計算する孔内起振受振方式（サスペンション法）がよく用いられるが，調査方法の特徴を勘案して調査結果を適切に解釈してモデル化することが重要である．

なお，N 値から V_s を推定する実験式は多く提案されており，これまでの設計でも実績がある．しかし，その値はかなりのばらつきを有しており，動的解析法にこのような換算式を用いて設定された初期弾性係数を用いることは好ましくない．

2) **土の非線形性**

土の非線形性は，一般には初期せん断弾性係数 G_0 で正規化したせん断弾性係数とせん断ひずみ関係（$G/G_0〜\gamma$），履歴減衰とせん断ひずみ関係（$h〜\gamma$）として整理されることが多い．$G/G_0〜\gamma$，$h〜\gamma$ 関係は，土質ごとに違うのはもちろん，拘束圧による依存性も大きく，当該地盤からサンプリングされた供試体の中空ねじりせん断試験や繰返し三軸試験などの室内試験により算定するのが望ましい．それが困難な場合には，既往の経験式を用いてもよい．数多くの経験式が提案されており，一般に，土質種類ごと（平均粒径を用いる場合もある）に定義され，拘束圧の関数として表されている．しかし，ばらつきも多いので，実際に適用する際にはその影響を認識しておく必要がある．また，既往の経験式の中には，排水条件下の実験で行われたものもあり，使用に際してはその経験式がどのような試験条件下で得られたものか注意を要する．

等価線形化法により土の非線形性を評価する場合には，上記の方法により求めた $G/G_0〜\gamma$，$h〜\gamma$ 関係を拘束圧などによる補正を加えて，そのまま解析に用いればよい．

時刻歴非線形動的解析法により土の非線形性を評価する場合には，弾塑性論に基づく構成則を用いる方法と，せん断応力 τ〜せん断ひずみ γ 関係を数式表現により直接的にモデル化する方法がある．パラメータの設定の難易性や得られる精度を勘案した場合には，後者でも十分な場合が多い．後者による場合は，上記で得られた $G/G_0〜\gamma$，$h〜\gamma$ 関係を土のせん断応力 τ〜せん断ひずみ γ 関係としてモデルの各パラメータを設定すればよい．動的解析に用いる $\tau〜\gamma$ 関係をモデル化する場合，この $G/G_0〜\gamma$，$h〜\gamma$ 関係以外にも以下の項目に注意を払う必要がある．

① $G/G_0〜\gamma$ 関係は，最大でも 0.1〜1% 程度のひずみまでしか求められておらず，動的解析に用いる $\tau〜\gamma$ 関係をモデル化するには，土のせん断強度特性を反映させる必要がある．

② $h〜\gamma$ 関係は履歴曲線の大きさに関する情報を与えるが，その形状に関しては何ら情報を与えない．ひずみが大きくなると，履歴曲線は紡錘型からS字型に移行することが多く，この特性を反映するのが望ましい．

これまでは双曲線モデルやランベルグ・オスグッドモデルが用いられる場合が多かったが，これらのモデルでは，必ずしも土の変形特性を忠実に表現できない．それらの問題点を改良したモデルとしてGHE-Sモデル[1]などの非線形モデルも適用可能であり，得られているデータの質や量，要求される精度などを勘案して，適切なモデルを用いるのがよい．各モデルの特性やモデルパラメータの設定方法などを，「**付属資料 7-4 地点依存の動的解析に用いる土の非線形モデル**」に示す．

3) **土の減衰特性**

地盤の地震時の減衰のメカニズムには，履歴減衰，逸散減衰，散乱減衰などが考えられ，微小ひずみ，大ひずみでそれぞれ卓越するものが異なる．

履歴減衰は，土が履歴を描くことによりエネルギー吸収されることに起因する減衰で，ひずみ依存性を示す．これは，1) で示したように適切な応力〜ひずみモデルを用いれば自動的に考慮される．

逸散減衰は，地盤の3次元的な広がりによって波動が伝播して消失することに起因するものであり，一

般的には適切な境界条件を設定することにより考慮する．

散乱減衰は，地盤の不均質な部分で波動が屈折・反射を起すことにより，見かけ上生じる減衰である．不均質性により影響を受ける度合いは波長により異なるので，散乱により生じる減衰は周波数依存性を持つことが知られており，一般には，減衰定数が周波数の平方根に逆比例することが近年の地震観測より分かっている[2]．時刻歴非線形解析において，散乱減衰による影響を評価するのは現状では難しい．一般には，履歴減衰や逸散減衰以外に，解析初期の減衰として 1〜3% の減衰を与えることで対応することが多い．

参 考 文 献

1) 室野剛隆，野上雄太：S 字型の履歴曲線の形状を考慮した土の応力〜ひずみ関係，第 12 回日本地震工学シンポジウム論文集 CD-ROM, 論文番号 97, pp. 494-497, 2006.
2) 福島美光，翠川三郎：周波数依存性を考慮した表層地盤の平均的な Q^{-1} 値とそれに基づく地盤増幅率の評価，日本建築学会論文集，第 460 号, pp. 37-46, 1994.

7.3.3.3 地盤のモデル化

動的解析による方法では，地震動の伝播特性を表現できるように，地盤を適切にモデル化するものとする．

なお「**7.2 耐震設計上注意を要する地盤**」で示された不整形地盤においては，「**7.3.3.5 不整形地盤の場合**」による．

【解説】

1) 解析次元

地盤は，水平成層，1 次元，多次元（2〜3 次元）でモデル化することができる（**解説図 7.3.2**）．水平成層モデルとは，対象とする地盤全体の挙動を同じと仮定するものである．1 次元モデルは対象とする地盤の中でも地層構成により各地点の地震時の応答特性が異なるが，各地点の挙動は 1 次元モデルで表現したものである．

どのモデルを採用するかは，要求される精度，入手した地盤データの質と量，地盤の地層構造を参考に

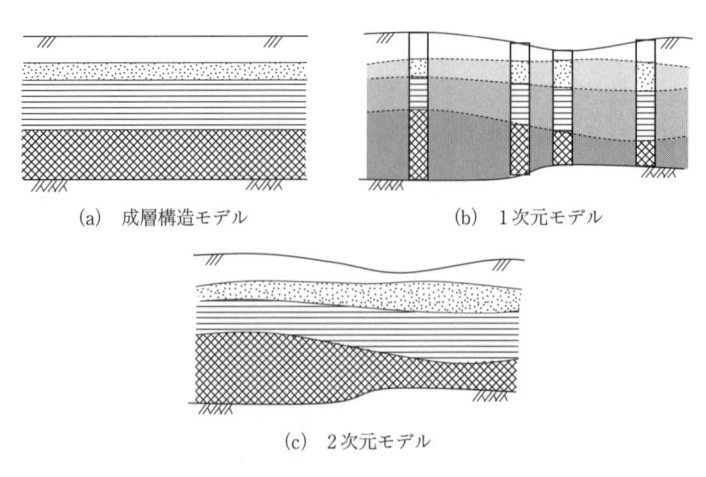

(a) 成層構造モデル　　(b) 1 次元モデル

(c) 2 次元モデル

解説図 7.3.2 地盤モデルにおける解析次元

決定するが，一般には，水平成層モデルまたは1次元モデルで十分な場合が多い．ただし，地表面や耐震設計上の基盤面が大きく変化しているような不整形地盤では，局所的に地震動が増幅される可能性があるので，この影響を考慮するためには，2次元または3次元モデルにより動的解析を行うのが望ましい．

2) 土層分割の方法

1次元モデルでは，地盤の地層構造を表現できるように層分割し，地盤を離散化してモデル化する．計算精度の面から，一般には解析対象とする最大振動数に対応する波長に対して，1/5〜1/8程度を目安とするとよい．

また，2次元，3次元モデルでは，鉛直方向とともに水平方向にも地盤を離散化するが，その場合の要素サイズも解析で対象とする最大振動数に対応する波長を考慮して適切に設定する必要がある．

3) 境界処理方法

地盤の動的解析をする場合には，本来半無限的な広がりを有する地盤を人為的に有限領域に限定することとなるため，解析領域の両端および下端の適当な位置に，地盤の半無限性や対称性を示す境界条件を設ける必要がある．

一般に，側部境界には，1次元自由地盤と領域端部の間の波動伝播をモデル化する粘性境界やエネルギー伝達境界を用いる場合が多い．このうち粘性境界は，周波数領域のみならず，時間領域の解析にも適用可能であるが，境界に対して斜め方向に入射する地震波については性能が劣る傾向にある．これに対してエネルギー伝達境界は，粘性境界と比べて性能はよいが，周波数領域の解析にしか適用できず，土の非線形を等価線形化法でしか評価できない欠点を有している．また，入力地震動が鉛直進行せん断波の場合は，側方境界として水平ローラーを用いることもできるが，これは物理的には境界位置に対して線または面対称の系を解いていることとなるため，モデル化領域はエネルギー伝達境界や粘性境界を用いる場合よりも広く設定する必要がある．その他，様々な処理方法が提案されているが，目的に応じて十分注意して選択する必要がある．

下端境界には，**解説図7.3.3**に示すように解析範囲下端と解放基盤とをつなぐダッシュポット（粘性境界）を設けて半無限地盤の影響をモデル化するのがよい．なお，「**6章 設計地震動**」で設定した設計地震動（波形）は，解放基盤面で定義された地震動である．したがって，表層地盤の動的解析を行うには，この設計地震動を解放基盤複合波（2E波：Eは入射波）として地盤モデルに入力する必要がある．

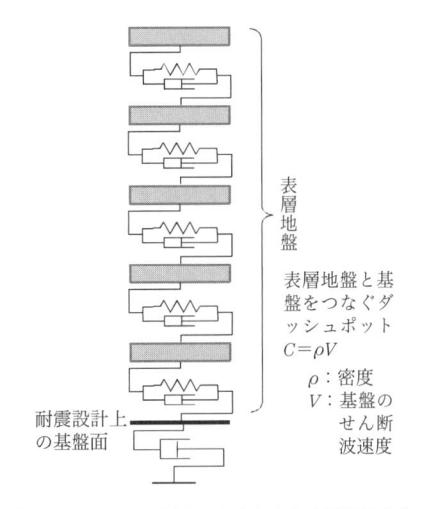

解説図 7.3.3 地震動の入力方法と底面境界条件

7.3.3.4 地盤の液状化の可能性のある場合

液状化の可能性のある地盤では，過剰間隙水圧の上昇に伴う有効応力の低下を考慮した有効応力解析による動的解析法を用いて表層地盤の挙動を評価するのがよい．

【解説】

液状化の可能性のある地盤における地盤の動的解析手法は，基本的には有効応力法による時刻歴動的解析法を用いるのがよい．有効応力法では，地盤を土と水とに分けて考える．有効応力法に用いられる基礎

方程式は，土に関する釣合い式，水に関する釣合い式，および水の流入・流出と土骨格の体積変化の関係などを考慮している．

液状化は，過剰間隙水圧の上昇に伴い地盤の有効応力が減少し，地盤の剛性や強度が極端に低下する現象である．しかし，密度の大きい地盤では過剰間隙水圧が上昇して一時的に有効応力が減少してもサイクリックモビリティにより，地盤の剛性や強度が回復する．このように液状化は複雑な現象であり，これを表現するため，様々な地盤構成則が提案されている．それらには大きく分けて以下のタイプがある．

1) ひずみを弾性成分と塑性成分に分け，降伏，塑性化および硬化に関する三つの関数により，応力-ひずみ関係とダイレイタンシー関係を一体化して考慮する．
2) ひずみを弾性・塑性成分に分けず，せん断応力とせん断ひずみの関係を一つの数式で表現し，ダイレイタンシー特性は別途モデル化する例えば1),2)．そのため，2) の方法は 1) の方法に比べて理論的な厳密さに欠ける点があるが，必要なパラメータの設定方法が比較的容易であるなどの利点があり，適切に用いれば実務上十分な精度を有している．

上述したように，有効応力解析は地盤を土と水とに分けて考えるので，原理的には最も精度が高い解析法であるが，解析に用いられるパラメータの数が多く，その設定には精緻な地盤諸数値を必要とする．そのため，原位置でサンプリングした乱れの少ない試料を用いた詳細な室内土質試験を実施してパラメータを設定しなければ，解析手法と解析条件の精度のバランスに差が生じることもある．したがって，有効応力解析を実施して地盤の挙動を評価する際には，各パラメータが解析結果に与える感度を十分に勘案する必要がある．

参 考 文 献

1) Iai, S., Matsunaga, Y. and Kameoka, T.: Strain space plasticity model for cyclic mobility, Soils and Foundations, Vol. 32, No. 2, pp. 1-15, 1992.
2) 福武毅芳・松岡元：任意方向繰返し単純せん断における応力・ひずみ関係，土木学会論文集，No. 463/Ⅲ-22号，pp. 75-84, 1993.

7.3.3.5 不整形地盤の場合

地表面や耐震設計上の基盤面が大きく変化した不整形地盤では，その影響を考慮した2次元または3次元モデルによる動的解析法を用いて表層地盤の挙動を算定するのがよい．

【解説】
地表面や耐震設計上の基盤面が大きく変化しているような不整形地盤では，
① 波動が複雑な伝播をする
② 表面波等の2次的な波が発生する

ことなどから局所的に地震動が増幅されることが，これまでの地震被害の分析，地震観測および数値解析等から指摘されている．この影響を考慮するためには，2次元または3次元モデルによる地点依存の動的解析を行うのが望ましい．解析手法としては，有限要素法（FEM）による解析，境界要素法（BEM）による解析，それらを組み合わせたハイブリッド解析など，様々な手法が提案されている．ただし，「7.3.3.1 一般」で述べたように，L2地震動に対する地盤挙動を算定するためには時刻歴非線形解析法が有効であり，この観点から有限要素法を用いるのがよい．

なお，その堆積構造が単純で詳細な検討を必要としない場合には，1次元の地点依存の動的解析を実施

して得られた波形を補正することにより不整形性の影響を評価できる場合もある．その場合には，「**付属資料 7-5 不整形地盤における地表面設計地震動の補正方法**」による．

7.3.4 簡易解析による方法

7.3.4.1 一 般

簡易解析による方法により表層地盤の挙動を算定する場合は，以下に基づき設定してよい．

（1） 地表面設計地震動は，「**7.3.4.2 地盤種別**」の区分に応じ，「**7.3.4.3 地表面設計地震動の算定**」に基づいて設定してよい．

（2） 地盤の設計水平変位量の鉛直方向分布は，「**7.3.4.4 地盤の設計水平変位量の鉛直方向分布の算定**」に基づいて設定してよい．

（3） 液状化の可能性がある場合および不整形の場合には，地表面設計地震動は，「**7.3.4.5 液状化の可能性がある場合および不整形地盤の場合**」に基づいて設定してよい．

7.3.4.2 地盤種別

地盤種別は，表層地盤の固有周期に応じて設定してよい．

【解説】

表層地盤の増幅特性は，地盤の固有周期や土の非線形性など，様々な要因により決定されるが，本標準では，**解説表 7.3.2** に示すように表層地盤のせん断弾性波速度に基づいて算定される地盤の固有周期に応じて地盤をＧ０地盤からＧ７地盤まで区分することとする．各地盤区分の大まかな目安となる地盤条件も**解説表 7.3.2** に示している．Ｇ０地盤は岩盤が地表に露出している地盤に，Ｇ１地盤は「**6.2 耐震設計上の基盤面**」に示す耐震設計上の基盤面が地表に表れている地盤に相当する．Ｇ２地盤からＧ５地盤は，基本的に表層地盤の固有周期による区分となるが，Ｇ２地盤は洪積層が土層の大半を占めるような地盤に，Ｇ３地盤は洪積層と沖積層の堆積するような，いわゆる普通地盤に相当する．Ｇ４地盤からは軟弱地盤が含まれるようになる．Ｇ６～Ｇ７地盤は腐植土層が厚く堆積する地盤や沿岸部の軟弱な埋立地盤等が概ね該当する．

表層地盤の固有周期 T_g は，表層地盤の厚さ，せん断弾性波速度，湿潤単位体積重量等に基づいて，固有値解析法などにより求めるものとする．ただし，簡易に算定する場合は，式（解 7.3.1）によって算出

解説表 7.3.2 耐震設計における地盤区分

地盤の固有周期 $T_g(\mathrm{s})$	地盤種別	備　考
－	Ｇ０地盤	岩　盤
－	Ｇ１地盤	基　盤
～0.25	Ｇ２地盤	洪積地盤など
0.25～0.5	Ｇ３地盤	普通地盤
0.5～0.75	Ｇ４地盤	普通～軟弱地盤
0.75～1.0	Ｇ５地盤	軟弱地盤
1.0～1.5	Ｇ６地盤	軟弱地盤
1.5～	Ｇ７地盤	極めて軟弱な地盤

してもよい．なお，算定された固有周期が地盤区分の境界に位置する等により判断が困難な場合には，地層構成等の地盤条件を再検討し，前者の方法により算出した固有周期を用いて地盤区分を選択することが望ましい．

$$T_g = 4 \times \sum_{i=1}^{N} \left(\frac{h_i}{V_{S0i}} \right) \qquad (解7.3.1)$$

ここに，h_i：各土層（第 i 層）の層厚（m）（$i=1\sim N$ 層まで）
　　　　V_{S0i}：各土層（第 i 層）の初期せん断弾性波速度（m/s）

なお，表層地盤とは，「**6.2 耐震設計上の基盤面**」に示す耐震設計上の基盤面から，地表面までの地盤を指し，対象地点である程度広がりをもっていることを想定している．

また，各土層の初期せん断弾性波速度は，「**7.3.3.2 地盤材料のモデル化**」に従い，PS 検層により実測するのがよい．ただし，地盤種別により地盤挙動を評価する方法は簡易な手法としての位置づけであり，実務的な観点からは，地盤種別の判定に用いるせん断波速度は N 値から推定してもよい（「**付属資料7-6 地盤のせん断弾性波速度の推定式**」）．

7.3.4.3 地表面設計地震動の算定

地盤種別による方法により地表面設計地震動を設定する場合は，「**7.3.4.2 地盤種別**」の区分に応じて，「**6章 設計地震動**」に基づき設定した標準的な弾性加速度応答スペクトルにより算定してよい．

【解説】

1) 適用範囲

表層地盤の挙動について詳細な検討を必要としない場合には，**解説表7.3.2** に示す地盤種別を用いて，構造物への地震作用を設定してもよい．その場合には，当該地盤に該当する地盤種別を選択し，予め設定された地表での地震動に対する応答スペクトルや時刻歴波形を用いてもよい．

ただし，地盤種別による方法は，地盤の周期により多様な地盤を数種類に区分し，ある特定の条件下で経験的に応答スペクトル等を設定したものである．よって，この条件と大きく異なるような「**7.2 耐震設計上注意を要する地盤**」に該当する地盤では，本手法を適用することはできず，地点依存による動的解析（「**7.3.3 動的解析による方法**」）が望ましい．ただし，L1地震動に対してはこの限りではない．

また，地盤種別による方法の適用範囲であっても，地点依存の動的解析により，合理的な設計が可能になる場合が多い．なぜなら，同じ周期の地盤であっても地盤の地層構造や力学特性によって

解説表 7.3.3 地表面設計地震動の弾性加速度応答スペクトル（L1地震動）

地盤種別	周期 T (s)	応答加速度(gal)（減衰5%）
G 0	$0.1 \leq T < 0.2$ $0.2 \leq T \leq 1.4$ $1.4 < T$	$406 \times T^{0.44}$ 200 $280 \times T^{-1}$
G 1	$0.1 \leq T < 0.2$ $0.2 \leq T \leq 1.4$ $1.4 < T$	$508 \times T^{0.44}$ 250 $350 \times T^{-1}$
G 2	$0.1 \leq T < 0.15$ $0.15 \leq T \leq 1.4$ $1.4 < T$	$691 \times T^{0.44}$ 300 $420 \times T^{-1}$
G 3	$0.1 \leq T < 0.18$ $0.18 \leq T \leq 1.4$ $1.4 < T$	$744 \times T^{0.44}$ 350 $490 \times T^{-1}$
G 4	$0.1 \leq T < 0.25$ $0.25 \leq T \leq 1.4$ $1.4 < T$	$681 \times T^{0.44}$ 370 $518 \times T^{-1}$
G 5	$0.1 \leq T < 0.4$ $0.4 \leq T \leq 1.6$ $1.6 < T$	$599 \times T^{0.44}$ 400 $640 \times T^{-1}$
G 6	$0.1 \leq T < 0.4$ $0.4 \leq T \leq 2.4$ $2.4 < T$	$509 \times T^{0.44}$ 340 $816 \times T^{-1}$
G 7	$0.1 \leq T < 0.35$ $0.35 \leq T \leq 3.2$ $3.2 < T$	$444 \times T^{0.44}$ 280 $896 \times T^{-1}$

応答値が大きくばらつくので，地盤種別による方法では安全側に設計応答スペクトルが設定されているからである．

2) 地表面設計地震動の応答スペクトルと時刻歴波形

地盤種別ごとの地表面設計地震動の弾性加速度応答スペクトル（減衰定数 $h=0.05$）を**解説表 7.3.3～7.3.5** および**解説図 7.3.4～7.3.6** に示す．これらのスペクトルは，既往の地質縦断図集等から選択した多数の土質柱状図から地盤モデルを作成し，「**6.3 L1地震動の設定**」および「**6.4 L2地震動の設定**」で設定された設計地震動を入力地震動として表層地盤の動的解析を行い，得られた地表面での弾性加速度応答スペクトルに統計的処理を行い，観測記録によるスペクトルとこれまでの設計で考慮していたスペクトルの特性を加味して設定したものである．なお，L2地震動に対しては，G6～G7地盤は地盤種別による方法の適用が難しい地盤なので，**解説表 7.3.4～7.3.5** および**解説図 7.3.5～7.3.6** に応答スペクトルの値は表記されていない．復旧性の検討のための地震動を簡易に設定する場合は，**解説図 7.3.6** のスペクトルを

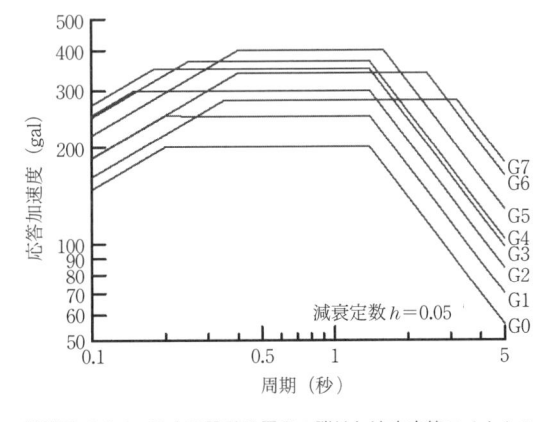

解説表 7.3.4 地表面設計地震動の弾性加速度応答スペクトル（L2地震動：スペクトルⅠ）

地盤種別	周期 T (s)	応答加速度(gal)（減衰5%）
G0	$0.1 \leq T \leq 0.7$ $0.7 < T \leq 2.0$	1125 $750 \times T^{-1.137}$
G1	$0.1 \leq T \leq 0.7$ $0.7 < T \leq 2.0$	1500 $1000 \times T^{-1.137}$
G2	$0.1 \leq T < 0.25$ $0.25 \leq T \leq 0.65$ $0.65 < T \leq 2.0$	$6401.95 \times T^{0.65}$ 2600 $1593.15 \times T^{-1.137}$
G3	$0.1 \leq T < 0.35$ $0.35 \leq T \leq 0.8$ $0.8 < T \leq 2.0$	$4550.76 \times T^{0.65}$ 2300 $1784.6 \times T^{-1.137}$
G4	$0.1 \leq T < 0.35$ $0.35 \leq T \leq 1.1$ $1.1 < T \leq 2.0$	$3561.46 \times T^{0.65}$ 1800 $2006.02 \times T^{-1.137}$
G5	$0.1 \leq T < 0.35$ $0.35 \leq T \leq 1.6$ $1.6 < T \leq 2.0$	$2572.17 \times T^{0.65}$ 1300 $2218.34 \times T^{-1.137}$

解説表 7.3.5 地表面設計地震動の弾性加速度応答スペクトル（L2地震動：スペクトルⅡ）

地盤種別	周期 T (s)	応答加速度(gal)（減衰5%）
G0	$0.1 \leq T \leq 0.5$ $0.5 < T \leq 2.0$	1650 $750 \times T^{-1.137}$
G1	$0.1 \leq T \leq 0.5$ $0.5 < T \leq 2.0$	2200 $1000 \times T^{-1.137}$
G2	$0.1 \leq T < 0.25$ $0.25 \leq T \leq 0.65$ $0.65 < T \leq 2.0$	$6401.95 \times T^{0.65}$ 2600 $1593.15 \times T^{-1.137}$
G3	$0.1 \leq T < 0.35$ $0.35 \leq T \leq 0.8$ $0.8 < T \leq 2.0$	$4550.76 \times T^{0.65}$ 2300 $1784.60 \times T^{-1.137}$
G4	$0.1 \leq T < 0.35$ $0.35 \leq T \leq 1.1$ $1.1 < T \leq 2.0$	$3561.46 \times T^{0.65}$ 1800 $2006.02 \times T^{-1.137}$
G5	$0.1 \leq T < 0.35$ $0.35 \leq T \leq 1.6$ $1.6 < T \leq 2.0$	$2572.17 \times T^{0.65}$ 1300 $2218.34 \times T^{-1.137}$

解説図 7.3.4 地表面設計地震動の弾性加速度応答スペクトル（L1地震動）

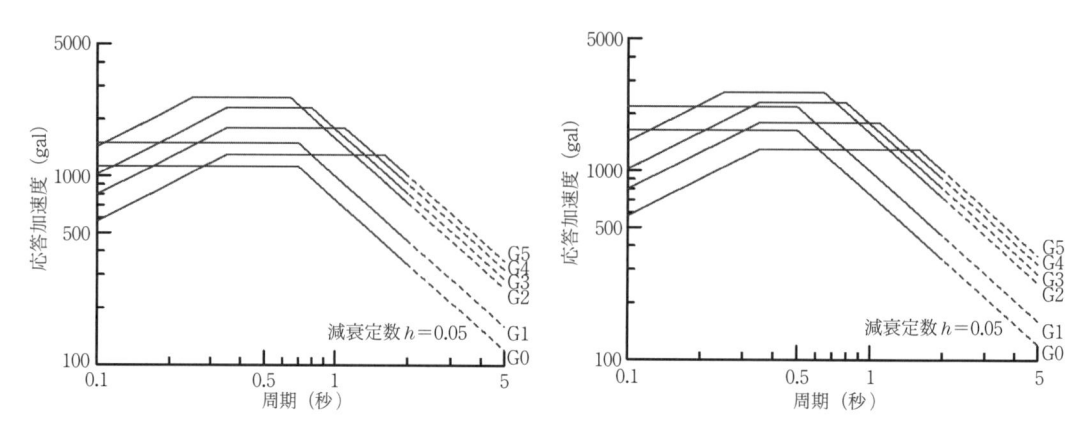

解説図 7.3.5 地表面設計地震動の弾性加速度応答スペクトル（L2地震動：スペクトルⅠ）　**解説図 7.3.6** 地表面設計地震動の弾性加速度応答スペクトル（L2地震動：スペクトルⅡ）

便宜的に用いてもよい．

また，地表面設計地震動の時刻歴波形は，この弾性加速度応答スペクトルに適合するように作成するものとする．この場合，適切に位相スペクトルをモデル化し，地震動の非定常特性を考慮するのがよい．L2地震動について，その時刻歴波形を「**付属資料 1-7 地盤種別ごとの地表面設計地震動**」に示す．

7.3.4.4 地盤の設計水平変位量の鉛直方向分布の算定

地盤の設計水平変位量の鉛直方向分布は，表層地盤の固有周期および固有振動モードに基づき算定してもよい．

「**7.3.3 動的解析による方法**」によらず，地盤の設計水平変位量の鉛直方向分布を求める場合には，地表面最大変位量 a_g と表層地盤の特性に基づいて得られる固有振動モードにより決定する．その方法を以下に示す．例えば，**解説図7.3.7**に示すように地盤のせん断弾性波速度が表層地盤の深さ方向に一様な1層地盤（A_1地盤）や2層地盤（A_2地盤）および地盤のせん断弾性波速度が表層地盤の上方付近で小さく，下方で大きい三角形分布を示す場合（B地盤）では，設計水平変位量の鉛直方向分布は次式でそれぞれ得られる．**解説図7.3.8**に設計水平変位量の鉛直方向分布の例を示す．

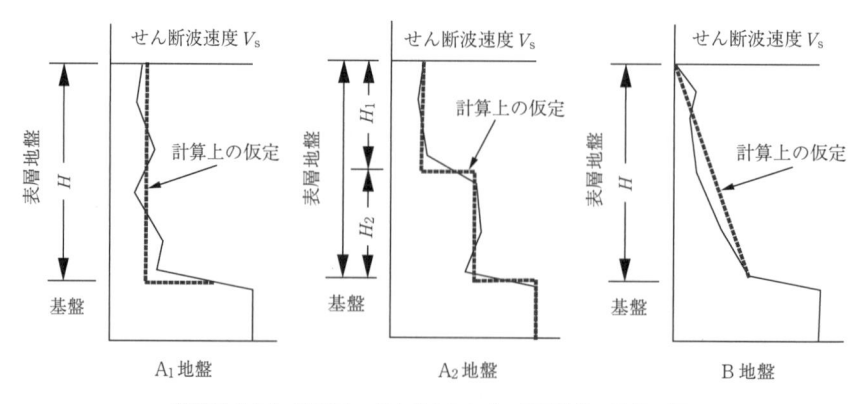

解説図 7.3.7 変形モードを求めるための表層地盤の状態の例

7章　表層地盤の挙動の算定

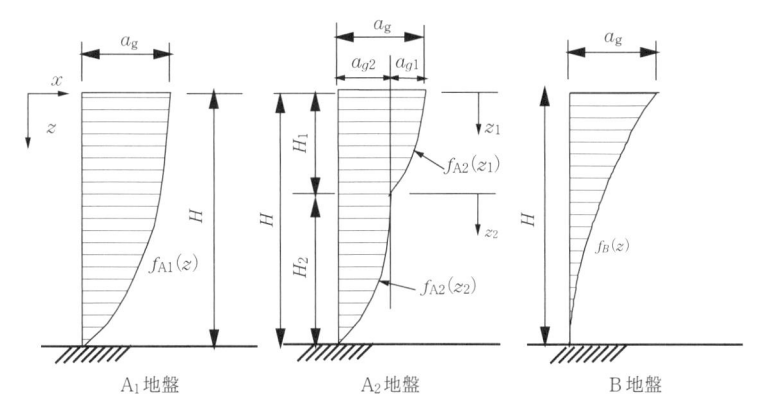

解説図 7.3.8　設計水平変位量の鉛直方向分布図

$$A_1 \text{地盤} \quad f_{A1}(z) = a_g \cos\frac{\pi z}{2H} \quad (解 7.3.2)$$

$$A_2 \text{地盤} \quad f_{A2}(z_1) = a_g \cos\frac{\omega_0 z_1}{V_{s01}} \quad (解 7.3.3)$$

$$f_{A2}(z_2) = a_{g2}\left(\cos\frac{\omega_0 z_2}{V_{s02}} - \cot\frac{\omega_0 H_2}{V_{s02}}\sin\frac{\omega_0 z_2}{V_{s02}}\right)$$

$$a_{g2} = a_g \cos\frac{\omega_0 H_1}{V_{s01}} \quad (解 7.3.4)$$

$$B \text{地盤} \quad f_B(z) = a_g\left\{1 - 1.446\left(\frac{z}{H}\right) + 0.517\left(\frac{z}{H}\right)^2 - 0.071\left(\frac{z}{H}\right)^3\right\} \quad (解 7.3.5)$$

ここに，a_g：地表面位置での最大変位量 (m) で，表層地盤の固有周期 T_g から，式 (解 7.3.6)〜(解 7.3.8) により求めてもよい．

$$a_g = 0.064 \times T_g^{2.1} \quad (L1 \text{地震動}) \quad (解 7.3.6)$$

$$a_g = 0.320 \times T_g \quad (L2 \text{地震動スペクトルI}) \quad (解 7.3.7)$$

$$a_g = 0.413 \times T_g \quad (L2 \text{地震動スペクトルII}) \quad (解 7.3.8)$$

T_g：表層地盤の固有周期 (s)

H：表層地盤の厚さ (m)（基礎の設計においては，一般に地表面から耐震設計上の基盤面までの距離としてよい）

H_1, H_2：第一層，第二層の厚さ (m)

V_{s01}, V_{s02}：第一層，第二層の初期せん断弾性波速度 (m/s)

ω_0：A_2 地盤の設計固有円振動数

A_2 地盤の設計固有円振動数は次式で求める．

$$(1+\alpha)\cos\left\{\omega_0\left(\frac{H_1}{V_{s01}} + \frac{H_2}{V_{s02}}\right)\right\} + (1-\alpha)\cos\left\{\omega_0\left(\frac{H_1}{V_{s01}} - \frac{H_2}{V_{s02}}\right)\right\} = 0 \quad (解 7.3.9)$$

$$\alpha = \frac{\gamma_1 V_{s01}}{\gamma_2 V_{s02}} \quad (解 7.3.10)$$

γ_1, γ_2：第一層，第二層の湿潤単位体積重量 (kN/m³)

その他の記号は，式 (解 7.3.2)〜(解 7.3.4) による．

なお，3層以上の地層構成を有する地盤（A_3 地盤以上）では，モード解析法により固有振動モードを計

算する必要がある．その詳細は「**付属資料 7-8 地盤変位分布の簡易な設定方法**」による．

以上の方法は，地盤の1次モードのみを対象としたものである．一般的には，1次モードの影響が卓越するので，高次のモードを考慮しなくてもよい場合が多い．しかし，層厚が深い場合や地層構成が複雑な場合では，高次のモードが影響する場合があることに注意を要する．

設計地震動を地域別係数またはL2地震動の規模および距離によって低減する場合には，地表面設計地震動も低減することができる．ただし，地表面設計地震動は表層地盤の非線形性の影響を含んでいるので，地域別係数またはL2地震動の規模および距離によって基盤設計地震動を低減した場合には，一般にはその低減率をそのまま地表面設計地震動に適用することはできない．基盤面の入力地震動が低減されると，表層地盤の剛性低下が少なくなり，地表面の最大変位（相対変位）の低減率は基盤面の低減率よりも大きく，地表面の最大加速度の低減率は基盤面の低減率よりも小さくなるのが一般的である．

L2地震動に対しては，G2からG5地盤に対して，式（解7.3.11）または（解7.3.12）により地表面の最大変位と最大加速度の低減率を求めてよい．

$$最大加速度：\alpha_a = \alpha^{0.41} \quad \text{（解7.3.11）}$$

$$最大変位：\alpha_d = \alpha^{0.90} \quad \text{（解7.3.12）}$$

ここに，α_a：地表面での最大加速度の低減率

α_d：地表面での最大変位の低減率

α：設計地震動の低減率（地域別係数または「**付属資料 6-5 スペクトルIIの規模および距離による低減方法**」による）

弾性加速度応答スペクトルまたは時刻歴波形の低減率については，周期に応じてその低減率が異なるので，低減された設計地震動を用いて地点依存の動的解析を行うのが望ましいが，式（解7.3.11）に示した値を弾性加速度応答スペクトルまたは時刻歴波形に乗じて低減させてもよい．また，各地盤種別で規定した所要降伏震度スペクトルの補正は「**付属資料 10-4 所要降伏震度スペクトルの補正**」による．

なお，L1地震動に対しては，地震動レベルが小さいため，基盤面の低減率を地表面に適用してもよい．

7.3.4.5　液状化の可能性がある場合および不整形地盤の場合

（1）液状化の可能性のある地盤においても，その堆積構造が単純で詳細な検討を必要としない場合には，液状化の程度に基づき地表面設計地震動を設定してもよい．

（2）不整形地盤においても，その堆積構造が単純で詳細な検討を必要としない場合には，「**7.3.4.3 地表面設計地震動の設定**」で算定した地震動を適切に補正することで地盤の不整形性による影響を考慮してもよい．

【解説】
(1)について

液状化の可能性のある地盤と判定された場合には，過剰間隙水圧の上昇の影響で地盤の剛性や強度が低下するので，その影響を考慮しなければならない．そのためには，「**7.3.3.4 地盤の液状化の可能性のある場合**」に従い，有効応力解析に基づく地点依存の動的解析を行うのが望ましい．しかし，対象とする地盤の堆積構造および構造物が単純等，詳細な検討を必要としない場合には，設計の便を勘案して，簡易に液状化による影響を評価してもよい．その場合，「**7.2.2.2 地盤の液状化の判定**」に示す液状化指数 P_L に

応じて地表面設計地震動を設定してもよい．

1) **液状化指数 P_L が 5 未満の場合**（$P_L<5$）

この条件では，過剰間隙水圧の上昇による影響は小さいので，液状化の影響を無視してよいものとする．したがって，**解説表7.3.2**に示す地盤種別を用いて，**解説表7.3.3～7.3.5**および**解説図7.3.4～7.3.6**に示すスペクトルを用いてよい．

2) **液状化指数 P_L が 5 以上の場合**（$P_L \geq 5$）

この条件では，過剰間隙水圧の上昇による影響が大きく，初期の固有周期が地震動に与える影響よりも，液状化程度が地震動に与える影響度の方が大きくなることが解析的に確認されている．そこで，液状化指数が5以上となる場合には，以下により構造物への作用を設定してもよい．

a) L1地震動の場合

L1地震動に対しては，「**付属資料7-9　液状化の可能性ある地盤の地表面設計地震動**」に示すL1地震動に対する液状化の可能性のある地盤の弾性加速度応答スペクトルを用いてよい．

b) L2地震動の場合

L2地震動に対しては，「**付属資料7-9　液状化の可能性ある地盤の地表面設計地震動**」に示すL2地震動に対する液状化の可能性のある地盤の弾性加速度応答スペクトルおよび時刻歴波形を用いてよい．

(2)について

不整形地盤と判定された場合には，局所的に地震動が増幅されるため，この影響を考慮しなければならない．そのためには，綿密に地盤調査を実施し，「**7.3.3.5 不整形地盤の場合**」に従い，2～3次元モデルによる地点依存の動的解析を行うのが望ましい．しかし，**解説図7.3.9**に示すように，傾斜角度が比較的一様で，地震時に著しく特性が変化するような地層がない場合等，詳細な検討を必要としない場合には，設計の便を勘案して，弾性加速度応答スペクトルに式（解7.3.13）に示す $\eta(x)$ を乗じて補正することにより不整形地盤における地表面設計地震動を設定してもよいこととする．これは，鉛直方向に伝播するS波（直達波）と傾斜部で生成され水平方向に伝播する表面波が干渉しあい，地震動が局所的に増幅されることを表したもので，この水平方向に伝播する波は，直達波に比べて α 倍の振幅を持ち，時間遅れ Δt を伴って伝播すると考えた[1]．ただし，設計上の配慮から，時間遅れ Δt の影響を考慮しないこととする．

$$\eta(x) = 1 + \alpha(x) \tag{解7.3.13}$$

ここに，$\eta(x)$：不整形性の影響を考慮した地震動の補正係数

$\alpha(x)$：水平方向伝播波の振幅補正係数で，表層地盤と基盤層のインピーダンス比，表層地盤の層厚，崖地・硬質層の傾斜角度に依存する．

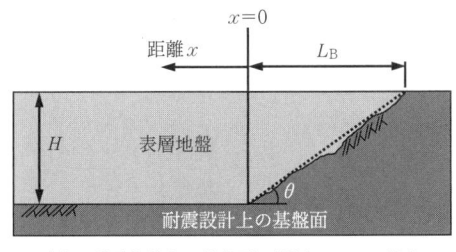

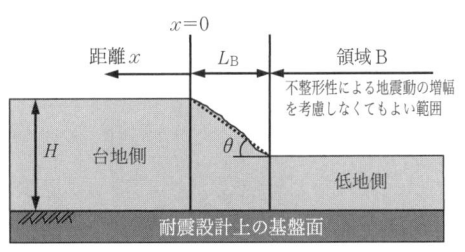

(a) 耐震設計上の基盤面が傾斜している場合　　(b) 地表面が傾斜している場合

解説図 7.3.9　不整形地盤構造の考え方

$x \geqq 0$ の場合

$$\alpha(x) = 0.40 \times \exp\left(-\frac{7.0}{\theta}\right) \times \sqrt{\frac{1}{\kappa}} \times \exp\left(-0.44\left(\frac{x}{H}\right)\right) \qquad (解7.3.14)$$

$x < 0$ の場合

$$\alpha(x) = 0.40 \times \exp\left(-\frac{7.0}{\theta}\right) \times \sqrt{\frac{1}{\kappa}} \times \left(1 + \frac{x}{L_B}\right) \qquad (解7.3.15)$$

ただし，$0.05 \leqq \alpha(x) \leqq 0.40$ とする．

x：不整形端部からの距離 (m) で，そのとり方は**解説図7.3.9**に示す．

θ：基盤または地表面の傾斜角度

κ：インピーダンス比

$$\kappa = \frac{\rho_2(\alpha_g \cdot V_{S02})}{\rho_1 V_{S01}}$$

ρ_1, ρ_2：基盤および表層地盤の密度

V_{S01}, V_{S02}：基盤および表層地盤の初期せん断弾性波速度

α_g：地震時のひずみレベルによる地盤の剛性低減係数で，**解説表7.3.6**による．

H：表層地盤の層厚

L_B：耐震設計上の基盤面または地表面が傾斜している部分の長さ (m) (**解説図7.3.9**参照)

解説表 7.3.6 地震時のひずみレベルによる地盤の剛性低減係数

地震動の種類	低減係数 α_g
L1地震動	0.70
L2地震動	0.50

ただし，地表面が傾斜している場合には，低地側（**解説図7.3.9**の領域B）では不整形性の影響は考慮しなくてもよいものとする．

なお，**解説図7.3.10**に示すような両側不整形地盤の場合には，鉛直方向に伝播するS波と両側の傾斜部で生成されて水平方向に伝播する表面波（両側から伝播）が干渉しあい，地震動が局所的に増幅されると考える．この場合には，不整形性の影響を考慮した地震動の補正係数 $\eta(x)$ として，式 (解7.3.13) の代わりに式 (解7.3.16) に示す値を用いるのがよい．

$$\eta(x) = 1 + \alpha_1(x_1) + \alpha_2(x_2) \qquad (解7.3.16)$$

ここに，

$\alpha_1(x_1)$, $\alpha_2(x_2)$：それぞれ，左および右側からの水平方向伝播波の振幅補正係数で，式 (解7.3.14)～(解7.3.15) による．

x_1, x_2：不整形端部からの距離 (m) で，そのとり方は**解説図7.3.10**に示す．

その他の記号および数値は本標準の式 (解7.3.13) と同じ．

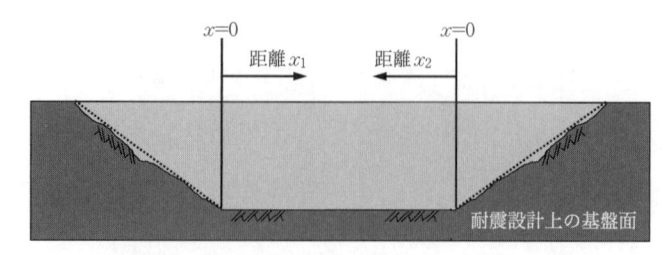

解説図 7.3.10 不整形地盤構造の考え方（両側不整形）

参 考 文 献

1) 室野剛隆，西村昭彦，室谷耕輔：地震動に与える表層地盤の局所的変化の影響と耐震設計への適用性に関する提案，土木学会 ローカルサイト・エフェクト・シンポジウム論文集，pp. 183-188, 1998.

7.4 地盤挙動の空間変動の影響

地震動の空間変動の影響を考慮する場合は，
（1） 地形や地盤条件の水平方向に対する急激な変化による影響
（2） 波動伝播による影響
（3） 地盤のばらつきによる影響
を適切に考慮するのがよい．

【解説】
各構造物に作用する地震動は一様ではなく，空間的に変動しており，構造物ごとに入力される地震動は異なるのが一般的である．したがって，以下のような検討を行う場合には，地震動の空間変動の影響を考慮することが望ましい．
a) 地震時の軌道面の不同変位を求める場合
b) 隣接構造物の影響を考慮した構造物群の応答値を算定する場合
c) トンネルの縦断方向の検討を実施する場合
d) 地形や地盤条件が急激に変化するような地点に鉄道構造物を建設する場合

地震動が空間変動を伴って各地点に到達する要因としては，以下のものが考えられる．

1) 地形や地盤条件の水平方向に対する急激な変化に起因する空間変動

不整形地盤のように地形が急激に変化する地盤においては，複雑な波動伝播特性により，地震波は空間的に変動する．この場合には，地盤条件の水平方向の変化を適切に評価した上で，「7.3 動的解析による方法」により地点ごとに地盤挙動を算定することが望ましい．

2) 波動伝播に伴う空間変動

水平な成層地盤の場合でも，表面波や斜めに入射するS波により水平方向に伝播する波動が生じ，この伝播効果により空間変動を生じることがある．この場合には，堆積層の弾性速度構造に基づき，位相速度や波長などを評価することができる．ただし，特別な検討を要しない場合は，簡易に式（解7.4.1）により波長を算定し，水平方向に正弦波状の分布を仮定して，空間変動を定義してよいものとする[1]．

$$L = 460 \times T_g^{1.0} \qquad \text{（解 7.4.1）}$$

ここに，L：波長（m）
T_g：固有周期（s）

詳細は，「**付属資料 7-10 地盤挙動の空間変動の簡易な設定方法および適用**」による．

3) 地盤のばらつきによる空間変動

地質縦断面図等で同一とされている層であっても，実際には，地盤の物性値や層厚は線路方向に一様ではないため，地点ごとに地盤条件にばらつきがある．したがって，水平成層地盤とみなせる地盤であって

も，各地点における地震波が異なることになる．ただし，この影響が構造物に与える影響は小さいので一般には無視してよいものとする．

参 考 文 献

1) 羅　休・坂井公俊・曽我部正道：表面波に起因する地震動波長を用いた軌道の角折れの評価方法，鉄道総研報告，第25巻 第9号, pp.19-24, 2011.

8章　構造物の応答値の算定

8.1 一般

（1）　構造物の設計応答値の算定は，設計地震動に対する設計応答値を算定する場合と構造物の破壊形態を確認する場合があり，その目的および構造物の種類に応じて，信頼性と精度があらかじめ検証された解析法によらなければならない．

（2）　構造物の設計応答値の算定は，本章のほか，構造物の種類に応じて，「10章 橋梁および高架橋の応答値の算定と性能照査」，「11章 橋台の応答値の算定と性能照査」，「12章 盛土の応答値の算定と性能照査」，「13章 擁壁の応答値の算定と性能照査」および「14章 トンネルの応答値の算定と性能照査」によるものとする．

【解説】

本標準では，耐震設計を行う構造物として，橋梁・高架橋，橋台，盛土，擁壁，開削トンネルおよびその他の特殊な条件下のトンネルを対象としている．また，電車線柱などの構造物に付随する施設についても，土木構造物との相互作用の影響が大きいものは，本標準により設計応答値を算定する．これらの設計応答値の算定に用いる構造解析の手法には，様々なものが提案されているが，構造解析にあたっては，その目的や構造物の種類に応じた適切な方法による必要がある．一般的な設計応答値算定のフローを**解説図8.1.1**に示す．

構造解析の目的には以下の2つがある．
　① 設計地震動に対する設計応答値の算定
　② 構造物の破壊形態の確認

設計地震動に対する設計応答値を算定する解析とは，設計地震動に対して，性能照査指標にかかわる変形や力などの構造物の設計応答値を算定するものである．耐震設計の対象となる構造物は，地震動の大きさや繰返し，構造条件や地盤特性の影響を受けて複雑な応答を示すため，設計地震動に対する設計応答値の算定においては，「**8.2** 設計地震動に対する応答値を算定するための解析」に示すように，地盤と構造物の相互作用や非線形性を考慮したモデルを用い，構造物の動力学特性を適切に表現できる地震応答解析法による必要がある．なお，本標準に示す手法以外でも，地震に対する設計応答値を算定するための構造解析法として用いることが可能であるが，その信頼性，精度および適用範囲については，模型実験や数値

解析等により事前に検証された手法である必要がある．

　一方，構造物の破壊形態を確認するための解析とは，構造物の破壊形態を確認するとともに，構造物が破壊に至るまでの過程を詳細に求める解析である．地震のようなばらつきの大きい自然現象を対象にして構造物を設計する場合には，想定された地震に対して要求性能を満足した上で，構造物が終局に至るまでの過程をより粘り強い破壊形態にして脆性的な破壊を防ぐことで，設計地震動を超えるような地震に対しても，破滅的な被害の発生の可能性を低減することができる．また，構造物の復旧性を考える上では，杭等の基礎部材や支承部よりも，比較的補修が容易な柱等を先行降伏させるなどの配慮が必要となるが，構造物の破壊形態を確認するための解析を実施して終局に至るまでの過程を把握することで，より補修が容易な箇所に損傷を集中させるような設計を行うことができる．このような観点から，構造物の破壊形態や損傷過程を確認するための解析を行う必要がある．

　なお，構造解析係数 γ_a は，本標準に示す方法によるときは1.0としてよい．

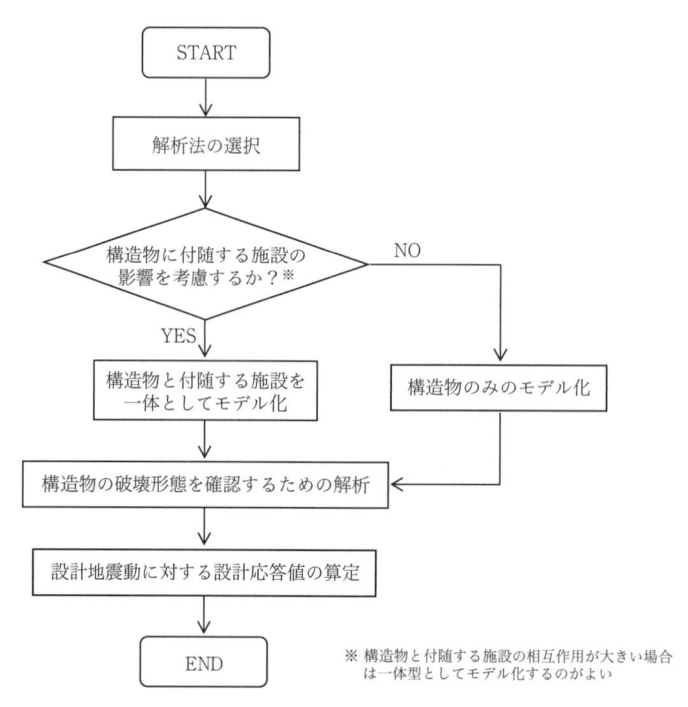

解説図 8.1.1　一般的な構造物の設計応答値算定のフロー

8.2　設計地震動に対する応答値を算定するための解析

　設計地震動に対する応答値を算定するための解析は，地盤と構造物の相互作用や非線形性を考慮して，構造物の動力学特性を適切に表現できる動的解析法によるものとする．ただし，詳細な検討を必要とせず，静的な地震作用を設定できる場合には，静的解析法によってもよい．

【解説】

　地震応答解析法を大別すると，動的解析法と静的解析法に分けられる．また，地震応答解析に用いる解析モデルは，一体型モデルと分離型モデルに分類される．**解説図 8.2.1** に地震応答解析法および解析モデルを選択する際の一般的なフローを示した．

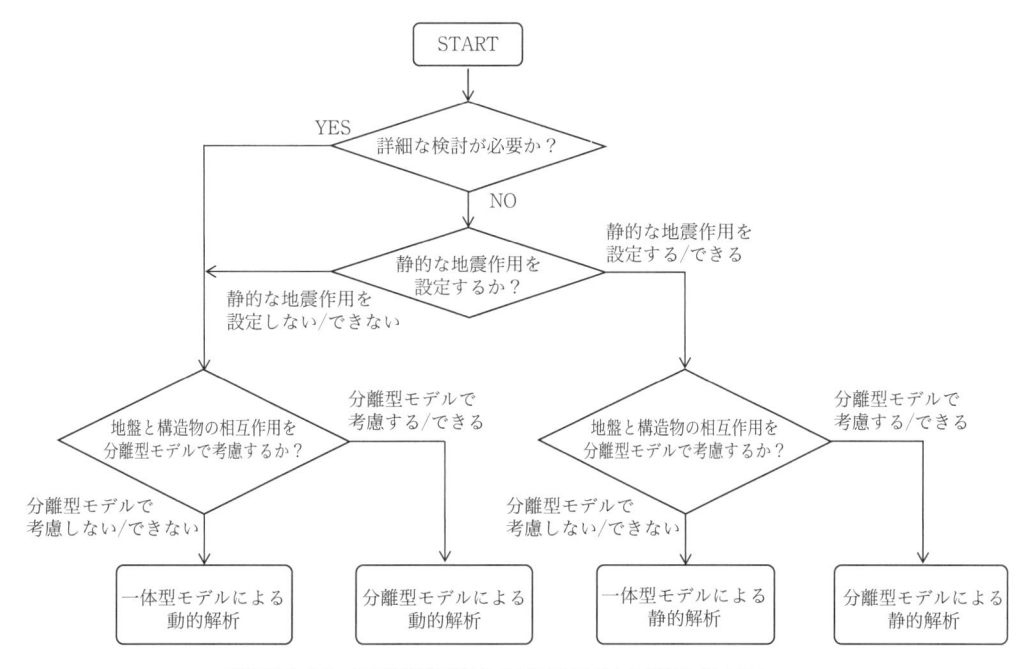

解説図 8.2.1　地震応答解析法および解析モデルの選択に関するフロー

1)　地震応答解析法

　動的解析法は，運動方程式を解くことにより地震動に対する構造物の応答を得る手法であり，構造物の動力学特性を直接的に評価できる解析法である．これに対して，静的解析法とは，地震作用を静的に与えて構造物の応答を得る手法である．解析法によっては，明確に両者に分類することが難しいものも多くあるが，静的な地震作用を設定するプロセスのないものは広い意味での動的解析法と位置づけるものとする．

　一般に，設計地震動に対する構造物の設計応答値の算定は，動的解析法によるものとする．ただし，詳細な検討が必要ではなく，構造物の振動モードが比較的単純で，かつ塑性ヒンジの発生箇所が明らかな場合には，等価な静的地震作用を設定できるため，静的解析法を用いてもよい．構造形式が複雑で複数の振動モードが支配的になる場合，静的な地震作用の設定が難しいため，静的解析法の適用は難しく，動的解析法を用いなければならない．また，免震装置や制震装置などのように，その挙動が速度や加速度応答，載荷履歴に大きく依存する部材を有する構造物の応答解析を行う場合についても動的解析による必要がある．なお，支承部の非線形挙動が卓越する場合においても，静的解析法では桁の慣性力を正しく評価できないため，動的解析法を用いる必要がある．

　静的解析法により設計地震動に対する設計応答値を算定する際には，例えば橋梁・高架橋等では，プッシュ・オーバー解析と非線形応答スペクトル法を併せて用いる手法が一般的である．プッシュ・オーバー解析は，広い意味での地震時の応答値を算定する静的解析法の一つであり，構造物の振動形状に対応した

地震作用を漸増載荷することにより構造物を終局状態まで押し切る解析である．プッシュ・オーバー解析については「**付属資料 8-1** 橋梁および高架橋のプッシュ・オーバー解析」等を参照するとよい．

2) 解析モデル

解析モデルは地盤と構造物の相互作用の取り扱い方の違いにより，大きく分けて一体型モデルと分離型モデルに分類される．一体型モデルは自由地盤－構造物系を一体としてモデル化するため，地盤と構造物の相互作用を自動的に解析に盛り込むことができ，地震時の挙動を表現する解析モデルとして合理的である．分離型モデルでは，主に構造物のみを取り出してモデル化するため，構造物の解析領域において相互作用の結果として得られる地震作用を定義することになる．

解説図 8.2.1 の分類について，それぞれの解析モデルの例を**解説図 8.2.2**に示す．**解説図 8.2.2**(a)(b)は，橋脚について動的解析法により地震応答解析を行う場合の例である．(a) の一体型モデルでは自由地盤の基盤位置における設計地震動の加速度時刻歴を地震作用としている．一方，(b) の分離型モデルでは，自由地盤の各深さの挙動を構造物への地震作用とし，地震作用は地盤ばねを介して基礎に入力される．また，**解説図 8.2.2**(c)(d) は，開削トンネルについて静的解析法により地震応答解析を行う場合の

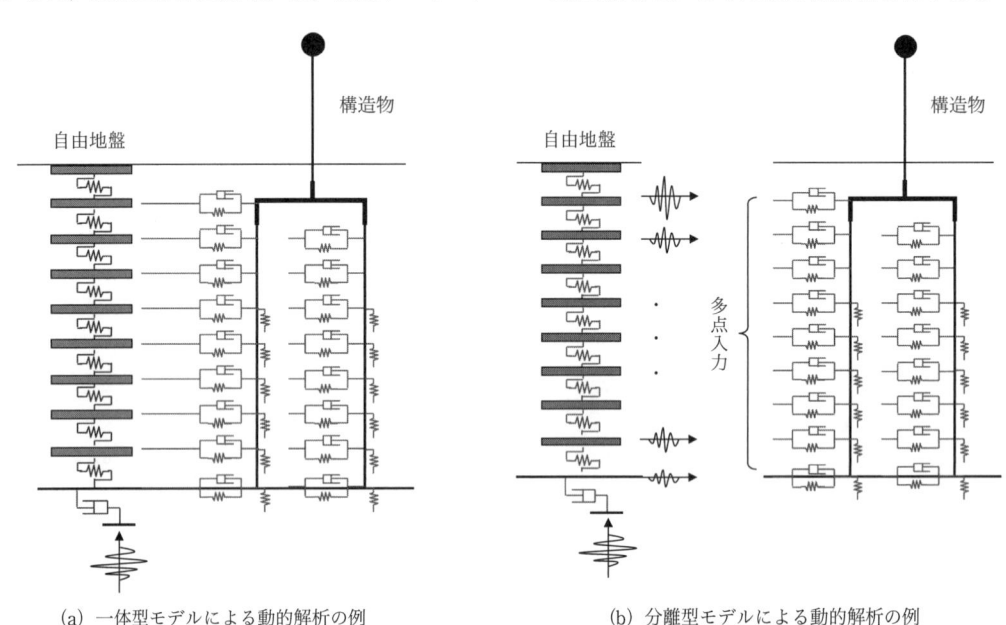

(a) 一体型モデルによる動的解析の例　　　　(b) 分離型モデルによる動的解析の例

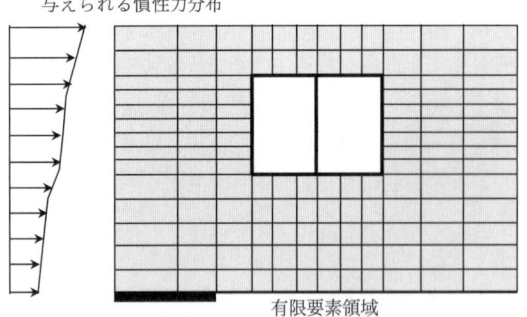

(c) 一体型モデルによる静的解析の例　　　　(d) 分離型モデルによる静的解析の例

解説図 8.2.2 地震応答解析法の分類の例

例となっているが，一体型モデルでは，解析領域全体での慣性力の分布を地震作用として用い，分離型モデルでは構造物に作用する地盤変位と構造物の慣性力および周面せん断力を個別に設定して地震作用として用いている．

なお，本標準ではこれまでの実績等から一般的と考えられる地震応答解析法および解析モデルを示しているが，これ以外の信頼性の高い手法の導入を妨げてはいない．

8.3 構造物の破壊形態を確認するための解析

構造物の破壊形態を確認するための解析は，構造物の種類および特性に応じて，終局に至るまでの過程を評価可能な手法により行うことを原則とする．一般には，プッシュ・オーバー解析を用いることができる．

【解説】

設計地震動を設定する際に想定する震源断層の破壊プロセスには不確定要因が多く，予測にはばらつきが伴うことは避けられない．そのような条件下で，本標準では，L2地震動を最大級の強さをもつ地震動としているが，これは，L2地震動の地震動強さを，物理的に発生可能と考えられる極限としての最大地震動強さとするのではなく，種々の工学的判断のもとで合理的に設定したものである．その結果として，L2地震動に対して要求性能を満足するような構造物であっても，残余のリスクが全く無いわけではない．しかし，設計地震動に対して構造物に生じ得る損傷の進展とその発生箇所および破壊の形態を把握した上で要求性能を確保するとともに，最終的な崩壊に至るまでの過程をより粘り強い破壊形態にして構造物全体の脆性的な破壊を防ぐことにより，設計地震動を超えるような地震に対しても，破滅的な被害の発生の可能性を低減することができる．また，構造物の復旧性を考える上では，より補修が容易な箇所に損傷を集中させるような配慮が必要となるが，構造物の破壊形態および損傷過程を確認する解析を実施することで，例えば杭等の基礎部材よりも柱等の部材を先行降伏させるといった復旧性に配慮した設計を行うことができる．このような観点から，構造物の破壊形態やこれに至る損傷過程を把握する必要がある．

こうした構造物の破壊形態および損傷過程を確認するための解析では，地震時に支配的となる振動モードに相当する変形状態が明らかで，かつ地震作用を静的作用に置き換えられる場合は，「**8.2 設計地震動に対する応答値を算定するための解析**」および「**付属資料8-1 橋梁および高架橋のプッシュ・オーバー解析**」に示したプッシュ・オーバー解析を用いるのがよい．ただし，構造物の破壊形態を確認するための解析において，上記のような解析の目的に合致した信頼性の高い別の手法の導入を妨げるものではない．

なお，「**9.4 構造物の破壊形態の確認**」に示すように，構造物の種類や諸元によっては，破壊形態が明らかで構造物全体が脆性的な破壊形態とならないと考えられる場合もある．このような場合においては，破壊形態を確認するための解析を省略してもよい．

8.4 構造物のモデル

8.4.1 一 般

構造物の設計応答値の算定においては，以下について適切にモデル化するものとする．

> （1） 構造物のモデル化
> （2） 部材のモデル化
> （3） 支承部のモデル化
> （4） 地盤のモデル化
> （5） 液状化の可能性のある地盤のモデル化

【解説】

構造物のモデル化は，「8.4.2 構造物のモデル化」，「8.4.3 部材のモデル化」，「8.4.4 支承部のモデル化」，「8.4.5 地盤のモデル化」，および「8.4.6 液状化の可能性のある地盤のモデル化」によるものとする．

> **8.4.2 構造物のモデル化**
> 構造物は，地震時の挙動を適切に表現できるようにモデル化するものとする．

【解説】

性能照査は，設計地震動に対する構造物の設計応答値に対して行うので，構造解析では，求めるべき設計応答値を十分な精度で得られるように構造物をモデル化しなければならない．以下に，構造物をモデル化するときの注意点を示す．

1) 解析モデルの種類

解析モデルとしては，「8.2 設計地震動に対する応答値を算定するための解析」に示すように，一体型モデルと分離型モデルがある．いずれのモデルを用いるにしろ，解析モデルの離散化の方法としては，質点系モデルと有限要素モデルが代表的なモデルとして考えられる．本標準での質点系モデルとは，構造物や自由地盤を質量要素とそれをつなぐ要素（線材要素やばね要素）の集合としてモデル化したものの総称であり，有限要素モデルとは，構造物や自由地盤をソリッド要素の集合として形状まで詳細にモデル化したものの総称である．

これまでの耐震設計実務においては，圧倒的に質点系モデルの実績が多い．これには解析モデルの理解が容易であることや，「鉄道構造物等設計標準・同解説」において，各要素のモデル化に関する記述や性能項目の限界値の設定方法が質点系モデルの利用を前提にしたものになっていることが背景としてある．そこで，本標準においても，設計実務における一般的な利用を前提として，質点系モデルを前提にした記述を基本とする．ただし，適宜，有限要素モデルを適用する場合についても示すこととするが，その適用にあたっては関連する文献等を参考にするのがよい．

2) 解析モデルの自由度

解析モデルの自由度は，用いたモデル化手法を考慮し，十分な精度で数値解析を行えるように設定しなければならない．むやみに解析モデルの自由度を大きくすることにより，必ずしも精度の高い解を得られるわけではない．解析モデルの自由度を大きくすることにより，運動方程式の数値積分の収束性が悪くなることもある．例えば，橋脚や高架橋の天端の変位を求めるのであれば，主要な低次のモードを再現できれば十分な場合が多い．

3) 解析モデルの次元

解析モデルの次元は，構造形式に応じて3次元的な挙動を適切に考慮できるように設定するのがよい．ただし，適切な仮定を設けることが可能であれば，2次元解析により評価してもよい．例えば，トンネル

や盛土等において，線路方向に対して構造形式が一様と見なせる場合には，地盤および構造物を2次元でモデル化しても十分な精度で応答値を算定できる．

4) 解析領域

鉄道は線路方向に種々の構造物が連続しているため，個々の構造物の地震時挙動は隣接構造物の影響を受ける場合がある．こうした影響を適切に評価して設計応答値を算定するためには，隣接構造物との相互作用を考慮し，適切な解析領域を設定する必要がある．設計実務においては，隣接する構造物の固有周期や入力地震動の特性，破壊形態や水平耐力等が概ね等しい場合は，「10.2.2 橋梁および高架橋のモデル」などを参照し，単体構造物としてモデル化してもよい．ただし，隣接する構造物の固有周期や入力地震動の特性，破壊形態や水平耐力が異なる場合には，桁同士の衝突などの相互作用が生じる可能性があるため，隣接構造物を含めて解析領域を設定するなどの工夫が必要となる．

5) 非線形性

解析モデルを構成する部材，支承部および地盤のモデル化においては，一般には力と変位の関係，または応力とひずみの関係として，その非線形性を考慮しなければならない．非線形性は，力と変位の関係（応力とひずみの関係）の骨格曲線および履歴特性を適切に再現できるものでなければならない．

6) 減衰

構造解析において動的解析法を用いる場合には，減衰特性のモデル化が必要不可欠である．減衰は複雑な現象で，エネルギー吸収のメカニズムには上部構造物については部材の塑性的性質から生じる履歴減衰，支承部等のエネルギー損失による構造減衰等がある．基礎構造物については履歴減衰のほか，逸散減衰等の影響が大きく，その値は基礎形式により異なることが知られている．こうした減衰の発生機構については十分に解明されておらず，理論的な取扱いが難しい側面もあるので，一般にはレーリー減衰を適用すればよい．レーリー減衰は，ある条件下において実際の構造物の減衰と近似となる減衰を与えるものであり，万能ではないが，取扱が容易であり，これまで多くの実績がある．ただし，レーリー減衰は全体系に与えられた減衰であるため，解析領域の中に減衰特性が他と大きく異なる部位が存在する場合には，取扱いに注意が必要である．なお，構造部材に非線形履歴特性を与えた場合，部材の履歴減衰は適切な履歴モデルを考慮することで適切に設定できるため，非線形部材の減衰定数を小さく設定するなど，減衰を二重に考慮しないような配慮が必要となる．各部材等に用いる減衰の値は，「10.2.3 動的解析法」に示された値を準用してよい．

8.4.3 部材のモデル化

部材は，その材料，形状，寸法等に応じ，部材の非線形性および減衰特性等を適切に表現できるようにモデル化するものとする．

【解説】

構造物を構成する各部材は，地震時においてはその種類や材料特性，形状や異種材料間の付着・はく離といった部材単体の特性に加え，軸方向力の変動や地震作用の繰り返しなどの影響に応じて複雑な非線形性を示す．動的解析法においては設定する非線形性に応じて，部材の履歴減衰も表現されるため，設計応答値の算定にあたっては，部材の非線形性を適切に表現できるモデルを用いる必要がある．

質点系モデルを採用する場合には，部材を形状や作用の方向等に応じて，棒部材または面内力を受ける面部材等として扱い，線材としてモデル化する．例えば，一般的な柱部材や杭部材および壁式橋脚のよう

に独立した壁部材は線材としてモデル化することができる．また，棒部材または面部材のいずれかとして扱うことが困難な場合についても，照査結果が安全側となるように配慮すれば線材としてモデル化できる場合もある．

棒部材および面部材の非線形性については，材料の非線形性を考慮するとともに，必要に応じて部材の幾何学的な非線形性についても考慮するのがよい．ただし，地震の影響を受けても塑性化しない部材は，材料の非線形性は考慮しなくてもよい．

線材モデルを用いて塑性域を含んだ解析をする場合，材料モデルとして非線形履歴モデルを用いて部材の復元力特性を求める方法によるか，部材の非線形復元力特性を直接モデル化して用いることが必要である．これらについては，部材を構成する材料特性や部材を構成する材料の付着性状など，照査対象の部材特性に応じて適切に選定しなければならないが，一般には線材に曲げモーメントと曲率の関係（M-φ関係），または部材端部の曲げモーメントと部材角の関係（M-θ関係）を与えたモデルを用いてよい．M-θ関係でモデル化する場合には，部材の曲げモーメント分布が直線であり主たる塑性ヒンジの発生箇所が特定可能であること，さらに部材内で大きな断面変化がないことが前提である．これらの前提条件が満足できない場合には，M-φ関係でモデル化する必要がある．例えば，柱のように曲げモーメント分布が直線的に変化する部材は，部材の非線形性を部材端部の回転ばねの M-θ 関係で表す方法を用いてよい．また，梁のように死荷重による曲げモーメントの影響が大きく，曲げモーメント分布が曲線状に変化する部材は，部材断面ごとの非線形性の影響を M-φ 関係で表す方法を用いるのがよい．なお，ラーメン高架橋や複数本の杭を有する杭基礎などにおいては，部材に作用する軸方向力が変動し，これに伴って曲げモーメント-曲率関係や回転角関係，耐力等が変動する可能性がある．このような部材については，曲げモーメント-軸方向力（M-N）相関関係などにより軸力変動が部材の非線形性に与える影響を適切に考慮するのがよい．

以下には，代表的な部材について静的解析法，動的解析法に用いることができる線材モデルの骨格曲線の例を示す．線材モデルとしては，ここで示したほかにも様々なものが提案されているが，M-φ 関係または M-θ 関係で表現された部材の非線形性は，あくまで部材を構成する個別要素の非線形性を部材全体の挙動に集約して表現したものであり，部材単体の非線形性以外の要因，すなわち部材軸方向力や地震動の繰り返しの影響を含んだモデルであることに注意する必要がある．そのため，ここで示した以外の骨格モデルや履歴則を用いるにあたっては，そのモデルが設定された実験および解析の条件を十分確認する必要がある．

1) 鉄筋コンクリート部材のモデル化

地震時における鉄筋コンクリート部材は，ひび割れ，軸方向鋼材の降伏，かぶりコンクリートのはく離・はく落，軸方向鋼材の座屈，帯鉄筋によるコンクリートの拘束効果や部材軸方向力の影響，地震動の繰り返しによる耐力劣化等，様々な要因により複雑な非線形性を示す．こうした非線形性を詳細に把握する方法として，有限要素モデルやファイバーモデルを用いた方法などが提案されている．しかし，これらのモデルの設定にあたっては，鉄筋とコンクリートの付着特性，鉄筋座屈挙動など，材料単体および材料相互間の相互作用を詳細にモデル化する必要があるが，これらは現在も未解明の部分が多く，特に最大荷重点以降の挙動を精度よく算定することが難しい場合が多い．

そこで，鉄筋コンクリート部材を構成する個別要素の非線形性を部材全体の挙動に集約して表現するモデルとして，せん断破壊に対する照査を別途適切な方法で行うことを前提に，部材を線材で表現し，この線材に断面の M-φ 関係か，部材端部の M-θ 関係を与えたモデルを用いることが一般的である．鉄筋コ

解説図 8.4.1 鉄筋コンクリート系部材の非線形のモデル化の例

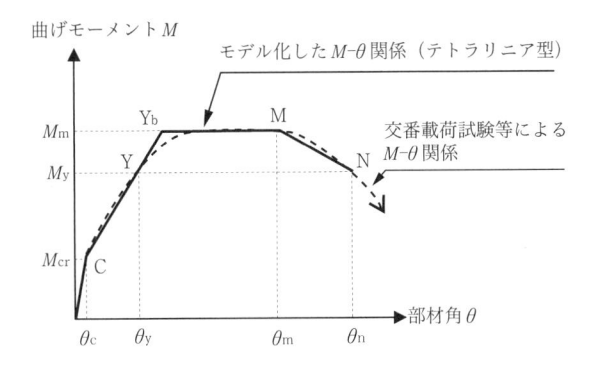

M_{cr}：曲げひび割れ発生時の曲げモーメント
M_y：降伏時の曲げモーメント
M_m：最大曲げモーメント
θ_c：曲げひび割れ発生時の部材角
θ_y：降伏時の部材角
θ_m：M_mを維持できる最大の部材角
θ_n：M_yを維持できる最大の部材角

ンクリート部材の M-θ 関係を表現する骨格モデルとして，静的3回繰り返し載荷試験等により得られた代表的な試験結果をC点（ひび割れ点），Y点（軸方向鉄筋の降伏点），M点（最大耐力点）およびN点（部材耐力がY点まで低下した点）の4点で包絡したテトラリニア型のモデルがある．このモデルは，実際の地震動の繰り返しに対する部材の耐力低下域までの挙動を安全側に評価できるよう定められており，静的解析法やプッシュ・オーバー解析のように地震動の繰り返しの影響を直接考慮できない場合において，設計応答値の算定に用いることができる．このモデルの詳細については「鉄道構造物等設計標準・同解説（コンクリート構造物）」に示されている．なお，近年の実験的研究によれば，鉄筋コンクリート部材はY点を超えた後も曲げモーメントが最大モーメント M_m 付近に達するまでは顕著な剛性低下はみられず，C点-Y点を結ぶ線が最大モーメント M_m 近傍まで達する点 Y_b を部材全体における剛性の折れ点とすることで，部材の曲げモーメントおよびこれに伴うせん断力をより実態に即して評価できることが分かってきているため，**解説図 8.4.1** に示すように第二勾配を Y_b 点まで延長したテトラリニア型のモデルを用いてもよい．

一方，線材モデルで表現した部材の挙動を動的解析法により追跡する場合，部材の骨格モデルとともに，地震動の繰り返しによる剛性低下を表現する履歴則を設定する必要がある．こうした動的解析法に適用できる部材モデルは様々なものが提案されているが，そのモデルの例を「**付属資料 8-2 鉄筋コンクリート部材の復元力モデル**」に示す．また，既往の振動台実験の結果など近年の研究によれば，負勾配を有しないトリリニア型の骨格モデルに対して，経験最大変位量に依存して剛性低下を生じさせる履歴則を組み合わせることで，動的および静的繰り返し載荷実験の結果を精度よく表現可能なモデルが提案されており[1]，動的解析法において，計算の安定性を確保しつつ鉄筋コンクリート部材の繰り返し剛性低下特性を表現するモデルとして用いることができる．本モデルの詳細を「**付属資料 8-3 地震動の繰返しによる剛性低下を考慮した非線形モデル**」に示す．

2) **鉄骨鉄筋コンクリート部材のモデル化**

鉄骨鉄筋コンクリート部材の骨格モデルは，「1) 鉄筋コンクリート部材のモデル化」と同様としてよい．なお，鉄骨鉄筋コンクリート部材のモデル化の詳細は「**付属資料 8-4 鉄骨鉄筋コンクリート部材の復元力モデル**」による．

3) **コンクリート充填鋼管部材のモデル化**

コンクリート充填鋼管部材は，円形あるいは矩形の鋼製閉断面に，材軸に沿って全体にわたりコンクリートを充填した構造を有し，力学的には鋼管とコンクリートの合成効果を期待した部材である．地震時に

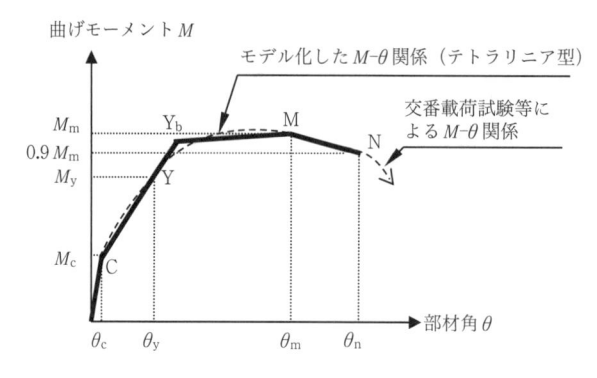

解説図 8.4.2 コンクリート充填鋼管部材の非線形のモデル化の例

M_c：曲げひび割れ発生時（仮定）の曲げモーメント
M_y：鋼管降伏時の曲げモーメント
M_m：最大曲げモーメント
θ_c：曲げひび割れ発生時の部材角
θ_y：降伏時の部材角
θ_m：M_m を維持できる最大の部材角
θ_n：M_m の 0.9 倍を維持できる最大の部材角

おけるコンクリート充填鋼管部材は，ひび割れ，鋼材の降伏や鋼管の局部座屈，鋼管によるコンクリートの拘束効果や部材軸方向力の影響，鋼材とコンクリートの付着特性や地震動の繰り返しによる耐力劣化等，様々な要因により複雑な非線形性を示す．こうした非線形性を詳細に追跡する方法として，有限要素モデルやファイバーモデルを用いた方法などが提案されている．しかし，この場合，鉄筋コンクリート部材と同様に，材料単体および材料相互間の相互作用を詳細にモデル化する必要がある．

そこで，コンクリート充填鋼管部材の非線形性を部材全体の挙動に集約して表現するモデルとして，部材を線材にモデル化し，この線材に部材断面の $M-\varphi$ 関係か，部材端部の $M-\theta$ 関係を与えて表現するのが一般的である．コンクリート充填鋼管部材の $M-\theta$ 関係を表現する骨格モデルとして，静的3回繰り返し載荷試験等により得られた代表的な試験結果をC点（仮想ひび割れ点），Y点（鋼管の降伏点），M点（最大耐力点）およびN点（部材耐力が最大耐力の90％まで低下した点）の4点で包絡したテトラリニア型のモデルがある．このモデルは，実際の地震動の繰り返しに対する部材の耐力低下域までの挙動を安全側に評価できるよう定められており，静的解析法やプッシュ・オーバー解析のように地震動の繰り返しの影響を直接考慮できない場合において，設計応答値の算定に用いることができる．C点は，充填コンクリート引張縁に曲げひび割れが発生する点を仮定したものであるが，この点を設けた方が試験結果をより精度よくモデル化できる．なお，鋼管の一部が降伏するY点を超えた後も，鋼材のひずみ硬化の影響等によって曲げモーメントが M_m 付近に達するまでは顕著な剛性低下はみられず**解説図 8.4.2**に示すように，C点-Y点を結ぶ線が最大曲げモーメント M_m 近傍まで達する点 Y_b まで延長したテトラリニア型のモデルを用いてもよい．また，動的解析法により設計応答値を算定する場合の履歴特性については，除荷時に曲げ剛性の低下を考慮できるモデルを用いるのがよい．

以上に示したコンクリート充填鋼管部材の骨格曲線および履歴特性のモデルの例を「**付属資料 8-5 コンクリート充填鋼管部材の復元力モデル**」に示す．

なお，ここで示したコンクリート充填鋼管部材のモデル化は，円形の鋼製閉断面の材軸に沿って全体にわたりコンクリートを充填した構造を想定しており，矩形断面およびコンクリート部分充填部材に対しては別途の検討が必要である．

4）鋼部材のモデル化

地震時における鋼部材は，鋼材の降伏や鋼板の局部座屈，部材軸方向力の影響等の要因により非線形性を示す．このためのモデルとして，シェル要素やソリッド要素を用いた有限要素モデルや，ファイバー要素を用いる方法等が提案されている．有限要素モデルでは，特に局部座屈を考慮する箇所のメッシュ分割

8章 構造物の応答値の算定　89

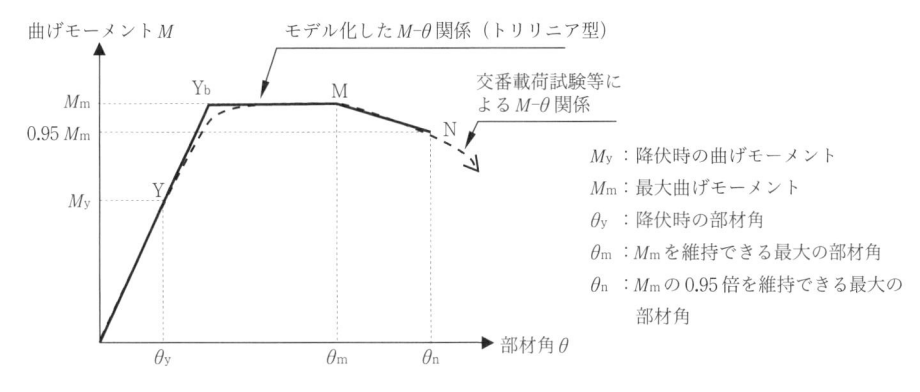

解説図 8.4.3 鋼部材の非線形のモデル化の例

M_y：降伏時の曲げモーメント
M_m：最大曲げモーメント
θ_y：降伏時の部材角
θ_m：M_m を維持できる最大の部材角
θ_n：M_m の 0.95 倍を維持できる最大の部材角

を細かくし，適切な構成則を与えることにより，精度のよい解析が可能となる．鋼材の弾塑性挙動を精度よく表現できる構成則として，修正2曲面モデルや3曲面モデルなど種々のものが提案されている[2]．その他汎用の有限要素解析ソフトに組み込まれている移動硬化則等の構成則を用いても，ピーク以降，若干剛性が低下した程度までの領域においては比較的精度よく解析できる[3]．しかし，有限要素解析では要素分割の程度により，特に最大耐力以降の挙動にばらつきが生じる可能性があるので，適用にあたっては十分な注意が必要である．また，ファイバー要素を用いた解析モデルは，最大耐力程度まで精度よく算定できることが知られているが，有限要素モデルと同様に適切な要素分割と鋼材の構成則を設定する必要がある．

そこで，鋼部材の局所的な非線形性を部材全体の挙動に集約して表現するモデルとして，部材を線材で表現し，この線材に部材断面の M-φ 関係，または部材端部の M-θ 関係を与えたモデルを用いることが一般的である．鋼部材の M-θ 関係を表現する骨格モデルとして，交番載荷試験により得られた試験結果を Y 点（鋼材の降伏点），M 点（最大耐力点）および N 点（部材耐力が最大耐力の 95％ まで低下した点）の3点で包絡したトリリニア型のモデルがある．このモデルの詳細については「鉄道構造物等設計標準・同解説（鋼・合成構造物）」に示されている．

なお，鋼部材においては断面の一部が降伏する Y 点を超えた後も鋼材のひずみ硬化の影響等によって曲げモーメントが M_m 付近に達するまでは顕著な剛性低下はみられず**解説図 8.4.3**に示すように，原点と Y 点を結ぶ線を最大曲げモーメント M_m 近傍まで達する点付近まで延長した点 Y_b を部材全体における剛性の折れ点とするトリリニア型の骨格曲線を用いてもよい．また，鋼管杭部材については，Y_b 点を折れ点とする負勾配のないバイリニア型の骨格曲線を用いてよい．なお，矩形断面の鋼部材の場合，せん断変形が無視できないレベルとなるため，曲げ変形に加えてせん断変形も考慮できるようにモデル化する必要がある．

線材モデルで表現した部材の挙動を動的解析法により追跡する場合に設定する履歴特性については，鋼部材は除荷時の曲げ剛性の低下は小さいため，剛性低下のない標準型のモデルを用いてよい．鋼部材の履歴特性を表現できるモデルの例を「**付属資料 8-6　鋼部材の復元力モデル**」に示す．

参 考 文 献

1) 野上雄太，室野剛隆，佐藤勉：繰返しによる耐力低下を考慮した RC 部材の履歴モデルの開発，鉄道総研報告，Vol.22，No.3，pp.17-22，2008.3.
2) 宇佐美勉編著・日本鋼構造協会編：鋼橋の耐震・制震設計ガイドライン，技報堂出版，2006.9.
3) 大田孝二，中村聖三，小林洋一，中川知和，水谷慎吾，野中哲也：鋼製橋脚の耐震設計に対する構造解析ソフトウェアの適用性，橋梁と基礎，pp.33-39，1997.12.

8.4.4 支承部のモデル化

支承部は，その構造および特性に応じてモデル化するものとする．

【解説】
　地震の影響により，橋脚や橋台と桁の接続部分である支承部には水平力が生じる．支承部は，支承本体，移動制限装置および落橋防止装置の各装置により構成される．このうち支承本体の種類としては，鋼製支承，ゴム支承などが挙げられ，これらを用いた設計としては固定・可動構造，桁の慣性力を各橋脚に分散させる水平力分散構造，支承本体によるエネルギー吸収を積極的に期待する免震構造などが挙げられる．ゴム支承は，天然ゴム系の材料を鋼板で積層することで安定した鉛直荷重支持性能および水平変形性能を持たせたものであり，近年ではこのゴム支承に対して減衰機能を積極的に付加した，いわゆる免震ゴム支承が開発されている．代表的な免震ゴム支承としては，鉛プラグを封入することで鉛の塑性変形によりエネルギー吸収を行う鉛プラグ入り積層ゴム支承や，ゴム材料自体に高い減衰性能を持たせた高減衰積層ゴム支承などが挙げられる．また，すべり摩擦支承など，免震ゴム支承以外でも減衰効果を期待できる免震支承もある．
　構造物の地震時挙動に及ぼす支承部の影響は，支承本体の種類，移動制限装置による拘束状況により異なるため，支承部のモデル化は各装置の特性に応じて適切に設定する必要がある．

1) 支承部をモデル化しない場合

　支承部の塑性化を許容しない場合や，ストッパーなどのように支承部の変位や非線形性が構造物全体の挙動に及ぼす影響が小さいと考えられる場合は，支承部の剛性や非線形性を直接モデル化せず，支承部に生じる設計水平力および変位は構造物に生じる水平力および変位から間接的に求めることができる．動的解析法により設計応答値を算定する場合は，桁が受ける水平力は応答加速度をもとに算定することができるので，これから支承部の水平力を算定することができる．また，静的解析法により設計応答値を算定する場合，支承部が受ける設計水平力は一般に式（解 8.4.1）により算定してよい．

$$H_{sd} = k_{hd} \cdot W \tag{解 8.4.1}$$

ここに，
　　H_{sd}：支承部の設計水平力
　　k_{hd}：構造物の応答震度
　　W：当該支承が水平力を分担する，列車荷重を含む桁等の重量

　式（解 8.4.1）で，構造物の応答震度は一般には設計応答値に相当する震度としてよいが，構造物の応答がプッシュ・オーバー解析により算定した荷重-変位曲線上の最大耐力点を超えている場合，最大耐力点に相当する震度とする．
　鉛直地震動により支承部に作用する鉛直力は，簡易にＬ2地震動を設定する場合，Ｇ0地盤用の設計地

震動の 0.5 倍の加速度を支承が支持する質量に乗じたものとしてよい．ただし，支承が支持する桁などの振動の影響を考慮する場合には，動的解析によるものとする．

支承部をモデル化せず設計水平力から間接的に支承部の応答変位を求める場合，可動側の支承部については構造物の応答変位量をもとに定めてよい．特に L2 地震時においては，桁の落橋を桁座・桁端の拡幅などにより防止する観点から，応答変位量は支承部を支持する構造物天端の最大応答変位としてよい．一方の支点と，他方の支点の挙動が逆位相となることが想定される場合には，両方の支点の変位量の合計とするのがよい．また，ゴム支承を用いた場合において，支承部をモデル化せずに設計水平力を式（解8.4.1）により求めた場合，応答変位量は以下の「2)b) ゴム支承および鋼棒ストッパー，鋼角ストッパーまたはダンパー式ストッパーを用いる場合」以降に示すゴム支承の剛性を用いて算出することができる．

2) 支承部をモデル化する場合

支承本体を含めた構造系全体の破壊過程を詳細に追跡する場合や，支承部の減衰効果を積極的に期待する場合，および支承部の変形特性が構造物に与える影響が小さくないと考えられる場合は，実験や解析をもとにこれらの非線形性を適切に表現可能なモデルを設定する必要がある．一般には，支承部をばねとしてモデル化し，このばねに適切な非線形性を与えることにより表現してよい．このように支承部をモデル化する場合は，応答解析の結果として支承部の水平力および応答変位を直接得ることができる．以下には代表的な支承構造である鋼製支承およびゴム支承についてモデル化の考え方を示す．

a) 鋼製支承を用いて固定・可動構造とする場合

静的解析法において鋼製支承を用いる場合の設計水平力および変位の考え方については「鉄道構造物等設計標準・同解説（鋼・合成構造物）」を参照するとよい．鋼製支承の設計応答値を直接動的解析により算定する場合は，固定・可動の別にそれぞれ**解説図 8.4.4**のようなモデルが考えられる．固定支承の場合は，初期剛性として解析が不安定にならない範囲で十分大きな剛性を与えるとよい．また，可動支承については，支承材料より定まる摩擦係数と鉛直荷重の積によりすべり摩擦力を定め，完全弾塑性モデルを用いることですべり挙動を表現するのがよい．これらのモデル化に必要なパラメータ等については「鉄道構造物等設計標準・同解説（鋼・合成構造物）」を参照するとよい．なお，支承の破壊を考慮する場合は，移動制限装置の耐力および可動変位量を設定し，耐力低下特性を組み込むなどの適切なモデル化を行う必要がある[1]．ただし，鋼製支承の破壊過程や耐力の評価には不明な点も多いため，こうしたモデルの適用

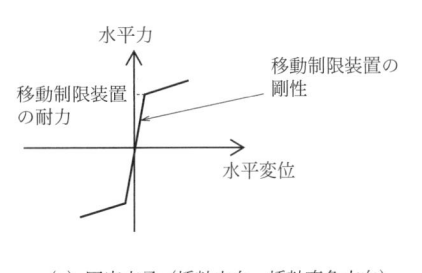

(a) 固定支承（橋軸方向・橋軸直角方向）
   および可動支承（橋軸直角方向）

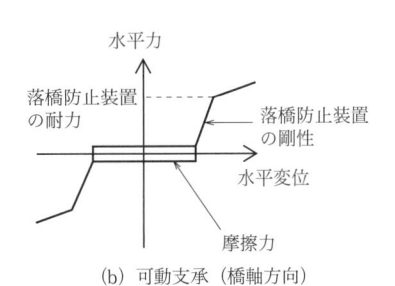

(b) 可動支承（橋軸方向）

解説図 8.4.4 固定および可動支承のモデル化の例

にあたっては十分な検討を行う必要がある．

b） ゴム支承および鋼棒ストッパー，鋼角ストッパーまたはダンパー式ストッパーを用いる場合

　ゴム支承および鋼棒ストッパー，鋼角ストッパーまたはダンパー式ストッパーを用いる場合において，水平力および変位を直接求める場合は，ゴム支承およびストッパーそれぞれについて，本章および「鉄道構造物等設計標準・同解説（コンクリート構造物）」によりモデル化する必要がある．水平力および変位を構造全体の設計応答値から間接的に算定する場合，桁が受ける設計水平力を，静的非線形解析により得られる構造物の設計応答値や動的解析法における応答加速度をもとに定めることで求めることができる．特に，桁を支持する構造の剛性がほぼ等しい場合における支承部の設計水平力および変位の考え方については「鉄道構造物等設計標準・同解説（コンクリート構造物）」によってよい．

c） ゴム支承を用いて水平力分散構造とする場合

　ゴム支承により水平力を分散させる構造の設計応答値を動的解析により求める場合，一般にゴム支承の水平挙動は式（解8.4.2）のような線形ばねモデルで表現することができる．

$$K_s = \frac{A \cdot G}{\sum t_e} \qquad \text{（解 8.4.2）}$$

ここに，

　　K_s：ゴム支承のせん断ばね定数
　　A：ゴム支承の支圧面積（$= a \times b$）
　　a：検討方向におけるゴム（側面被覆ゴム除く）の幅
　　b：検討方向に直交する方向のゴム（側面被覆ゴム除く）の幅
　　$\sum t_e$：ゴムの総厚で内部鋼板の厚さを含まない
　　G：ゴムのせん断弾性係数

　なお，ゴム支承とは別に移動制限装置を別途設ける場合には，本章に従い移動制限装置についても適切なモデル化を行うものとする．また，桁を支持する構造の剛性がほぼ等しい場合において，静的解析法によりゴム支承およびストッパーの設計水平力および変位を求める際の考え方は「鉄道構造物等設計標準・同解説（コンクリート構造物）」および「鉄道構造物等設計標準・同解説（鋼・合成構造物）」によってよい．ただし，この場合橋梁全体系が同位相で振動することを想定しており，桁を支持する構造の剛性が著しく異なる場合や高次モードの影響が無視できない場合は，動的解析によることを基本とする．

d） 免震ゴム支承を用いて免震構造もしくは水平力分散構造とする場合[2]

　免震ゴム支承には様々な形式・構造が提案されており，その非線形挙動も装置によって異なるため，実験や解析などにより十分その精度が確認されたモデルを用いる必要がある．免震支承のモデル化における考え方は，「鉄道構造物等設計標準・同解説（コンクリート構造物）」および「鉄道構造物等設計標準・同解説（鋼・合成構造物）」によるほか，以下によるものとする．

　免震ゴム支承は，繰り返し載荷に対して荷重-変位関係がループを描くことで振動エネルギーを吸収する．免震ゴム支承の水平剛性は，ゴムのせん断弾性係数がせん断ひずみの関数となることにより，式（解8.4.3）のように表される．

$$K_s(\gamma) = \frac{A \cdot G(\gamma)}{\sum t_e} \qquad \text{（解 8.4.3）}$$

ここに，

　　γ：ゴム支承のせん断ひずみで，ゴム総厚に対するゴム支承の受ける水平変位の比
　　その他の記号については式（解8.4.2）による．

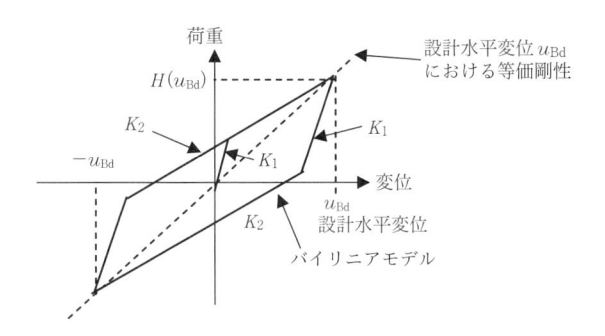

解説図 8.4.5 免震支承のモデル化の例

　免震ゴム支承を用いて免震構造とする場合，この非線形性を**解説図 8.4.5**に示されるように，設計水平変形量 u_{Bd} を仮定してバイリニアモデルで表現することが一般的である．

　解説図 8.4.5のバイリニアモデルを用いる場合，このモデルがある設計水平変位 u_{Bd} に対して近似的に表現されたモデルであることに注意する．このため，バイリニアモデルによる応答変位が，モデルの設定時に仮定した設計水平変位とかけ離れている場合，実際とは異なる履歴特性を与えることになる．こうしたことから，仮定した設計水平変位 u_{Bd} と解析により得られた最大変位との間の誤差が±10％程度になるまで，設計水平変位およびこれに対応するモデルを更新して繰り返し計算をする必要がある．なお，せん断弾性係数のせん断ひずみ依存性をあらかじめ関数の形で与えることで，この繰返し計算を必要としない，ひずみ依存型バイリニアモデルなどもある．

　また，このような履歴による非線形性とは別に，免震ゴム支承の種類によっては，あるせん断ひずみ以上の領域において剛性が急激に上昇する，いわゆるハードニング特性を示すものもあり，こうした影響を考慮可能なモデルも提案されているので，解析の目的に応じて適切なモデルを設定する必要がある．

　免震ゴム支承の特性をより簡易に表現する方法として，式（解 8.4.4）で表される等価線形剛性によりその挙動を表現することができる（**解説図 8.4.5**の等価剛性）．この場合も，設計水平変位 u_{Bd} を仮定して等価剛性を設定するため，仮定した設計水平変位と解析により得られる最大変位が概ね一致する必要がある．等価線形剛性を用いて動的解析法により設計応答値を算定する場合，免震ゴム支承のエネルギー吸収を考慮するためには，設計水平変位に対応する等価減衰を別途与える必要がある．また，静的解析法では，免震ゴム支承の履歴エネルギー吸収を適切に評価できないことに注意する必要がある．

$$K_B = \frac{H(u_{Bd}) - H(-u_{Bd})}{2u_{Bd}} \qquad (解 8.4.4)$$

ここに，

　　　K_B：等価線形剛性
　　　u_{Bd}：設計水平変位
　　　$H(u_{Bd})$：u_{Bd} における荷重

　免震ゴム支承を用いて水平力分散構造とする場合，すなわち免震ゴム支承の履歴吸収エネルギーを耐震上の余裕代として扱う場合には，式（解 8.4.4）で表される等価線形剛性を，ゴム支承のせん断ばね値として用いることができる．ただし，動的解析法により構造物や免震ゴム支承の変位を算定する際には，**解説図 8.4.5**のようなバイリニアモデルを用いてもよい．桁を支持する構造の剛性が著しく異なる場合や構造物の応答に占める高次モードの影響が無視できない場合は，動的解析によることを基本とする．

　また，水平力分散構造や免震構造は，支承部において比較的大きな変形を生じさせることで慣性力の分

散やエネルギー吸収を図るものであるが，鉄道構造物には通常線路方向に連続した軌道構造が存在し，この軌道構造が地震時においては構造物の挙動に対して作用および抵抗の両方の影響を及ぼすため，軌道構造の動特性を考慮するか否かで免震構造の挙動が大きく異なることが指摘されている．このため，水平力分散構造や免震構造を用い，積極的な構造系の長周期化を期待する場合，動的解析において必要に応じてこの軌道構造の影響を考慮するのがよい[3),4)]．

e) 移動制限装置，落橋防止装置のモデル化

移動制限装置は，支承本体と独立または一体として設けることで，地震の影響などによる水平力に対して桁の移動を制限する装置である．これらの装置については，大規模地震時においても軽微な損傷にとどめる構造とすることが一般的であるため，このような場合はモデル化を行わず「1) 支承部をモデル化しない場合」により設計応答値を算定してもよい．ただし，移動制限装置の変形性能を評価する場合は，これが構造物全体の挙動に与える影響を無視できないと考えられるため，線形もしくは非線形のばねによりモデル化し，直接応答値を算定する必要がある．特に，移動制限装置の損傷や破壊を許容するような構造を採用する場合は，実験結果等をもとにその特性に応じて適切な非線形モデルを設定する必要がある．

落橋防止装置は，地震時において桁が橋脚等から逸脱，落下することを防止する装置であり，落橋防止装置に作用する変位や力を算定する場合には装置の種類に応じて適切にモデル化を行うものとする．なお，落橋防止装置の機能を桁座寸法の確保により持たせる場合には，支承部や移動制限装置のモデル化を行う等の方法により，地震時における桁と橋脚の相対変位量を適切に算定するものとする．

f) その他の支承部のモデル化

支承部の構造としては a)～e) で述べた以外にも，特に免震支承を中心として，摩擦を利用してエネルギー吸収を図るすべり摩擦支承や，機能分離支承のように免震ゴム支承と移動制限装置，すべり摩擦支承などを組み合わせた支承など，様々な構造が実用化されている．こうした新しい支承部構造を適用する場合は，その特性を十分に実験・解析等で把握してモデル化を行う必要がある．

参考文献

1) 池田学，豊岡亮洋，永井紘作，中原正人：鋳鉄製支承の地震時耐荷力特性と復元力モデル，鉄道総研報告 Vol.22, No.3, pp.23-28, 2004.3.
2) (社) 日本道路協会：道路橋支承便覧，2004.
3) 池田学，村田清満，行澤義弘，岩田秀治，家村浩和：バラスト軌道を有する鉄道免震構造の動的挙動に関する検討，鉄道総研報告 Vol.18, No.4, pp.17-23, 2004.4.
4) 豊岡亮洋，池田学，市川篤司，家村浩和：動的載荷試験による直結軌道の地震時挙動のモデル化，第12回日本地震工学シンポジウム講演論文集，No.0185, 2006.

8.4.5 地盤のモデル化

(1) 地盤材料および地盤は，「7.3.3.2 地盤材料のモデル化」および「7.3.3.3 地盤のモデル化」により適切にモデル化するものとする．

(2) 構造物と地盤の相互作用は，構造物と地盤の力の授受を適切に表現できるように，地盤と構造物の接触状態，構造物の形式，基礎形式と支持力特性に応じて適切にモデル化するものとする．

【解説】

「7.1 一般」にあるように，地盤には，地震動を伝える媒体として地震作用を決める側面と，構造物を支持する側面の2つの側面が存在する．構造物周辺地盤について，地盤の挙動を算定するための地盤材料および地盤のモデル化は，「**7.3.3.2 地盤材料のモデル化**」および「**7.3.3.3 地盤のモデル化**」によるものとし，ここでは，構造物周辺地盤が構造物を支持する側面について扱う．

地盤が構造物を支持することにより地盤と構造物の相互作用が発生するが，地震時の構造物の応答値算定において，この影響が無視できないことは既往の被害事例や数値解析等から明らかになっている．そのため，地盤と構造物の接触状態，構造物の形式，基礎形式と支持力特性に応じて，構造物と地盤の相互作用の影響を適切に考慮する必要がある．

構造物と地盤の相互作用のモデル化においては，構造形式や基礎形式を考慮し，3次元的な挙動を表現できるように解析次元を設定する必要がある．奥行き方向に地盤が一様に連続していても，構造物が奥行き方向に有限の長さを持つ場合は，単純に2次元化することはできない．ただし，3次元の解析モデルを用いると一般的に解析自由度が大きくなるため，適切な仮定により2次元モデルで相互作用を表現できる場合は，2次元の解析モデルを用いることも合理的である．モデル化においては，質点系モデルを用いる場合と，有限要素モデルを用いる場合がある．

1) 質点系モデル

構造物と地盤を質点系モデルによりモデル化する場合は，構造物近傍の地盤をばねとしてモデル化し，地盤と構造物の相互作用は地盤ばねに発生する地盤反力として考慮する．地盤ばねの特性は，地盤反力と変位の関係として規定される．この特性として，地盤の塑性化や基礎と地盤のはく離・滑動等による非線形性を適切に考慮する必要がある．地盤ばねに与える非線形性は，骨格曲線と履歴曲線の組合せで表現することができ，地盤ばねの骨格曲線については，基礎形式や施工方法に応じて「鉄道構造物等設計標準・同解説（基礎構造物）」によってよい．履歴法則は，「**付属資料8-7 相互作用ばねの非線形性のモデル化方法**」によってよい．

ここで，杭基礎を例に地盤ばねの骨格曲線を示す．杭基礎においては，地盤ばねとして，鉛直先端ばね，周面摩擦ばねおよび水平ばねを設定する（**解説図8.4.6**）．これらの地盤ばねは，一般に，バイリニア型のモデルで表現される．この

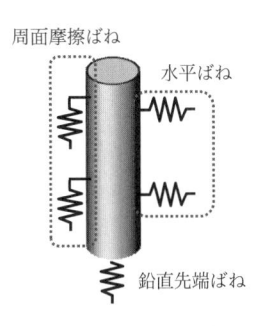

解説図 8.4.6 杭基礎において考慮する地盤ばね

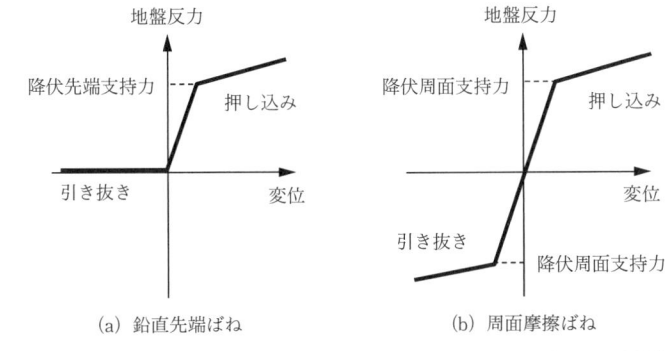

(a) 鉛直先端ばね
(b) 周面摩擦ばね
(c) 水平ばね

解説図 8.4.7 地盤ばねの骨格曲線

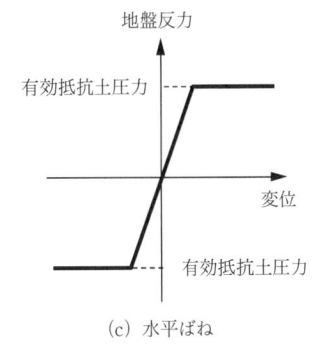

時，地盤ばね定数（地盤反力係数）は地盤調査結果を用いて算定する地盤の変形係数と杭径を考慮して設定する．鉛直先端ばねの上限値は先端基準支持力，周面摩擦ばねの上限値は最大周面支持力，水平ばねの上限値は有効抵抗土圧力をそれぞれ考慮する．なお，鉛直先端ばねについては，杭の押し込み側および引き抜き側について非対称な骨格曲線を規定する必要がある．地盤ばねの骨格曲線を**解説図 8.4.7** に示す．

なお，群杭においては，杭基礎と地盤の相互作用の影響が複雑になるため，杭本数や杭間隔に応じて，水平ばねの地盤ばね定数および上限値（有効抵抗土圧力）を適切に補正する必要がある．補正係数は「鉄道構造物等設計標準・同解説（基礎構造物）」によってよい．また，構造物の振動により地盤と杭のはく離の影響が大きくなる部分では，周面摩擦ばねを設置しない等，適切にモデル化するものとする．

2) 有限要素モデル

構造物の近傍地盤を有限要素モデルでモデル化する場合についても，質点系モデルの場合と同様に，地盤の塑性化や基礎と地盤のはく離・滑動等による非線形性を適切に考慮する．有限要素モデルでは，地盤材料の非線形性を適切にモデル化し，地盤と構造物のはく離や滑動の影響をジョイント要素で考慮すれば，構造物と地盤の相互作用を自動的に表現することができる．このため，基礎と構造物の相互作用を質点系モデルに単純化できない場合等，詳細な検討が必要な場合においても活用することができる．なお，ここで言うジョイント要素は**解説図 8.4.8** に示すように圧縮力が働いている間は剛性が極めて高く，引張力が働くと抵抗力を失うような要素である．

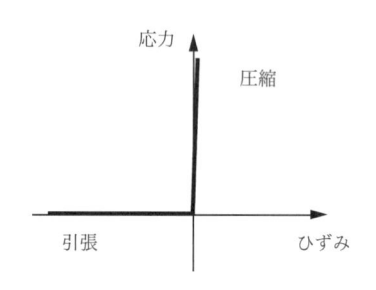

解説図 8.4.8 ジョイント要素の概念図

また，有限要素モデルを用いて地盤をモデル化する場合でも，杭や構造物を棒部材や面内力を受ける面部材として評価できる場合は，軸線を通る線材として部材をモデル化することも可能である．この場合，部材の剛性を適切に表現するためには，部材と地盤の接触面積の影響を適切に表現できるモデル化手法を用いる必要がある．これについては，種々の手法が提案されているため，必要に応じて関連する文献を参考にするのがよい．

8.4.6 液状化の可能性のある地盤のモデル化

（1） 「**7.2 耐震設計上注意を要する地盤**」に示された液状化の可能性のある地盤においては，過剰間隙水圧の上昇による地盤の剛性および強度の低下を適切にモデル化するものとする．

（2） 「**7.2 耐震設計上注意を要する地盤**」に示された側方流動が発生する可能性がある地盤においては，側方流動の影響をモデル化するものとする．

【解説】

（1）について

地盤に液状化の可能性があると判断された場合には，「**7.3.3.4 液状化の可能性のある場合**」に従って，過剰間隙水圧の上昇に伴う地盤剛性および強度の低下を加味し，地盤―構造物間の相互作用の変化を考慮しなければならない．地盤の状態は，過剰間隙水圧の上昇や消散によってその特性が大きく変化することが知られているが，これらを耐震設計という観点からまとめると，液状化の段階は，おおむね以下のように分類することができる．

① 液状化発生前段階：過剰間隙水圧が上昇する前の段階．
② 液状化の発生段階：過剰間隙水圧が上昇する段階．地盤の剛性および強度低下を考慮する．
③ 液状化の持続段階：上昇した過剰間隙水圧が維持されている段階．地盤の剛性および強度低下を考慮する．
④ 液状化の収束段階：過剰間隙水圧が消散する段階．地盤全体の沈下や不同沈下を考慮する．

これらの各段階を考慮するためには，地盤に発生する過剰間隙水圧の影響を正確に評価する必要がある．

1) 動的解析法による場合

動的解析法により設計応答値を算定する場合には，過剰間隙水圧の上昇による地盤の剛性や強度の低下を考慮できる有効応力解析によるのがよい．有効応力解析において使用できる構成モデルは，様々なものが提案されているが，各モデルのパラメータや適用範囲が異なることに注意し，適切な構成モデルを用いることで，①液状化発生前段階から②液状化の発生段階，③液状化の持続段階に至る地盤特性の変化を自動的かつ連続的に考慮することが可能である．このため，有効応力解析による動的解析法により，設計応答値を算定した場合には，この結果に基づき性能照査を行うことができる．また，有効応力解析により④液状化の収束段階まで考慮する際には，過剰間隙水圧の消散を取り扱えるモデルを用いる必要がある．ただし，地震後に生じる地盤沈下の影響に対して，構造計画の段階で配慮しておくことにより，④液状化の収束段階に関する検討は省略してよい．

質点系モデルによる有効応力解析では，自由地盤系を有効応力解析により評価し，地盤と構造物の相互作用を表現する地盤ばねの剛性や上限値は，自由地盤の有効応力解析により得られる過剰間隙水圧に応じて，逐次変化させて解析を行う．有限要素モデルによる有効応力解析では，地盤と構造物の相互作用についても，過剰間隙水圧による地盤の剛性や強度の低下が自動的に考慮される．

ただし，質点系モデルと有限要素モデルのいずれのモデルを用いた場合でも，有効応力解析により構造物の設計応答値を算定する際には，十分な土質調査を実施し，所要の精度を有する解析手法を用いた上で，地盤の諸数値の不確定性に関して十分な吟味を行わなければならない．

2) 静的解析法による場合

静的解析法による設計応答値の算定においては，①液状化の発生前段階から③液状化の持続段階に至る過程を連続的に追跡することは困難である．そのため，各段階について個別に評価することになるが，一般には，液状化の影響を考慮しない通常の地盤と，③液状化の持続段階における地盤を，それぞれモデル化し，各々について設計応答値を算定すればよい．この時，②液状化の発生段階において，過渡的に応答が大きくなる可能性が指摘されているが，未解明の部分も多いため，この段階の評価は省略してよい．また，④液状化の収束段階については，動的解析法による場合と同様，地震後に生じる地盤沈下の影響に対して構造計画の段階で配慮しておくことにより検討を省略してよい．

静的解析法において液状化の影響を考慮するには，地盤の諸数値を液状化の程度に応じて低減させて設計応答値を算定する．この場合の地盤の諸数値は，地盤ばねの特性のことであり，質点系モデルで用いる地盤ばねの骨格曲線を「鉄道構造物等設計標準・同解説（基礎構造物）」に従って設定した場合は，地盤ばねの骨格曲線の勾配（地盤反力係数）および上限値（有効抵抗土圧力，許容支持力等）のことを指す．

液状化の判定を「**7.2.2.2 地盤の液状化の判定**」に示される液状化抵抗率 F_L による方法で行った場合，地盤ばねの低減は，**解説図 8.4.9** に示される低減係数 D_E を液状化を考慮しない通常の地盤で算定した地盤反力係数および上限値に乗じることで行ってよい．また，液状化の判定を液状化抵抗率による方法ではなく，「**7.2.2.2 地盤の液状化の判定**」に示される有効応力解析による動的解析法で実施した場合には，

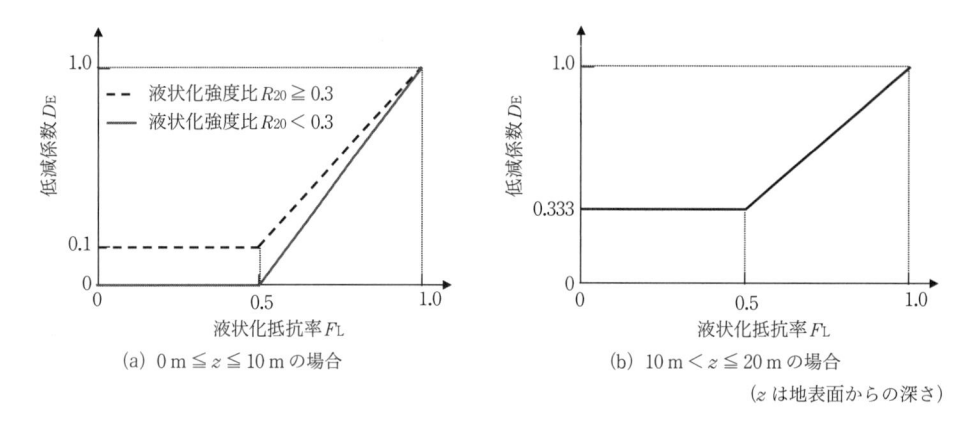

解説図 8.4.9 液状化による地盤の諸数値の低減係数

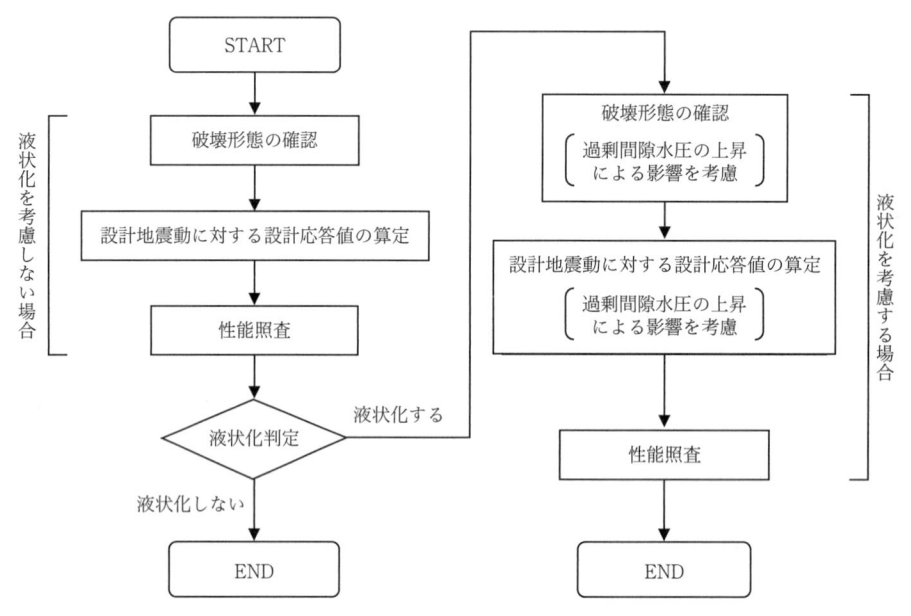

(a) $0\,\mathrm{m} \leqq z \leqq 10\,\mathrm{m}$ の場合
(b) $10\,\mathrm{m} < z \leqq 20\,\mathrm{m}$ の場合
(z は地表面からの深さ)

解説図 8.4.10 液状化の可能性のある地盤における一般的な設計フロー

解析結果より得られる過剰間隙水圧に応じて地盤ばねを低減する.
　静的解析法による場合について，実務上一般的と考えられる設計フローを**解説図 8.4.10** に示す.
(2) について
　側方流動の影響を考慮して設計応答値を算定する場合は，慣性力の影響は考慮せず，側方流動による地盤変位量を推定し，地盤ばねを介してこの変位量を静的に構造物に作用させて算定するものとする．これは，側方流動が液状化発生後に起こり，この場合地震動は収束する方向であるため，慣性力の影響が小さいと考えられることによる．具体的には「**10.2.6 液状化の可能性のある地盤における応答値の算定**」によってよい．

8.5 応答値の算定

(1) 設計地震動に対する構造物の設計応答値を動的解析法により算定する場合は，構造物を「8.4 構造物のモデル」に従い適切にモデル化し，「5章 作用」，「6章 設計地震動」または「7章 表層地盤の挙動の算定」で設定した設計地震動または地表面設計地震動を入力して算定するものとする．

(2) 設計地震動に対する構造物の設計応答値を静的解析法により算定する場合は，構造物を「8.4 構造物のモデル」に従い適切にモデル化し，「5章 作用」および「7章 表層地盤の挙動の算定」に基づき設定した地震作用を静的に与えて算定するものとする．

【解説】
(1) について

動的解析法における運動方程式の解法として，時間領域で解く時刻歴応答解析法と周波数領域で解く周波数応答解析法がある．前者の方法では，地盤および部材の非線形性を逐一追跡しながら設計応答値を評価することが可能（逐次非線形解析法）であるが，後者では，地盤および部材の非線形性は等価線形化法により評価せざるを得ない．そのため，逐次非線形解析法の方が適用性が広く，高い精度で応答値が得られることから，一般には逐次非線形解析法を用いるべきである．等価線形化法の場合，その適用は，対象とする構造物の応答を等価な線形問題に帰着させて評価できる場合，すなわち，鉄筋コンクリート部材や鋼材にて構成される構造物については損傷を許容しない場合や軽微な応答損傷量にとどまる場合など，地盤についてはひずみレベルが 10^{-3} 程度以下となるような場合などに限定される．

(2) について

地震に対する構造物の設計応答値の算定は動的解析法によるのがよいが，ある条件下では，静的解析法によっても，動的解析法と同等の精度をもつ解を与える手法が提案されており，非線形応答スペクトル法や応答変位法などはこれまでの設計体系においても十分な実績を挙げている．静的解析法は構造物の種類や地震時に支配的な作用の特性に応じて，それぞれの分野で独自に発展してきたものが多い．これらの静的解析法の適用範囲や前提条件を十分に理解した上で，設計応答値を算定してもよいものとする．構造物の種類ごとに適用可能な静的解析法については「10章 橋梁および高架橋の応答値の算定と性能照査」，「11章 橋台の応答値の算定と性能照査」，「12章 盛土の応答値の算定と性能照査」，「13章 擁壁の応答値の算定と性能照査」，および「14章 トンネルの応答値の算定と性能照査」による．

なお，本標準に示す手法以外でも，模型実験や数値解析等により，信頼性と精度が事前に検証された手法であれば，その適用性が検証された条件下で，地震に対する設計応答値を算定するための構造解析法として，その手法を用いることが可能である．

8.6 構造物に付随する施設の応答値の算定

構造物に付随する施設のうち，電車線柱など構造物との相互作用による影響が大きいものは，構造物との相互作用を考慮して適切にモデル化し，その設計応答値を算定するものとする．

【解説】

　2011年に発生した東北地方太平洋沖地震では，多数の電車線柱で折損・傾斜等の被害が発生し，その復旧には時間を要した．これまで，構造物と電車線柱の耐震設計は，互いに独立して実施されてきた．しかし，電車線柱の地震時の挙動は，構造物との相互作用の結果として現れるものである．そこで，本標準でも電車線柱の設計応答値の算定についても明記するものとした．

　電車線柱の地震時の挙動を考える場合には，特に以下の点に注意する必要がある．

① 構造物と電車線柱の周期比と地震動の入力レベルの影響

　構造物上の電車線柱の応答は，構造物と電車線柱との周期比による影響を大きく受け，両者が共振すると著しく電車線柱の応答が大きくなることが確認されている．一方，構造物は，中小規模の地震では塑性化せず，初期の振動周期を保っているが，地震力が大きくなると塑性化し，その振動周期は長周期化する．よって，構造物と電車線柱の周期比は，地震動の入力レベルによって変化することになる．以上のことを勘案すると，構造物が塑性化しないような中小規模の地震時であっても，電車線柱が構造物の初期の振動周期と共振する場合には，構造物が塑性化するような地震時よりも電車線柱の応答が大きくなる可能性も考えられる[1]．よって，電車線柱の設計応答値の算定には，電車線柱と構造物の周期比や地震の大きさを考慮する必要がある．

② 構造物の振動の影響

　地震時の構造物には，水平振動のほか，回転振動が発生しており，この構造物の回転振動が電車線柱の応答を増大させることが報告されている[2]．よって，電車線柱の応答を算定するには，構造物と電車線柱の接続部の水平振動と回転振動を適切に考慮する必要がある．

③ 構造物と電車線柱の耐力バランス

　従来の電車線柱の設計は，地震時に電車線柱が損傷することを許容していないため，地震力が大きくなると，電車線柱の耐力を大きくするか，電車線柱の設計応答値を低減する対策を行う必要がある．この場合，電車線柱の耐力を大きくすると，電車線柱の支持梁の負担が大きくなり，電車線柱が健全でも支持梁が損傷する可能性もある．よって，構造物と電車線柱の力のやり取りや耐力バランスが重要である．場合によっては，電車線柱の塑性化を許容した設計も検討するのがよい．

　電車線柱の設計応答値を算定する手法としては，**解説図 8.6.1** および **解説図 8.6.2** に示す一体型モデルと分離型モデルが考えられる．電車線柱の応答は，上記のような特性を考慮する必要があるため，一体型モデルによるのがよい．ただし，分離型モデルはこれまでの設計実務における実績も多く，上記①から③

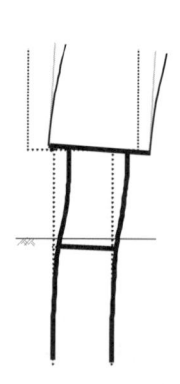

解説図 8.6.1　構造物と電車線柱の一体型モデル 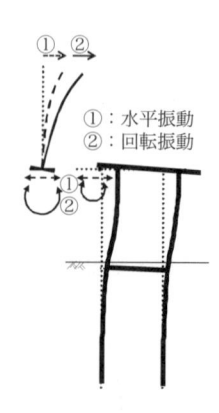　　　**解説図 8.6.2**　構造物と電車線柱の分離型モデル

①：水平振動
②：回転振動

の特性を適切に評価できる場合には，分離型モデルを用いてよい．なお，電車線柱の照査については，電車線柱に関連する設計基準や設計指針等を適用するのがよい．また，旅客上屋などについても，モデル化や設計応答値の算定においては，ここで示した方法を参考にしてよい．

1) 一体型モデル

一体型モデルは，**解説図 8.6.1** に示すように構造物と電車線柱を一体としてモデル化したものである．構造物と電車線柱の接続部については，電車線柱の支持条件に応じて適切にモデル化する．一体型モデルを用いた動的解析法は，構造物と電車線柱の相互作用や非線形性を直接的に評価できるため，電車線柱の地震時挙動を最も合理的に表現しうる方法である．

2) 分離型モデル

分離型モデルは，**解説図 8.6.2** に示すように構造物と電車線柱を独立にモデル化したものであり，この場合には，構造物の挙動が電車線柱への作用となる．電車線柱への地震作用としては，電車線柱の接続部で得られた水平振動の影響のほかに，回転振動による影響を考慮しなければならない．回転振動による影響は，構造物の水平振動のみを考慮して得られた電車線柱の設計応答値に，構造物の回転振動を考慮した割り増しを行うことで評価し，電車線柱の設計応答値を算定してよいものとする．なお，その方法は，「**付属資料 8-8** 構造物上の電車線柱の設計応答値算定法について」に示す．

参 考 文 献

1) 室野剛隆，加藤尚，豊岡亮洋：地震動の入力レベルが高架橋と電車線柱の共振現象に与える影響評価，第 31 回土木学会地震工学研究発表会講演論文集，2011．
2) 今村年成，室野剛隆，坂井公俊，佐藤勉：電車線柱-高架橋連成系の地震応答特性，第 29 回土木学会地震工学論文集，pp.1182-1190, 2007．

9章　構造物の性能照査

9.1　一般

（1）　設計地震動に対する構造物の性能照査は，安全性について行うものとし，さらに，重要度の高い構造物については復旧性についても検討するものとする．また，構造物全体系が脆性的な破壊を生じないように，構造物の破壊形態を確認するものとする．

（2）　構造物の性能照査は，定量的に評価可能な照査指標を用いて設計限界値を設定し，式（3.4.1）により要求性能を満足することを確認することにより行うものとし，本章のほか，構造物の種類に応じて，「**10章** 橋梁および高架橋の応答値の算定と性能照査」，「**11章** 橋台の応答値の算定と性能照査」，「**12章** 盛土の応答値の算定と性能照査」，「**13章** 擁壁の応答値の算定と性能照査」および「**14章** トンネルの応答値の算定と性能照査」によるものとする．

【解説】
（1）について

本標準では，地震時において，構造物の重要度に係らず安全性に関する照査を行うものとし，重要度の高い構造物に対しては，復旧性の検討を行うものとしている．なお，重要度の高い構造物以外の一般の構造物について，重要度の高い構造物と同様に復旧性の検討を行うことを妨げるものではない．

（2）について

鉄道の橋梁，高架橋，橋台，盛土，擁壁，開削トンネルおよびその他の特殊な条件下のトンネルの要求性能の照査は，現時点では同一の方法で行うことが難しい．したがって，構造物の種類に応じた適切な方法を用いて行う必要がある．なお，その他の構造物における地震時の性能照査についても，本標準の趣旨に則って行うことが望ましい．

一般的に，構造物の安全性の照査，復旧性の検討は，各要求性能に対して**解説表 3.2.1** に例示したような性能項目，照査指標について設計限界値を設定して行ってよい．「**10章** 橋梁および高架橋の応答値の算定と性能照査」，「**11章** 橋台の応答値の算定と性能照査」，「**12章** 盛土の応答値の算定と性能照査」，「**13章** 擁壁の応答値の算定と性能照査」および「**14章** トンネルの応答値の算定と性能照査」には，構造物の種類に応じた設計限界値の設定方法を示し，これに従って構造物の性能照査を行うこととした．な

お，地震時の走行安全性に係る変位に関しては，「鉄道構造物等設計標準・同解説（変位制限）」により照査するものとする．

9.2 安全性の照査

（1） 安全性の照査は，構造物の構造体としての安全性と機能上の安全性について行うものとする．

（2） 構造体としての安全性は，L2地震動に対して構造物全体系が破壊に至らないことを照査するものとし，一般に破壊および安定について照査するものとする．

（3） 機能上の安全性は，車両が脱線に至る可能性をできるだけ低減するために，少なくともL1地震動に対して，構造物の変位を走行安全上定まる一定値以内に留めることを照査するものとし，「鉄道構造物等設計標準（変位制限）」により，地震時の走行安全性に係る変位について照査するものとする．

【解説】
（2）について

　構造体としての安全性は，「**6.4 L2地震動の設定**」または「**7章 表層地盤の挙動の算定**」により設定したL2地震動に対して構造物全体系が破壊しないことを照査するものとする．照査は，構造物の種類等に応じた適切な性能項目について行うものとし，一般に，破壊および安定に関して照査するものとする．

1） 破壊に関する安全性の照査

　構造物の破壊について照査するためには，構造物の特性を考慮して破壊の限界状態を設定する必要がある．単柱式橋脚のような静定構造物の場合は，脚柱の破壊と構造物の破壊は等価であり，部材の破壊が構造物の破壊となる．

　一方，構造物が複数の構造要素で構成されている不静定構造物の場合，一部の構造要素が破壊しても，構造物全体系として破壊しないことを照査すればよい．例えば，ラーメン高架橋や開削トンネル等のように，地中梁や中層梁，あるいは中床版等の部材の破壊が生じても，直ちに構造物全体系が破壊に至るとは限らない．一部の部材の破壊を許容した上で，構造物全体系が破壊に至る挙動を把握するためには，各部材の破壊によるモーメントの再分配等の現象を考慮するなどして，構造物全体が耐力を失っていく過程を表現できる解析モデルと手法を用いて解析する必要がある．ただし，このような解析は，設計実務上は困難である場合が多い．よって本標準では，一般的な解析方法を用いて構造物の破壊を安全側に照査するために，構造物を構成する部材のいずれか一つが破壊の限界状態に至った場合を構造物の破壊と等価なものと仮定し，部材破壊の限界状態を照査することによって構造物の破壊の照査に代えてもよいこととしている．

2） 安定に関する安全性の照査

　構造物の地震時の安定に関する安全性の照査の考え方は，構造物の種類によって異なる．橋梁・高架橋および橋台については，基礎の安定に関して，地震作用により基礎が構造物を支持できなくなり，構造物全体系での破壊に至ることがないことを，「鉄道構造物等設計標準・同解説（基礎構造物）」により照査するものとする．

盛土等の土構造物の安定については，地震作用により盛土の支持地盤が大きく崩壊し，盛土そのものが流出しないこと，あるいは盛土堤体が崩壊しないことを「鉄道構造物等設計標準・同解説（土構造物）」および「鉄道構造物等設計標準・同解説（土留め構造物）」によって照査するものとする．

開削トンネルの安定については，地盤の液状化により，開削トンネルが浮き上がらないことを，「**14章 トンネルの応答値の算定と性能照査**」に示される方法で照査するものとする．

なお，鋼桁や合成桁等，地震作用により転倒や上揚力が生じて不安定な状態に至る恐れがある橋桁については，橋桁の安定に関する安全性の照査を行う必要がある．地震時の橋桁の転倒および上揚力に対する安定の照査は，「鉄道構造物等設計標準・同解説（鋼・合成構造物）」によるものとする．

(3)について

機能上の安全性については，車両が脱線に至る可能性をできるだけ低減することとし，少なくとも「**6.3 L1地震動の設定**」または「**7章 表層地盤の挙動の算定**」により設定したL1地震動に対して，構造物の変位を走行安全上定まる一定値以内に留めることを照査するものとする．「鉄道構造物等設計標準・同解説（変位制限）」では，L1地震動を尺度として立地条件や構造物の重要度，経済性等を考慮しながら，地震時の走行安全性に有利な構造物を採用することにより，脱線に至る可能性をできるだけ低減することを設計の基本的な考えとしている．本標準においてもこれに準拠することとしている．

地震時の走行安全性に係る変位の照査は，「鉄道構造物等設計標準・同解説（変位制限）」および「**付属資料9-1 列車の地震時の走行安全性に係る変位の考え方**」により，地震動によって生じる構造物の横方向の振動変位および構造境界における軌道面の不同変位に対して行うものとする．

9.3 復旧性の検討

復旧性の検討は，構造物周辺の環境状況を考慮して，復旧性のうち修復の難易度から定まる力学的な性能項目について照査するものとする．照査は一般に損傷，基礎および盛土等の土構造物の残留変位について行うものとする．

【解説】

復旧性の検討は，適用可能な技術により，妥当な経費の範囲内であることを前提に，構造物を短期間で機能回復できる状態に保つことを検討するものとする．その検討方法としては，「**付属資料9-2 トータルコストを考慮した復旧性照査方法**」に示すように，構造物に損傷が生じたことを想定して初期建設コストと機能回復に至るまでの費用と損失を算定し，それが最小となることを確認することで直接照査が可能である．ただし，機能回復に必要な時間や経費は，「**2.2 耐震構造計画**」に示すように，損傷した構造物への進入路の確保や，高架橋下等の構造物周辺の利用状況等により大きな影響を受けるため，一般にはトータルコストを厳密に算定することは困難である．そこで本標準における復旧性の検討は，構造物周辺の環境状況の要因を耐震構造計画において別途考慮することを前提として，構造物を短期間で機能回復できる状態に保つことを損傷等の力学的な性能項目に基づいて照査するものとしている．

構造物を短期間で機能回復するためには，構造物が損傷を受けた場合の構造体の修復と機能の復旧の難易度等を考慮して，構造物を構成する部材等の個々の構造要素の損傷状態を設定する必要がある．例えば，一般的な橋梁および高架橋では，損傷が地中部に生じた場合と地上部に生じた場合では，補修・補強の難易度が大きく異なることになる．したがって，構造物の復旧性を考える上では，可能な限り杭などの

基礎部材よりも柱等を先行降伏させるなどの配慮が必要となる．また，支承部が損傷した場合は，一般に機能回復の補修が難しいため，可能な限り柱や橋脚等よりも先行して支承部を損傷させないなどの配慮が必要となる．なお，本標準では，重要構造物に対して復旧性の検討を行うこととしているが，「2.2 耐震構造計画」で示されている復旧性に関する事項は，一般の構造物の設計においても考慮されるべき事項である．

解説表10.3.2 に示すラーメン高架橋の損傷レベルの例は，この考え方を踏まえ，構造物周辺の環境状況に関わる要因が構造計画の段階で考慮されていることを前提として設定したものである．10章以降に示した橋梁や開削トンネル等のその他の構造物の損傷レベルの例については，ラーメン高架橋の考え方を準用して設定した．なお，既設構造物の改築等において既設部分の評価を行う場合には，復旧性に関わる性能項目の設計限界値を別途適切に定めてよい．

復旧性の検討のうち，構造物の種類に応じて定めた損傷等の力学的な性能項目に関する照査は，「6.5 復旧性を検討するための地震動の設定」または「7章 表層地盤の挙動の算定」により設定した復旧性を検討するための地震動に対して，性能項目に応じた照査指標を用いて行うものとする．

復旧性に係る性能項目としては，一般に，損傷，基礎および盛土等の土構造物の残留変位を性能項目とするものとし，構造物の種類等に応じた適切な性能項目について照査するものとする．

1) 損傷に関する復旧性の照査

損傷に関する復旧性の照査は，地震作用により構造物が損傷を受けた場合に，短期間で機能回復可能な範囲に損傷を留めることを照査するものとする．構造物が部材等の複数の構造要素で構成されている場合，構造体の修復と機能の復旧の難易度等を考慮して，構造物を構成する部材等の個々の構造要素に対して照査を行なう必要がある．なお，損傷に関する復旧性の照査として，地震時の軌道の損傷に係る変位もあるが，その照査の取り扱いは「鉄道構造物等設計標準・同解説（変位制限）」によるものとする．

2) 基礎の残留変位に関する復旧性の照査

兵庫県南部地震において，基礎の残留変位が大きくなり，残留変位を強制的に修復するのが難しく，構造物の再構築を余儀なくされた事例があった．基礎の残留変位に関する復旧性の照査は，基礎の部材の損傷や地盤の降伏等に起因して，基礎に過大な変形を生じさせない，または生じた場合に機能回復が容易に行えるための性能を照査するものである．

3) 盛土等の土構造物の残留変位に関する復旧性の照査

盛土や土留め構造物の背面地盤等の土構造物の残留変位に対する復旧性の照査は，地震作用により土構造物が被災した場合に，短期間で機能回復可能な範囲に損傷を留めることを「鉄道構造物等設計標準・同解説（土構造物）」および「鉄道構造物等設計標準・同解説（土留め構造物）」によって照査するものとする．

9.4 構造物の破壊形態の確認

構造物の破壊形態の確認においては，原則として構造物全体系が脆性的な破壊を生じないこと，あるいは脆性的な破壊形態に対して十分な余裕を有していることを確認するものとする．ただし，構造物全体系が脆性的な破壊形態とならないことが明らかであると考えられる構造物は，これを省略してよい．

【解説】

本標準では，L2地震動は建設地点で想定される最大級の強さをもち，構造物に最も影響がある地震動としているが，種々の工学的判断のもとで合理的に設定したものである．そのため，L2地震動に対して要求性能を満足するような構造物であっても，それを超える地震に対する残余のリスクが全く無いわけではない．想定を超える地震に対しても破滅的な被害に極力つながらないようにするためには，構造物の損傷過程および破壊形態を把握し，最終的な崩壊に至るまでの過程をより粘り強い破壊形態にして構造物全体の脆性的な破壊を防ぐことが重要である．

「8.3 構造物の破壊形態を確認するための解析」に述べたプッシュ・オーバー解析は，構造物を構成する各部材に発生するせん断力や曲げモーメントを追跡し，これをせん断耐力や曲げ耐力と比較することで精度よく部材の破壊形態を確認することができるため，この結果に応じて部材の設計を行うことで構造物全体の脆性的な破壊を防止することが可能である．一方，振動モードが複雑で主要なモードが特定できない場合など，プッシュ・オーバー解析の適用が難しい構造物については，別途構造物の振動特性に応じた検討が必要である．

鉄筋コンクリート部材や鉄骨鉄筋コンクリート部材が主構造部材として用いられている橋梁・高架橋や開削トンネル等の場合，これらを構成する部材がせん断破壊を生じると構造物が脆性的に破壊する危険がある．このような危険性をできるだけ低減させるためには，すべての部材を曲げ破壊形態とすることが望ましい．しかし，構造物を構成する部材の中に，やむを得ずせん断破壊形態となる部材が存在する場合は，設計地震動に対して，当該部材がせん断破壊に対して十分な余裕を有していることを確認しなければならない．例えば，壁式橋脚の線路直角方向のように，構造物の降伏震度が極めて大きい場合等は，せん断破壊形態となることを許容せざるを得ない場合がある．このような場合には，L2地震動によって橋脚く体に発生する最大曲げモーメントに対して当該部材が曲げ降伏に至らず，かつ，発生せん断力に対してもせん断破壊を生じないことを確認すればよい．

鉄筋コンクリート部材および鉄骨鉄筋コンクリート部材の破壊形態の確認は，部材が有するせん断耐力と，曲げ耐力に達するときに部材に発生する最大せん断力とを比較することによって行うこととし，次の1），2）により破壊形態を判定してよい．

1） 次の条件を満足する部材は，曲げ破壊形態と判定する．

$$V_{mu}/V_{ud} \leqq 1.0 \quad \text{(解 9.4.1)}$$

2） 次の条件を満足する部材は，せん断破壊形態と判定する．

$$V_{mu}/V_{ud} > 1.0 \quad \text{(解 9.4.2)}$$

ここに，V_{mu}：部材が曲げ耐力に達する時のせん断力
 V_{ud}：設計せん断耐力

単純な構造で，曲げモーメントが直線的に変化し，かつ，せん断スパンが明らかな部材については，せん断スパンを適切に仮定することにより曲げ耐力から直接 V_{mu} を求めることができる．一方，不静定構造物においてせん断スパンを仮定するのが困難な部材や，軸力が変動する部材等については，プッシュ・オーバー解析により V_{mu} を求める必要がある．また，部材に発生する最大せん断力は実際の曲げ耐力から求める必要があるので，曲げ耐力の算定にはすべての軸方向鉄筋を考慮し，かつ，引張鋼材の実際の降伏強度を考慮した材料強度を用いるとともに，曲げ耐力の実験値が計算値に比べて大きくなること等の影響を考慮することが必要である．一般に，引張鋼材にSD 295 B，SD 345またはSD 390の鉄筋および570 N/mm²級以下の構造用鋼材を用いる場合には，引張降伏強度の特性値として材料修正係数 $\rho_m = 1.2$

をJIS規格値の下限値に乗じた値を用い，部材係数を1.0として曲げ耐力を算定するものとする．なお，鉄筋コンクリート部材や鉄骨鉄筋コンクリート部材の曲げ耐力および設計せん断耐力V_{ud}の算定方法は，「鉄道構造物等設計標準・同解説（コンクリート構造物）」ならびに「鉄道構造物等設計標準・同解説（鋼とコンクリートの複合構造物）」によるものとする．

鋼部材については，「鉄道構造物等設計標準・同解説（鋼・合成構造物）」に従って，極端な薄肉断面を避け塑性変形性能が期待できる幅厚比や径厚比，補剛材の剛比などを確保することで，脆性的な破壊形態とならないようにすることができる．このような場合には破壊形態の確認を省略することが可能である．

盛土等の土構造物は，「鉄道構造物等設計標準・同解説（土構造物）」に従って適切な施工管理を行うことが前提となっている．その場合，一般には損傷過程や破壊形態の確認を省略してもよい．ただし，片切片盛の場合や支持地盤が傾斜地盤である場合，谷・沢部を埋立てた集水箇所に建設される場合等は脆性的な破壊が生じる場合もあるため，そのような特殊条件下で構築される土構造物については別途検討を行うものとする．

シールドトンネル，山岳トンネルのような地山に囲まれたアーチ状の構造物は不静定性が強く，変形が進み塑性ヒンジとなる箇所が発生して曲げ剛性が低下しても，周囲の箇所に曲げモーメントが分散することにより，一般に脆性的な破壊を生じない．このような場合は，破壊形態の確認を省略してもよい．

9.5 限界値の設定

9.5.1 部材等の破壊および損傷に関する設計限界値

部材等の破壊および損傷に関する設計限界値は，部材等の種類や，破壊形態に応じて適切に設定するものとする．

【解説】

部材の破壊，および損傷に関する設計限界値は，部材の種類や破壊形態に応じた荷重―変位関係と損傷レベルの関係をもとに設定するものとする．なお，本標準に示す手法以外でも，信頼性と精度が十分に検証された数値解析や模型実験の結果等に基づいて，設計限界値を設定することは可能である．

本標準では，「鉄道構造物等設計標準・同解説（コンクリート構造物）」および「鉄道構造物等設計標準・同解説（鋼・合成構造物）」と同様に，部材の損傷レベルを1～4の4段階に分類した．部材の各損傷レベルの限界値は，力学的特性に加え，損傷状態に伴う補修・補強等の修復行為の難易度を考慮して適切に設定する必要がある．部材の損傷に伴う補修・補強等の修復行為の難易度から定めた損傷レベル，および各損傷レベルに対する補修のイメージを部材の種類に応じて**解説表9.5.1**および**解説表9.5.2**に示す．

また，**解説表9.5.1**および**解説表9.5.2**に示す損傷状態に対応する各損傷レベルの限界値の考え方を，部材種別ごとに次の1)～2)に示す．

 1) **鉄筋コンクリート部材および鉄骨鉄筋コンクリート部材の各損傷レベルに対応した設計限界値**

一般の鉄筋コンクリート部材および鉄骨鉄筋コンクリート部材は，**解説図9.5.1**のような挙動を示す．本標準では，「鉄道構造物等設計標準・同解説（コンクリート構造物）」に準じて，鉄筋コンクリートおよび鉄骨鉄筋コンクリート棒部材の損傷状態として，破壊形態に応じて**解説図9.5.2**(a)および(b)に示すような荷重-変位関係包絡線と損傷レベルの関係を設定し，それを基に各損傷レベルに対応した設計限界値を定めることとした．

解説表 9.5.1 損傷レベルに対する補修のイメージ（鉄筋コンクリート部材および鉄骨鉄筋コンクリート部材）

(a) 曲げ破壊

	部材の状態	補修・復旧方法の例
損傷レベル1	無損傷	無補修（必要により耐久性上の配慮）
損傷レベル2	場合によっては補修が必要な損傷	必要によりひび割れ注入・断面修復
損傷レベル3	補修が必要な損傷	帯鉄筋等の整正，鋼板巻立て等による補強
損傷レベル4	補修が必要な損傷で，場合によっては部材の取替えが必要な損傷	鋼板巻立て等による補強，軸方向鉄筋の変形が著しい場合は，部材の取替え

(b) せん断破壊

	部材の状態	補修・復旧方法の例
損傷レベル1	無損傷	無補修（必要により耐久性上の配慮）
損傷レベル4	補修が必要な損傷で，場合によっては部材の取替えが必要な損傷	ひび割れ注入・断面修復・帯鉄筋等の整正，および，鋼板巻立て等による補強，軸方向鉄筋の変形が著しい場合は，部材の取替え

解説表 9.5.2 損傷レベルに対する補修のイメージ（鋼部材およびコンクリート充填鋼管部材）

	部材の状態	補修・復旧方法の例
損傷レベル1	無損傷	無補修（必要により耐久性上の配慮）
損傷レベル2	場合によっては補修が必要な損傷	必要により加熱矯正，もしくはプレス矯正により局部座屈の修復
損傷レベル3	補修が必要な損傷	加熱矯正，もしくはプレス矯正により局部座屈の補修，程度によりあて板補修
損傷レベル4	補修が必要な損傷で，場合によっては部材の取替えが必要な損傷	損傷部位のはつり取り，新規部材への交換

「**9.4 構造物の破壊形態の確認**」により曲げ破壊形態と判定された部材の照査指標と各損傷レベルに対応した設計限界値を**解説表 9.5.3** に示す．**解説表 9.5.3** に示す力，変位，応力度の各損傷レベルに対応した設計限界値は，鉄筋コンクリート部材については「鉄道構造物等設計標準・同解説（コンクリート構造物）」により算定するものとする．また，鉄骨鉄筋コンクリート部材については，力，応力度の各損傷レベルに対応した設計限界値は「鉄道構造物等設計標準・同解説（鋼とコンクリートの複合構造物）」によって，変位の各損傷レベルに対応した設計限界値は「**付属資料8-4** 鉄骨鉄筋コンクリート部材の復元力モデル」により算定してよい．

なお，曲げ破壊形態となる場合に設定した損傷レベル3の限界値は，静的3回繰返し載荷実験を基に定めたものである．地震作用の繰返し回数の影響を考慮して損傷レベル3を超える領域で設計限界値を設定する場合には，軸方向鉄筋の低サイクル疲労による破断等の急激な耐力低下についても，別途適切に考慮する必要がある．また，応答値の算定においては，「**付属資料8-3** 地震動の繰返しによる剛性低下を考慮した非線形モデル」に示すような作用の繰返しによる剛性の低下を考慮できる精緻な解析モデルを用いて応答値を算定する必要がある．

せん断破壊形態を有する部材の破壊形態は，**解説図 9.5.2** (b) に示すように損傷レベルを2段階に定義した．損傷レベルの限界値は，実験等の特別な検討を行わない場合には，せん断補強鋼材の降伏を損傷レベル1の限界値とするものとする．これは，せん断破壊形態を有する部材の場合，変位・変形の限界値が明らかとなっていないことや，最大耐力に達した後に急激な耐力低下を生じることから変位・変形を照査指標として用いるのは適切ではないためであり，「鉄道構造物等設計標準・同解説（コンクリート構造

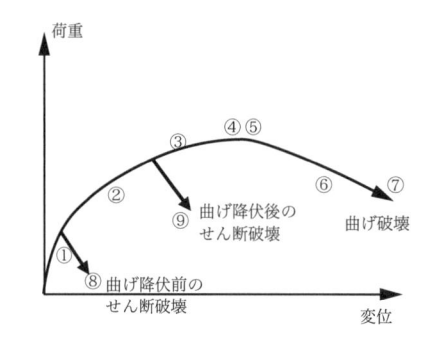

①：ひび割れ発生点
②：鋼材，または部材の降伏点
③：コンクリートが圧縮強度に達する点
④：軸方向鋼材の座屈開始点
⑤：かぶりコンクリートのはく落開始点
⑥：降伏耐力を維持できる最大変形点
⑦：コアコンクリートの圧壊点
⑧：曲げ降伏前のせん断破壊
⑨：曲げ降伏後のせん断破壊

解説図 9.5.1 破壊形態と荷重―変位関係包絡線（鉄筋コンクリート部材および鉄骨鉄筋コンクリート部材）

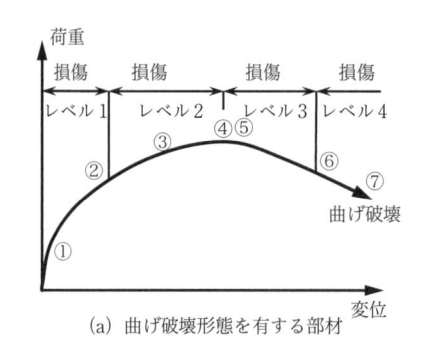

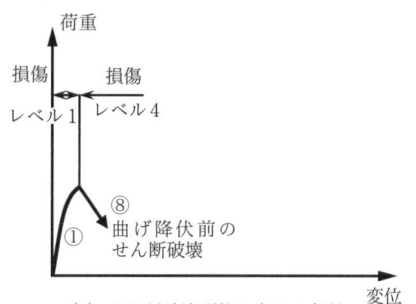

(a) 曲げ破壊形態を有する部材

(b) せん断破壊形態を有する部材

解説図 9.5.2 荷重―変位関係包絡線と損傷レベルの関係（鉄筋コンクリート部材および鉄骨鉄筋コンクリート部材）

解説表 9.5.3 曲げ破壊形態を有する部材の照査指標と各損傷レベルに対応した設計限界値（鉄筋コンクリート部材および鉄骨鉄筋コンクリート部材）

	照査指標		
	力	変位・変形	応力度
損傷レベル1	M_{yd}	δ_{yd}, θ_{yd}, ϕ_{yd}	f_{syd}, f'_{syd}
損傷レベル2	M_{ud}	δ_{md}, θ_{md}, ϕ_{md}	f'_{cd}
損傷レベル3	―	δ_{nd}, θ_{nd}, ϕ_{nd}	―
損傷レベル4	精緻な解析等により，損傷レベル3を超える領域の評価が可能な場合に適切に設定する．		

M_{yd}：設計曲げ降伏耐力．部材係数 γ_b は，1.0 としてよい．
M_{ud}：設計曲げ耐力．部材係数 γ_b は，1.0 としてよい．
f_{syd}, f'_{syd}：鋼材の設計引張降伏および設計圧縮降伏強度．鉄筋の材料係数 γ_r は，1.0，構造用鋼材の材料係数 γ_s は，1.05 としてよい．
f'_{cd}：コンクリートの設計圧縮強度．材料係数 γ_c は，1.3 としてよい．
δ_{yd}, θ_{yd}, ϕ_{yd}：損傷レベル1の降伏変位，降伏部材角，降伏曲率の設計限界値
δ_{md}, θ_{md}, ϕ_{md}：損傷レベル2の変位，部材角，曲率の設計限界値
δ_{nd}, θ_{nd}, ϕ_{nd}：損傷レベル3の変位，部材角，曲率の設計限界値

物）」，あるいは「鉄道構造物等設計標準・同解説（鋼とコンクリートの複合構造物）」に示される方法によりせん断耐力を算定し，力を照査指標として照査する必要がある．なお，**解説図 9.5.1** の⑨に示すような，曲げ降伏以降にせん断破壊を生じる部材は，作用の繰返しによって耐力が大きく減少する挙動を示すため，望ましい破壊形態ではない．したがって，地震の影響等のように繰返しが伴う作用の場合は，曲げ

降伏以降にせん断破壊を生じないことを防止するために，せん断破壊形態を有する部材については，曲げ降伏が生じないように断面の変更や配筋を検討するのがよい．

2) コンクリート充塡鋼管部材および鋼部材の損傷レベルに対応した設計限界値

コンクリート充塡鋼管部材および鋼部材の荷重-変位関係は，**解説図 9.5.3** のような挙動を示す．ここでは，これらの部材の損傷状態として，**解説図 9.5.3** に示すような損傷レベルと応答変位の関係を設定し，それを基に各損傷レベルに対応した設計限界値を定めることとした．照査指標と各損傷レベルに対応した設計限界値を**解説表 9.5.4** に示す．

ここで，**解説表 9.5.4** に示す各損傷レベルに対応したコンクリート充塡鋼管部材の力，応力度の各設計限界値は「鉄道構造物等設計標準・同解説（鋼とコンクリートの複合構造物）」によって，変位の設計限界値は「**付属資料 8-5** コンクリート充塡鋼管部材の復元力モデル」に従って算定してよい．また，鋼部材については，各設計限界値を「鉄道構造物等設計標準・同解説（鋼・合成構造物）」により算定してよい．なお，鉄筋コンクリート部材，鉄骨鉄筋コンクリート部材と同様に，損傷レベル 3 を超える領域で別途設計限界値を定める場合には，精緻な解析等により，余震の影響や鋼材の低サイクル疲労による急激な耐力低下等を含めて部材の特性を適切に評価しなければならない．

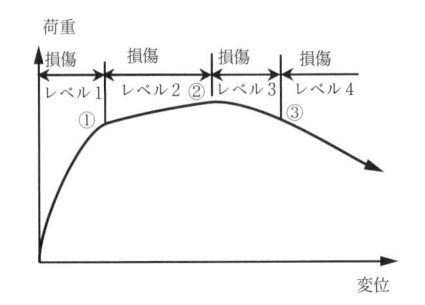

①：鋼材の引張側または圧縮側の降伏点
②：鋼材の局部座屈点（ほぼ最大荷重となる点に相当）
③：鋼材の局部座屈が進展する点
　　（コンクリート充塡鋼管部材：最大荷重の 90％の耐力を維持できる最大変形点）
　　（鋼部材：最大荷重の 95％の耐力を維持できる最大変形点）

解説図 9.5.3 荷重－変位関係包絡線と損傷レベルの関係（コンクリート充塡鋼管部材および鋼部材）

解説表 9.5.4 照査指標と損傷レベルに対応した設計限界値（コンクリート充塡鋼管部材および鋼部材）

	照査指標			
			応力度	
	力	変位・変形	コンクリート充塡鋼管部材	鋼部材
損傷レベル 1	M_{yd}	δ_{yd} , θ_{yd} , ϕ_{yd}	f_{syd} , f'_{syd} , f'_{sbd}	f_{syd} , f'_{syd} , f'_{sbd}
損傷レベル 2	M_{ud}	δ_{md} , θ_{md} , ϕ_{md}	f'_{cd}	f_{syd} , f'_{syd} , f'_{sbd}
損傷レベル 3	—	δ_{nd} , θ_{nd} , ϕ_{nd}	—	—
損傷レベル 4	精緻な解析等により，損傷レベル 3 を超える領域の評価が可能な場合に適切に設定する．			

M_{yd}：設計曲げ降伏耐力．部材係数 γ_b は，1.0 としてよい．
M_{ud}：設計曲げ耐力．部材係数 γ_b は，1.0 としてよい．
f_{syd}，f'_{syd}：鋼材の設計引張降伏および圧縮強度．構造用鋼材の材料係数 γ_s は，1.05 としてよい．
f'_{sbd}：鋼板の設計局部座屈強度．材料係数 γ_s は，1.05 としてよい．
f'_{cd}：コンクリートの設計圧縮強度で鋼管による拘束効果を考慮してよい．材料係数 γ_c は，1.3 としてよい．
δ_{yd} , θ_{yd} , ϕ_{yd}：損傷レベル 1 の降伏変位，降伏部材角，降伏曲率の設計限界値
δ_{md} , θ_{md} , ϕ_{md}：損傷レベル 2 の変位，部材角，曲率の設計限界値
δ_{nd} , θ_{nd} , ϕ_{nd}：損傷レベル 3 の変位，部材角，曲率の設計限界値

9.5.2 支承部の破壊および損傷に関する設計限界値

支承部の破壊および損傷に関する設計限界値は，支承部の種類に応じて，支承部を構成する装置ごとに適切に設定するものとする．

【解説】

支承部は，種々の装置から構成されており，各装置はそれぞれ異なる役割を担っている．本標準では，支承部を支承本体，移動制限装置，落橋防止装置，桁座および桁端に区分する．各装置の役割は次の通りである．

① 支承本体：主として桁の鉛直力を橋脚等に伝達する装置
② 移動制限装置：地震作用による水平力に対して桁の移動を制限する装置で，支承本体と独立あるいは一体として設ける．
③ 落橋防止装置：地震作用により桁が橋脚等から脱落するのを防止する装置または構造で，支承本体と独立または一体として設ける．
④ 桁座・桁端：支承本体，移動制限装置，落橋防止装置の各装置の取付部として機能する装置

支承部の破壊，および損傷に関する設計限界値は，支承部を構成する装置に応じた荷重—変位関係と損傷レベルの関係をもとに設定し，支承部を構成する各装置が，設定した損傷レベルに対応した設計限界値に至らないことを照査することとし，これが支承部全体の照査に代わるものとする．

本標準では，「鉄道構造物等設計標準・同解説（コンクリート構造物）」および「鉄道構造物等設計標準・同解説（鋼・合成構造物）」と同様に，支承部の損傷レベルを1～3の3段階に分類した．支承部の損傷レベルと各損傷レベルに対する補修のイメージを**解説表9.5.5**に示す．

支承部は，鉛直力および水平力を伝達する機能を有する必要があるために，一般には単独方向の作用に対して抵抗する個別の装置で構成されている．したがって支承部の損傷レベルは，支承部を構成する個々の装置の損傷状態を考慮して定めるものとする．

支承部の損傷レベルと各装置の設計限界値の関係の例を，**解説表9.5.6～解説表9.5.8**に示す．詳細については「**付属資料9-3 支承部の損傷レベルと各装置の関係の例**」に示す．**解説表9.5.6**は，支承本体と

解説表 9.5.5 損傷レベルに対する補修のイメージ（支承部）

	支承部の状態	補修・復旧方法の例
損傷レベル1	無損傷	無補修（必要により耐久性上の配慮）
損傷レベル2	桁ずれの少ない比較的軽微な損傷	必要により補修
損傷レベル3	桁ずれや一部の装置の破壊を含む損傷であるが，落橋はしない	補修，損傷が著しい場合には取替え

解説表 9.5.6 鋼製支承を用いた支承部の損傷レベルに対応した各装置の設計限界値

支承部の損傷レベル	1	2	3
支承本体・移動制限装置（鋼製支承）	M_{yd}, δ_{yd}, V_{yd}, B_{ud}, T_{ud}, f'_{ad}	M_{md}, δ_{md}, V_{yd}, B_{ud}, T_{ud}, f'_{ad}	…*2
落橋防止装置	M_{yd}, δ_{yd}, V_{yd}, B_{ud}, T_{ud}, f'_{ad}	M_{md}, δ_{md}, V_{yd}, B_{ud}, T_{ud}, f'_{ad}	M_{md}, δ_{md}, $(\delta_{nd}$*3$)$, V_{yd}, B_{ud}, T_{ud}, f'_{ad}

注） *1 表中の記号は**解説図9.5.4**による．また，表中に2段記載しているものは，上段が**解説図9.5.4(a)**，下段が**解説図9.5.4(b)**の装置を表す．
　　*2 "…"は装置の破壊を許容することを表す．
　　*3 曲げ耐力以降の変形性能の評価が可能な場合に用いる．

9章 構造物の性能照査　113

解説表 9.5.7　ゴム支承およびストッパーを用いた支承部の損傷レベルに対応した各装置の設計限界値

支承部の損傷レベル	1	2	3
支承本体（ゴム支承）	せん断ひずみ 200%	…*2	…*2
移動制限装置・落橋防止装置（鋼角ストッパー，鋼棒ストッパー）	M_{yd}, δ_{yd}, V_{yd}, f'_{ad}	M_{md}, δ_{md}, V_{yd}, f'_{ad}	M_{md}, δ_{md}, $(\delta_{nd}$*3$)$, V_{yd}, f'_{ad}

注）*1 表中の記号は**解説図 9.5.4**による．また，表中に2段記載しているものは，上段が**解説図 9.5.4**(a)，下段が**解説図 9.5.4**(b) の装置を表す．
　　*2 "…"は装置の破壊を許容することを表す．
　　*3 曲げ耐力以降の変形性能の評価が可能な場合に用いる．

解説表 9.5.8　水平力分散支承または免震支承を用いた支承部の損傷レベルに対応した各装置の設計限界値

支承部の損傷レベル	1	2	3
支承本体・落橋防止装置（ゴム支承）	せん断ひずみ 250%	せん断ひずみ 250%	せん断ひずみ 250%
移動制限装置（橋軸直角方向）	M_{yd}, δ_{yd}, V_{yd}, B_{ud}, T_{ud}, f'_{ad}	M_{md}, δ_{md}, V_{yd}, B_{ud}, T_{ud}, f'_{ad}*2	M_{md}, δ_{md}, V_{yd}, B_{ud}, T_{ud}, f'_{ad}*2

注）*1 表中の記号は**解説図 9.5.4**による．また，表中に2段記載しているものは，上段が**解説図 9.5.4**(a)，下段が**解説図 9.5.4**(b) の装置を表す．
　　*2 移動制限装置（橋軸直角方向）が確実に破壊して水平力分散構造または免震構造に移行できる構造の場合には，支承部の損傷レベル 2 および 3 については移動制限装置の破壊を許容することができる．

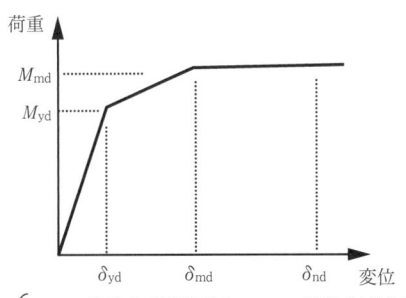

M_{yd}：設計曲げ降伏耐力，M_{md}：設計曲げ耐力
δ_{yd}：曲げ降伏時の設計変位
δ_{md}：曲げ耐力時の設計変位
δ_{nd}：設計限界変位（曲げ耐力以降の変形性能の評価が可能な場合）

（例：鋼製支承における鋳鋼製のずれ止め，浮き上がり止め（曲げが支配的である場合），鋼棒・鋼角ストッパー）

(a) 最大耐力および変形性能の評価が可能な装置

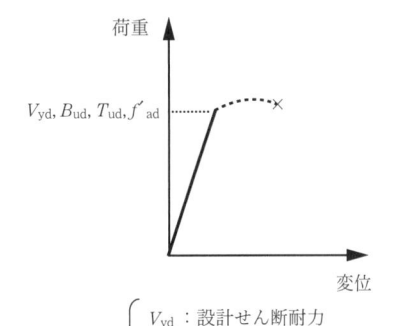

V_{yd}：設計せん断耐力
B_{ud}：設計支圧耐力
T_{ud}：設計引張耐力
f'_{ad}：コンクリートの設計支圧強度

（例：鋼製支承本体，鋳鋼製のずれ止め，浮き上がり止め（せん断が支配的である場合），桁座・桁端）

(b) 最大耐力および変形性能の評価が不可能または困難な装置

解説図 9.5.4　支承部の装置（ゴム支承以外）の荷重－変位関係

移動制限装置が一体となった鋼製支承を用いた支承部で，移動制限装置と別に落橋防止装置を設ける構造について例示している．**解説表 9.5.7**は，ゴム支承と鋼角ストッパーあるいは鋼棒ストッパーから構成される支承部で，移動制限装置が落橋防止装置を兼ねた構造について例示している．なお，移動制限装置の損傷レベル 3 の限界値は損傷レベル 2 と基本的に同一であるが，最大耐力以降の変形性能の評価が可能である場合には δ_{nd} としてよい．**解説表 9.5.8**は，水平力分散支承または免震支承のゴム支承を用いた支承部で，支承本体と落橋防止装置を兼ねた構造について例示している．

桁座・桁端は，支承本体，移動制限装置および落橋防止装置の各装置の取付部として機能するものであり，各装置の破壊以前に損傷しないように定める必要がある．なお，落橋防止装置を桁座寸法の確保による場合には，支承部の各損傷レベルに対して，桁ずれ量を設計応答値とし，桁座寸法を設計限界値としてよい．このとき，移動制限装置については損傷レベル3以上を許容してよい．

なお，解説表9.5.6～9.5.8に示す各装置の設計限界値の算定は，「鉄道構造物等設計標準・同解説（コンクリート構造物）」，「鉄道構造物等設計標準・同解説（鋼・合成構造物）」および「鉄道構造物等設計標準・同解説（鋼とコンクリートの複合構造物）」によることとする．

9.5.3 基礎の安定および残留変位に関する設計限界値

基礎の安定および残留変位に関する設計限界値は，基礎形式に応じて適切に設定するものとする．

【解説】
橋梁・高架橋および橋台等の基礎の安定については，「鉄道構造物等設計標準・同解説（基礎構造物）」において性能項目が「地盤の破壊」，「基礎の水平安定」，「基礎の回転安定」および「基礎部材等の破壊」の四つに細分化されている．基礎の安定については，細分化された性能項目ごとに，基礎形式に応じた荷重―変位関係と基礎の安定レベルの関係を基に設定した設計限界値に至らないことを照査するものとする．

また，基礎の残留変位については，「鉄道構造物等設計標準・同解説（基礎構造物）」において性能項目が，「基礎の残留鉛直変位」，「基礎の残留水平変位」，「基礎の残留傾斜」，および「基礎部材等の損傷」の四つに細分化されている．基礎の残留変位についても，細分化された性能項目毎に，基礎形式に応じた荷重―変位関係と基礎の安定レベルの関係を基に設定した設計限界値に至らないことを照査するものとする．

「鉄道構造物等設計標準・同解説（基礎構造物）」に示されている基礎の安定レベルに対する補修のイメージを解説表9.5.9に，基礎の安定レベルと性能照査指標の例を解説表9.5.10に示す．なお，性能照査指標に応じた設計限界値は，「鉄道構造物等設計標準・同解説（基礎構造物）」に従い，基礎形式に応じて適切に定めるものとする．

解説表 9.5.9 基礎の安定レベルに対する補修のイメージ

	基礎の状態	補修・復旧方法の例
安定レベル1	基礎の残留変位は些少で，構造物を補修せずに機能を保持できる状態	・必要に応じて通常の軌道整備（バラストの突き固めや軌道締結装置の調整等）により軌道変位を修正する． ・基礎は無補修（必要により耐久性上の配慮）
安定レベル2	基礎の変位が残留し，場合によっては補修が必要となるが，早期に機能が回復できる状態	・軌道損傷や建築限界支障等に対して，路盤コンクリート・防音壁等の打ち換えや，桁をジャッキアップして遊間を確保するなどの補修工事により機能を回復する． ・場合によっては，フーチングおよび基礎周辺の空隙へ注入を行う．
安定レベル3	過大な残留変位が生じるものの，構造物全体の転倒，崩壊，落橋に至らない状態	・基礎本体の補強や地盤改良等による基礎の補強
安定レベル4	構造物全体の転倒，崩壊，落橋に至る状態	・基礎の改築

解説表 9.5.10　基礎の安定レベルと性能照査指標の例

構造物の要求性能	安定レベル	性能項目		照査指標*
復旧性	安定レベル1	基礎の残留変位	残留鉛直変位	設計有効鉛直荷重，設計鉛直力
			残留水平変位	設計水平荷重，最大応答水平変位
			残留傾斜	設計モーメント，最大応答回転角
			基礎部材等の損傷	設計断面力，設計曲率・設計部材角
	安定レベル2		残留鉛直変位	底面塑性化率，設計鉛直力
			残留水平変位	設計水平荷重，最大応答水平変位
			残留傾斜	最大回転角，最大応答回転角
			基礎部材等の損傷	設計断面力，設計曲率・設計部材角
安全性	安定レベル3	基礎の安定	地盤の破壊	底面塑性化率，設計鉛直力
			水平安定	設計水平荷重，最大応答水平変位
			回転安定	最大回転角，最大応答回転角
			基礎部材等の破壊	設計断面力，設計曲率・設計部材角

*　「鉄道構造物等設計標準・同解説（基礎構造物）」に従い，基礎形式に応じて適切に定める．

9.5.4　盛土等の土構造物の残留変位に関する設計限界値

　盛土等の土構造物の残留変位に関する設計限界値は，要求性能の水準に応じて適切に設定するものとする．

【解説】
　盛土等の土構造物の設計限界値は，残留変位の発生状態に伴う補修・補強等の修復行為の難易度を考慮して，土構造物の要求性能の水準に応じて適切に考慮して設定する必要がある．「鉄道構造物等設計標準・同解説（土構造物）」に示されている盛土の変形レベルと補修のイメージを**解説表 9.5.11**に示す．なお，残留変位に関する設計限界値は，「12.3　性能照査」を参考に設定するとよい．

解説表 9.5.11　盛土等の変形レベルと補修のイメージ

	盛土の状態	補修・復旧方法の例
変形レベル1	ほとんど変形は生じず，機能は健全で補修しないで使用可能な状態（例えば，想定する作用に対して，円弧すべりが生じない状態）	無補修（必要に応じて軌道整備）
変形レベル2	多少変形するが，補修によって機能が短期間に回復できる状態（例えば，想定する作用に対して円弧すべりは生じるが，残留変形量が小さな状態）	・省力化軌道においては，軌道パッドによる調整など軽微な補修を行う． ・有道床軌道においては，バラストの補充やのり面再転圧，施工基面の部分的な拡幅などの軽微な補修を行う．
変形レベル3	残留変形は大きいが，部分的な再構築によって機能が回復できる状態（例えば，想定する作用に対して盛土の残留変形量は大きく，部分的に再構築する必要があるが，壊滅的な破壊には至らない状態）	・省力化軌道においては，CAモルタルの再注入を行う． ・有道床軌道においては，のり表面や路盤面を部分的に撤去し，盛土や軌道を再構築する．
変形レベル4	残留変形が非常に大きく，全面的に再構築しなければ機能が回復できない状態（例えば，想定する作用に対して盛土の残留変形量は極めて大きく，壊滅的な破壊に至る状態）	盛土を全面的に撤去し，全面的に再構築する．

9.5.5　トンネルの安定に関する設計限界値

トンネルの安定に関する設計限界値は，構造物周辺の地盤条件を考慮し，適切に設定するものとする．

【解説】

一般に，トンネルの安定の照査は，構造物周辺の地盤が液状化すると判定された場合に実施するものとし，浮き上がり安全度を照査指標として，「**14.3 性能照査**」に従い適切な設計限界値を設定し照査を行うものとする．

9.5.6　地震時の走行安全性に係る変位に関する設計限界値

地震時の走行安全性に係る変位に関する設計限界値は，構造物の種類に応じて適切に設定するものとする．

【解説】

橋梁および高架橋の横方向の振動変位について，「鉄道構造物等設計標準・同解説（変位制限）」の「**7.3.2 地震時の横方向の振動変位の照査**」に示されるスペクトル強度を照査指標として用いた照査を行う場合，この照査は橋梁および高架橋が降伏しない領域を対象としているため，L1地震動に対して検討方向に係らず構造物が降伏しないこと，すなわち，支承部を含めた各部材が**解説表9.5.1～9.5.8**に示す損傷レベル1を確保するとともに，基礎が**解説表9.5.9**に示す安定レベル1を確保することが照査の前提条件となる．ただし，「鉄道構造物等設計標準・同解説（変位制限）」の「**7.3.2 地震時の横方向の振動変位の照査**」に示されるスペクトル強度は，構造物の減衰定数として5%程度を想定して設定されたものであり，明らかに減衰定数がこの値よりも小さい構造物に関しては，別途詳細な検討を行うのがよい．

また，盛土等の土構造物については，L1地震動に対して**解説表9.5.11**に示す変形レベル1を満足できる場合には，動的応答も小さくなると考えられるため，地震時の走行安全性に係る変位の照査を省略してよい．なお，盛土の変形レベル1は盛土内に円弧すべりが生じない状態と考えられるため，変形レベル1であることの照査は，静的解析法によりL1地震時における円弧すべり危険度によってよいものとする．ただし，明らかに動的応答が大きいことが予想される場合（高さが極端に高い盛土，基盤や地表面が大きく傾斜した不整形地盤上の盛土等）には，別途詳細な解析を行うのがよい．

10章 橋梁および高架橋の応答値の算定と性能照査

10.1 一般

（1） 橋梁および高架橋の耐震設計にあたっては，構造物条件，周辺の地盤条件を勘案し，地震の影響を適切に考慮するものとする．

（2） 設計地震動に対する橋梁および高架橋の設計応答値の算定および性能照査は，本章および関連する「鉄道構造物等設計標準」によるものとする．

【解説】

橋梁および高架橋の設計応答値の算定およびその性能照査にあたっては，施工条件および構造条件を勘案し，該当する条項を適用できると判断した場合には，本章に示した応答値の算定方法および性能の照査方法を適用してよい．解説図 10.1.1 に橋梁および高架橋の一般的な耐震設計フローを示す．

構造物の耐震設計にあたっては，「**6章 設計地震動**」および「**7章 表層地盤の挙動の算定**」により設定された建設地点での設計地震動に対して，構造物が所要の性能を有していることを確認する必要がある．性能の照査に用いる設計応答値の算定は，構造物やそれを支持する地盤を適切にモデル化して構造物の動力学特性を表現し得る方法を用いる必要があり，基本的には動的解析法を用いるのがよい．特に構造物や基礎形式が複雑な場合，地盤が傾斜を有する場合，土被りが深い場合などは，その動力学特性を十分勘案する必要がある．ただし，構造系が単純でかつ主たる塑性化箇所が明確な場合など，地震作用を等価な静的作用に置き換えることが可能な場合には，静的解析法を用いてもよい．

一方，地震のようなばらつきの大きい自然現象を対象にした場合には，設計地震動に対して構造物が所要の性能を有していることを確認した場合であっても，設計地震動を超える地震の発生が完全には否定できず残余のリスクが全くない訳ではない．そこで残余のリスクを低減させるために，想定された地震に対して要求性能を満足した上で，さらに構造物が最終的な崩壊に至るまでの過程をより粘り強い破壊形態にして脆性的な破壊を防ぐのがよい．また，構造物の復旧性を考える上では，杭などの基礎部材や支承部よりも比較的補修が容易な柱等を先行降伏させるなどの配慮が重要となる．このような観点から，構造物の破壊形態を確認するための解析を行う必要がある．

なお，地盤の諸数値は，基礎の設計にとって安全側になるように一般に下限側に設定されているが，これにより基礎の設計上は安全側となるものの，上部構造物の設計応答値を過小評価する可能性があるため，構造物全体系としては必ずしも安全側とはならない．上記の状況を踏まえて，上部構造物に過度の破

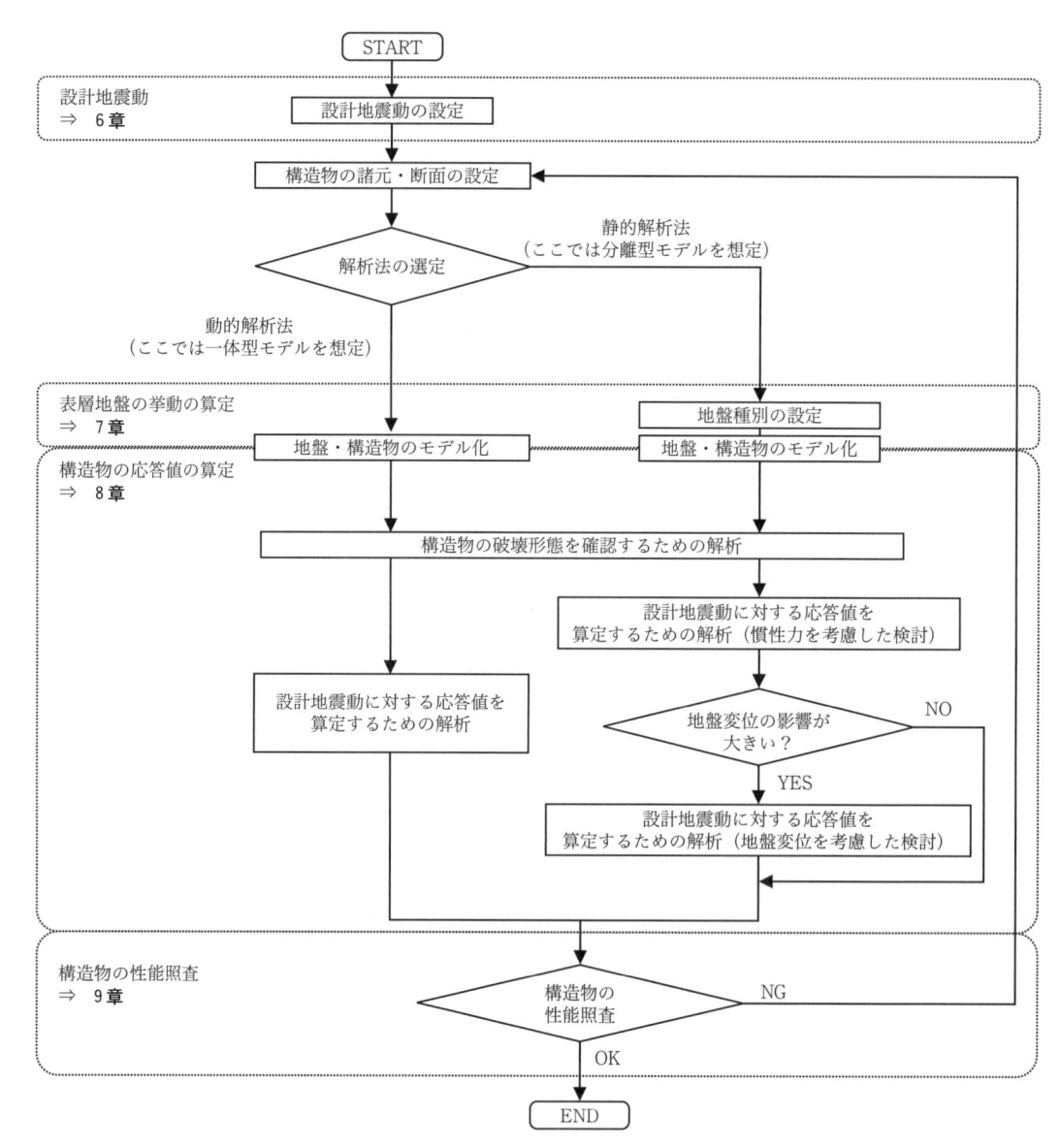

解説図 10.1.1 橋梁および高架橋の一般的な耐震設計フロー

壊・損傷が生じることを防ぐため,基礎の降伏震度が上部構造物の降伏震度よりも小さい場合には,基礎の地盤抵抗を割り増した条件を追加して,設計応答値の算定および性能照査を実施しなければならない.一般に質点系モデルを用いて,基礎の地盤ばねの骨格曲線を「鉄道構造物等設計標準・同解説(基礎構造物)」によって設定した場合には,地盤ばねの強度(上限値)に支持力修正係数 α_f を乗じて設計応答値を算定してよい.具体的な割増しの方法を「**付属資料 10-1** 基礎が先行降伏する場合の基礎の地盤抵抗の割増しの考え方」に示す.

10.2 応答値の算定

10.2.1 一　般

（1）　設計地震動に対する橋梁および高架橋の設計応答値の算定は，地盤と構造物の相互作用や部材および地盤の非線形性の影響等を考慮して橋梁および高架橋をモデル化し，その挙動を適切に表現できる動的解析法によるものとする．ただし，振動モードが比較的単純で，かつ塑性ヒンジの発生箇所が明らかな場合は，静的な地震作用を設定することが可能であり，その場合には静的解析法を用いてよい．

（2）　「7.2 耐震設計上注意を要する地盤」に示された地盤上の橋梁および高架橋においては，その影響を考慮して設計応答値を算定するものとする．

【解説】

橋梁および高架橋の設計応答値の算定にあたっては，地盤と構造物の相互作用や部材および地盤の非線形性の影響等を考慮したモデルを構築するとともに，これらの非線形性を適切に表現できる動的解析法によるのがよい．ただし，構造系が比較的単純で1次の振動モードが卓越し，かつ主たる塑性ヒンジの発生箇所が明らかな場合には，静的な地震作用を設定することが可能であり，その場合には静的解析法により設計応答値を算定してもよい．なお，静的解析法の適用が難しいと考えられるのは，以下に示すような特徴を有する構造物である．

1)　複数の振動モードの影響が想定される構造物
2)　主たる塑性ヒンジの発生箇所が不明な構造物
3)　固有周期が長い場合や，ねじれが懸念される場合など地震時の挙動が複雑な構造物
4)　地盤種別がG6もしくはG7地盤に相当するような軟弱地盤上に構築される構造物

上記の条件に該当すると考えられる構造物の例を以下に示す．このような構造物を取り扱う場合には，動的解析法を適用するのがよい．

① 　背の高い橋梁や高架橋
② 　パイルベント構造の橋梁
③ 　駅部や交差道路の影響で複雑な形状となる高架橋
④ 　斜角を有する橋梁および高架橋
⑤ 　斜張橋や吊り橋のような長大橋
⑥ 　免震構造および制震構造を有する橋梁
⑦ 　支承の非線形性が卓越する橋梁

10.2.2　橋梁および高架橋のモデル

橋梁および高架橋のモデル化においては，以下について適切にモデル化するものとする．

（1）　構造物のモデル化
（2）　部材のモデル化
（3）　支承部のモデル化

(4) 構造物周辺地盤のモデル化
(5) 自由地盤のモデル化

【解説】
（1）について

　構造物のモデル化にあたっては，隣接構造物の影響を適切に考慮できる解析範囲を設定するのがよい．例えば，連続する橋梁や高架橋において，隣接する構造物の固有周期や破壊形態，耐力等が異なる場合や，入力地震動の特性が異なる場合には，桁同士の衝突などの影響があるため，連続した構造物群全体をモデル化するのがよい．ただし，隣接構造物の相互作用の取り扱いは十分に解明されているとは言い難く，設計実務において高度な判断が必要となる．そこで，隣接する構造物との固有周期，破壊形態および耐力等を概ね等しくする等の配慮をするのがよい．その場合には，隣接構造物の影響が小さくなることから，橋軸方向および橋軸直角方向について構造物を適切な設計振動単位に区分し，単体の構造物として構造物ごとにモデル化してよい（**解説表10.2.1**参照）．なお，一般に橋梁および高架橋の設計応答値の算定では，橋軸方向および橋軸直角方向をそれぞれ独立に計算しても合理的な解が得られる．しかし，斜角を有する場合や非対称性が強い橋梁や高架橋の場合には，3次元モデルを用いるなど十分に注意が必要である．

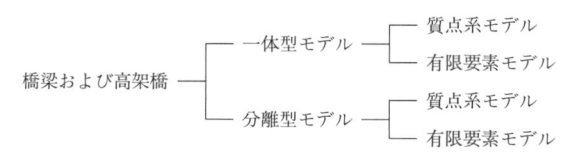

```
橋梁および高架橋 ─┬─ 一体型モデル ─┬─ 質点系モデル
                  │                 └─ 有限要素モデル
                  └─ 分離型モデル ─┬─ 質点系モデル
                                    └─ 有限要素モデル
```

解説図10.2.1　橋梁および高架橋における構造物のモデル化方法の分類

　構造物のモデル化の方法には，「**8.2** 設計地震動に対する構造物の応答値を算定するための解析」に示されるように，一体型モデルと分離型モデルがある．また，これらのモデルには，**解説図10.2.1**に示すように，質点系モデルと有限要素モデルがある．以下にその概要を示す．

解説表10.2.1　構造物の設計振動単位
1) 単純桁式橋梁

	橋　軸　方　向	橋軸直角方向
固定・可動条件を有する場合	可動　固定　可動　固定	死荷重反力に相当する上部構造部分
地震時水平力分散構造の場合	ゴム支承　ゴム支承	※橋軸直角方向に水平力分散構造を有しない場合は，固定・可動条件を有する場合の橋軸直角方向による．

2) 連続桁式橋梁

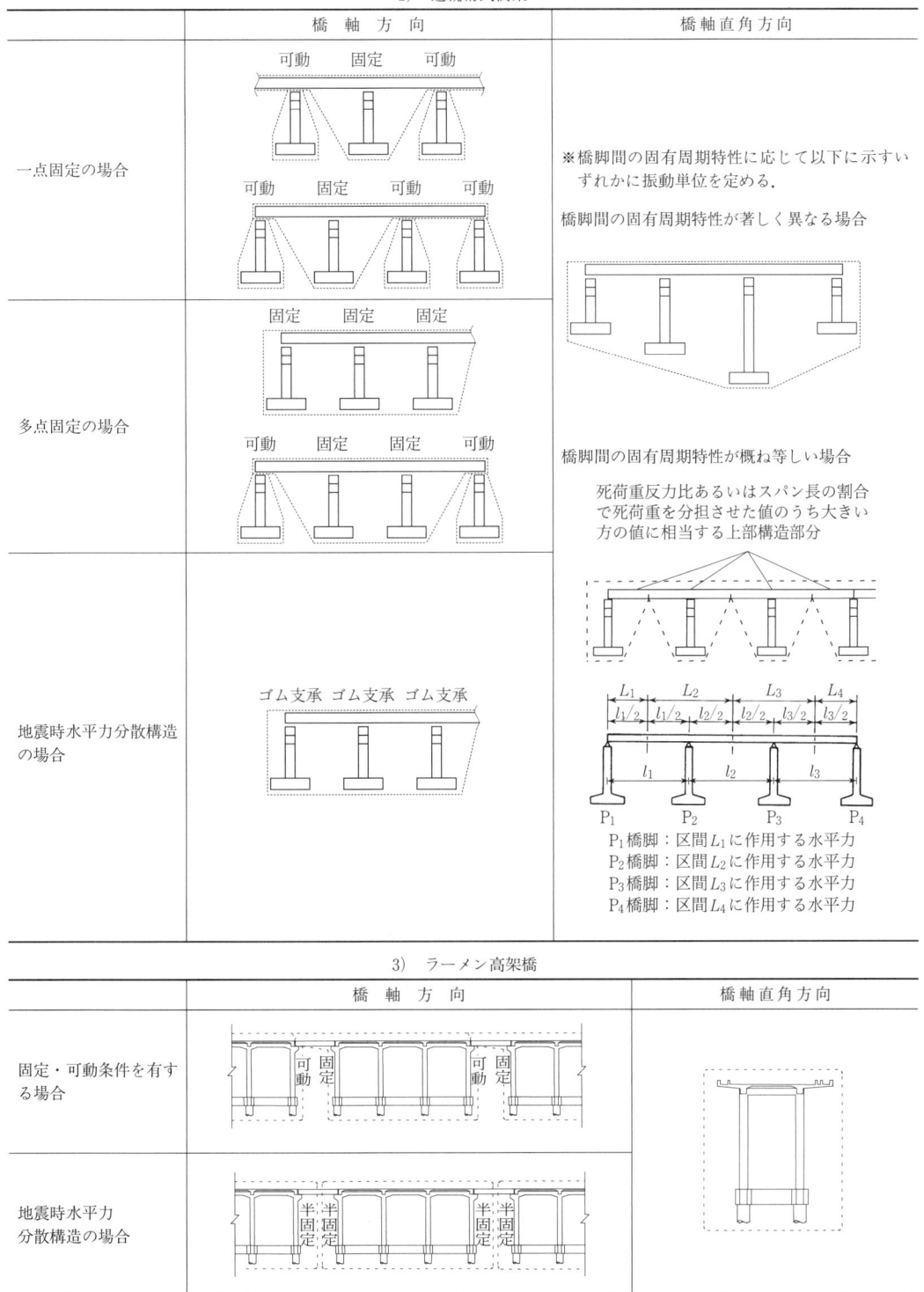

	橋軸方向	橋軸直角方向
一点固定の場合	(可動-固定-可動、可動-固定-可動-可動の図)	※橋脚間の固有周期特性に応じて以下に示すいずれかに振動単位を定める． 橋脚間の固有周期特性が著しく異なる場合
多点固定の場合	(固定-固定-固定、可動-固定-固定-可動の図)	橋脚間の固有周期特性が概ね等しい場合 死荷重反力比あるいはスパン長の割合で死荷重を分担させた値のうち大きい方の値に相当する上部構造部分
地震時水平力分散構造の場合	(ゴム支承-ゴム支承-ゴム支承の図)	L_1, L_2, L_3, L_4 / $l_1/2, l_1/2, l_2/2, l_2/2, l_3/2, l_3/2$ / l_1, l_2, l_3 P_1橋脚：区間L_1に作用する水平力 P_2橋脚：区間L_2に作用する水平力 P_3橋脚：区間L_3に作用する水平力 P_4橋脚：区間L_4に作用する水平力

3) ラーメン高架橋

	橋軸方向	橋軸直角方向
固定・可動条件を有する場合	(可動-固定-可動-固定の図)	
地震時水平力分散構造の場合	(半固定の図)	

1) 一体型モデル

一体型モデルは，自由地盤と構造物を一体として扱うことで地盤と構造物の相互作用を自動的に考慮できるモデルであり，一般に質点系モデルと有限要素モデルが用いられる．動的解析法による場合は，地盤と構造物の相互作用を適切に評価する必要があるため，地盤および構造物全体を含む領域をモデル化する一体型モデルを用いるのがよい．

質点系モデルは，地盤と構造物の相互作用が比較的単純かつ地盤の挙動が水平成層モデルもしくは1次元モデルで表現できる場合に用いられるモデルで，構造物や地盤を質量要素とそれをつなぐ要素（ばね要素や線材要素）の集合としてモデル化するものである．構造物系と自由地盤系は同時にモデル化し，両系を地盤ばね（相互作用ばね）で直接結合してモデル化する．解説図10.2.2～4には，質点系モデルによる橋梁および高架橋の動的解析モデルの例を示す．従来の質点系モデルは，自由地盤の1次元動的解析で得られた各深さ位置での変位，速度，加速度を，地盤ばねを介して多点入力するいわゆるPenzien系モデルが用いられることが多かった．しかし，このモデルは計算が煩雑であり，地盤ばねに非線形性を考慮した場合には，計算上の収束性が悪い場合がある．これに対して，解説図10.2.2～4に示す質点系モデルを用いることで，計算の手間を省略できると同時に計算の安定性を向上させることができる．このモデルは，基礎周辺地盤を単純な地盤ばねとしてモデル化しており厳密性には欠けるものの，設計で必要な精度

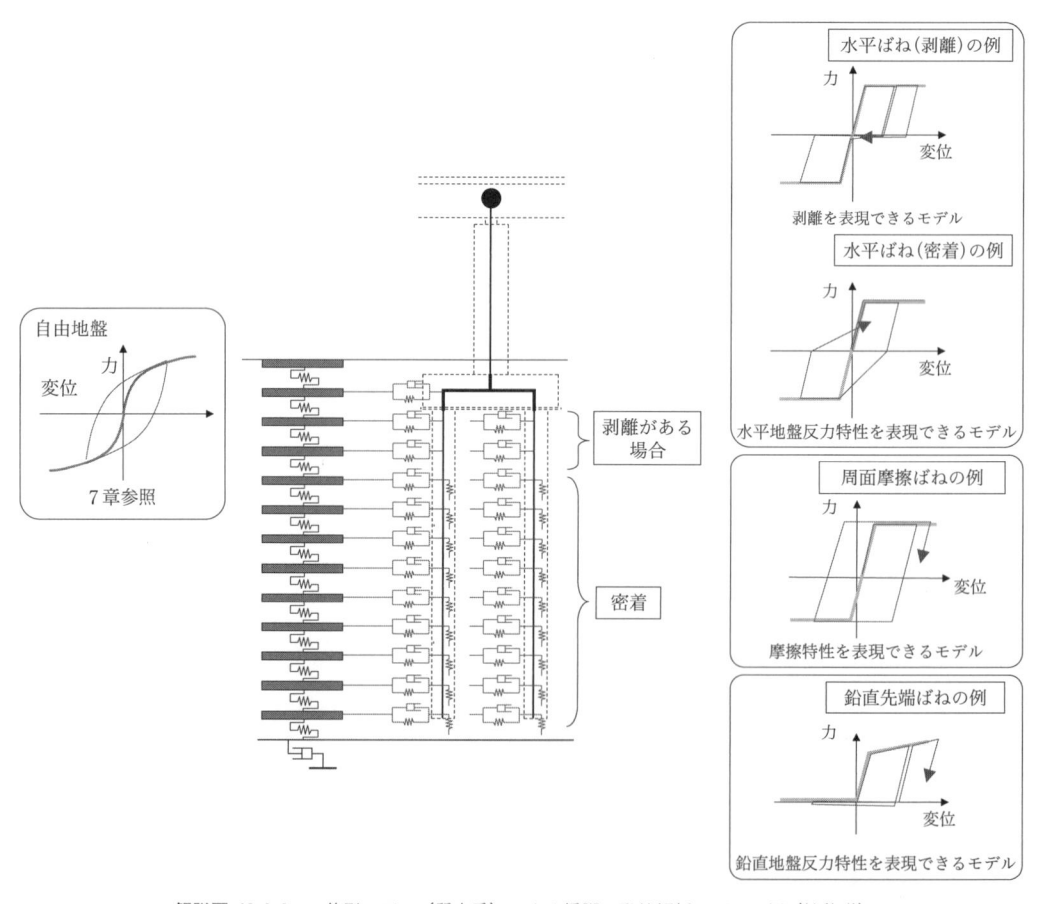

解説図 10.2.2　一体型モデル（質点系）による橋脚の動的解析モデルの例（杭基礎）

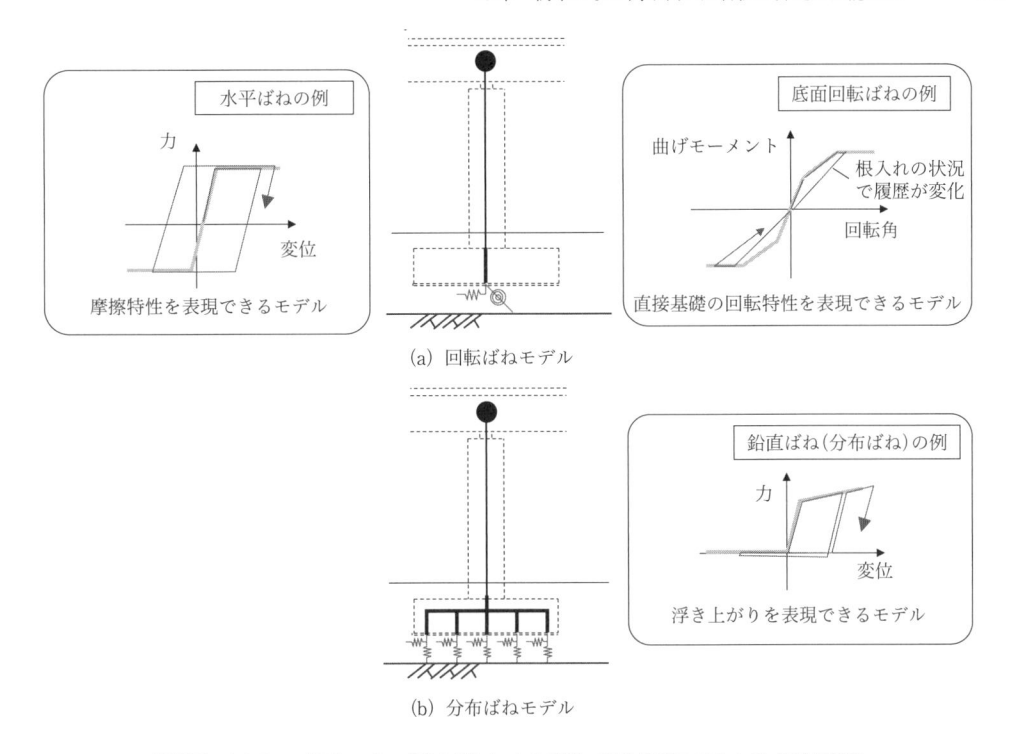

解説図 10.2.3 一体型モデル（質点系）による橋脚の動的解析モデルの例（直接基礎）

を確保できる場合が多い．なお，自由地盤に与える領域は，自由地盤の挙動が構造物の挙動の影響を受けない程度の大きさでモデル化するとよい．

有限要素モデルは，自由地盤の挙動が複雑で1次元モデルで扱えない場合や，地盤と構造物の相互作用が複雑な場合にも適用することができる．このような場合の例としては，地盤が不整形な場合，大規模な基礎や特殊な形状の基礎を用いる場合，護岸近傍のように支持地盤が著しく非対称である場合，近接する構造物の影響を受けると考えられる場合等がある．有限要素モデルを用いる際に考慮すべき事項については「**8.4.5 地盤のモデル化**」によるものとする．

2) 分離型モデル

分離型モデルは，地震時の地盤と構造物の相互作用の結果として得られる地震作用を主に構造物のみ取り出してモデル化した解析領域において定義するモデルであり，主に静的解析法に用いられる．構造物系は質点系モデルでモデル化されることが多い．**解説図10.2.5**に質点系モデルによる分離型静的解析モデルの例を示す．橋梁および高架橋は，地震作用として慣性力と地盤変位が作用することが知られているが，静的解析法による場合は，これらの地震作用を適切に等価な静的作用に置き換えることで，設計応答値を算定することができる．なお，動的解析法にも分離型モデルは使用可能であるが，地盤と構造物の相互作用を自動的に考慮できないことに留意し，地震作用を適切に考慮する必要がある．

(2) について

橋梁および高架橋の部材のモデル化は「**8.4.3 部材のモデル化**」に基づいて設定するのがよい．部材の非線形性のモデル化には，軸力変動の影響を考慮するのがよい．ただし，動的解析においては，軸力変動を考慮すると計算が安定しない場合がある．このような場合は，動的解析は軸力を固定した状態で行い，

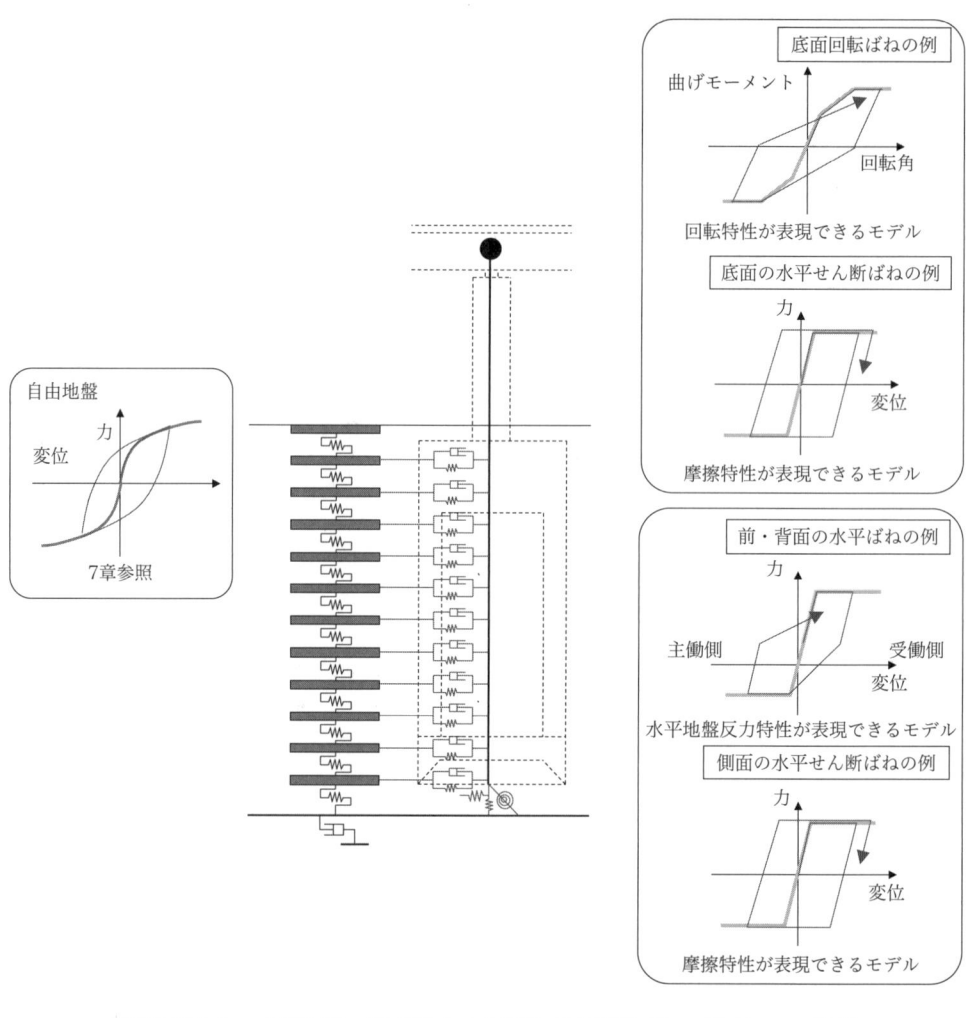

解説図 10.2.4　一体型モデル（質点系）による橋脚の動的解析モデルの例（ケーソン基礎）

照査の段階で軸力変動の影響を考慮するなど，適切に工夫するのがよい．

（3）について

　橋梁および高架橋の支承部のモデル化は「**8.4.4 支承部のモデル化**」に基づいて設定するのがよい．支承部の動的挙動は，一般に複雑な非線形性を示すことが知られている．したがって，支承部の詳細な挙動を把握する場合や減衰効果を期待する場合には，支承部を適切にモデル化する必要がある．しかし，支承部の塑性化を許容しない場合や損傷過程が明らかで上下部工との相互作用が小さい場合には，支承部を直接モデル化せず固定やピンとして表現し，上下部工の設計応答値から間接的に支承部の設計応答値を算出してもよい．

　支承部を直接モデル化しない場合，支承部の設計に用いる応答変位量は，支承を支持する上部構造物の天端位置での最大応答変位としてよい．また，一方の支点と他方の支点が逆位相になることが想定される場合には，両方の支点の変位量の合計とするのがよい．なお，L1地震動を対象とする場合において，両方の支点の挙動が同位相で挙動するとみなせる場合には，支承部の水平変位量として**解説表10.2.2**に示

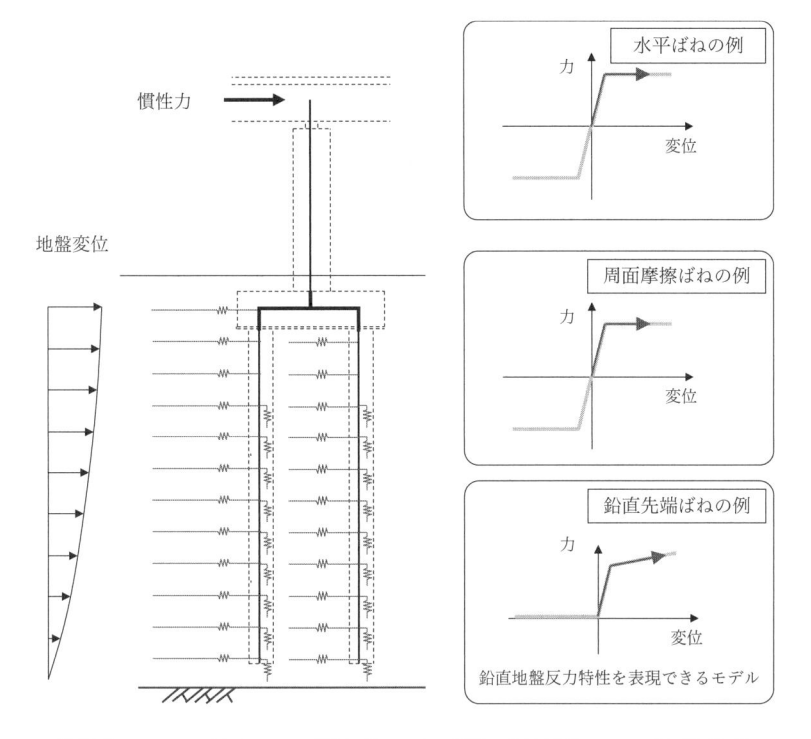

解説図 10.2.5 分離型モデル（質点系）による橋脚の静的解析モデルの例（杭基礎）

解説表 10.2.2 桁と支点が同位相で挙動するとみなせる場合の支承部の水平変位量

スパン l (m)	$l \leq 15$	$15 < l \leq 30$	$l > 30$
変位量(mm)	±10	±20	±30

す値を参考に設定してよい．

(4) について

　地盤のモデル化は「**7.3.3 動的解析による方法**」および「**8.4.5 地盤のモデル化**」に基づいて設定するのがよい．解析モデルに質点系モデルを用いる場合には，構造物と地盤の相互作用の影響を適切に考慮するため，地盤ばねに構造物と地盤の接触状態および基礎形式や施工方法に応じた支持力特性の違いを評価する必要がある．特に基礎形式が特殊な場合，不完全支持や周面支持の杭基礎，地盤が不整形な場合，土被りが深い場合，地盤改良を実施した場合など，地盤と構造物の相互作用が複雑な場合には注意が必要である．地盤ばねのモデル化方法は，骨格曲線については「鉄道構造物等設計標準・同解説（基礎構造物）」に，履歴モデルについては，「**付属資料 8-7 相互作用ばねの非線形性のモデル化の方法**」によるのがよい．

(5) について

　一体型モデルに用いる自由地盤のモデル化は「**7.3.3 動的解析による方法**」に基づいて設定するのがよい．

10.2.3 動的解析法

動的解析法により橋梁および高架橋の設計応答値を算定する場合は，「**8.4 構造物のモデル**」および「**10.2.2 橋梁および高架橋のモデル**」に従いモデル化し，地盤と構造物の相互作用や部材および地盤の非線形性を適切に考慮できる時刻歴非線形動的解析法によるものとする．

【解説】

橋梁および高架橋の設計応答値の算定は，構造物の動力学特性を直接的に評価でき構造物の地震時挙動を最も合理的に表現しうる動的解析法により算定するのがよく，地盤および部材の非線形性を逐一追跡しながら応答値を評価することが可能な時刻歴非線形動的解析によるのがよい．ただし動的解析法は，複雑な地震時挙動を表現できる反面，解析モデルのパラメータを適切に設定する必要があり，多くの知識と経験を要するため，得られた応答値の妥当性を確認することが重要である．動的解析を実施する上で，注意を要する事項を以下に示す．

1) 地震動の入力について

設計地震動の入力位置は，一体型モデルを用いて構造物および表層地盤全体をモデル化した場合には，耐震設計上の基盤面としてよい．なお，荷重中心と抵抗中心が偏心している構造物および長大径間の構造物等，上下動の影響が大きいと推定される構造物を除いては，水平地震動のみを考慮すればよい．

浅い基礎を有する構造物などの解析において表層地盤をモデル化しない場合には，地表面設計地震動を設定して入力地震動とする必要がある．地表面設計地震動の設定は，自由地盤の時刻歴非線形動的解析などを用いた地点依存の動的解析（「**7.3.3 動的解析による方法**」）により算定するのがよい．ただし，地盤種別を用いた簡易法（「**7.3.4 簡易解析による方法**」）が適用できる地盤に対しては，当該地点の地盤種別を確認した上で「**付属資料7-7 地盤種別ごとの地表面設計地震動**」に示す時刻歴波形を地表面設計地震動として用いてもよい．

また，杭基礎や大型基礎に支持される構造物では，基礎が存在することによって，地震動による地盤の動きが拘束されることにより，自由地盤と比較して構造物に入射される地震動が低減される．これを入力損失と呼び，実際に入射されるものを有効入力動と呼ぶ．入力損失は，基礎に比べて地震動の波長が短い成分ほど顕著であり，短周期の地震動ほど入力損失効果が大きく期待される．一体型モデルを用いた場合は，この効果は自動的に解析に反映される．分離型モデルを用いる場合には，別途この影響を検討して解析に反映するのがよい．なお，入力損失については，「**付属資料10-3 橋梁および高架橋の所要降伏震度スペクトル**」を参照するのがよい．

2) 減衰について

構造物の減衰特性の設定は，「**8.4 構造物のモデル**」に基づいて設定するのがよい．減衰としては，構造物については構造減衰や部材の塑性化に伴う履歴減衰，地盤については逸散減衰と地盤の塑性化に伴う履歴減衰等が考えられる．

　a) 履歴減衰

履歴減衰は部材や地盤に適切な非線形性をモデル化することで自動的に考慮される．

　b) 逸散減衰

逸散減衰とは，構造物から周辺地盤を介して無限にエネルギーが逸散することに起因する減衰であり，減衰定数として評価すれば臨界減衰を上回る大きな値であると言われている．逸散減衰は，有限要素モデルを用いた場合には，解析領域の周辺に適切な境界条件を設定することで評価することが可能である．質

点系モデルを用いた場合には，地盤ばね部に別途ダッシュポットを設けて適切な値を付与することで考慮する．

c) 構造減衰

構造減衰は，構造材料の内部摩擦などに起因する減衰である．

上記a)～c)の減衰定数を個々に適切に設定することは非常に難しく，慣用的に**解説表10.2.3**に示す値が用いられることが多い．なお，減衰の設定に関しては未解明な部分が多く，現在，実用的と思われる方法を「**付属資料10-2 減衰の設定方法と設定例**」に示す．

解説表 10.2.3 各構造要素および地盤に与える減衰定数の目安

構造要素	コンクリート部材	鋼部材	支承	地盤ばね	自由地盤
減衰定数 h	0.03～0.05	0.01～0.03	―	0.15～0.30	0.01～0.03

10.2.4　静的解析法

10.2.4.1　一　般

(1) 静的解析法により橋梁および高架橋の設計応答値を算定する場合は，「**8.4 構造物のモデル**」および「**10.2.2 橋梁および高架橋のモデル**」に従いモデル化し，静的な地震作用を設定するものとする．

(2) 橋梁および高架橋の静的解析法では，地震作用として
① 慣性力
② 地盤変位
を必要に応じて考慮するものとする．

【解説】

(1)について

　静的解析法により橋梁および高架橋の設計応答値を算定する場合は，「**8.4 構造物のモデル**」および「**10.2.2 橋梁および高架橋のモデル**」に従ってモデル化し，地震作用を適切に等価な静的作用に置き換えるものとする．なお，一般的な形式の橋梁および高架橋では，静的解析法の適用条件に該当する場合が多いが，「**10.2.1 一般**」に示す静的解析法の適用が難しい構造物の場合には，静的解析法の適用は避けるべきである．**解説図10.2.6**に，静的解析法のフローを示す．

(2)について

　橋梁および高架橋の静的解析法では，地震作用として，慣性力と地盤変位の影響を考えるのがよい．従来は，軟弱な地盤では地震時の地盤変位が大きくなることから，軟弱地盤中の深い基礎に対してのみ地盤変位の影響が考慮されてきた．しかし，本来は地盤変位の影響の大小でその必要性が決定されるのではなく，慣性力と地盤変位の影響の相対的な大小関係により判断すべきである．例えば，ラーメン高架橋や免震構造物では，壁式橋脚等に比べて基礎に作用する慣性力は比較的小さく，その結果，地盤変位による影響が相対的に大きくなることがわかっている[1),2)]．そこで，G0～G2地盤を除く地盤に建設される深い基礎においては，地盤の硬軟によらず地盤変位の影響を考慮するのがよい．一方，直接基礎のような浅い基礎においては，一般に地盤変位の影響を無視してよいが，土被りが深い場合[3)]など地盤変位の影響が無視

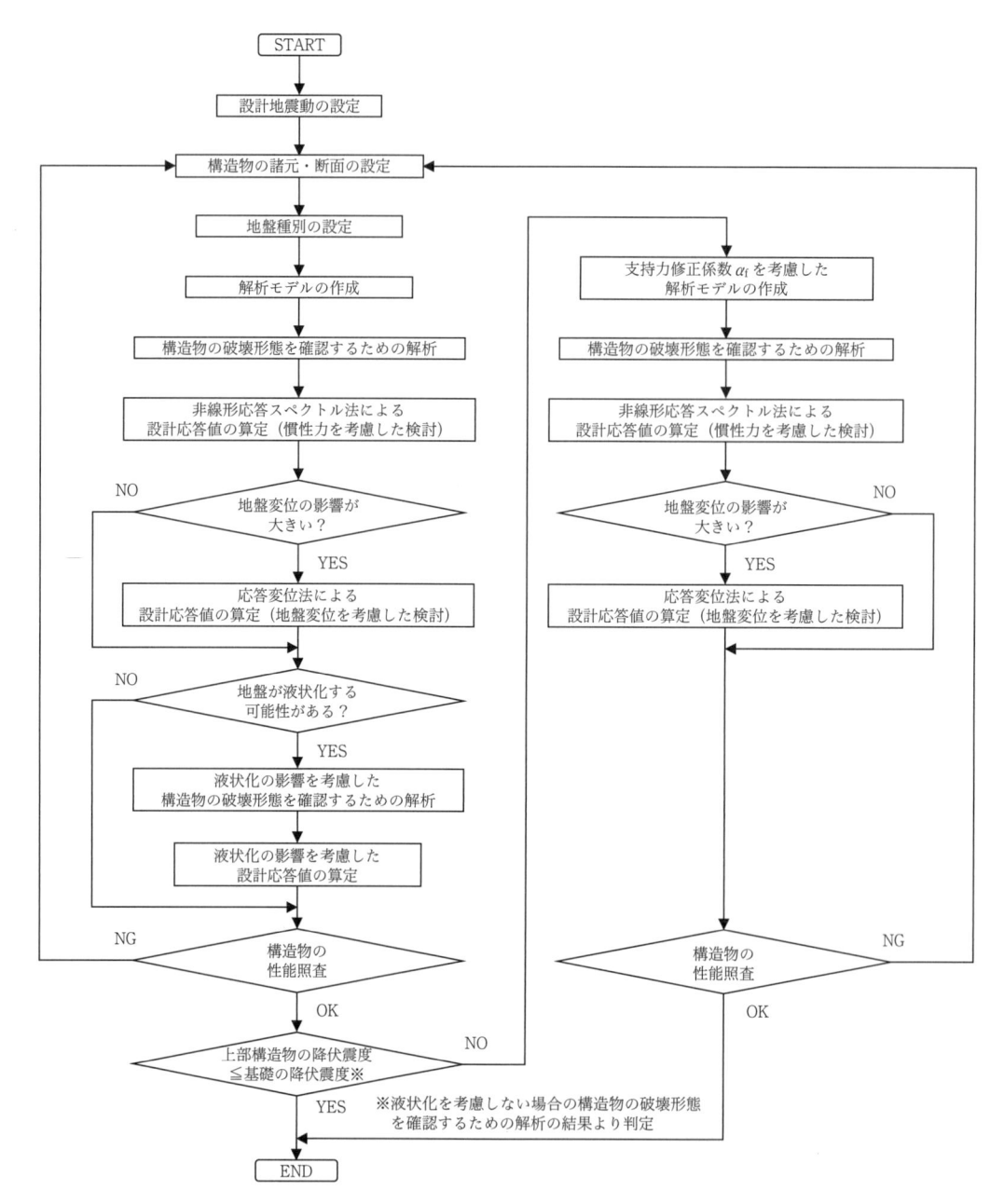

解説図 10.2.6 静的解析法による一般的な耐震設計フロー（地盤の液状化の可能性のある場合）

できないと判断される場合には，その影響を考慮するのがよい．

なお，地震時動水圧については，必要に応じて考慮するのがよい．この場合は，「5.3 地震作用」を参照するのがよい．

参 考 文 献

1) 野上雄太, 室野剛隆, 西村隆義：構造形式の違いによる慣性力と地盤変位の杭への影響度, 第12回地震時保有耐力法に基づく橋梁等構造の耐震設計に関するシンポジウム, pp.151-156, 2009.
2) 豊岡亮洋, 室野剛隆：免震橋の動的挙動に与える慣性力および地盤変位相互作用の影響, 土木学会地震工学論文集, Vol. 30, pp.283-290, 2009.
3) 西村隆義, 室野剛隆：深い土被りを有する橋脚の地震時挙動, 第13回日本地震工学シンポジウム論文集, pp.1038-1045, 2010.

10.2.4.2 慣性力による影響

慣性力による影響は、「**7章 表層地盤の挙動の算定**」により算定された地表面設計地震動に基づき、非線形応答スペクトル法により算定するのがよい．

【解説】

静的解析法における慣性力の影響は、非線形応答スペクトル法により評価するのがよい．非線形応答スペクトル法は、所要降伏震度スペクトルを用いて、構造物の設計応答値を算定する手法である[1]．具体的な手順は、以下のとおりである．

① 構造物のプッシュ・オーバー解析を行い、荷重-変位関係から、降伏震度および等価固有周期を算定する．
② 所要降伏震度スペクトルを用いて降伏震度と等価固有周期から応答塑性率を算定する．
③ 応答塑性率を降伏変位に乗じることで応答変位を算出する．この応答変位を基準として各照査指標に対応する設計応答値を算定する．

非線形応答スペクトル法に用いる所要降伏震度スペクトルは、地盤種別や基礎形式に応じて「**付属資料10-3 橋梁および高架橋の所要降伏震度スペクトル**」に示す所要降伏震度スペクトルから選択して用いてよい．ただし、これらの所要降伏震度スペクトルは、一般的な構造物における減衰を想定して作成したものである．そのため、ここで想定した構造物と比較して減衰が著しく小さい場合には、これをそのまま用いることはできず、補正して用いるなどの配慮が必要である．

なお、「**付属資料10-3 橋梁および高架橋の所要降伏震度スペクトル**」に示す所要降伏震度スペクトルによらず、「**7.3.3 動的解析による方法**」に示す地盤の動的解析により算定される地表面設計地震動を用いて個別に算定することも可能である．その場合は、スペクトルに凹凸が生じる場合が多いため、設計においては滑らかにして用いるなど工学的な判断を伴うことに注意が必要である．

1) 降伏震度の算定方法

構造物の降伏震度は、「**8.2 設計地震動に対する応答値を算定するための解析**」に示すプッシュ・オーバー解析において、橋脚く体などの上部構造物の構造要素が最初に降伏に達する点（一般に、損傷レベル1の限界値に達する点）、もしくは基礎が最初に「鉄道構造物等設計標準・同解説（基礎構造物）」に示される降伏状態に達する点（一般に安定レベル1の限界値に達する点）のうち、いずれか先に生じた点（初期降伏点）の震度とするのが原則である．ただし、ラーメン高架橋のような不静定構造物では、初期降伏点が荷重-変位曲線の折れ曲がり点とは一致しない場合が多い．また、壁式橋脚のように橋脚の耐力が大きく、基礎周辺地盤が徐々に降伏する場合などは、荷重-変位曲線に明確な折れ曲がりが現れない場合がある．このような場合には、初期降伏点の震度を非線形応答スペクトル法で用いる降伏震度として採用す

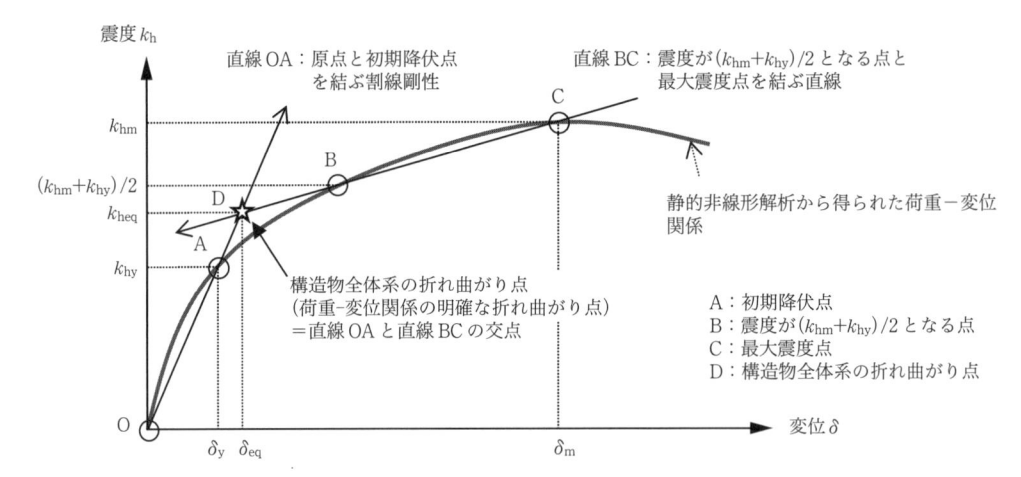

解説図 10.2.7 構造物全体系の折れ曲がり点の考え方

ると，合理的に設計応答値を算定できないことがわかっている[2]．そこで非線形応答スペクトル法で用いる降伏震度としては，**解説図 10.2.7** に示す「構造物全体系の折れ曲がり点」に対応する震度 k_{heq} を用いてよいものとする．

2) 等価固有周期

等価固有周期は，「**8.2** 設計地震動に対する応答値を算定するための解析」に示すプッシュ・オーバー解析によって得られる荷重-変位曲線において，構造物全体系の折れ曲がり点と原点を結んだ割線剛性を用いて，次式により算定してよいものとする．

$$T_{eq} = 2.0\pi\sqrt{\frac{W_{eq}/g}{K_{eq}}} \fallingdotseq 2.0\sqrt{\frac{\delta_{eq}}{k_{heq}}} \qquad (解 10.2.1)$$

ここに，T_{eq}：構造物の等価固有周期 (s)
W_{eq}：等価重量 (kN)
g：重力加速度 ($=9.8 \text{ m/s}^2$)
K_{eq}：構造物の等価降伏剛性 (kN/m) で，

$$K_{eq} = \frac{W_{eq} \cdot k_{heq}}{\delta_{eq}} \qquad (解 10.2.2)$$

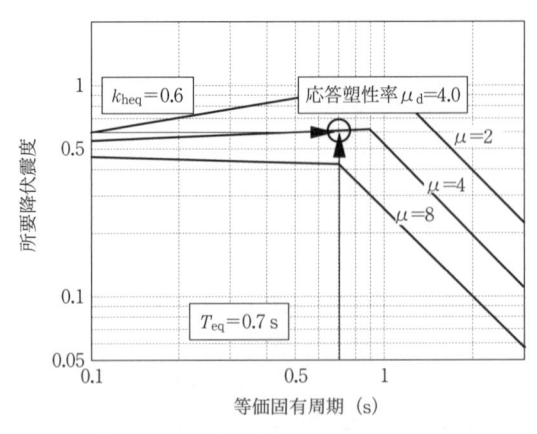

解説図 10.2.8 等価固有周期 T_{eq} と降伏震度 k_{heq} から応答塑性率を求める方法

δ_{eq}：構造物全体系の折れ曲がり点に対応する変位（m）

k_{heq}：構造物全体系の折れ曲がり点に対応する震度

3) 応答塑性率の算定方法

応答塑性率は，所要降伏震度スペクトルを用いて算出することができる．上記1），2）に示す構造物全体系の折れ曲がり点に対応する水平震度 k_{heq}，等価固有周期 T_{eq} を求め，これを**解説図 10.2.8** に示すように，地盤種別や基礎形式に対応した所要降伏震度スペクトルに対して，k_{heq} と T_{eq} の交点を定めることにより，応答塑性率 μ_d を読みとることができる．

4) 構造物の設計応答値の算定

構造物全体系の折れ曲がり点に対応する変位 δ_{eq} に，3) で求まった応答塑性率 μ_d を乗じることにより，応答変位 δ_d が算定される．

$$\delta_d = \delta_{eq} \cdot \mu_d \tag{解 10.2.3}$$

δ_d：構造物の応答変位（m）

μ_d：応答塑性率

プッシュ・オーバー解析における載荷過程において，構造物の応答変位 δ_d までに生じる変形や力などを抽出することで，設計地震動に対する設計応答値を求めることができる．

参 考 文 献

1) 西村昭彦，室野剛隆：所要降伏震度スペクトルによる応答値の算定，鉄道総研報告，Vol.13, No.2, pp.47-50, 1999.2.
2) 室野剛隆，佐藤勉：構造物の損傷過程を考慮した非線形応答スペクトル法の適用，土木学会地震工学論文集，Vol.29, pp.520-528, 2007.8.

10.2.4.3 地盤変位による影響

地盤変位による影響は，「7章 表層地盤の挙動の算定」により算定された地盤の設計水平変位量の鉛直方向分布に基づき，応答変位法により算定するのがよい．

【解説】

地盤変位による影響は，応答変位法により評価するのがよい．応答変位法は，「7章 表層地盤の挙動の算定」により構造物位置における地盤の設計水平変位量の鉛直方向分布を算定し，構造物と地盤の相互作用をモデル化した地盤ばねを介して構造物に作用させる方法である．応答変位法に用いる地盤変位を算定する方法としては，地点依存の動的解析（「7.3.3 動的解析による方法」）による方法と，簡易解析（「7.3.4 簡易解析による方法」）による方法がある．なお，応答変位法は「10.2.4.4 慣性力と地盤変位の組合せ」に示すように慣性力と地盤変位を組み合わせて用いるが，慣性力と地盤変位を算定する際に，どちらかを動的解析法で，もう一方を簡易解析法で算定するなど，慣性力と地盤変位を異なる考え方で算定することは望ましくないことに注意が必要である．

1) 地点依存の動的解析による方法

地盤の設計水平変位量の鉛直方向分布は，地層構成や地盤の非線形性などにより大きな影響を受けるため，自由地盤の地点依存の動的解析により求めるのがよい．この場合は，どの時刻の地盤変位分布を採用するかが問題となる．地震時の地盤の変形モードは時々刻々変化するものであり，それにより生じる構造物の変形や断面力も時々刻々変化することになる．耐震設計では，構造物の応答にとって応力や変形が最

も厳しくなる瞬間の変位分布を採用しなければならない．しかし，これを厳密に特定するのは困難であるため，基礎底面と地表面との相対変位が最大となる時刻の地盤変位分布を用いてよいものとする．

2) 簡易解析による方法

地盤種別を用いた簡易解析法が適用できる地盤に対しては，地盤の設計水平変位量の鉛直方向分布は，「**7.3.4.4** 地盤の設計水平変位量の鉛直方向分布の算定」および「**付属資料7-8** 地盤変位分布の簡易な設定方法」により算定してよい．

10.2.4.4 慣性力と地盤変位の組合せ

慣性力と地盤変位は，地盤と構造物の相互作用の特性に応じて適切に組み合わせるのがよい．

【解説】

解析では，部材および地盤の非線形性を考慮するので，慣性力と地盤変位による影響をそれぞれ別々に求め，後から重ね合わせるという手法が適用できない．このため，慣性力と地盤変位の影響は同時に解析モデルに作用させるものとする．**解説図10.2.9**に応答変位法のイメージを示す．

橋梁および高架橋のように慣性力と地盤変位の両者が卓越するような構造物では，これらの組合せが重要である．慣性力と地盤変位が基礎に与える作用は，表層地盤の固有周期と構造物の固有周期の大小関係で大きく異なり，両者の作用には位相差を伴うことから，必ずしも同時に最大とならないことが実験的にも解析的にも確認されている[1),2),3)]．

慣性力と地盤変位の組合せは時々刻々変化するが，耐震設計上は基礎の応力や変形が最も厳しくなる瞬間の組合せを考慮すればよい．そこで，耐震設計では以下の①と②の組合せを考えることとする．①の組合せは慣性力が最大になる瞬間を，②は地盤変位が最大となる瞬間を想定したものである．

①慣性力を中心とした設計

$$R_t = 1.0 \times R_a + \nu \times f(z) \qquad (解10.2.4)$$

②地盤変位を中心とした設計

$$R_t = \nu \times R_a + 1.0 \times f(z) \qquad (解10.2.5)$$

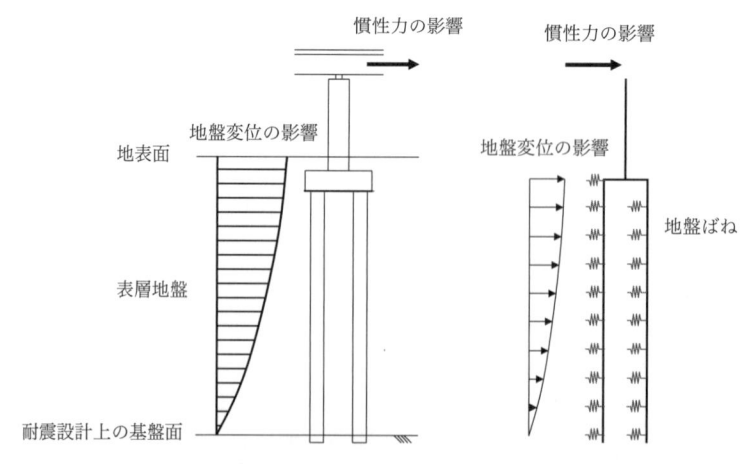

解説図 10.2.9　橋梁および高架橋における応答変位法のイメージ

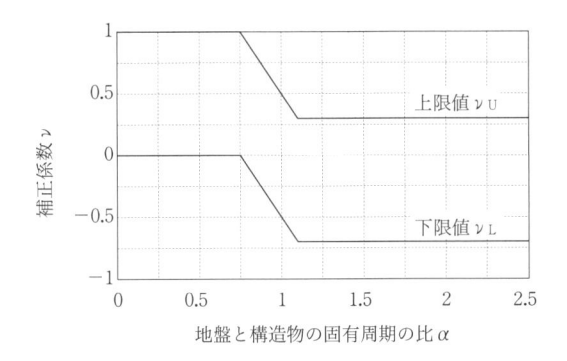

解説図 10.2.10 慣性力と地盤変位を組み合わせるための補正係数

ここに，　　ν：慣性力と地盤変位を組み合わせるための補正係数
　　　　　　R_t：考慮する地震作用
　　　　　　R_a：慣性力（「**10.2.4.2 慣性力による影響**」で求めた慣性力）
　　　　　$f(z)$：地盤変位（「**10.2.4.3 地盤変位による影響**」で求めた地盤変位）

慣性力と地盤変位を組み合わせるための補正係数は，地盤-基礎-構造物系の解析結果や実験的検討結果をもとに，工学的見地より求めてよいものとするが，その一例を**解説図10.2.10**に示す．

（上限値 ν_U）

$$\alpha \leq 0.75 \quad \nu_U = 1.0$$
$$0.75 < \alpha \leq 1.10 \quad \nu_U = -2.0\alpha + 2.5 \quad \text{(解 10.2.6)}$$
$$1.10 \leq \alpha \quad \nu_U = 0.3$$

（下限値 ν_L）

$$\alpha \leq 0.75 \quad \nu_L = 0.0$$
$$0.75 < \alpha \leq 1.10 \quad \nu_L = -2.0\alpha + 1.5 \quad \text{(解 10.2.7)}$$
$$1.10 \leq \alpha \quad \nu_L = -0.7$$

ここに，　　α：地盤と構造物の固有周期の比で，

$$\alpha = \frac{T_{eq}}{(T_g/\alpha_g)} \quad \text{(解 10.2.8)}$$

　　　T_{eq}：構造物の等価固有周期で，式（解10.2.1）による．
　　　T_g：表層地盤の固有周期で，地盤種別を用いた簡易法による方法を用いる場合には「**7.3.4.2 地盤種別**」による．
　　　α_g：地震時のひずみレベルによる地盤の剛性低減係数で，**解説表7.3.6**による．

ただし，構造物全体系の荷重-変位曲線が明確な折れ曲がり点を有しており（変曲後の勾配が変曲前の勾配の概ね15％以下になるような場合），非線形応答スペクトル法より求まる最大応答震度が初期降伏点 k_{hy} を超える場合には，慣性力と地盤変位を組み合わせるための補正係数の上限値は**解説図10.2.10**に示す値によらず，固有周期の大小関係に関係なく，

$$\nu_U = 1.0 \quad \text{(解 10.2.9)}$$

とする．下限値 ν_L は，式（解10.2.7）を用いるものとする．

なお，**解説図10.2.10**に示す上限値と下限値は，以下に示すようにモーメント分布により使い分けるも

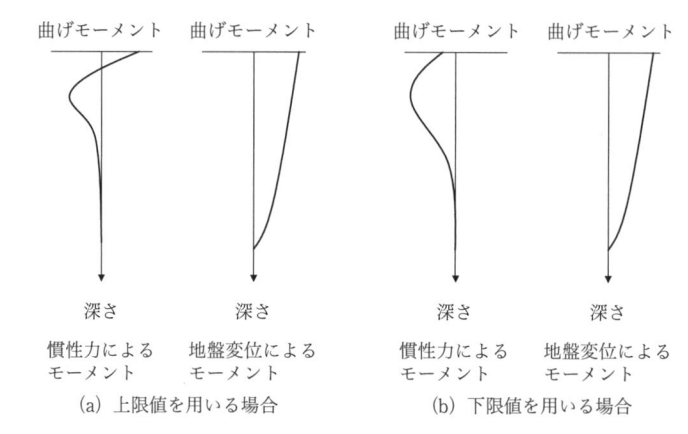

解説図 10.2.11 構造物と地盤の相互作用を考慮した補正係数 ν の上限値と下限値の使い分け

のとする．橋脚などで杭本数が多く，しかも表層地盤の剛性が高くて杭頭の回転拘束が大きい場合と，1柱1杭形式のラーメン高架橋のように杭頭の回転拘束が小さい場合では，モーメント分布が大きく異なる．後者の場合には，地盤変位によるモーメントと慣性力によるモーメントが打ち消し合うことがあり，モーメント分布を過小評価することを防ぐために上限値のほかに下限値を設けてある．

1) 慣性力によるモーメントと地盤変位によるモーメントが同符号で生じる場合（**解説図 10.2.11**(a)）には，構造物と地盤の相互作用を考慮した補正係数 ν としては，**解説図 10.2.10** の上限値 ν_U を用いるのがよい．

2) 慣性力によるモーメントと地盤変位によるモーメントが異符号で生じる場合（**解説図 10.2.11**(b)）には，構造物と地盤の相互作用を考慮した補正係数 ν としては，**解説図 10.2.10** の下限値 ν_L を用いるのがよい．

参 考 文 献

1) 室野剛隆，永妻真治，西村昭彦：軟弱地盤中の杭基礎構造物の地震応答特性と耐震設計への応用，構造工学論文集，Vol. 44-A，pp.631-640，1998．
2) 室野剛隆，西村昭彦：杭基礎構造物の地震時応力に与える地盤・構造物の非線形性の影響とその評価法，第10回日本地震工学シンポジウム論文集，pp.1717-1722，1998.11．
3) 西村昭彦，室野剛隆，永妻真治：杭基礎構造物の地震時挙動に関する実験的研究，第10回日本地震工学シンポジウム論文集，pp.1581-1586，1998.11．

10.2.5 破壊形態を確認するための解析

（1） 橋梁および高架橋の破壊形態を確認するための解析は，「**8.3 構造物の破壊形態を確認するための解析**」によるものとする．

（2） 一般的な橋梁および高架橋においては，破壊形態を確認するための解析としてプッシュ・オーバー解析を用いてよい．

【解説】
(1),(2)について

橋梁および高架橋の耐震設計では，構造物全体系の脆性破壊に直結する破壊形態を防止するという観点から，構造物の破壊形態を確認する必要がある．

橋梁および高架橋の破壊形態を確認するための解析は，「8.3 構造物の破壊形態を確認するための解析」に従いプッシュ・オーバー解析によってよい．プッシュ・オーバー解析に用いる構造解析モデルは，「8.4 構造物のモデル」のほか，「10.2.2 橋梁および高架橋のモデル」を参照してよい．ここで，橋梁や高架橋では，考慮すべき地震作用としては主に慣性力と地盤変位の影響の2つが考えられるが，プッシュ・オーバー解析に慣性力の影響と地盤変位の影響を同時に考慮することは現状では難しいことから，慣性力の影響のみを考慮すればよいものとする．また，構造物の形状・種類によっては振動モードが非常に複雑で主要なモードが特定できない場合など，プッシュ・オーバー解析の適用が難しいものも存在する．このような場合には，別途適切な方法で破壊形態に対する配慮をするのが望ましい．

10.2.6 液状化の可能性のある地盤における応答値の算定

(1) 「7.2 耐震設計上注意を要する地盤」に示された液状化の可能性がある地盤上の橋梁および高架橋の設計応答値は，「8.4.6 液状化の可能性のある地盤のモデル化」に従いモデル化し，算定するものとする．

(2) 「7.2 耐震設計上注意を要する地盤」に示された側方流動が発生する可能性がある地盤上の橋梁および高架橋の設計応答値は，「8.4.6 液状化の可能性のある地盤のモデル化」に従いモデル化し，算定するものとする．

【解説】
(1)について

橋梁および高架橋を支持する地盤が液状化した場合は，地盤の剛性および強度が低下するなど構造物の支持条件が液状化前に比べて変化し，結果として構造物全体系が長周期化するなど液状化を考慮しない場合と比べて振動特性が大きく異なる場合がある．したがって，構造物を支持する地盤が，「7.2 耐震設計上注意を要する地盤」で地盤の液状化の可能性があると判断された場合には，液状化の状態を考慮した設計応答値を算定する必要がある．ここで液状化の状態は，過剰間隙水圧の上昇や消散によってその特性が大きく変化することが知られているが，これらを耐震設計という観点からまとめると，液状化の段階は，概ね以下のように分類することができる．

① 液状化発生前段階：液状化が発生する前の段階．
② 液状化の発生段階：過剰間隙水圧が上昇する段階．地盤の剛性および強度低下を考慮する．
③ 液状化の持続段階：上昇した過剰間隙水圧が維持されている段階．地盤の剛性および強度低下を考慮する．
④ 液状化の収束段階：過剰間隙水圧が消散する段階．地盤全体の沈下や不同沈下を考慮する．

①から④の各段階を考慮するためには，地盤に発生する過剰間隙水圧の影響を正確に評価する必要がある．構造物の設計応答値は，過剰間隙水圧の上昇に伴う地盤剛性および強度の低下を考慮して算定するものとする．なお，液状化の影響を考慮して設計応答値を算定する場合には，基礎の地盤抵抗を割り増した条件を追加しなくてもよい．

1) 動的解析法による場合
a) 設計応答値の算定

動的解析法により設計応答値を算定する場合には，過剰間隙水圧の上昇の影響を適切に評価できる有効応力解析によるのがよい．有効応力解析により設計応答値を算定する際には，適切な地盤の構成モデルを使用することで，①液状化発生前段階から②発生段階，③持続段階に至る地盤特性の変化を自動的かつ連続的に考慮することが可能である．そのため，有効応力解析による動的解析法により，設計応答値を評価した場合には，この結果に基づき性能照査を行うことができる．

ただし，この場合は十分な土質調査を実施し，所要の精度を有する解析手法を用いた上で，地盤の諸数値のばらつき等解析結果の不確定性に対して十分な配慮をすることが必要不可欠である．有効応力解析を実施した場合であっても，不確定性に関して十分な検討がなされていない場合には，実際の地震時には解析で得られた液状化状態まで至らないことにも配慮すべきである．この場合は，有効応力解析による設計応答値とともに液状化の影響を考慮しない状態（過剰間隙水圧の影響を考慮しない）における設計応答値についても全応力法により算定し，性能照査を行うことが望ましい．

④液状化の収束段階まで考慮する際には，過剰間隙水圧の消散を取り扱うモデルを用いる必要があるが，そのようなモデルは現状では限られている．しかし，液状化地盤上の橋梁および高架橋は，杭基礎やケーソン基礎で支持されている場合が多く，地盤沈下の影響は小さいと考えられる．そのため本標準においては，完全支持されていれば地盤沈下により構造物が沈下したり傾斜することは考えにくいため，液状化収束段階の検討を省略してもよいものとする．ただし，大規模な液状化が発生するなど過剰間隙水圧収束後の地盤沈下の影響が懸念される場合には，別途適切な方法により，この影響を考慮した設計を実施するものとする．

b) 構造物モデル

有効応力解析に用いる構造物の解析モデルは，「10.2.2 橋梁および高架橋のモデル」に基づいて作成し，地盤の構成モデルについては「7.3.3.4 地盤の液状化の可能性のある場合」「8.4.6 液状化の可能性のある地盤のモデル化」に従ってモデル化するものとする．質点系モデルを用いる場合は，構造物近傍の地盤を地盤ばねとしてモデル化することから，過剰間隙水圧の上昇に伴う地盤剛性および強度の低下を地盤ばねの骨格曲線と履歴曲線に反映する必要がある[1]．有限要素モデルを用いた有効応力解析では，上記の特性が自動的に考慮される．

2) 静的解析法による場合

静的解析法により設計応答値を算定する場合には，液状化の①から③に至る過程を連続的に考慮することは困難である．また②の段階において，過剰間隙水圧の上昇により構造物の周期が長周期化する段階で地盤の周期と一致して大きな応答が発生する可能性が指摘されている[2]が，その現象は非常に過渡的であり，設計実務で取扱うのは難しい．そこで本標準では，液状化の影響を考慮しない状態と，液状化の影響を考慮した状態として③液状化の持続段階を対象に算定すればよいものとする．④液状化の収束段階については，過剰間隙水圧の消散による地盤沈下の影響を考慮する必要があるが，液状化地盤上の橋梁および高架橋は，杭基礎やケーソン基礎で支持されている場合が多く，完全支持されていれば地盤沈下により構造物が沈下したり傾斜することは考えにくいため，地盤沈下の影響は小さいと考えられる．そのため本標準においては，液状化収束段階の検討を省略してもよいものとする．ただし，大規模な液状化が発生するなど過剰間隙水圧収束後の地盤沈下の影響が懸念される場合には，別途適切な方法により，この影響を考慮した設計を実施するものとする．

③液状化の持続段階における設計応答値の算定方法は，液状化の程度を適切に評価して設計応答値の算定を行うものとする．液状化の程度は，式（解7.2.3）により求まる液状化指数（P_L）により区分して考慮するものとし，その関係は以下のようになる．

$P_L<5$ ：液状化による構造物への影響が小さい．一般に液状化を考慮した応答値の算定は不要．

$5≦P_L<20$：液状化Ⅰ．液状化による構造物への影響が大きい．液状化を考慮した設計応答値の算定が必要．

$20≦P_L$ ：液状化Ⅱ．液状化による構造物への影響が極めて大きい．液状化を考慮した設計応答値の算定が必要．

構造物の解析モデルは，「**10.2.3 静的解析法**」に基づいて作成してよいが，考慮する作用や地盤の考え方は，液状化Ⅰと液状化Ⅱで異なる．以下に，液状化Ⅰと液状化Ⅱにおける設計応答値の算定方法を示す．

a）液状化Ⅰ（$5≦P_L<20$）の場合

液状化程度が液状化Ⅰと判定された場合の設計応答値の算定は，地震作用として液状化程度を勘案した地震動から算定される慣性力および地盤変位を考慮するものとする．液状化Ⅰにおける，設計条件の概念図を**解説図10.2.12**に示す．

慣性力については，液状化の影響を考慮した所要降伏震度スペクトルより算定するものとする（「**付属資料10-5 液状化の影響を考慮した所要降伏震度スペクトル**」）．地盤変位については，液状化の影響を考慮して算定するのがよい．ただし，液状化を考慮しない通常の設計段階において地盤変位の影響を考慮している場合には，地盤変位の影響を考慮しなくてもよい．

液状化地盤のモデル化において，質点系モデルを用いる場合には，「**7.2.2.2 地盤の液状化の判定**」により求まる液状化抵抗率 F_L に応じて「**8.4.6 液状化の可能性のある地盤のモデル化**」に示す低減係数 D_E を求め，D_E により地盤の剛性および強度の低下を考慮するものとする．ここで，地盤の剛性および強度とは，地盤ばねの骨格曲線に用いる勾配（地盤反力係数）および上限値（有効抵抗土圧，許容支持力等）を指しており，**解説図10.2.13**に示すように，これらの値に D_E を乗じてそれぞれの低下を考慮してよい．

有限要素モデルを用いる場合には，解析対象地点の液状化程度を適切に評価し，地盤をモデル化するのがよい．

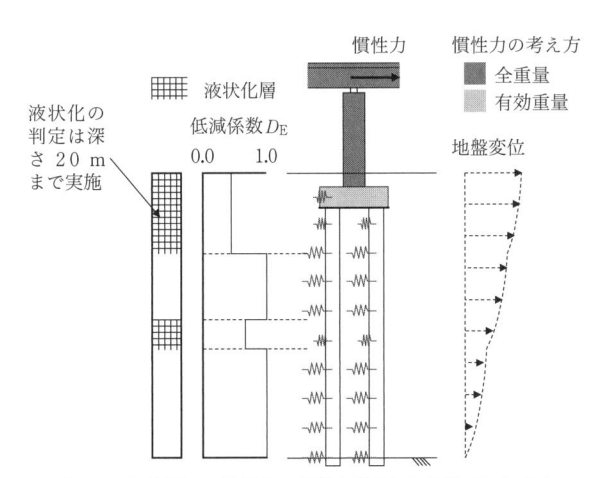

解説図10.2.12 液状化Ⅰ（$5≦P_L<20$）での設計条件　　　　**解説図10.2.13** 地盤反力係数の低減方法

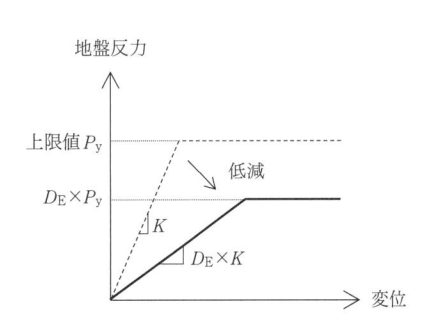

b) 液状化Ⅱ（$P_L \geqq 20$）

　液状化程度が液状化Ⅱと判定された場合の設計応答値の算定では，地震作用として液状化程度を勘案した地震動から算定される慣性力に加えて，液状化した層では付加質量による慣性力の増加または振動土圧を考慮するものとする．液状化Ⅱにおける，杭基礎橋脚の設計条件の概念図を**解説図 10.2.14** に示す[3]．群杭では，**解説図 10.2.14** に示すように，杭に囲まれた範囲の地盤の質量を付加質量として考慮する．

　ケーソン基礎などの大型基礎を対象とする場合には，振動土圧を考慮することとし，式（解10.2.10）により算定するものとする．

$$\sigma_{hd} = \frac{7}{8} \frac{a}{g} (\gamma_w + L_u \cdot \gamma') \sqrt{H \cdot h} \qquad (解 10.2.10)$$

　ここに，σ_{hd}：振動による土圧[4]（kN/m²）
　　　　　a：検討深さにおける基礎構造物の応答加速度（gal）

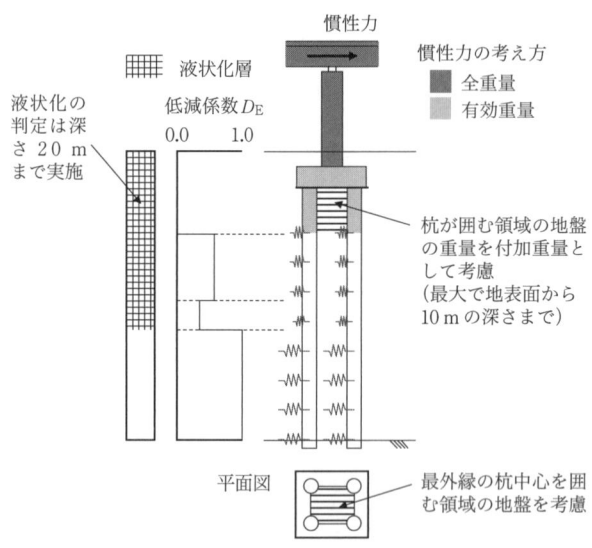

解説図 10.2.14　液状化Ⅱ（$P_L \geqq 20$）での設計条件（杭基礎の場合）

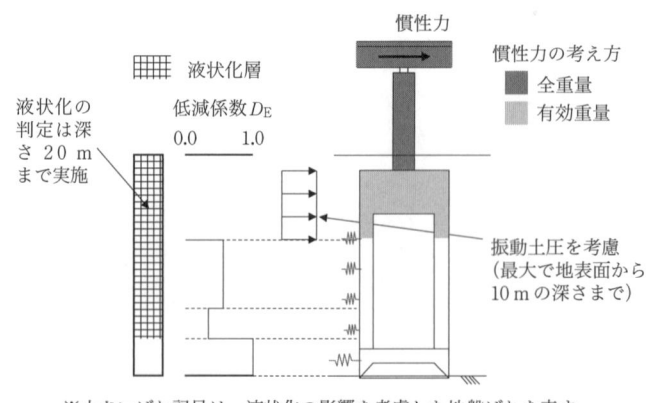

解説図 10.2.15　液状化Ⅱ（$P_L \geqq 20$）での設計条件（ケーソン基礎の場合）

g：重力加速度（gal）
γ_w：水の単位体積重量（kN/m³）
L_u：過剰間隙水圧比で**解説図 10.2.16**
　　　 によってよい
H：液状化層厚（m）
γ'：土の有効単位体積重量（kN/m³）
h：液状化層上端からの深さ（m）

液状化Ⅱにおける，ケーソン基礎橋脚の設計条件の概念図を**解説図 10.2.15**に示す．パイルベント形式の杭基礎や，ラーメン構造物などで一柱一杭形式の杭基礎とみなせる場合は，地盤中に単独で設置されるケーソン基礎などに類似している．そのため，液状化地盤からの外力については，上述したケーソン基礎の考え方を準用してよい．

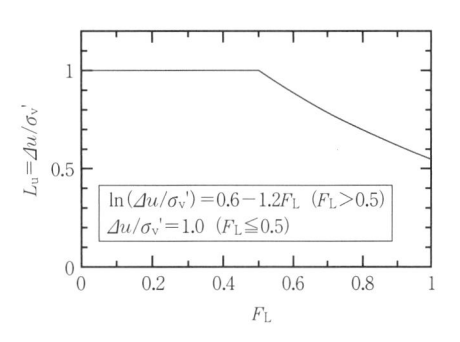

解説図 10.2.16 $L_u \sim F_L$ 関係

液状化地盤のモデル化において，分離型モデルを用いる場合には，液状化Ⅰと同様に「**7.2.2.2 地盤の液状化の判定**」により求まる液状化抵抗率 F_L に応じて「**8.4.6 液状化の可能性のある地盤のモデル化**」に示す低減係数 D_E を求め，D_E により地盤の剛性および強度の低下を考慮するものとする．ここで，従来の設計では，液状化層より上部の地盤抵抗は考慮しなかった．しかし本標準では，D_E が 0 でない層の地盤抵抗を考慮してもよいものとする．

（2）について

側方流動が発生する可能性がある地盤上の橋梁および高架橋の設計応答値は，地盤変位を地震作用として，静的解析法により算定するものとする．側方流動を考慮する場合の設計条件の概念図を**解説図 10.2.17**に示す．液状化層上部に非液状化層が存在する場合には，非液状化層の地盤変位が基礎の残留変位に対して支配的影響を有することが報告されているため，この影響を考慮する必要がある．側方流動による地盤変位量の鉛直方向分布は，液状化層上部の非液状化層では直線分布するものとし，液状化層では余弦分布として考慮してよい．これらの地盤変位を，地盤ばねを介して構造物に作用させることで設計応答値を算定するものとする[5]．

液状化した地盤の剛性については，既往の研究によって極めて低くなっていることが確認されており，側方流動が発生した際には地盤は流動的な挙動を示しているものと考えられている．しかしながら，その

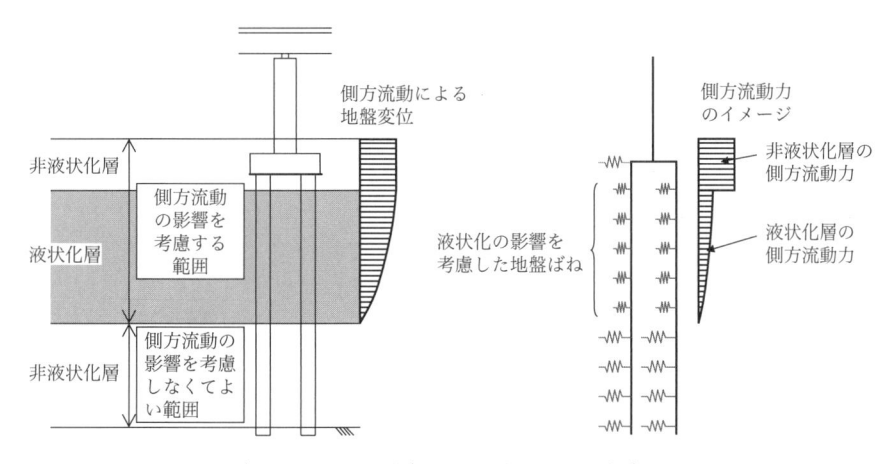

解説図 10.2.17 考慮する側方流動による地盤変位

剛性の評価は容易ではないことから，当面は液状化しない状態で算定した地盤反力係数の1/1000として算定してよい[5),6)]．

構造物に作用する単位面積当たりの側方流動の影響は，式（解10.2.11）により流動力に変換して構造物に作用させるものとする．

$$p_{NL} = k_{hNL} D_L$$

$$p_L(z) = k_{hL} D_L \cos\left(\frac{\pi z}{2H}\right) \qquad \text{（解10.2.11）}$$

ここに，　p_{NL}：非液状化層中の構造物に作用する単位面積当たりの側方流動力（kN/m^2）

$p_L(z)$：液状化層中の構造物に作用する深さ z(m) の単位面積当たりの側方流動力（kN/m^2）

k_{hNL}：非液状化層の地盤反力係数（kN/m^3）

k_{hL}：液状化層の地盤反力係数（kN/m^3）

　　　当面液状化しない状態で算定した地盤反力係数の1/1000としてよい

D_L：地表面における側方流動による地盤変位量（m）

H：側方流動を考慮する必要のある液状化層厚（m）

z：側方流動を考慮する必要のある液状化層厚上面からの深さ（m）

ここで，この荷重は受働土圧を超えることはないため，非液状化層においては受働土圧力度を上限値とする．なお，液状化層については流体的な荷重であることを考慮し，上記の上限値は考慮しない．

側方流動による地盤変位量は，「**付属資料7-1 側方流動による建設地点での地盤変位量の推定方法**」による方法で推定するものとする．また，構造物位置の地表面が水平な場合においても，液状化地盤が近傍で傾斜している場合は側方流動の可能性があるので留意する必要がある．

参 考 文 献

1) 森伸一郎，滝本幸夫，武藤正人，戸早孝幸，池田隆明：地盤-構造物連成系に対する有効応力液状化解析の適用性，第8回日本地震工学シンポジウム，pp. 801-806，1990.12.
2) 澤田亮，西村昭彦：液状化地盤中の基礎構造物の挙動に関する実験的研究，第24回地震工学研究発表会，pp. 597-600，1997.7.
3) 澤田亮，西村昭彦：液状化地盤中の基礎構造物の動的挙動に関する研究，第10回日本地震工学シンポジウム，pp. 1469-1474，1998.11.
4) 古関潤一，古賀泰之：液状化地盤の地震時土圧に関する模型振動実験，第46回土木学会年次学術講演会，pp. 224-225，1991.9.
5) 澤田亮，西村昭彦：液状化地盤による地盤の側方流動が基礎構造物に及ぼす影響に関する研究，土木学会論文集 No. 694/III-57，pp. 1-16，2001.12.
6) 規矩大義，安田進，増田民夫，板藤繁，峯啓一郎：液状化した砂の強度・変形特性に関するねじりせん断試験，第9回日本地盤工学シンポジウム，pp. 871-876，1994.

10.3 性能照査

10.3.1 一 般

（1）橋梁および高架橋の性能照査は，安全性に対して適切な照査指標およびその設計限界値を設定して行うものとする．また，重要度の高い構造物においては復旧性についても

検討するものとする．
(2) 橋梁および高架橋の性能照査に用いる照査指標およびその設計限界値は，破壊形態に応じて適切に設定するものとする．

【解説】
(1), (2) について

橋梁および高架橋の要求性能の照査を行う場合には，要求性能に応じた性能項目について，定量的に評価可能な照査指標を用いて要求性能を満足することを照査することとなる．そのため，照査指標について適切な設計限界値を設定する必要がある．設計限界値の設定は，「**9.5 限界値の設定**」に従い構造物の破壊形態に応じて適切に設定するものとする．

橋梁および高架橋は，部材や支承部，基礎など複数の要素により構成されており，一部の部材が破壊しても直ちに構造物全体系が破壊に至るとは限らない．したがって構造物の要求性能は，本来構造物全体系が有する性能により規定されるべきものであり，要素個別の損傷レベルや基礎の安定レベルのみで規定されるものではない．しかし，設計実務上は，構造物全体系が崩壊に至るまでの挙動を詳細に追跡することは困難である場合が多い．そこで，本標準では，構造物の構成要素や基礎の性能項目ごとに設定された限界状態に対する照査を行うことにより，構造物全体系の性能照査に代えてもよいこととした．

解説図 10.3.1 および **解説図 10.3.2** には，桁式橋梁およびラーメン高架橋の損傷部位のイメージを示す．また，**解説表 10.3.1** および **解説表 10.3.2** には，それらの構造物に対する要求性能と構造要素の損傷レベルおよび基礎の安定レベルの設定例を示す．**解説表 10.3.1** および **解説表 10.3.2** では，橋脚く体および高架橋柱の復旧性の損傷レベルを 2～3 としているが，高架下を利用している場合や構造物への進入路がない場合，あるいは柱が地中深く埋まっている場合など，地震後の修復作業や損傷の確認が困難となる場合には，復旧性の損傷レベルの制限値を 2 とするのがよい．なお，構造物の修復後には，修復行為により耐力や変形等の力学的特性が損傷を受ける前と同等以上に回復する必要がある．そのため，構造物の修復にあたっては，**解説表 9.5.1** および **解説表 9.5.2** に示すように損傷レベルに応じた適切な修復方法を選定する必要がある[1]．

なお，上部構造物が先行降伏する構造物に**解説表 10.3.1** および **10.3.2** に示す復旧性の制限値の目安を用いた場合には，「**付属資料 9-2 トータルコストを考慮した復旧性照査方法**」に示すように，ある条件下では初期費用と地震損失費用という観点からも最適な断面を与えることが確認されている．

構造物全体としての復旧性を考えた場合，不静定構造物では冗長性が増して安全性が高まる反面，修復箇所が増え復旧性は低下する．そのため，復旧性を考慮して柱等に損傷を集中させる場合には，**解説表 10.3.1** および **解説表 10.3.2** に示す復旧性における上層梁等の構造要素の損傷レベルを 1 としたり，基礎

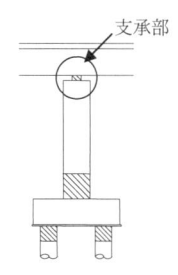

解説図 10.3.1 桁式橋梁の損傷部位のイメージ

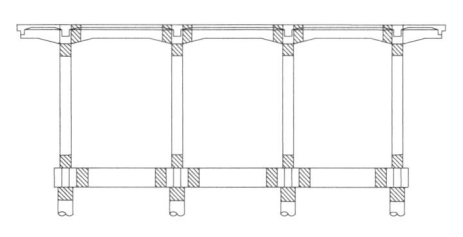

解説図 10.3.2 ラーメン高架橋の損傷部位のイメージ

解説表 10.3.1 構造物の要求性能と構造要素の損傷レベル，基礎の安定レベルの設定例（桁式橋梁）

構造物の要求性能		復旧性	安全性
構造要素の損傷レベル	支承	2〜3[注]	3
	橋脚く体	2〜3	3
基礎の安定レベル		2	3

注) 支承部の損傷レベルは2を基本とするが，壁式橋脚の橋軸直角方向のように橋脚の耐力が大きい場合には損傷レベル3を許容してよい．

解説表 10.3.2 構造物の要求性能と構造要素の損傷レベル，基礎の安定レベルの設定例（ラーメン高架橋）

構造物の要求性能		復旧性	安全性
構造要素の損傷レベル[注]	上層梁 地中梁	2	3
	柱	2〜3	3
	その他の梁	3	3 (4)
基礎の安定レベル		2	3

注) 支承を有する構造の場合には，桁式橋梁に準ずる．

の安定レベルを1とすることも考えられる．

(2) について

各損傷レベルの設計限界値は，「**9.5 限界値の設定**」によるものとする．部材の破壊および損傷に関する照査は，曲げ破壊形態となる部材に対しては，一般に，「**8章 構造物の応答値の算定**」および「**10.2 応答値の算定**」に示す解析方法により設計応答値を算定し，変位・変形を照査指標として，**解説表 10.3.1，解説表 10.3.2** に示す損傷レベルの限界値を設計限界値としてよい．一方，せん断破壊形態となる部材は力を照査指標として，「鉄道構造物等設計標準・同解説（コンクリート構造物）」あるいは「鉄道構造物等設計標準・同解説（鋼とコンクリートの複合構造物）」に示される方法により，当該部材に作用するせん断力が最大になる条件においてもせん断破壊を生じないことを照査することとしてよい．なお，せん断破壊形態を有する部材については，曲げ降伏が生じないようにする必要がある．これは，せん断破壊形態を有する部材で，曲げ降伏以降にせん断破壊する部材では，地震作用のような繰返しの作用を受けるとせん断耐力が大幅に低下するためであり，これを防ぐ目的である．

基礎の安定に関する設計限界値は，「**9.5 限界値の設定**」および基礎形式に応じて「鉄道構造物等設計標準・同解説（基礎構造物）」によるものとする．

参 考 文 献

1) 仁平達也，渡辺忠朋，滝本和志，笹谷輝勝，土屋智史，原夏生，谷村幸裕，岡本大：損傷履歴を考慮した修復部材の性能評価に関する一考察，土木学会論文集E，Vol.65, No.4, pp.490-507, 2009.11.

10.3.2 破壊形態の確認

橋梁および高架橋の性能照査における破壊形態の確認は，「**9.4 構造物の破壊形態の確認**」によるものとする．

【解説】

一般的な橋梁および高架橋の性能照査においては，破壊形態に応じた照査指標および設計限界値を設定するため，「**9.4 構造物の破壊形態の確認**」に従い，破壊形態の確認を行う必要がある．

10.3.3 安 全 性

(1) 橋梁および高架橋の安全性は，一般に破壊，安定および地震時の走行安全性に係る変位について照査するものとする．

(2) 破壊および安定の照査は，「**10.2** 応答値の算定」に従い設計応答値を算定するとともに，以下により部材，支承部や基礎等の構造要素ごとに設計限界値を設定して，式（3.4.1）により行うものとする．設計限界値の設定については「**9.5** 限界値の設定」によるものとする．

(a) 部材の破壊の照査は，「**10.3.2** 破壊形態の確認」の破壊形態に応じて，変位・変形または力を照査指標とし，本標準ならびに関連する「鉄道構造物等設計標準」によるものとする．

(b) 支承部の破壊の照査は，一般に支承部を構成する装置ごとに変位・変形または力を照査指標とし，本標準ならびに関連する「鉄道構造物等設計標準」によるものとする．

(c) 基礎の安定の照査は，「鉄道構造物等設計標準（基礎構造物）」によるものとする．

(d) 鋼桁および合成桁の安定の照査は，「鉄道構造物等設計標準（鋼・合成構造物）」によるものとする．

(3) 地震時の走行安全性に係る変位の照査は，「鉄道構造物等設計標準（変位制限）」によるものとする．

【解説】

橋梁および高架橋の安全性は，構造物を構成する部材や支承部の破壊，基礎の安定および地震時の走行安全性について照査を行うものとし，設計限界値を，照査する性能項目ごとに適切に設定するものとする．

(2)(a)について

部材の破壊の照査は，一般に，その破壊形態に応じて変位・変形または力を照査指標として設計限界値を定めて行ってよいものとする．本標準では，構造物の破壊を安全側に照査するために，構造物を構成する部材のいずれか一つが破壊の限界状態に至った場合を構造物の破壊と等価と考えるものとする．

(2)(b)について

本標準では，支承本体，移動制限装置，落橋防止装置および桁座・桁端の各装置が，橋梁等の構造物の要求性能に応じて設定された設計限界値を満足することを照査し，これが支承部全体の破壊の照査に代わるものとする．支承部の各装置の設計限界値は，力または変位・変形を照査指標として，**解説表 9.5.6～9.5.8**に例示した支承部の各装置の設計限界値や，「鉄道構造物等設計標準・同解説（コンクリート構造物）」，「鉄道構造物等設計標準・同解説（鋼・合成構造物）」および「鉄道構造物等設計標準・同解説（鋼とコンクリートの複合構造物）」により定めてよい．

(2)(c)について

基礎の安定の照査は，地盤の破壊，基礎の水平安定，基礎の回転安定および基礎部材等の破壊のそれぞれについて，基礎の形式や破壊形態に応じ，「鉄道構造物等設計標準・同解説（基礎構造物）」に準じて適切な設計限界値を設定して行うものとする．

(2)(d)について

鋼桁および合成桁の転倒や上揚力に対する安定の照査は，「鉄道構造物等設計標準・同解説（鋼・合成

構造物)」によるものとする．なお，上揚力に対する安定の照査に用いる鉛直方向の設計地震動は，簡易にL2地震動を設定する場合，**解説表7.3.4**および**解説表7.3.5**に示すG0地盤の弾性加速度応答スペクトルを1/2としたものを用いてよい．

(3)について

橋梁および高架橋の地震時の走行安全性の照査は，「鉄道構造物等設計標準・同解説（変位制限）」により，地震動によって生じる構造物の横方向の振動変位および構造物境界における軌道面の不同変位に対して行うものとする．なお，「鉄道構造物等設計標準・同解説（変位制限）」の「**7.3.2 地震時の横方向の振動変位の照査**」に示されるスペクトル強度を用いた照査は，橋梁および高架橋が降伏しない領域を対象としているため，これを用いて横方向の振動変位の照査を行う場合にはL1地震動に対して検討方向に拘らず構造物が降伏しないことが照査の前提条件となる．一般的な設計条件の橋梁および高架橋の場合は，部材および支承部が損傷レベル1の制限値を超過しないことかつ基礎が安定レベル1の制限値を超過しないことを確認する必要がある．

なお，L1地震動に対する構造物の減衰定数が5%よりも小さいと想定される場合には，「鉄道構造物等設計標準・同解説（変位制限）」の「**7.3.2 地震時の横方向の振動変位の照査**」に示されるスペクトル強度を適切に補正する必要がある．

10.3.4 復旧性

(1) 橋梁および高架橋の復旧性は，一般に損傷，残留変位および地震時の軌道の損傷に係る変位について照査するものとする．

(2) 損傷および残留変位の照査は，「**10.2 応答値の算定**」に従い設計応答値を算定するとともに，以下により部材，支承部や基礎等の構造要素ごとに構造物の復旧性を考慮した設計限界値を設定して，式(3.4.1)により行うものとする．設計限界値の設定については，「**9.5 限界値の設定**」によるものとする．

 (a) 部材の損傷の照査は，「**10.3.2 破壊形態の確認**」の破壊形態に応じて，変位・変形または力を照査指標とし，本標準ならびに関連する「鉄道構造物等設計標準」によるものとする．

 (b) 支承部の損傷の照査は，一般に支承部を構成する装置ごとに変位・変形または力を照査指標とし，本標準ならびに関連する「鉄道構造物等設計標準」によるものとする．

 (c) 基礎の残留変位の照査は，「鉄道構造物等設計標準（基礎構造物）」によるものとする．

(3) 地震時の軌道の損傷に係る変位の照査は，「鉄道構造物等設計標準（変位制限）」によるものとする．

【解説】

本標準では，橋梁および高架橋の復旧性の検討は，構成する部材や支承部等の損傷，構造物の残留変位，軌道の損傷に係る変位について照査するものとし，構造物の種類や作用の特性に応じて照査する性能

項目ごとに適切に定めるものとする．

（2）（a）について

部材の損傷の照査は，一般に，その破壊形態に応じて変位・変形または力を照査指標として設計限界値を定めてよいものとする．

構造物が損傷を受けた場合の構造物の修復と機能の回復の難易度に関しては，ラーメン構造物等に代表されるように，多数の構造要素で構成された構造物は個々の構造要素の損傷状態を考慮する必要がある．例えば，地中部に損傷が生じた場合と，地上部に損傷が生じた場合等では，補修・補強の難易度が大きく異なることになる．したがって，構造物の復旧性を考える上では，杭などの基礎部材よりも柱等の部材を先行降伏するなどの配慮が必要となる．**解説表 10.3.1 および解説表 10.3.2** に例示した復旧性の検討における損傷レベルの設計限界値は，これを考慮して部材ごとに損傷レベルの限界点を定めた例である．

（2）（b）について

支承部の損傷の照査は，安全性の照査における支承部の破壊の照査と同様な考え方から，支承本体，移動制限装置，落橋防止装置および桁座・桁端の各装置が，構造物の要求性能に応じて設定された各装置の設計限界値を満足することを照査するものとする．

解説表 9.5.6〜9.5.8 に例示した支承部の各装置の設計限界値は，**解説表 9.5.5** に示す支承部の損傷状態や補修のイメージをもとに示したものである．支承部の各装置の設計限界値は，力または変位・変形を照査指標として，「鉄道構造物等設計標準・同解説（コンクリート構造物）」，「鉄道構造物等設計標準・同解説（鋼・合成構造物）」および「鉄道構造物等設計標準・同解説（鋼とコンクリートの複合構造物）」により定めてよい．

（2）（c）について

橋梁および高架橋の基礎の残留変位の照査は，残留鉛直変位，残留水平変位，残留傾斜，基礎部材等の損傷について，基礎の形式に応じ，「鉄道構造物等設計標準・同解説(基礎構造物)」に準じて適切な設計限界値を設定して行うものとする．

なお，「鉄道構造物等設計標準・同解説（基礎構造物）」では，残留変位を直接評価することが技術的に難しいことを考慮し，残留変位と相関の深い照査指標（最大応答変位や鉛直支持力等）によって照査してよいこととしており，本標準でも同様に照査を行ってよい．

（3）について

橋梁および高架橋の地震時の軌道の損傷に係る変位の照査は，「鉄道構造物等設計標準・同解説（変位制限）」によるものとする．

11章 橋台の応答値の算定と性能照査

11.1 一 般

(1) 橋台の耐震設計にあたっては，構造物条件，周辺の地盤条件を勘案し，地震の影響を適切に考慮するものとする．
(2) 設計地震動に対する橋台の設計応答値の算定および性能照査は，本章および「鉄道構造物等設計標準（土留め構造物）」によるものとする．

【解説】

橋台は，支承を介して桁を支持するとともに橋台壁体背面に盛土を有する構造物であり，橋梁・高架橋区間と盛土区間との境界に位置する構造物である．橋台の構造形式は**解説図 11.1.1**に示すように，従来より広く用いられてきた逆Ｔ型橋台や重力式橋台のように背面盛土から比較的大きな土圧の作用の影響を受ける抗土圧橋台の他，近年新たに開発された補強土工法（背面盛土や地山中に主に引張補強材を配置し，安定性の向上を図る工法）によって構築される補強土橋台に分類できる．橋台の設計にあたっては，これらの構造形式の違いによる影響について十分勘案しなければならない．

本章および「鉄道構造物等設計標準・同解説（土留め構造物）」においては，補強土橋台としては，施工実績が豊富なセメント改良補強土橋台を対象とする．セメント改良補強土橋台とは**解説図 11.1.1**（b）に示すように，直接基礎形式の橋台壁体背面に定着した補強材（ジオテキスタイル）を用いてセメント改良アプローチブロックとの一体化を図った補強土橋台である．

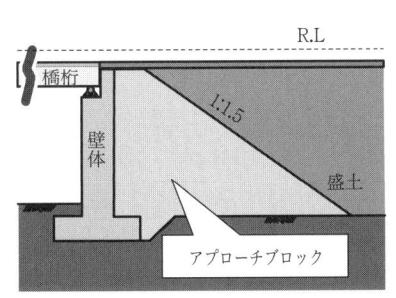

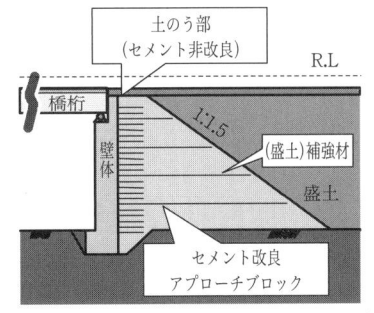

(a) 抗土圧橋台（逆Ｔ型橋台)　　(b) 補強土橋台（セメント改良補強土橋台）

解説図 11.1.1 橋台の構造形式区分

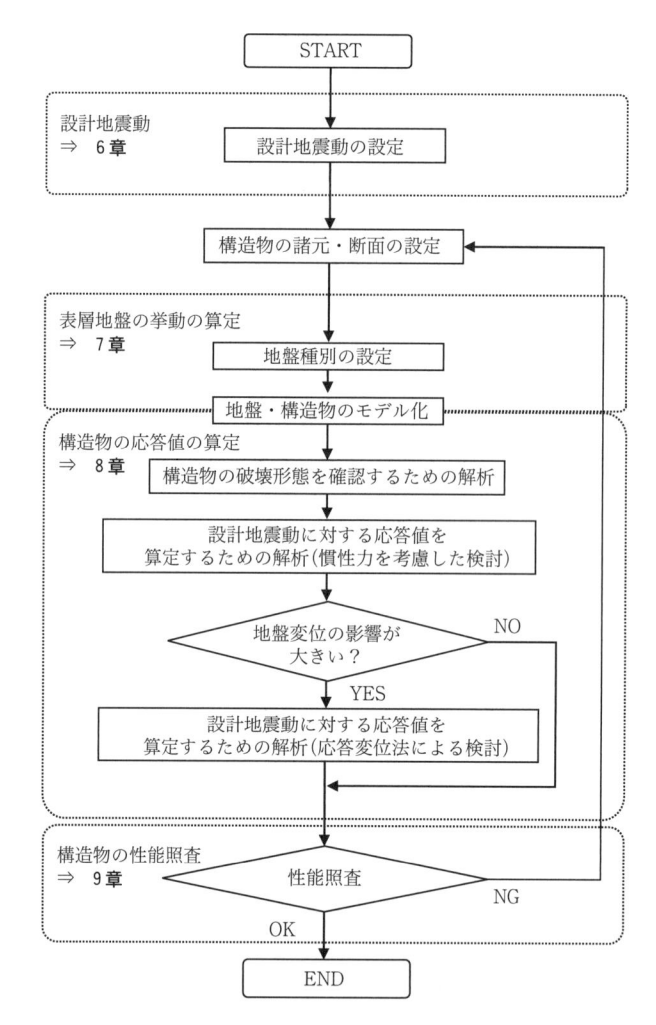

```
                    START
                      │
    ┌─────────────────┼─────────────────┐
    │ 設計地震動       ↓                  │
    │ ⇒ 6章      設計地震動の設定          │
    └─────────────────┼─────────────────┘
                      ↓
              構造物の諸元・断面の設定 ←──────┐
                      │                    │
    ┌─────────────────┼─────────────────┐  │
    │ 表層地盤の挙動の算定 ↓                │  │
    │ ⇒ 7章       地盤種別の設定           │  │
    │                  ↓                  │  │
    │            地盤・構造物のモデル化     │  │
    └─────────────────┼─────────────────┘  │
    ┌─────────────────┼─────────────────┐  │
    │ 構造物の応答値の算定 ↓                │  │
    │ ⇒ 8章   構造物の破壊形態を確認するための解析│
    │                  ↓                  │  │
    │         設計地震動に対する応答値を     │  │
    │      算定するための解析(慣性力を考慮した検討)│
    │                  ↓                  │  │
    │            ◇ 地盤変位の影響が ─ NO ─┤  │
    │              大きい？                │  │
    │                YES                  │  │
    │                  ↓                  │  │
    │         設計地震動に対する応答値を     │  │
    │      算定するための解析(応答変位法による検討)│
    └─────────────────┼─────────────────┘  │
    ┌─────────────────┼─────────────────┐  │
    │ 構造物の性能照査  ↓                  │  │
    │ ⇒ 9章       ◇ 性能照査 ── NG ──────┘
    │                OK                   │
    └─────────────────┼─────────────────┘
                    END
```

解説図 11.1.2　橋台の一般的な耐震設計フロー

　解説図 11.1.2 に橋台の一般的な耐震設計フローを示す．なお，橋台の過去の地震被害は線路方向の変形が中心であり，線路直角方向の変形は，基礎寸法や杭配置，壁体寸法および斜角などを適切に設計することで，大幅に抑制できるものと考えられる．そのため，「鉄道構造物等設計標準・同解説（土留め構造物）」に示される「一般的な設計条件」を満足する場合には，線路直角方向の検討は省略してよい．特殊な設計条件において線路直角方向の検討を行う場合の考え方は，「鉄道構造物等設計標準・同解説（土留め構造物）」を参考にするものとする．

　なお，地盤の諸数値は，基礎の設計にとって安全側となるように一般に下限側に設定されているが，これにより基礎の設計上は安全側となるものの，上部構造物の設計応答値を過小評価する可能性があるため，構造物全体としては必ずしも安全側とはならない．上記の状況を踏まえて，上部構造物に過度の破壊・損傷が生じることを防ぐため，基礎の降伏点が上部構造物（橋台壁体部および支承部）の降伏点よりも低い場合には，基礎の地盤抵抗を割り増した条件を追加して，設計応答値の算定および性能照査を実施しなければならない．

一般に，質点系モデルを用いて，基礎の地盤ばねの骨格曲線を「鉄道構造物等設計標準・同解説（基礎構造物）」によって設定した場合には，地盤ばねの強度（上限値）に支持力修正係数 $α_f$ を乗じて設計応答値を算定してよい．具体的な割増しの方法は，橋梁および高架橋と同様に「**付属資料 10-1** 基礎が先行降伏する場合の基礎の地盤抵抗の割増しの考え方」に示される考え方によってよい．

11.2 応答値の算定

11.2.1 一　般

（1）設計地震動に対する橋台の設計応答値の算定は，地盤と構造物の相互作用や部材および地盤の非線形性の影響等を考慮して橋台をモデル化し，橋台前面方向への変位の累積性を適切に表現できる動的解析法によるものとする．ただし，振動モードが比較的単純で，かつ塑性ヒンジの発生箇所が明らかな場合は，静的な地震作用を設定することが可能であり，その場合には静的解析法を用いてよい．

（2）「**7.2** 耐震設計上注意を要する地盤」に示された地盤上の橋台においては，その影響を考慮して設計応答値を算定するものとする．

【解説】

橋台の応答値を算定するにあたっては，支承を介した桁を含む構造物全体の応答と背面盛土を含めた地盤との動的相互作用，部材および地盤の非線形性の影響などを考慮したモデルを構築し，橋台前面方向への変位の累積性を適切に評価できる動的解析法によるのがよい．ただし，振動モードが比較的単純で，かつ塑性ヒンジの発生箇所が明らかな場合は，静的な地震作用を設定することが可能であり，その場合には静的解析法により設計応答値を算定してもよい．なお，静的解析法の適用に関しては，「**10.2** 応答値の算定」で示す条件に準拠して判断してよいが，動的解析法を適用すべき橋台の代表的な例を以下に示す．

① 極端に背の高いもしくは背の低い橋台
② 斜角を有する橋台
③ 隣接構造物の影響を強く受ける橋台

橋台の過去の地震時の被害形態は，橋台の前面方向（主働側）に変形が累積して，転倒・滑動・沈下，壁体の破壊およびそれに伴う橋台背面の沈下が生じる場合が多い．そのため，橋台の地震時の応答値の算定においては，構造物と背面盛土の挙動の評価に加えて，橋台壁体と背面盛土との相互作用とそれによって生じる変形の累積性を適切に評価できる解析モデルおよび解析手法を用いる必要がある．

構造物と背面盛土および自由地盤を同時に考慮して橋台の設計応答値を算定するモデルとしては，有限要素モデルや質点系モデルといった一体型モデルがあるが，いずれも橋台壁体と背面盛土との境界部分あるいは背面盛土自体のモデル化の取扱いが重要となる．しかし，橋台壁体と背面盛土との境界面のモデル化は，破壊形態により相互作用の特性が異なることや，特に動的解析に必要な履歴特性，減衰特性を適切に評価することが大きな課題である．また，背面盛土自体のモデル化も，破壊形態や変位の累積性などを適切に評価することが難しい．このような挙動の評価は，有限要素モデルによるモデル化手法等が提案されているものの，現時点では，橋台の応答値を精度よく算定できる詳細な動的解析に基づく設計手法が確立されているとは言いがたい．そのため「鉄道構造物等設計標準・同解説（土留め構造物）」においては，

橋台の振動モードや破壊形態が複雑とならないように構造計画の段階で十分配慮することを前提としている．「鉄道構造物等設計標準・同解説（土留め構造物）」に示される「一般的な設計条件」を満足する抗土圧橋台については，**解説表 10.2.1** に準じた設計振動単位に区分して，静的な地震作用を設定した静的解析法により応答値を算定してよい．また，静的解析法の結果を適用した分離型モデルによる簡易的な動的解析法を用いて応答値を算定してもよい．本章および「鉄道構造物等設計標準・同解説（土留め構造物）」においては，これらの応答値の算定法を示す．

やむをえずこれらの前提が満足できない条件となる場合には，あらかじめ単純化した条件で解析結果を比較するなど，適用する解析手法の妥当性を十分に検証した上で適用するものとする．なお，今後信頼性の高い手法が確立された場合には，これを導入することを妨げるものではない．

11.2.2　動的解析法

動的解析法により橋台の設計応答値を算定する場合は，「**8.4 構造物のモデル化**」および「鉄道構造物等設計標準（土留め構造物）」に従いモデル化し，地盤と構造物の相互作用や部材および地盤の非線形性や変位の累積性を破壊形態に応じて適切に考慮できる時刻歴非線形動的解析法によるものとする．

【解説】

構造物の設計応答値の算定は，その動力学特性を直接的に評価でき，構造物の地震時挙動を最も合理的に表現しうる動的解析法により算定するのがよく，地盤および部材の非線形性を逐一追跡しながら応答値を評価することが可能な時刻歴非線形動的解析によるのがよい．しかし，橋台の場合は橋梁および高架橋の場合と異なり，上部構造物の慣性力に加えて，橋台壁体と背面盛土との相互作用の影響（地震時土圧）や橋台前面方向（主働方向）への変形の累積性を考慮する必要がある．特に地震時土圧については，橋台の破壊形態（降伏部位）に応じて，土圧作用の大きさや作用位置，方向が大きく異なるため，動的解析法により応答値を算定する場合は，これらの影響を適切に考慮できる手法とする必要がある．

動的解析法を用いる際に，構造物と背面盛土および自由地盤を同時に考慮するモデルは，有限要素解析や各要素を詳細にモデル化した質点系モデルのような一体型モデルが挙げられる．しかし，「11.2.1 一般」に示すように，有限要素モデルによるモデル化等，詳細なモデル化手法が提案されているものの，一部の限られた挙動や破壊形態のみに特化されている場合が多く，各要素の挙動や相互作用を適切に評価して，複数の破壊形態を同時に考慮した橋台の応答値を精度よく評価することは非常に難しい．

よって，現時点では，一体型モデルによる動的解析法を単独で適用するのではなく，あらかじめ静的解析法により破壊形態を特定した上で，その破壊形態を考慮するのに適した動的解析法によって応答値を算定して性能照査を行うのがよい．

一般的な抗土圧橋台の場合は，地震時に支配的となる前面方向（主働方向）への変形の累積性に着目した分離型モデルによる簡易的な動的解析手法として，**解説図 11.2.1** に示すように背面盛土がない状態の基礎および壁体の抵抗特性に背面盛土の抵抗を重ね合わせた正負非対称の骨格曲線により累積性を考慮した1自由度系の履歴特性モデルによる時刻歴非線形動的解析法が適用できる[1]．この場合，振動系の質量としては，降伏震度における地震時土圧に相当する質量分を付加質量として考慮する．ただし，この手法では地震時の地盤変位の影響を考慮することができないため，地盤変位の影響を考慮する必要がある場合には，この影響については別途静的解析法で応答変位法により検討する必要がある．

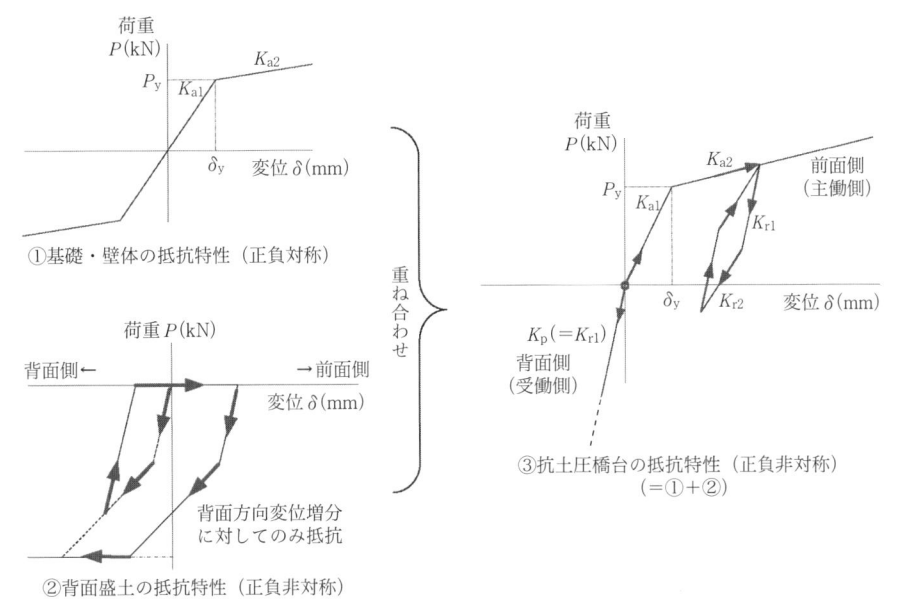

11章　橋台の応答値の算定と性能照査　　151

(a) 抗土圧橋台の抵抗特性のモデル化

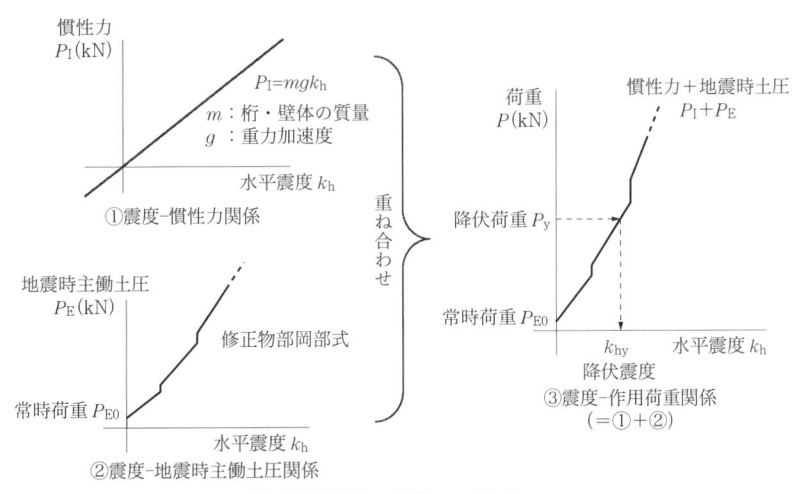

① 基礎・壁体の抵抗特性（正負対称）

② 背面盛土の抵抗特性（正負非対称）
背面方向変位増分に対してのみ抵抗

③ 抗土圧橋台の抵抗特性（正負非対称）
（＝①＋②）

(b) 抗土圧橋台の作用のモデル化

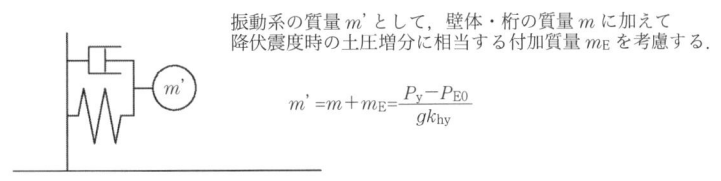

① 震度-慣性力関係
$P_I = mgk_h$
m：桁・壁体の質量
g：重力加速度

② 震度-地震時主働土圧関係
修正物部岡部式

③ 震度-作用荷重関係（＝①＋②）
慣性力＋地震時土圧 $P_I + P_E$
降伏荷重 P_y
常時荷重 P_{E0}
k_{hy} 降伏震度

(c) 抗土圧橋台の1自由度解析モデルにおける付加質量の取扱い

振動系の質量 m' として，壁体・桁の質量 m に加えて降伏震度時の土圧増分に相当する付加質量 m_E を考慮する．

$$m' = m + m_E = \frac{P_y - P_{E0}}{gk_{hy}}$$

解説図 11.2.1　抗土圧橋台の1自由度系動的応答解析モデルの概要

そのほかに抗土圧橋台の動的解析を実施する上で注意を要する事項は，橋梁および高架橋と共通する点が多いので，「10.2.2 動的解析法」を参考にするのがよい．

なお，抗土圧橋台の壁体の部材特性に関しては，一方向への累積的な損傷が生じるため，厳密には正負対称の交番荷重を想定して設定された一般的な部材特性とは異なることも想定されるが，その詳細については未解明な点が多いことから両者は同等として取り扱ってよいこととする．

一方，セメント改良補強土橋台の場合は，橋台壁体の塑性化だけでなく，橋台壁体と背面のアプローチブロックを一体化する補強材（ジオテキスタイル）の破断やセメント改良アプローチブロック自体の破壊など，様々な破壊形態が考えられる．動的解析による応答の算定に際してはこれらの非線形化の影響を適切に考慮する必要がある．しかしながら，壁体，補強材およびセメント改良アプローチブロックの破壊が生じずに，これらが一体的に挙動する場合にはセメント改良補強土橋台の地震時の挙動は，抗土圧橋台（逆T型橋台）に比べて動的応答特性や相互作用の影響は小さくなり，重力式擁壁（あるいは桁重量に比して非常に大きな壁体重量を有する重力式橋台）に近い挙動になると考えられる．よって，これらの一体化について別途確認する場合には，セメント改良補強土橋台全体を重力式擁壁とみなして，「13.2.2 動的解析法」に示される動的解析法（ニューマーク法）を準用してもよい．

また，抗土圧橋台のうち，高さの低い橋台や大きな重力式橋台の場合，あるいは可動側支承で桁の慣性力の影響が小さく固有周期が非常に短い橋台等についても，動的応答の影響が比較的小さくなるため，抗土圧擁壁に近い挙動になると考えられる．このような場合については，解説図11.2.1に示す抗土圧橋台の1自由度動的解析だけでなく，抗土圧擁壁の動的解析法（ニューマーク法）も併用して適切に設計応答値を算定するのがよい．

参 考 文 献

1) 渡辺健治，西岡英俊，神田政幸，古関潤一：動的応答特性の違いを考慮した擁壁および橋台の耐震設計法，鉄道総研報告，Vol.25, No.9, 2011.9.

11.2.3 静的解析法

11.2.3.1 一 般

（1） 静的解析法により橋台の設計応答値を算定する場合は，「8.4 構造物のモデル」および「鉄道構造物等設計標準（土留め構造物）」に従いモデル化し，静的な地震作用を設定するものとする．

（2） 橋台の静的解析法では，地震作用として
　　① 慣性力
　　② 地震時土圧
　　③ 地盤変位
を必要に応じて考慮するものとする．

【解説】
(1)について

静的解析法により橋台の設計応答値を算定する場合は,「8.4 構造物のモデル」および「鉄道構造物等設計標準・同解説(土留め構造物)」に従ってモデル化し,静的な地震作用を設定するものとする.なお,「鉄道構造物等設計標準・同解説(土留め構造物)」に示される「一般的な設計条件」の橋台では,静的解析法の適用条件に該当する場合が多いが,「11.2.1 一般」に示す静的解析法の適用が難しい構造物の場合には,静的解析法の適用は避けるべきである.

なお,従来の橋台の耐震設計では,橋台壁体と基礎部をそれぞれ分離して個別にモデル化して設計されていたが,耐震設計上は橋梁および高架橋と同様に橋台壁体と基礎部の両者の変形を組み合わせて評価することが重要であることから,本標準では橋台壁体と基礎部を一体としてモデル化することを原則とする.また,橋台壁体の部材のモデル化に関しては,一方向への累積的な損傷が生じるため,厳密には正負対称の交番荷重を想定して設定された一般的な部材特性とは異なることも想定されるが,その詳細については未解明な点が多いことから両者は同等として取り扱ってよいこととする.

(2)について

橋台の静的解析法においては橋梁および高架橋の設計で考慮される地震時の慣性力に加えて,背面地盤からの地震時土圧を考慮するものとする.また,橋梁および高架橋と同様にG0~G2地盤を除く地盤に建設される深い基礎においては,地盤の硬軟によらず地震時の地盤変位の影響を考慮するものとした.これらの作用の検討方向および組合せなどの考え方の詳細については「鉄道構造物等設計標準・同解説(土留め構造物)」による.

なお,地震時動水圧については,必要に応じて考慮するのがよい.この場合は,「5章 作用」を参照するのがよい.

11.2.3.2 慣性力および地震時土圧による影響

(1) 慣性力による影響は,「7章 表層地盤の挙動の算定」により算定された地表面設計地震動に基づき,動的応答特性および変位の累積性を考慮して算定するのがよい.

(2) 地震時土圧による影響は,「7章 表層地盤の挙動の算定」により算定された地表面設計地震動に基づき,「鉄道構造物等設計標準(土留め構造物)」により算定するのがよい.

【解説】

橋台の静的解析法において,地震時の慣性力および地震時土圧の影響は対象とする橋台の地震時の動的応答特性および前面方向(主働方向)への変形の累積性を考慮して適切に評価する必要がある.抗土圧橋台と補強土橋台では,地震時挙動が大きく異なっていることから,それぞれ以下に示す方法で評価してよい.

1) 抗土圧橋台の場合

抗土圧橋台の静的解析法においては,慣性力および地震時土圧の影響は,橋梁および高架橋と同様に「11.2.4 破壊形態を確認するための解析」により慣性力および地震時土圧を前面方向(主働方向)に漸増載荷させる静的非線形解析により求めた構造物全体系の荷重-変位関係(水平震度-変位関係)から地表面設計地震動に応じて適切に算定するものとし,一般的には非線形応答スペクトル法により構造物の非線形化の影響を考慮して応答値を算定するものとする.

非線形応答スペクトル法は所要降伏震度スペクトルを用いて構造物の非線形挙動を考慮した応答値を算定する手法であり[1]，橋梁および高架橋での地震時の慣性力の評価法として用いられている．基本的な算定手順は「**10.2.4.2 慣性力による影響**」に示す方法と同様であるが，抗土圧橋台に適用する場合の特有の条件として以下の点に注意が必要である．

① 適用する所要降伏震度スペクトル

抗土圧橋台の所要降伏震度スペクトルは，地盤種別に応じて「**付属資料11-1 抗土圧橋台の所要降伏震度スペクトル**」に示す所要降伏震度スペクトルから選択して用いてよい．ただし，「**付属資料11-1 抗土圧橋台の所要降伏震度スペクトル**」に示す所要降伏震度スペクトルによらず，「**7章 表層地盤の挙動の算定**」に示す地点依存の解析により算定される地表面設計地震動を用いて個別に算定することも可能である．その場合は，スペクトルに凹凸が生じる場合が多いため，設計においては滑らかにして用いるなど工学的な判断を伴うことに注意が必要である．

② 静的非線形解析における常時土圧の取扱い

抗土圧橋台の場合は，常時土圧によって生じる初期変位の影響を考慮する必要があるため，橋台前面方向への静的非線形解析においては，死荷重とともに常時主働土圧を考慮した状態を初期状態として，地震時慣性力および地震時土圧の増分を漸増載荷させて，水平震度-変位関係を求めるものとする．

また，所要降伏震度スペクトルの読み取りに必要な荷重-変位関係における構造物全体系の折れ曲がり点を求める際には，**解説図11.2.2**に示すように常時主働土圧によって生じた初期変位を起点として考えるものとする．

③ 等価固有周期

抗土圧橋台の等価固有周期の算定では，**解説図11.2.1c)**に示す1自由度系動的応答解析モデルにおける振動系質量と同様に，等価重量として部材（桁，壁体およびフーチング）の重量に加えて構造物全体系の折れ曲がり点における地震時土圧の増分に相当する付加重量を加味して考えるものとし，前面方向に対する構造物全体系の荷重-変位関係から，次式により算定してよい．

$$T_{eq} = 2.0\pi\sqrt{\frac{W_{eq}/g}{K_{eq}}} = 2.0\sqrt{\frac{\delta_{eq}-\delta_0}{k_{heq}}} \quad \text{(解11.2.1)}$$

ここに，　T_{eq}：抗土圧橋台の等価固有周期（s）

　　　　　W_{eq}：等価重量（kN）

　　　　　g：重力加速度（=9.8 m/s²）

　　　　　K_{eq}：荷重-変位関係の折れ曲がり点での割線剛性（kN/m）で

$$K_{eq} = \frac{W_{eq}k_{heq}}{\delta_{eq}-\delta_0} \quad \text{(解11.2.2)}$$

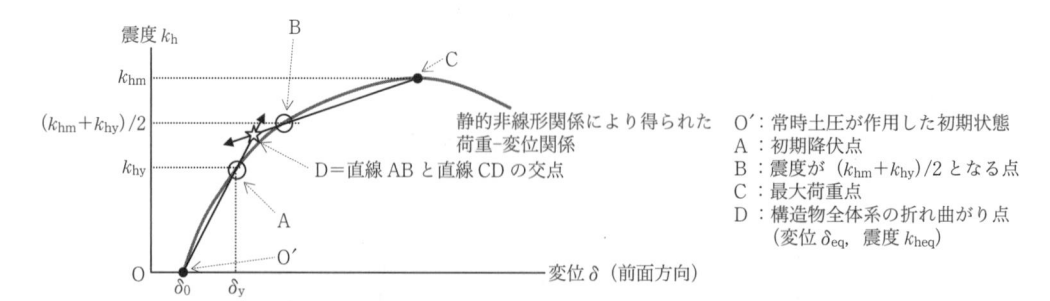

解説図 11.2.2　抗土圧橋台における構造物全体系の折れ曲がり点の考え方

k_{heq}：構造物全体系の折れ曲がり点の水平震度

δ_{eq}：構造物全体系の折れ曲がり点の水平変位（m）

δ_0：初期水平変位（水平震度ゼロでの水平変位）（m）

④ 応答変位量の算定

抗土圧橋台における構造物全体系の応答変位量 δ_d は，次式により算定する．

$$\delta_d = \mu_d(\delta_{eq} - \delta_0) + \delta_0 \tag{解11.2.3}$$

ここに，δ_d：応答変位量（m）

μ_d：応答塑性率

その他の記号は式（解11.2.2）を参照．

⑤ 背面方向の検討に用いる地震時慣性力

「鉄道構造物等設計標準・同解説（土留め構造物）」においては，主に壁体の前面側の鉄筋量の決定等のために，慣性力が背面方向に作用する場合についても検討することとされている．一般に，背面方向の静的非線形解析から得られる初期降伏震度が前面方向の最大応答震度以上であれば，背面方向に対する地震時慣性力を算定する際の水平震度は，**解説図11.2.3**に示すように前面方向の最大応答震度と同一としてよい．

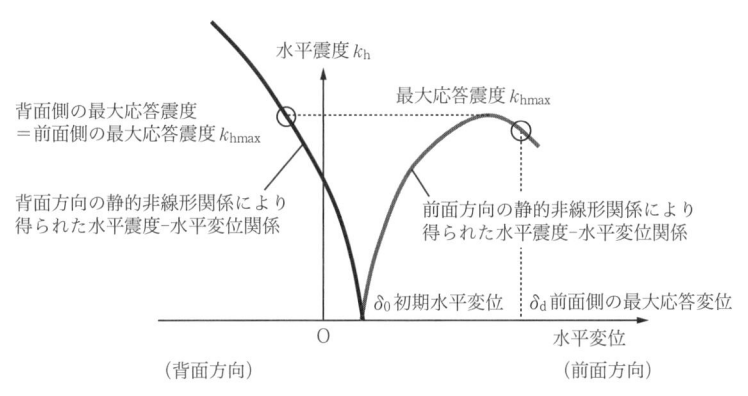

解説図 11.2.3　抗土圧橋台の背面方向の設計応答震度

2）補強土橋台の場合

セメント改良補強土橋台のアプローチブロック自体は，セメント改良礫土および補強材（ジオテキスタイル）によって自立性が高められており，地震時にアプローチブロック内部での破壊が生じなければ橋台壁体の背面に作用する地震時土圧の影響は無視してよいと考えられる．一方，セメント改良アプローチブロック部の背面の一般の盛土部から作用する地震時土圧の影響は別途考慮する必要がある．

また，補強材（ジオテキスタイル）により橋台壁体とセメント改良アプローチブロックが結合されたセメント改良補強土橋台では，地震時の補強材の伸びが一定程度以下であれば，橋台壁体からアプローチブロックまでが一体として挙動すると考えられる．この場合のセメント改良補強土橋台に作用する地震時慣性力は，抗土圧橋台（逆T型橋台）に比べて応答特性や相互作用の影響は小さくなり，重力式擁壁と同様に取り扱うことができると考えられる．

以上より，セメント改良補強土橋台の静的解析法としては，これらの一体化について別途確認することを前提条件として，「**13章　擁壁の応答値の算定と性能照査**」の「**13.2.3 静的解析法**」により，橋台壁体からセメント改良アプローチブロックの影響を適切に考慮して重力式擁壁として扱ってよい．

参 考 文 献

1) 西村昭彦,室野剛隆:所要降伏震度スペクトルによる応答値の算定,鉄道総研報告,Vol.13, No.2, 1999.2.

> **11.2.3.3 地盤変位による影響**
> 　地盤変位による影響は,「**7章 表層地盤の挙動の算定**」および「鉄道構造物等設計標準(土留め構造物)」により背面盛土の偏土圧の影響を考慮して算定された地盤の設計水平変位量の鉛直方向分布に基づき,応答変位法により算定するのがよい.

【解説】
　地盤変位の影響は,橋梁および高架橋と同様に応答変位法により評価してよいものとする.基本的な考え方は「**10.2.4.3 地盤変位による影響**」を参考としてよい.ただし,抗土圧橋台に適用する場合には,抗土圧橋台近傍の地盤は背面の盛土側から偏土圧を受けるため,地盤の変位分布を盛土構築前の地盤条件で1次元モデルとして算出すると過小評価となる場合がある.そのため,地盤変位の算出にあたってはこの影響を考慮できる適切なモデルを用いる必要がある.詳細は「鉄道構造物等設計標準・同解説(土留め構造物)」による.
　なお,直接基礎形式のみを対象としているセメント改良補強土橋台では,一般には地盤変位の影響は考慮しなくてよい.

> **11.2.3.4 慣性力と地震時土圧および地盤変位の組合せ**
> 　慣性力と地震時土圧および地盤変位は,地盤と構造物の相互作用の特性に応じて適切に組み合わせるのがよい.

【解説】
　慣性力と地震時土圧および地盤変位の組合せは,「**10.2.4.4 慣性力と地盤変位の組合せ**」を参考にしてよく,橋梁および高架橋と同様に式(解10.2.4)および式(解10.2.5)によって算定してよい.ただし,抗土圧橋台の場合は背面盛土の影響で地盤変位が前面側(主働側)に卓越すると考えられることから,慣性力と地盤変位を組み合わせるための係数νは,式(解10.2.6)および式(解10.2.9)に示される上限値のみを考慮すればよい.
　また,地震時土圧との組合せも慣性力と同様に取り扱ってよい.なお,地震時土圧を考慮する範囲においては,地震時の地盤変位の影響は考慮しなくてよい.

> **11.2.4 破壊形態を確認するための解析**
> (1) 橋台の破壊形態を確認するための解析は,「**8.3 構造物の破壊形態を確認するための解析**」によるものとする.
> (2) 一般的な橋台においては,破壊形態を確認するための解析にプッシュ・オーバー解析を用いてもよい.

【解説】

　橋台の破壊形態を確認するための解析は，「**8.3 構造物の破壊形態を確認するための解析**」に従い，プッシュ・オーバー解析によってよいが，あらかじめその精度が検証された信頼性の高い別の方法によってもよい．なお，構造物の形状・種類によっては，振動モードが非常に複雑で，主要なモードが特定できない場合など，プッシュ・オーバー解析の適用が難しいものも存在する．このような場合には，別途適切な方法で破壊形態に対する配慮をするのが望ましい．

　プッシュ・オーバー解析に用いる構造解析モデルは，壁体部（上部構造物）と基礎部（下部構造物）の耐力に明確な差がある場合を除いて，これらを分離させずにモデル化する必要がある．具体的なモデル化は，「**8.4 構造物のモデル**」および「**11.2.3 静的解析法**」のほか，「鉄道構造物等設計標準・同解説（土留め構造物）」によるものとする．

　一般にプッシュ・オーバー解析は，地震時に支配的となる振動モードに相当する変形状態を想定した地震作用に基づいて，構造物に作用させる荷重を設定し，構造解析モデルに漸増的に載荷するのがよい．抗土圧橋台の耐震設計において考慮すべき地震作用としては，桁および壁体の慣性力，地震時土圧，地表面より下方の地盤変位の3種類が考えられるが，プッシュ・オーバー解析にこれらすべての影響を同時に考慮することは現実には難しいことから，単純な構造形式の場合は慣性力および地震時土圧の影響についてのみ考慮すればよいものとする．なお，漸増載荷させる際の水平震度に応じた慣性力と地震時土圧の比率は，桁・壁体と背面盛土部の動的応答特性の違いを考慮して適切に設定する必要があるが，具体的な組合せ方法については「鉄道構造物等設計標準・同解説（土留め構造物）」によるものとする．

11.2.5　液状化の可能性のある地盤における応答値の算定

（1）「**7.2 耐震設計上注意を要する地盤**」に示された液状化の可能性がある地盤上の橋台の設計応答値は，「**8.4.6 液状化の可能性のある地盤のモデル化**」に従いモデル化し，算定するものとする．

（2）「**7.2 耐震設計上注意を要する地盤**」に示された側方流動が発生する可能性がある地盤上の橋台の設計応答値は，「**8.4.6 液状化の可能性のある地盤のモデル化**」に従いモデル化し，算定するものとする．

【解説】
（1）について

　地盤の液状化の可能性のある地盤における橋台は，構造計画の段階で背面盛土部も含めて地盤改良などの液状化対策を実施することを原則とする．特に，直接基礎形式のみを対象としているセメント改良補強土橋台では，橋台基礎底面だけでなく，背面盛土部も含めて地盤改良などの液状化対策を実施する必要がある．ただし，抗土圧橋台で液状化程度が比較的小さい場合などでは，地盤改良などの液状化対策を実施せず，地盤の液状化に伴う基礎の支持力低下や橋台の固有周期の変化，および背面盛土による影響を考慮することで設計できる場合もある．

　地盤改良などの液状化対策を実施しない場合の，地盤の液状化発生後の状態での橋台の応答値の算定においては，「**8.4.6 液状化の可能性のある地盤のモデル化**」によって，過剰間隙水圧の上昇による地盤の剛性および強度の低下と，その状態における地震動（慣性力および地震時土圧）を考慮するほか，背面地盤の自重の影響を考慮した地盤からの作用を考慮するものとする．この作用は，主に橋台周辺の地盤のせ

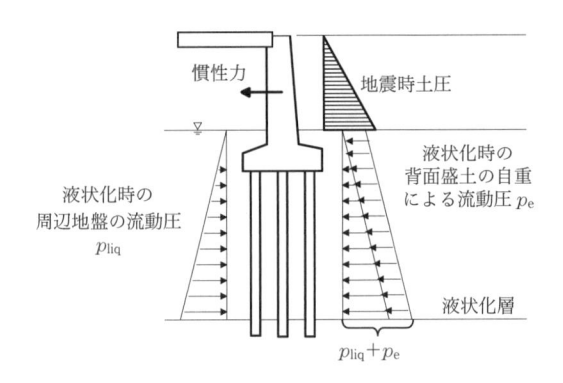

解説図 11.2.4 地盤の液状化発生後の状態での橋台の応答値の算定において考慮する荷重状態

ん断ひずみが大きくなり，側方に大きく変形することによる影響であり，一般には**解説図 11.2.4**に示すような液状化時の流動圧として取り扱ってよい．

一般に，液状化発生後の状態で杭に作用する流動圧は，式（解 11.2.4）および式（解 11.2.5）を用いて簡易的に推定してよい．また，深さ方向に液状化程度が変化する場合は**解説図 11.2.5**に示すように考えてよい．なお，橋台背面側からの全流動圧 p_e+p_{liq} に対して，橋台前面側からも周辺地盤の液状化による流動圧 p_{liq} が作用する．盛土直下の地盤は盛土のない状態に比べて相対的に液状化の程度が小さいことがいわれているが，一般には盛土のない状態と同様の液状化の程度になると考えて，構造解析上は背面盛土の自重による流動圧 p_e のみを作用させればよい．

$$p_e = \gamma_e H \{K_0 + (1-K_0) L_u\} \qquad (解\ 11.2.4)$$

$$p_{liq} = \gamma' h \{K_0 + (1-K_0) L_u\} \qquad (解\ 11.2.5)$$

ここに，p_e：背面盛土の自重による流動圧（kN/m²）

p_{liq}：液状化時の支持地盤の流動圧（kN/m²）

γ_e：背面盛土の単位体積重量（kN/m³）

γ'：液状化層の土の有効単位体積重量（kN/m³）

K_0：静止土圧係数（「鉄道構造物等設計標準・同解説（土留め構造物）」による）

L_u：過剰間隙水圧比（$\Delta u/\sigma_v'$）で**解説図 10.2.16**による

H：盛土高さ（m）

h：地表面からの対象深さ（m）

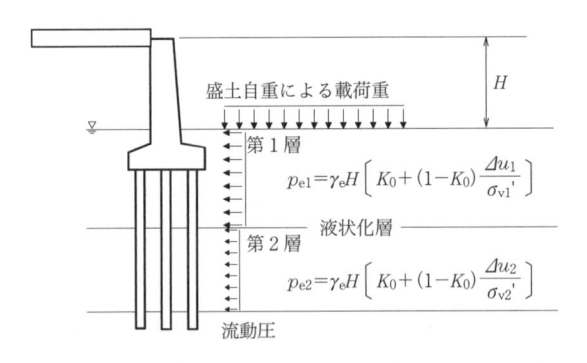

解説図 11.2.5 多層地盤における背面盛土の自重による流動圧の考え方

上記の流動圧は，液状化が生じると（過剰間隙水圧比が1.0となると）地盤の土圧係数が1.0となった場合の土圧まで増加すると考えて設定したものであり，盛土の液状化対策の一例であるシートパイル締切工の効果を確認した模型実験の検証解析に基づいて設定したものである[1]．

なお，橋梁および高架橋の液状化状態で考慮している地盤変位外力あるいは液状化層からの付加慣性力（**解説図10.2.14**参照）に代えて，橋台の液状化状態において流動圧を採用した理由は，液状化状態での橋台の挙動は慣性力による地盤の振動変位よりも，土圧や上述した流動圧による一方向変位が卓越すると考えられるからであり，液状化により地盤の加速度応答が小さくなって桁の慣性力による影響よりも土圧などの背後地盤からの一方向に作用する静的に近い外力の影響が顕著になると考えられることによる．

一方，液状化発生後の状態で考慮する作用のうち，過剰間隙水圧の上昇による地盤の剛性および強度の低下と，その状態における地震動の影響については，橋梁および高架橋と同様に「**8.4.6 液状化の可能性のある地盤における応答値の算定**」に応じて土質諸数値（地盤反力係数および地盤反力度の上限値）を低減して，「**10.2.6 液状化の可能性のある地盤における応答値の算定**」に示される，式（解7.2.3）の液状化指数 P_L による2段階の液状化程度（**解説図10.2.12**および**解説図10.2.14**参照）に応じた取扱いに準じてよい．なお，静的解析法における地震動の影響（応答加速度の算定）については，抗土圧橋台の動的応答特性と液状化の影響を考慮した所要降伏震度スペクトルを用いる必要があるが，一般には「**付属資料10-5 液状化の影響を考慮した所要降伏震度スペクトル**」に示す橋梁および高架橋を対象とした液状化時の所要降伏震度スペクトルを用いてよい．

なお，液状化の影響を考慮して設計応答値を算定する場合には，基礎の地盤抵抗を割り増した条件を追加しなくてもよい．

（2）について

「**7.2 耐震設計上注意を要する地盤**」で，護岸の崩壊や地表面の傾斜等の要因によって，側方流動の可能性があると判断される地盤では，前述したように地盤改良を実施することが望ましい．地盤改良を実施しない場合は，（1）の検討の後，橋梁および高架橋と同様に「**10.2.5 液状化の可能性のある地盤における応答値の算定**」により側方流動による地盤変位量を地盤ばねを介して構造物に作用させる力に対する検討を追加する必要がある．ただし，橋台の場合は，盛土からの荷重として，永久荷重としての主働土圧（常時の主働土圧）を別途考慮するものとする．

参 考 文 献

1) 澤田 亮，西村昭彦：抗土圧構造物の耐震設計，鉄道総研報告，第13巻，第3号，1999．

11.3 性能照査

11.3.1 一 般

（1） 橋台の性能照査は，安全性に対して適切な照査指標およびその設計限界値を設定して行うものとする．また，重要度の高い構造物においては復旧性についても検討するものとする．

（2） 橋台の性能照査に用いる照査指標およびその設計限界値は，破壊形態に応じて適切に設

定するものとする．

【解説】
(1)について

橋台の要求性能の照査を行う場合には，要求性能に応じた性能項目について，定量的に評価可能な照査指標を用いて要求性能を満足することを照査することとなる．そのため，照査指標について適切な設計限界値を設定する必要がある．設計限界値の設定は，「**9.5** 限界値の設定」および「鉄道構造物等設計標準・同解説（土留め構造物）」に従い設定するものとする．

解説図 11.3.1 には，橋台の標準的な構造物の損傷部位のイメージを示す．また，**解説表 11.3.1** には構造物に対する要求性能と各構造要素の損傷レベルおよび基礎の安定レベルの設定例を示す．この設定例は，構造物の各部材が曲げ破壊形態となる場合を想定して設定したものである．

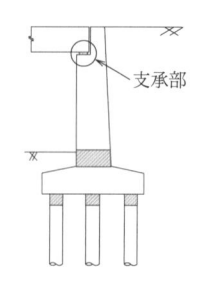

解説図 11.3.1 橋台の損傷部位のイメージ

解説表 11.3.1 橋台の要求性能と構造要素の損傷レベル，基礎の安定の設定例

構造物の要求性能		復旧性	安全性
構造要素の損傷レベル	支承	2～3[注]	3
	壁体等	2	3
基礎の安定レベル		2	3

注) 支承部の損傷レベルは2を基本とするが，線路直角方向は損傷レベル3を許容してもよい．

(2)について

各構造要素の損傷レベルの設計限界値は，「**9.5** 限界値の設定」によるものとする．部材の破壊および損傷に関する照査は，曲げ破壊形態となる部材に対しては，一般に「**8章** 構造物の応答値の算定」および「**11.2** 応答値の算定」に示す解析方法により応答値を算定し，変位・変形を照査指標として，**解説表 11.3.1**の安全性を満足する損傷レベルの限界値を設計限界値としてよい．なお，橋台壁体の設計限界値に関しては，一方向への累積的な損傷が生じるため，厳密には正負対称の交番荷重を想定して設定された一般的な設計限界値とは異なることも想定されるがその詳細については未解明な点が多いことから両者は同等として取り扱ってよいこととする．一方，せん断破壊形態を有する部材は力を照査指標として，「鉄道構造物等設計標準・同解説（コンクリート構造物）」等に示される方法により，当該部材に作用するせん断力が最大になる条件においてもせん断破壊を生じないことを照査することとしてよい．なお，せん断破壊形態を有する部材については，曲げ降伏が生じないようにするのがよい．

基礎の安定レベルの設計限界値は，「**9.5** 限界値の設定」および基礎形式に応じて「鉄道構造物等設計標準・同解説（基礎構造物）」によるものとする．

11.3.2 破壊形態の確認

橋台の性能照査における破壊形態の確認は，「**9.4** 構造物の破壊形態の確認」によるものとする．

【解説】
一般的な抗土圧橋台の性能照査においては，破壊形態に応じた照査指標および設計限界値を設定するた

め，「9.4 構造物の破壊形態の確認」に従い，破壊形態の確認を行う必要がある．

一方，セメント改良補強土橋台の場合は，橋台壁体と補強材が一体化されていれば，脆性的な破壊は生じないと考えられる．そこで，「鉄道構造物等設計標準・同解説（土留め構造物）」に示される「照査の前提」を満足する場合には，破壊形態の確認を省略してよい．

11.3.3 安 全 性

（1） 橋台の安全性は，一般に破壊，安定および地震時の走行安全性に係る変位について照査するものとする．

（2） 破壊および安定の照査は，「11.2 応答値の算定」に従い設計応答値を算定するとともに，以下により部材等，支承部，基礎や支持地盤等の構造要素ごとに設計限界値を設定して，式（3.4.1）により行うものとする．設計限界値の設定については，「9.5 限界値の設定」によるものとする．

　(a) 部材等の破壊の照査は，「11.3.2 破壊形態の確認」の破壊形態に応じて，変位・変形または力を照査指標とし，本標準ならびに関連する「鉄道構造物等設計標準」によるものとする．

　(b) 支承部の破壊の照査は，一般に支承部を構成する装置ごとに変位・変形または力を照査指標とし，本標準ならびに関連する「鉄道構造物等設計標準」によるものとする．

　(c) 基礎の安定の照査は，「鉄道構造物等設計標準（基礎構造物）」によるものとする．

　(d) 支持地盤の安定の照査は，「鉄道構造物等設計標準（土留め構造物）」および「鉄道構造物等設計標準（土構造物）」によるものとする．

（3） 地震時の走行安全性に係る変位の照査は，「鉄道構造物等設計標準（変位制限）」によるものとする．

【解説】

（1）について

橋台の安全性は，構造物を構成する部材や支承部の破壊，基礎や支持地盤の安定および地震時の走行安全性について照査を行うものとし，設計限界値を，照査する性能項目ごとに適切に設定するものとする．

（2）(a) について

橋台の壁体の破壊の照査に用いる照査指標および設計限界値は，橋梁および高架橋と同様に取り扱うものとする．補強土橋台における補強材およびセメント改良アプローチブロックの破壊の照査については，「鉄道構造物等設計標準・同解説（土留め構造物）」によるものとする．

（2）(b) について

橋台の支承部の破壊の照査に用いる照査指標および設計限界値は，橋梁および高架橋と同様に取り扱うものとする．なお，「鉄道構造物等設計標準・同解説（土留め構造物）」に示される一般的な設計条件の場合で，線路直角方向の壁体の破壊および基礎の安定の照査を省略した場合でも，線路直角方向の支承部の破壊の照査は別途実施する必要がある．この場合の設計応答値は，橋台の基礎および壁体が十分に剛であると仮定して，「**付属資料12-2** 土構造物の耐震照査用の地震動について」に示される土構造物照査波の

時刻歴波形の最大加速度から算定してよい．ただし，桁座の形状・寸法等から落橋に対して十分安全と判断できる場合には，これをもって安全性を確保しているものとみなしてもよい．

(2) (c) について

橋台の基礎の安定の照査は，橋梁および高架橋と同様に，地盤の破壊，基礎の水平安定，基礎の回転安定および基礎部材等の破壊のそれぞれについて，基礎の形式や破壊形態に応じて，「鉄道構造物等設計標準・同解説（基礎構造物）」に従って適切な照査指標および設計限界値を設定するものとする．補強土橋台のセメント改良アプローチブロックの安定の照査は，「鉄道構造物等設計標準・同解説（土留め構造物）」によるものとする．

(2) (d) について

橋台の支持地盤の安定の照査は，主に背面盛土を含めた全体安定を対象として「鉄道構造物等設計標準・同解説（土留め構造物）」および「鉄道構造物等設計標準・同解説（土構造物）」によるものとする．

(3) について

橋台の地震時の走行安全性に関する照査は，「鉄道構造物等設計標準・同解説（変位制限）」により，地震動によって生じる構造物の横方向の振動変位および構造物境界における軌道面の不同変位に対して行うことが原則である．

地震時の走行安全性に係る地震時の横方向の振動変位の照査に関しては，「一般的な設計条件」の橋台についてはＬ１地震動に対する線路直角方向の応答は背面盛土による拘束によって同程度となると考えられるため，一般的な盛土と同様に照査を省略してよいと考えられる（「鉄道構造物等設計標準・同解説（変位制限）」の「付属資料13 盛土の地震時挙動およびスペクトル強度 SI による照査」参照）．ただし，Ｌ１地震動に対して構造物が降伏しないことを検討の省略の前提条件とする．「一般的な設計条件」の橋台の場合は線路方向の検討で各部材等（支承部を含む）が損傷レベル１以内かつ基礎が安定レベル１以内であることが前提条件となるほか，支承部に関しては線路直角方向に対してもＬ１地震動に対して損傷レベル１以内であることを確認する必要がある．なお，上記のＬ１地震動に対する前提条件を検討する際の応答震度・応答加速度は，橋台の構造種別および検討方向に応じて以下によってよい．

1) 抗土圧橋台の線路方向

地盤種別に応じたＬ１地震動の弾性加速度応答スペクトル（**解説表7.3.3，解説図7.3.4**）による応答加速度と200 galのいずれか大きい方とする．スペクトルを読み取る際の等価固有周期は，前面方向（主働方向）への静的非線形解析結果から式（解11.2.1）により求める．

2) 支承部の線路直角方向および補強土橋台

地盤種別に応じたＬ１地震動の地表面設計地震動の時刻歴波形の最大加速度と200 galのいずれか大きい方とする．Ｇ０～Ｇ５地盤の場合は，地盤種別および地域別係数によらず200 galとしてもよい．

一方，軌道面の不同変位（主に折れ込み）の照査に関しては，橋台部の線路直角方向水平変位をゼロ（あるいは盛土単体での応答変位程度）と仮定することで，橋脚部に対する角折れが大きく算定されて結果的に安全側となる場合が多い．橋台部の線路直角方向水平変位を構造解析から算定する場合には，応答変位量を大きく評価することが必ずしも安全側とならないことに注意する必要がある．

このほか，地震時の軌道面の不同変位として，橋台背面盛土の沈下が生じると軌道面の鉛直方向の不同変位（鉛直目違い）が生じる可能性があるが，「鉄道構造物等設計標準・同解説（土留め構造物）」に示される「一般的な設計条件」を満足する橋台では，各部材等が損傷レベル１以内で，基礎が安定レベル１以内である場合には，橋台自体の変形に起因する背面の沈下は軽微な程度に収まるものとして，その影響を

無視してよい．

> **11.3.4 復 旧 性**
>
> （1） 橋台の復旧性は，一般に損傷，残留変位および地震時の軌道の損傷に係る変位について照査するものとする．
>
> （2） 損傷および残留変位の照査は，「11.2 応答値の算定」に従い設計応答値を算定するとともに，以下により部材等，支承部，基礎，支持地盤等の構造要素ごとに構造物の復旧性を考慮した設計限界値を設定し，式（3.4.1）により行うものとする．設計限界値の設定については，「9.5 限界値の設定」によるものとする．
>
>   (a) 部材等の損傷の照査は，「11.3.2 破壊形態の確認」の破壊形態に応じて，変位・変形または力を照査指標とし，本標準ならびに関連する「鉄道構造物等設計標準」によるものとする．
>
>   (b) 支承部の損傷の照査は，一般に支承部を構成する装置ごとに変位・変形または力を照査指標とし，本標準ならびに関連する「鉄道構造物等設計標準」によるものとする．
>
>   (c) 基礎の残留変位の照査は，「鉄道構造物等設計標準（基礎構造物）」によるものとする．
>
>   (d) 支持地盤・背面地盤の残留変位の照査は，「鉄道構造物等設計標準（土留め構造物）」および「鉄道構造物等設計標準（土構造物）」によるものとする．
>
> （3） 地震時の軌道の損傷に係る変位の照査は，「鉄道構造物等設計標準（変位制限）」によるものとする．

【解説】

（1）について

　本標準では，橋台の復旧性の検討は，構成する部材や支承部等の損傷，軌道の損傷に係る変位，構造物の残留変位について照査するものとし，構造物の種類や作用の特性に応じて照査する性能項目ごとに適切に定めるものとする．

　橋台が損傷を受けた場合の構造体の修復と機能の復旧の難易度に関しては，特に背面盛土の掘削・再構築を必要とするかどうか，またその範囲に応じて補修・補強の難易度が大きく異なることになる点に注意する必要がある．一般的には橋台壁体の損傷が生じた場合よりも，杭などの基礎部材の損傷が生じた場合や，基礎から大きく残留変位を生じた場合の方が背面盛土の掘削・再構築範囲が大きくなり，復旧の難易度が高いと考えられるので，部位ごとの降伏震度の大小関係についても配慮して設計するのがよい．

（2）(a) について

　橋台の壁体の損傷の照査に用いる照査指標および設計限界値は，橋梁および高架橋と同様に取り扱うものとする．補強土橋台における補強材およびセメント改良アプローチブロックの損傷の照査については，「鉄道構造物等設計標準・同解説（土留め構造物）」によるものとする．

（2）(b) について

　橋台の支承部の損傷の照査に用いる照査指標および設計限界値は，橋梁および高架橋と同様に取り扱う

ものとする．なお，「鉄道構造物等設計標準・同解説（土留め構造物）」に示される「一般的な設計条件」の場合で，線路直角方向の壁体の損傷および基礎の残留変位の照査を省略した場合でも，線路直角方向の支承部の損傷の照査は別途実施する必要がある．この場合の設計応答値は，橋台の基礎および壁体が十分に剛であると仮定して，「**付属資料12-2 土構造物の耐震照査用の地震動について**」に示される土構造物照査波の時刻歴波形の最大加速度から算定してよい．

(2)(c)について

橋台の基礎の残留変位の照査に用いる照査では，橋梁および高架橋と同様に，残留鉛直変位，残留水平変位，残留傾斜および基礎部材等の損傷のそれぞれについて，基礎の形式や破壊形態に応じて，「鉄道構造物等設計標準・同解説（基礎構造物）」に従って適切な設計限界値を設定するものとする．補強土橋台のセメント改良アプローチブロックの残留変位の照査は「鉄道構造物等設計標準・同解説（土留め構造物）」によるものとする．

なお，「鉄道構造物等設計標準・同解説（基礎構造物）」では，現状では残留変位を直接評価することが技術的に難しいことを考慮し，残留変位と相関の深い照査指標（最大応答変位や鉛直支持力等）によって照査してよいこととしており，橋台の場合も橋梁および高架橋と同様の照査指標を用いてよいこととする．ただし，通常の橋脚では残留変位量は設計計算上の最大応答変位量よりも小さくなるのが一般的であるが，地震時の変形が前面方向（主働方向）に累積する特徴を有する橋台の場合は，最大応答変位量と残留変位量がほぼ同一になると考えられることに注意が必要である．

(2)(d)について

橋台の支持地盤・背面地盤の残留変位の照査は，「鉄道構造物等設計標準・同解説（土留め構造物）」および「鉄道構造物等設計標準・同解説（土構造物）」によるものとする．

(3)について

橋台の地震時の軌道の損傷に係る変位の照査は，橋梁および高架橋と同様に「鉄道構造物等設計標準・同解説（変位制限）」によることとする．なお，橋台近傍での地震時の軌道の損傷に係る変位の照査では，特に橋台背面盛土の沈下による軌道面の鉛直目違いが重要となるが，「鉄道構造物等設計標準・同解説（土留め構造物）」に示される「一般的な設計条件」を満足する橋台の場合で，橋台の各部材等が損傷レベル1以内で，基礎が安定レベル1以内である場合には，橋台自体の変形に起因する背面の沈下は軽微な程度に収まるものとして，その影響を無視してよい．

12章 盛土の応答値の算定と性能照査

12.1 一 般

（1） 重要度の高い盛土や地震の影響を受けやすい条件下にある盛土の耐震設計にあたっては，構造物条件，周辺の地盤条件を勘案し，地震の影響を適切に考慮するものとする．
（2） 設計地震動に対する盛土の設計応答値の算定および性能照査は，本章および「鉄道構造物等設計標準（土構造物）」によるものとする．

【解説】

　盛土の設計応答値の算定およびその性能照査にあたっては，施工条件および構造条件を勘案し，該当する条項を適用できると判断した場合には，本章および「鉄道構造物等設計標準・同解説（土構造物）」に示した設計応答値の算定方法および性能の照査方法を適用してよい．

　盛土は他構造物と比較して構成材料の品質のばらつき（不均質性），締め固め密度比や飽和度のばらつき（不均一性）が大きい．さらに盛土体や支持地盤の動的応答特性，盛土材料の変形特性やひずみ軟化挙動等の非線形性や履歴特性，また，初期せん断力が作用した状態における変形特性については未解明な部分が多く，現時点では，精度よく応答値を算定する手法が確立されているとはいいがたい．また，地震時の盛土の変形は，**解説図12.1.1**に示すように，すべり土塊の滑動による沈下，盛土体の揺すり込み沈下，地盤の揺すり込み沈下によって生じるが，上記の土特有の非線形性や履歴特性等を考慮し，動的解析のモデルを構築するには高い技術レベルを要する．特にすべり土塊の滑動による沈下挙動については，すべり面に沿って明確な不連続挙動が卓越する．一般に解析に用いるモデルは，盛土体や支持地盤を全体系としてモデル化する一体型モデルや，それらを分離してモデル化する分離型モデルが用いられる．一体型モデルにより設計応答値を算定する場合には，FEM解析をはじめとした連続体力学に基づく数値解析手法が用いられるが，上述したように未解明な特性が多いことやすべり面の取り扱いが難しいため，その適用に当たっては十分な検討が必要となる．

S_s：すべり土塊の滑動による沈下
S_e：盛土本体の揺すり込み沈下
S_g：地盤の揺すり込み沈下

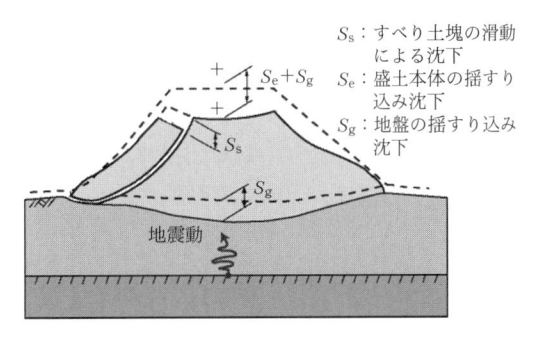

解説図 12.1.1 盛土の地震時沈下量の模式図

一方，分離型モデルにより設計応答値を算定する場合，一般にニューマーク法が用いられる．ニューマーク法は盛土体の変形のみを取り扱うことから，「**8.2 設計地震動に対する応答値を算定するための解析**」に示す分離型モデルによる動的解析法に属する．この手法は，**解説図12.1.1**に示すすべり土塊の滑動による沈下のみを取り扱っており，盛土の変形・破壊形態やすべり面発生位置を規定して応答値を求めるため，厳密な応答値算定法とはいえないが，一体型モデルによる手法に比べて実務での運用が容易となる．

以上を勘案して本標準においては，分離型モデルによる動的解析法あるいは静的解析法を用いた応答値算定法を示す．ただし，一体型モデルを用いた信頼性の高い手法の導入を妨げるものではない．なお，FEM解析等の一体型モデルによって設計応答値を算定する場合には，盛土材料の非線形特性を室内試験に基づいて定める必要があるが，試験を行わない場合には「**付属資料12-1 盛土材料のせん断剛性率，履歴減衰について**」を参照するとよい．

盛土材料は，コンクリートや鋼に比べると極めて不均一な材料であり，設計で用いる強度や変形に関する諸数値は現場での施工に大きく依存する．「鉄道構造物等設計標準・同解説（土構造物）」ではこれらに対する配慮から，性能照査を行う場合にも，施工方法や施工管理手法，構造細目等において最小限の仕様が示されている．また，このような仕様に基づいていることを前提に，盛土材料の諸数値の設計用値（例えば c, ϕ, γ 等）や材料係数等が定められており，これらの前提が得られない場合には照査結果の精度や照査方法の適用性が低下することに注意する必要がある．逆にいえば，仕様に示されている以上の施工管理を行った場合には，その効果を盛土の設計用値や性能照査に反映してもよいものとしている．

性能照査型設計法の本質は，仕様規定を極力少なくして設計や施工の自由度を高めることにあるため，将来，盛土材料の特性に関するデータの蓄積や性能照査型設計の実工事への適用が進むことによって施工法や施工管理方法，構造細目等の仕様は徐々に緩和されるものと考える．その際においても，良質な材料を用いて入念な施工を行うことが土構造物の性能を高めるための基本であることを十分に認識する必要がある．

12.2 応答値の算定

12.2.1 一 般

（1） 設計地震動に対する盛土の設計応答値の算定は，盛土材料の非線形性の影響を考慮して盛土をモデル化し，盛土の動力学特性や変位の累積性を適切に表現できる手法によるものとする．

（2） 「**7.2 耐震設計上注意を要する地盤**」に示された地盤上の盛土においては，その影響を考慮して，設計応答値を算定するものとする．

【解説】

地震時の盛土の設計応答値は，本標準によるほか，「鉄道構造物等設計標準・同解説（土構造物）」により求めるものとする．一般には，L1地震動に対しては静的解析法，L2地震動に対しては動的解析法により算定するものとする．その際，用いる解析手法に応じて盛土の動力学特性や一方向への変位の累積性を適切に考慮するものとする．

12.2.2 動的解析法

動的解析法により盛土の設計応答値を算定する場合は，盛土材料の非線形性の影響，および盛土の動力学特性を適切に考慮して時刻歴動的解析法によるのがよい．

【解説】

盛土の地震時挙動は高架橋等の他の構造物と異なり，一方向に変位が累積しやすく，一般に加速度応答の増幅の影響が少ない等の特徴を有する．そのため，盛土の地震時残留変位量は地震動の大きさだけでなく，降伏震度を越える地震動の作用回数および継続時間の影響を大きく受ける．実務設計においては，盛土の残留変位量を算定する手法としてニューマーク法が普及している．ニューマーク法は，すべり土塊が剛体であり，すべり面における応力-ひずみ関係が剛塑性であると仮定して，すべり土塊の滑動変位量を計算する方法であるため厳密な方法とは言えないが，前述した盛土の特性を直接的に考慮できる．また，入力パラメータの設定が円弧すべり法と同等であること，理論の簡明さに比して妥当な結果を与えること等の利便性がある．そのため，本標準では，一般的な設計条件において，ニューマーク法によって盛土の設計応答値を求めてよいものとした．

盛土が地震動を受けると鉛直方向に加速度の増幅が生じるが，一般的な盛土高さの場合には加速度増幅の影響がさほど顕著ではなく，さらには盛土内には高さ方向に応答加速度の位相差が生じることなどを考慮し，一般に応答加速度の増幅の影響を考慮しないものとする．このため，ニューマーク法では地表面設計地震動の時刻歴波形をもとに，盛土の動力学特性や変位の累積性を考慮して補正を行った土構造物照査波を用いるものとする．その詳細は，「**付属資料 12-2 土構造物の応答値算定用の地震動について**」を参照されたい．また，「鉄道構造物設計標準・同解説（土構造物）」に示された適合みなし仕様の盛土にニューマーク法を適用した事例を「**付属資料 12-3 盛土の適合みなし仕様の滑動変位量に関する試計算**」に示す．なお，高盛土の場合や支持地盤の不整形性が顕著である場合等，盛土内の加速度増幅が顕著であることが予想される場合には，盛土内の加速度増幅を考慮して破壊モードを規定し，ニューマーク法により変形量を求めるものとする（動的応答を考慮したニューマーク法）．ニューマーク法の詳細については，「鉄道構造物等設計標準・同解説（土構造物）」によるものとする．

前述したように地震時における盛土の変形はすべり土塊の滑動による沈下だけでなく，盛土体の揺すり込み沈下，地盤の揺すり込み沈下によっても発生する（**解説図 12.1.1**）．そのため，ニューマーク法により盛土体の変位量を算定した場合には，支持地盤や盛土体の揺すり込みによる沈下量を別途算定し，重ね合わせる必要がある．揺すり込み沈下量の算定手法については，「鉄道構造物等設計標準・同解説（土構造物）」によるものとするが，盛土の揺すり込み沈下量の具体的な値は「**付属資料 12-4 盛土の揺すり込み沈下量の算定**」によるとよい．

12.2.3 静的解析法

盛土の静的解析法では，地震作用として慣性力の影響を考慮するものとする．地震作用は，「**5章 作用**」，「**7章 表層地盤の挙動の算定**」および「鉄道構造物等設計標準（土構造物）」に基づいて算定してよい．

【解説】

　盛土の静的解析法は，L1地震時の設計応答値の算定の場合に適用が可能である．盛土に作用する慣性力の影響は，対象とする盛土の地震時の応答特性を考慮して適切に評価する必要があるが，一般には水平震度（k_h）を0.2とし，高さ方向に一様に作用させるものとする．また，盛土の破壊形態については，慣性力の影響を考慮し，円弧すべり法によって規定するものとする．

　ただし，盛土の形状などが一般的でない場合や特殊な地盤条件の場合は，慣性力の影響や盛土の破壊形態が複雑に変化することがあるため，動的解析法により設計応答値を算定することを基本とする．特に盛土支持地盤が軟弱な場合など特殊な条件の場合は，別途，盛土支持地盤の安定に関わる破壊モードを規定し，慣性力の影響を考慮するものとする．

12.2.4　液状化の可能性のある地盤における応答値の算定

（1）「**7.2 耐震設計上注意を要する地盤**」に示された液状化の可能性がある地盤上の盛土の設計応答値は，「**8.4.6 液状化の可能性のある地盤のモデル化**」に従いモデル化し，算定するものとする．

（2）「**7.2 耐震設計上注意を要する地盤**」に示された側方流動が発生する可能性がある地盤上の盛土の設計応答値は，「**8.4.6 液状化の可能性のある地盤のモデル化**」に従いモデル化し，算定するものとする．

【解説】

　液状化の可能性のある地盤における盛土は，構造計画の段階で地盤改良等の液状化対策を検討することを基本とする．なお，液状化程度が比較的小さく液状化対策を実施しない場合は，液状化により盛土が沈下することが考えられる．この際の盛土の沈下量の算定には，有効応力解析による詳細な解析を行う必要があるが，おおよその沈下量を推定する際には「**付属資料12-5　液状化地盤上の盛土の沈下量の目安**」によってよい．また，「**7.2 耐震設計上注意を要する地盤**」で液状化に伴う地盤の側方流動が懸念される場所においては，盛土体が側方に移動する可能性があることに留意する必要がある．

12.3　性能照査

12.3.1　一　般

　重要度の高い盛土や地震の影響を受けやすい条件下にある盛土の性能照査は，本標準および「鉄道構造物等設計標準（土構造物）」により，安全性および復旧性に対して適切な照査指標およびその設計限界値を設定して行うものとする．

【解説】

　盛土の性能照査にあたっては，本標準および「鉄道構造物等設計標準・同解説（土構造物）」により行うものとする．盛土に関する従来の設計標準においては，土質や地盤のばらつきが存在することや，他の構造物と比して修復が比較的容易であるとの認識があったこと等により，のり面勾配や盛土の施工方法，締固め管理値，仕上り厚さ等の仕様を規定し，性能を意識した設計が行われることはなかった．しかしながら，鉄道のように異種の構造物が連なる線状構造物では，1箇所の崩壊がシステム全体の機能不全につ

ながることを考慮し，特に重要度の高い線区においては盛土といえども所要の性能が得られることを照査することが求められるようになった．これらの状況を鑑み，「鉄道構造物等設計標準・同解説（土構造物）」においては，性能照査型設計法を採用している．

しかしながら，盛土は元来，簡易な構造物であり，設計に過度な労力をかけることが費用や工程の面から必ずしも適切でない場合があり，このような設計を行うことは実務的に困難となる場合がある．これらを考慮し，「鉄道構造物等設計標準・同解説（土構造物）」では，設計の利便性を高めるとともに不確実性に対処する方法として，要求性能水準を3段階（性能ランクⅠ～Ⅲ，**解説表 12.3.1**）に設定し，仕様を示す方法（いわゆる，適合みなし仕様）も併記している．

このように盛土等の土構造物の現状を勘案すると，本標準の考え方を全ての盛土に対して適用することは適切ではない場合があると考えられる．そのため，本標準では重要度の高い盛土（一般に，性能ランクⅠ～Ⅱ），地震の影響を受けやすい地形である等の事情により特に耐震設計を行う必要のある盛土に対して適用するものとする．なお，**解説表 12.3.1**は「鉄道構造物等設計標準・同解説（土構造物）」に示されている適用のイメージであり，性能ランクは軌道構造や重要度等の総合判断に基づき選定されるべきものである．

盛土に対して性能照査による設計を行う場合には，性能ランクや現地の条件等を勘案した上で，断面形状や使用材料等の設計条件を仮定する．その後，それぞれの要求性能に対して性能項目ならびに照査指標を定め，設計応答値が設計限界値に達しないことを照査するものとする．

解説表 12.3.1 性能ランクと要求性能水準，適用のイメージ

	性能ランク Ⅰ	性能ランク Ⅱ	性能ランク Ⅲ
要求性能の水準	常時においては極めて小さな変形であり，L2地震動や極めて稀な豪雨に対しても過大な変形が生じない性能を有する土構造物．	常時においては通常の保守で対応出来る程度の変形は生じるが，L2地震動や極めて稀な豪雨に対しても壊滅的な破壊には至らない性能を有する土構造物．	常時においての変形は許容するが，L1地震動や年に数度程度の降雨に対して破壊しない程度の性能を有する土構造物．
適用の例	例えば，省力化軌道を支持する土構造物	例えば，重要度の高い線区の有道床軌道を支持する土構造物	例えば，一般的な線区の有道床軌道を支持する土構造物

12.3.2 安 全 性

（1） 盛土の安全性は，一般に安定および地震時の走行安全性に係る変位ついて照査を行うものとする．

（2） 安定の照査は，「**12.2 応答値の算定**」に従い設計応答値を算定するとともに，盛土体や支持地盤に対して設計限界値を設定して，式（3.4.1）により行うものとする．設計限界値の設定については，「**9.5 限界値の設定**」によるものとする．盛土体および支持地盤の安定の照査は，「鉄道構造物等設計標準（土構造物）」によるものとする．

（3） 地震時の走行安全性に係る変位の照査は，「鉄道構造物等設計標準（変位制限）」によるものとする．

【解説】
盛土の安全性に対する性能項目としては，一般に安定，変形および走行安全性を考慮するものとする．

盛土の安定あるいは変形に関する安全性は，盛土の支持地盤が大きく崩壊し盛土そのものが流失しないこと，あるいは盛土体が崩壊しないことを照査する必要がある．しかしながら，盛土は主として土で構成されているため，橋梁や高架橋等の他の構造物とは異なり，構造物全体の破壊に対する制限値を定量的に規定することは適切ではない．さらに，現状においてはL2地震動に対して盛土の大変形領域に至る応答値を精緻に算定する手法が確立されているとはいいがたい状況にある．これらを考慮し，盛土については，復旧性の検討を行うことにより，安全性の照査に代えてよいものとする．厳密にいえば，安全性を照査するための地震動と復旧性を検討するための地震動は概念的には異なる．しかしながら，実務的には同じ地震動が用いられることが多いこと，安全性に対する制限値に比して復旧性に対する制限値の方がはるかに厳しいことを勘案すると，復旧性の検討を行うことは安全性の照査も行っていることに相当する．

12.3.3 復旧性

（1） 盛土の復旧性は，一般に変形，安定および各構成部位の損傷について照査するものとする．

（2） 変形および安定の照査は，「12.2 応答値の算定」に従い設計応答値を算定するとともに，盛土体や支持地盤に対して復旧性を考慮した設計限界値を設定して，式（3.4.1）により行うものとする．設計限界値の設定については，「9.5 限界値の設定」によるものとする．盛土体の変形および支持地盤の安定の照査は，「鉄道構造物等設計標準（土構造物）」によるものとする．

（3） 盛土の各構成部位においては，機能回復の難易度を考慮した損傷レベルの限界状態に至らないことを照査するものとする．

【解説】

盛土は，支持地盤や盛土体に加えて，路盤工，のり面工，排水工等の付帯構造物等，多くの部位から構成される．そのため，盛土の復旧性は，盛土体の変形レベルならびに，のり面工，路盤工，排水工等盛土の各構成部位に関する損傷レベルの組合せによ

解説表 12.3.2 盛土の性能ランクと変形レベル，損傷レベルの制限値の目安

性能ランク	性能ランクⅠ	性能ランクⅡ
盛土の変形レベル	変形レベル1〜2*	変形レベル2〜3
各構成部位の損傷レベル	損傷レベル1〜2	損傷レベル2〜3

*省力化軌道において，CAモルタルの再注入による復旧を許容するのであれば，変形レベル3を設定してもよい．

って定めるものとする．盛土体の変形レベルと補修のイメージについては**解説表9.5.11**に示しており，具体的な設計限界値は「**付属資料12-6 盛土の被害程度と沈下量の目安**」を参考に設定するとよい．また，**解説表12.3.2**に，標準的な盛土の性能ランクに対する変形レベル，損傷レベルの制限値の目安を示す．なお，各構成部位の損傷レベルは，損傷した場合の盛土体への影響，取替えや補修の容易性等から許容できる損傷程度も異なり，部位によっては設計耐用期間さえも異なる場合がある．そのため，**解説表12.3.2**の損傷レベルの制限値は，一般的な場合の目安として示したものである．

また，支持地盤の安定に関する照査については，「鉄道構造物等設計標準（土構造物）」により，支持地盤の揺すり込み沈下量を算定することにより照査するものとするが，性能ランクに応じた支持地盤条件を満足する場合は照査を省略してよいものとする．

なお，列車荷重については他構造物と同様に考慮することを原則とする．ただし，盛土の性能ランクに応じた盛土材料，のり面勾配が適用され，十分な施工基面幅が確保される場合には，列車荷重が応答値（残留変位量）にほとんど影響を及ぼさないため，無視してよいものとする．

13章　擁壁の応答値の算定と性能照査

13.1 一般

（1） 擁壁の耐震設計にあたっては，構造物条件，周辺の地盤条件を勘案し，地震の影響を適切に考慮するものとする．

（2） 設計地震動に対する擁壁の設計応答値の算定および性能照査は，本章および「鉄道構造物等設計標準（土留め構造物）」によるものとする．

【解説】

擁壁の設計応答値の算定およびその性能照査にあたっては，施工条件および構造条件を勘案し，該当する条項を適用できると判断した場合には，本章および「鉄道構造物等設計標準・同解説（土留め構造物）」に示した設計応答値の算定方法および性能照査の方法を適用してよい．

擁壁は，従来から多く用いられているL型擁壁や重力式擁壁等の抗土圧擁壁（**解説図13.1.1**(a)）や，盛土補強材あるいは地山補強材を用いて盛土や地山と壁体の一体化を図った補強土擁壁に分類できる．擁壁の耐震検討にあたっては，これらの構造形式の違いによる構造物条件について十分勘案しなければならない．

なお，補強土擁壁にはさまざまな形式があるが，本章においては，鉄道において近年の多くの実績を有する曲げ剛性の高い壁体によって構成される盛土補強土擁壁（剛壁面補強土擁壁，**解説図13.1.1**(b)）を対象とする．また，列車荷重を直接支持する補強土式土留め工を永久構造物として本体利用する場合に

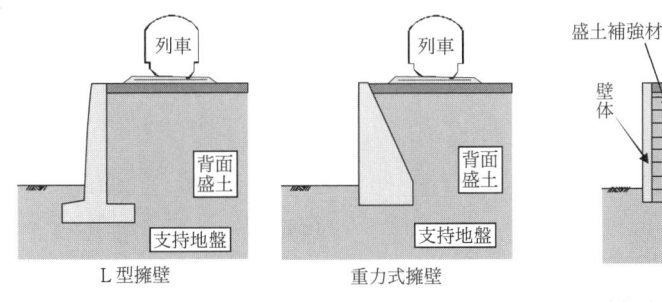

解説図 13.1.1　擁壁の種類

ついては，盛土補強土擁壁の考え方に準ずるものとする．一般的に列車荷重を直接支持しない切土補強土擁壁については，L2地震動の対する検討は省略できるものとし，その詳細は「鉄道構造物等設計標準・同解説（土留め構造物）」によってよい．

擁壁は，背面盛土から作用する土圧に抵抗する必要がある点において橋台と共通しているため，従来は同様の応答値算定法が用いられていた．しかしながら，擁壁は盛土の端部等での適用が多いのに対して，橋台は橋梁の端部で適用され列車を直接支持する点で，その適用箇所，作用の特性が大きく異なる．また，地震時においてはいずれの構造物にも慣性力および地震時土圧が作用するが，一般に橋台は壁体や橋桁の動的応答の影響が大きく，地震時土圧の影響は相対的に小さい．一方で，擁壁は慣性力に比して地震時土圧の影響が大きく，この影響により変形が一方向に累積しやすい特徴がある．これらを考慮し，本標準および「鉄道構造物等設計標準・同解説（土留め構造物）」において擁壁の設計応答値算定法，性能照査法としては盛土等の土構造物との連続性を重視した手法を用いることとする．また，盛土補強土擁壁については，基本的には抗土圧擁壁と同様の手法により設計応答値の算定および性能の照査を行うものとするが，ジオテキスタイル等の盛土補強材により補強された領域（補強土体）の地震時挙動を考慮し，補強土体の安定および残留変位，さらに盛土補強材の損傷および破壊についても照査するものとする．

一般に，**解説図 13.1.2** に示すように，重力式擁壁・L型擁壁等の抗土圧擁壁は構造的に片持ち梁形式となっているのに対して，盛土補強土擁壁の場合は各層に敷設された盛土補強材により多点で抵抗する等，異なるメカニズムによって慣性力や地震時土圧に対して抵抗している．過去の大地震における被災事例や模型振動実験により，盛土補強土擁壁は抗土圧擁壁と比較して地震時の作用に対して高い変形性能を有することが示されている[1),2),3)]．したがって，設計応答値の算定，性能の照査に際しては，それぞれの擁壁の特徴や地震時挙動を十分に考慮する必要がある．特に抗土圧擁壁の場合は地震時土圧の影響が大きいため，設計応答値算定に際してはその影響を適切に評価することが重要である．

抗土圧擁壁に作用する地震時土圧は，主に壁体と背面盛土の相互作用により発生し，擁壁の地震時安定性，背面盛土内に発生するすべり面に沿ったせん断強度特性，擁壁と背面盛土間の境界条件の影響を大きく受ける．現時点では，それらのすべての特性を考慮して地震時土圧を精度よく評価できる手法が確立されているとはいいがたい．また，慣性力や地震時土圧の影響により抗土圧擁壁の支持地盤には偏心・傾斜荷重が作用するが，偏心・傾斜の度合いの大きい地震作用を受けた際の支持地盤の抵抗特性については未解明な部分が多い．さらに，盛土補強土擁壁については，盛土内に敷設された盛土補強材の抵抗特性や，補強土体の応答特性について未解明な部分が多い．そのため，これらの影響を適切に評価した動的解析のモデルを構築するには高い技術レベルを要する．

一般に解析に用いるモデルは，擁壁，背面盛土および支持地盤を全体系としてモデル化する一体型モデ

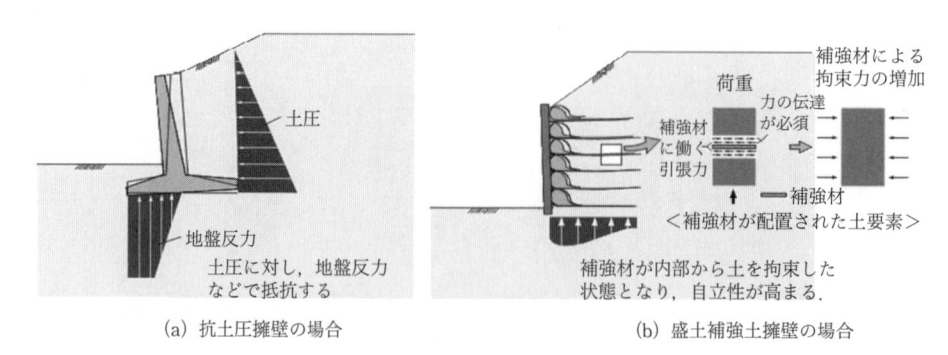

(a) 抗土圧擁壁の場合

(b) 盛土補強土擁壁の場合

解説図 13.1.2 抗土圧擁壁と盛土補強土擁壁の抵抗メカニズム

ルや，それらを分離してモデル化する分離型モデルが用いられる．このうち，一体型モデルにより設計応答値を算定する場合には，FEM 解析を始めとした連続体力学に基づく数値解析手法が用いられるが，上記に示したとおり未解明な特性が多く，すべり面に沿った不連続挙動や擁壁背面の境界面の取扱いが難しいものも多いため，それらを適切に評価するにあたり十分な検討が必要となる．

一方，分離型モデルにより設計応答値を算定する場合では，一般にニューマーク法が用いられる．ニューマーク法は抗土圧擁壁の壁体・基礎，あるいは盛土補強土擁壁の補強土体のみを取り扱うことから，「**8.2** 設計地震動に対する構造物の応答値を算定するための解析」に示す分離型モデルによる動的解析法に属すると考えられる．この手法では，抗土圧擁壁の滑動あるいは転倒モードによる残留変位，盛土補強土擁壁の補強土体の滑動，転倒，せん断変形モードによる残留変位・残留変形をそれぞれ独立して取り扱うことになる．また，擁壁の変位・破壊形態やすべり面発生位置を規定して応答値を求めるため厳密な応答値算定手法とはいえないが，一体型モデルによる手法に比べて実務での運用が容易となる．

以上を勘案して，本標準においては，分離型モデルによる動的解析法あるいは静的解析法を用いた応答値算定法を示す．この際，抗土圧擁壁について基礎と壁体の応答値を分離して算定することになる．ただし，一体型モデルを用いた信頼性の高い手法の導入を妨げるものではない．

また，擁壁の背面盛土については，「**12 章** 盛土の応答値の算定と性能照査」と同様に，設計で用いる強度や変形に関する諸数値の設計用値は現地の施工に大きく依存し，これらは地震時土圧の大きさや擁壁の地震時安定性に影響を及ぼす．「鉄道構造物等設計標準・同解説（土留め構造物）」ではこれらに対する配慮から，性能照査を行う場合にも，施工方法や施工管理手法，構造細目等において最小限の仕様が示されている．

参 考 文 献

1) 社団法人地盤工学会 阪神大震災調査委員会：阪神・淡路大震災調査報告書（解説編）．
2) 舘山勝，堀井克己：阪神大震災における RRR 工法の挙動，基礎工，Vol.24, No.12, 1996.
3) 渡辺健治，古関潤一，舘山勝，小島謙一：模型実験による異なる形式の擁壁の地震時挙動の比較，第 35 回地盤工学研究発表会，2000.

13.2 応答値の算定

13.2.1 一 般

（1） 設計地震動に対する擁壁の設計応答値の算定は，地盤と構造物の相互作用や部材および地盤の非線形性の影響等を考慮して擁壁をモデル化し，擁壁の動力学特性や擁壁前面方向への変位の累積性を適切に表現できる動的解析法によるものとする．ただし，振動モードが比較的単純で，かつ構造物の破壊形態が明らかな場合には，静的な地震作用を設定することが可能であり，その場合には静的解析法を用いてよい．

（2） 地震時土圧の影響は擁壁の破壊形態に応じて適切に算定するのがよい．

（3） 「**7.2** 耐震設計上注意を要する地盤」に示された地盤上の擁壁においては，その影響を考慮して設計応答値を算定するものとする．

【解説】

（1）について

地震時の擁壁の設計応答値は，本標準によるほか，「鉄道構造物等設計標準・同解説（土留め構造物）」により求めるものとする．一般にはL1地震動に対しては静的解析法，L2地震動に対しては動的解析法により算定するものとする．その際，用いる解析手法に応じて擁壁の動力学特性や擁壁前面方向への変位の累積性を適切に考慮するものとする．

（2）について

地震時土圧は，一般に地震時主働土圧を考慮するものとする．これは，一般に土留め構造物に地震時土圧が作用する場合，背面盛土が主働状態になっていると想定されるためである．ただし，土留め構造物の基礎の剛性や安定性が十分に高く背面地盤が主働状態に至っていない場合や，土留め構造物が受働方向に変位し，背面盛土が受働状態に至っている場合の地震時土圧については，その影響を別途考慮するものとする．

抗土圧擁壁に作用する地震時主働土圧は主に壁体と背面盛土の動的相互作用により発生するため，土圧算定の際には抗土圧擁壁の地震時安定性，すべり面に沿って発揮されるせん断強度特性，抗土圧擁壁と背面盛土間の境界条件の影響を考慮する必要がある．一般にはL1地震動に対しては背面盛土材料の残留強度を用いた試行楔法により算定するものとする．また，L2地震動に対しては背面盛土のひずみの局所化およびひずみ軟化挙動を考慮した試行楔法により算定するものとする．この場合，土圧算定に用いる背面盛土の諸数値の設計用値は，背面盛土の締固め程度を考慮して，ピーク強度（ϕ_{peak}）および残留強度（ϕ_{res}）を用いるものとする．なお，抗土圧擁壁の背面盛土が奥行き方向に一様である場合には，L1地震動に対する地震時主働土圧は物部岡部法，L2地震動に対する地震時主働土圧は修正物部岡部法による地震時主働土圧と一致する．

試行楔法，物部岡部法および修正物部岡部法等の静的な力のつり合いによる土圧算定法を適用する場合は，壁体が降伏するモードと基礎が降伏するモードのそれぞれについて検討するものとする．そのため，設計応答値算定の際には破壊形態を分離したモデルを用いるものとする．詳細については，「鉄道構造物等設計標準・同解説（土留め構造物）」により求めるものとする．

一方，盛土補強土擁壁については背面盛土内に盛土補強材が配置されていることから，壁体に作用する土圧は抗土圧擁壁と異なり，盛土補強材の長さや間隔等の配置に応じて変化する．一般には，補強領域内とその背面の非補強領域におけるすべり面を想定し，2ウェッジ法（二直線試行楔法）により地震時土圧を算定するものとする．

13.2.2 動的解析法

動的解析法により擁壁の設計応答値を算定する場合は，想定される破壊モードを適切に考慮した時刻歴動的解析法によるのがよい．

【解説】

擁壁の地震時挙動は，盛土と同様に一方向（擁壁前面方向）に変位が累積しやすく，一般に加速度応答の増幅の影響が少ない等の特徴を有する．そのため，擁壁の地震時残留変位量は地震動の大きさだけでなく，降伏震度を越える地震動の作用回数および継続時間の影響を大きく受ける．実務設計において土構造物の地震時残留変形量を算定する手法としてニューマーク法が普及しているが，ニューマーク法は，前述

13章　擁壁の応答値の算定と性能照査　　175

した擁壁の特性を直接的に考慮できる点でエネルギー一定則等の静的解析法よりも優れている．また，入力パラメータが少ないにもかかわらず妥当な結果を与えること，結果の解釈が容易であることなど，残留変位量を求めるための簡易な動的解析法としての利便性がある．特に，直接基礎形式の抗土圧擁壁や盛土補強土擁壁の補強土体のように基礎の荷重－変位関係が剛塑性と近似できる場合には適用性が高く，過去に実施した模型実験や実被害事例の逆解析結果でもその適用性が確認されている[1),2)]．そのため，本標準では，一般的な設計条件において，ニューマーク法によって擁壁の設計応答値を求めてよいものとした．

　ニューマーク法による設計応答値の算定では，擁壁の変位・破壊形態やすべり面発生位置を規定して設計応答値を求めるため，一体型モデルによる手法と比較して簡易に設計応答値を算定することが可能となる（**解説図13.2.1**）．この際，地震時主働土圧を適切に算定する必要があるが，地震時土圧は慣性力の大きさだけでなく，想定する擁壁の変位・破壊形態によって異なる点に注意が必要である．例えば，抗土圧擁壁の場合は主たる降伏部位（例えば基礎あるいは壁体）によってすべり面の発生位置が異なり，盛土補強土擁壁の場合は想定する変位モード（例えば滑動あるいは転倒モード）により，補強土体および背面盛土に発生するすべり面位置が異なる．そのため，分離型モデルにより抗土圧擁壁の設計応答値を算定する場合には，擁壁の基礎および壁体の応答値を別々に算定する上下分離モデルを用い，盛土補強土擁壁の場合には，想定する変位モードに応じた解析モデルを用い，想定する変位・破壊形態に応じた地震時土圧を使い分ける必要がある．実際の現象は擁壁の基礎と壁体，あるいは補強土体が別々に応答しているわけではない．しかしながら，抗土圧擁壁の場合は上下分離モデルを用いる場合は基礎あるいは壁体のどちらかが剛体と仮定した上で，もう一方の設計応答値を算定していることになり，それぞれに対して厳しい条件で応答値を算定していることになるため，安全側に評価していることになる．盛土補強土擁壁についても同様に，想定される変位モードにそれぞれに対して設計応答値を算定し，それらを重ね合わせているため，安全側に評価していることになる．

　また，ニューマーク法等の分離型モデルにより擁壁の変位を算定する場合には，支持地盤の揺すり込み沈下および支持地盤全体の変形等について別途算定し，重ね合わせる必要がある．特に軟弱地盤上に構築された擁壁の場合，地震作用に加えて擁壁背面地盤の沈下による側方流動の影響により，一方向に変位が

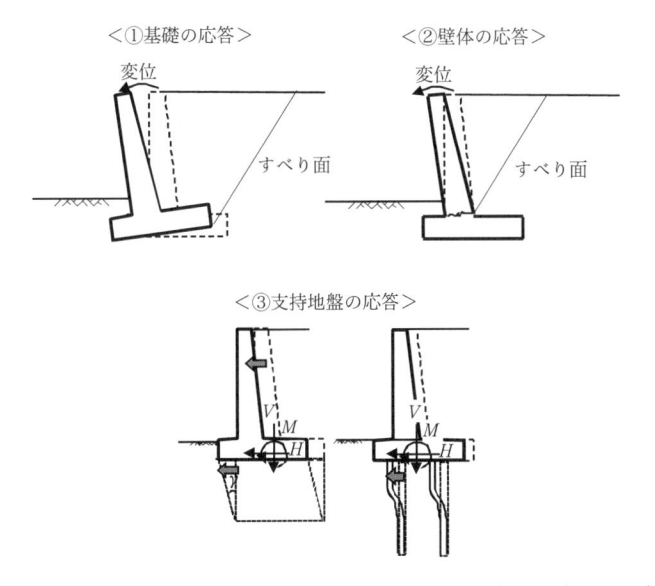

解説図 13.2.1　分離型モデルによる応答値算定のイメージ（抗土圧擁壁の場合）

卓越する．そのため，支持地盤の揺すり込み沈下や支持地盤全体の変形の影響を別途算定する必要がある．これらの設計応答値算定法については，「鉄道構造物等設計標準・同解説（土留め構造物）」によるものとする．

なお，ニューマーク法を用いる際には，「**付属資料12-2　土構造物の応答値算定用の地震動について**」に示す土構造物照査波を用い，擁壁に作用する慣性力および地震時土圧を算定するものとする．実際には擁壁の高さ方向に応答加速度の増幅が発生するが，擁壁は橋台や橋脚と比較して高さが低い場合が多く，桁を支持しないため，一般には盛土と同様に応答加速度の増幅を考慮しないものとする．地震時主働土圧の算定に際しても，一般に背面盛土の応答加速度の増幅を考慮しないものとする．これは，背面盛土内では応答加速度の増幅と同時に位相遅れが生じており，すべり土塊全体の平均化加速度（等価化震度）は地表面位置での地震動と概ね一致するか，あるいは小さくなる結果が得られていることを考慮したためである[3]．ただし，構造物の高さが高い場合や電柱基礎等により重心位置が高い場合，あるいは背面盛土の動的応答の増幅が卓越する場合は擁壁に作用する慣性力や地震時土圧が増加する可能性があるので，その場合はこれらを適切に考慮し，ニューマーク法を適用するものとする．以下に抗土圧擁壁，盛土補強土擁壁の設計応答値算定法を示す．

(a)　抗土圧擁壁の設計応答値の算定

直接基礎形式の抗土圧擁壁の基礎の地震時挙動については，剛塑性的な非線形挙動が卓越するためにニューマーク法により基礎の設計応答値を算定することを原則とする．この場合，降伏震度については，プッシュ・オーバー解析によって求める基礎の荷重-変位関係から定めるものとする．抗土圧擁壁の地震時応答には滑動モード，転倒モードがあり，支持地盤の抵抗や擁壁前面の受働抵抗に応じ複雑に連成する場合が多い．ニューマーク法は滑動変位と転倒変位を別々の運動方程式によって算定するため，この連成の影響を直接考慮することができないが，一般には転倒モードに対して設計応答値を算定するものとする．ただし，一般の橋脚基礎と異なり，地震時土圧の影響により基礎に大きな偏心・傾斜荷重が作用するため，基礎の最大抵抗モーメントを算定する際には，「鉄道構造物等設計標準・同解説（基礎構造物）」に準じ，その影響を十分に考慮する必要がある．また，抗土圧擁壁の重心が低い場合等，基礎に作用するモーメントに比して水平力が大きい場合には，基礎の最大抵抗モーメントを過小評価し，その結果，基礎の応答回転角を過大評価することが報告されている[2]．これを考慮し，最大応答時に水平支持力が安定レベル1を超える場合は，基礎に作用するモーメント（M）と水平力（H）から定まる支持力の降伏曲面から水平支持力あるいは最大抵抗モーメントを定め，ニューマーク法により基礎の設計応答値を算定することとしてよい．詳細については，「鉄道構造物等設計標準・同解説（土留め構造物）」により求めるものとする．

一方，杭基礎形式の抗土圧擁壁についても，直接基礎形式と同様にニューマーク法により設計応答値を算定することを原則とする．この場合，プッシュ・オーバー解析により杭基礎の荷重-変位関係を算定し，変位が急増する点を降伏点と定義するものとする．杭基礎形式の抗土圧擁壁の地震時挙動は，壁体-背面盛土間，あるいは杭基礎-支持地盤間の複雑な動的相互作用の影響を大きく受けるため，本来であれば上下部一体の構造解析モデルを用い，動的解析法によって設計応答値を算定することが望ましい．しかしながら，杭基礎擁壁の地震時挙動については，過去の実被害の検証事例や振動実験等の具体的な検討事例が十分ではないため，現時点では上下部一体の構造解析モデルにより擁壁の地震時挙動を精度よく評価できる動的解析法が確立されているとは言い難い．そのため，本標準では杭基礎形式の抗土圧擁壁についても上下分離モデルにより設計応答値を算定するものとした．なお，抗土圧擁壁や背面盛土の形状・諸元

が比較的単純な場合や，あらかじめ適用性が確認されている場合には，静的解析法（エネルギー一定則）を用いてよいこととする．ただし，地震動の特性（慣性力の作用回数や継続時間）を考慮する場合や，基礎が剛塑性的に挙動する場合についてはニューマーク法を用いるものとする．

また，壁体の設計応答値については，慣性力および地震時土圧を考慮し，壁体を片持ちスラブとして変形性能を評価するものとする．一般に，壁体の設計応答値はニューマーク法により算定するものとし，その際には壁体の荷重－変位関係において変位が急増する点を降伏点と定義するものとする．また，壁体の諸元や背面盛土の形状が比較的単純な場合や，あらかじめ適用性が確認されている場合には，静的解析法（エネルギー一定則）により壁体の設計応答値を算定してよいものとする．

(b) 盛土補強土擁壁の設計応答値の算定

盛土補強土擁壁については，解説図13.2.2に示すように，補強土体の滑動・転倒変形およびせん断変形モードが考えられ，これらについては壁体と補強領域が一体として変位すると仮定して，ニューマーク法により変位量を算定するものとする．また，盛土補強土擁壁の壁体および盛土補強材に対する照査は，壁体に作用する土圧を外力とし，盛土補強材をばね支点，壁体を連続はりとすることにより断面力を算定する．詳細については「鉄道構造物等設計標準・同解説（土留め構造物）」により求めるものとする．

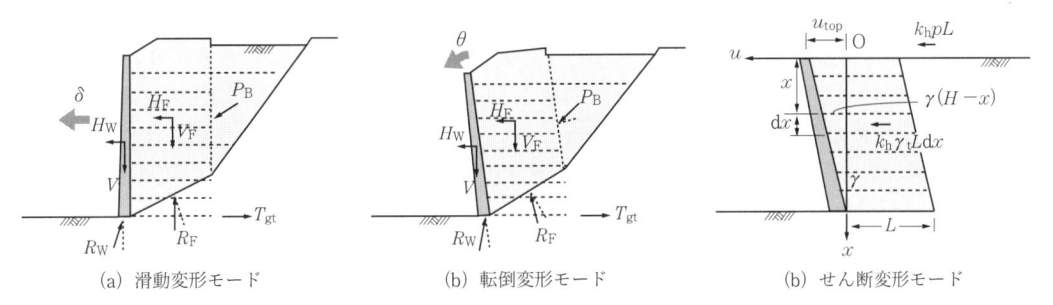

(a) 滑動変形モード　　(b) 転倒変形モード　　(b) せん断変形モード

解説図 13.2.2　盛土補強土擁壁の変形モード

参 考 文 献

1) 渡辺健治，舘山勝，古関潤一：滑動・転倒モードの連成を考慮した擁壁の地震時変位量算定法の検討，第45回地盤工学研究発表会，2010
2) 渡辺健治，西岡英俊，神田政幸，古関潤一：動的応答特性の違いを考慮した擁壁および橋台の耐震設計法，鉄道総研報告，第25巻，第9号，2011.
3) 渡辺健治，古関潤一，舘山勝：裏込め地盤の応答加速度を考慮した地震時擁壁土圧に関する模型振動実験，第11回日本地震工学シンポジウム論文集，pp.981-986，2002.

13.2.3　静的解析法

（1）　静的解析法により擁壁の設計応答値を算定する場合は，「**8.4 構造物のモデル**」および「鉄道構造物等設計標準（土留め構造物）」に従いモデル化し，静的な地震作用を設定するものとする．

（2）　擁壁の静的解析法では，地震作用として
　　　① 慣性力
　　　② 地震時土圧

③　地盤変位

を必要に応じて考慮するものとする．

（3）　地震作用は，「**5章 作用**」，「**7章 表層地盤の挙動の算定**」，「**12章 盛土の応答値の算定と性能照査**」および「鉄道構造物等設計標準（土留め構造物）」に基づいて算定してよい．

【解説】
（1）について
　（a）　抗土圧擁壁の設計応答値の算定

　抗土圧擁壁の静的解析法は，L1地震時の設計応答値を算定する場合，あるいはエネルギー一定則によってL2地震時の設計応答値を算定する場合に適用が可能である．抗土圧擁壁に作用する慣性力の影響は，対象とする抗土圧擁壁の地震時応答特性を考慮して適切に評価する必要があるが，一般にL1地震時の設計応答値を算定する場合，水平震度 k_h を0.2としてよい．

　静的解析法によって抗土圧擁壁の壁体あるいは基礎の設計応答値を算定する場合にはエネルギー一定則を用いてよいものとする．エネルギー一定則は主働方向への外力（慣性力＋地震時土圧）が最大となった時の作用を静的に与えることにより応答値を算定する手法であり，簡易に応答値を算定できる利点を有する．しかしながら，エネルギー一定則は剛塑性的な非線形挙動に対しては適用性が低いこと，また地震動の特性（周期や繰返し）を考慮できないため，降伏震度を超える地震作用が複数回作用する場合には動的解析法により応答値を算定するものとする．

　また，擁壁の壁体については，一方向への累積的な損傷が生じるため，厳密には交番荷重を想定して設定された一般的な部材特性とは異なることも想定され，その影響を適切に考慮してもよいが，その詳細については未解明な点が多く両者は同等として取り扱ってよいものとする．

　（b）　補強土擁壁の設計応答値の算定

　盛土補強土擁壁の静的解析法は，L1地震時の設計応答値を算定する場合に適用が可能である．この場合，水平震度 k_h を0.2としてよい．静的解析法によって補強土擁壁の設計応答値を算定する場合には，極限釣合い法により補強土体の内的安定（滑動安定，転倒安定）および外的安定を照査するものとする．この手法は，主働方向への慣性力，および地震時土圧を静的に作用させることにより，補強土体の安定を照査するものである．また，壁体および盛土補強材については，壁体に作用する地震時土圧を外力として，補強材をばね支点，壁体を連続はりとしてモデル化することにより断面力あるいは引張力を算定してよい．詳細については，「鉄道構造物等設計標準・同解説（土留め構造物）」によるものとする．

（2）について

　擁壁は橋台等の他構造物と比較して構造物高さが低い場合が多く，地震動の増幅の影響が顕著ではないことが一般的である．そのため，静的解析法を用いる場合には，擁壁く体に一様の慣性力を同時に作用させるものとする．地震時土圧を評価する場合にも，擁壁背面盛土のすべり土塊を剛体として評価し，一様の慣性力を同時に作用させるものとする．慣性力としては「**5章 作用**」により算定された土構造物照査波の最大応答加速度を地表面位置での設計地震動をそのまま用いるものとする．ただし，擁壁の背が高い場合，あるいは電柱基礎を有する場合など重心位置が高い場合など動的応答の影響が大きい場合には，動的解析により動的な影響を別途考慮するのがよい．

　地盤変位の影響は，橋梁および高架橋橋脚と同様に応答変位法により評価してよいものとする．なお，擁壁近傍の支持地盤は，背面盛土側からの偏土圧を受けるため，地盤の変位分布を盛土構築前の地盤条件

で1次元モデルとして算出すると危険側となる場合もある．そのため，「鉄道構造物等設計標準・同解説（土留め構造物）」に従い適切なモデルにより地盤変位を算出するものとする．また，地盤変位の影響は，擁壁前面の地表面より下方に作用させるものとする．

13.2.4 破壊形態を確認するための解析

（1） 擁壁の破壊形態を確認するための解析は，「**8.3** 構造物の破壊形態を確認するための解析」によるものとする．

（2） 一般的な擁壁においては，破壊形態を確認するための解析としてプッシュ・オーバー解析を用いてよい．

【解説】

擁壁の破壊形態を確認するための解析は，「**8.3** 構造物の破壊形態を確認するための解析」に従い，プッシュ・オーバー解析によってよいが，あらかじめその精度が検証された信頼性の高い別の方法によってもよい．なお，構造物の形状・種類によっては，振動モードが非常に複雑で，主要なモードが特定できない場合など，プッシュ・オーバー解析の適用が難しいものも存在する．このような場合には，別途適切な方法で破壊形態に対する配慮をするのが望ましい．

「**13.1** 一般」に示したように，本標準において抗土圧擁壁の設計応答値は壁体部と基礎部を分離して算定することを原則としている．そのため，プッシュ・オーバー解析に用いる構造解析モデルは，壁体部と基礎部を分離してモデル化する必要がある．具体的なモデルは，「**8.4** 構造物のモデル」および「**12.2.3** 静的解析法」のほか，「鉄道構造物等設計標準・同解説（土留め構造物）」によるものとする．

抗土圧擁壁で考慮すべき地震作用としては壁体の慣性力，地震時土圧，地表面より下方の地盤変位の3種類が考えられるが，本標準のプッシュ・オーバー解析においては抗土圧橋台と同様に慣性力および地震時土圧の影響についてのみ考慮すればよい．また，壁体の慣性力の影響は各部材位置に荷重として作用させるものとするが，その大きさは同じ震度に相当する荷重でよいものとする．また，背面盛土からの地震時土圧の影響は，「鉄道構造物等設計標準・同解説（土留め構造物）」に示される修正物部岡部式等の静的な力のつり合いに基づいた算定法により作用させるものとする．この場合には，壁体部と基礎部を分離した構造解析モデルを用いてプッシュ・オーバー解析を行うものとする．

13.2.5 液状化の可能性のある地盤における応答値の算定

（1） 「**7.2** 耐震設計上注意を要する地盤」に示された液状化の可能性がある地盤上の擁壁の設計応答値は，「**8.4.6** 液状化の可能性のある地盤のモデル化」に従いモデル化し，算定するものとする．

（2） 「**7.2** 耐震設計上注意を要する地盤」に示された側方流動が発生する可能性がある地盤上の擁壁の設計応答値は，「**8.4.6** 液状化の可能性のある地盤のモデル化」に従いモデル化し，算定するものとする．

【解説】

液状化の可能性のある地盤における擁壁は，構造計画の段階で地盤改良等の液状化対策を検討すること

を基本とする．なお，液状化程度が比較的小さく液状化対策を実施しない場合は，構造形式や基礎形式に応じて「**11.2.5** 液状化の可能性のある地盤における応答値の算定」あるいは「**12.2.4** 液状化の可能性のある地盤における応答値の算定」に準じて算定してよい．

13.3 性能照査

13.3.1 一 般

（1） 重要度の高い擁壁や地震の影響を受けやすい条件下にある擁壁の性能照査は，本標準および「鉄道構造物等設計標準（土留め構造物）」により，安全性および復旧性に対して適切な照査指標およびその設計限界値を設定して行うものとする．

（2） 擁壁の性能照査に用いる設計限界値は，破壊形態に応じて適切に設定するものとする．

【解説】

（1）について

　擁壁の性能照査にあたっては，本標準および「鉄道構造物等設計標準・同解説（土留め構造物）」に準じて行うものとする．従来の設計標準においては，擁壁および橋台には同様の設計法が適用されていた．しかしながら，擁壁と橋台では適用箇所，列車の支持方法，慣性力と地震時土圧の作用の度合いなどが大きく異なることを勘案し，「鉄道構造物等設計標準・同解説（土留め構造物）」では，擁壁，橋台で異なる性能照査法を導入し，擁壁は盛土等の土構造物，橋台は橋梁との連続性を重視した設計法を用いることとした．また，盛土と同様に本標準では重要度の高い擁壁（一般に，**解説表12.3.1**に示す性能ランクⅠ～Ⅱ），傾斜地盤や軟弱地盤上の擁壁等，地震の影響を受けやすい地形であるなどの事情により特に耐震設計を行う必要のある擁壁に対して適用するものとする．本標準で取り扱う擁壁には抗土圧擁壁，盛土補強土擁壁があるが，基本的には同じ考え方に基づいて性能照査を行うものとする．

（2）について

　抗土圧擁壁の安全性に対する性能項目としては，一般に壁体の破壊，基礎および支持地盤の安定を考慮することとしてよい．一方，復旧性に対しては，一般に壁体の損傷および基礎，支持地盤の残留変位を性能項目としてよい．ただし，盛土補強土擁壁は上記に加えて，安全性については補強土体の安定および補強材の破壊，復旧性については補強土体の残留変位，補強材の損傷について照査するものとする．

　また，擁壁が変位することにより背面盛土が沈下し，軌道に変状を与えることがあるため，擁壁の性能照査においては擁壁自体の破壊，安定だけでなく，背面盛土の変形についても考慮することとする（**解説図13.3.1**）．

　部材の破壊および損傷に関する照査においては，曲げ破壊形態となる部材に関しては，一般に変位・変形を照査指標として，損傷レベルの設計限界値を設定してよい．一方，せん断破壊形態を有する部材は力を照査指標として，「鉄道構造物等設計標準・同解説（コンクリート構造物）」に示される方法により

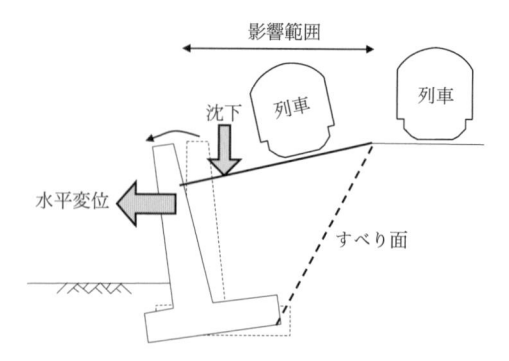

解説図13.3.1 抗土圧擁壁の前面方向（主働方向）の変位による背面盛土の沈下

せん断耐力を算定し，これがせん断力を下回らないことを照査することとしてよい．ただし，せん断破壊形態を有する部材については，曲げ降伏が生じないようにするのがよい．

> **13.3.2 破壊形態の確認**
> 擁壁の性能照査における破壊形態の確認は，「**9.4 構造物の破壊形態の確認**」によるものとする．

【解説】
　一般的な抗土圧擁壁の性能照査においては，破壊形態に応じた照査指標および設計限界値を設定するため，「**9.4 構造物の破壊形態の確認**」に従い，破壊形態の確認を行う必要がある．
　また，盛土補強土擁壁については，壁体，補強土体，補強材それぞれで想定される破壊状態に対して個別に照査を行っている．さらに「**13.1 一般**」で述べたように盛土補強土擁壁の壁体は各層に敷設された盛土補強材により外力に対して多点で抵抗しているため，脆性的な破壊は生じないと考えられる．そのため，盛土補強土擁壁については「鉄道構造物等設計標準・同解説（土留め構造物）」に示す「照査の前提」を満足する場合は破壊形態を確認するための解析を省略してよいものとする．

> **13.3.3　安　全　性**
> （1）　擁壁の安全性は，一般に破壊および安定について照査を行うものとする．
> （2）　破壊の照査は，「**13.2 応答値の算定**」に従い設計応答値を算定するとともに，部材や基礎等の構造要素ごとに設計限界値を設定して，式（3.4.1）により行うものとする．設計限界値の設定については，「**9.5 限界値の設定**」によるものとする．一般に，変位・変形または力を照査指標とし，本標準ならびに関連する「鉄道構造物等設計標準」によるものとする．
> （3）　安定の照査は，「鉄道構造物等設計標準（土留め構造物）」によるものとする．

【解説】
（1）について
　擁壁の安全性に関する照査は，構造物を構成する部材等の構造要素の破壊，および基礎の安定について照査することとし，設計限界値を，照査する性能項目ごとに適切に設定することとする．
　擁壁の破壊に対する安全性は壁体が破壊しないこと，あるいは盛土補強土擁壁の補強材が引抜け・破断しないこと，擁壁の安定に対する安全性は擁壁の基礎の支持力破壊，補強土体や支持地盤を含む構造物全体破壊が生じないことを照査する必要がある．しかしながら，擁壁は盛土等の土構造物の端部として適用されることが多く，盛土と同様に構造物全体の破壊に対する制限値を定量的に規定することが適切ではない．また，現状においては，大地震時における擁壁と背面盛土の相互作用を考慮した精緻な応答値算定法が確立されていない状況にある．これらを考慮し，L2地震動に対する擁壁の性能照査については，盛土等の土構造物と同様に，復旧性の検討を行うことにより，安全性の照査に代えてよいものとする．
（2）について
　抗土圧擁壁，盛土補強土擁壁の鉄筋コンクリート構造部材（壁体）の破壊に関する照査は，破壊形態に

応じて，変位・変形または力を照査指標として部材の設計限界値を定めてよいこととし，一般には「鉄道構造物等設計標準・同解説（コンクリート構造物）」に示される損傷レベルの限界値を設計限界値としてよい．なお，盛土補強土擁壁については，これに加えて盛土補強材の破壊（引抜け，破断）について照査を行うものとし，「鉄道構造物等設計標準・同解説（土留め構造物）」に示される損傷レベルの限界値を設計限界値としてよい．

(3)について

抗土圧擁壁の安定に関する照査は，支持地盤の安定，基礎の安定（水平安定，回転安定および基礎部材等の破壊）について，基礎の形式に応じ，「鉄道構造物等設計標準・同解説（土留め構造物）」，「鉄道構造物等設計標準・同解説（基礎構造物）」により適切な設計限界値を設定して行うこととする．また，盛土補強土擁壁の安定に関する照査は，支持地盤の安定に加えて補強土体の安定（外的安定，内的安定）について照査を行うものとする．

13.3.4 復旧性

(1) 擁壁の復旧性は，一般に損傷および残留変位について照査を行うものとする．

(2) 部材の損傷および残留変位の照査は，「**13.2 応答値の算定**」に従い設計応答値を算定するとともに，以下により壁体，盛土補強材，基礎あるいは補強土体等の構造要素ごとに構造物の復旧性を考慮した設計限界値を設定して，式 (3.4.1) により行うものとする．設計限界値の設定については，「**9.5 限界値の設定**」によるものとする．

(a) 擁壁の壁体や盛土補強材の損傷の照査は，本標準ならびに関連する「鉄道構造物等設計標準」によるものとする．

(b) 擁壁の基礎の残留変位の照査は，「鉄道構造物等設計標準（基礎構造物）」によるものとする．

(c) 擁壁の背面盛土，補強土体の残留変形，支持地盤の残留沈下の照査は，「鉄道構造物等設計標準（土留め構造物）」および「鉄道構造物等設計標準（土構造物）」によるものとする．

【解説】

(1)について

擁壁の復旧性は，擁壁を構成する部材（壁体，盛土補強材）の損傷や，抗土圧擁壁の背面盛土あるいは盛土補強土擁壁の補強土体の残留変位・残留変形および支持地盤の残留沈下について照査するものとし，擁壁の種類や作用の特性に応じて照査する性能項目ごとに適切に定めるものとする．

(2) (a)について

擁壁の壁体の損傷に関する照査は，その破壊形態に応じて，「鉄道構造物等設計標準・同解説（コンクリート構造物）」により適切な照査指標および設計限界値を設定するものとする．一般には，擁壁の性能ランクに応じて，**解説表 13.3.1** に示す損傷レベルの限界値を設定するものとする．なお，重力式擁壁等，壁体が無筋コンクリートで構成されている場合には，発生断面力が耐力以内であることを照査するものとする．また，盛土補強土擁壁の盛土補強材の損傷に関する照査は，盛土補強材に作用する引張力を照査指標として引抜けあるいは破断に対する設計限界値を定めることとする．詳細については「鉄道構造物等設

解説表 13.3.1 擁壁の性能ランクと損傷レベル，安定レベル，変形レベルの目安

対　象		性能ランクⅠ	性能ランクⅡ
壁体	損傷レベル	1～2	2～3
盛土補強材（ジオテキスタイル）		1	1
基礎	安定レベル	1～2	2～3
支持地盤 背面地盤 補強土体	変形レベル	1～2*	2～3

＊省力化軌道において，CAモルタルの再注入による復旧を許容するのであれば，変形レベル3を設定してもよい．

計標準・同解説（土留め構造物）」を参照されたい．

(2) (b) について

　擁壁の基礎の残留変位に関する復旧性の照査は，基礎の残留鉛直変位，残留水平変位，残留傾斜，基礎部材等の損傷のそれぞれについて，基礎の形式や破壊形態に応じて，「鉄道構造物等設計標準・同解説（基礎構造物）」により適切な照査指標および設計限界値を設定するものとする．一般には，擁壁の性能ランクに応じて，**解説表 13.3.1** に示す安定レベルを設定するものとする．ただし，盛土補強土擁壁の場合，慣性力や地震時土圧等の外力に対して，壁体の基礎だけでなく，主として補強土体全体により抵抗する特性を有している．そのため，補強土体の変位・変形により復旧性を照査した場合，基礎の残留変位に関する復旧性の照査を省略してよいものとする．詳細については「鉄道構造物等設計標準・同解説（土留め構造物）」を参照されたい．

(2) (c) について

　抗土圧擁壁の背面盛土，あるいは盛土補強土擁壁の補強土体の残留変位に関する復旧性の照査は，「鉄道構造物等設計標準・同解説（土留め構造物）」により適切な照査指標および設計限界値を設定するものとする．盛土の復旧性の照査と同様に，支持地盤の残留沈下については「鉄道構造物等設計標準・同解説（土構造物）」により照査するものとするが，性能ランクに応じた支持地盤条件を満足する場合は照査を省略してよいものとする．

14章　トンネルの応答値の算定と性能照査

14.1　一　般

　トンネルの耐震設計にあたっては，トンネルの工法，構造物条件，周辺の地盤条件を勘案し，地震の影響を受けやすいトンネルであると判断された場合には，設計地震動に対するトンネルの設計応答値の算定および性能照査は，本章および関連する「鉄道構造物等設計標準」によるものとする．

【解説】
　開削トンネルについては，地震時に周辺地盤から受ける変位やせん断力，く体に作用する慣性力で損傷を受ける可能性があるため，一般に耐震設計を行うものとする．
　シールドトンネルや山岳トンネルは，地盤や地山に囲まれたアーチ状の構造物であり，一般に脆性的な破壊を生じにくい．また，ほぼ均一な地盤中や安定した地山中に位置する場合は，地震時の変形が小さく，地震の影響は大きくない場合が多い．このため，一般には耐震設計を省略してよいものと考えられる．ただし，シールドトンネルについては，以下に示す場合は耐震設計を行うことが望ましい．
　① トンネルの断面，剛性が極端に変化する場合（立坑との接合部等）
　② 地盤条件が局所的に変化する場合（不整形地盤）
　③ 土被り厚が急変する場合
　④ 著しい急曲線の場合
　⑤ 軟弱地盤中に位置する場合
　⑥ 地震時に液状化する地盤中に位置または近接する場合
山岳トンネルについても，以下に示す場合は耐震設計を行うことが望ましい．
　① 耐震設計上の基盤面近傍の小土被り未固結地山中に位置する場合
　② 坑口部が偏圧斜面中にある場合
　③ 断層・破砕帯など地質不良区間に位置する場合
　これらの場合で地震の影響が大きいと判断される場合は，鉄筋コンクリートや繊維補強コンクリート等の採用を検討するのがよい．なお，都市部山岳工法トンネルについては，本標準に加えて「鉄道構造物等設計標準・同解説（都市部山岳工法トンネル）」を参考にするのがよい．
　線路下横断構造物のボックスカルバートなどにおいても，耐震設計を行う必要があると判断された場合

には，施工条件および構造条件を勘案し，本章に示した設計応答値の算定方法および性能の照査方法を適用してよい．

シールドトンネル，山岳トンネルについては，別途適切な手法により設計応答値の算定および性能照査を行うのがよい．その方法については，「**付属資料 14-1** シールドトンネルの耐震設計の考え方」および「**付属資料 14-2** 山岳トンネルの耐震設計の考え方」に示す．

耐震設計が必要な例として，開削トンネルの場合について，一般的な耐震設計のフローを**解説図 14.1**に示す．

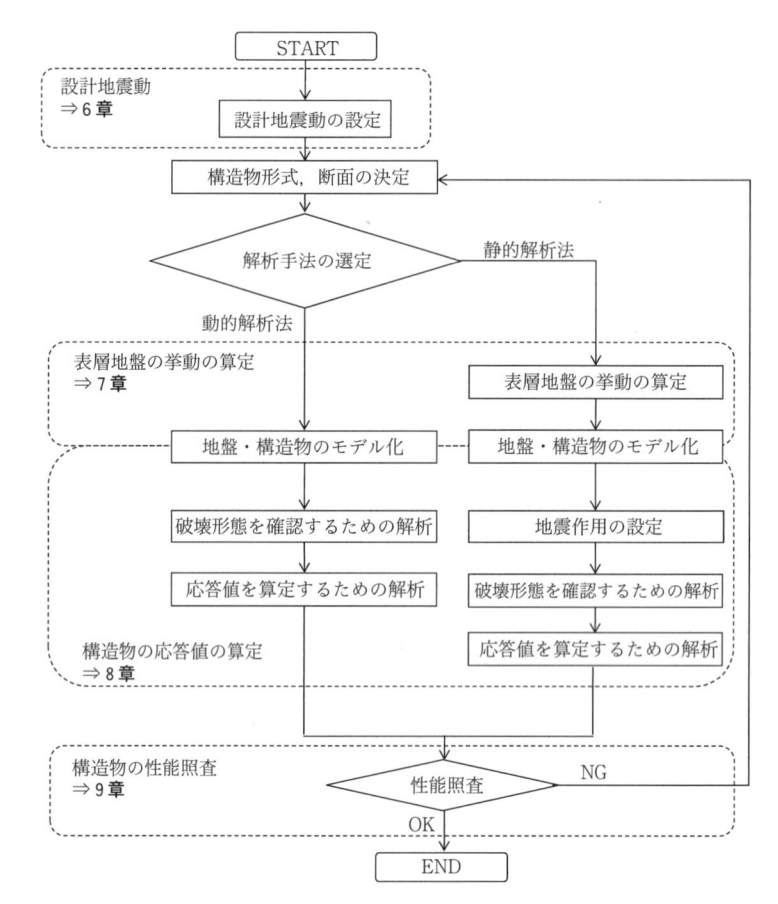

解説図 14.1 一般的な開削トンネルの耐震設計フロー

14.2 応答値の算定

14.2.1 一 般

（1） 設計地震動に対するトンネルの設計応答値の算定は，トンネルの工法に応じた適切な手法によるものとする．

（2） 設計地震動に対する開削トンネルの設計応答値の算定は，地盤と構造物の相互作用や部

材および地盤の非線形性の影響などを考慮して開削トンネルをモデル化し，その挙動を適切に表現できる動的解析法によるものとする．ただし，構造や地盤が単純な場合は，静的な地震作用を設定することが可能であり，その場合には静的解析法を用いてよい．
（3） 設計地震動に対するシールドトンネル，山岳トンネルの設計応答値は，静的解析法を用いて算定してよい．
（4）「**7.2 耐震設計上注意を要する地盤**」に示された地盤中のトンネルにおいては，その影響を考慮して設計応答値を算定するものとする．

【解説】
（2）について
　設計地震動に対する開削トンネルの設計応答値の算定にあたっては，地盤と構造物の相互作用を考慮できる地盤―開削トンネル一体型モデルを用いて，「**14.2.2 動的解析法**」に示す動的解析法を用いるのがよい．特に，地下構造物が橋脚や建築物を支持する場合などの複雑な構造の場合は，動的解析により検討を行うのがよい．一方，隣接する建築物や付帯構造物が存在しないなど，一般的な開削トンネルにおいては地震作用を等価な静的作用に置き換えても十分な解析精度を確保できることから，「**14.2.3 静的解析法**」に示す静的解析法を用いてもよい．また，地下構造物が橋脚や建築物を支持する場合であっても，それらの動的な影響を静的な作用で安全側に置き換えることができる場合は，静的解析法によってもよい．鉛直地震動については，上下動の影響が大きいと推定される構造物についてはこれを考慮するものとする．
　開削トンネルの耐震設計は，一般に線路直角方向に対して検討を行うものとする．線路方向については，「鉄道構造物等設計標準・同解説（開削トンネル）」における構造細目より定まる配力鉄筋を適切に配置すれば大きな被害は受けないと考えられるため，一般には検討を省略してよい．ただし，地層構成や構造物断面が線路方向に大きく変化する場合などで，線路方向の空間変動の影響が大きいと考えられる場合には，「**付属資料14-1 シールドトンネルの耐震設計の考え方**」などを参考にして，線路方向についても検討を行うのがよい．
　地中構造物は一般的に常時に作用する荷重が大きく，地震時の応答も常時の応力状態に大きく影響を受ける．そのため，開削トンネルの設計応答値の算定においては，「鉄道構造物等設計標準・同解説（開削トンネル）」を参考にして，初期応力状態について十分に検討する必要がある．

（3）について
　シールドトンネルの耐震設計においては，開削トンネルと同様の解析手法の適用が考えられる．しかし，継手の動的な非線形性が十分に解明されておらず，多数の継手を有する円形状の構造物というシールドトンネルでは，その影響を適切に考慮しつつ動的解析を行うことは現状では多くの困難を伴う．また，山岳トンネルの耐震設計においても，無筋コンクリートのひび割れや圧縮破壊を適切にモデル化しつつ動的解析を行うことは実務レベルでは難しい．したがって，シールドトンネルや山岳トンネルについては，「**付属資料14-1 シールドトンネルの耐震設計の考え方**」あるいは「**付属資料14-2 山岳トンネルの耐震設計の考え方**」に基づいて，静的解析法により設計応答値を算定してよいものとする．
　シールドトンネル，山岳トンネルは線路方向に長く続く構造物であり，解析の方向についての検討が重要である．地形・地質条件や構造条件が線路方向に一様な場合については，線路直角方向に対する検討を行うのみでよい．一方，地形・地質条件が線路方向に変化する場合などで，線路方向の空間変動の影響が大きいと考えられる場合や，構造条件が線路方向に変化する場合には，線路方向についても検討を行うも

のとする．ここで，山岳トンネルの覆工は打設スパンごとに目地があり，線路方向の変形のずれは目地で吸収されることが多いが，シールドトンネルはリング間継手により線路方向にも剛性を有し，また，立坑等により線路方向の剛性が急変する箇所もある（**解説図14.2.1**）．このため，シールドトンネルにおいては線路直角方向だけでなく線路方向の耐震性についても十分に留意する必要がある．検討を行う場合は「**付属資料14-1　シールドトンネルの耐震設計の考え方**」に準拠して行うのがよい．

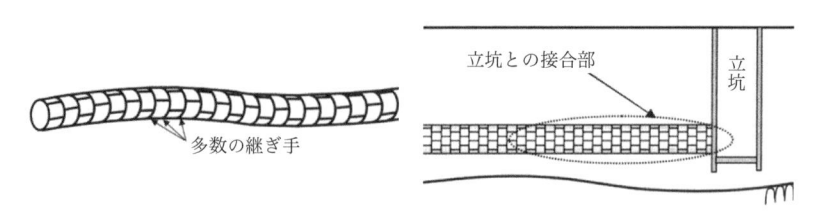

解説図 14.2.1　シールドトンネルの耐震設計上の留意点

（4）について

「**7.2 耐震設計上注意を要する地盤**」で液状化の可能性があると判定された地盤中のトンネルについては，「**14.2.5 液状化の可能性のある地盤における応答値の算定**」に基づいて設計応答値を算定するものとする．

14.2.2　動的解析法

　動的解析法によりトンネルの設計応答値を算定する場合は，「**8.4 構造物のモデル**」に従いモデル化し，地盤と構造物の相互作用や部材および地盤の非線形性を適切に考慮できる時刻歴非線形動的解析法によるものとする．

【解説】

開削トンネル等の動的解析のモデルは，「**8.4 構造物のモデル**」に基づいて適切に設定するものとする．ただし，周辺地盤と構造物の相互作用を適切に考慮するため，**解説図14.2.2**に示すように，地盤とトンネルを一体として扱う一体型モデルを用いるものとする．一体型モデルとしては，FEMモデルがその代表的な手法として適用が可能である．また，地盤とトンネルの境界面で剥離やすべりが生じる場合には，ジョイント要素などを用いてその影響を適切に考慮するのがよいが，その設定には十分注意する必要があ

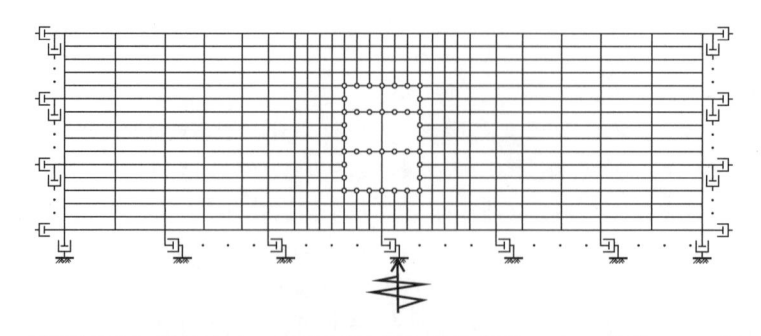

解説図 14.2.2　開削トンネルの動的解析に用いる地盤-開削トンネル一体型モデルの例

る．

　線路直角方向の検討を行う場合，一般的には床版，側壁および中柱（壁）で構成される2次元モデルとしてよい．この場合，中柱（壁）については線路方向の柱間隔を考慮した断面諸元を考慮する必要がある．一般に線路方向に連続した部材を単位幅の2次元モデルとする場合は，線路方向の部材幅として単位幅（1m）を考慮して断面諸元を算出する．一方，中柱のように線路方向にある間隔で部材が存在する場合は，柱1本当たりの剛性を線路方向の柱間隔で除した値として断面諸元を算出するものとする．

　部材のモデル化は，「**8.4.3　部材のモデル化**」によるものとする．2次元モデルを用いる場合，各部材は線材としてモデル化し，軸線位置は各部材の図心位置としてよい．ただし，形状が複雑な場合や2次元で解析を行うのが不適切と考えられる構造の場合は3次元モデルを用いるのがよい．一体型モデルを用いて動的解析を実施する場合の構造物や地盤の非線形性の設定方法，境界条件やメッシュサイズ，減衰の設定方法は，「**8.4　構造物のモデル**」に示した方法に準じてよい．

14.2.3　静的解析法

（1）静的解析法によりトンネルの設計応答値を算定する場合は，「**8.4　構造物のモデル**」に従いモデル化し，静的な地震作用を設定するものとする．

（2）トンネルの静的解析法としては，一般に応答変位法を用いてよい．ただし，トンネルの形式や地盤条件等により，応答変位法を用いることが適切でない場合には，その精度が確かめられたその他の手法を用いてもよい．

（3）トンネルの静的解析法では，地震作用として

　　① 地盤変位
　　② 周面せん断力
　　③ 慣性力

を必要に応じて考慮するものとする．

（4）地震作用は，「**7章　表層地盤の挙動の算定**」に基づいて算定してよい．

【解説】
（2）について
　1）解析モデル

　一般的なトンネルの設計応答値の算定においては，静的解析法として応答変位法を用いてよい．この場合，周辺地盤と構造物の相互作用を自動的かつ適切に考慮できるFEMなどの一体型モデルを用いるのがよいが，構造や地盤が複雑でないトンネルの場合は，**解説図14.2.3**に示すような骨組構造によりモデル化したトンネルを地盤ばねで支持した分離型モデルを用いてよいものとする．

　2）地盤ばね

　分離型モデルを用いてモデル化する場合に必要となる地盤ばねは，トンネル周辺の地盤条件，構造物の幅や高さなどの形状・寸法，地震時における構造物と地盤の変形モード，および地震時の地盤のひずみレベル等を考慮して適切に算定する必要がある．特に，幅の広い構造物または背の高い構造物の場合などは，地盤ばねの設定に注意が必要である．一般的な条件の開削トンネルの場合には，「**付属資料14-3　開削トンネルの応答変位法に用いる地盤ばねの設定方法**」に示す方法により地盤ばねを設定してよい．ま

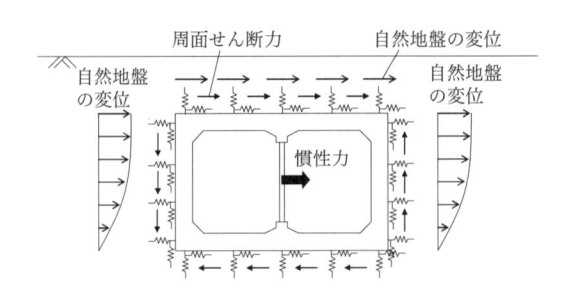

解説図 14.2.3 応答変位法の概念図

た，構造物側方で地盤の層構成が変化する場合は，各層について地盤ばねを算出するものとする．

構造物と地盤間の剥離・すべりの影響が大きいと考えられる場合は，その影響を考慮するのがよい．ただし，一般的な規模の構造および地盤ではその影響は小さく無視してもよい[1]．

3） 部材のモデル化

「**8.4.3 部材のモデル化**」によるものとする．

（3）について

トンネルのような地中構造物は，慣性力の影響の大きい地上構造物と異なり，周辺地盤の挙動に追随した挙動を示すことから，地震作用として地盤変位の影響を適切に考慮することが重要である．また，分離型モデルを用いた応答変位法による場合は，地盤変位や慣性力のほかに周面せん断力の影響を考慮する必要がある．本標準では，これら3つの地震作用を必要に応じて考慮するものとする．

（4）について

トンネルの設計応答値の算定において考慮する地震作用は，「**7章 表層地盤の挙動の算定**」に基づいて算定してよい．ただし，地震の影響は時々刻々と変化し，慣性力と地盤変位，周面せん断力が最大となる時刻は必ずしも一致しない．したがって，慣性力・地盤変位・周面せん断力を地震作用として構造物に載荷させる場合には，それらの作用の載荷方法を定める必要がある．本標準では，一般的な開削トンネルについては，次の手順によって想定する地震レベルに対応する慣性力・地盤変位・周面せん断力をあらかじめ算定しておき，分離型モデルを用いた応答変位法において，その荷重を同時に載荷してよいものとする．

1） 地震作用を地盤の動的解析より算定する場合

地震作用は「**7.3.3 動的解析による方法**」により算定するのがよい．地震の影響は時々刻々変化するが，一般に，地盤変位量の鉛直方向分布に着目し，構造物上下床版間の相対変位が最大となる時刻の応答値を用いてよい．ただし，地層構造が複雑な地層中の多層構造物の場合で，構造物の側方に極端にインピーダンスの異なる地層が存在する場合等は，構造物上下床版間の相対変位が最大の場合が必ずしも構造物に最も厳しい状態とはならない場合が存在する．この場合は，構造物各階層の地盤変位が最大となる時刻にも着目して地震の影響を算定するのがよい．

a） 地盤変位

着目時刻における上下床版間の相対変位を地盤ばねを介して強制変位として作用させるものとする．

b） 周面せん断力

構造物と地盤が接する周面では，構造物に作用する周面せん断力を考慮するものとし，着目時刻における地盤の応答解析結果より算出するものとする．上床版および下床版には，上床版上面および下床版下面

位置における地盤のせん断力を載荷するものとする．また，側壁については各側壁高さのせん断力を用いることが基本であるが，周辺地盤が複雑でない場合は，側壁中心位置の地盤のせん断力を側壁全高さに作用させてよい．ただし，地盤の層構成が側壁位置で変化する場合は，各層ごとにせん断力を算出し当該区間に作用させるものとする．

c) 慣性力

構造物に作用させる慣性力は，構造物の質量に応答加速度を乗じることにより算定するものとする．用いる応答加速度は，着目時刻における加速度分布を元に設定することが基本であるが，一般に慣性力の影響は小さいことから，構造物重心位置の絶対加速度を代表値として用いてよい．鉛直方向の慣性力は，一般にその影響が小さいため，考慮しなくてもよい．ただし，構造形式，荷重条件により鉛直動の影響が大きいと判断される場合は，G0地盤用の設計地震動の0.5倍を考慮するのがよい．

2) 地震作用を簡易に算定する場合

慣性力，地盤変位および周面せん断力の影響は，地盤の地点依存の動的解析によって求めるのがよいが，地層構成が複雑でなく，地盤変位が急激に増大する地層が存在しない場合には，地震の影響を簡易に算定してもよい．この場合は，「**7.3.4 簡易解析による方法**」，「**付属資料7-7 地盤種別ごとの地表面設計地震動**」および「**付属資料7-8 地盤変位分布の簡易な設定方法**」を参考に，構造物の各深度での地震の影響を算定してもよい．その概念図を**解説図14.2.4**に示す．

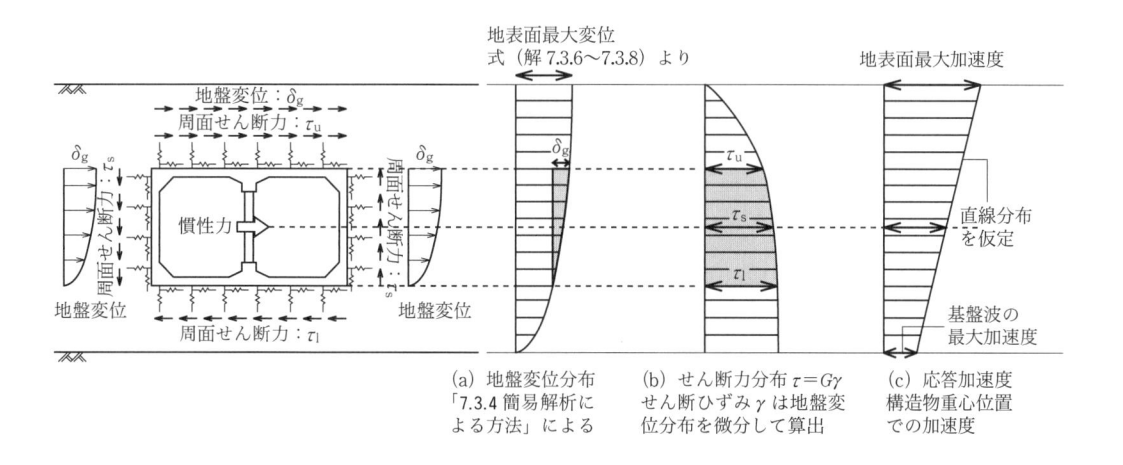

解説図 14.2.4 開削トンネルに作用する地震作用を簡易に算出する場合の概念図

a) 地盤変位

「**7.3.4 簡易解析による方法**」および「**付属資料7-8 地盤変位分布の簡易な設定方法**」により地盤変位の鉛直方向分布を簡易に算定してよい．

b) 周面せん断力

「**付属資料7-8 地盤変位分布の簡易な設定方法**」により地盤変位の鉛直方向分布を簡易に算定し，地盤変位を深度ごとに微分して求まるせん断ひずみに地盤のせん断弾性係数を乗じて算出してよい．ここで用いるせん断弾性係数は，「**付属資料14-3 開削トンネルの応答変位法に用いる地盤ばねの設定方法**」に示す，簡易な方法で算定した等価せん断弾性係数 G_{eq} としてよい．側壁については，側壁中心位置の地盤のせん断力を側壁全高さに作用させてよい．なお，周面せん断力は，自然地盤における地盤のせん断耐力

を超えないものとする．

c) 慣性力

構造物に作用させる慣性力は，構造物重心位置での応答加速度に構造物の質量を乗じることにより算定するものとする．構造物重心位置での加速度は，「**7.3.4 簡易解析による方法**」および「**付属資料7-7 地盤種別ごとの地表面設計地震動**」に示す該当地盤の地表面の最大加速度と基盤における最大加速度を用いて，それらが表層地盤中で直線的に変化すると仮定して求めてよい．

参 考 文 献

1) 西山誠治, 室谷耕輔, 西村昭彦: 開削トンネルの地震時挙動に及ぼす構造物・地盤間の剥離・滑りの影響, 第25回地震工学研究発表会, pp.493-496, 1999.7.

14.2.4 破壊形態を確認するための解析

（1） トンネルの破壊形態を確認するための解析は，「**8.3 構造物の破壊形態を確認するための解析**」によるものとする．

（2） 一般的なトンネルにおいては，破壊形態を確認するための解析としてプッシュ・オーバー解析を用いてよい．

【解説】

開削トンネルの破壊形態の確認は，「**8.3 構造物の破壊形態を確認するための解析**」に従い，構造物全体系が終局に至るまで地震作用を漸増載荷させるプッシュ・オーバー解析によるのがよい．応答変位法を用いてプッシュ・オーバー解析を行う場合は，「**14.2.3 静的解析法**」に示した方法で算定した地震作用を基準となる静的荷重とし，それぞれの静的荷重を終局状態に至るまで漸増載荷させる方法を用いてもよい．しかし，開削トンネルの構造物全体系の終局については現在の研究レベルではまだ明らかになっていない点も多い．したがって，一般的な開削トンネルの破壊形態の確認は，設計地震動を割り増して開削トンネルの設計応答値を求め，破壊形態を確認するものとする．この場合，「**付属資料14-4 開削トンネルにおける破壊形態の確認方法**」に従ってよい．

14.2.5 液状化の可能性のある地盤における応答値の算定

「**7.2 耐震設計上注意を要する地盤**」に示された液状化の可能性がある地盤中のトンネルの設計応答値は，次の事項を考慮して算定するものとする．

（1） 過剰間隙水圧の発生

（2） 側方土圧の増加

（3） 側方流動

【解説】

開削トンネルが液状化の可能性のある地盤中に建設される場合には，液状化による影響を考慮する必要がある．なお，部分的に液状化を許容する液状化対策を行った場合には，対策工による液状化程度の低減を考慮した設計応答値の算定を行う必要がある．また，液状化の影響を考慮した条件での設計応答値のほ

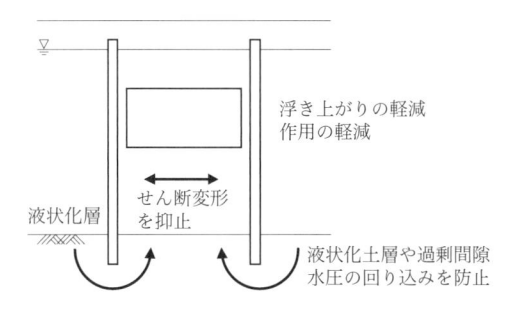

解説図 14.2.5 仮土留め工の残置によるせん断変形の抑止効果

かに，液状化を考慮しない条件での設計応答値を算定し，両者の設計応答値に対して性能照査を行うものとする．側方流動の可能性がある地盤については，側方流動を考慮した設計応答値についても算定するものとする．

なお，開削トンネルは，仮土留め工を施工して構築することが一般的であるため，**解説図 14.2.5** に示すように剛性の高い仮土留め工を残置することにより地盤のせん断変形抑止効果等が期待できる．この仮土留め工は，先端の支持層に十分に根入れするとともに，上部の非液状化層内にも設置することが必要である．この場合，「**10.2.6 液状化の可能性のある地盤における応答値の算定**」を参考に，周辺の液状化地盤からの作用を算定して，必要な剛性を有する仮土留め工とする必要がある．なお，仮土留めの応答値の算定手法については有限要素法解析[1]や梁ばねモデル[2]による手法があるので，これらを参考にして評価を行うのがよい．

シールドトンネルについても，液状化の影響が懸念される場合はその影響を適切に検討して設計応答値の算定を行うのがよい．

(1) について

液状化時には周辺地盤の過剰間隙水圧が上昇し，構造物に作用する揚圧力が増加するため，周辺地盤よりも重量の小さい開削トンネルは浮き上がる可能性がある．開削トンネルの浮き上がりの影響については，上載土と構造物の自重の和と，静水圧と過剰間隙水圧による揚圧力の和で釣合いを考え，式（解14.2.1）に示す浮き上がり安全度を満足すれば安定であると判断することとする．ただし，液状化層の間に非液状化層が存在する場合には，浮き上がり安全度の計算に非液状化層のせん断抵抗を加味してもよい．

なお，過去の研究事例により地中構造物の浮き上がりは，構造物周辺地盤の液状化程度が支配的であることが分かっており，浮き上がり安全度が過渡的に 1.0 を超えても液状化の範囲・程度が限定的であれば浮き上がらない場合があることが確認されている[3]．したがって，構造物の要求性能や規模によっては浮き上がり安全度ではなく，液状化の程度によって設計応答値を算定してよい．液状化程度による開削トンネルの安定の照査は「**付属資料 14-5 開削トンネルの浮き上がりによる安定レベルの照査方法**」によるものとする．ただし，この方法を用いて設計応答値を算定する前提として，開削トンネル上部の埋戻し土が液状化しないことが必要である．

また，別途詳細な方法で浮き上がり量を厳密に算定した場合は，それにより照査を行ってよい．

$$\gamma_1 \frac{U_S + U_D}{W_S + W_B + 2Q_S + 2Q_B} \leq 1.0 \qquad (解 14.2.1)$$

$$W_S = f_{uw} p_v B \qquad (解 14.2.2)$$

$$W_B = f_{uw} w_B \qquad (解 14.2.3)$$

$$Q_S = f_{us}(c_S + K_0 \sigma'_{vS} \tan \phi_S) H' \qquad (解\ 14.2.4)$$
$$Q_B = f_{us}(c_B + K_0 \sigma'_{vB} \tan \phi_B) H \qquad (解\ 14.2.5)$$
$$U_S = \gamma_f u_S B \qquad (解\ 14.2.6)$$
$$U_D = L_u \cdot \sigma_v' \cdot B \qquad (解\ 14.2.7)$$

ここに，

- W_S：鉛直荷重（水の重量を含む）（kN/m）
- W_B：開削トンネルの自重（kN/m）
- w_B：開削トンネルの自重の特性値（kN/m）
- p_v：水の重量を考慮した鉛直土圧力度の特性値（kN/m²）
- B：開削トンネルの幅（m）
- Q_S：上載土のせん断抵抗（kN/m）で，$F_L<1$ の土層は $Q_S=0$ とする
  また，粘性土の場合は $\phi_S=0$，砂質土の場合は $c_S=0$ として算定する
- Q_B：開削トンネル側面の摩擦抵抗（kN/m）で，$F_L<1$ の土層は $Q_B=0$ とする
  また，粘性土の場合は $\phi_B=0$，砂質土の場合は $c_B=0$ として算定する
- c_S：上載土中央深さにおける土の粘着力（kN/m²）
- ϕ_S：上載土の内部摩擦角（°）
- σ'_{vS}：上載土中央深さにおける土の有効上載圧（kN/m²）
- H'：上載土の厚さ（m）
- K_0：静止土圧係数
- c_B：開削トンネル中央深さにおける土の粘着力（kN/m²）
- ϕ_B：開削トンネル側面の壁面摩擦角（°）で，$\phi_B=2/3\phi$ とする（ϕ：開削トンネル周辺地盤の土の内部摩擦角）
- σ'_{vB}：開削トンネル中央深さにおける土の有効上載圧（kN/m²）
- H：開削トンネルの高さ（m）
- U_S：開削トンネル底面の静水圧による揚圧力（kN/m）
- u_S：開削トンネル底面の静水圧による揚圧力度の特性値（kN/m²）
- U_D：開削トンネル底面の過剰間隙水圧による揚圧力（kN/m）
- L_u：過剰間隙水圧比（**解説図 10.2.16** 参照）
- σ_v'：開削トンネル底面位置における初期有効上載圧（kN/m²）
- γ_I：構造物係数

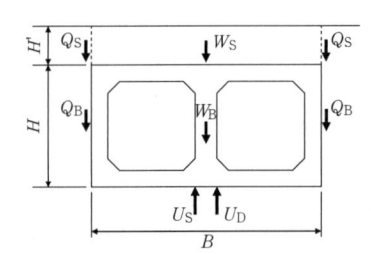

解説図 14.2.6 液状化時の開削トンネルの安定に関する力の釣合い

解説表 14.2.1 浮き上がりに関する安全係数

f_{uw}	1.0 (0.3)
f_{us}	1.0 (0.9)

（ ）内：常時

14章　トンネルの応答値の算定と性能照査

γ_f：荷重係数

f_us, f_uw：浮き上がりに関する安全係数で**解説表 14.2.1**による．

(2) について

　地盤の液状化により構造物に作用する側方土圧が増加することが既往の研究で明らかになっており，開削トンネルの周辺地盤が液状化する場合には，これを考慮して設計応答値を算定する必要がある．

　一体型モデルを用いた動的解析により側方土圧の変化を逐次考慮することは一般には難しいことから，側方土圧の増加を考慮した静的解析法を実施して設計応答値を算定してよいものとする．地盤が液状化した場合，せん断力が伝搬されなくなるため，水圧を含めた上載圧が構造物側面に水平にも作用することになる．したがって，**解説図 14.2.7** (a) に示すように式（解 14.2.8）で示される静水圧および土の有効単位体積重量による土圧を，「14.2.3 静的解析法」により作用させ，設計応答値を算定するものとする．ただし，開削トンネル底面が非液状化層に根入れされている場合は地震動が直接開削トンネルに作用することから，**解説図 14.2.7** (b) に示すように式（解 14.2.9）で示される振動に起因する周辺地盤の動水圧を考慮する必要がある．なお，これらを考慮する場合には，地盤変位荷重は同時に考慮しないものとする．

$$P_\mathrm{liq} = W_\mathrm{p} + \sigma'_\mathrm{h} \quad \text{（底面が非液状化層に根入れされていない場合）} \quad \text{（解 14.2.8）}$$

$$P_\mathrm{liq} = W_\mathrm{p} + \sigma'_\mathrm{h} + \sigma_\mathrm{hd} \quad \text{（底面が非液状化層に根入れされている場合）} \quad \text{（解 14.2.9）}$$

ここに，W_P：静水圧（kN/m²）

σ'_h：土の有効単位体積重量による土圧（kN/m²）で次式による．

$$\sigma'_\mathrm{h} = \gamma' h K \quad \text{（解 14.2.10）}$$

γ'：土の有効単位体積重量（kN/m³）

h：検討深さ（m）

K：静止土圧係数で 1.0 とする

σ_hd：振動土圧（kN/m²）で，式（解 10.2.10）による．（開削トンネル方向に作用）

　また，明らかに通常の条件における地盤変位荷重の影響の方が大きいと考えられる場合には，液状化の影響を考慮した検討を省略してもよい．

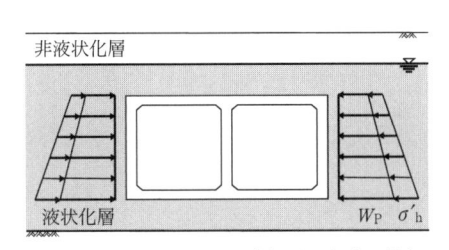

(a) 開削トンネル周辺の全層が液状化する場合

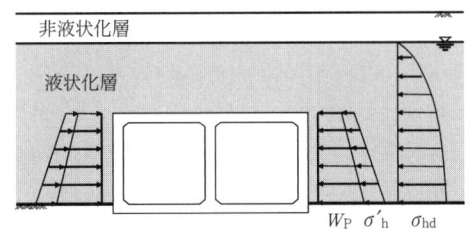

(b) 開削トンネルが非液状化層に根入れされている場合

解説図 14.2.7　液状化地盤中の開削トンネルで考慮する土圧

（3）について

側方流動の影響は，静的解析法により考慮してよいものとする．この場合，応答変位法により，「**10.2.6 液状化の可能性のある地盤における応答値の算定**」から算出される液状化層および上部非液状化層における側方流動による地盤変位量を地盤を介して構造物に作用させ，設計応答値を算定するものとする．

参 考 文 献

1) 後藤茂ほか：遮水壁による地中構造物の液状化時浮き上がり防止効果の評価方法，第48回地盤工学シンポジウム発表論文集，pp. 247-254，2003．
2) 鈴木仁視，小川泰司，富田正孝：新名古屋火力発電所7号系列取水工事における土留め鋼矢板の本体利用による合理化，電力土木，No. 260，pp. 35-43，1995．
3) 渡辺健治，澤田亮，舘山勝，古関潤一：周辺地盤の液状化による開削トンネルの浮き上がり量の評価法，鉄道総研報告，Vol. 25，No. 9，pp. 45-50，2011．

14.3 性能照査

14.3.1 一 般

（1） トンネルの性能照査は，トンネルの工法に応じて適切に行うものとする．
（2） トンネルの性能照査は，安全性および復旧性に対して適切な照査指標およびその設計限界値を設定して行うものとする．
（3） トンネルの性能照査に用いる照査指標およびその設計限界値は，構造物の破壊形態に応じて適切に設定するものとする．

【解説】
（1）について

開削トンネルの性能照査を行う場合には，要求性能に応じた性能項目に関して，定量的に評価可能な照査指標を用いて行うものとする．シールドトンネルや山岳トンネルの性能照査は確立された手法がないのが現状であるため，「**付属資料14-1 シールドトンネルの耐震設計の考え方**」および「**付属資料14-2 山岳トンネルの耐震設計の考え方**」を参考にするなどして行うのがよい．

（2）について

開削トンネルの安全性に対しては，一般に破壊および安定を性能項目としてよい．一方，復旧性に対しては，一般に損傷および安定を性能項目としてよい．

以下に，各性能項目に対する設計限界値の考え方を示す．

1) 破壊に関する安全性の設計限界値

開削トンネルは複数の部材によって構成されており，一部の部材が破壊しても構造物全体系として直ちに崩壊に至るわけではない．しかし，本標準では構造物の破壊を安全側に照査するために，開削トンネルについても，構造物を構成する部材のいずれか一つが破壊の限界状態に至った場合を構造物の破壊と等価と考えるものとする．部材等の構造要素の破壊については，「**9.5 限界値の設定**」に示す部材の荷重-変位関係と損傷レベルの関係から，破壊に関する安全性の設計限界値を設定してよいものとする．

14章 トンネルの応答値の算定と性能照査　197

2) **安定に関する安全性の設計限界値**

開削トンネルの安定レベルの設定例を**解説表 14.3.1**に示す．開削トンネルの安定に関する照査は，構造物周辺地盤が液状化すると判定された場合に実施するものとする．この場合，式（解14.2.1）に示す開削トンネルの浮き上がり安全度を算定し，開削トンネルが浮き上がらないことを照査した場合を安定レベル1とする．また，浮き上がり安全度が1を超えた場合でも，液状化の範囲・程度が限定的で浮き上がらない場合には安定レベル2とする．安定レベル2については，液状化程度により照査を行うものとする（「**付属資料14-5** 開削トンネルの浮き上がりによる安定レベルの照査方法」参照）．

解説表 14.3.1 トンネルの安定レベルの設定例

安定レベル	状　態
安定レベル1	液状化が生じない場合や液状化に対して適切な対策工が施された場合，または液状化は生じるが浮き上がり安全度が1.0以下である場合
安定レベル2	浮き上がり安全度は1.0を上回るが，その範囲・程度は限定的であり，浮き上がりは生じないと判断される場合

3) **損傷に関する復旧性の設計限界値**

開削トンネルの損傷に関する復旧性の照査では，構造物を構成する各部材の荷重-変位関係と損傷レベルの関係から設計限界値を適切に設定するものとする．損傷に関する復旧性の設計限界値については，部材の力学的特性に加え，部材の損傷による補修の難易性を考慮して適切に設定するのがよい．

以下に示す部材については，補修が困難で復旧に時間を要することが想定されるため，十分に注意して損傷に関する復旧性の設計限界値を設定する必要がある．

① 開削トンネル全体系の破壊に至ることが想定される中柱
② 外周が土と接する側壁
③ 軌道を直接支持する部材

4) **安定に関する復旧性の設計限界値**

トンネルの安定に関する復旧性の照査は，構造物周辺地盤が液状化すると判定された場合に行うものとする．この場合，式（解14.2.1）に示す開削トンネルの浮き上がり安全度を算定し，開削トンネルが浮き上がらないことを照査するものとする．

標準的な開削トンネルにおける損傷部位のイメージ図と構造物の要求性能および部材の損傷・安定レベルの例を**解説図14.3.1**および**解説表14.3.2**に示す．なお，既設構造物の改良等において，既設部分の評価を行う場合には，復旧性の損傷レベルの設計限界値を別途適切に定めてよい．

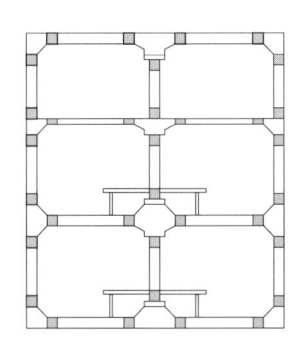

解説図 14.3.1 開削トンネルの損傷部位のイメージ

解説表 14.3.2 構造物の要求性能と部材の損傷レベル，安定レベルの例（開削トンネル）

構造物の要求性能			復旧性	安全性
部材の損傷レベル		上下床版	2	3
	中床版	列車荷重を支持する	2	3
		上記以外	3	3
	側　壁		2	3
	中柱（壁）		2	3
安定レベル			1 (2注)	2

注) 小規模なトンネルのみに適用する．

（3）について

部材の破壊および損傷に関する照査において，曲げ破壊形態となる部材に関しては，一般に変位・変形を照査指標として，その設計限界値を設定してよい．一方，せん断破壊形態となる部材は力を照査指標として，「鉄道構造物等設計標準・同解説（コンクリート構造物）」あるいは「鉄道構造物等設計標準・同解説（鋼とコンクリートの複合構造物）」に示される方法により，当該部材に作用するせん断力が最大になる条件においてもせん断破壊を生じないことを照査することとしてよい．なお，せん断破壊形態となる部材については，曲げ降伏も生じないようにするのがよい．

14.3.2 破壊形態の確認

トンネルの性能照査における破壊形態の確認は，「**9.4 構造物の破壊形態の確認**」によるものとする．

【解説】

一般的な開削トンネルの性能照査においては，破壊形態に応じた照査指標および設計限界値を設定するため，「**9.4 構造物の破壊形態の確認**」に従い，破壊形態の確認を行う必要がある．

14.3.3 安 全 性

（1） トンネルの安全性は，一般に破壊および安定について照査するものとする．

（2） 破壊の照査は，「**14.2 応答値の算定**」に従い設計応答値を算定するとともに，部材ごとに設計限界値を設定し，式（3.4.1）により行うものとする．設計限界値の設定については，「**9.5 限界値の設定**」によるものとする．

なお，部材の破壊の照査は，「**14.3.2 破壊形態の確認**」の破壊形態に応じて，変位・変形または力を照査指標とし，本標準ならびに関連する「鉄道構造物等設計標準」によるものとする．

（3） 安定の照査は，周辺地盤の液状化による構造物の浮き上がり量を照査指標とし，その設計限界値を設定して，式（3.4.1）により行うのがよい．設計限界値の設定については，「**9.5 限界値の設定**」によるものとする．

【解説】

（1）について

開削トンネルの安全性は，構造物を構成する部材等の構造要素の破壊および開削トンネルの浮き上がりに関する安定について照査するものとする．

（2）について

開削トンネルの破壊に関する安全性は，構造物を構成する部材の破壊について照査するものとする．本標準では，破壊形態に応じて変位・変形または力を照査指標として設定し，各構成部材の破壊の限界状態を適切に設定するものとする．また，各照査指標の設計限界値は関連する設計標準により定めるものとし，式（3.4.1）によって破壊の限界状態を照査することにより，構造物の破壊に関する安全性の照査を行うものとする．

(3)について

　開削トンネルの安定に関する安全性については，開削トンネルが浮き上がらないことを照査するものとする．ここで，式（解 14.2.1）に示す浮き上がり安全度が 1.0 を超えた場合でも，液状化の範囲・程度が限定的であれば浮き上がらないことを勘案し，安定レベル 2 を満足すればよいものとする（「**付属資料 14-5 開削トンネルの浮き上がりによる安定レベルの照査方法**」参照）．

　また，地盤の液状化により浮き上がりが生じて線路方向に目違い等が生じた場合，列車の走行性に影響を与える可能性が考えられる．したがって，L1地震動に対して液状化が生じると判定された地盤においては，安定レベル 1 を満足することを照査するものとする．

14.3.4　復　旧　性

（1）　トンネルの復旧性は，一般に損傷および安定について照査するものとする．

（2）　損傷の照査は，「**14.2 応答値の算定**」に従い設計応答値を算定するとともに，部材ごとに復旧性を考慮した設計限界値を設定して，式（3.4.1）により行うものとする．設計限界値の設定については，「**9.5 限界値の設定**」によるものとする．

　　　なお，部材の損傷の照査は，「**14.3.2 破壊形態の確認**」の破壊形態に応じて，変位・変形または力を照査指標として，本標準ならびに関連する「鉄道構造物等設計標準」によるものとする．

（3）　安定の照査は，構造物が浮き上がらないことを照査することにより行ってよい．

【解説】

(1)について

　開削トンネルの復旧性は，構成する部材の損傷および開削トンネルの安定について適切な設計限界値を定めて照査するものとする．

(2)について

　本標準では，破壊形態に応じて変位・変形または力を照査指標として設定し，補修の難易度を適切に考慮して，照査する性能項目ごとに各構成部材の損傷の限界状態を適切に設定するものとする．ただし，開削トンネル等の地下構造物は地中部に存在し，補修・補強に要する難易度が地上構造物と異なることや，部材の箇所によって補修の難易度が異なることを考慮して，損傷に関する復旧性の照査を行う必要がある．**解説表 14.3.2** に例示した損傷に関する復旧性の設計限界値は，これらのことを考慮して部材ごとに損傷レベルの設計限界値を定めた例である．また，各照査指標の値は関連する鉄道構造物等設計標準により定めるものとし，式（3.4.1）によって損傷の限界状態を照査することによって，構造物の損傷に関する復旧性の照査を行うものとする．

(3)について

　周辺地盤の液状化により開削トンネルの浮き上がりが生じた場合，その復旧は困難となることが予想される．したがって，開削トンネルの安定に関する復旧性については，式（解 14.2.1）に示す浮き上がり安全度を算定し，安定レベル 1 を満たすことを照査するものとする．また，浮き上がり安全度が 1.0 を超えた場合でも，液状化の範囲・程度が限定的で浮き上がらない場合があることを勘案し，小規模な開削トンネルに対しては安定レベル 2 を設計限界値としてよいものとする（「**付属資料 14-5 開削トンネルの浮**

き上がりによる安定レベルの照査方法」参照）．開削トンネルが浮き上がると判定された場合には，開削トンネルが浮き上がらないように適切な対策を講じるものとする．

付 属 資 料

1-1	性能照査に対する基本的考え方 203	8-5	コンクリート充塡鋼管部材の復元力モデル 306
2-1	断層を跨ぐ橋梁を設計する場合の検討事項 208	8-6	鋼部材の復元力モデル 317
5-1	分離型モデルを用いた静的解析法における地震作用の考え方 212	8-7	相互作用ばねの非線形性のモデル化方法 322
6-1	L2地震動の対象地震の選定のための資料 216	8-8	構造物上の電車線柱の設計応答値算定法について 332
6-2	L2地震動の算定時に詳細な検討を必要とする地域と対応の考え方 217	9-1	列車の地震時の走行安全性に係る変位の考え方 339
6-3	L2地震動の標準スペクトルの設定方法 226	9-2	トータルコストを考慮した復旧性照査方法 341
6-4	短周期成分の卓越したL2地震動の考え方 232	9-3	支承部の損傷レベルと各装置の関係の例 349
6-5	スペクトルⅡの規模および距離による低減方法 236	10-1	基礎が先行降伏する場合の地盤抵抗の割増しの考え方 354
6-6	簡易に復旧性を検討する場合の作用と限界値の組合せに関する検討の例 238	10-2	減衰の設定方法と設定例 356
7-1	側方流動による建設地点での地盤変位量の推定方法 246	10-3	橋梁および高架橋の所要降伏震度スペクトル 362
7-2	液状化強度比の評価方法 250	10-4	所要降伏震度スペクトルの補正 374
7-3	乱れの影響を除去した液状化強度比の推定 254	10-5	液状化の影響を考慮した所要降伏震度スペクトル 375
7-4	地点依存の動的解析に用いる土の非線形モデル 256	11-1	抗土圧橋台の所要降伏震度スペクトル 378
7-5	不整形地盤における地表面設計地震動の補正方法 265	12-1	盛土材料のせん断剛性率、履歴減衰について 386
7-6	地盤のせん断弾性波速度の推定式 270	12-2	土構造物の応答値算定用の地震動について 390
7-7	地盤種別ごとの地表面設計地震動 271	12-3	盛土の適合みなし仕様の滑動変位量に関する試計算 395
7-8	地盤変位分布の簡易な設定方法 274	12-4	盛土の揺すり込み沈下量の算定 397
7-9	液状化の可能性のある地盤の地表面設計地震動 277	12-5	液状化地盤上の盛土の沈下量の目安 399
7-10	地盤挙動の空間変動の簡易な設定方法および適用 279	12-6	盛土の被害程度と沈下量の目安 401
8-1	橋梁および高架橋のプッシュ・オーバー解析 284	14-1	シールドトンネルの耐震設計の考え方 402
8-2	鉄筋コンクリート部材の復元力モデル 288	14-2	山岳トンネルの耐震設計の考え方 405
8-3	地震動の繰返しによる剛性低下を考慮した非線形モデル 292	14-3	開削トンネルの応答変位法に用いる地盤ばねの設定方法 407
8-4	鉄骨鉄筋コンクリート部材の復元力モデル 296	14-4	開削トンネルにおける破壊形態の確認方法 410
		14-5	開削トンネルの浮き上がりによる安定レベルの照査方法 413

付属資料 1-1　性能照査に対する基本的考え方

1. はじめに

「鉄道構造物等設計標準・同解説（耐震設計）」（以下，本標準という）は，平成11年制定の耐震標準（以下，平成11年版標準という）の改訂版であり，平成13年の省令改正[1]を受けて，本格的な性能規定型の設計標準に移行したものである．本標準は，既に先行して性能規定化に移行したコンクリート標準，鋼・合成標準，および土構造物標準などとの整合性を考慮しつつ，主に以下の改訂方針とした．

- 新技術の導入に対する柔軟な対応
  - 新技術の導入を阻害しないこと
  - 本文と解説の記載内容の見直し
    - 本文には，性能照査方法の原則や基本事項を記述
    - 解説には，その標準的な考え方，照査式，および限界値等を記述
    - 原則と適合みなし仕様との分離
- 地域性や線区の個別事情への柔軟な対応
  - 建設地点に応じた地震動の設定
  - 要求性能と地震動レベルの関係の見直し
- 検証方法の自由度を高める
- 近年の地震工学分野の研究の進展および国際標準や学協会示方書等への配慮　など

2. 性能照査型設計の体系

一般に性能照査型設計は，付属図1.1.1のような階層化された体系で示すことができる．この体系は，上階層で示される考え方や項目を実現するための具体的な手法が下階層において順次示される構造となっている．ここで，性能照査型設計体系の最上階層に位置する「目的」では，構造物の社会的目的が示される．次に，「機能的要求」では目的を実現するために構造物が保有しなければならない機能的要求が，また，「要求水準」では，機能的要求を実現するための要求水準が示される．さらに，要求水準を検証する具体的な方法としての「検証方法」や，検証を満足する実務的な解としての「適合みなし仕様」が示される．本標準では，この体系における「要求水準」から下の階層について記述している．

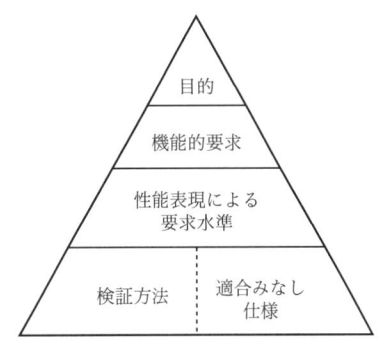

付属図 1.1.1　性能照査型設計の階層化モデル

3. 構造物の要求性能と性能照査

3.1 用語の定義

本標準では，構造物の要求性能と性能照査に関する主な用語を定義しているが，特に「照査」と「検討」を使い分けて記述することとした．「照査」は，理論的確証ある手法等を用いて定量的な指標によって，性能を満たしているか否かを判定する行為であり，「検討」は，コンクリート標準の定義と同様に，「照査」に加えて定性的および経験的な事項も考慮する行為として用いることとした．なお，本標準では，「検討」を主として「復旧性」において用いている．

　構造物の性能：構造物が発揮する能力
　要　求　性　能：目的および機能に応じて，構造物に求められる性能
　照　　　　査：構造物が要求性能を満たしているか否かを，適切な供試体による確認実験や，経験的かつ理論的確証のある解析による方法等により判定する行為
　検　　　　討：照査に加え，定性的・経験的な事項も考慮すること
　安　　全　　性：構造物が使用者や周辺の人々の生命を脅かさないための性能
　復　　旧　　性：構造物の機能を使用可能な状態に保つ，あるいは短期間で回復可能な状態に留めるための性能

3.2 構造物に設定する要求性能

平成11年版標準と本標準で考える要求性能は，おおむね**付属表**1.1.1のように対応している．要求性能の呼称に関しては，平成11年版標準では「耐震性能Ⅰ，Ⅱ，Ⅲ」を用いていたが，本標準では「安全性」と「復旧性」と呼ぶこととした．これは，既に先行して性能規定化された他の設計標準と整合させたものである．

本標準では，地震時における要求性能として，すべての構造物に「安全性」を設定することとした．これは，平成11年版標準における耐震性能Ⅲに対応するものである．さらに，重要度の高い構造物には，復旧性も設定することとした．重要度の高い構造物に「復旧性」を設定するのは，平成11年版標準における耐震性能Ⅱの内容とおおむね整合するものである．なお，平成11年版標準では，L1地震動に対して耐震性能Ⅰ（無損傷）の制限を設けていたが，今回の改訂では設定しないこととした．これは，L1地震動に対して耐震性能Ⅰで設計しても必ずしも中小地震に対する被害を合理的にコントロールできないことや，新しい構造形式や材料の導入の妨げになっている場合があるためである．ただし，変位制限標準「**7.3.2 地震時の横方向の振動変位の照査**」に示されるスペクトル強度を用いた照査を行う場合は，線路方向，直角方向とも構造物が降伏しないことが照査の前提条件となる．

付属表 1.1.1　新旧標準における要求性能の比較

（平成11年版標準）

性能	内容	適用
耐震性能Ⅰ	無損傷	すべて
耐震性能Ⅱ	早期復旧	重要構造物
耐震性能Ⅲ	崩壊防止	一般構造物
安全性*	走行安全性に係る変位	すべて

*変位制限標準による

（本標準）

性能	内容	適用
復旧性	早期復旧	重要構造物
安全性	崩壊防止	すべて
安全性	走行安全性に係る変位	すべて

1) 復旧性の定義

本標準における「地震時の復旧性」は，「構造物周辺の環境状況を考慮し，想定される地震動に対して，

構造物の修復の難易度から定まる損傷等を一定の範囲内に留めることにより，短期間で機能回復できる状態に保つための性能」と定めた．

本標準「**2.2 耐震構造計画**」では，構造物が地震により損傷し，その構造物を速やかに復旧するのに影響の大きい事項のうち，構造物の計画・設計で考慮すべき事柄として，① 構造物への進入路，作業ヤードの確保，② 高架橋下などの利用状況，③ 構造物の損傷の程度等であることを記載した．復旧性は，兵庫県南部地震や新潟県中越地震における被災構造物復旧の経験から明らかなように，上記③に示す構造物の損傷等に対する修復の難易度のみならず，①②などの構造物周辺の環境状況に大きく左右される．このため，本標準では，構造物周辺の環境状況の要因を構造計画において別途考慮することを前提に，修復の難易度から定まる損傷等に関わる力学的な性能項目として，損傷や変位等の定量的な指標を定めて，これを照査することにより復旧性の確保を目指すものとした．

2）復旧性の検討について

本標準では，安全性に関する破壊，安定および走行安全の各性能項目（**付属表 1.1.2**）について，定量的な指標を用いて設計限界値を満足するか否かを判定することを基本としているため，「安全性の照査」として表記している．一方，復旧性に関しては，損傷，残留変位および変形の各性能項目について同様に定量的な指標により照査するが，耐震構造計画段階において，地震時の構造物周辺の環境状況（例えば構造物への進入路や高架橋下などの利用状況等）などの種々の要因を幅広く考慮することも必要である．このことから，本標準では，**付属図 1.1.2** に示すように「構造物周辺の環境状況の考慮」と「構造物の損傷，残留変位，変形等の照査」の両方の行為を合わせて，「復旧性の検討」と呼ぶことにした．なお，復旧性のうち，後者（損傷，残留変位および変形）の性能項目が設計限界値を満足するか否かの判定行為だけを指す場合には，「検討」ではなく「照査」と表記した．

付属表 1.1.2　要求性能，性能項目に対する照査指標の例

要求性能	性能項目	照査指標の例
安全性	破　壊	力，変位・変形
	安　定	力，変位・変形
	走行安全性に係る変位	変位・変形
復旧性	損　傷	力，変位・変形，応力度
	残留変位	変位・変形，力
	変　形	変　形

復旧性の検討
- 地震時の構造物周辺の環境状況の考慮
  （耐震構造計画による考慮事項）
- 地震時の構造物の損傷，変位，変形の照査
  （定量的な照査指標による照査事項）

付属図 1.1.2　復旧性の検討内容

3）危機耐性について

将来の地震に関しては，現時点では震源断層の破壊過程，破壊領域等に多くの不確定要因が多く含まれ

るため，予測結果には大きなばらつきを伴う．そのため，L2地震動を越える地震動の発生の可能性は排除できない．例えば2011年に発生した東北地方太平洋沖地震では，4つ程度の震源域が連動した結果，マグニチュード9.0という規模の地震となったが，この地域において事前にこのような想定はされていなかった．

鉄道構造物は一般に公共性の高いものであり，それらの円滑な機能の維持・確保が個人の生命や生活，社会・生産活動にとって非常に重要であることを考えると，耐震設計では，L2地震に対して所要の性能を満足することは勿論であるが，想定以上の地震に対しても破滅的な被害に繋がらないような危機耐性を有することが望ましい．ただし，このような性能を直接的に照査する体系はまだ構築されておらず，本標準では耐震構造計画の段階で配慮することとした．例えば，構造物全体系として脆性的な破壊形態となるのを避けること（「**8.3** 構造物の破壊形態を確認するための解析」）や，一部の部材が破壊の限界状態に達しても構造物全体系の破壊崩壊が生じないような構造とするなど，冗長性（リダンダンシー）や頑健性（構造ロバスト性）を有する構造物としておくことが考えられる．構造的な対応だけでは安全性を確保できない場合には，ソフト対策とハード対策を組み合わせて対処するのがよい．

3.3 性能照査の方法

本標準における性能照査の方法は，あらかじめその精度が検証された信頼性の高い方法によって行うこととした．つまり，性能照査の方法を限定しないことで自由度を持たせ，新しい照査方法の導入を妨げないこととしたものである．なお，上記の考えを基本としつつ，解釈基準としての設計標準の位置付けとして，具体的な照査方法を例示する必要があることから，これまでの設計で実績があり信頼性の高い方法である，部分安全係数を用いた限界状態設計法による照査方法を示したものである．

4. 作用および設計地震動

（1）作　用

本標準では，5章の標題を「荷重」ではなく「作用」を用いることとした．これは，構造物の耐震設計において，重量や力等へのモデル化の手順を踏まずに動的解析などにより直接応答値を求める場合が多いことや，環境の影響を構造物の働きかけの一つとして位置付ける必要があること，さらに国土交通省「土木・建築にかかる設計の基本」[2]が示されており，この中でISO 2394（構造物の種類・形態によらない設計の基本に関わる事項を規定している技術標準）における「Action」を「作用」と位置付けている．このような背景から，他の設計標準と同様に，「作用」という用語を用いることとした．

（2）設計地震動

本標準では，従来通りL1地震動とL2地震動を設定することとした．L1地震動については定義やスペクトルレベルなどは従来のものと基本的に変更していない．L2地震動については，従来の「設計耐用期間中に発生する確率は低いが，非常に強い地震動」という定義から「建設地点で考えられる最大級地震動」という定義に変更した．これは，国際標準（ISO）[3]や土木学会「第三次提言」[4]との整合性を考慮したこと，および陸地近傍で発生する大規模なプレート境界地震と活断層による内陸直下の地震では，その再現期間が大幅に異なっていることや大規模地震の発生確率に関する情報は現時点では極めて不足していることから，地震の発生確率をL2地震動の定義に持ち込まないこととしたものである．また，将来の地震に関しては，震源断層の破壊プロセスに不確定要因が多く，予測にはばらつきが伴うことは避けられない．そのため，L2地震動の設定においては，構造物に付与する性能と経済性のバランスのもとで地震動強度を合理的に選定することが必要であり，L2地震動は物理的に発生可能と考えられる極限としての最大地震動強さを下回ることもある．そこで，L2地震動を「最大級の強さ」をもつ地震動と定義している．

参 考 文 献

1) 国土交通省令 第151号：鉄道に関する技術上の基準を定める省令，平成13年12月25日．
2) 国土交通省：土木・建築にかかる設計の基本，2002．
3) ISO 23469：Bases for design of structures — Seismic actions for designing geotechnical works, 2005.
4) 土木学会：土木構造物の耐震設計等に関する提言「第三次提言」，2000．

付属資料2-1　断層を跨ぐ橋梁を設計する場合の検討事項

1. 断層と交差する構造物の設計の考え方

　断層と交差して構造物を設計する場合には，いわゆる「振動」に対する通常の耐震設計以外に，随伴事象としての「地表面のずれ」を考慮した耐震設計が必要となる．

　現位置調査等を綿密に実施しても，断層の位置およびずれの方向を粗い精度で推定するのが現状の技術水準では限界であり，対策を決定する上で必要となるずれの量を，設計で用いることができる精度で予測するのは難しいといえる．なお，断層が活動する時期を対策を決定する際に考慮するかどうかについては，判断が難しいところであるが，「**6.4 L2地震動の設定**」で述べたように，特定の地震の再現期間に関する情報は現時点では極めて不足しており，発生確率や発生時期を考慮するのは難しいと思われる．

　以上のように，活断層のずれに対する設計法は現状でも確立しているとはいえず，活断層が確認された場合には，路線計画の段階で活断層を跨ぐ位置に構造物を設計しないのが望ましい．ただし，実際には，最小曲線半径の制限等からルート選定の自由度が制約されることが多く，活断層との交差が避けられないことも多い．その場合には，十分な調査を行い，一般部の耐震設計に加えて，活断層による地表面のずれに対して何らかの対策を施すことになる．その際の基本的な考え方を以下に示す．

（1）　断層の調査
　断層の調査は，「**6.4.2 活断層の調査**」によるのがよい．
（2）　対策を要する区間
　断層の位置を明らかにして，適切な対策区間を設けて，断層変位に対する対策を施すことが望ましい．なお，断層の位置は，「線」として明確に取り扱うことが難しく，一般には数m～数十mの幅を有する「帯」として取り扱わざるを得ない場合も多い．
（3）　対　策
　断層を跨ぐ場合には，土構造物を用いることを第一に検討するのがよい．これは，構造が本質的に密実であることから，断層のずれが生じても線路を支持する機能が壊滅的に損なわれる程度が比較的少ないと考えられるからである．また，被災後の復旧も容易である．

　土構造を選択することが困難な場合には，構造的な単純さによる設計上の取扱いの明快さと，損傷した場合の復旧に対する作業性・迅速性等から単純桁形式が好ましい．断層のずれが生じて構造物が強制的に変形を受ける場合には，不静定構造物とすることで，落橋等の甚大な損傷を防ぐべきとの考え方もある．ただし，不静定構造は，主要部材に被害を受けやすくまた被災後の復旧も手間取る可能性があることも配慮しなければならない．

　具体的な対策を決定する際には，断層のずれを設定する必要がある．その際には，過去の断層運動の履歴や経験則などに基づき設定することになるが，断層のずれ量は，断層の規模や深さ，沖積層の厚さなど，多くの要因が関係しており，慎重に設定しなければならない．なお，沖積平野などで表層地盤が厚く比較的柔らかい場合には，断層運動による基盤層のずれが表層中で拡散することもあり，場合によって

付属資料 2-1　断層を跨ぐ橋梁を設計する場合の検討事項　　209

付属表 2.1.1　明治以降の主要な断層運動による地表面ずれ量

No	地震	年	M	断層名	断層長(km)	最大変位量(m) 水平	最大変位量(m) 鉛直
1	濃尾	1891	8.0	濃尾地震断層系	80	8.0	4.0
2	陸羽	1896	7.2	千屋・川船	40		3.0
3	北丹後	1927	7.3	郷村	>20	2.6	1.2
4	北伊豆	1930	7.3	北伊豆断層系	30	3.5	2.4
5	鳥取	1943	7.2	鹿野・吉岡断層	12	1.5	0.8
6	三河	1945	6.8	深溝断層系	20	1.3	2.0
7	伊豆半島沖	1974	6.9	石廊崎断層	>5.5	0.5	0.3
8	伊豆半島近海	1978	7.0	稲取大峰山断層	>4	1.2	0.4
9	兵庫県南部	1995	7.2	北淡地震断層系	>10.5	2.1	1.4
				平均		2.6	1.7

は，地表面のずれはわずかで，一般の耐震設計で十分に耐えられる場合もある．**付属表 2.1.1** にこれまでの主要な活断層によるずれ量を参考に示す．

2.　検討事項

（1）　想定される被害モード

活断層の動きが地表面にまで達する場合には，その活断層と交差している橋梁・高架橋の損傷を完全に避けることは非常に困難である．その被害形態や程度は，活断層のずれの方向・量，断層と構造物の交差角度などによって異なる．本付属資料では，**付属図 2.1.1** に示すように橋軸方向と断層のずれ方向との角

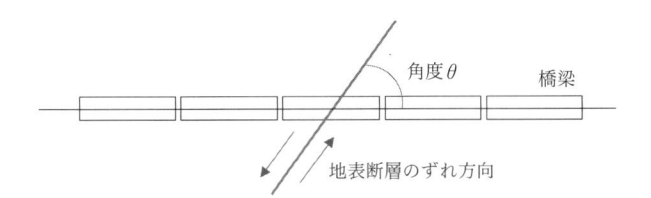

付属図 2.1.1　断層と構造物との交差角度 θ の定義

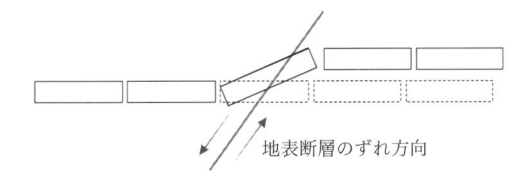

(a)　交差角度が 90 度以下の場合

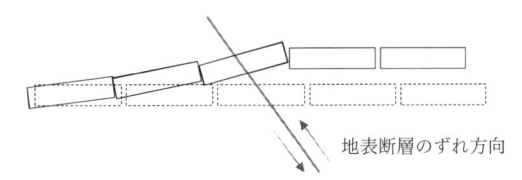

(b)　交差角度が 90 度より大きい場合

付属図 2.1.2　断層のずれにより想定される被害モード（平面図）

度を交差角度 θ とする．

　付属図 2.1.2 は簡単な模型実験により，地表断層のずれに相当する変位量を強制的に橋脚に与えた場合の挙動を評価した例を示す[1]．交差角度が90度以下の場合には，活断層の横ずれにより，断層を境として橋軸方向に構造物同士が離れる変形が生じる．この場合には，断層を跨ぐ桁は他の隣接する桁には接触することがなく，変形は断層を跨ぐ橋梁のみに集中する．

　一方，交差角度が90度よりも大きい場合には，活断層の横ずれにより，断層を境として橋軸方向に圧縮される変形が生じる．この場合には，断層を跨ぐ桁が隣接する桁に接触するために，断層を跨ぐ構造物の挙動が次々に隣接橋梁に伝播し，被害が多スパンに波及する．

（2）　対策が必要な範囲

　被害が発生する範囲は交差角度の影響を大きく受ける．交差角度が90度以下の場合には，断層のずれに対する対策が必要な範囲は，断層位置の両外側に設置される下部構造物の外側1～2スパン程度を考えればよい．交差角度が90度よりも大きい場合には，断層のずれによる構造物への影響が広い範囲に及ぶので，断層のずれに対する対策が必要な範囲は，断層位置の両外側に設置される下部構造物の外側数スパンを考えなければならない（**付属図 2.1.3**）．対策区間は慎重に決める必要がある．

（3）　対策の基本的考え方

　活断層と交差する場合の耐震設計の基本的な考え方は，一般区間よりも構造物の耐震性能を高めて，支承部を含め構造物全体として地震に耐えることである．この場合，構造物全体としてある程度の損傷は許容しても，落橋という最悪の事態を回避するように設計するのがよい．そのためには，落橋防止工の役割が重要となる．

　断層による地盤のずれを考慮した場合には，単純桁構造を基本とするとともに，通常に比べ落橋防止工の機能強化が必要である．また，落橋という最悪のシナリオを回避するための措置として，桁連結工と桁座拡幅の併用などが考えられる．

　落橋防止工を設計するにあたっては，活断層により想定されるずれ量に対する設計移動量を算定する必要がある．設計移動量を算定するには，地表断層のずれ量を設定しなければならない．ずれ量を精度よく

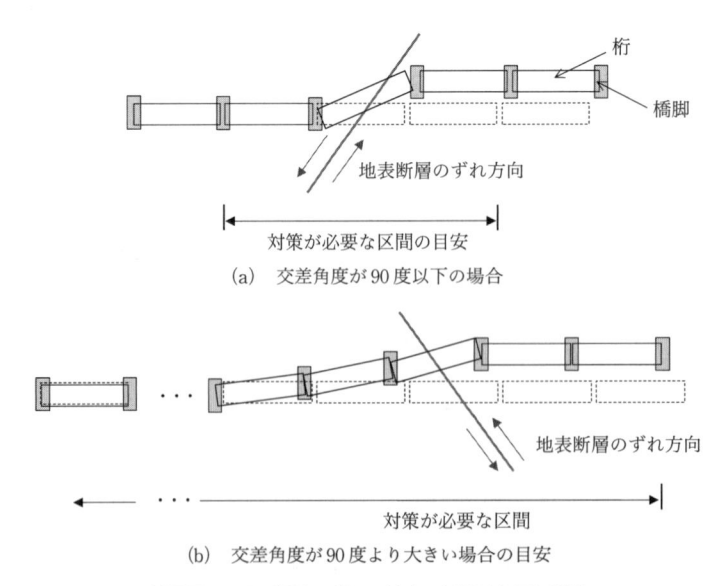

(a)　交差角度が90度以下の場合

(b)　交差角度が90度より大きい場合の目安

付属図 2.1.3　断層のずれに対する対策が必要な範囲

評価するのは難しいが，何らかの方法によりずれ量を設定できた場合には，構造物全体系モデルに断層のずれ量を変位として静的に作用させればよい．簡易には，断層と構造物の幾何学的関係から算定することも可能である[1]．

参考文献

1) 安西綾子，室野剛隆，川西智浩，紺野克昭：断層交差角度に着目した橋梁の性能評価ノモグラムの開発，第13回日本地震工学シンポジウム，pp. 2361-2367, 2010.

付属資料 5-1　分離型モデルを用いた静的解析法における地震作用の考え方

　静的解析法における地震作用の一般的な考え方を，構造物・基礎の種類，液状化の有無および程度（液状化Ⅰ（$5 \leq P_L < 20$）・液状化Ⅱ（$20 \leq P_L$））を考慮し，**付属図 5.1.1～5.1.6** に図示する．なお，図中の慣性力は全重量または有効重量に震度を乗じて算定される．

　図に示す有効重量は，フーチングやケーソン基礎頂版の全重量からその体積に相当する土の重量を除いたものである．埋戻し土の抵抗を考慮する/しないに関わらず，フーチングおよびケーソン基礎頂版においてのみ有効重量を設定する．

　また，液状化Ⅱにおいて扱う振動土圧力（ケーソン基礎）や付加重量（杭基礎）は，$D_E = 0$ となる層（土の抵抗が期待できない層）についてのみ与える．また，この層においては，基礎部材に有効重量を考慮した慣性力を与える．

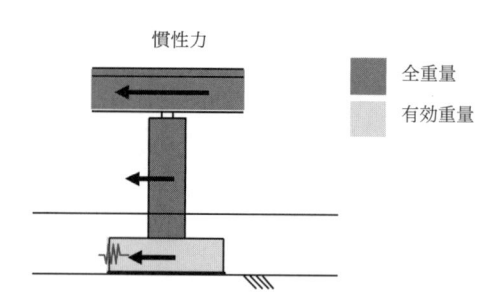

付属図 5.1.1　橋脚（直接基礎）（液状化しない場合）

付属資料 5-1　分離型モデルを用いた静的解析法における地震作用の考え方　　213

(a) 液状化しない場合

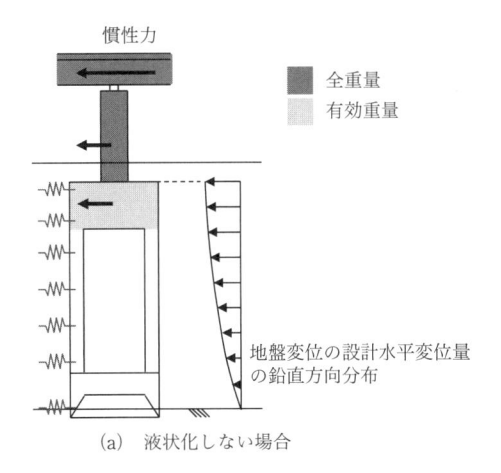

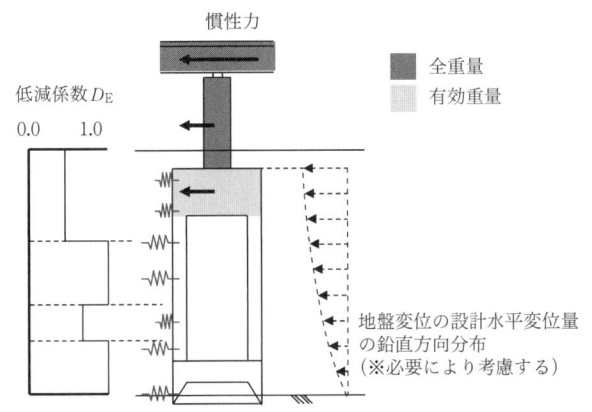

(b) 液状化Ⅰ （$5 \leqq P_L < 20$）および液状化Ⅱ （$20 \leqq P_L$）で $D_E = 0$ となる層がない場合

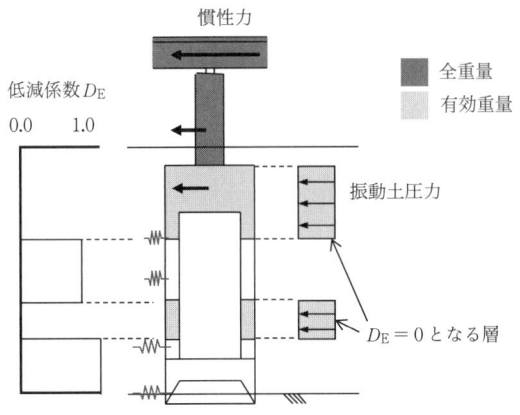

(c) 液状化Ⅱ （$20 \leqq P_L$）かつ $D_E = 0$ となる層がある場合

※小さいばね記号は，液状化の影響を考慮した地盤ばねを表す．

付属図 5.1.2　橋脚（ケーソン基礎[1]・鋼管矢板井筒基礎・連壁井筒基礎）

(a) 液状化しない場合

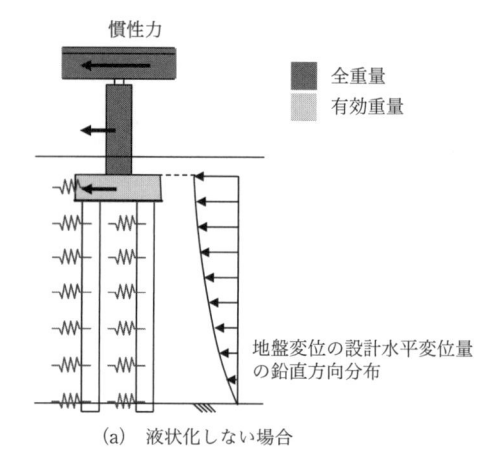

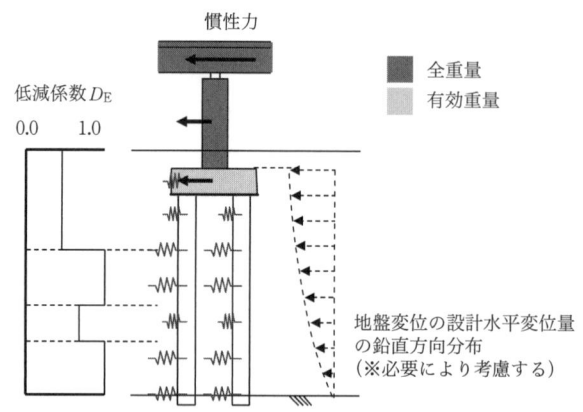

(b) 液状化Ⅰ（$5 \leqq P_L < 20$）および液状化Ⅱ（$20 \leqq P_L$）で $D_E = 0$ となる層がない場合

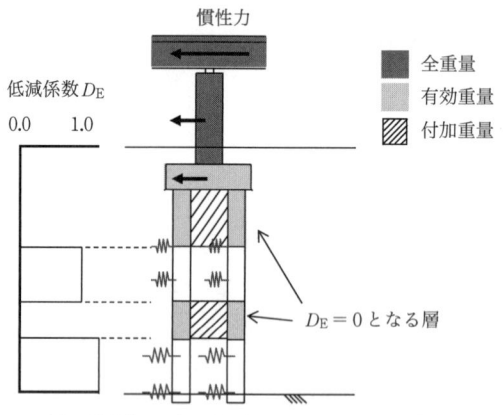

(c) 液状化Ⅱ（$20 \leqq P_L$）かつ $D_E = 0$ となる層がある場合

※小さいばね記号は，液状化の影響を考慮した地盤ばねを表す．

付属図 5.1.3 橋脚（杭基礎）

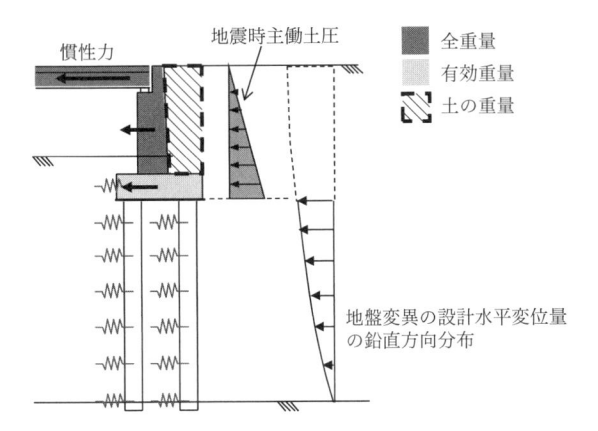

付属資料 5-1　分離型モデルを用いた静的解析法における地震作用の考え方　　215

付属図 5.1.4　橋台（杭基礎）（液状化しない場合）

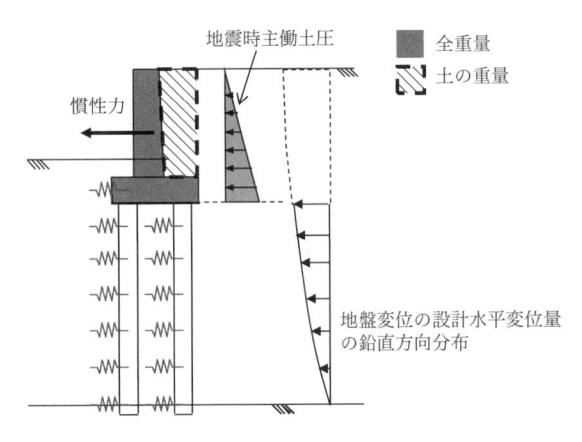

付属図 5.1.5　擁壁（杭基礎）（液状化しない場合）

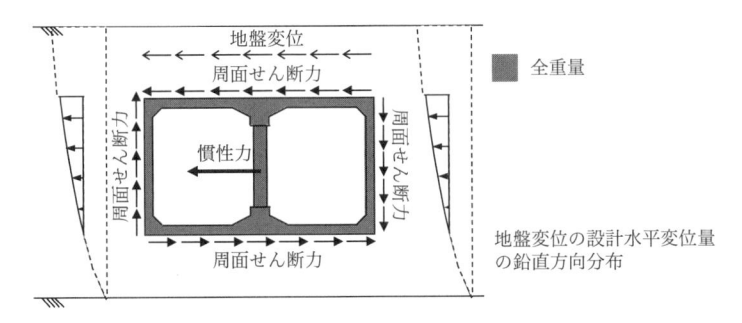

付属図 5.1.6　開削トンネル（液状化しない場合）

参 考 文 献

1) 坂井公俊, 室野剛隆, 西岡英俊：ケーソン基礎のプッシュオーバー解析に用いる地震時慣性力の考え方に関する一考察, 構造工学論文集, Vol. 56 A, pp. 227-236, 2010.3.

付属資料6-1　L2地震動の対象地震の選定のための資料

　L2地震動の対象地震は，過去の地震に関する地震学的情報や，活断層などの地質学的情報と構造物の動特性等を総合的に考慮した上で選定する必要がある．このL2地震動の対象地震としては，以下に示すような地震をもとに設定することが望ましいと考えられる．
　（a）　過去に大きな被害をもたらした地震の再来
　（b）　活断層の活動による地震
　（c）　地震学的あるいは地質学的観点から発生が懸念される地震
　（d）　地域防災計画の想定地震
　（e）　M6.5の直下地震

　このL2地震動の対象地震を選定する際には，過去の被害地震や活断層調査結果をまとめた資料や地震カタログ等を利用することが有効である．ここでは，これらの資料のうち代表的なものについて紹介する．また，これら資料にかかわらず，設計時点での最新の活断層調査結果に基づいて，L2地震動の対象地震を設定することが望ましい（なおHPアドレスについては，2012年7月時点のものである）．
　（1）　中央防災会議：http://www.bousai.go.jp/chubou/chubou.html
　（2）　地震調査研究推進本部：http://www.jishin.go.jp/main/p_hyoka.htm
　（3）　（独）産業技術総合研究所　活断層データベース：http://riodb02.ibase.aist.go.jp/activefault/
　（4）　国立天文台編：理科年表，丸善出版株式会社．
　（5）　宇佐美龍夫：最新版日本被害地震総覧，東京大学出版会，2003．
　（6）　佐藤良輔編：日本の地震断層パラメター・ハンドブック，鹿島出版会，1989．
　（7）　中田高，今泉俊文編：活断層詳細デジタルマップ，東京大学出版会，2002．
　（8）　活断層研究会編：新編日本の活断層―分布図と資料，東京大学出版会，1991．

付属資料 6-2　L2地震動の算定時に詳細な検討を必要とする地域と対応の考え方

1. はじめに

解説表 6.4.3 と解説表 6.4.4 によって表現された L2 地震動の標準応答スペクトルは，過去に発生した大規模地震における観測記録を以下の地震規模に補正を行い，得られた応答スペクトルを統計的に処理したものである．

① スペクトル I：モーメントマグニチュード M_w 8.0 の海溝型地震が距離 60 km 程度の地点で発生した場合

② スペクトル II：モーメントマグニチュード M_w 7.0 程度の内陸活断層による地震が直下で発生した場合

よって，これよりも大きな規模の地震が発生する可能性がある地点では，別途詳細な検討を行い，L2 地震動を設定する必要がある．また，耐震設計上の基盤面よりも深い地盤構造の影響で，地震動が著しく増幅するような地域においても詳細な検討が必要である．

そこで本資料 2 項では内陸活断層による地震，海溝型地震において想定されている震源域のうち，標準応答スペクトルを上回る可能性のある震源域，範囲について述べるとともに，3 項においてこれらの地域における対応の考え方を示す．また 4 項では，深部地下構造による地震動の増幅を評価する方法について説明を行う．

2. 詳細な検討を必要とする地域の目安

（1）内陸活断層による地震

スペクトル II は M_w 7.0 の内陸活断層による地震が直下で発生した場合を想定している．そのためこれよりも規模の大きな地震が近傍で発生するような地点においては，標準応答スペクトルをそのまま適用することはできない．地震調査研究推進本部による活断層評価結果[1]のうち，M_w 7.0 よりも大きな地震の発生が指摘されている活断層を付属図 6.2.1 に示す．これらの活断層近傍ではスペクトル II を上回る地震が発生する可能性が考えられるため，当該断層の近傍に構造物を建設する場合は，L2 地震動の設定時に詳細な検討を行うことが望ましい．

（2）海溝型地震

スペクトル I は M_w 8.0 程度の海溝型地震が距離 60 km 程度の地点で発生した場合を想定したものである．そのため，規模の大きな海溝型地震が 60 km よりも近い位置で発生する地点においてはスペクトル I を上回る地震が発生する可能性がある．付属図 6.2.2 には M_w 8.0 以上の地震発生が想定される震源域と，これらの震源域から 60 km 以内の地域を示している．これらの地域において L2 地震動を設定する際には，詳細な検討を行うことが望ましい．

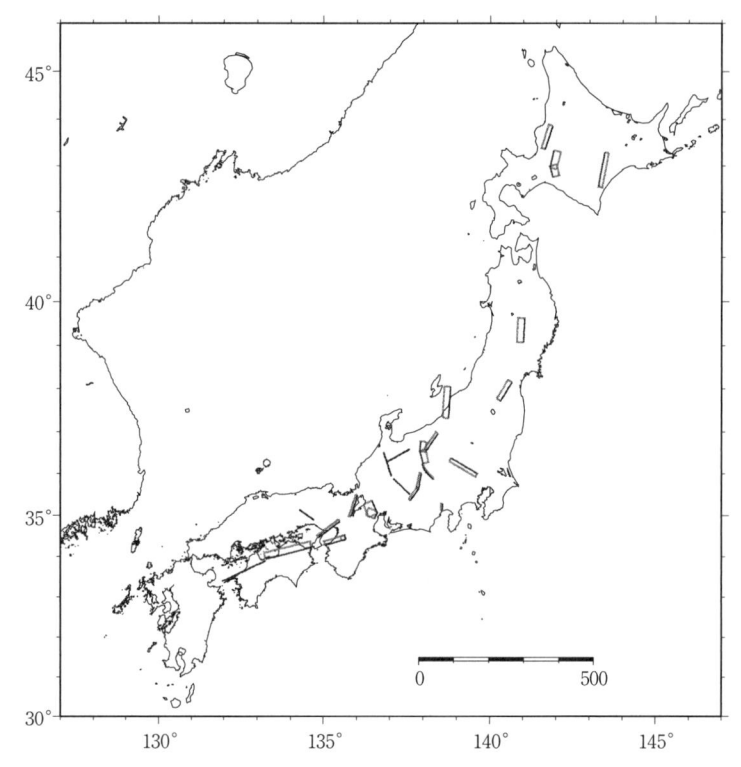

付属図 6.2.1 スペクトルIIの想定規模を上回る地震が想定される活断層

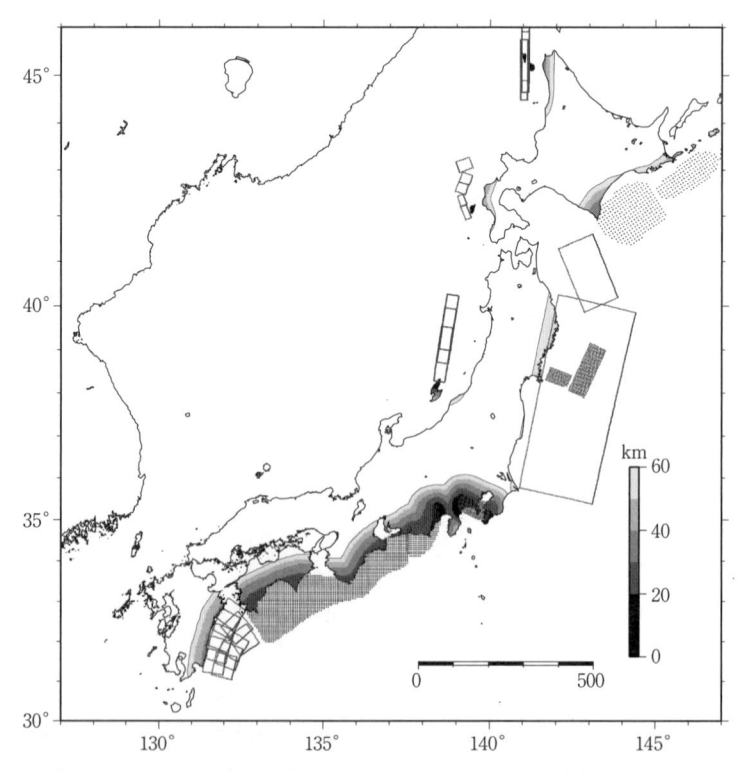

付属図 6.2.2 スペクトルIの想定規模を上回る地震が想定される震源域とこれらの震源域から距離 60 km 以内のエリアの目安

3. 詳細な検討を必要とする地域における対応の考え方

付属図6.2.1,付属図6.2.2で示した詳細な検討を必要とする地域では,十分な調査を実施した上でL2地震動として対象とする地震を選定し,強震動予測手法により個別に設計地震動を設定することが望ましい.しかしながらL2地震動の標準応答スペクトルがすぐさま適用範囲外となるわけではない.なぜなら標準応答スペクトルは,想定する地震動レベルに補正を行った観測記録を非超過確率90%で包絡するようなスペクトルを目標に設定されたものであり,周期帯によってはこれ以上の超過確率を持っている場合もあるからである.

そこで,標準応答スペクトルで想定した地震よりも大きな地震を考えた場合の地震動が,どの程度の応答スペクトルレベルになるかについて簡単な検討を行う.具体的には,過去に発生した大規模地震の観測記録の応答スペクトルを,応答スペクトルの距離減衰式[2]を用いて,次式によって想定した地震動レベルに補正を行う.

$$SA^{cor}(t)[M_w^{cor}, D^{cor}, R^{cor}] = \frac{SA^{att}(t)[M_w^{cor}, D^{cor}, R^{cor}]}{SA^{att}(t)[M_w^{obs}, D^{obs}, R^{obs}]} \cdot SA^{obs}(t)[M_w^{obs}, D^{obs}, R^{obs}] \quad (1)$$

ここで,$SA^{obs}(t)$:周期t秒における観測記録の応答スペクトルの値,$SA^{att}(t)$:周期t秒における距離減衰式による応答スペクトルの値,$SA^{cor}(t)$:周期t秒における補正後の応答スペクトルの値(補正記録),M_w:モーメントマグニチュード,D:震源深さ,R:断層までの距離,obs:観測記録の地震,cor:補正を行う地震,である.式(1)による補正を多数の観測記録に対して実施し,これらの観測記録を非超過確率90%で包絡するスペクトルを算定した.

付属図6.2.3は,標準応答スペクトル(スペクトルⅡ)と,内陸活断層による観測記録を各レベルに補正した結果を比較したものである.まず,同図(a)は観測記録を各条件(①$M_w=7.3$,$R=3$ km,②$M_w=7.3$,$R=10$ km,③$M_w=7.5$,$R=10$ km,④$M_w=7.5$,$R=15$ km)に補正した場合の地震動群を非超過確率90%で包絡する応答スペクトルと標準応答スペクトル(スペクトルⅡ)を比較した結果である.同図(b)は,スペクトルⅡをL2地震動として設定した場合に,上記それぞれの地震条件の補正記録がどの程度の非超過確率になっているのかを示している.これらの結果を見ると,M_wが7.0を上回る地震であっても,$M_w=7.3$程度の地震が発生した場合においては10 km,$M_w=7.5$の地震では15 km程度離れると,ほぼ全周期帯域でスペクトルⅡの標準応答スペクトルによって非超過確率90%を満足していることが分かる.また,$M_w=7.3$の地震が直下($R=3$ km)で発生するような地域に,スペクトルⅡをL2地震動として設定することで,非超過確率75%程度を満足するような地震動となっていることも確認できる.

次に同図(c)は,各条件に補正した地震動群の非超過確率90%のスペクトルをスペクトルⅡで除した値を示している.この結果より,例えば$M_w=7.3$の地震が直下($R=3$ km)で発生するような地域を想定した場合にも,スペクトルⅡを1.2倍程度したものをL2地震動として設定することにより,全周期帯域において非超過確率90%を満足した地震動となっていること等を確認することが可能である.

さらに,付属図6.2.4は,海溝型地震の観測記録を各条件(①$M_w=8.0$,$R=40$ km,②$M_w=8.0$,$R=30$ km,③$M_w=8.0$,$R=20$ km)に補正した結果とスペクトルⅡを比較したものである.それぞれの図の表現は付属図6.2.3と同様である.これらの図より,スペクトルⅡをL2地震動として用いることで,$M_w=8.0$の地震が距離40 kmの位置で発生するような地域においても,ほぼすべての周期帯域で非超過確率90%を満足することが分かる.さらに,距離30 kmの地域においても,周期0.5〜2秒程度の範囲ではスペクトルⅡを用いることで非超過確率90%が確保されている.このように,スペクトルⅠが

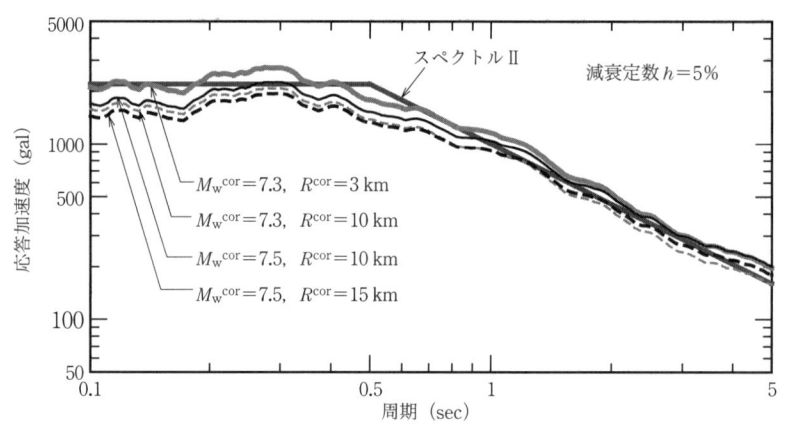

(a) 補正記録を非超過確率90%で包絡するスペクトルと標準応答スペクトル（スペクトルⅡ）の比較

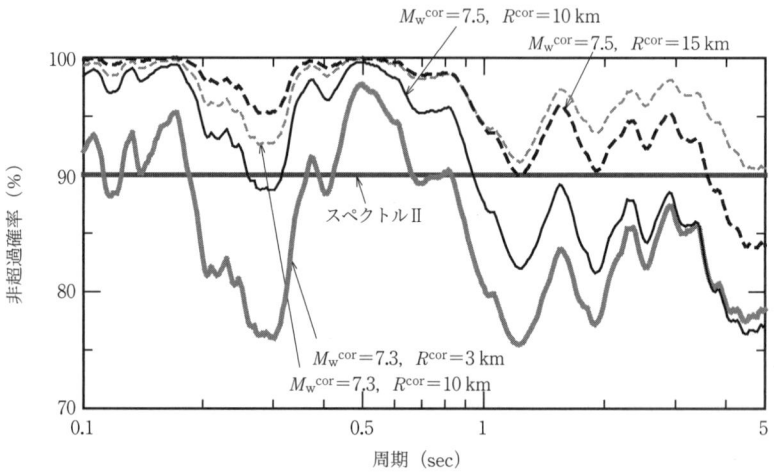

(b) スペクトルⅡをL2地震動として設定した場合に各補正記録の条件に該当する地点が有する非超過確率の算定結果

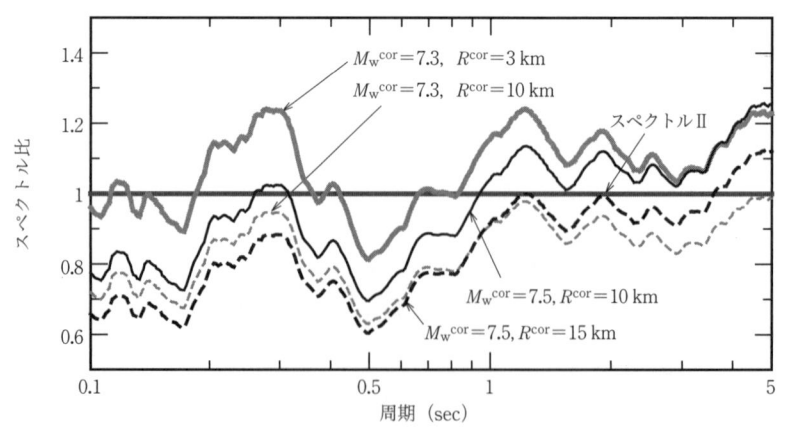

(c) 補正記録を非超過確率90%で包絡するスペクトルを標準応答スペクトル（スペクトルⅡ）で除した結果

付属図 6.2.3　スペクトルⅡと各条件に補正した記録（内陸活断層地震）の比較

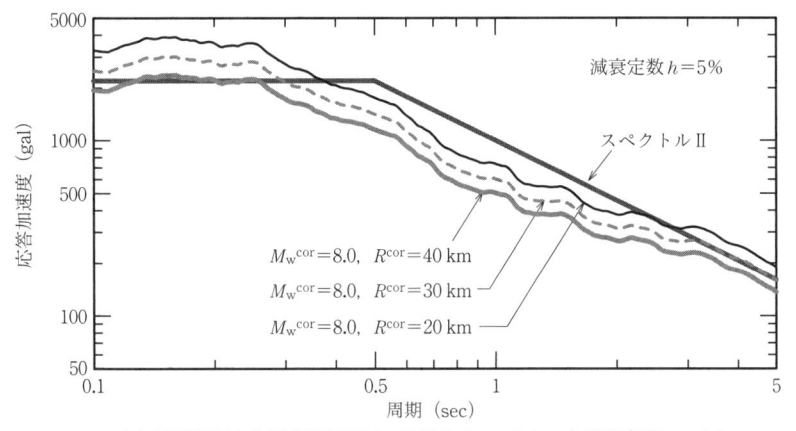

付属資料 6-2 L2地震動の算定時に詳細な検討を必要とする地域と対応の考え方

(a) 補正記録を非超過確率90%で包絡するスペクトルと標準応答スペクトル（スペクトルⅡ）の比較

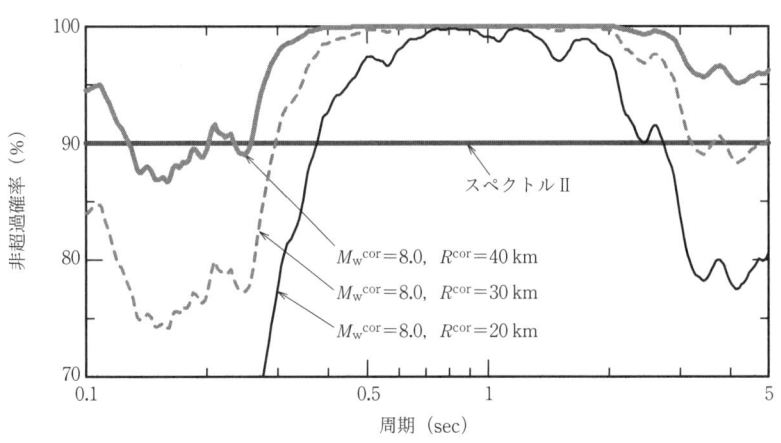

(b) スペクトルⅡをL2地震動として設定した場合に各補正記録の条件に該当する地点が有する非超過確率の算定結果

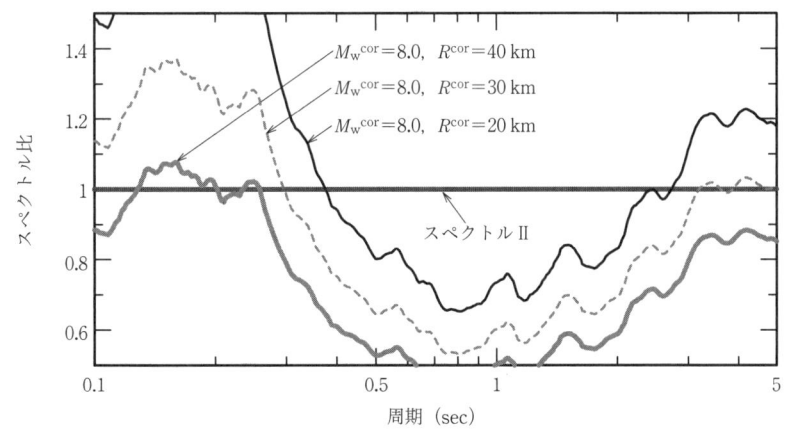

(c) 補正記録を非超過確率90%で包絡するスペクトルを標準応答スペクトル（スペクトルⅡ）で除した結果

付属図 6.2.4 スペクトルⅡと各条件に補正した記録（海溝型地震）の比較

適用できない地域においてもスペクトルIIを適用することで，ある程度の安全性を確保できる場合があることが分かる．

ただしスペクトルIIの時刻歴波形は，地震が直下で発生するような場合を想定したものであり，距離が40 kmとある程度離れた記録とは位相特性が異なる可能性が考えられる．そのため，地震動の繰返しの影響を考慮するような構造物を対象とする場合には，地震動の扱いに注意が必要である．

4. 深部地下構造の影響による地震増幅の評価方法とその結果の解釈

近年では地震観測が高密度に実施されるようになり，地点ごとに地震動特性が大きく変化することが明らかになってきた[例えば3)]．この地点ごとの地震動特性の差異は，耐震設計上の基盤面よりも浅い地盤の違いによるものだけでなく，耐震設計上の基盤面よりも深い地下構造による影響によっても現れる．そのため設計地震動を算定する際には，深部地下構造による地震動特性を適切に評価し，これを考慮することが重要である．

標準応答スペクトルは大規模地震の観測記録を統計的に処理したものに基づいて設定しているため，この深部地下構造による地震増幅もある程度考慮した地震動となっていることが期待される．しかしながら，建設地点によっては耐震設計上の基盤面よりも深い地下構造の影響で，地震動が著しく増幅するような場合があり，このような地点において標準応答スペクトルを用いることは望ましくない．

そこで，建設地点の地震増幅特性（以下，サイト増幅特性と呼ぶ）を評価する手法について簡単に紹介するとともに，サイト増幅特性の評価結果から，標準応答スペクトルを使用可能かどうかを判断する目安についても示す．なお，港湾構造物における設計地震動を算定する際には，サイト増幅特性の評価が個別に実施されており，その際の考え方[例えば4)]も参考になる．

（1） 地震観測記録に基づきサイト増幅特性を評価する方法

建設地点において事前に地震観測を実施することで，サイト増幅特性を評価することができる．この地震観測は設計の際に行う地盤調査の一環と考えると分かりやすい．

地震観測記録は地点の地震動特性を直接含んだデータであるので，最も信頼性の高いサイト増幅特性となっていることが期待される．各地点のサイト増幅特性は，スペクトルインバージョン[5)]を行うことで評価することが可能であるが，これを実施するには複数の地点で同時に得られた地震記録が必要になり，作業が煩雑である．そこで，あらかじめ全国の地震観測地点において評価されたサイト増幅特性[6)]が公開されているため，これを補正することで簡易に評価することができる．つまり，対象地点における観測記録のフーリエ振幅 $A^t(\omega)$ と近傍の常設観測地点におけるフーリエ振幅 $A^s(\omega)$ の比を，次式のように常設観測地点におけるサイト増幅特性 $G^s(\omega)$ にかけることで，対象地点のサイト増幅特性 $G^t(\omega)$ を評価する．

$$G^t(\omega) = G^s(\omega) \cdot \frac{A^t(\omega)}{A^s(\omega)}$$

なお，このフーリエ振幅の比は複数の地震記録による平均値を用いることで，地震ごと，観測記録ごとの各種不確定性の影響によらない安定したサイト増幅特性となることが期待されるため，地震観測をある程度の期間実施しておくことが望ましい．

（2） 常時微動観測記録に基づきサイト増幅特性を評価する方法

建設地点において地震観測を実施することが困難な場合は，より短期間の調査で実施可能な常時微動観測によりサイト増幅特性を評価する手法も提案されている[7)]．地盤調査の一環として，まず常設地震観測地点と対象地点の両者で常時微動を計測し，両地点においてそれぞれ水平動/上下動スペクトル比（H/Vスペクトル比）を算定する．次に常設地震観測地点において公開されたサイト増幅特性[6)]をもとに，両地

点における H/V スペクトル比のピーク振動数,ピーク振幅の差異を補正することで,対象地点のサイト増幅特性を推定する手法である.

この方法は H/V スペクトル比がサイト増幅の効果を反映させたものであるかが明確でないために,上記 (1) に比べると信頼性が劣る.しかしながら常時微動観測は調査を簡便に実施することができるとともに,既往の検討によれば H/V スペクトル比のピークは地震増幅のピークと一致することが多数報告されているため,地点の地震動特性を簡易に評価する手法としては有効であると考えられる.

(3) サイト増幅特性の評価結果の解釈

L2地震動の標準応答スペクトルは,全国の観測記録を統計処理した結果に基づいて設定したものであり,サイト増幅特性が極端に大きな地点においては適用することができない.建設地点がこれに該当するかどうかを判断する際に,サイト増幅特性の評価結果を活用することができる.

既往の地震観測点のサイト増幅特性評価結果[6]を整理した結果,全国のサイト増幅特性としては,平均的に**付属図 6.2.5** のような値が得られた.一方,L2地震動の標準応答スペクトルを評価する際には,明確なサイト増幅特性を設定していないが,全国の観測記録を統計処理してスペクトルを設定しているため,大局的には全国の地震観測点のサイト増幅特性を統計処理した結果と同等となっている.そこで,構造物の周期帯域周辺で**付属図 6.2.5** のサイト増幅特性よりも顕著に大きな増幅特性を示す地点(平均+標準偏差よりも大きな値となる地点)では,「**6.4.4.1 一般**」で示す詳細な検討が必要な場合に該当すると考える.

(4) サイト増幅特性の極端に大きな地点の例

サイト増幅特性の大きな地点において得られた大規模地震の観測記録と,スペクトルⅡを比較したものを**付属図 6.2.6** に示す.同図 (a) のK-NET柏崎では1-2秒あたりのサイト増幅が非常に大きくなっており,得られた地震観測記録も2秒以上においてスペクトルⅡを大きく上回っている.また同図 (b) のK-NET牡鹿では0.2秒以下の短周期成分でサイト増幅が大きくなっているが,観測された地震記録もそれに対応して短周期成分でスペクトルⅡを上回っている.

このように,**付属図 6.2.5** の平均+標準偏差の結果と建設地点のサイト増幅特性評価結果を比較することで,詳細な検討を要する地点かどうかを判断する際の参考となる.

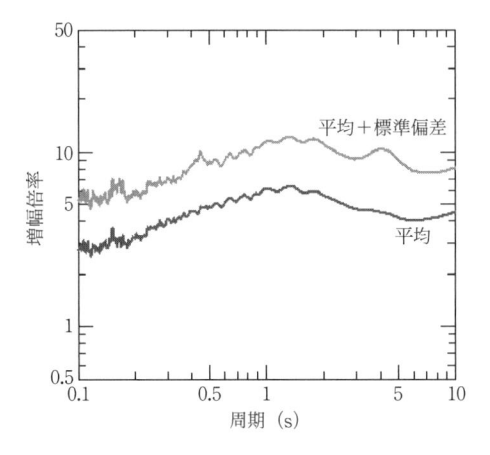

付属図 6.2.5 全国のサイト増幅特性(地震基盤〜耐震設計上の基盤面)の平均値

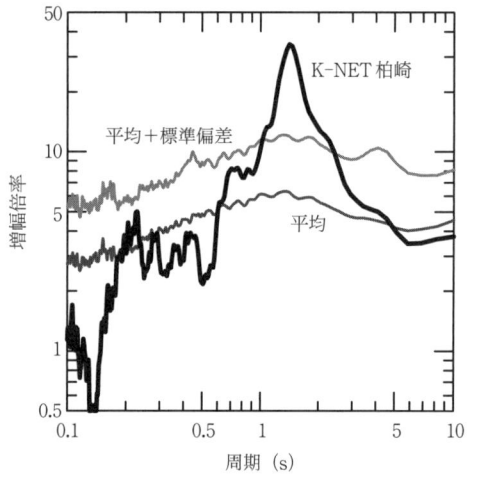

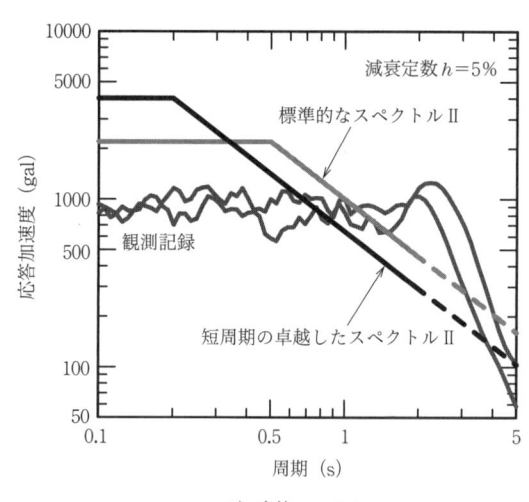

i) サイト増幅特性(地震基盤〜耐震設計上の基盤面)　　　　ii) 応答スペクトル

(a) 2007/07/16 新潟県中越沖地震（K-NET 柏崎）

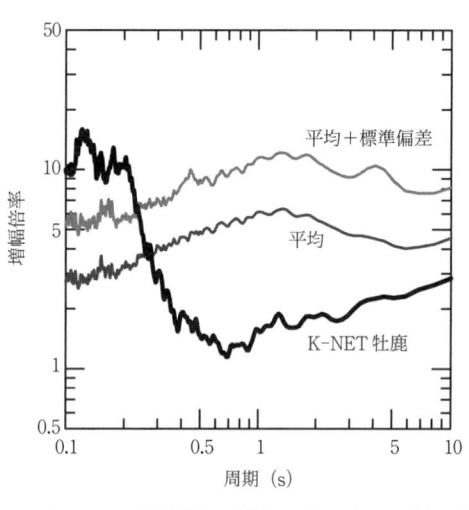

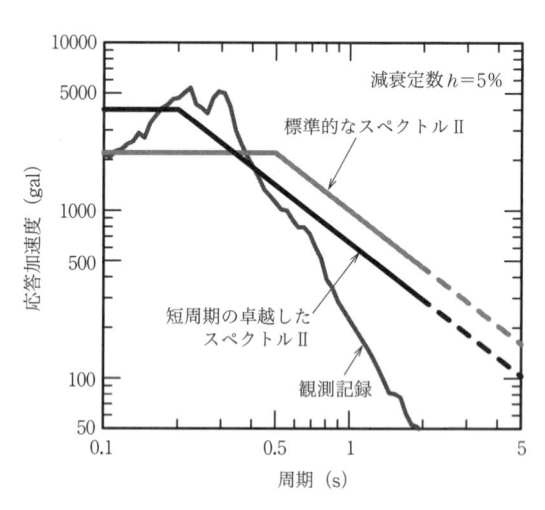

i) サイト増幅特性(地震基盤〜耐震設計上の基盤面)　　　　ii) 応答スペクトル

(b) 2003/05/26 宮城県北部地震（K-NET 牡鹿 NS）

付属図 6.2.6　L2地震動の標準応答スペクトルを上回る観測記録の例

参 考 文 献

1) 地震調査研究推進本部地震調査委員会：全国地震動予測値図，2009．
2) 内山泰生，翠川三郎：震源深さの影響を考慮した工学的基盤における応答スペクトルの距離減衰式，日本建築学会構造系論文集，No.606, pp. 81-88, 2006．
3) 土木学会　土木構造物の耐震設計法に関する特別委員会：土木構造物の耐震基準等に関する提言「第三次提言」，2000．
4) （独）港湾空港技術研究所　地震防災研究領域　地震動研究チーム：サイト増幅特性評価手法-松竹梅，http://www.pari.go.jp/bsh/jbn-kzo/jbn-bsi/taisin/research_jpn/research_jpn_2008/research_29/method_rev2.pdf
5) 岩田知孝・入倉孝次郎：観測された地震波から震源特性・伝播経路特性及び観測点近傍の地盤特性を分離する試み，地震 第2輯，第39巻，pp. 579-593, 1986．

6) 野津厚,長尾毅:スペクトルインバージョンに基づく全国の港湾等の強震観測地点におけるサイト増幅特性,港湾空港技術研究所資料, No.1112, 2005.
7) 長尾毅,山田雅行,野津厚:常時微動 H/V スペクトルを用いたサイト増幅特性の経験的補正方法に関する研究,構造工学論文集, Vol.56 A, pp.324-333, 2010.

付属資料6-3　L2地震動の標準応答スペクトルの設定方法

1. はじめに

L2地震動は，震源特性，伝播経路特性，地点増幅特性を考慮した強震動予測手法に基づき，地点依存の地震動として算定する．ただし，詳細な検討を必要としない場合には，**解説表6.4.3，解説表6.4.4**に示されたL2地震動の標準応答スペクトルを用いることもできる．ここでは，このL2地震動の標準応答スペクトルの設定手順，設定方法について解説を行う．

また，震源特性，地点増幅特性等の特殊な地域では，L2地震動の標準応答スペクトルを上回る地震が発生する可能性があるため，詳細な検討が必要である．そこで過去に発生した大規模地震において，L2地震動の標準応答スペクトルを上回る地震が観測された例についても示す．

2. L2地震動の標準応答スペクトルの設定

2.1 観測記録の収集

L2地震動の標準応答スペクトルとしては，以下の2つの地震を想定している．

① スペクトルⅠ：モーメントマグニチュード $M_w 8.0$ の海溝型地震が距離60km程度の地点で発生した場合

② スペクトルⅡ：モーメントマグニチュード $M_w 7.0$ 程度の内陸活断層による地震が直下で発生した場合

そこで，震源規模，震源距離が想定している地震動レベルと近く，地盤条件が良好であり（耐震設計上の基盤面までの深度が10m以内），大きな加速度が得られている記録を収集した．また，耐震設計上の基盤面よりも深い地盤構造の影響により，地震基盤の浅い地点においては，短周期成分が卓越し，一般的な鉄道構造物の周期帯域では比較的小さな応答を示すことが確認されている[1]．ここで設定するL2地震動の応答スペクトルは，一般的な鉄道構造物の周期帯域における増幅特性を勘案して，地震基盤が概ね500mより深い地域における地震動とすることとした．よって記録を収集する際には，観測地点の地震基

付属表 6.3.1　検討に用いた地震の一覧（内陸活断層による地震）

No.	地震名	発震日	M_j	M_w	記録数
1	兵庫県南部地震	1995.01.17	7.3	6.9	10
2	鳥取県西部地震	2000.10.06	7.3	6.8	34
3	新潟県中越地震	2004.10.23	6.8	6.7	22
4	新潟県中越地震（余震）	2004.10.23	6.5	6.4	24
5	福岡県西方沖地震	2005.03.20	7.0	6.7	30
6	能登半島地震	2007.03.25	6.9	6.7	10
7	新潟県中越沖地震	2007.07.16	6.8	6.6	22
				計	152

付属表 6.3.2 検討に用いた地震の一覧（海溝型地震）

No.	地震名	発震日	M_j	M_w	記録数
1	宮城県沖地震（1978年）	1978.06.12	−	7.57	2
2	北海道南西沖地震	1993.07.12	−	7.83	2
3	北海道東方沖地震	1993.10.04	−	7.58	2
4	芸予地震	2001.03.24	6.7	6.8	20
5	三陸南地震	2003.05.26	7.1	7.0	22
6	十勝沖地震（本震）	2003.09.26	8.0	8.0	22
7	十勝沖地震（余震）	2003.09.26	7.0	7.3	12
8	紀伊半島南東沖地震（前震）	2004.09.05	7.1	7.3	8
9	紀伊半島南東沖地震（本震）	2004.09.05	7.4	7.5	10
10	釧路沖地震（本震）	2004.11.29	7.1	7.0	16
11	釧路沖地震（余震）	2004.12.06	6.9	6.8	14
12	宮城県沖地震（2005年）	2005.08.16	7.2	7.1	20
13	茨城県東方沖地震	2005.10.19	6.3	6.3	4
				計	154

盤深度を確認し，基盤深度が概ね 500 m よりも深い地点の記録を選定した．

用いた地震，観測記録数を**付属表 6.3.1**，**付属表 6.3.2** に示す．また，記録を収集する際に地点の特殊な地震増幅特性や震源特性，表層地盤の顕著な非線形性などの影響を強く受けたと考えられる記録については，除外して検討を行っている．これらの除外した地震記録の詳細とＬ2地震動の標準応答スペクトルとの比較は **3.** で行うこととした．

2.2 観測記録の補正

前項で選定された観測記録は，Ｌ2地震動の標準応答スペクトルとして想定している地震レベルをある程度満足しているものの，地震規模，震源距離による違い，堆積層の増幅，減衰の影響等を多少含んで

```
            収集された地震記録
                  ↓
  0～5m    耐震設計上の基盤面
           までの深度
                  ↓ 5～10m
           等価線形化法で
           耐震設計上の基盤面位置に引き戻し
                  ↓
           耐震設計上の基盤面位置での地震記録
                  ↓
           距離減衰式を用いて想定する地震規模に補正
           ・内陸活断層：Mw = 7.0, R = 3 km
           ・海溝型   ：Mw = 8.0, R = 60 km
                  ↓
           耐震設計上の基盤面位置における想定する
           地震規模での応答スペクトル
```

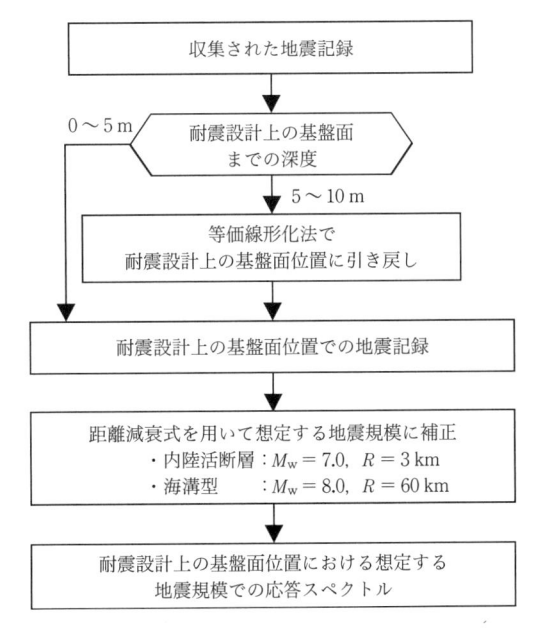

付属図 6.3.1 観測記録の補正フロー

るものと考えられる．そこで，記録に補正を施すことによって，これらの影響を除去する．補正の流れを**付属図 6.3.1**に示す．

収集された地震記録は，地盤条件が比較的良好な地盤である（耐震設計上の基盤面までの深度10m以浅）．しかし今回選定した記録は加速度レベルの大きな記録であり，表層地盤の塑性化の影響を比較的多く含んでいる可能性がある．そこで，これらの記録に対して補正を施し，耐震設計上の基盤面位置での地震記録に補正を行うこととした．補正には等価線形化法（FDEL[2]）を用いた．なお解析手法，地盤のモデル化の不確定性などを鑑みて，補正を行う記録は耐震設計上の基盤面までの深度5m以深の記録とし，耐震設計上の基盤面までの深度が0～5mの記録については，それをそのまま耐震設計上の基盤位置での記録として取り扱った．

またこれらの記録は，想定している標準地震と比較して，地震規模（マグニチュード），震源距離が異なる．そのため観測記録に対して距離減衰式[3]を用いて補正を施し，想定地震規模，想定震源距離の応答スペクトルを推定する．震源断層から観測点までの断層最短距離を求める際の震源断層の位置，断層サイズは既往の震源インバージョンの結果を参考にしている．なお，スペクトルⅡの地震規模としては，$M_w=7.0$の地震が直下で発生した場合を想定しているが，断層最短距離を3kmと設定した．これは，地表面数kmには地震を起こしにくい領域があるとされており[例えば4]，地表に断層面が現れている場合でも，この範囲では応力降下がほとんど発生していないことが指摘されていることを考慮したものである．

2.3 L2地震動の標準応答スペクトルの設定

前項で示した手法を用いて，全観測記録の補正を行った．**付属図 6.3.2**(a)(b)に補正後のすべて観測記録の応答スペクトルをまとめて描く．これらの記録はすべて同じ地震規模，震源距離，地盤条件に補正されているものの，スペクトルレベルでは，10倍以上のばらつきがあることが分かる．このばらつきの原因としては，断層最短距離を等しくしてはいるが，断層面内のアスペリティからの距離が大きく異なっていること，断層の破壊伝播の影響などを無視していること等が考えられる．

そのため，L2地震動の標準応答スペクトルとしては，これらのばらつきの影響を考慮して設定する必要がある．そこで，設計時の取り扱いを考えて，これらの補正を行った観測記録の非超過確率90%を満足する線をもとに，簡単な直線で描くことを基本に設定することとした．ここで，非超過確率90%のス

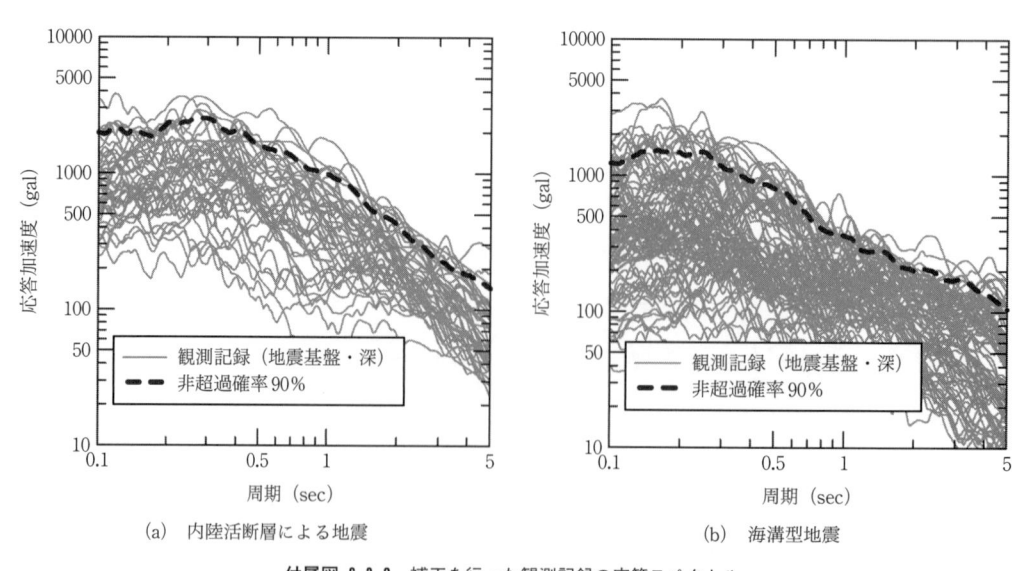

(a) 内陸活断層による地震

(b) 海溝型地震

付属図 6.3.2 補正を行った観測記録の応答スペクトル

ペクトルを算出する際に，観測点から断層面までの距離，観測地震マグニチュードと想定している地震規模の差が大きい観測記録に関しては，距離減衰式による補正誤差をより多く含んでいると考えられるため，補正倍率に対して重みをつけて検討を行った．つまり，マグニチュード M_w^{obs}，断層最短距離 R^{obs} (km) の観測記録に対して，補正前後のスペクトル比の逆数

$$W_n(t) = \frac{1}{SA(t)[M_w^{obs}, D^{obs}, R^{obs}]/SA(t)[M_w^{att}, D^{obs}, R^{att}]}$$

を観測点番号 n，周期 t(sec) での重みとして与える．ここで $SA(t)[M_w, D, R]$ は，地震規模 M_w，震源深さ D(km) の地震が断層最短距離 R(km) の観測点において距離減衰式より想定される周期 t(sec) での応答加速度である．得られた非超過確率90％のスペクトルも**付属図 6.3.2** (a) (b) に示してある．

以上の条件に基づいて設定したL2地震動の標準応答スペクトルを**付属図 6.3.3**に示す．これらの応答スペクトルを用いることで，想定した地震規模の観測記録に対して一定の非超過確率を有する構造物を設計することが可能となる．

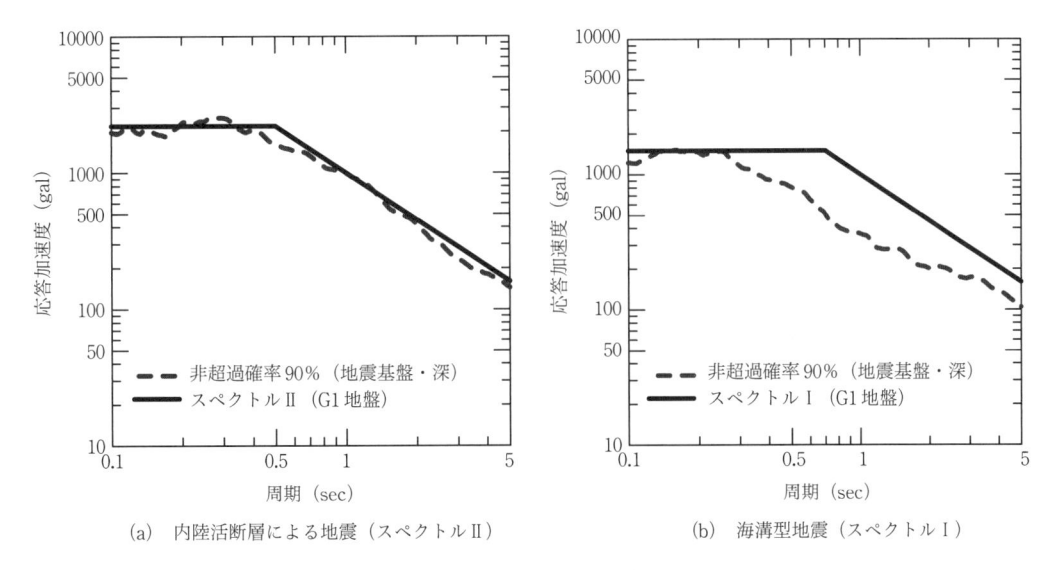

(a) 内陸活断層による地震（スペクトルⅡ）　　(b) 海溝型地震（スペクトルⅠ）

付属図 6.3.3　L2地震動の標準応答スペクトル

3. L2地震動の標準応答スペクトルを上回る観測記録の例

上記の手順に従って設定したL2地震動の標準応答スペクトルは，想定した地震規模（スペクトルⅠでは M_w 8.0 の地震が距離 60 km 程度の位置で発生した場合，スペクトルⅡでは M_w 7.0 程度の地震が直下で発生した場合）に補正を行った観測記録を統計的（非超過確率90％）に処理したものである．そのため，たとえ同一規模の地震が発生した場合においても，標準応答スペクトルを上回る地震が発生する可能性は否定できない．特に深部地下構造や表層付近の地盤構成の影響によって，地点の地震増幅特性が特異な性質を示すような箇所については，地震動が局所的に大きくなる可能性がある．ここでは，過去に発生した大規模地震において得られた観測記録のうち，標準応答スペクトルを上回るような記録の例を**付属図 6.3.4**に示す．

これらの記録の中には，表層付近の薄い軟弱層の強非線形化等の影響によって地震動が大きくなった可

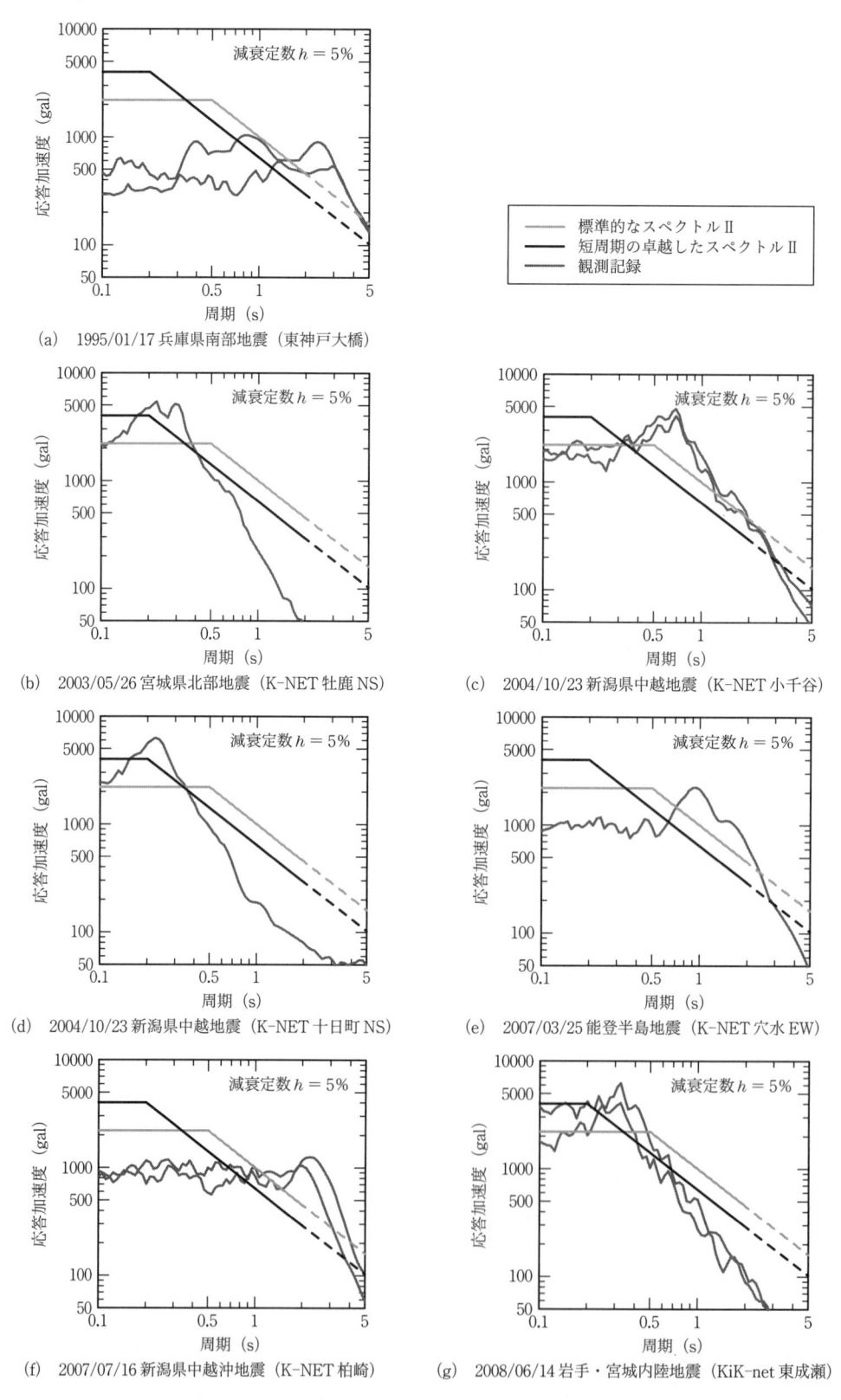

付属図 6.3.4 L2地震動の標準応答スペクトルを上回る観測記録の例

能性が指摘されているものもあり，必ずしもこれがそのまま耐震設計上の基盤面位置での地震動に相当しないものも存在する．また，これらの観測記録と周辺の被害状況が一致しない等の指摘もあり，計測器の設置状況の影響等も完全には否定できない．しかしながら地点の地震増幅特性によっては，このような非常に大きな地震動が局所的に発生する可能性があることを念頭において検討を行うことは重要である．また，このような特異な地震が発生することが指摘されている箇所周辺においてL2地震動を設定する際には，「**付属試料6-2** L2地震動の算定時に詳細な検討を必要とする地域と対応の考え方」の第4項により，地震観測や常時微動観測等の調査を事前に行い，周辺の地震動特性を詳細に把握した上で地震動の設定を行う必要がある．

参 考 文 献

1) 坂井公俊，室野剛隆，佐藤勉，澤田純男：深部地下構造を考慮した内陸活断層型地震の経験的評価，土木学会地震工学論文集，第29巻，pp.98-103，2007．
2) 杉戸真太，合田尚義，増田民夫：周波数特性を考慮した等価ひずみによる地盤の地震応答解析法に関する一考察，土木学会論文集，493/III-27，pp.49-58，1994．
3) 内山泰生，翠川三郎：震源深さの影響を考慮した工学的基盤における応答スペクトルの距離減衰式，日本建築学会構造系論文集，No.606，pp.81-88，2006．
4) 武村雅之：日本列島における地殻内地震スケーリング則-地震断層の影響および，地震被害との関連-，地震第2輯，Vol.51，No.2，pp.211-228，1999．

付属資料6-4　短周期成分の卓越したL2地震動の考え方

1. はじめに

　地震動の特性は，断層から対象地盤に到達するまでの過程によって大きく変化する．例えば，地震基盤が浅いと短周期が卓越し，地震基盤が深いと卓越周期が長くなることが分かっている[1]．この影響によって岩手・宮城内陸地震や東北地方太平洋沖地震等の震源近傍における地震基盤の浅い地域では，短周期成分において3000 galを上回るような非常に大きな地震記録が観測された．**解説表6.4.3**と**解説表6.4.4**に示したL2地震動の標準応答スペクトル（スペクトルⅠ，スペクトルⅡ）は，一般的な鉄道構造物の周期帯域における増幅特性を勘案して，地震基盤が概ね500 mより深い場合を想定して設定したものである（「**付属資料6-3 L2地震動の標準応答スペクトルの設定方法**」参照）．しかしながら，山間部等の地震基盤が浅い地域において短周期成分が卓越するような地点においては，地震動特性が標準応答スペクトルとは異なる可能性が考えられる．そのためこれらの地域に周期の短い構造物を設計する場合には，標準応答スペクトルに加えて短周期成分の卓越を考慮したL2地震動も併せて設定することが望ましい．

　建設地点の地震動特性を把握するためには，「**付属資料6-2 L2地震動の算定時に詳細な検討を必要とする地域と対応の考え方**」の第4項に示すように，地震観測，常時微動観測を実施することが望ましい．ただし，これらの調査を実施しない場合には，地震基盤の大まかな構造のみから地震動特性を概略的に把握することも可能であると考えられる．その際の短周期成分の卓越する可能性のある地域の区分と，これらの地域におけるL2地震動の考え方について記述する．

2. 短周期成分の卓越する可能性のある地域

　既往の物理探査やボーリング調査に基づいた全国の地盤構造をまとめた結果[2]によると，地震基盤深度は**付属図6.4.1**のように推定されており，地域によって大きく変化していることが分かる．このうち，地震基盤が500 m程度よりも浅い地域では，標準応答スペクトルとは異なり短周期側が卓越した地震動となることが分かっている[1]．

　しかしながら現状の深部地下構造の調査間隔や推定精度，実務上の取り扱いを勘案すると，この結果のみを使用して地震動特性の違いを分類することは困難であると考えられる．そのため先述したように地震観測または常時微動観測を実施するのがよいが，それが不可能な場合には，当面の間，地震基盤深度が1000 mよりも浅い地点（**付属図6.4.1**の白塗りの地域を除く地点）においては，短周期成分が卓越する可能性があると考えることとした．今後，地盤調査技術の推進，発展により地下構造推定精度が向上するとともに，短周期成分の大きな地震動の発生メカニズムの解明がさらに進むことによって，地域ごとの地震動の分類，使い分けがより明確となることが期待される．

3. 短周期成分の卓越したL2地震動

　既に述べたように，地点の深部地下構造によって地震動特性が大きく変化する．例えば**付属図6.4.2**お

付属資料 6-4　短周期成分の卓越した L2 地震動の考え方　　233

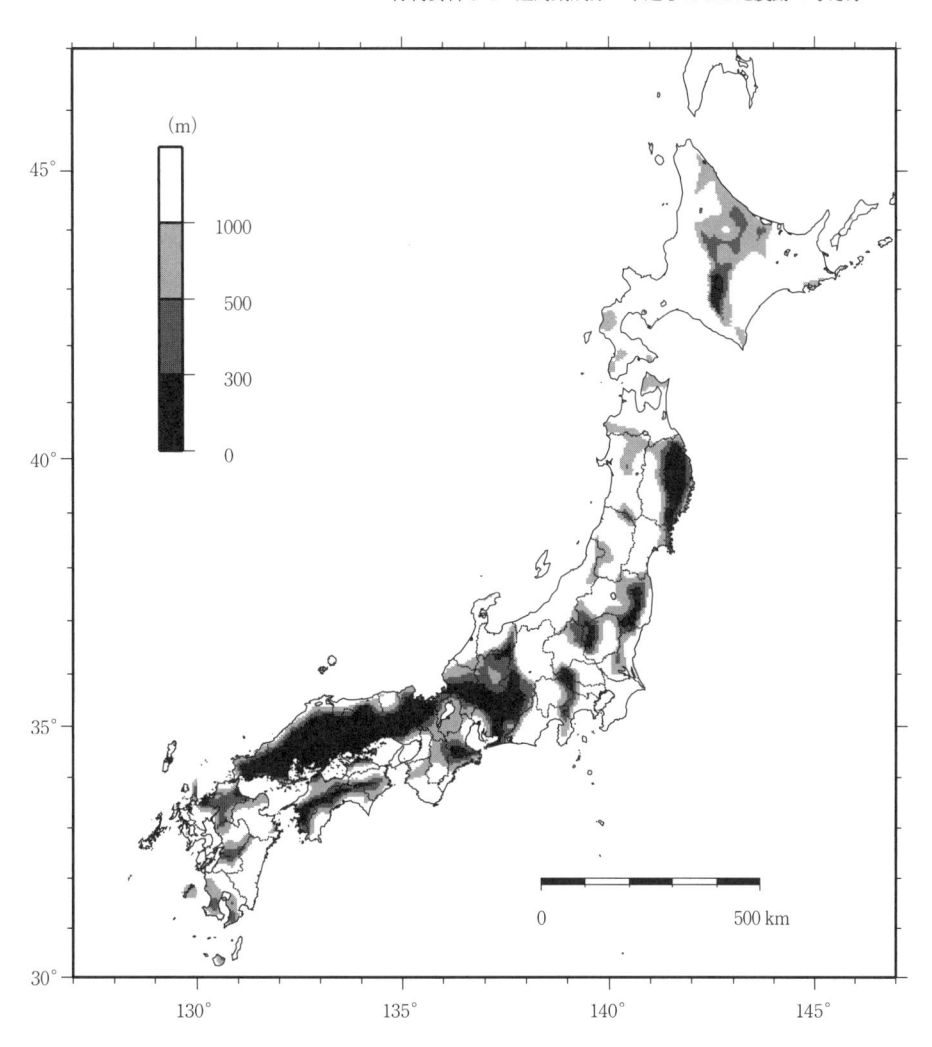

付属図 6.4.1　全国の地震基盤深度[2)]

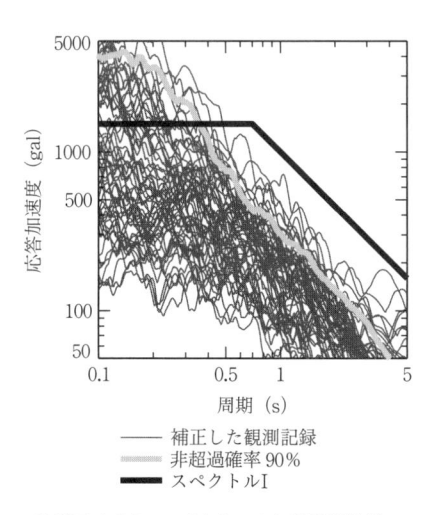

付属図 6.4.2　スペクトル I と地震基盤が浅い地域での観測記録の比較

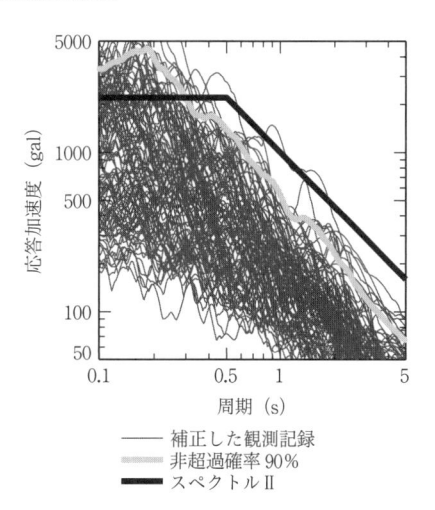

付属図 6.4.3　スペクトル II と地震基盤が浅い地域での観測記録の比較

よび**付属図 6.4.3**は，地震基盤が浅い地域で観測された比較的規模の大きな地震記録（海溝型地震，内陸活断層による地震）を，標準応答スペクトルの想定規模（スペクトルIではMw 8.0，断層最短距離60 km程度，スペクトルIIでは，Mw 7.0程度の地震が直下で発生した場合）に補正を行った結果を示したものである[1]．またこれらの図には，それぞれの補正した観測記録を非超過確率90%で包絡するスペクトルも示している．これらの結果を見ると，観測記録を補正した結果は，0.3秒程度よりも短周期側で標準応答スペクトル（スペクトルI，スペクトルII）を上回っていることが分かる．一方で周期が長くなると，標準応答スペクトルは地震基盤の浅い地域における観測記録を大きく上回っている．そのため第2項で示した短周期成分の卓越する可能性のある地域で等価固有周期が0.3秒よりも短い構造物を設計するような場合には，これらの結果を参考にして標準応答スペクトルに加えて短周期成分の卓越した地震動もL2地震動として設定するのがよい．

この場合のL2地震動を**付属表6.4.1**，**付属図6.4.4**（スペクトルI），**付属表6.4.2**，**付属図6.4.5**（スペクトルII）に示す．また，時刻歴波形を**付属図6.4.6**，**付属図6.4.7**に示す．この時刻歴波形を作成する際の位相特性等の設定条件は，標準応答スペクトルの時刻歴波形を算定した場合と同様である．

これらの地震動の想定規模，設定条件などは，標準応答スペクトルと同様であるため，適用範囲や距離

付属表 6.4.1 短周期成分の卓越したスペクトルIの弾性加速度応答スペクトル

周期 T (s)	応答加速度(gal)
$0.1 \leq T \leq 0.25$	3100
$0.25 < T \leq 2.0$	$642 \times T^{-1.137}$

付属表 6.4.2 短周期成分の卓越したスペクトルIIの弾性加速度応答スペクトル

周期 T (s)	応答加速度(gal)
$0.1 \leq T \leq 0.2$	4000
$0.2 < T \leq 2.0$	$642 \times T^{-1.137}$

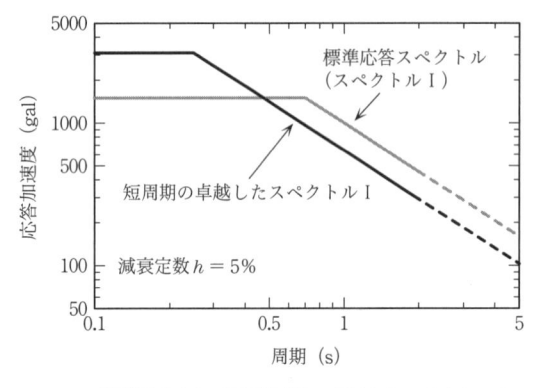

付属図 6.4.4 短周期成分の卓越したスペクトルI

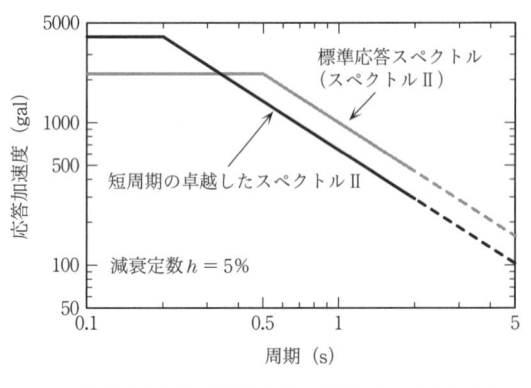

付属図 6.4.5 短周期成分の卓越したスペクトルII

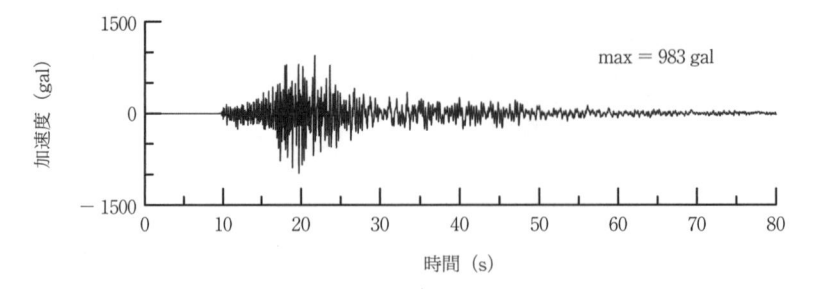

付属図 6.4.6 短周期成分の卓越したスペクトルIの時刻歴波形

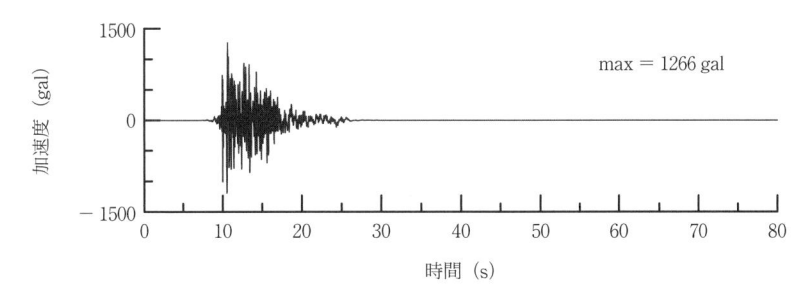

付属図 6.4.7 短周期成分の卓越したスペクトルⅡの時刻歴波形

等による補正なども同様の条件で用いることが可能である．ただしこの場合にも，**解説表6.4.2**に示す下限地震動を下回る地震動をL2地震動として設定することはできない．

4. 適用する場合の注意点

付属表6.4.1，**付属表6.4.2**に示す地震動は，短周期成分の卓越する可能性のある地域において，等価固有周期が0.3秒よりも短い橋梁・高架橋を設計する場合に適用する必要がある．ただし，以下の場合には，この地震動を用いる必要はない．

① 液状化時の検討

液状化時の検討においては，長周期成分の大きな**解説表6.4.3**と**解説表6.4.4**の地震動の方がより大きな応答値を与えると考えられるため，構造物の等価固有周期が短い場合であってもこの地震動を用いる必要はない．

② 開削トンネル

開削トンネルのような地中構造物では，地盤変位による影響が支配的であり，**解説表6.4.3**と**解説表6.4.4**の地震動の方がより大きな応答値を与えると考えられるため，短周期成分の卓越した地震動を適用しなくてもよいものとした．

③ 土構造物，橋台等

盛土構造物の地震応答値は，一般的にはニューマーク法によって算定している．この場合，**解説表6.4.3**と**解説表6.4.4**の地震動の方が大きな応答値を与える場合が多いため，短周期成分の卓越した地震動を適用する必要はない．また橋台の地震応答値を「11.2 応答値の算定」に示される手法で算定する場合，固有周期の短い橋台では**付属表6.4.1**，**付属表6.4.2**に示す地震動の方が大きな応答を与えることがある．しかしながら固有周期の短い橋台の地震時応答は，背面盛土の滑動による影響が卓越するため，盛土構造物と同じように扱うことが可能であり，この場合，短周期成分の大きな地震動は適用しなくてもよいものとした．

参 考 文 献

1) 坂井公俊，室野剛隆，澤田純男：地震基盤深度を考慮したレベル2地震動の簡易評価，第12回地震時保有耐力法に基づく橋梁等構造の耐震設計に関するシンポジウム講演論文集，pp.317-322，2009．

2) 藤原広行，河合伸一，青井真，森川信之，先名重樹，工藤暢章，大井昌弘，はお憲生，早川譲，遠山信彦，松山尚典，岩本鋼司，鈴木晴彦，劉瑛：強震動評価のための全国深部地盤構造モデル作成手法の検討，防災科学技術研究所研究資料，第337号，2009．

付属資料6-5　スペクトルIIの規模および距離による低減方法

1. はじめに

　解説表6.4.3, 解説表6.4.4に示されたL2地震動の標準応答スペクトルは，想定したレベルの地震観測記録を収集し，それらを統計処理して得られたものである．具体的にはスペクトルIはモーメントマグニチュード8.0程度，断層最短距離60 km，スペクトルIIはモーメントマグニチュード7.0程度の地震が直下で起こるような場合を想定して設定されたスペクトルである．しかしながら周辺に断層が存在しない地点や，仮に断層が存在しても，その想定地震規模が小さいような地点では，L2地震動の標準応答スペクトルは過大な地震動となっている可能性があり，このような場合にはより小さな地震動をL2地震動として設定できる．地震動の規模および距離に応じた簡便なスペクトルIIの低減方法を以下に示すが，この手法を用いる際にはあらかじめ詳細な断層調査を行い，周辺に存在する活断層の位置，想定される地震規模を正確に把握しておかなければならない．

2. スペクトルIIの低減方法

　スペクトルIIの低減は，式(1)に示すように弾性加速度応答スペクトルに低減係数をかけることで行う．

$$RA_{cor}(T) = RA_{org}(T) \times k \tag{1}$$

ここで，$RA_{cor}(T)$：補正後の弾性加速度応答スペクトル
　　　　$RA_{org}(T)$：**解説表6.4.4**に示す補正前の弾性加速度応答スペクトル
　　　　k：スペクトルの低減係数

　なお，時刻歴波形を低減する場合にも，この低減係数をそのまま使用してよい．低減係数の具体的な求め方を以下に示す．

(1) 規模による低減

　対象とする地震のモーメントマグニチュードM_wが7.0よりも小さく，その影響を評価する場合には，式(2)により低減係数k_1を求めてもよい．

$$\log k_1 = 0.5 \times M_w - \log(3 + 0.0055 \times 10^{0.5 \times M_w}) - 2.19 \tag{2}$$

ここでk_1は，スペクトルIIの地震規模による低減係数，M_wは対象とする地震のモーメントマグニチュードである．

(2) 距離による低減

　対象とする地震を発生させる活断層までの距離が3 kmよりも離れており，その影響を評価する場合には，式(3)により低減係数k_2を求めてもよい．

$$\log k_2 = -0.00069 \times R - \log(R + 18.97) + 1.344 \tag{3}$$

ここでk_2は，スペクトルIIの距離による低減係数，R(km)は建設地点から対象とする活断層までの最短

距離である．

以上より，式 (1) の低減係数 k を式 (4) により求める．
$$k = k_1 \times k_2 \quad (k \geq 0.8) \tag{4}$$
スペクトル II の低減係数の計算例を**付属図 6.5.1** に示す．

上記の低減係数 k は周期によらず一定としたが，これは設計時の取り扱いを考慮し，既往の距離減衰式[1]に基づいて簡便に設定したものである．実際には，地震動の規模，震源からの距離が異なると，地震動のスペクトルレベルは全周期帯域で一律に変化するわけではなく，異なった割合で変化（増幅，減衰）する．このような効果を考慮することでよりスペクトルを低減させることは可能であるが，その際には用いる低減係数の合理性を確認しておく必要がある．

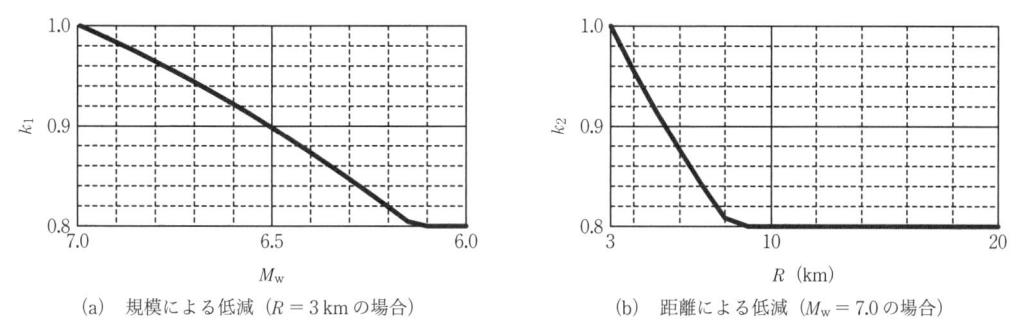

(a) 規模による低減（$R = 3$ km の場合）

(b) 距離による低減（$M_w = 7.0$ の場合）

付属図 6.5.1 スペクトル II の低減係数 k

参 考 文 献

1) 内山泰生，翠川三郎：震源深さの影響を考慮した工学的基盤における応答スペクトルの距離減衰式，日本建築学会構造系論文集，No. 606, pp. 81-88, 2006.

付属資料6-6　簡易に復旧性を検討する場合の作用と
限界値の組合せに関する検討の例

1. はじめに

　本標準における地震時の復旧性は，「構造物周辺の環境状況を考慮し，想定される地震動に対して，構造物の修復の難易度から定まる損傷等を一定の範囲内に留めることにより，短期間で機能回復できる状態に保つための性能」と定義されている．そのため構造物の環境状況を考慮した上で，適用可能な技術により，妥当な経費で機能回復できる範囲内に構造物の損傷等をコントロールすることが必要である．

　構造物の復旧期間や経費等が供用期間を通じて妥当な範囲内となることを確認する方法としては，復旧性を検討するための地震動を生起確率付地震動群により設定して，これらの地震動に対して初期費用と地震損失費用を考慮して最適な断面を検討する方法が提案されている（**付属図6.6.1**）[1]~[4]．これはISOにおいても今後発展の可能性がある一つの方向性として位置づけられている[5]．しかしながらこの作業を個別に実施するためには，従来の設計の流れとは異なる手順を経る必要があるとともに，現時点では多くの不確定要因が残されていることは否定できない．そこで本付属資料では，あらかじめ多数の諸元を有する構造物を対象として上記の検討を実施しておくことで，簡易に復旧性を検討する場合の作用と限界値の組合せについて検討を行った結果について説明する．

　なお，本検討に用いたコスト等の数値には仮定を含んでいるものもあるため，個別の構造物に対して同様の検討を行う場合には，各地点の状況に応じた値を用いる必要がある．

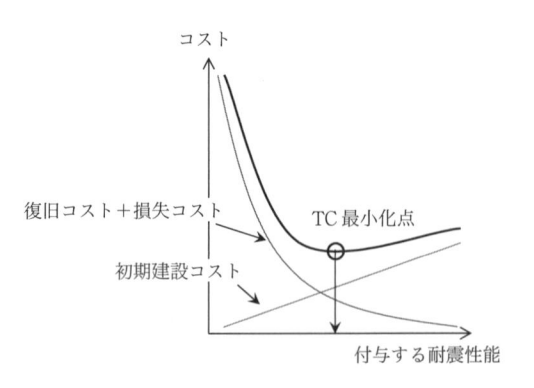

付属図 6.6.1　トータルコストを用いた復旧性照査の概念図

2. トータルコストを用いた復旧性照査法

(1) 復旧性照査の考え方

　地震に対する構造物の復旧性とは，地震後に妥当な期間および経費で構造物の機能を回復できる性能と

解釈することができる．この場合，妥当な期間および経費で機能を回復できる，という性能を工学的に表現する指標として，「初期建設コストと設計耐用期間内に想定される地震に対する復旧コスト，これに伴う間接被害の期待値の和，つまりトータルコスト（TC）の最小化」と解釈することにした．今回は，トータルコスト TC の計算は次式によることとする[6]．

$$TC = C_I + \sum P_f \cdot C_f \tag{1}$$

ここで，C_I：初期建設コストであり材料費および施工費を考慮したもの，P_f：構造物の損傷確率，C_f：地震による損失コスト（$C_f = C_{RE} + C_{TD}$），C_{RE}：直接復旧コスト（$C_{RE} = b \times C_{RE0}$），$C_{RE0}$：直接復旧コストの基準値であり理想的な条件下での値，b：施工環境を表現するための倍率係数，C_{TD}：供用停止に伴う損失コストである．

なお，復旧性照査を行う前段階でL2地震動を用いて構造安全性の照査を行っているため，地震損失に人的な損失の影響は考慮していない．さらに，地震時直接復旧コスト以外の間接コストとしては，一般に供用停止に伴う営業損失と社会に及ぼす経済損失が考えられるが，本検討では前者のみ考慮することとした．

（2） 復旧性照査用ノモグラムの提案

式（1）で定義したトータルコストの概念を用いて，復旧性を照査しようとすると，多数の動的解析等が必要となるために，従来よりも多大な労力を必要とする．そこで設計の便を考えて，あらかじめ複数の地点において生起確率付地震動群を算定し，トータルコストが最小になるような構造物の固有周期と降伏震度，じん性率の組合せを求めておくこととした．その結果をノモグラムとして表示し，これを「復旧性照査用ノモグラム」と呼ぶこととする．復旧性照査用ノモグラムの作成手順を**付属図 6.6.2** に示す．

まず対象地点を選定し，地震危険度解析，生起確率付地震動群の作成を行う．構造物の周期，じん性率を固定し，降伏震度を変化させた複数の構造条件に対して生起確率付地震動群を入力とした動的解析を実施，各種降伏震度を持った構造物の損傷確率を算定する．これら構造物の初期建設コスト，損失コストを算定することで，式（1）によりトータルコストを求める．このうちトータルコストが最小となるような降伏震度を一つ選定する．この作業を構造物の周期，じん性率を変化させて多数実施し，結果を一つの図

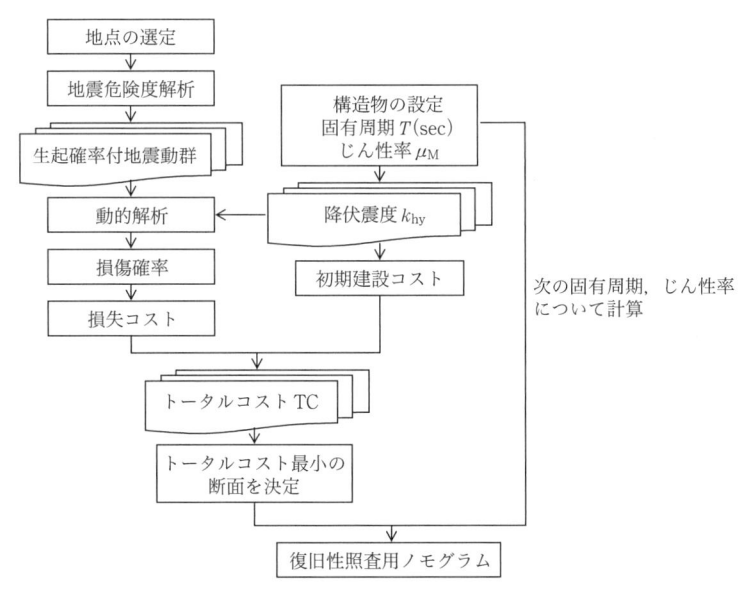

付属図 6.6.2　復旧性照査用ノモグラム作成手順

にプロットすることにより，ある構造物の周期，じん性率を確定させたときに構造物に要求される最適な降伏震度を，または構造物の周期，降伏震度を確定させた時に要求されるじん性率を簡便に推定することが可能となる．

(3) 復旧性照査用ノモグラムを用いた照査の手順

復旧性照査用ノモグラムを用いた照査の手順を**付属図 6.6.3**に示す．復旧性照査用ノモグラムを用いることにより，従来の非線形応答スペクトル法[7]と同様の手法により復旧性の照査を行うことができる．つまり，ノモグラムにより得られた応答塑性率 μ_{res} がじん性率 μ を上回った場合，断面を変更して再度安全性のチェックから行い，下回った場合は復旧性を満足する構造物となり照査を終了する．ここで，厳密には応答塑性率がじん性率と一致した場合がトータルコスト最小の断面を与えることとなるが，帯鉄筋量を増やしてじん性率を大きくすることが全体の建設費に与える影響は比較的小さいことを勘案して，応答塑性率がじん性率以下であることを確認することで，復旧性を満足すると考えることとした．

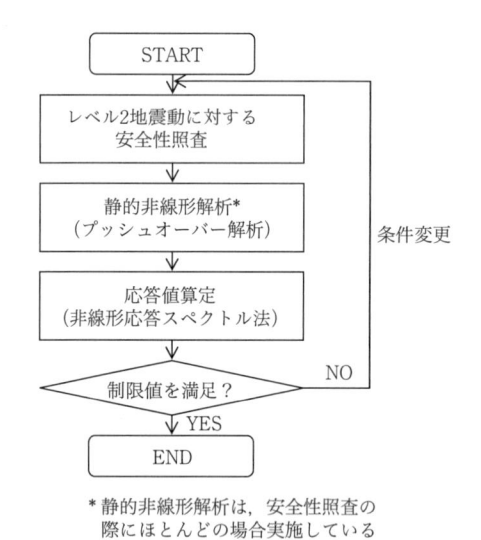

付属図 6.6.3 復旧性照査用ノモグラムを用いた復旧性照査の流れ

3. 復旧性照査用ノモグラムの作成

本節では複線用 RC 壁式橋脚を対象として，復旧性照査用ノモグラムを作成する．復旧性照査用ノモグラムは構造物の形式だけでなく，対象とする地域の地震活動度の違いによっても変化することが予想される．そこで対象地点としては地震活動度の異なる2地点（**解説表 6.3.2**に示す地域A，地域Bの各地点）を設定し，両地点において復旧性照査用ノモグラムを算定する．

(1) 生起確率付地震動群の作成

構造物への入力地震動となる生起確率付地震動群を作成する．地震動の発生確率は対象とする地点，期間によって変化する．対象地点としては前述した2地点（地域A，地域B）とし，対象期間は標準的な鉄道構造物の設計耐用期間である100年とした．

a) 地震発生確率の算定

断層調査結果や歴史地震資料によって設定される地震活動のモデルをもとに，確率論的地震危険度解析[8]を実施した．地震危険度解析の例として地域Aにおける結果を**付属図 6.6.4**に示す．想定する地震加速度が大きくなるに従い，超過確率が小さくなっていることがわかる．

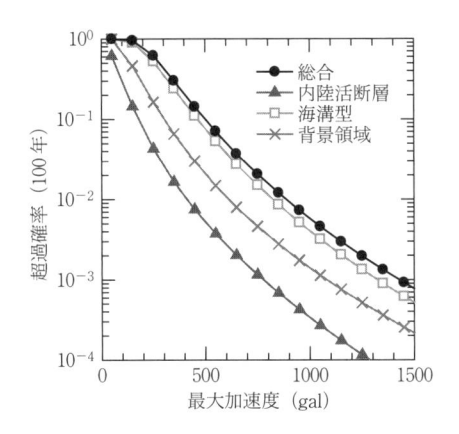

付属図 6.6.4 地震危険度解析結果の例（地域A）

b) 生起確率付地震動群の算定

地震危険度解析結果に基づき，生起確率付地震動群を以下の手順に従って作成する[9]．まず，加速度 a (gal) の地震における各震源域からの貢献度[10]を算定する．算定された各地震動レベルごとの貢献度に応じて，地震動群を作成する震源域を決定し，その震源域に割り当てる地震波の数を決定する[11]．本検討では加速度を15段階（100～1500 gal まで100 gal 刻み）とし，各加速度ごとに20波ずつ作成することとした．

まず応答スペクトルの距離減衰式[12]を用いて，選定した震源域から想定される加速度応答スペクトル（減衰定数5％）の形状を設定する．次に位相特性としては，群遅延時間 $t_{gr}(\omega)$ の平均値と標準偏差の距離減衰式[13]を用いて設定した．

以上の作業により，目標応答スペクトル，初期位相が決定した．そこで，繰返し計算により振幅を調整することで，目標応答スペクトルに適合させ，得られた応答スペクトル適合波の最大加速度を想定地震レベルに調整することで，地震動を設定した．さらに，算定された地震動には，地震危険度解析によって推定された発生確率が付与される．

生起確率付地震動群の作成例として，地域Aにおいて作成された生起確率付地震動群の一部を**付属図 6.6.5**に示す．これより，同一加速度レベルの地震動であっても，想定される震源域の地震規模，対象地点と震源との距離が各地震動ごとに異なるため，経時特性が異なった結果となっていることがわかる．

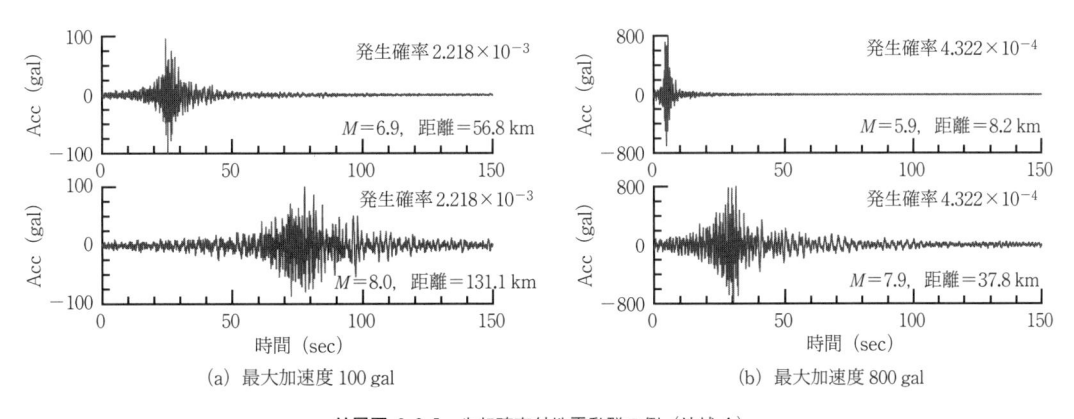

(a) 最大加速度 100 gal

(b) 最大加速度 800 gal

付属図 6.6.5 生起確率付地震動群の例（地域A）

ここで得られた生起確率付地震動群は，工学的基盤位置での地震動であるため，対象地点の地盤情報を用いた地盤応答解析を実施することにより，地表面位置の地震動を求めた．今回は固有周期として0.40秒（G3地盤）の地盤を設定した．

（2） 構造物の初期建設コスト C_I の算定

各種条件を持った構造物を設計し，初期建設コスト C_I の算定を行う．対象とした構造形式は，複線用RC壁式橋脚（スパン $L=29\,\mathrm{m}\times2$ 連，橋脚高さ $H=8\,\mathrm{m}$）である．このプロトタイプの構造に対して，降伏震度 k_{hy} を4ケース（0.3，0.4，0.6，1.0），じん性率 μ_M は各降伏震度ごとに3ケース設計することとし，合計で12断面の設計を行った．また設計時の制約として，橋脚が基礎よりも先行降伏するといった条件を設けている．最終的に得られた構造断面の例を**付属図6.6.6**に示す．

得られた各種構造断面の初期建設コスト C_I を算定した．さらに初期建設コスト C_I を降伏震度 k_{hy}，等価固有周期 T_{eq}，じん性率 μ_M をパラメータとした回帰式を作成した．その結果，次式を得た．

$$C_I = (44929 \times k_{hy}^2 + 16843 \times k_{hy} + 5319) \times T_{eq}^{\frac{1}{1.5}} \times \left(1 \times \frac{\mu-2.5}{2.5} \times 0.12\right) \times 1000 \tag{2}$$

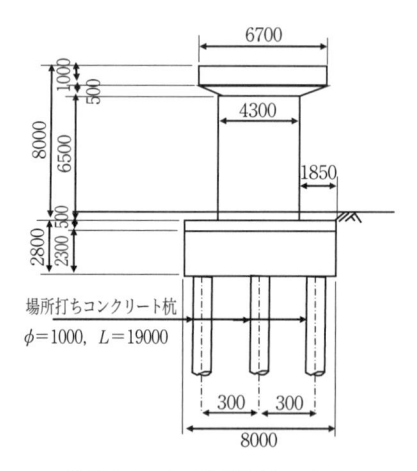

付属図 6.6.6 設計例（$k_{hy}=0.4$）

（3） 構造物の直接復旧コスト C_{RE} の算定

構造物が地震損傷を受けた場合の直接復旧コスト C_{RE} は，式（1）に示したように，理想的な条件下での直接復旧コスト C_{RE0} に，施工条件を考慮するための倍率係数 b をかけることで表現することとした．

初期建設コスト算定時に設計を行った構造断面に対し，**付属表6.6.1**の各工法を実施する際の補修領域を求め，これをもとに C_{RE0} を算定した．この結果を幅広い検討に用いることができるよう，式（3）のよ

付属表 6.6.1 損傷レベルに対して想定した補修工法

損傷箇所	損傷程度			
	損傷レベル1	損傷レベル2	損傷レベル3	損傷レベル4
梁	無補修	足場工 ひび割れ注入工	足場工 ひび割れ注入工 かぶり修復	架け替え
柱，く体	無補修	足場工 ひび割れ注入工	足場工 ひび割れ注入工 かぶり修復 埋戻し工*	架け替え

* 橋脚下端や柱下端が損傷した場合

うに結果を拡張した．損傷レベル4については架け替えとし，初期建設コストの10倍を設定した．

損傷レベル1の場合：$C_{RE0}=0$ (3-1)

損傷レベル2の場合：$C_{RE0}=(2024\times k_{hy}^2+509\times k_{hy}+167)\times 1000$ (3-2)

損傷レベル3の場合：$C_{RE0}=(5215\times k_{hy}^2+1561\times k_{hy}+462)\times 1000$ (3-3)

損傷レベル4の場合：$C_{RE0}=10\times C_I$ (3-4)

また，上記結果は理想的な条件下での復旧コストであり，実際の復旧には工事用道路の確保や地震時の復旧用資材等の確保により多くのコストを要するものと考えられる．そこで，これらの影響を考慮するための倍率係数 b を設定する．本検討では兵庫県南部地震において要した直接復旧コスト[13]と上式により得られる C_{RE0} の比が概ね10倍であったため，$b=10.0$ として設定した．

（4） 損失コスト C_{TD} の算定

直接復旧コスト以外の地震損失コスト C_{TD} としては，地震被害による供用停止によって発生する運輸収入の減額のみを想定することとした．この損失額（減収額）は，供用停止日数と1日当たりの運輸収入とを乗じることにより算定されるが，その一般的な値を精度よく見積もるのは現状では困難である．そこで本検討では，供用停止に伴う損失は直接復旧コストの倍数（$C_{TD}=k\times C_{RE}$）で算定することにした．この倍率係数は，兵庫県南部地震による直接復旧コストと営業損失の関係[14]を参考にして，$k=2.0$ とした．

（5） 復旧性照査用ノモグラムの作成

a） トータルコストの算定

これまでの検討により，構造物への入力地震動（生起確率付地震動群），構造物の建設コスト，地震によって損傷を受けた際の復旧コスト（直接復旧コスト，損失コスト）が得られた．そこで，本章では想定した構造物に地震動群を入力することで，各構造物のトータルコストを算定した．

トータルコスト算定結果の例として，地域A，地域Bにおける等価固有周期 $T_{eq}=1.0$ 秒，じん性率 $\mu_M=2.0, 5.0$ の場合の結果を**付属図6.6.7**に示す．

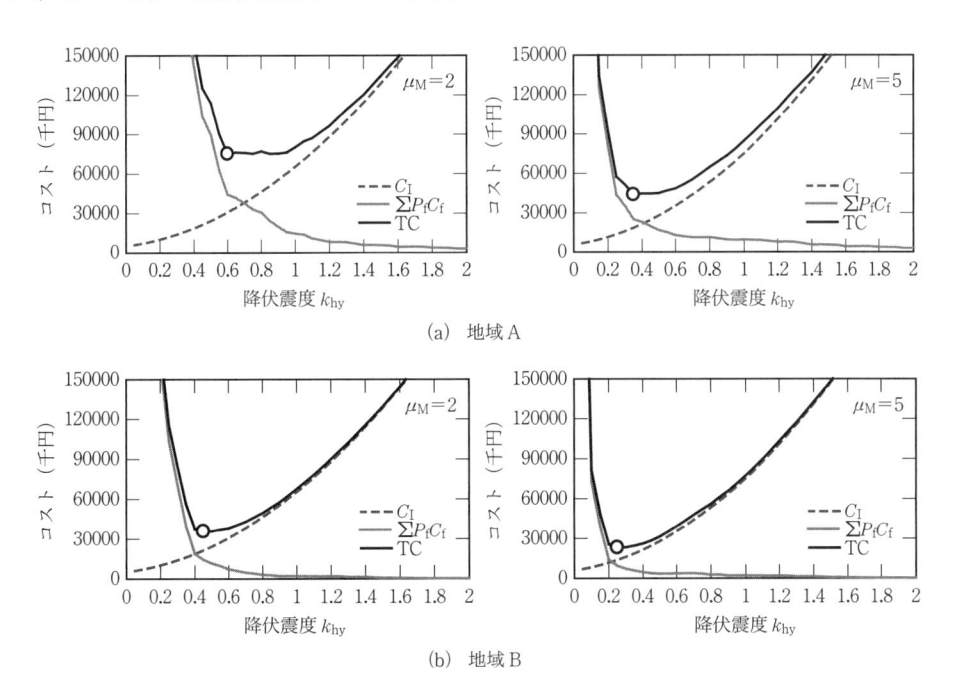

付属図6.6.7 トータルコストの算定例（$T_{eq}=1.0$ 秒）

これより，本手法によって構造物の等価固有周期，じん性率を固定した際のトータルコストが最小となる構造物の降伏震度が選定できることがわかる．各図において○印で示した点がトータルコストが最小となる点（最適な降伏震度）である．

さらに，地域Aと地域Bのトータルコスト算定結果の比較からは，地域Aでは，地域Bと比較すると地震活動度が高いため，地震による損傷確率が大きくなっている．これに伴い復旧コストが大きくなるために，トータルコストとしても地域Aが地域Bよりも大きな結果となっている．その結果，地震活動度が高い地域ほど降伏震度の大きな構造物が選択されている．

b) 復旧性照査用ノモグラムの算定

前節の結果より，構造物の等価固有周期，じん性率を固定した場合の，最適な降伏震度が1つ得られることがわかった．本節では等価固有周期，じん性率を広範囲にわたって多数変化させ，各条件における最適な降伏震度を選定した．この降伏震度選定結果をまとめて**付属図6.6.8**に復旧性照査用ノモグラムとして示す（じん性率 $\mu_M = 1, 2, 4, 8$ の場合）．

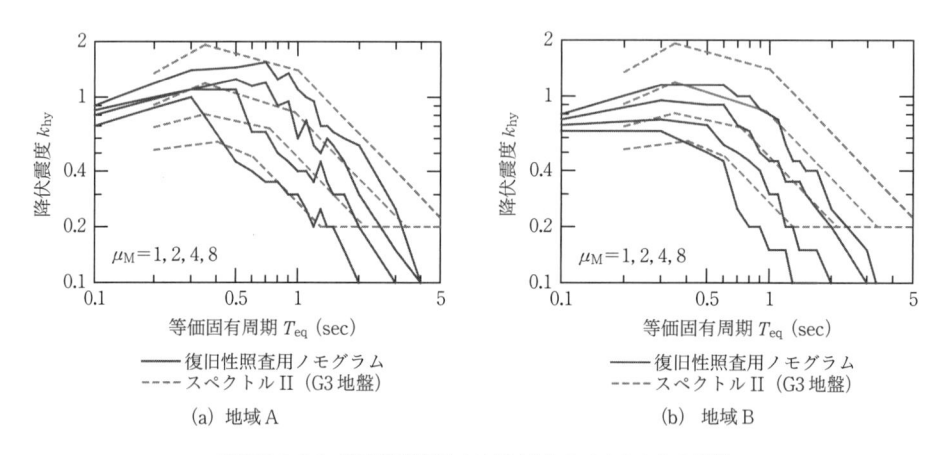

付属図 6.6.8 復旧性照査用ノモグラムとスペクトルIIの比較

これらの各図には**解説表6.4.3**に示す標準応答スペクトル（スペクトルII）の所要降伏震度スペクトルも示しているが，地域Aにおいては，復旧性照査用ノモグラムと標準応答スペクトル（スペクトルII）がほぼ一致している．このためこれらの地域においては，**解説表6.4.3**による標準応答スペクトル（スペクトルII）を用いて，早期の機能回復を要求することにより，復旧性の照査が行えることがわかった．また地域Bでは得られた復旧性照査用ノモグラムは標準応答スペクトル（スペクトルII）よりも小さくなっていることがわかる．これは地域ごとの地震活動度の差によるものであると考えられる．よってこれら地震活動度の低い地域では，地域別係数を導入することで，地震活動度の差を考慮した上での復旧性照査が可能となると考えられる．

参 考 文 献

1) 土木学会・地震工学委員会・耐震設計基準小委員会：土木構造物の耐震性能設計における新しいレベル1の考え方（案），委員会活動報告書，2003．
2) 大住道生，運上茂樹：トータルコストに基づく土木構造物の要求耐震性能の設定法に関する一検討，土木技術資料，41-10, pp. 50-55, 1999．
3) 一井康二：トータルコストに基づく耐震設計の提案と試算（重力式岸壁の例），日本地震工学シンポジウム論文集，11，

pp. 2371-2376, 2002.
4) 阿部淳一，杉本博之，渡邊忠朋：地震リスクを考慮した設計地震動強度算定に関する研究，土木学会論文集 A，Vol. 63, No. 4, pp. 780-794, 2007.
5) ISO TC 98/SC 3/WG 10 : Basis for design of structures - Seismic actions for designing geotechnical works, 2005.
6) 坂井公俊，室野剛隆，佐藤勉，澤田純男：トータルコストを照査指標とした土木構造物の合理的な耐震設計法の提案，土木学会論文集 A1（構造・地震工学），Vol. 68, No. 2, pp. 248-264, 2012.
7) 西村昭彦，室野剛隆，齋藤正人：所要降伏震度スペクトルの作成と耐震設計への適用，地震時保有耐力法に基づく橋梁の耐震設計に関するシンポジウム講演論文集，Vol. 3, pp. 43-48, 1999.
8) Cornell, C. A. : Engineering Seismic Risk Analysis, *Bull. Seism. Soc. Am.*, Vol. 58, No. 5, pp. 1583-1606, 1968.
9) 坂井公俊，室野剛隆：地震危険度解析に基づく生起確率付地震動群の作成方法，鉄道総研報告，Vol. 24, No. 5, pp. 11-16, 2010.
10) 亀田弘行，石川裕，奥村俊彦，中島正人：確率論的想定地震の概念と応用，土木学会論文集，No. 577/I-41, pp. 75-87, 1997.
11) 安中正，香川敬生，石川裕，江尻譲嗣，西岡勉：期待損失評価のための確率論的ハザードに適合した地震動波形群の設定方法，土木学会地震工学論文集，Vol. 28, 2005.
12) 安中正，山崎文雄，片平冬樹：気象庁 87 型強震計記録を用いた最大地動及び応答スペクトル推定式の提案，第 24 回地震工学研究発表会講演論文集，pp. 161-164, 1997.
13) 佐藤忠信，室野剛隆，西村昭彦：観測波に基づく地震動の位相スペクトルのモデル化，土木学会論文集，No. 640/I-50, pp. 119-130, 2000.
14) 阪神淡路大震災鉄道復興記録編纂委員会編：よみがえる鉄路，山海堂，1996.

付属資料 7-1　側方流動による建設地点での地盤変位量の推定方法

1. はじめに

「7.2 耐震設計上注意を要する地盤」に示したように，構造物の建設地点が河川や海などの水際線背後地盤や地表面が広範囲で傾斜している地盤に位置し，その周辺が広範囲に渡って液状化すると判定された場合，側方流動が発生する可能性がある．この場合，側方流動による構造物の建設地点での地盤変位量を算定し，構造物に与える影響を評価する必要がある．本付属資料では，側方流動を考慮する深さの設定方法と，水際線背後地盤および傾斜地盤での側方流動による地盤変位量の推定方法をそれぞれ示す．

2. 側方流動を考慮する深さ

地盤の側方流動が発生する深さ方向の範囲は，地表面から20 m以内における最下層の非液状化層の上面より上方とする．側方流動を考慮する深さの判断例を**付属図7.1.1**に示す．

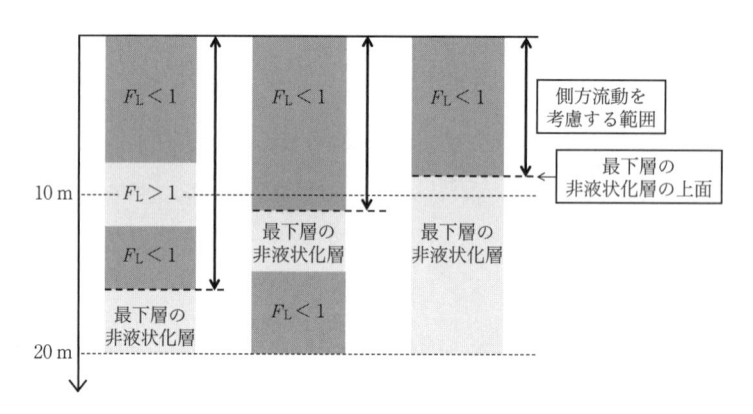

付属図 7.1.1　側方流動を考慮する深さ方向の範囲

3. 水際線背後地盤の側方流動による地盤変位量の推定方法

水際線背後地盤の側方流動による地盤変位量は水際線の護岸の移動に起因している．このため，構造物の建設地点における側方流動による地盤変位量は，護岸の移動量と護岸からの建設地点までの距離に影響を受ける．したがって，以下により護岸の移動量と地盤変位の距離減衰特性を考慮し，構造物の建設地点における側方流動による地盤変位量を推定するものとする．

3.1 護岸の移動量の算定

地震時における護岸の移動量については，一般に過去の地震における護岸移動量の事例分析に基づいた

経験式によることが可能である．**付属表1.1.1**は，過去の地震において側方流動が発生した護岸を調査し，護岸の水平変位量を護岸の高さで正規化した変形率（護岸の水平変位/護岸高さ）について，構造形式および地震動レベルごとに整理した結果である[1]．この**付属表1.1.1**を参考に，式（1）より地震時の護岸の移動量を推定してよい．

$$D_g = \alpha \times H_w \tag{1}$$

D_g：護岸移動量（m）
α：**付属表1.1.1**に示す護岸の変形率
H_w：護岸の高さ（m）

ただし，護岸が老朽化している場合などは，移動量が増すことも考えられるので，護岸の状況を十分に調査する必要がある．なお，上記の方法以外に，有限要素法などによる数値解析や模型実験などによって護岸の移動量を推定することも可能であるが，この場合は護岸の構造や地盤条件を正しく評価することができる適切な解析手法，実験手法を用いる必要がある．

付属表1.1.1 護岸形式と護岸の変形率の関係（文献1）に加筆）

構造形式	地震動	地盤条件		変形率
重力式護岸	L1地震動	護岸背後のみ緩い砂質土		0.05～0.10
		護岸背後および基礎地盤が緩い砂質土		0.10～0.20
	L2地震動	護岸背後のみ緩い砂質土		0.10～0.20
		護岸背後および基礎地盤が緩い砂質土		0.20～0.40
矢板式護岸	L1地震動	護岸背後のみ緩い砂質土	控え工周辺は堅固な地盤	0.05～0.15
			控え工周辺は緩い砂質土	0.15～0.25
		護岸背後・控え工周辺・基礎地盤がいずれも緩い砂質土		0.25～0.50
	L2地震動	護岸背後のみ緩い砂質土	控え工周辺は堅固な地盤	0.15～0.20
			控え工周辺は緩い砂質土	0.25～0.40
		護岸背後・控え工周辺・基礎地盤がいずれも緩い砂質土		0.50～0.75

兵庫県南部地震以後の港湾施設の設計基準の見直しにより，耐震強化岸壁の設計法が整備されている[2]．これに基づいて設計された耐震強化岸壁については，大規模地震に対しても安全性を有するため，側方流動に関する検討を省略してもよい．また，側方流動の可能性があると判定された護岸背後の地盤およびその周辺地盤に対して十分な液状化対策が実施されている場合には，側方流動の影響に関する検討を省略してもよい．ただし，護岸背後の地盤のみに液状化対策が実施されている場合は，周辺地盤の液状化に伴う側方流動が生じる可能性があるため，**付属表1.1.1**に示す変形率の小さな値を用いて護岸の移動量を推定するものとする．また，液状化対策が行われていない場合は，**付属表1.1.1**に示す変形率の大きな値を用いるものとする．

3.2 地盤変位量の護岸からの距離減衰特性[3]

護岸の移動に伴う側方流動による構造物建設地点での地盤変位量は，護岸からの距離に応じて減少する．この場合の地盤変位量は式（2）より算定してよい．

$$D_L = \frac{D_g}{2.0\left(\frac{L}{H}\right)^2 \times 10^{-4} + 4.9\left(\frac{L}{H}\right) \times 10^{-2} + 1.0} \tag{2}$$

D_L：護岸よりL（m）離れた位置での側方流動による地盤変位量（m）

D_g：護岸天端の移動量（m）
L：護岸からの距離（m）
H：護岸背後地盤の液状化層の平均的厚さ（m）

3.3 護岸の形式と地震時安定性

3.1項に示したように，水際線背後地盤の側方流動は護岸の安定性に大きく影響を受ける．ここでは，護岸の形式と地震時安定における留意点について簡単に述べる．

1) 矢板式護岸

矢板式護岸は，**付属図7.1.2，7.1.3**に示すような矢板本体，タイロッド，控え工からなる控え式矢板護岸と，**付属図7.1.4**に示すタイロッドおよび控え工を有しない自立式矢板護岸に分類できる．ただし，背後地盤の土圧作用が大きい場合や液状化の発生が危惧される場合などは，施工可能な限り控え式とするのが一般的である．

付属図7.1.3に示す控え組杭（斜杭）式矢板護岸においては，堅固な地盤に打設された押込み側の斜杭が矢板本体に作用する海側への水平土圧に抵抗するため，**付属図7.1.2**のような直杭式の矢板構造と比較して護岸の変形は小さくなることが予想される．ただし，控え工の支持力不足や矢板本体およびタイロッドの耐力不足なども考えられることから，耐震強化岸壁である場合を除き，3.1項に基づいて側方流動の検討を行うことが必要である．なお，過去の被災事例によれば，溶接位置付近において鋼矢板本体に亀裂などの折損が発生していることから，側方流動に対する安全性の検討においては鋼構造物の脆性破壊に対しても注意を払うことが望ましい．

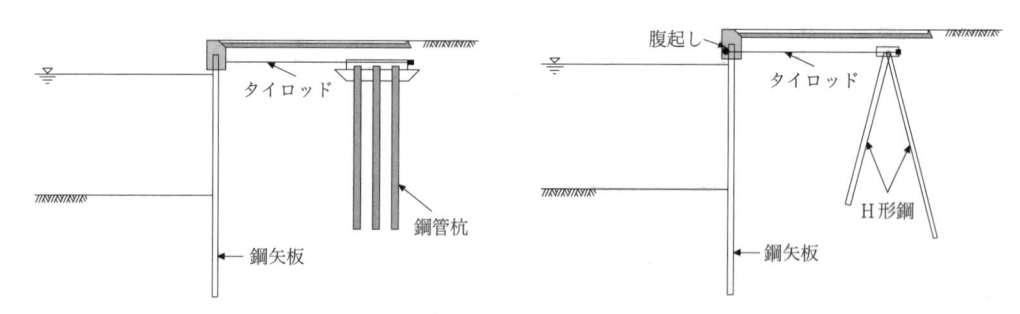

付属図 7.1.2　直杭式の控え工による矢板式護岸　　　　**付属図 7.1.3**　組杭式の控え工による矢板式護岸

2) ケーソン式護岸

付属図7.1.5に示すケーソン式の護岸では，背後地盤および置換砂の双方において液状化対策が実施されている場合，液状化および側方流動に伴う変形は小さくなることが予想される．しかし，液状化対策が一方の地盤のみの場合は，背後地盤が軟弱であれば壁体の海側への水平変位および傾斜が発生し，置換砂部が軟弱であれば基礎地盤を含む地盤全体の変形に伴い壁体の海側への水平変位や沈下，傾斜が発生する恐れがあるため，側方流動に対する検討が必要となる．なお，ケーソン式に代表される重力式護岸では，ある程度の水平変位や沈下が発生しても，他の構造形式と比較して地震後の耐力低下は小さい傾向があるため，構造安定上は比較的大きな変形を許容できるとされている．ただし，側方流動という観点からは，護岸の比較的大きな変形は護岸近傍に建設される構造物の安全性の低下につながるため，耐震強化岸壁以外の一般的な重力式の構造形式については，3.1項に基づいて側方流動の検討を行うことが必要である．

4. 傾斜地盤の側方流動による地盤変位量の推定方法[3]

傾斜地盤の側方流動による地盤変位量は式（3）に示す経験式より推定する．

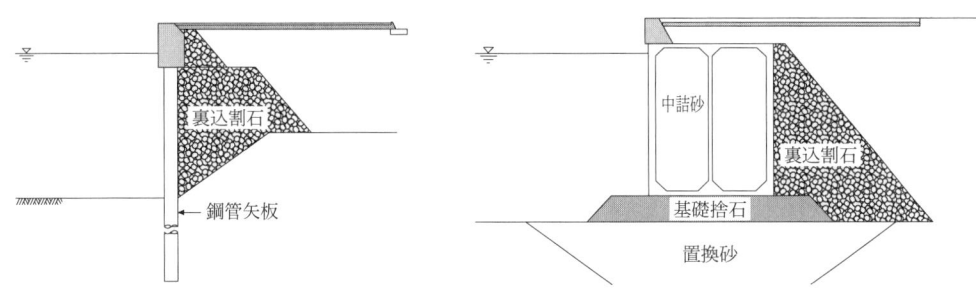

付属図 7.1.4　一般的な自立矢板式護岸　　　　付属図 7.1.5　一般的なケーソン式護岸

$$D_L = \frac{21H^2}{(H+H')^{3/2}} \cdot \frac{\theta}{\overline{N}} \quad (3)$$

D_L：側方流動による地盤変位量 (m)
H：液状化層の厚さ (m)
H'：液状化層上部の非液状化層の厚さ (m)
θ：地表面の平均的な勾配 (%)
$\overline{N}$：有効上載圧によって補正された N 値で次式による

$$\overline{N} = \frac{1.7N}{\sigma_v'/100 + 0.7} \quad (4)$$

　ここで，式 (3) は 1964 年新潟地震など既往地震における側方流動の事例分析および模型実験結果に基づくものであり，粒径のほぼ一様な砂の事例および実験結果に限られていた．一般的に液状化した地盤の流動特性は，液状化層の粒度分布，細粒分および礫分含有率に影響すると考えられるが，それらの影響が十分に加味されていない．今後，液状化層の粒度分布，細粒分および礫分含有率などが流動特性に与える影響について，新たな研究成果や知見が得られた場合には，それらの成果に基づいた方法で側方流動による地盤変位量を推定するのがよい．また，式 (3) 以外にも液状化した土の物性を正確に反映した数値解析あるいは模型実験などにより側方流動による地盤変位量を算定してもよい．
　なお，構造物位置の地表面が水平な場合においても，連続している液状化地盤が近傍で傾斜している場合は側方流動の可能性があるので注意する必要がある．

参 考 文 献

1) 井合進，一井康二，森田年一，佐藤幸博：既往の地震時事例に見られる液状化時の護岸変形量について，第 2 回阪神・淡路大震災に関する学術講演会論文集，1997.1.
2) 社団法人日本港湾協会：港湾の施設の技術上の基準・同解説，2006.9.
3) 濱田政則，若松加寿江：液状化による地盤の側方流動のメカニズム，地震時の地盤・土構造物の流動性と永久変形に関するシンポジウム，1998.5.

付属資料7-2　液状化強度比の評価方法

1. 地盤材料試験から得られる液状化強度比の補正

　一般に，液状化の判定の際に用いられる液状化強度比は，ある応力条件下での正弦波載荷による室内地盤材料試験から得られた値である．また，「7.2.2.2 地盤の液状化の判定」に示す式（解7.2.4）は，過去の試験結果を基に統計的に求めた推定式である．したがって，実地盤中における不規則な地震波に対して発揮される液状化強度比とは異なるため，式（1）に示すような補正が必要となる．

$$R = C_1 \cdot C_2 \cdot C_3 \cdot C_4 \cdot C_5 \cdot R_{20} \tag{1}$$

　　R：実地盤中における地震波に対する液状化強度比
　　R_{20}：室内地盤材料試験から求まる繰返し回数20回における液状化強度比
　　C_1：原位置と室内地盤材料試験における拘束圧の相違による補正係数
　　C_2：地震波の不規則性に関する補正係数
　　C_3：サンプリングから試験までの乱れに関する補正係数
　　C_4：サンプリングから試験までの密度化に関する補正係数
　　C_5：地震動の水平面での2次元性に関する補正係数

ここで，適切なサンプリングおよび供試体の成型が行われた場合には $C_3 = C_4 = 1.0$ であり，補正係数は C_1，C_2，C_5 の3つに限られる．本付属資料では，この条件を満たした状態を前提とし，補正係数 C_1，C_2，C_5 の設定方法について述べる．なお，サンプリング等において乱れが生じた際は，「**付属資料7-3 乱れの影響を除去した液状化強度比の推定**」に示す方法により乱れの影響を除去して液状化強度を評価するのがよい．

2. 液状化強度比の補正方法

2.1 原位置と室内地盤材料試験における拘束圧の相違による補正係数 C_1

　原地盤は一般に異方応力状態にあるが，繰返し三軸試験では等方応力状態での試験しか行うことができない．一方，繰返しねじりせん断試験機を用いた場合は，異方応力状態を再現でき，原地盤の応力状態における液状化強度比を直接求めることが可能であるが，一般的には等方応力状態で行われることが多い．このような場合には，原地盤での静止土圧係数 K_0 に応じて式（2）に示す補正係数 C_1 により，等方応力状態での液状化強度比を異方応力状態での液状化強度に補正するものとする．

$$C_1 = \frac{1 + 2K_0}{3} \tag{2}$$

2.2 地震波の不規則性に関する補正係数 C_2

　本標準では液状化強度比に与える地震動の不規則性の影響を比較的簡易に精度よく評価できる累積損傷度理論を適用して，地震動の不規則性に関する補正係数 C_2 を算定する．なお，C_1 および C_5 の補正を行わず，地震動の不規則性のみを考慮した液状化強度比を R_D とする．

付属資料 7-2 液状化強度比の評価方法　251

　累積損傷度理論は，一般に直下型地震のような大加速度であっても波数の少ない地震動に対して液状化強度比を適切に評価することを主目的に導入されており，そのような地震動に対しての適用性については妥当性が確認されていた[例えば1)]．一方，2011 年東北地方太平洋沖地震での千葉県浦安市などでは，加速度が小さいにもかかわらず数百秒も地震動が継続したことにより，埋立て地を中心に大規模な液状化が発生した．このような地震動に対する適用性についてはこれまで検証がなされていなかったが，2011 年東北地方太平洋沖地震後の被害検証解析等により，その適用性が確認できている[2)]．

1) 累積損傷度理論について

　累積損傷度理論の模式図を**付属図 7.2.1**に示す．ここで，**付属図 7.2.1**(c) に示す液状化強度試験等から得られる動的せん断強度比 R_i ～繰返し回数 N_{ci} 関係は，ある動的せん断強度比 R_i に対応するせん断応力比 L_i で N_{ci} 回の繰返し荷重を与えると地盤が液状化に至ることを表している．この場合の損傷度を 1 とすると，せん断応力比 L_i で 1 回の繰返しを与えた場合の損傷度は $1/N_{ci}$ となり，半周期，すなわち $1/2$ 回の繰返しを与えた場合の損傷度は $1/2N_{ci}$ と考えることができる．累積損傷度理論では，地震動によって地盤に生じる不規則なせん断応力比のピーク波列 L をゼロクロッシング法により半周期ごとに算出し，各ピーク波に対する損傷度 $1/2N_{ci}$ を加算することで，式(3)に示す累積損傷度 D を算出するものである．

$$D = \frac{1}{2N_{c1}} + \frac{1}{2N_{c2}} + \frac{1}{2N_{c3}} + \cdots = \sum \frac{1}{2N_{ci}} \tag{3}$$

すなわち，対象とする地震動に対して累積損傷度 D が 1 以上であれば，液状化に至ると判定できる．

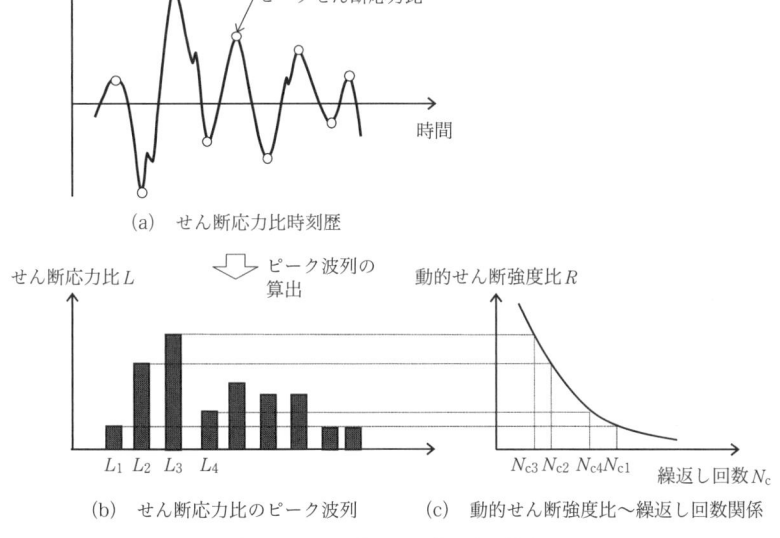

付属図 7.2.1　累積損傷度理論の模式図

(a) せん断応力比時刻歴
(b) せん断応力比のピーク波列
(c) 動的せん断強度比～繰返し回数関係

2) 累積損傷度理論を適用した液状化強度比の補正方法

　累積損傷度理論を適用した液状化強度比の補正方法を以下に示す．補正方法のイメージを**付属図 7.2.2**に示す．

① 地震動に対する検討対象層のせん断応力比 L_i のピーク波列を推定する．

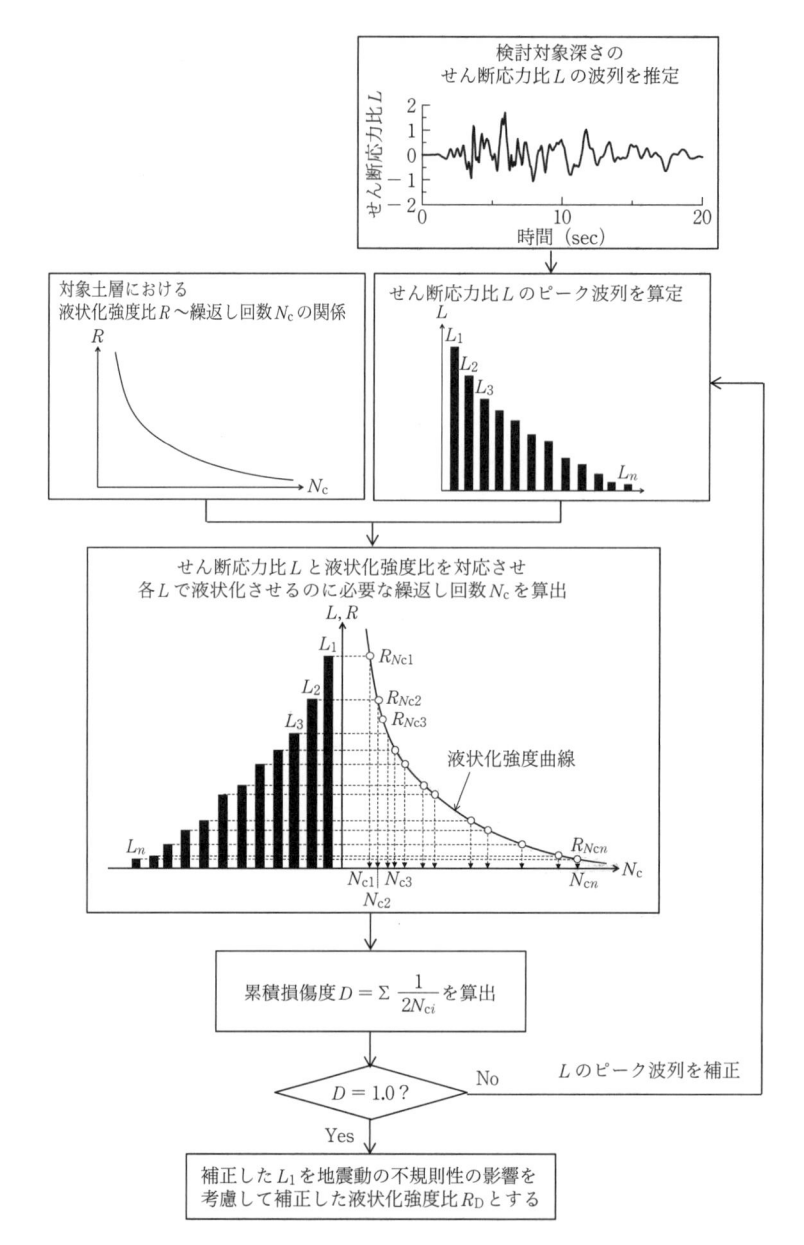

付属図 7.2.2 累積損傷度理論を用いた液状化強度比の補正方法

② 検討対象層の動的せん断強度比 R_i ～繰返し回数 N_{ci} の関係を推定する．
③ 各せん断応力比 L_i を R_i ～ N_{ci} 関係と比較し，各せん断応力比 L_i に対して液状化に至る繰返し回数 N_{ci} を求め，累積損傷度 D を式 (3) により算定する．
④ 累積損傷度 D が1.0となるように，せん断応力比 L_i のピーク波列を補正する．
⑤ 補正したせん断応力比の最大値 L_1 を地震動の不規則性を考慮した液状化強度比 R_D とする．

上記の通り，累積損傷度理論を適用した液状化強度比の補正では，補正したせん断応力比の最大値 L_1 を地震動の不規則性を考慮した液状化強度比 R_D とする．これは，累積損傷度理論においてちょうど液状

化に至る $D=1.0$ の状態では，補正したせん断応力比の最大値 L_1 に対する液状化抵抗率 $F_L=R_D/L_1=1.0$ の関係も満たしており，$R_D=L_1$ として評価することが可能であるためである．また，この場合は式 (1) における補正係数 C_2 を以下のように評価したことに相当する．

$$C_2 = \frac{R_D}{R_{20}} \tag{4}$$

2.3 地震動の水平面での2次元性に関する補正係数 C_5

地震動は水平面において二方向に成分を有しているが，地盤の液状化はこのような二次元性に影響を受ける．これに対する補正係数は 0.9〜1.0 程度とされており，本標準では一般的に $C_5=1.0$ を用いてよいものとする．

2.4 現位置での液状化強度比の算出

2.1〜2.3 により，等方応力状態での液状化強度試験に基づいて動的せん断強度比〜繰返し回数関係を推定した場合においても，以下により実地盤中における不規則な地震波に対して発揮される液状化強度比 R を評価することが可能である．

$$R = C_1 \cdot C_2 \cdot C_5 \cdot R_{20} = \frac{1+2K_0}{3} R_D \tag{5}$$

R：実際の地盤中における地震動に対する液状化強度比
R_D：累積損傷度理論を適用して補正した液状化強度比
K_0：静止土圧係数

ここで，L1地震動レベルでは C_1，C_2，C_5 の3つの補正係数を乗じた値がおおよそ 1.0 になることが既往の研究で示されている．したがって，L1地震動に対する地盤の液状化の判定を行う際は，室内地盤材料試験より得られる繰返し回数20回に対する液状化強度比 R_{20} をそのまま実地盤中における地震波に対する液状化強度比 R と見なしてよいものとする．

参 考 文 献

1) 龍岡文夫：講座　土の動的性質 2.2 動的強度特性，土と基礎，Vol.33, No.9, pp.63-70, 1985.
2) 井澤淳，西岡英俊，室野剛隆：東北地方太平洋沖地震における液状化地盤上の鉄道高架橋に関する検証解析，第15回性能に基づく橋梁等の耐震設計に関するシンポジウム講演論文集，pp.361-366, 2012.7.

付属資料7-3 乱れの影響を除去した液状化強度比の推定

1. サンプリングに伴う乱れの影響

現位置の地盤の液状化強度比を適切に算定するためには，攪乱および乱れが生じないように地盤材料試験に用いる地盤材料の採取を行う必要がある．地盤材料の採取方法にはチューブサンプリングによる方法と凍結サンプリングによる方法が挙げられる．チューブサンプリングでは乱れの影響が無視できないことが指摘されてきたが[例えば1)]，近年では，水溶性ポリマーを用いた乱さない試料採取方法も開発されている[2)]．しかし，きれいな砂では凍結サンプリングによる方法の方が良質な試料採取の可能性が高いことから，この場合は凍結サンプリングによる試料の採取を採用するのがよい．

凍結サンプリングによる方法では，地盤を凍結させて安定させた後，試料の採取・運搬および供試体の成型を行い，試験装置内において拘束圧を加えた状態で融解し試験を行うことにより，良質な不攪乱試料による試験の実施が可能である．ただし，凍結サンプリングを行うには，以下の点を満足する必要がある．

① 凍結させるのに十分な飽和度を有していること
② ある程度の拘束圧があること
   凍結による間隙水の膨張に対して，地盤の骨格が乱れない程度の拘束圧を有している必要がある．
③ 凍結面から外へ間隙水が逃げられる状態であること
   凍結により間隙水が膨張する際に地盤の骨格を乱さないように，排水を許しながら凍結を行う必要がある．
④ 細粒分含有率が低いこと
   細粒分を含む地盤では排水を許しながら凍結を行うことが難しいことがあるため，凍結解凍時の体積膨張と収縮により試料が乱される可能性がある．
⑤ 凍結管から離れた部分でサンプリングを行うこと

上記の用件を満足することが難しく，凍結サンプリングによる良質な試料の採取ができない場合には，チューブサンプリングにより採取した試料に対して乱れの影響を評価し，補正する方法が考えられる．

2. 乱れの影響の除去について

2.1 乱れの影響の評価

現在，サンプリング等による供試体の乱れを評価する普遍的な方法は確立されていないが，原位置でのせん断弾性波速度 V_s から得られるせん断弾性係数 G_{0s} と，室内地盤材料試験において得られるせん断弾性係数 G_{0e} を比較する方法がその一つとして挙げられる[3)]．すなわち，室内地盤材料試験における微小ひずみ繰返し載荷試験から得られるせん断弾性係数 G_{0e} が，せん断弾性波速度から得られるせん断弾性係数 G_{0s} よりも小さければ，サンプリングによる乱れの影響があると判断できる．ただし，PS検層から得られるせん断弾性係数に対応するひずみレベルは 10^{-6} レベルであるが，用いる試験装置によっては同程度

のひずみレベルでせん断弾性係数を評価できない場合があるため，その影響を考慮する必要がある．

2.2 乱れの影響の補正

上記のような方法等によってサンプリングによる乱れの影響があると判断された場合には，供試体に微小せん断ひずみ履歴を与えて，せん断弾性係数 G_{0e} を現位置の PS 検層から得られた当該地盤のせん断弾性係数 G_{0s} と同程度まで増加させた後，液状化試験を行うことで，乱れの影響を除去して液状化強度の算定が可能である[2]．ただし，対象とする地盤の物性によっては微小せん断ひずみ履歴を与えてもせん断弾性係数が変化しない場合があることも報告されているため，注意が必要である[4]．

付属図 7.3.1 に一般的な乱れの影響の補正方法を示す．

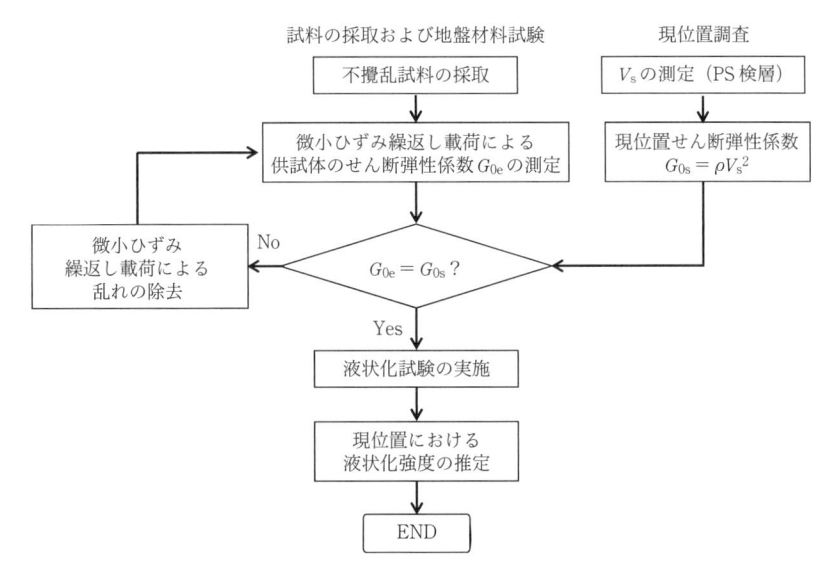

付属図 7.3.1 乱れの影響を補正した液状化試験の手順

参 考 文 献

1) 吉見吉昭：砂の乱さない試料の液状化抵抗〜N 値〜相対密度関係，土と基礎，Vol. 42, No. 4, pp. 63-67, 1994.
2) 谷和夫，金子進：水溶性ポリマーの濃厚溶液を利用した乱さない試料のサンプリング方法，土と基礎，Vol. 54, No. 4, pp. 19-21, 2006.
3) K. Tokimatsu, T. Yamazaki, Y. Yoshimi：Soil Liquefaction evaluation by elastic shear moduli, *Soils and Foundations*, Vol. 26, No. 1, pp. 25-35, 1986.
4) 内田明彦，畑中宗憲，藤田和敏：細粒分を含む洪積砂の液状化強度に及ぼす種々の影響，第 40 回地盤工学研究発表会講演集，pp. 519-520, 2005.

付属資料 7-4　地点依存の動的解析に用いる土の非線形モデル

地盤の時刻歴非線形解析では，繰返し載荷時の土の応力-ひずみ関係が必要となる．土の応力-ひずみ関係は，骨格曲線と履歴曲線で構成される．これまでは双曲線モデルやランベルグ・オスグッドモデル（ROモデル）が用いられる場合が多かったが，これらのモデルでは，必ずしも土の変形特性を忠実に表現できない．それらの問題点を改良したモデルとしてGHE-Sモデルなどの非線形モデルが適用可能であり，得られているデータの質や量，要求される精度などを勘案して，適切なモデルを用いるのがよい．本付属資料では，これらのモデルを用いる場合の各パラメータの設定方法について示す．

1. 双曲線モデルを用いる場合

（1）骨格曲線

双曲線モデルでは，せん断応力 τ-せん断ひずみ γ 関係は次式で与えられる[1]．

$$\tau = \frac{G_{\max} \cdot \gamma}{1 + \dfrac{\gamma}{\gamma_r}} \tag{1}$$

ここに，τ はせん断応力，$G_{\max}$ は初期せん断弾性係数で通常ひずみレベルが 10^{-6} 程度のときの値が用いられる．γ_r は規準ひずみで，

$$\gamma_r = \frac{\tau_f}{G_{\max}} \tag{2}$$

で定義される量である．双曲線モデルでは，以下に示す特徴を有している．

①ひずみが無限に大きくなると，せん断応力はせん断強度 τ_f に収束する．

$$\tau|_{\gamma \to \infty} = \tau_f \tag{3}$$

②ひずみ γ が規準ひずみ γ_r の時には，$G/G_{\max}|_{\gamma=\gamma_r} = 0.5$ となる．

（2）履歴法則

履歴曲線の形状および履歴曲線の反転と骨格曲線への乗り移りのルールとしてメージング則がよく用いられている．Masing則とは以下のようなものである（**付属図7.4.1参照**）．

1) 最初は骨格曲線を通る（O → A）．
2) 点A（γ_a, τ_a）で除荷されると，履歴曲線に移る（A → B → C）．履歴曲線の形状は，骨格曲線を2倍に拡大したものであり，原点に関して対称な点（$-\gamma_a$, $-\tau_a$）で逆方向の骨格曲線に滑らかに接続する．
3) 除荷→再載荷の過程（C → A → D）において，ひずみが以前の除荷点に達するまでは，再載荷開始点C点を起点とする履歴曲線上を進行する．
4) 以前の除荷開始点Aに達すると，除荷以前に進行していたループ（A → E）を進行する．

双曲線モデルにMasing則を適用すると，履歴曲線は，

付属資料 7-4　地点依存の動的解析に用いる土の非線形モデル　　257

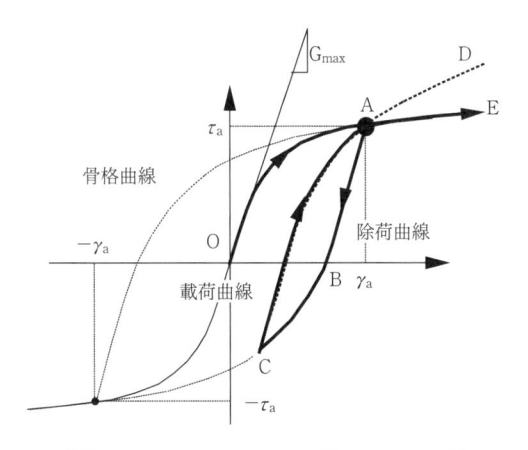

付属図 7.4.1　Masing 則による履歴法則の説明図

$$\tau \pm \tau_a = G_{max} \frac{\gamma \pm \gamma_a}{1 + \left|\frac{\gamma \pm \gamma_a}{2\gamma_r}\right|} \tag{4}$$

で表される．(γ_a, τ_a) は反転する点 A の座標である．また，このときの履歴減衰は，

$$h = \frac{4}{\pi}\left(1 + \frac{\gamma_r}{\gamma}\right)\left[1 - \frac{\gamma_r}{\gamma}\ln\left(1 + \frac{\gamma}{\gamma_r}\right)\right] - \frac{2}{\pi} \tag{5}$$

で表される．式 (5) より分かるように，ひずみが無限大になったとき，

$$h|_{\gamma \to \infty} = \frac{2}{\pi} = 0.637 \tag{6}$$

となり，非常に大きな減衰効果を発揮してしまう．これにより，応答値が過小評価される可能性があるので注意を要する．なお，このことを避ける方法として Masing 則を改良する方法もある（「3.修正 GHE モデルを用いる場合，4.GHE-S モデルを用いる場合」参照）．

（3）　モデルパラメータの具体的な設定方法

双曲線モデルで必要なパラメータは G_{max}，γ_r の 2 つである．
- G_{max} は原位置での PS 検層で測定した初期せん断弾性波速度 V_{s0} により求められる．
- γ_r の設定方法

　双曲線モデルでは，$G/G_{max} \sim \gamma$ 関係を調整するパラメータは規準ひずみ γ_r のみである．室内試験から得られた $G/G_{max} \sim \gamma$ 関係にフィッティングするためには，以下に示す 2 通りの方法が提案されている．ただし，いずれの方法も $G/G_{max} \sim \gamma$ 関係を完全に満足するものではない．

　　方法①：$G/G_{max} = 0.5$ となるときのひずみを規準ひずみ γ_r とする．小〜中ひずみ領域までを対象とする場合に用いられることが多い．ただし，実際よりもせん断強度 τ_f を過小に評価することが多いので，ひずみが大きい範囲まで解析するときには十分に注意を要する．

　　方法②：せん断強度 τ_f を Mohr-Coulomb の破壊規準により求めて，式 (2) から γ_r を求める．この方法は大ひずみ領域を対象とする場合に用いられることが多い．

2.　RO モデルを用いる場合

（1）　骨　格　曲　線

　RO モデルでは，応力〜ひずみ関係は次式で与えられる[2),3)]．

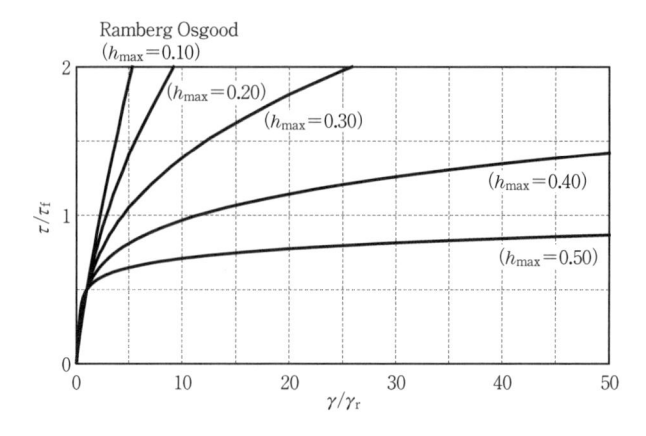

付属図 7.4.2　h_{max} による応力～ひずみ関係の相違

$$\gamma = \frac{\tau}{G_{max}}\left\{1+\alpha\left(\frac{\tau}{\tau_f}\right)^{\beta-1}\right\} \tag{7}$$

$$\text{ここに,}\quad \beta = \frac{2+\pi h_{max}}{2-\pi h_{max}} \tag{8}$$

ここに，G_{max} は初期せん断弾性係数，h_{max} は最大減衰定数，α，β，τ_f はパラメータである．RO モデルでは，β の値によって骨格曲線が**付属図7.4.2**のように変化するので，その分だけ双曲線モデルより適用性が広いといえる．しかし，せん断ひずみ γ が大きくなるとせん断力 τ も無限大となり，

$$\tau|_{\gamma \to \infty} = \infty \tag{9}$$

せん断強度の概念が欠落してしまう．したがって，大ひずみ領域を対象とした解析では注意を要する．
なお，RO モデルにはいくつかの修正モデルが提案されている[3]．

（2）履歴法則

Masing 則を適用すると履歴減衰は，

$$h = \frac{2}{\pi}\frac{\beta-1}{\beta+1}\left(1-\frac{G}{G_{max}}\right) \tag{10}$$

となり，双曲線モデルのように減衰定数が過大に評価されるということはない．

（3）モデルパラメータの具体的な設定方法

RO モデルには，τ_f，γ_r，α，β というパラメータが含まれるが，これらモデルパラメータの設定方法には幾つかの方法が提案されている．

例えば，以下の方法がよく用いられる．

・G_{max} は原位置での PS 検層で測定した初期せん断弾性波速度 V_{s0} により求められる．

・γ_r の設定方法

　　$G/G_{max}=0.5$ となるときのひずみを規準ひずみ γ_r とする．このとき，$\tau_f = G_{max}\gamma_r$ となる．よって，式 (7) より

$$\alpha = 2^{\beta-1} \tag{11}$$

となる．つまり，h_{max} を決定すると，α，β は一義的に決定される．

・h_{max} の設定

　　h_{max} の決定は解析で予想されるひずみレベルで $G/G_{max} \sim \gamma$ 関係に合致するものを選択するとよい．**付属図7.4.3**にその概念を示す．

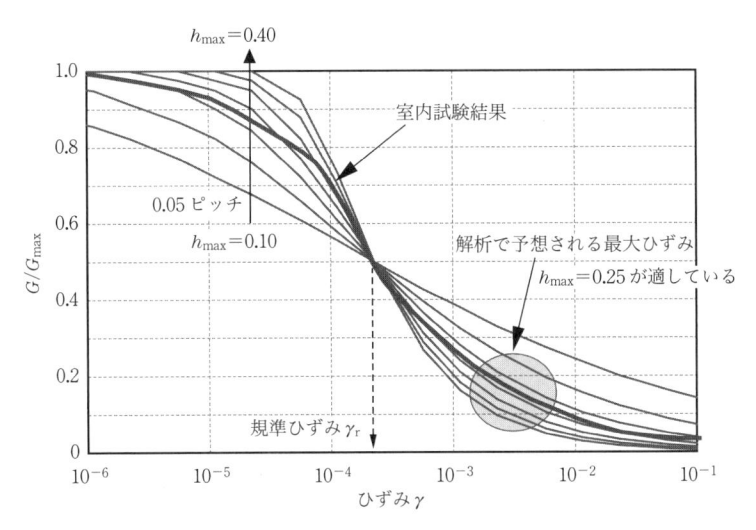

付属図 7.4.3　RO モデルにおけるパラメータの決定例

3. 修正 GHE モデルを用いる場合

　双曲線モデルや RO モデルはそれぞれ問題点を含んでいる．そこで，これらの問題点を解決するために，室内試験から得られた変形特性を満足し，せん断強度の概念も取り入れた修正 GHE モデル[4]が提案されている．大型せん断土槽の乾燥砂の実験によりその妥当性は検証されている．精度の高い土質定数が得られており，詳細な検討を行う場合は有効である．

(1) 骨格曲線

　骨格曲線は，微小ひずみからピーク強度に至るまでの広いひずみ領域で，室内試験から得られた変形特性にフィッティング可能なモデルとして，GHE モデル[5]を用いる．

$$y = \frac{x}{\dfrac{1}{C_1(x)} + \dfrac{x}{C_2(x)}} \tag{12}$$

ここに，x, y は正規化ひずみ，正規化せん断応力で，$x = \gamma/\gamma_r$，$y = \tau/\tau_f$ である．また，$C_1(x), C_2(x)$ は補正係数で以下の式によって与えられる．

$$\begin{aligned}
C_1(x) &= \frac{C_1(0) + C_1(\infty)}{2} + \frac{C_1(0) - C_1(\infty)}{2} \cdot \cos\left\{\frac{\pi}{\alpha/x + 1}\right\} \\
C_2(x) &= \frac{C_2(0) + C_2(\infty)}{2} + \frac{C_2(0) - C_2(\infty)}{2} \cdot \cos\left\{\frac{\pi}{\beta/x + 1}\right\}
\end{aligned} \tag{13}$$

　このモデルには，$C_1(0), C_2(0), C_1(\infty), C_2(\infty), \alpha, \beta$ という 6 個のパラメータが存在する．室内試験から得られた $G/G_{max} \sim \gamma$ 関係に対して，このモデルを適用する場合の，これらパラメータの設定方法を以下の 1)～8) に示す．

1) Mohr-Coulomb の破壊規準によりせん断強度 τ_f を算定し，$\gamma_r = \tau_f/G_{max}$ により規準ひずみ γ_r を求める．なお，τ_f を求めるには土の c, ϕ が必要である．
2) 繰返し試験から得られた $G/G_{max} \sim \gamma$ 関係を，**付属図 7.4.4** に示すように $y/x \sim y$ 関係に変換する．この試験値を結んだものをデータ曲線と呼ぶ．ここで，y/x は割線せん断剛性 G と微小ひずみ時（0.001% 程度）の初期せん断剛性の比であり，$y/x = G/G_{max}$
3) 正規化ひずみ $x = \gamma/\gamma_r = 0$ で，$dy/dx = 1.0$ の条件から，$C_1(0) = 1.0$ である．

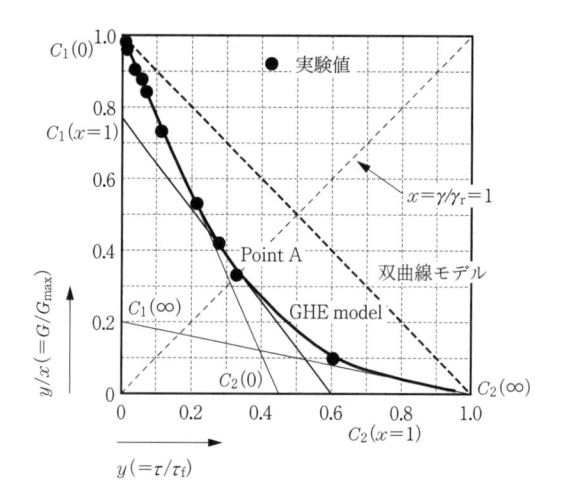

付属図 7.4.4　GHE モデルによる実験データのフィッティング方法

4) $C_2(0)$ は載荷初期の y/x-y 関係での y-軸切片である．
5) $C_1(x=\infty)$ と $C_2(x=\infty)$ は大きなひずみレベルにおける y/x-y 関係での y/x-軸切片と y-軸切片である．
6) 付属図 7.4.4 での右上から左下への対角線 ($x=\gamma/\gamma_r=1$) とデータ曲線との交点 A におけるデータ曲線との接線を求める．
7) 6) で求めた接線と y/x-y 関係での y/x-軸切片と y-軸切片が $x=\gamma/\gamma_r=1$ の時の $C_1(x=1)$ と $C_2(x=1)$ である．
8) 7) で求めた $C_1(x=1)$ と $C_2(x=1)$ を式 (13) に代入して α,β が得られる．

地盤の動的解析に用いる応力-ひずみ関係という観点では，$G\sim\gamma$, $h\sim\gamma$ 関係表示に問題あることが指摘されているが，これまで $G/G_{max}\sim\gamma$, $h\sim\gamma$ 関係については多くの研究成果が蓄積され，既存のデータが豊富なので，一般的な成層地盤においては，本標準では応力~ひずみ関係として $G/G_{max}\sim\gamma$ 関係を用いることとした．

（2）履歴法則

履歴法則には，工学的に便利な法則である Masing 則を改良して用いることとした．式 (12) に Masing 則を適用すると，その履歴曲線は式 (14) のように得られる．

$$\tau\pm\tau_a = G_{max}\cdot\frac{\gamma\pm\gamma_a}{\dfrac{1}{C_1}+\dfrac{1}{C_2}\left|\dfrac{\gamma\pm\gamma_a}{2\gamma_r}\right|} \tag{14}$$

$$\begin{aligned}C_1 &= \frac{C_1(0)+C_1(\infty)}{2}+\frac{C_1(0)-C_1(\infty)}{2}\cdot\cos\left\{\frac{\pi}{\alpha/\{(\gamma\pm\gamma_a)/2\gamma_r\}+1}\right\}\\ C_2 &= \frac{C_2(0)+C_2(\infty)}{2}+\frac{C_2(0)-C_2(\infty)}{2}\cdot\cos\left\{\frac{\pi}{\beta/\{(\gamma\pm\gamma_a)/2\gamma_r\}+1}\right\}\end{aligned} \tag{15}$$

このままでは，ひずみが大きい範囲で，$h\sim\gamma$ 関係が実験値と大きくはずれ，減衰定数 h を過大に評価してしまう．通常の Masing 則では履歴曲線の初期接線勾配が G_{max} となっており，履歴曲線が囲む面積，つまり等価減衰定数 h は G_{max} により支配される．G_{max} が小さければ，同じひずみレベルでも履歴曲線が囲む面積は小さく，G_{max} が大きければ面積は大きくなる．そこで，履歴曲線の G_{max} をひずみ γ に依存する一つのパラメータ $G_{max}(\gamma)$ として考え，履歴曲線で囲まれる面積が，繰返し試験から得られた $h\sim\gamma$

関係を満足するように決めることとした．これにより，任意の h〜γ 関係を満たすことができる．ただし，せん断強度 τ_f は常に一定とする必要があるから，G_{max} を変化させると規準ひずみ γ_r もそれに伴って変化させる必要がある．つまり，骨格曲線上で除荷または載荷が起こった場合には，その除荷・載荷点を通る仮想の骨格曲線（初期剛性 $G_{max}(\gamma)$，規準ひずみ $\gamma_r(\gamma)$ で規定される）を想定した履歴曲線を用いることを意味している．ただし，履歴曲線上で除荷や載荷が行ってもこのような操作は行わない．

仮想の骨格曲線は，$G_{max}(\gamma)$ と $\gamma_r(\gamma)$ という2つの未知数を持つことになるが，以下の2つの条件を課すことにより両者の値は決定される．

a) 除荷点（γ_a, τ_a）を通る
b) Masing 則を適用して得られる履歴減衰による等価減衰定数が実験値の h〜γ 関係と一致するようにする

この考え方をまとめると以下のようになる（**付属図 7.4.5** 参照）．

1) 最初はオリジナルの骨格曲線を通る（O → A）．
2) 点 A（γ_a, τ_a）で除荷されると，履歴曲線に移る（A → B → C）．このとき，通常は A → B′ → C′ となるが，ここでは点 A を通る仮想の骨格曲線を想定し，この仮想骨格曲線に Masing 則を適用する．ただし，等価減衰定数が任意の h〜γ 関係を満足するように $G_{max}(\gamma)$，$\gamma_r(\gamma)$ を設定する．
3) 除荷→再載荷の過程（C → A）において，ひずみが以前の最大経験点 A に達するまでは，この履歴曲線は保存される．つまり，同一の $G_{max}(\gamma)$，$\gamma_r(\gamma)$ を用いる．
4) 点 A に達すると，再びオリジナルの骨格曲線（A → E）を進行する．

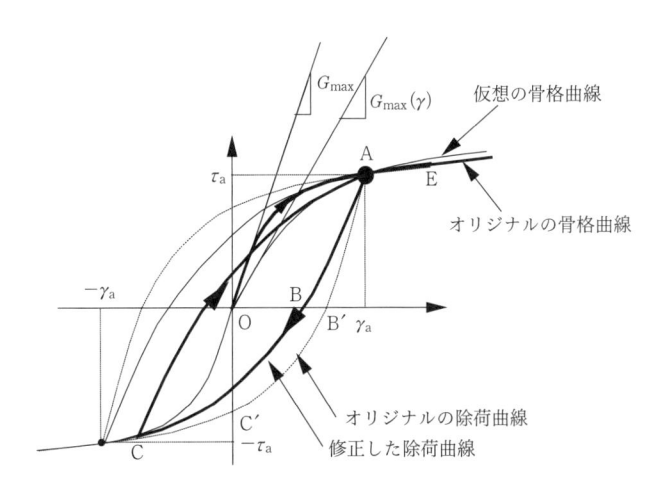

付属図 7.4.5 Masing 則の修正方法の概念図

ただし，修正 GHE モデルを用いた場合には，履歴形状が紡錘型を保持するとともに，除荷時の接線剛性が，最大経験ひずみに依存するので，主要動までは十分な精度で地盤の挙動を再現できるが，後続波に対して実際よりも土を柔らかく評価する可能性があり，継続時間の長い地震動に適用する場合には注意が必要である．

4．GHE-S モデルを用いる場合

実際の土のせん断応力〜せん断ひずみ関係は，**付属図 7.4.6** のようにひずみレベルが小さい領域では，紡錘型の形状を描くために，ひずみとともに履歴減衰は大きくなる．しかし，ひずみが大きくなり 1% 程

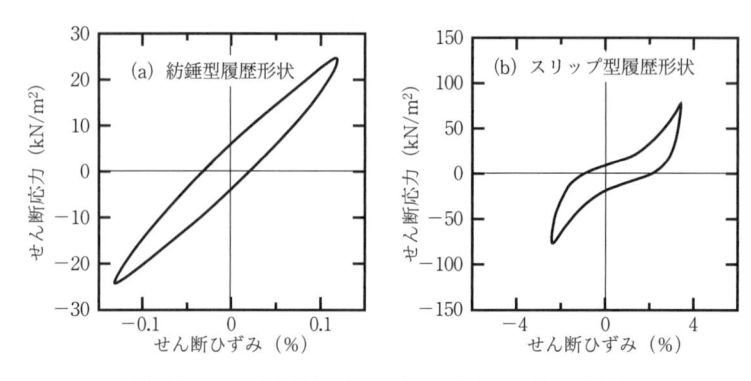

付属図 7.4.6　室内試験で得られた土の応力〜ひずみ関係の例

度を超えると $\tau \sim \gamma$ 関係はスリップ状の形状を示し，履歴減衰は減少する．前述のような既往の土の $\tau \sim \gamma$ 関係に関する構成則の多くは，いずれも紡錘型の履歴形状を有するために，このスリップ状の形状に追従することができないが，このような場合にも適用が可能な土の履歴モデルとしてGHE-Sモデルが提案[6]されている．このモデルは，大型せん断土槽の乾燥砂の振動実験によりその妥当性は検証されている．

（1） 骨 格 曲 線

骨格曲線は，修正GHEモデルと同様に式（12）で表されるGHEモデル[5]を用いる．

（2） 履 歴 法 則

履歴法則には，工学的に便利な法則であるMasing則を改良して用いることとした．Masing則とは，骨格曲線上の点 $A(\gamma_a, \tau_a)$ で除荷されると，その後の履歴は，骨格曲線を相似比 λ 倍に拡大した履歴を辿るというものである．この λ を変化させると，どのように履歴則が変化するかを付属図7.4.7に示す．一般の $\tau \sim \gamma$ 関係では，原点に関して対称な点 $B(-\gamma_a, -\tau_a)$ で逆方向の骨格曲線に滑らかに接続される必要性から，$\lambda=2$ が用いられている．しかし，対称点に戻るためには，B点において，λ が2でありさえ

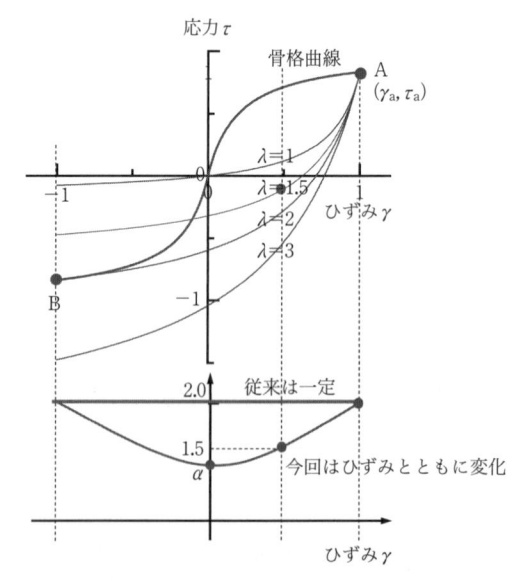

付属図 7.4.7　Masing則の相似比による影響

すればよい．特に，A点から除荷されB点に至るまでに，相似比λを$2 \to a \to 2$と変化させると，履歴曲線が付属図7.4.6で示したようにスリップ状を示す．よって，繰返し試験から得られた$h \sim \gamma$関係を満足するように，せん断ひずみγに応じて相似比を変化させることにより，室内試験から得られた実際の土の非線形特性を精度良く追跡することが可能になる．数値計算上は，計算の効率化から，相似比λをひずみの関数として考え，付属図7.4.7に示すようにλをひずみγの2次関数で与え，骨格曲線から折り返すたびに，計算で得られる履歴減衰と実験で得られた履歴減衰hが一致するようにaを決定する．これにより，任意の減衰特性を満足する履歴曲線を作成できる．

（3） 除荷時の接線剛性

除荷時の接線剛性G_0としては，初期剛性G_{max}として定義するのが一般的であるが，除荷時の接線剛性も非線形性を示すという研究成果もある．例えば，吉田ら[7]は式（16）のような関係を要素実験から提示しており，本モデルでもこの提案式を採用することができる．なお，豊浦標準砂および粘土について，付属表7.4.1のような値を得ている．

$$\frac{G_0}{G_{max}} = \frac{1 - G_{min}/G_{max}}{1 + \gamma/\gamma_{r0}} + \frac{G_{min}}{G_{max}} \tag{16}$$

付属表 7.4.1 式（16）のパラメータ

材料	γ_{r0}	G_{min}/G_{max}
砂（$D_r=50\%$）	0.0006	0.18
砂（$D_r=80\%$）	0.0015	0.35
粘土	0.013	0.1

（4） 標準パラメータの設定

GHE-Sモデルを適用する場合，現地の土の変形特性（$G/G_{max} \sim \gamma$，$h \sim \gamma$関係）や強度特性（粘着力c，内部摩擦角ϕ）が必要である．これらの試験値がある場合には，修正GHEモデルと同様の手順により，パラメータを設定することができる．しかしながら，設計の実務においては，解析対象となる地盤の全土層にわたって詳細に試験されることは少なく，応答に大きな影響を与える可能性のある土層などに絞って実施されることが多い．そこで，試験値が得られない土層に対して本モデルを適用するために，GHE-Sモデルのパラメータの標準値を定める[8]．標準値の設定にあたっては，鉄道総研が所有する20試料（砂質土：5，粘性土：15）の試験結果を用いた．これらの試料は，GHE-Sモデルのパラメータ設定に必要な変形特性と強度特性の両者が得られているものであり，様々な土質，様々な拘束圧下の非排水条件で実施されたものである．

1) $G/G_{max} \sim \gamma$関係

室内試験より得られた$G/G_0 \sim \gamma/\gamma_r$関係にGHE-Sモデルをフィッティングし，平均値をパラメータの標準値として設定した．

付属表7.4.2に式（12）で用いる各パラメータの標準値を示す．なお，この標準パラメータを用いる場合は，規準ひずみγ_rとして$G/G_{max}=0.5$のときの$\gamma_{0.5}$を用いる．

付属表 7.4.2 式（13）の標準値

$C_1(0)$	$C_2(0)$	$C_1(\infty)$	$C_2(\infty)$	α	β
1.000	0.830	0.170	2.500	2.860	3.229

2) $h \sim \gamma$関係

$G/G_{max} \sim \gamma$関係と同様にして，規準ひずみ$\gamma_{0.5}$で横軸を正規化した$h \sim \gamma/\gamma_{0.5}$関係について標準

値を設定する．$h \sim \gamma/\gamma_{0.5}$ 関係は，式 (17) に示す形でモデル化し，h_{max}, κ の 2 つのパラメータでフィッティングした．実際には式 (12) と式 (17) より，$h \sim \gamma/\gamma_{0.5}$ 関係が描ける．

$$h = h_{max}\left(1 - \frac{G}{G_0}\right)^{\kappa} \tag{17}$$

付属表 7.4.3 に式(17)で用いる各パラメータの標準値を示す．

付属表 7.4.3 式 (17) の標準値

	κ	h_{max}
砂質土	1.31	0.21
粘性土	1.29	0.19

参 考 文 献

1) Konder, R. L.: Hyperbolic Stress-strain Response; Cohesive Soils, *Proc. ASCE, SM1*, pp. 115-143, 1963.
2) Jennings, P.C.: Periodic Response of a General Yielding Structure, *Proc. ASCE, EM2*, pp. 131-163, 1964.
3) 龍岡文夫, 福島伸二：砂のランダム繰り返し入力に対する応力〜歪関係のモデル化について (1), 生産研究 30 巻 9 号, pp. 356-359, 1978.
4) 西村昭彦, 室野剛隆：GHE モデルと簡易な履歴則を用いた土の非線形モデルの提案と実験的検証, 第 25 回地震工学研究発表会, pp. 309-312, 1999.
5) Tatsuoka, F. and Shibuya, S.: Deformation characteristics of soils and rocks form field and laboratory tests, Theme Lecture 1, *Proc. of Ninth Asian Regional Conference on Soil Mechanics and Foundation Engineering*, Vol. 2, pp. 101-170, 1992.
6) 室野剛隆, 野上雄太：S 字型の履歴曲線の形状を考慮した土の応力〜ひずみ関係, 第 12 回日本地震工学シンポジウム, pp. 494-497, 2006.
7) 吉田望, 澤田純男, 竹島康人, 三上武子, 澤田俊一：履歴減衰特性が地盤の地震応答に与える影響, 土木学会地震工学論文集 Vol. 27, 2003.
8) 野上雄太, 室野剛隆：S 字型履歴曲線を有する土の非線形モデルとその標準パラメータの設定, 土木学会地震工学研究発表会論文集, Vol. 30, 論文 No. 2-0014, 2009.

付属資料 7-5　不整形地盤における地表面設計地震動の補正方法

　地表面が崖地である場合や地表は水平に近くても，耐震設計上の基盤面が大きく傾斜している地盤等では，鉛直方向に伝播するS波と水平方向伝播波がお互いに干渉し複雑な波動伝播特性により，地震動が局所的に増幅することに注意が必要である．その概念図を**付属図7.5.1**に示す．

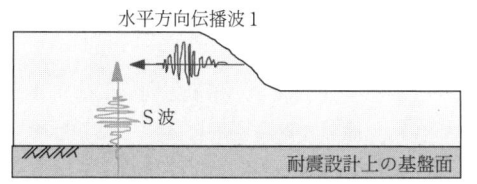

(a) 地表面が崖地の場合（片側不整形地盤の場合）

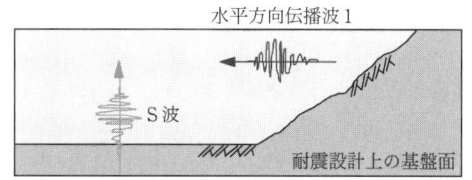

(b) 耐震設計上の基盤面が片側傾斜している場合
（片側不整形地盤の場合）

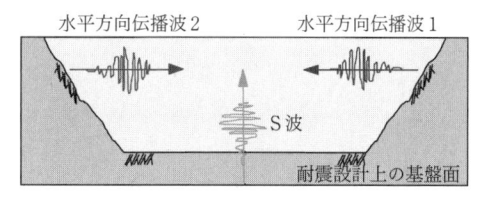

(c) 耐震設計上の基盤面が両側傾斜している場合
（両側不整形地盤の場合）

付属図 7.5.1　不整形地盤における波動伝播特性の概念図

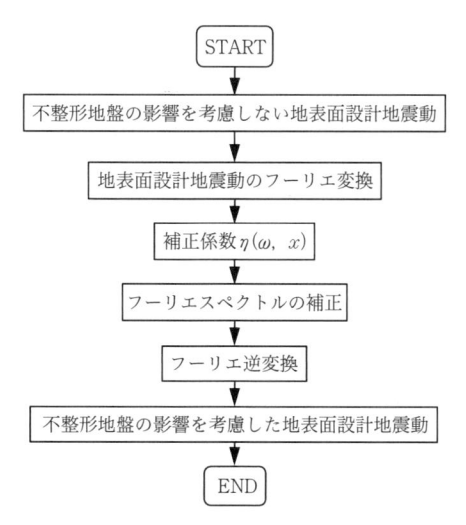

```
START
  ↓
不整形地盤の影響を考慮しない地表面設計地震動
  ↓
地表面設計地震動のフーリエ変換
  ↓
補正係数 η(ω, x)
  ↓
フーリエスペクトルの補正
  ↓
フーリエ逆変換
  ↓
不整形地盤の影響を考慮した地表面設計地震動
  ↓
END
```

付属図 7.5.2　不整形地盤の影響を考慮した地表面設計地震動の算定フロー

この影響を考慮するためには，2次元または3次元モデルによる地点依存の動的解析を行うのが望ましい．なお，地表面や耐震設計上の基盤面が比較的単調な場合や地層構成が単純な場合には，1次元の地点依存の動的解析を実施して，その結果を補正することにより不整形性の影響を評価してもよい．その手順を**付属図 7.5.2**に示す．

① 不整形地盤の影響を考慮しない地表面設計地震動を算定する．なお，「**7.3.4.3 地表面設計地震動の算定**」に示す地表面設計地震動を用いてもよい．
② 得られた地表面設計地震動のフーリエ変換を行う．
③ 式 (2) で示される補正係数 $\eta(\omega, x)$ を求める．
④ ②で得られたフーリエスペクトルに③の補正係数を乗じて，フーリエスペクトルの補正を行う．
⑤ ④で補正したフーリエスペクトルのフーリエ逆変換を行う．

以上の手順により，不整形地盤の影響を考慮した地表面設計地震動を作成する．

(1) フーリエスペクトルの補正方法

1) 片側不整形地盤の場合

付属図 7.5.1 (a)，**付属図 7.5.1** (b) に示すような片側不整形地盤の場合，鉛直方向に伝播するS波と傾斜部で生成されて水平方向に伝播する表面波が干渉し合い，地震動が局所的に増幅されると考えられる．水平方向に伝播する波は，S波に比べて振幅が α 倍で，時間遅れ Δt を伴って伝播すると考えられる．このことを定式化すると式 (1) のようになる[1]．

$$F_{\mathrm{II}}(\omega, x) = F_{\mathrm{I}}(\omega) \times \eta(\omega, x) \tag{1}$$

ここに，$F_{\mathrm{II}}(\omega)$：不整形性の影響を考慮した地表面設計地震動のフーリエスペクトル
　　　　$F_{\mathrm{I}}(\omega)$：不整形性の影響を考慮しない地表面設計地震動のフーリエスペクトル
　　　　$\eta(\omega, x)$：不整形性の影響を考慮するための補正係数

$$\eta(\omega, x) = \{1 + \alpha(x) \cdot \beta \cdot e^{-i \cdot \Delta t \cdot \omega}\} \tag{2}$$

　　　　$\alpha(x)$：水平方向伝播波の振幅補正係数
　　　　β：低振動数に対する補正係数

$$\omega \leqq \omega_{\mathrm{g}}：\beta = \omega/\omega_{\mathrm{g}}$$
$$\omega > \omega_{\mathrm{g}}：\beta = 1.0$$

　　　　ω_{g}：表層地盤の卓越円振動数 (rad/sec) で，1次元の地点依存の動的解析を行った場合は伝達関数の最大ピークを示す円振動数とする．また，「**7.3.4.3 地表面設計地震動の算定**」によった場合は，次式による．

$$\omega_{\mathrm{g}} = \frac{2\pi}{(T_{\mathrm{g}}/\alpha_{\mathrm{g}})} \tag{3}$$

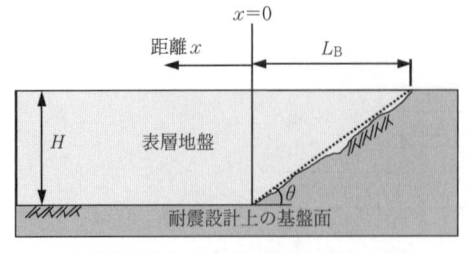

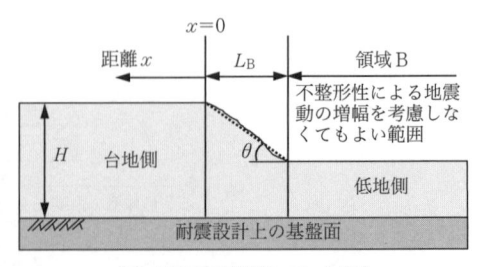

(a) 耐震設計上の基盤面が傾斜している場合　　　(b) 地表面が傾斜している場合

付属図 7.5.3 不整形地盤構造の考え方

T_g：表層地盤の固有周期（s）で「**7.3.4.2 地盤種別**」による．
α_g：地震時のひずみレベルによる地盤の剛性低減係数で，**解説表7.3.6**による．
Δt：建設地点 x(m) までの水平方向伝播波の到達遅れ時間（s）
x：不整形端部から建設地点までの距離（m）（**付属図7.5.3**）

ただし，地表面が傾斜している場合には，低地側（**付属図7.5.3の領域B**）では不整形性の影響は考慮しなくてもよいものとする．

2) 両側不整形地盤の場合

付属図7.5.1（c）に示すような両側不整形地盤の場合，鉛直方向に伝播するS波と傾斜部で生成されて水平方向に伝播する表面波（両側から伝播）が干渉し合い，地震動が局所的に増幅されると考える[2]．水平方向に伝播する波は，S波に比べて時間遅れを伴って伝播する．それを定式化すると式（4）のようになる．

$$F_{II}(\omega, x) = F_I(\omega) \times \{\eta_1(\omega, x_1) + \eta_2(\omega, x_2) + 1\} \tag{4}$$

ここに，

$F_{II}(\omega)$：不整形性の影響を考慮した地表面設計地震動のフーリエスペクトル
$F_I(\omega)$：不整形性の影響を考慮しない地表面設計地震動のフーリエスペクトル
$\eta_1(\omega, x_1)$, $\eta_2(\omega, x_2)$：不整形性の影響を考慮するための補正係数

$$\eta_1(\omega, x_1) = \alpha_1(x_1) \cdot \beta \cdot e^{-i \cdot \Delta t_1 \cdot \omega}$$
$$\eta_2(\omega, x_2) = \alpha_2(x_2) \cdot \beta \cdot e^{-i \cdot \Delta t_2 \cdot \omega}$$

$\alpha_1(x_1)$, $\alpha_2(x_2)$：左側および右側からの水平方向伝播波の振幅補正係数
x_1, x_2：不整形端部から建設地点までの距離（m）で，そのとり方は**付属図7.5.4**に示す．
Δt_1, Δt_2：建設点までの水平方向伝播波の到達遅れ時間

その他の記号および数値は式（1）と同じ．

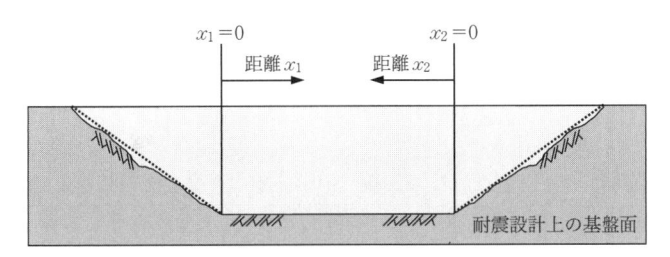

付属図7.5.4 座標の考え方

（2） 水平方向伝播波の振幅補正係数 $\alpha(x)$ の算出方法

水平方向伝播波の振幅補正係数 $\alpha(x)$ は，表層地盤と基盤層のインピーダンス比，表層地盤の層厚，崖地・硬質層の傾斜角度に依存する．ここでは式（5）〜（6）により $\alpha(x)$ を求めてよいものとした．なお，$\alpha(x)$ が0.05以下になる場合は不整形性の影響を無視してもよい．

$x \geq 0$ の場合

$$\alpha(x) = 0.40 \times \exp\left(-\frac{7.0}{\theta}\right) \times \sqrt{\frac{1}{\kappa}} \times \exp\left(-0.44\left(\frac{x}{H}\right)\right) \tag{5}$$

$x<0$ の場合

$$a(x) = 0.40 \times \exp\left(-\frac{7.0}{\theta}\right) \times \sqrt{\frac{1}{\kappa}} \times \left(1 + \frac{x}{L_B}\right) \quad (6)$$

ただし，$0.05 \leq a(x) \leq 0.40$ とする．

$a(x)$：水平方向伝播波の振幅補正係数で，表層地盤と基盤層のインピーダンス比，表層地盤の層厚，崖地・硬質層の傾斜角度に依存する．

x：不整形端部から建設地点までの距離（m）で，そのとり方は**付属図 7.5.3，付属図 7.5.4** に示す．

θ：基盤または地表面の傾斜角度

κ：インピーダンス比で，

$$\kappa = \frac{\rho_2(a_g \cdot V_{s02})}{\rho_1 V_{s01}}$$

ρ_1，ρ_2：耐震設計上の基盤および表層地盤の密度

V_{s01}，V_{s02}：耐震設計上の基盤および表層地盤の初期せん断弾性波速度（m/s）

a_g：地震時のひずみレベルによる地盤の剛性低減係数で，**解説表 7.3.6** による．

H：表層地盤の層厚（m）

L_B：耐震設計上の基盤面または地表面が傾斜している部分の長さ（m）（**付属図 7.5.3 参照**）

ただし，**付属図 7.5.3** の領域 B では不整形性の影響は考慮しなくてもよいものとする．

（3） 時間遅れ Δt の算出方法

時間遅れ Δt は鉛直方向の S 波と水平方向伝播波の到達時間の差を示すものである．物理的には水平方向伝播波の生成メカニズムは非常に複雑であるが，設計上の便を考えて**付属図 7.5.5** に示すようなモデル化を行った．耐震設計上の基盤面が傾斜している場合には，式（7）により Δt を算定してよい．

$$\Delta t = t_1 + t_2 + t_3 - t_4 = \frac{H}{V_{s01}} + \frac{L_B}{C_1} + \frac{x}{C_2(\omega)} - \frac{H}{(a_g \cdot V_{s02})} \quad (7)$$

ここに，

C_1：基盤傾斜部での水平方向伝播波の伝播速度（m/s）

$C_2(\omega)$：水平部分での水平方向伝播波の伝播速度（m/s）で表面波の位相速度とする

その他の記号は式（6）と同じ．

また，表層地盤が傾斜している場合には，式（7）の第 3 項のみを考慮すればよい．

1） 基盤傾斜部での伝播速度 C_1

この部分では層厚が徐々に変化し，伝播速度の定式化が困難であるが，これまでのパラメータ解析の結

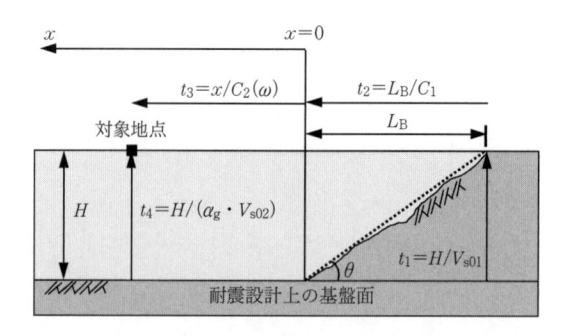

付属図 7.5.5 時間遅れ Δt のモデル化

果より，一般には C_1 は表層地盤のせん断弾性波速度（$a_g \times V_{s02}$）の 1.5 倍程度としてよい．

2) 表面波の位相速度 $C_2(\omega)$

表面波の位相速度 $C_2(\omega)$ は分散性を有し，周期に依存する．本付属資料では，あらかじめ代表的な地盤条件に対して，位相速度 $C_2(\omega)$ を算定し，設計用にモデル化した．**付属図 7.5.6** に位相速度 $C_2(\omega)$ の設計用値を示す．なお，この条件に当てはまらない複雑な地盤等ではこの図をそのまま用いることはできない．表面波の位相速度を算定するには，Haskell の方法[3] や Lysmer の方法[4] があるが，簡易に表面波の位相速度を算定する方法も提案[5] されているので参考にするのがよい．

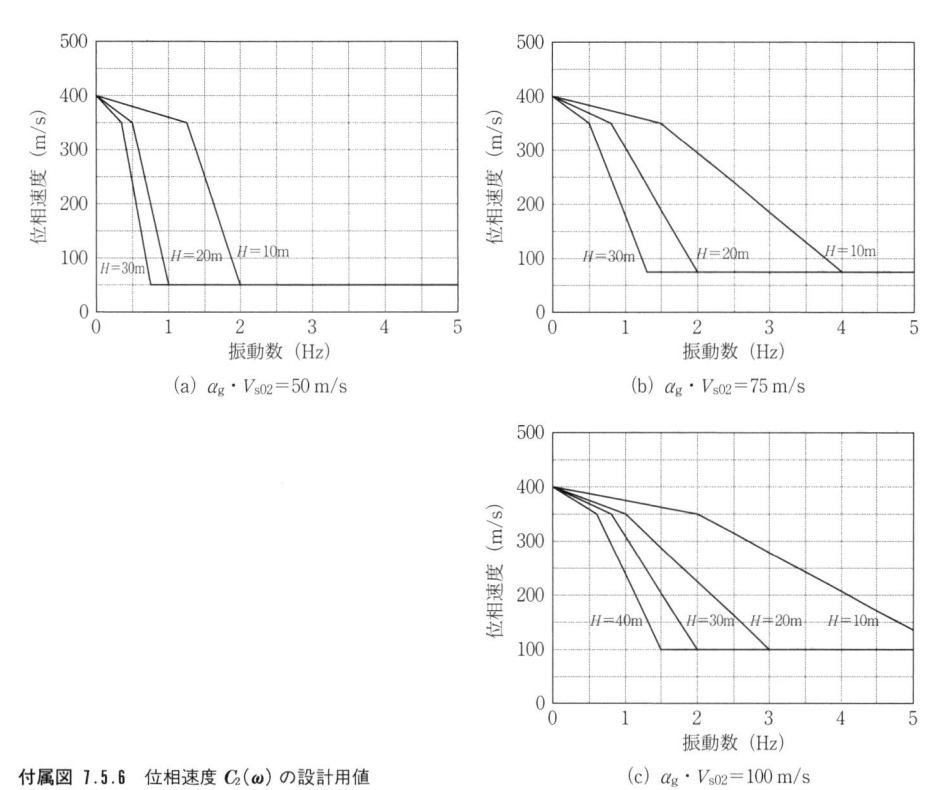

付属図 7.5.6 位相速度 $C_2(\omega)$ の設計用値

(a) $a_g \cdot V_{s02} = 50$ m/s

(b) $a_g \cdot V_{s02} = 75$ m/s

(c) $a_g \cdot V_{s02} = 100$ m/s

参 考 文 献

1) 室野剛隆，西村昭彦，室谷耕輔：地震動に与える表層地盤の局所的変化の影響と耐震設計への適用性に関する提案，土木学会 ローカルサイト・エフェクト・シンポジウム論文集，pp. 183-188，1998.
2) 石井武司，室野剛隆，西村昭彦：耐震設計における谷地状地形の地震動に与える影響評価，第 34 回地盤工学研究発表会，pp. 1931-1932，1999.
3) Haskell, N. A.: The Dispersion of Surface Waves on Multi-layered Media, Bulletin of Seismological Society of America, Vol. 43, pp. 17-34, 1953.
4) Lysmer, J.: Lumped Mass Method for Rayleigh Waves, Bulletin of Seismological Society of America, Vol. 60, pp. 89-104, 1970.
5) 紺野克昭：レイリー波の分散曲線の近似計算法の提案と地下構造推定への応用，土木学会論文集 No. 577/I-41, pp. 89-105，1997.10.

付属資料7-6　地盤のせん断弾性波速度の推定式

　地盤各層の初期せん断弾性波速度は，「**7.3.3.2**　地盤材料のモデル化」に従い，PS検層により実測することを原則とする．これは，N値と初期せん断弾性波速度の関係が一般には大きなばらつきを有しており，N値から初期せん断弾性波速度を算定する推定式を用いて動的解析法など詳細な解析手法を行っても，十分な精度を担保できないと考えられるためである．

　しかし設計実務においては，調査の効率性や費用等の観点から全対象地点においてPS検層を実施するのは困難な場合もある．そこで，地盤種別により地盤挙動を評価する方法など簡易解析法を用いる場合には，初期せん断弾性波速度をN値から推定してもよいものとした．

　そこで初期せん断弾性波速度をN値から推定する場合には，式 (1)～(3) により算定してもよいこととした．なお，付属図7.6.1に初期せん断弾性波速度の実測値と式 (1)～(2) で推定した初期せん断弾性波速度を比較したものを示す．

① 砂質土

$$V_{s0}=80N^{1/3} \quad (N \leq 50) \tag{1}$$

② 粘性土

$$V_{s0}=100N^{1/3} \quad (2 \leq N \leq 50) \tag{2}$$

$$V_{s0}=23q_u^{0.36} \quad (2<N) \tag{3}$$

ここに，V_{s0}：初期せん断弾性波速度
　　　　N：標準貫入試験によるN値
　　　　q_u：一軸圧縮強度値（kN/m²）

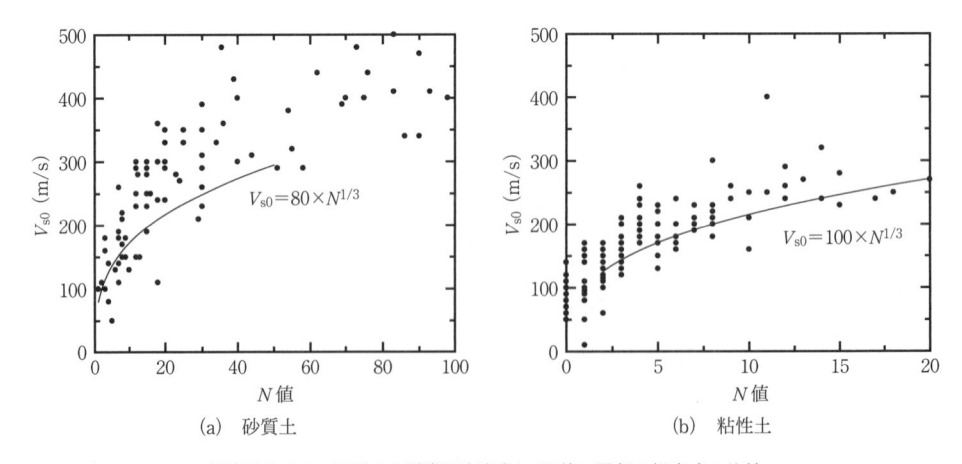

(a) 砂質土
(b) 粘性土

付属図 7.6.1　初期せん断弾性波速度とN値の関係と推定式の比較

付属資料 7-7　地盤種別ごとの地表面設計地震動

地表面設計地震動の時刻歴波形は，**解説表 7.3.3～7.3.5** に示す弾性加速度応答スペクトルに適合させることで設定した．この際の位相スペクトルとしては，地震動の非定常特性を考慮する必要があり，この特性としては，「**6.4.4.3** 簡易な手法により算定する L2 地震動」に示すスペクトル I，スペクトル II の時刻歴波形を設定する場合の位相特性と同様の条件を設定した．

以上の方法により作成した地表面設計地震動の最大加速度の一覧（L1 地震動含む）を**付属表 7.7.1** に，時刻歴波形（L2 地震動のみ）を**付属図 7.7.1，7.7.2** に示す．

付属表 7.7.1　最大加速度一覧

地盤種別	L1 地震動	スペクトル I	スペクトル II
G0 地盤	105.3	390.8	708.3
G1 地盤	136.9	524.1	943.9
G2 地盤	163.3	851.6	1028.6
G3 地盤	187.6	663.7	872.3
G4 地盤	189.5	539.8	788.9
G5 地盤	198.6	445.0	664.6
G6 地盤	179.3	―	―
G7 地盤	154.4	―	―

注）絶対値（gal）で表示

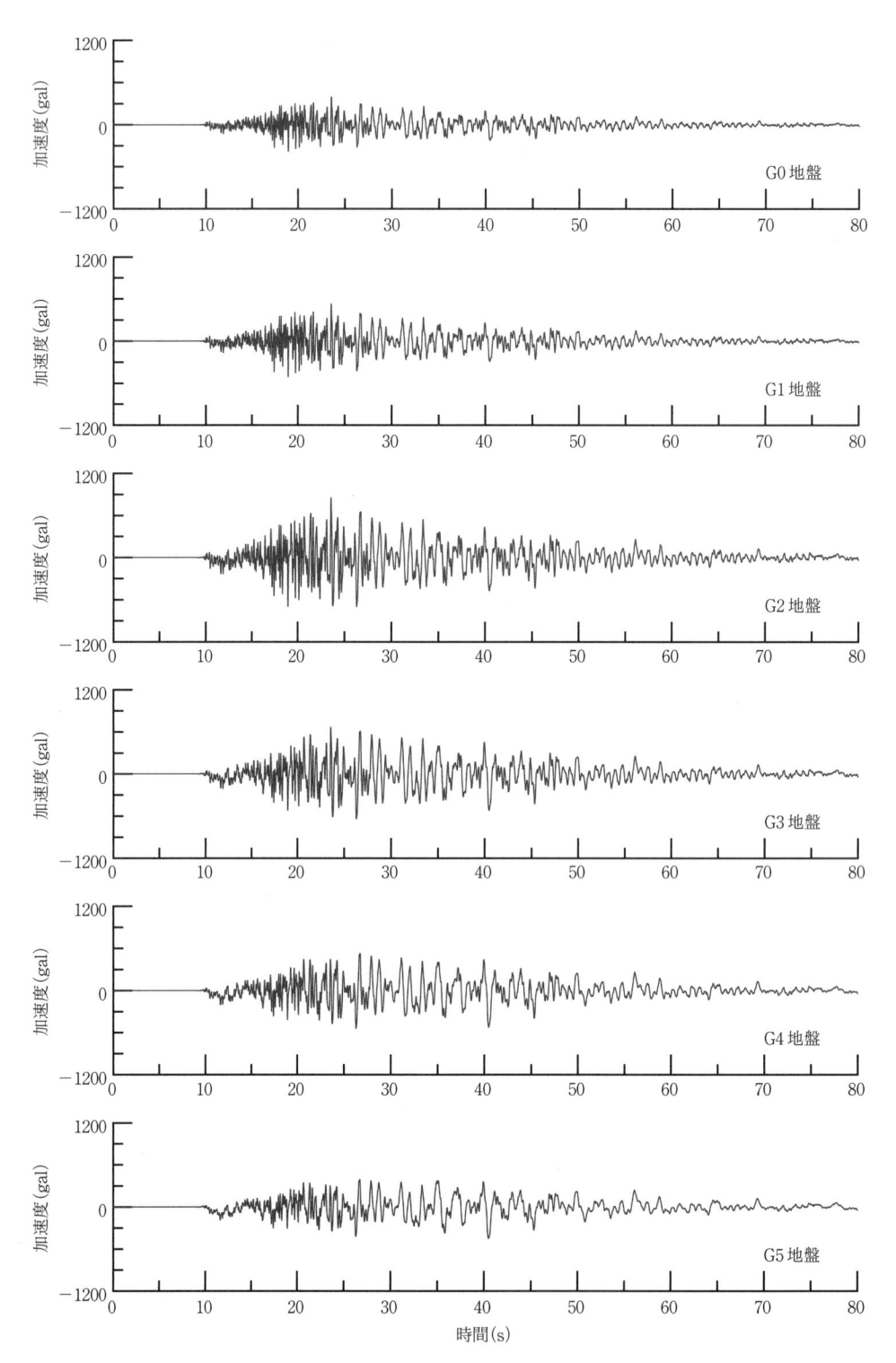

付属図 7.7.1　地表面設計地震動の時刻歴波形（スペクトルⅠ）

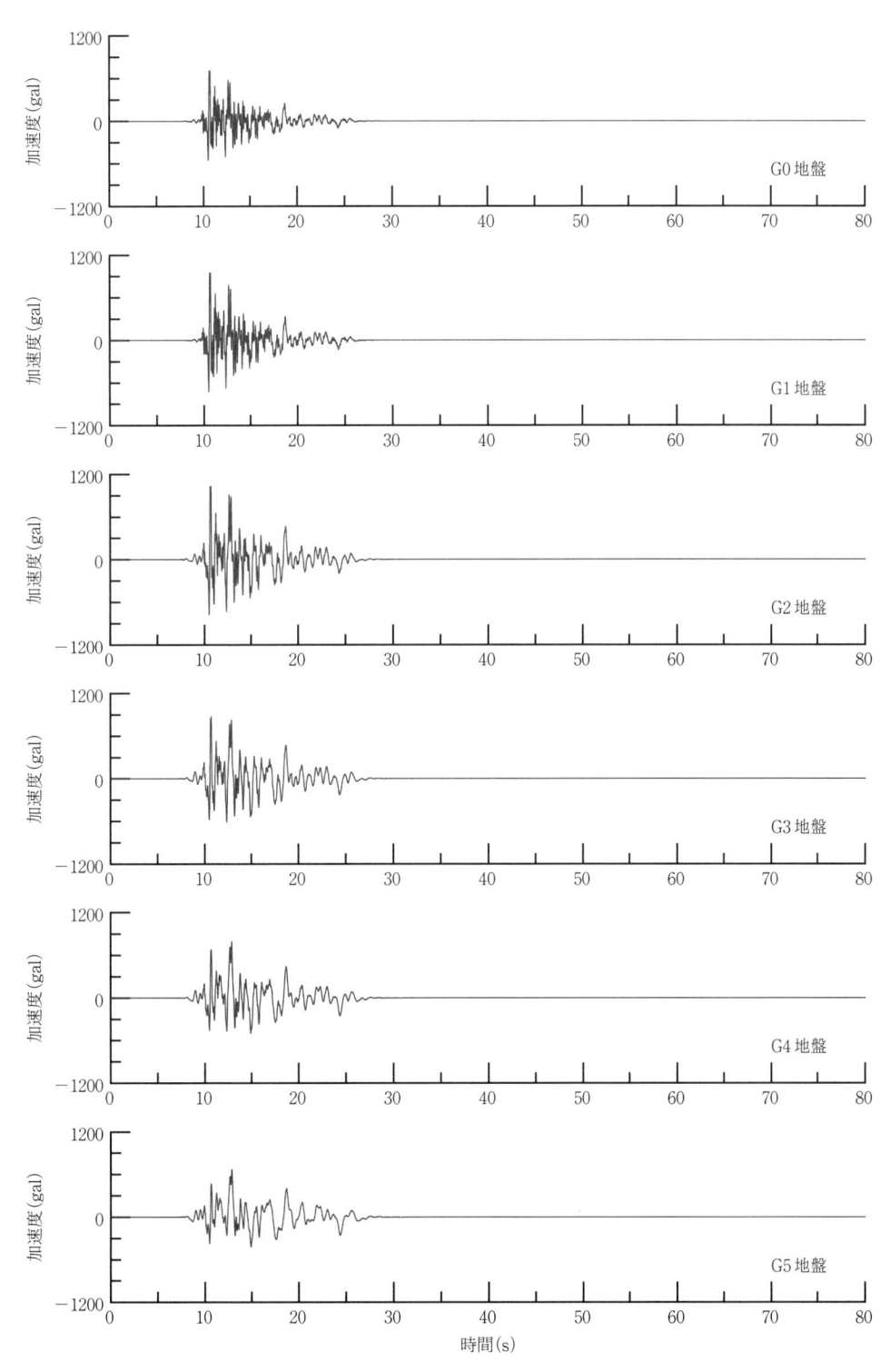

付属資料 7-7　地盤種別ごとの地表面設計地震動　　273

付属図 7.7.2　地表面設計地震動の時刻歴波形（スペクトルⅡ）

付属資料 7-8　地盤変位分布の簡易な設定方法

　地盤変位分布の簡易な算定方法については，本標準では「**7.3.4.4** 地盤の設計水平変位量の鉛直方向分布の算定」に示すが，3層以上の地層構成を有する地盤（A_3 地盤以上）では，モード解析法により固有振動モードを計算する必要がある．この計算は複雑であるため電算プログラムにより算定することになるが，参考にその考え方を以下に示す．

1．1層地盤の場合（A_1 地盤）

　地盤のせん断振動における自由振動の方程式は式（1）で表される．

$$\frac{\partial^2 x}{\partial t^2} = V_{s0}{}^2 \cdot \frac{\partial^2 x}{\partial z^2} \tag{1}$$

　　　ここに，V_{s0}：地盤の初期せん断弾性波速度

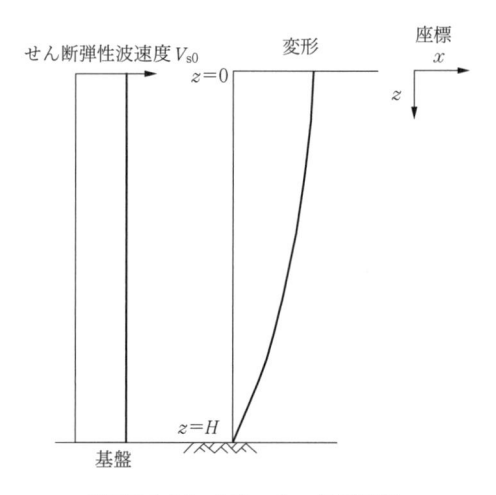

付属図 7.8.1　地盤モデル（1層地盤）

式（1）の解は次のように与えられる．

$$x = X \cdot T \tag{2}$$

　　　ここに，X：モード関数
　　　　　　　T：時間関数

式（2）を式（1）に代入して整理すると，式（3）のようになる．

$$X\ddot{T} = V_{s0} X'' T \tag{3}$$

式（3）を変数分離して X について解くと次のようになる．

$$X_1 = C_1 \sin \frac{\omega}{V_{s0}} z + D_1 \cos \frac{\omega}{V_{s0}} z \tag{4}$$

　　　ここに，ω：固有円振動数

C_1, D_2：定数

境界条件として，基部が固定で，地表面が自由と考えると，

$$\left.\begin{array}{l} z=0 : \tau=0 \\ z=H : X=0 \end{array}\right\} \quad (5)$$

せん断力 τ は，$\tau = G \cdot dX/dz$ で与えられる．よって，式 (4) に式 (5) の境界条件を適用すると，

$$z=0 \quad \frac{dX}{dz}=0 \quad \therefore \quad C_1=0 \quad (6)$$

$$z=H \quad X=0 \quad \therefore \quad D_1 \cos \frac{\omega H}{V_{s0}}=0 \quad (7)$$

となる．$D_1 \neq 0$ だから，式 (7) より，

$$\cos \frac{\omega H}{V_{s0}}=0$$

$$\therefore \quad \frac{\omega H}{V_{s0}} = \frac{2r-1}{2} \cdot \pi \quad (r=1, 2, 3, \cdots) \quad (8)$$

を得る．よって，r 次の固有円振動数，固有周期は次のように求まる．

$$\omega_r = \frac{V_{s0}}{H} \cdot \frac{(2r-1)}{2} \cdot \pi \quad (9)$$

$$T_r = \frac{2\pi}{\omega} = \frac{4H}{V_{s0}} \cdot \frac{1}{2r-1} \quad (10)$$

r 次のモード X_r は，

$$X_r = \cos\left(\frac{2r-1}{2H} \cdot \pi \cdot z\right) \quad (11)$$

で与えられる．1 次のモード ($r=1$) を対象とすると，そのモードは式 (12) で与えられる．

$$X_1 = \cos\left(\frac{\pi}{2H} \cdot z\right) \quad (12)$$

式 (11) および (12) は最大振幅を 1 に正規化している．したがって地盤の変形は，地表面の変位より次式のように求まる．

$$f(z) = a_g \cdot \cos\left(\frac{\pi}{2H} \cdot z\right) \quad (13)$$

ここに，a_g：地表面最大変位量で，本標準の式 (解 7.3.6)〜(解 7.3.8) により求まる．

2．多層地盤の場合（A_n 地盤）

第 i 層における地盤のせん断振動における自由振動の方程式は式 (14) で表される．

$$\frac{\partial^2 x_i}{\partial t^2} = V_{s0i}^2 \cdot \frac{\partial^2 x_i}{\partial z_i^2} \quad (i=1, 2, \cdots, n) \quad (14)$$

ただし，V_i は各層の深さ H_i にわたって一定とする．「1．1 層地盤の場合」と同様に式 (14) の解は，

$$\begin{array}{l} x_i = X_i \cdot \exp(i\omega t) \\ X_i = C_i \sin \frac{\omega}{V_{s0i}} z_i + D_i \cos \frac{\omega}{V_{s0i}} z_i \end{array} \quad (15)$$

ここに，V_{s0i}：i 層の初期せん断弾性波速度

ω：固有円振動数

C_i, D_i：定数で，境界条件および各層間の連続条件から決定される．

1) 境界条件

境界条件として，基部が固定で，地表面で自由と考えると，

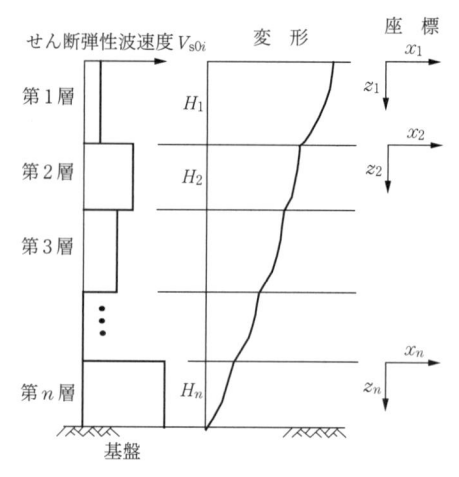

付属図 7.8.2 地盤モデル（多層地盤の場合）

$$\left.\begin{array}{l} z_1=0 : \tau=0 \\ z_n=H_n : X_n=0 \end{array}\right\} \tag{16}$$

せん断力 τ は、$\tau=G\cdot dX/dz$ で与えられる．よって，式 (15) に式 (16) の境界条件を適用すると，

$$z_1=0 \quad \frac{dX_1}{dz_1}=0 \tag{17}$$

$$z_n=H_n \quad X_n=0 \tag{18}$$

2) 連続条件

各層の境界における変位の連続条件より

$z_{k-1}=H_{k-1},\ z_k=0$ において
$$X_{k-1}=X_k \tag{19}$$

各層の境界におけるせん断力の連続条件より

$z_{k-1}=H_{k-1},\ z_k=0$ において
$$G_{k-1}\frac{dX_{k-1}}{dz_{k-1}}=G_k\frac{dX_k}{dz_k} \tag{20}$$

これらの式を式 (15) に代入すると，

$$C_1=0 \tag{21}$$

$$C_n\sin\frac{\omega}{V_{s0n}}H_n+D_n\cos\frac{\omega}{V_{s0n}}H_n=0 \tag{22}$$

$$D_k=C_{k-1}\sin\frac{\omega}{V_{s0k-1}}\cdot H_{k-1}+D_{k-1}\cos\frac{\omega}{V_{s0k-1}}\cdot H_{k-1} \tag{23}$$

$$G_k\cdot\frac{\omega}{V_{s0k}}\cdot C_k=G_{k-1}\frac{\omega}{V_{s0k-1}}\cdot\left\{C_{k-1}\cdot\cos\left(\frac{\omega}{V_{s0k-1}}\cdot H_{k-1}\right)-D_{k-1}\cdot\sin\left(\frac{\omega}{V_{s0k-1}}\cdot H_{k-1}\right)\right\} \tag{24}$$

式 (21)〜(24) を解くことにより振動数 ω，$C_1〜C_n$，$D_1〜D_n$ を求め，1次モードの固有各円振動数 ω_1，モード形状 X_1 を算定する．したがって，地盤の変形は次式により求まる．

$$f(z)=a_g\cdot X_1$$

記号は，式 (13) に同じ．

付属資料7-9　液状化の可能性のある地盤の地表面設計地震動

1. L1地震動に対する液状化の可能性のある地盤の地表面設計地震動

　付属表7.9.1および付属図7.9.1に液状化の可能性のある地盤の弾性加速度応答スペクトル（L1地震動）を示す．これは，液状化の可能性のある代表的な複数の地盤の1次元有効応力解析を実施し，その結果得られた地表面の応答加速度を元に設定したものである．ここで，基盤入力波には解説図6.3.3に示すL1地震動の時刻歴波形を用いた．

付属表 7.9.1　液状化の可能性のある地盤の弾性加速度応答スペクトル（L1地震動）

固有周期 T(s)	応答加速度値（gal）（減衰5%）
$0.1 \leq T < 0.4$	$507 \times T^{0.424}$
$0.4 \leq T < 2.25$	350
$2.25 \leq T$	$1250 \times T^{-1.57}$

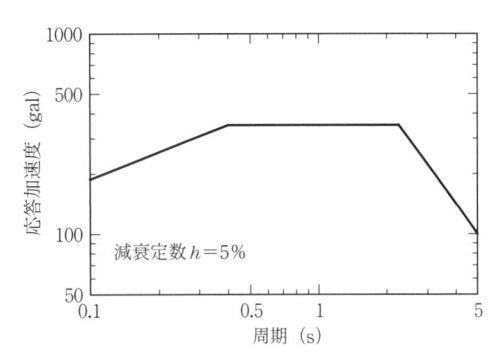

付属図 7.9.1　液状化の可能性のある地盤の弾性加速度応答スペクトル（L1地震動）

2. L2地震動に対する液状化の可能性のある地盤の地表面設計地震動

　付属表7.9.2および付属図7.9.2にL2地震動に対する液状化の可能性のある地盤の弾性加速度応答スペクトルを示す．これはL1地震動と同様に，液状化の可能性のある代表的な複数地盤について1次元有効応力解析を実施し，その結果得られた地表面の応答加速度を元に設定したものである．ここで，基盤入

付属表 7.9.2　液状化の可能性のある地盤の弾性加速度応答スペクトル（L2地震動）

(a) スペクトルI

地盤種別	固有周期 T(s)	応答加速度値（gal）（減衰5%）
$5 \leq P_L < 20$	$0.1 \leq T \leq 1.2$	700
	$1.2 < T \leq 2.0$	$861.25 \times T^{-1.137}$
$20 \leq P_L$	$0.1 \leq T \leq 1.5$	500
	$1.5 < T \leq 2.0$	$792.84 \times T^{-1.137}$

(b) スペクトルII

地盤種別	固有周期 T(s)	応答加速度値（gal）（減衰5%）
$5 \leq P_L < 20$	$0.1 \leq T \leq 1.2$	750
	$1.2 < T \leq 2.0$	$922.76 \times T^{-1.137}$
$20 \leq P_L$	$0.1 \leq T \leq 1.5$	550
	$1.5 < T \leq 2.0$	$872.12 \times T^{-1.137}$

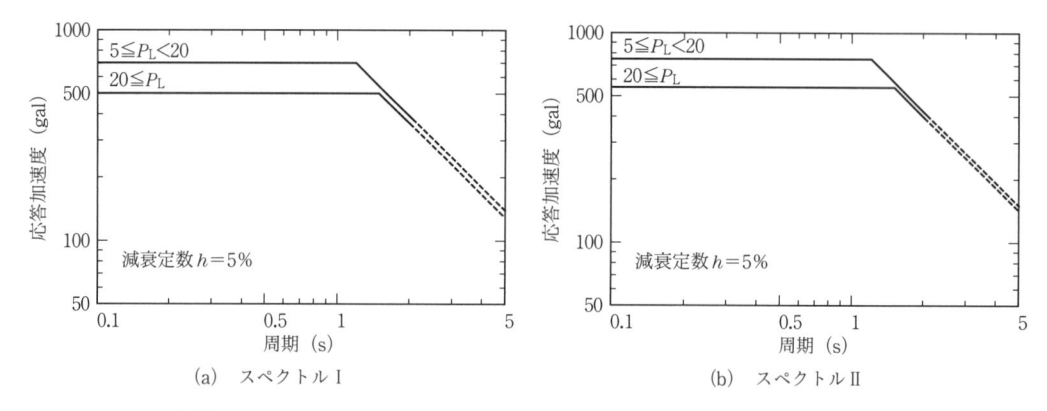

付属図 7.9.2　液状化の可能性のある地盤の弾性加速度応答スペクトル（L2地震動）

(a) スペクトルⅠ　　(b) スペクトルⅡ

力波には**解説図 6.4.6** および **6.4.7** に示す L2 地震動の時刻歴波形を用いた．

　一般に地表面設計地震動は，地盤の固有周期 T_g に基づいて判別される地盤種別ごとに設定している．しかしながら，地盤が液状化に至った場合，地表面設計地震動に対して固有周期 T_g の影響よりも液状化程度の影響の方が大きくなる．そこで，多数の有効応力解析結果を液状化指数 $P_L=20$ を境として2つに分類し，地表面設計地震動をそれぞれ設定した．

　付属図 7.9.2 に示す弾性加速度応答スペクトルに適合するように設定した地表面設計地震動を**付属図 7.9.3** に示す．ただし，これは液状化の程度に応じて設定した弾性加速度応答スペクトルの適合波であり，液状化による地盤剛性の急激な変化の影響を完全には考慮できていないことに注意を要する．

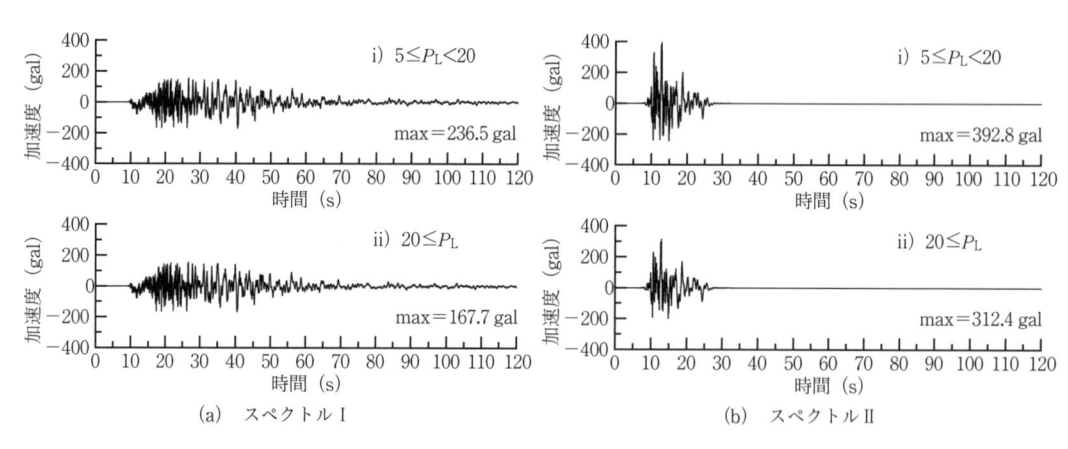

(a) スペクトルⅠ　　(b) スペクトルⅡ

付属図 7.9.3　液状化の可能性のある地盤の地表面設計地震動（L2地震動）

付属資料 7-10　地盤挙動の空間変動の簡易な設定方法および適用

　本資料は，「7.4 地盤挙動の空間変動の影響」に示されている表面波の波長の計算式（解 7.4.1）を求める際における地盤挙動の空間変動を簡易に設定する方法について解説する．また，地震時における軌道面の不同変位を照査する際に，地盤種別および波長の影響を検討し，それらの考慮範囲について説明する．

1. 空間変動の影響を考慮した表面波の波長の計算方法

　空間変動の影響を考慮した地表面に沿った方向の表面波の見かけの波長は，次の式により求めることができる．

$$L = V_{\text{surf}} \times \frac{T_g}{\alpha_g} \tag{1}$$

ここで，
　　L：地盤における表面波の見かけの波長（m）
　V_{surf}：表面波の見かけの伝播速度（m/s）
　　T_g：表層地盤の固有周期（sec）
　　α_g：表層地盤のせん断弾性係数の低減係数で**解説表 7.3.6** による

　表面波の見かけの伝播速度は位相速度から定められる．位相速度は波の周期成分に依存する分散性を持ち，レイリー波とラブ波によって異なる．本検討は，既存の設計法[1]を参考にし，レイリー波の分散性が反映された位相速度について行った．水平成層地盤のレイリー波の位相速度の算定には，Haskell のマトリックス法[2]を用いて，各地盤種別を代表する数多くの地盤を対象に，それぞれの位相速度を算出した．

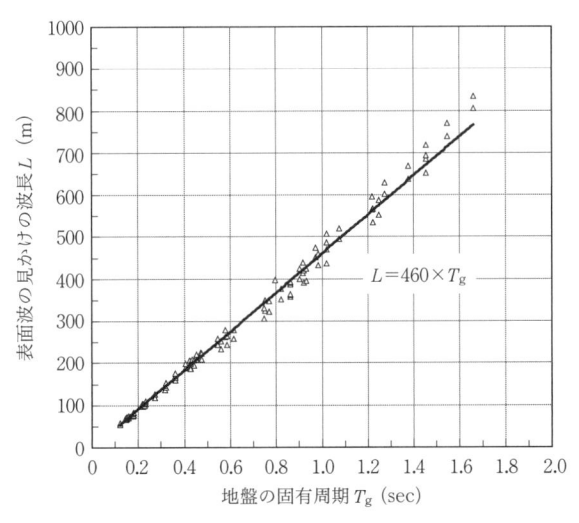

付属図 7.10.1　表面波の見かけの波長と地盤固有周期の関係

また，地震時の剛性低下を考慮した地盤の固有周期（$T_g' = T_g/\alpha_g$）に対応した位相速度を表面波の見かけの伝播速度（V_{surf}）として定め，式（1）により表面波の見かけの波長（L）を算出した．その結果として，表面波の見かけの波長（L）と地盤固有周期（T_g）との関係を**付属図 7.10.1** にプロットした[3]．また，この結果に基づいた経験式を式（2）で表示する．

$$L = 460 \times T_g \tag{2}$$

2. 地震時軌道面の不同変位の照査における地盤の影響

地震時における軌道面の不同変位の照査は，構造物の境界に生じる角折れおよび目違いに対して行う．具体的な照査方法については，「鉄道構造物等設計標準・同解説（変位制限）」を参照する．地震時の構造物の不同変位は，構造形式，上部構造物と基礎の剛性および地盤特性等に影響される．ここでは，地盤の影響を把握するために，G3とG4地盤を対象として，地盤の固有周期および波長による高架橋の角折れの影響度合いについて調べた．

（1） 検討の対象および方法

本標準では，L2地震動に対する構造物の応答を算定する際に，G0～G2地盤を除く地盤に建設される深い基礎においては，地盤の硬軟によらず地盤変位の影響を考慮するものとした．しかし，軌道面の不同変位の照査は，L1地震動に対して行うもののため，地盤の影響が相対的に小さいと考えられる．そこで，G3とG4地盤に建設される桁式高架橋およびゲルバー式ラーメン高架橋を対象に，角折れ照査における地盤の固有周期および波長による影響を検討した．

検討対象とする桁式高架橋およびゲルバー式ラーメン高架橋の軌道面における角折れのイメージを**付属図 7.10.2** に示す．**付属図 7.10.2** (c)と(d)は，橋脚 P_2 およびラーメン R_2 を照査対象として，その隣接する構造物に固有周期の差がある場合には，それぞれが位相差を伴って振動し，慣性力によって生じる変位のイメージを表したものである。この慣性力を「位相差詳細考慮」慣性力と呼ぶ．一方，構造物間の位相差が小さく，δ_2 と δ_1, δ_3 の差が小さい場合でも少なくとも $\delta_2/2$，$\delta_1 = \delta_3 = 0$ として，慣性力による角折れを検討する．この場合の慣性力を「位相差簡易考慮」慣性力と呼ぶ．上部構造物の慣性力および地盤

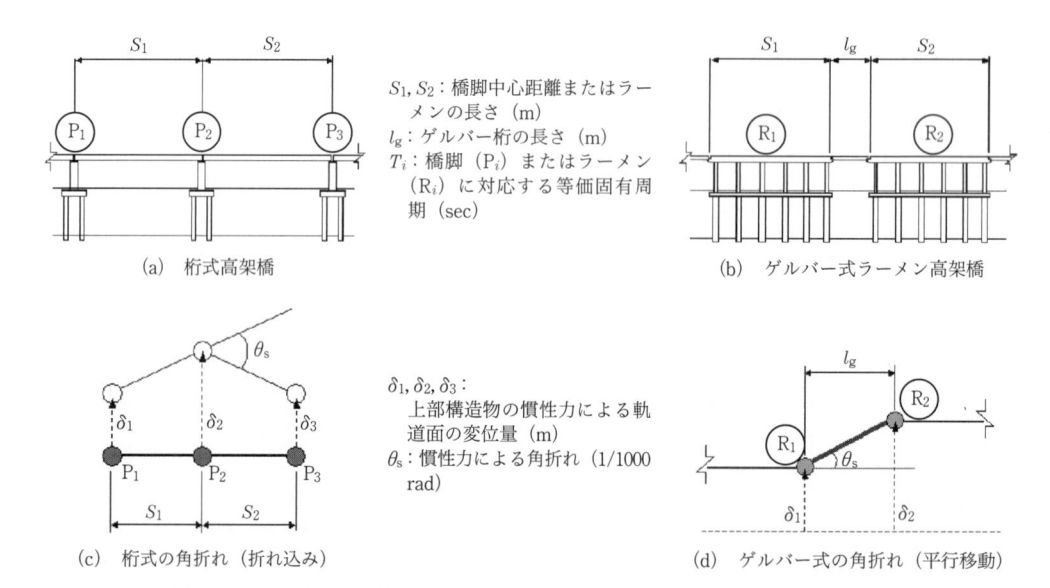

S_1, S_2：橋脚中心距離またはラーメンの長さ（m）
l_g：ゲルバー桁の長さ（m）
T_i：橋脚（P_i）またはラーメン（R_i）に対応する等価固有周期（sec）

(a) 桁式高架橋

(b) ゲルバー式ラーメン高架橋

$\delta_1, \delta_2, \delta_3$：上部構造物の慣性力による軌道面の変位量（m）
θ_s：慣性力による角折れ（1/1000 rad）

(c) 桁式の角折れ（折れ込み）

(d) ゲルバー式の角折れ（平行移動）

付属図 7.10.2 桁式高架橋およびゲルバー式ラーメン高架橋における角折れのイメージ

付属表 7.10.1 地震時における軌道面の角折れの算出

地盤種別	高架橋形式	構造物の固有周期 T_i (sec)			スパンの長さ S (m), l_g (m)	地盤変位による角折れ[*1] (1/1000 rad)	慣性力による角折れ (1/1000 rad)		照査用角折れ値
							位相差詳細考慮[*2]	位相差簡易考慮(下限)[*3]	
G 3	桁式	T_2	$T_1=0.9T_2$	$T_3=0.9T_2$	$S=S_1=S_2=20\sim60$	$\theta_{(gmax)}$	$\theta_{(\phi i)}$	$\theta_{(\delta 2/2)}$	【$\theta_{(gmax)}+\theta_{(\phi i)}$】もしくは $\theta_{(\delta 2/2)}$ の大きい方
	ラーメン	T_2	$T_1=0.8T_2$		$S=S_1=S_2=10\sim60$ $l_g=10$				
G 4	桁式	T_2	$T_1=0.9T_2$	$T_3=0.9T_2$	$S=S_1=S_2=20\sim60$	$\theta_{(gmax)}$	$\theta_{(\phi i)}$	$\theta_{(\delta 2/2)}$	【$\theta_{(gmax)}+\theta_{(\phi i)}$】もしくは $\theta_{(\delta 2/2)}$ の大きい方
	ラーメン	T_2	$T_1=0.8T_2$		$S=S_1=S_2=10\sim60$ $l_g=10$				

＊1：「鉄道構造物等設計標準・同解説（変位制限）」（付属資料11）式（6），（14）．
＊2：「鉄道構造物等設計標準・同解説（変位制限）」（付属資料11）式（2），（3）．
＊3：「鉄道構造物等設計標準・同解説（変位制限）」（付属資料11）p.141，下11行目．

変位による角折れの算定は，「鉄道構造物等設計標準・同解説（変位制限）」（付属資料11）に示される各計算式を用いた．

また，**付属表7.10.1**に示すように，設計実例を参考にして，「位相差詳細考慮」慣性力による角折れの算定では，隣接する構造物の固有周期の差を0.8〜0.9倍（$T_1=0.8\sim0.9\ T_2$）と設定した．高架橋のスパン長を等径間とし，桁式の場合は20〜60 m，ゲルバー式ラーメンの場合は10〜60 m（ゲルバー桁長10 m）と設定した．照査に用いる角折れの値は，「位相差詳細考慮」慣性力と地盤変位による角折れの合計，もしくは「位相差簡易考慮」慣性力による角折れの下限値の大きい方を使用した．

なお，「位相差詳細考慮」の場合では，構造物の固有周期と剛性が低減された地盤の固有周期の比を用いて，構造物の減衰定数を0.1と仮定し，隣接する高架橋の応答の位相角を求めた．

（2） 検討ケースの設定

角折れ照査に及ぼす地盤固有周期の影響を把握するために，G3とG4地盤に属する短周期タイプと長

付属表 7.10.2 地盤と構造物の組合せケースの設定

ケース名	地盤の固有周期 T_g (sec)	地盤剛性が低減された固有周期 T_g' (sec)	波長 L (m)	照査対象高架橋の固有周期 T_2 (sec)	慣性力による軌道面変位量 $\delta_2=T_2^2/4\times0.35$ (m)
G3短-桁	0.273	0.39	125	0.855	0.064
				0.5	0.022
G3短-ゲルバー				1.01	0.09
				0.5	0.022
G3長-桁	0.477	0.681	219	0.855	0.064
				0.5	0.022
G3長-ゲルバー				1.01	0.09
				0.5	0.022
G4短-桁	0.545	0.778	250	0.855	0.064
				0.5	0.022
G4短-ゲルバー				1.01	0.09
				0.5	0.022
G4長-桁	0.75	1.071	345	0.855	0.064
				0.5	0.022
G4長-ゲルバー				1.01	0.09
				0.5	0.022

周期タイプの2種類の地盤を対象として検討を行った．また，構造物の固有周期（T_2）は，桁式およびラーメン高架橋とも2タイプを設定した．これらの地盤と構造物を組み合わせたケースを検討する．**付属表7.10.2**にその一覧を示す．ここで，慣性力による軌道面の変位量（$δ_2$）は固有周期と降伏震度から算出したものである．

（3） 検討結果

付属表7.10.1と**付属表7.10.2**に示される角折れの算出条件および入力パラメータを用いて，「地盤変位＋位相差詳細考慮」による角折れ，および「位相差簡易考慮（$δ_2/2$）」による角折れの下限値を算出して，正規化した高架橋のスパン長（S/L）との関係を一緒に**付属図7.10.3**にプロットした．これらより，以下の傾向が認められる．

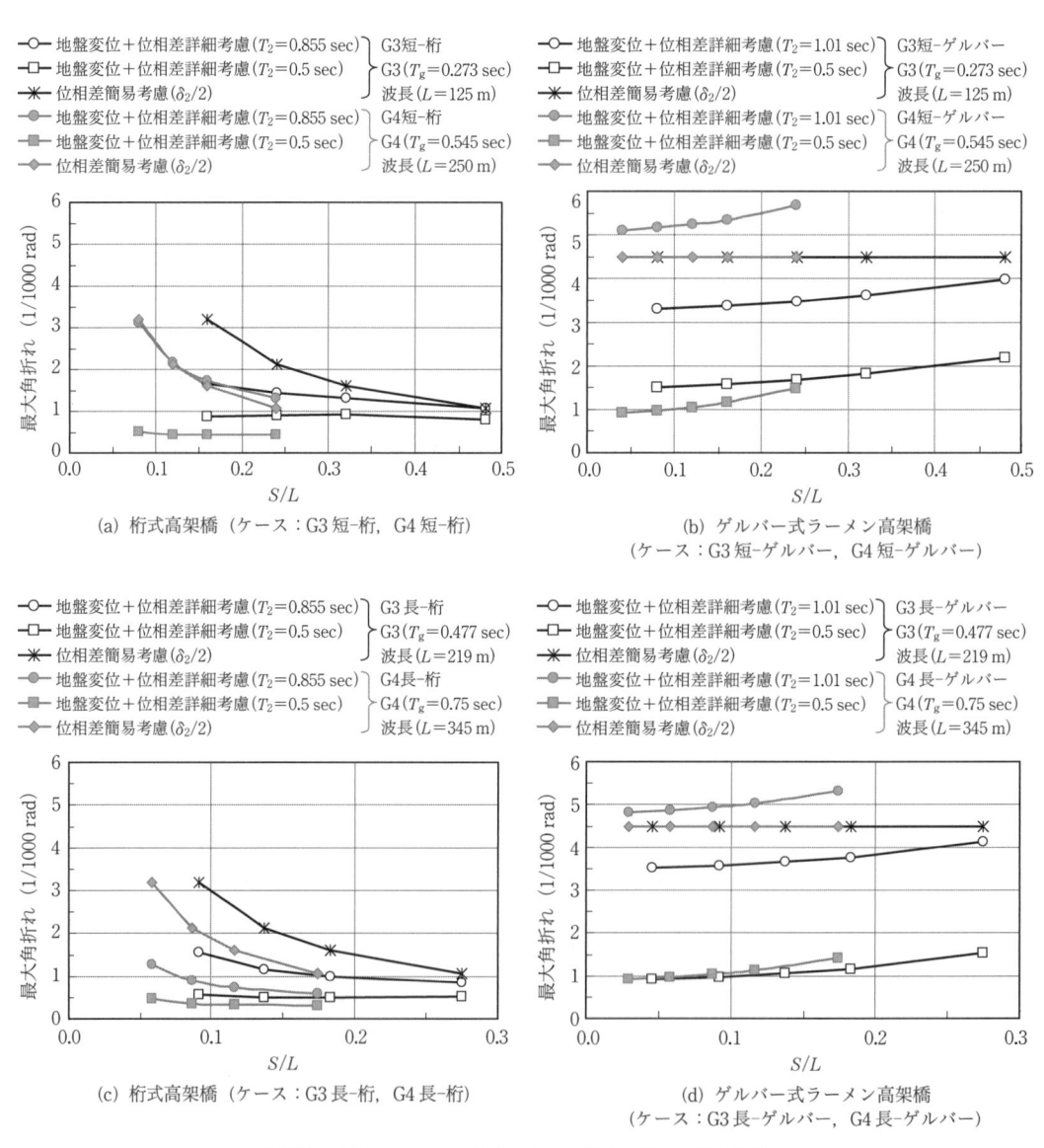

付属図 7.10.3　G3とG4地盤における照査に用いる最大角折れ

① G3地盤の場合,「地盤変位+位相差詳細考慮」による角折れは,「位相差簡易考慮（$\delta_2/2$）」による角折れの下限値よりかなり小さくなっている．すなわち,G3地盤に建設される高架橋の角折れ照査は,「位相差簡易考慮（$\delta_2/2$）」による角折れの下限値を使用すれば,安全側の結果になる．したがって,**付属表7.10.1**に示すようなG3地盤における通常の設計条件であれば,不同変位を照査する際には,地盤の影響を省略してもよい．

② G4地盤の場合,大部分の長周期高架橋（桁式：$T_2 = 0.855$ sec,ゲルバー式ラーメン：$T_2 = 1.01$ sec）（**付属図7.10.3**（a）,（b）,（d））において,「地盤変位+位相差詳細考慮」による角折れは,「位相差簡易考慮（$\delta_2/2$）」による角折れの下限値より大きい．したがって,G4地盤では,地盤の影響が顕著なため,不同変位を照査する際にはこれを考慮する必要がある．

3. まとめ

本資料は,空間変動の影響を考慮した表面波の波長の計算方法を説明するとともに,地震時軌道面の不同変位の照査に及ぼす地盤固有周期と地盤変位の影響について検討を行った．その結果,**付属表7.10.1**に示すような設計条件の下で,G3地盤における不同変位の照査に及ぼす地盤の影響は小さくて省略ができるが,G4地盤の場合ではその影響は大きくなったことがわかった．

したがって,L1地震動に対する不同変位を照査する際に,上記のような設計条件の下では,地盤固有周期と地盤変位の影響を考慮する地盤種別はG4～G7としてよい．

参 考 文 献

1) 日本ガス協会：高圧ガス導管耐震設計指針（JGA-206-00），2000．
2) Haskell, N. A.: The Dispersion of Surface Waves on Multi-layered Media, Bulletin of Seismological Society of America, Vol. 43, pp. 17-34, 1953.
3) 羅　休,坂井公俊,曽我部正道：表面波に起因する地震動波長を用いた軌道の角折れの評価方法,鉄道総研報告,第25巻 第9号,pp. 19-24,2011．

付属資料8-1　橋梁および高架橋のプッシュ・オーバー解析

　静的解析法によって破壊形態の確認や，設計応答値を算定する有効な手法として，プッシュ・オーバー解析が用いられる．プッシュ・オーバー解析の結果から，構造物全体系の荷重-変位関係や損傷過程を容易に把握することが可能であり，構造物の性能照査において非常に有用な解析法である．

　プッシュ・オーバー解析では，解析モデルを設定し，自重による各部材の応力状態を算定した上で，振動モードに対応した静的作用を漸増載荷し，構造物が終局状態になるまで解析を行う．ここでは，橋梁および高架橋を質点系でモデル化する場合を対象に，プッシュ・オーバー解析の実施方法と注意点について示す．

1. プッシュ・オーバー解析の適用範囲と目的

（1）プッシュ・オーバー解析の適用範囲

　構造物の振動モードが比較的単純で，かつ塑性ヒンジの発生箇所が明らかな場合には，振動モードに対応した静的作用を設定できるため，プッシュ・オーバー解析を適用することができる．例えば，一般的な橋脚においては，構造物の天端に働く慣性力により振動する単純な振動モードが卓越する．また，塑性ヒンジの発生箇所も，柱の下端に限定されることが多いため，振動モードに対応した静的作用を設定することができ，プッシュ・オーバー解析の適用が可能である．

（2）プッシュ・オーバー解析の目的

　プッシュ・オーバー解析は，主に破壊形態の確認および荷重-変位関係の算定に用いられる．

　破壊形態の確認は，損傷の過程や損傷状態を把握するものであり，これにより，構造物全体系が脆性的な破壊を生じないこと，特に部材がせん断破壊形態とならないことを確認するものである．部材がせん断破壊形態となることを回避することを基本とし，さらに，構造物が終局に至るまでの過程についても，粘り強い損傷過程をたどるようにすることで，設計地震動を超えるような地震に対しても，破滅的な被害の発生の可能性を低減できる．

　また，損傷の過程を追跡する中で，基礎や支承部での損傷を回避し，補修が容易な柱部材に損傷を集中させる等の配慮をすることにより，復旧性を考慮した設計が可能になる．

　一方，プッシュ・オーバー解析によって得られた荷重-変位関係から，構造物全体系の等価固有周期および降伏震度が算定される．この結果を用いることで，非線形応答スペクトル法により構造物の設計応答値を算定することが可能である．

2. プッシュ・オーバー解析の流れ

　ここでは，**付属図8.1.1**に示すようなRC橋脚の解析モデルを例にして，プッシュ・オーバー解析の流れを示す．

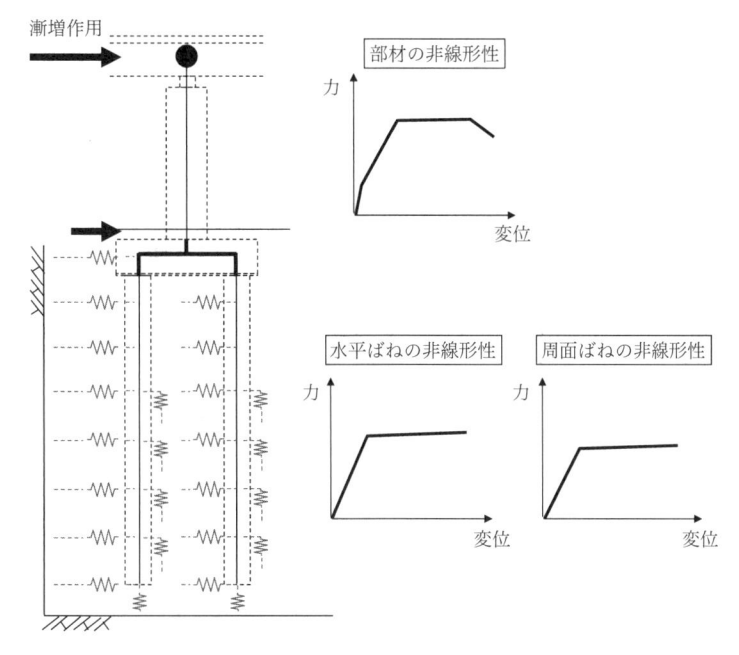

付属図 8.1.1 一般的な橋脚の解析モデルの概略図

（1） 構造物のモデル化

構造物のモデル化においては，「**8.4 構造物のモデル**」および「**10.2.2 橋梁および高架橋のモデル**」により，構造要素の非線形性や地盤と構造物の相互作用を適切に表現できるようモデル化する．ただし，プッシュ・オーバー解析においては，地盤変位の影響は無視してよい．

モデル化を行う際，材料のばらつきによる構造物の挙動のばらつきを適切に考慮する必要がある．設計応答値を算定する際には材料修正係数は $\rho_m=1.0$ を用いるが，破壊形態の確認を行う場合は，発生する断面力が最大となるように配慮し，$\rho_m=1.2$ を用いる．

（2） 自重による各部材の応力状態の算定

プッシュ・オーバー解析を行う前に，自重解析を行い，解析モデルにおける要素の初期断面力を計算する．これは，部材の非線形性における軸力変動の影響や基礎の支持力特性を適切に表現するためである．

自重解析を行う際の荷重の考え方を**付属図 8.1.2**(a) に示す．後述するようにプッシュ・オーバー解析では，フーチングの重量は有効重量（全重量からフーチングの体積に相当する土の重量を除いた重量）として考慮するが，自重解析においては，全重量を考慮する．また，鉛直方向に働く力として影響の大きい，水の浮力やフーチングの上載土についても適切に評価する必要がある．

自重解析ならびにプッシュ・オーバー解析を行う際の重量は，**付属図 8.1.3** に示すように，各節点に対して割り振ることで与える．列車荷重は，構造物天端の節点に重量を与える．

（3） 作用の設定

プッシュ・オーバー解析においては，節点に重量を割り当て，震度（加速度/重力加速度）を乗ずることで，各節点における作用を設定する．プッシュ・オーバー解析では，振動モードに対応した静的な作用を与える必要がある．一般的には「**付属資料 5-1 分離型モデルを用いた静的解析法における地震作用の考え方**」により，上部構造物については全重量，フーチングにおいては有効重量を考慮する．プッシュ・オーバー解析に用いる荷重の概要を**付属図 8.1.2**(b) に示す．

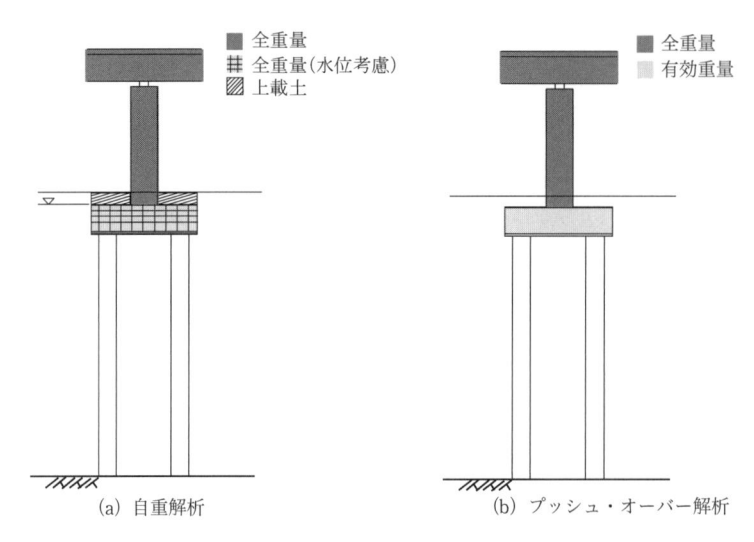

付属図 8.1.2 解析における荷重の考え方

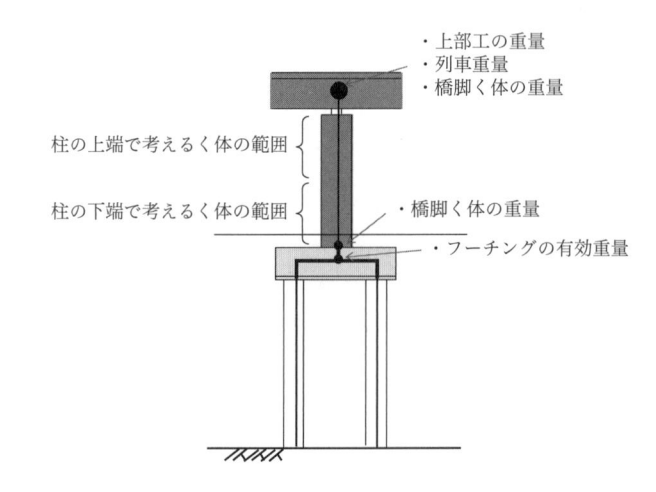

付属図 8.1.3 各節点で考慮する重量の概要

プッシュ・オーバー解析に用いる列車荷重は，「5.3 地震作用」を参考に，載荷方向（線路方向・線路直角方向）や支承条件および地震時の列車の状況を勘案した上で，構造物天端の節点に重量を与える．プッシュ・オーバー解析において，節点に与える重量の考え方を**付属図 8.1.3**にまとめる．

（4） 解析方法

　プッシュ・オーバー解析は，解析モデルに対して設定した静的作用を小さい震度レベルから徐々に漸増させて載荷する．作用を漸増させる方法は，構造物の非線形性を適切に表現するため，できるだけ細かくステップを分割するのが望ましい．分割の目安は，解析1ステップ当たり各重量の1/100程度にすれば，概ね所要の精度で応答値を算定できる．なお，特に強い非線形性を示す部材や，多くの要素が損傷するような場合には，より細かく作用を分割するなど配慮するのがよい．

　なお，プッシュ・オーバー解析では，各部材の破壊形態をより詳細に評価するため，構造物の終局状態まで解析するものとする．

（5） 解析結果の整理方法

プッシュ・オーバー解析の各ステップに対応する震度と，構造物天端等の基準点における変位の関係をプロットしていくことで，構造物全体系の荷重－変位関係を得ることができる．これとともに，構造物の損傷過程も把握できる．プッシュ・オーバー解析結果によって得られる荷重-変位曲線の例を**付属図 8.1.4**に示す．

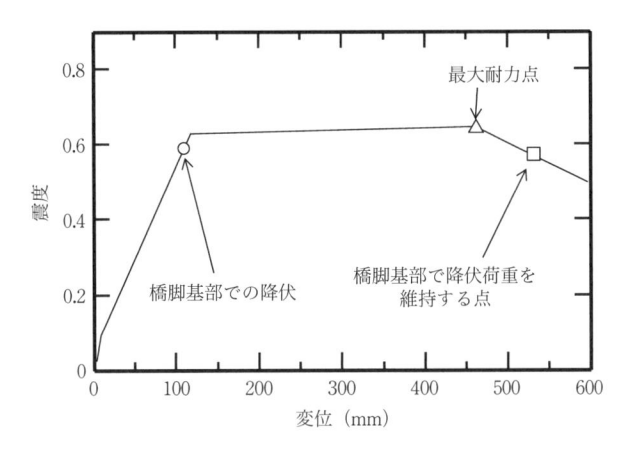

付属図 8.1.4 橋脚のプッシュ・オーバー解析における荷重-変位関係の例

付属資料 8-2　鉄筋コンクリート部材の復元力モデル

1. はじめに

　本標準では，構造物の設計応答値の算定は，動的解析法もしくは静的解析法（非線形スペクトル法）によることとしているが，どちらの方法を用いる場合も構造物の非線形性を考慮する必要がある．

　構造物の設計応答値を算定する方法には，大別して，骨組解析と有限要素解析があるが，設計実務においては骨組解析が用いられることが多い．骨組解析では，部材の非線形性を線材としてモデル化した棒部材の節点力と節点変位の関係を復元力モデルとして直接定義するのが一般的である．ここでは，非線形骨組解析に用いる鉄筋コンクリート棒部材の復元力モデルについて示す．

2. 復元力モデルの定義

　鉄筋コンクリート部材は，一般にせん断変形や軸方向力による塑性変形の影響を無視できる荷重範囲で使用されるため，復元力モデルとしては，曲げ剛性に関するもののみを定義する．また，曲げ剛性の定義方法として，部材全体の曲げ剛性，すなわち，材端曲げモーメントと部材角の関係（以下，M-θモデル）を定義する場合と，部材断面の曲げ剛性，すなわち，断面の曲げモーメントと曲率の関係（以下，M-ϕモデル）を定義する場合がある．

3. 骨格曲線

　復元力モデルは，初載荷時に辿るルートを定義する骨格曲線と，除荷，再載荷時に辿るルートを定義する履歴曲線により定義される．本標準では鉄筋コンクリート部材の骨格曲線の形状を**付属図 8.2.1**に示すように，M-θモデル，M-ϕモデルとも以下の点を通るテトラリニアモデルとした．

① ひび割れ点（C 点）
② 軸方向鉄筋の降伏点（Y 点）

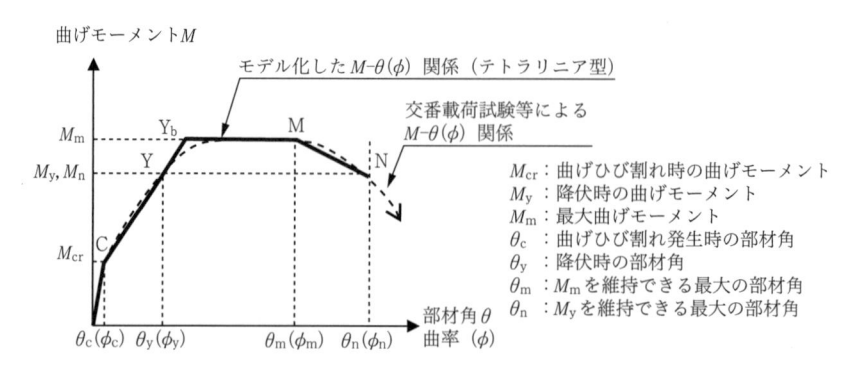

M_{cr}：曲げひび割れ時の曲げモーメント
M_y：降伏時の曲げモーメント
M_m：最大曲げモーメント
θ_c：曲げひび割れ発生時の部材角
θ_y：降伏時の部材角
θ_m：M_mを維持できる最大の部材角
θ_n：M_yを維持できる最大の部材角

付属図 8.2.1　鉄筋コンクリート部材の骨格曲線

③ C 点～Y 点を結ぶ直線を最大曲げモーメントまで延長した点（Y_b 点）
④ 最大耐力を維持できる最大変形点（M 点）
⑤ 最大耐力後の耐力降下域で降伏耐力を維持できる最大変形点（N 点）

C，Y，M，N 各点の材端曲げモーメントおよび部材角，または断面の曲げモーメントおよび曲率の算定方法は「鉄道構造物等設計標準・同解説（コンクリート構造物）」に示される通りであり，Y_b 点はこれらの点を基に算定するものとする．これらの算定方法は，曲げ破壊形態の鉄筋コンクリート部材の交番載荷実験結果に基づいてモデル化したものである[1]．そのため，本モデルを用いる場合，せん断破壊形態とならないことを別途照査しておく必要がある．

4．履歴曲線

鉄筋コンクリート部材の除荷剛性は，変形の増大とともに低下することが知られている．また，荷重 0 まで除荷された後の反対側への再載荷時には，逆側の最大変形点を指向することが知られている．

このような現象を表すための剛性低下の復元力モデルとして，バイリニア型の骨格曲線とともに用いられる Clough モデルや，トリリニア型の骨格曲線とともに用いられる武田モデル等が提案されている．ここでは，「3．骨格曲線」で定義したテトラリニア型の骨格曲線とともに用いる履歴曲線について述べる．なお，以下では，M-θ モデルで正側載荷の骨格曲線上からの除荷と負側への再載荷を例として示すが，M-ϕ モデルに対しても同様の履歴曲線を用いることができる．

（1）骨格曲線上から曲げモーメント 0 までの除荷

① $\theta_{max} \leqq \theta_c$ の場合

除荷剛性は初期剛性と同じ．

② $\theta_{max} > \theta_c$ の場合

除荷剛性 K_r は式（1）による．

$$K_r = \frac{M_m^+ - M_{cr}^-}{\theta_y^+ - \theta_c^-} \left| \frac{\theta_{max}}{\theta_y^+} \right|^{-\beta} \tag{1}$$

ここに，M_m^+ ：正載荷側の M_m

M_{cr}^- ：負載荷側の M_{cr}

θ_y^+ ：正載荷側の θ_y

θ_c^- ：負載荷側の θ_c

θ_{max} ：除荷開始点の θ

β ：剛性低下率

（2）曲げモーメント 0 から負載荷側の骨格曲線への再載荷

① 負載荷側でひび割れ点（C^- 点）を超えていない場合

負側のひび割れ点（C^- 点）を目指す．

② 負載荷側でひび割れ点（C^- 点）を超えている場合

負側の最大変形点を目指す．

（3）曲げモーメント 0 から負載荷側の骨格曲線への再載荷途中での除荷

曲げモーメント 0 までは，正側の除荷剛性 K_r の直線上を進み，曲げモーメント 0 からは，正側での最大変形点を目指す．

以上の履歴法則を図示したものが，**付属図 8.2.2** である．

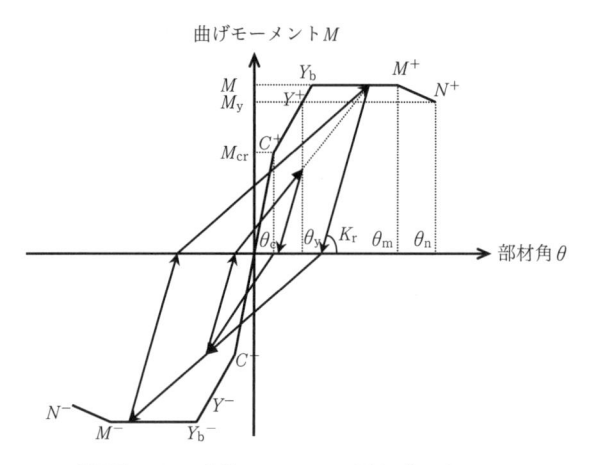

付属図 8.2.2 鉄筋コンクリート部材の復元力モデル

5. 剛性低下率について

付属図 8.2.2 に示した復元力モデルでは，最大耐力に達した後の耐力低下領域までをモデル化している．耐力低下領域においては，除荷剛性がさらに低下する傾向があることから，骨格曲線の第4勾配部分からの剛性低下率を大きめに設定することが望ましい．

付属図 8.2.3 は鉄筋コンクリート柱部材の静的交番載荷試験結果であり，付属図 8.2.4 は骨格曲線として実験値を，履歴法則に計算値を用いた場合の，累積履歴吸収エネルギーを実験値と比較して示したものである．計算値における剛性低下率は 0.4 として計算している．付属図 8.2.3 をみると，実験値と計算値はよい整合性を示している．一方，付属図 8.2.4 に示す累積履歴吸収エネルギーに関しては，最大荷重点である変位 150 mm 以降について，計算値は実験値を過大評価する傾向を示した．これは，150 mm を超えた時点において，実験値は同一変位における繰返しによる耐力低下を生じているが，計算値はこれを考慮していないことが原因の一つと考えられる．しかし，「鉄道構造物等設計標準・同解説（コンクリート構造物）」に示される方法で算定される付属図 8.2.1 に示した骨格曲線は，一般に部材耐力を小さく評価することから，一般には，付属図 8.2.2 に示した復元力モデルを用い，剛性低下率を 0.4 と設定してもよ

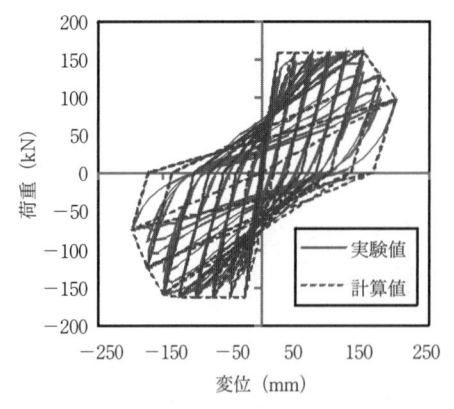

付属図 8.2.3 鉄筋コンクリート部材の荷重-変位関係

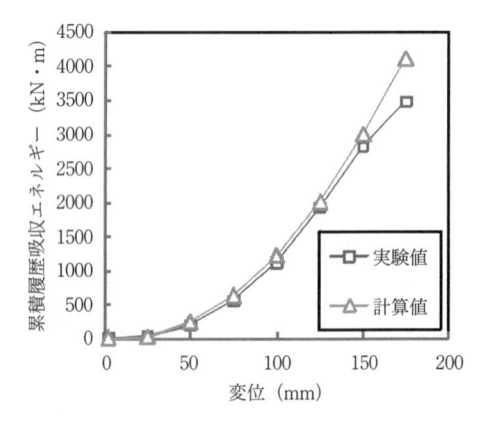

付属図 8.2.4 鉄筋コンクリート部材の履歴吸収エネルギー

い[2].

6. むすび

　ここに示した鉄筋コンクリート部材の復元力モデルは，軸方向鉄筋降伏後の部材が十分な変形性能を有し，かつ，せん断破壊しないことを前提としている．従って，非線形解析に適用する場合には，その部材に変形性能が期待できるかどうかを適切に検討するとともに，別途，部材のせん断破壊に対する安全性を照査する必要がある．

参考文献

1) 瀧口将志, 渡邊忠朋, 佐藤勉：RC部材の変形性能の評価, 鉄道総研報告, Vol.13, No.4, pp.9-14, 1999.
2) 玉井真一, 瀧口将志, 佐藤勉：RC部材の復元力特性, 鉄道総研報告, Vol.13, No.4, pp.15-20, 1999.

付属資料 8-3　地震動の繰返しによる剛性低下を考慮した非線形モデル

1. 地震動の繰返しが部材特性に与える影響

　構造物を構成する部材を線材でモデル化し，動的解析法によりその設計応答値を算定する場合，部材の骨格曲線とは別に，地震動の繰返しによる剛性低下を表現する履歴法則を設定する必要がある．

　鉄筋コンクリート部材の非線形モデルとしては，**付属図 8.3.1**(a) に示す変位漸増 3 回繰返しによる載荷試験の結果（**付属図 8.3.2**(a)）を基本として，最大耐力点を超えた耐力低下領域にわたる非線形性を表現可能な骨格曲線および履歴法則が提案されている．この例として，負勾配を有するテトラリニア型の骨格曲線およびこれに用いる履歴法則があり，その詳細については「**付属資料 8-2　鉄筋コンクリート部材の復元力モデル**」に示されている．

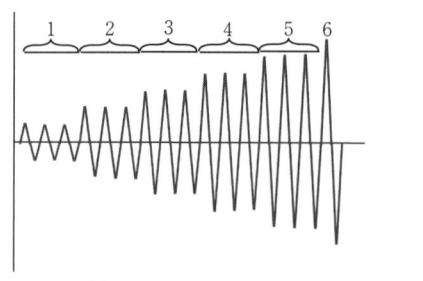

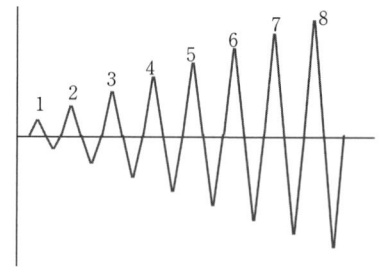

(a) 漸増 3 回繰返し載荷　　(b) 漸増 1 回繰返し載荷

付属図 8.3.1 試験の載荷パターン

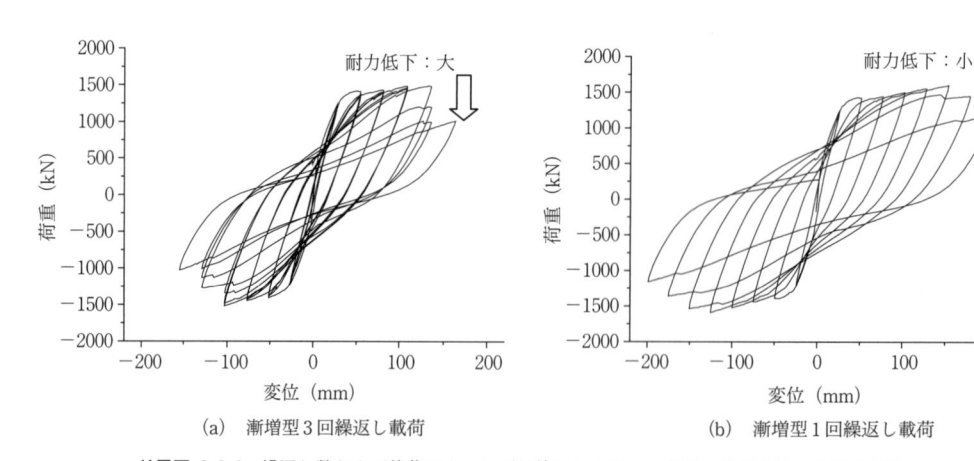

(a) 漸増型 3 回繰返し載荷　　(b) 漸増型 1 回繰返し載荷

付属図 8.3.2 繰返し数および載荷パターンが鉄筋コンクリート部材の履歴応答に及ぼす影響

しかし，部材の非線形性は，特に最大耐力点以降の挙動において，地震動の繰返し数に大きく依存することが知られている．この例として，最大変位量は**付属図 8.3.1**(a) と同一であるが，その繰返し数を**付属図 8.3.1**(b) のように変化させた場合の履歴を**付属図 8.3.2**(b) に示す．ここで，特に最大耐力点以降において部材が耐力を失っていく過程（正確には，剛性低下による見かけ上の耐力低下の過程）では，ほぼ同一の変形量であっても載荷繰返し数が多いほど，相対的に耐力低下の程度が顕著であることが分かる．

このように，最大耐力点を超えるような領域で部材の挙動を求める場合，経験最大変位に加えて，作用した変位の時系列すなわち地震動の繰返し数が非線形応答に大きな影響を及ぼすため，こうした影響を考慮可能な履歴法則を用いる必要がある．先に示したテトラリニア型のモデルにおける，最大耐力点を超える領域での負勾配には，実験で与えた載荷繰返し数の影響が含まれている．よって，このモデルで想定する繰返し数と，実際の応答の繰返し数が大きく異なる場合には，特に最大耐力点を超える領域での耐力低下の程度が実際と異なる可能性がある．また，負勾配を有するモデルでは，動的解析における計算の安定性が悪い場合も多い．

そこで，骨格曲線としては負勾配を有しないバイリニア型またはトリリニア型の特性を用い，これに経験最大変位に基づいて剛性を低下させる履歴法則を組み合わせることで，地震動の繰返し数に応じて剛性を低下させ，見かけの耐力の低下を表現できるモデルが提案されている．以下では，このモデルの詳細を示す．

2. 負勾配を有しないバイリニア型またはトリリニア型の骨格曲線とともに用いる履歴モデル[1]

① 骨格曲線の折れ点は Y 点の耐力を M 点まで延長した Y_b 点とする．M 点以降は Y_b 点〜M 点と同じ勾配とするバイリニア型もしくはトリリニア型とする．

② 繰返しによる剛性低下による見かけの耐力低下は，前回ループの最大変位を基準として，式 (1) に示すように指向点の移動という形で考慮している[2]（**付属図 8.3.3**）．

$$d_n = d_p + (d_{max} - d_{min}) \cdot \chi \tag{1}$$

ここで，　d_n：新しい指向点
　　　　　d_p：前回の同方向の指向点
　　　　　d_{max}：前回の同方向の最大変位
　　　　　d_{min}：前回の反対方向の最大変位

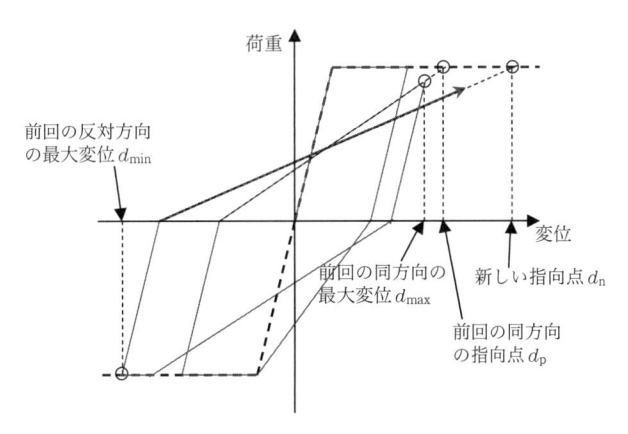

付属図 8.3.3　指向点の移動の考え方

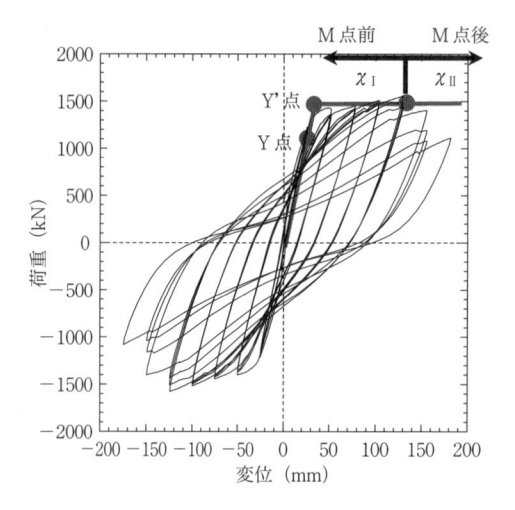

付属図 8.3.4 交番載荷試験結果および骨格の例

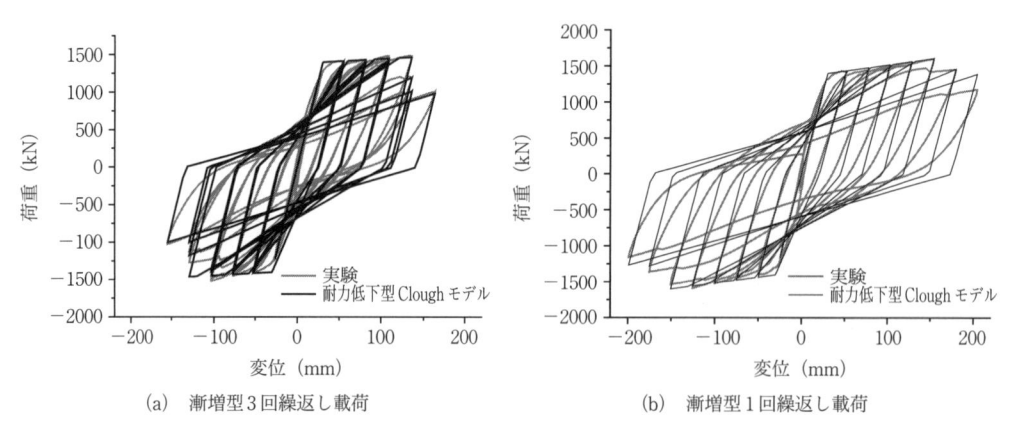

付属図 8.3.5 耐力低下型 Clough モデルと実験結果の比較

(a) 漸増型3回繰返し載荷　　(b) 漸増型1回繰返し載荷

χ：剛性低下係数

③ 式(1)における剛性低下係数 χ は，M点到達以前を χ_I，M点到達以降を χ_II とすることで，M点前後における剛性低下の程度を変えて耐力低下を表現する（**付属図8.3.4**）．このモデルは，例えば**付属図8.3.4**に示す正負交番載荷試験の履歴曲線に見られるように，M点までは繰り返しの影響が小さく，M点以降で繰り返しの影響が大きくなるという経験的な特性を表現したモデルである．

付属図8.3.5には，**付属図8.3.2**の実験結果とCloughモデルに上記①〜③の考え方を反映させたモデル[1]（耐力低下型Cloughモデル）の比較を示す．このように，経験変位に基づき剛性を低下させる履歴法則を用いることにより，最大耐力点以降で耐力が一定となるトリリニア型の骨格曲線を用いた場合でも，地震動の繰り返しに起因する剛性低下によるみかけの耐力低下を表現することができる．

なお，このモデルで必要となるパラメータ χ_I, χ_II については実験結果等をもとに定めることになるが，既往の実験結果を回帰する形でパラメータの標準値が提案されており[1]，これらを用いることができる．

3. むすび

　ここで示した復元力モデルは，負勾配を有しないトリリニア型の骨格モデルに対して，経験最大変位量に依存して剛性低下を生じさせる履歴則を組み合わせることで，動的および静的繰返し載荷実験の結果を精度よく表現可能なモデルであり，動的解析法において，計算の安定性を確保しつつ鉄筋コンクリート部材の繰返し剛性低下特性による見かけ上の耐力低下を表現するモデルとして用いることができる．

参考文献

1) 野上雄太・室野剛隆・佐藤勉：繰返しによる耐力低下を考慮したRC部材の履歴モデルの開発，鉄道総研報告 Vol.22, No.3, 2008.
2) 梅村恒，市之瀬敏勝，大橋一仁，前川純一：耐力低下を考慮したRC部材の復元力特性モデルの開発，コンクリート工学年次論文集，Vol.24, No.2, 2002.

付属資料 8-4　鉄骨鉄筋コンクリート部材の復元力モデル

1. はじめに

本標準では，構造物の設計応答値の算定は，動的解析法もしくは静的解析法（非線形応答スペクトル法）によることとしているが，どちらの方法を用いる場合も，構造物の非線形性を考慮する必要がある．
構造物の設計応答値を算定する方法には，大別して，骨組解析と有限要素解析があるが，設計実務においては骨組解析が用いられることが多い．骨組解析では，部材の非線形性を線材としてモデル化した棒部材の節点力と節点変位の関係を復元力モデルとして直接定義するのが一般的である．ここでは，非線形骨組解析に用いる鉄骨鉄筋コンクリート部材の復元力モデルについて示す．
なお，本資料では，鉄骨鉄筋コンクリート部材は，充腹型鉄骨を鉄筋とともに用いる構造を対象としており，腹板がトラス形式の鉄骨を用いる場合，形鋼等の鉄骨を鉄筋として併用して用いる鉄骨鉄筋併用構造の場合あるいは軸方向鉄筋を用いずに鉄骨のみ用いる場合には，別途適切にモデル化する必要がある．

2. 復元力モデルの定義

鉄骨鉄筋コンクリート部材は，一般にせん断変形や軸方向力による塑性変形の影響を無視できる荷重範囲で使用されるため，復元力モデルとしては，曲げ剛性に関するもののみを定義する．また，曲げ剛性の定義方法として，部材全体の曲げ剛性，すなわち材端曲げモーメントと部材角の関係（以下，M-θ モデル）を定義する場合と，部材断面の曲げ剛性，すなわち断面の曲げモーメントと曲率の関係（以下，M-ϕ モデル）を定義する場合がある．

3. 骨格曲線

復元力モデルは，初載荷時に辿るルートを定義する骨格曲線と，除荷，再載荷時に辿るルートを定義する履歴曲線により定義される．本標準では鉄骨鉄筋コンクリート部材の骨格曲線の形状を**付属図 8.4.1** に示すように，M-θ モデル，M-ϕ モデルとも以下の点を通るテトラリニアモデルとした．

① ひび割れ点（C 点）
② 軸方向鋼材の降伏点（Y 点）
③ C 点～Y 点を結ぶ直線を最大曲げモーメントまで延長した点（Y_b 点）
④ 最大耐力を維持できる最大変形点（M 点）
⑤ 最大耐力後の耐力降下域で降伏耐力を維持できる最大変形点（N 点）

C, Y, M, N 各点の材端曲げモーメントおよび部材角，または断面の曲げモーメントおよび曲率の算定方法は以下に示す通りであり，Y_b 点はこれらの点を基に算定するものとする．以下の算定方法は，曲げ破壊形態の鉄骨鉄筋コンクリート部材の交番載荷実験結果に基づいてモデル化したものである[1)-3)]．そのため，本モデルを用いる場合，せん断破壊形態とならないことを別途確認しておく必要がある．

付属資料 8-4　鉄骨鉄筋コンクリート部材の復元力モデル

付属図 8.4.1　鉄骨鉄筋コンクリート部材の骨格曲線

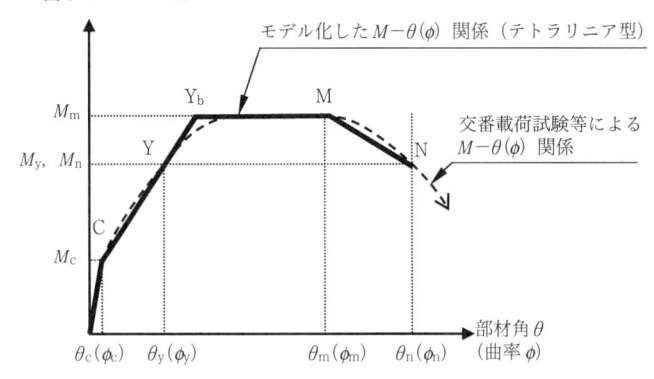

M_c：曲げひび割れ時の曲げモーメント
M_y：降伏時の曲げモーメント
M_m：最大曲げモーメント
θ_c：曲げひび割れ時の部材角
θ_y：降伏時の部材角
θ_m：M_m を維持できる最大の部材角
θ_n：M_y を維持できる最大の部材角

（1）部材端部の曲げモーメントと部材角の関係を用いる場合

曲げモーメント分布が直線的に変化する部材は，部材の非線形性を部材端部の曲げモーメントと部材角の関係により表してよい．ここで，部材角は部材の非線形性を部材端部に集約した材端ばねの回転角を指す．

（ⅰ）C点

① 曲げモーメント M_c

曲げひび割れ発生時の曲げモーメントで，コンクリートの縁引張応力度が「鉄道構造物等設計標準・同解説（鋼とコンクリートの複合構造物）」に示す部材寸法の影響を考慮した設計曲げ強度に達するときの曲げモーメントとする．

② 部材角 θ_c

部材の全断面を有効として算定した M_c 時の部材角とする．

（ⅱ）Y点

① 曲げモーメント M_y

引張鉄筋あるいは鉄骨の引張フランジが降伏するときの曲げモーメント M_y とする．一般には，鉄骨端部がコンクリートに十分に定着されていることを前提に，鉄骨を鉄筋に換算して算定してよい．

② 部材角 θ_y

引張鉄筋あるいは鉄骨の引張フランジが降伏するときの部材角とし，部材接合部からの軸方向鋼材の伸出しの影響を考慮して式（1）により算定する．

$$\theta_y = \theta_{y0} + \theta_{y1}$$
$$= \delta_{y0}/L_a + \theta_{y1} \tag{1}$$

ここに，　θ_y：Y点における部材角

θ_{y0}：Y点におけるく体変形による部材角（$=\delta_{y0}/L_a$）

L_a：せん断スパン

δ_{y0}：Y点におけるく体変形による変位で，部材を材軸方向に分割し，それぞれの断面の曲率を2階積分することにより算定する（**付属図 8.4.2**）．

θ_{y1}：Y点における部材接合部からの軸方向鋼材の伸出しによる部材端部の回転角で，式（2）により算定する．

$$\theta_{y1} = \Delta L_y / (d - x_y) \tag{2}$$

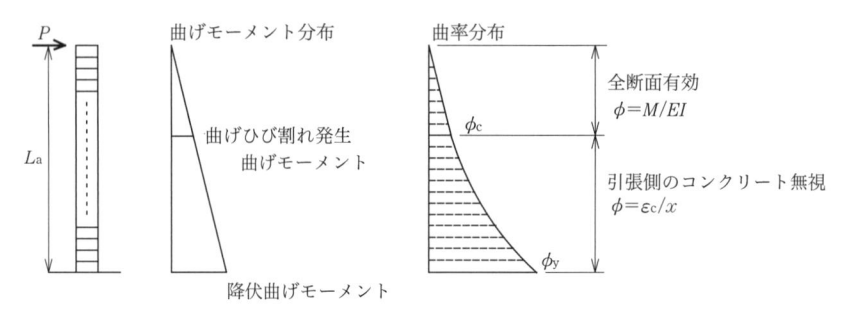

付属図 8.4.2 降伏時のく体変形の算定

d：有効高さ（mm）

x_y：降伏時の中立軸位置（mm）

ΔL_y：降伏時の部材接合部からの軸方向鉄筋の伸出し量[3),4)]

$$\Delta L_y = 7.4\alpha \cdot \varepsilon_y (6+3500\varepsilon_y) \phi/(f'_{fcd})^{2/3} \tag{3}$$

ε_y：引張鉄筋の降伏ひずみ

ϕ：引張鉄筋の直径（mm）

f'_{fcd}：部材接合部のコンクリート圧縮強度の設計値（N/mm²）で，材料係数 $\gamma_c=1.0$ として求めてよい．

α：鉄筋間隔および鉄骨と鉄筋間隔の影響を表す係数で，一段配筋の場合は式（4）により算定する[3),4)]．

$$\alpha = 1 + 0.9e^{0.45(1-D_1/\phi)} + 1.5e^{0.45(1-D_2/\phi)} \tag{4}$$

ここに，D_1：引張鉄筋の中心間隔（mm）（**付属図 8.4.3**）

D_2：引張鉄筋中心と引張側鉄骨フランジ縁の間隔（mm）（**付属図 8.4.3**）

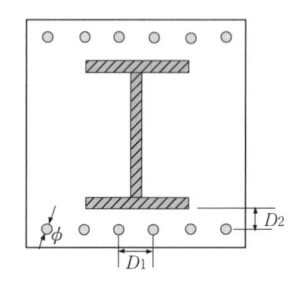

付属図 8.4.3 α 算定における D_1, D_2 のとり方

(iii) M 点

① 曲げモーメント M_m

コンクリートの圧縮ひずみが $\varepsilon'_c=0.0035$ に達するときの曲げモーメントとする．一般には，鉄骨端部がコンクリートに十分に定着されていることを前提に，鉄骨を鉄筋に換算して算定してよい．

② 部材角 θ_m

付属図 8.4.4 に示すように，く体の曲げ変形による部材角 θ_{m0} と，部材接合部からの軸方向鋼材の伸出しによる部材端部の回転角 θ_{m1} の和として算定する．ここで，く体の曲げ変形による部材角 θ_{m0} は，塑性ヒンジ部以外の曲げ変形によるものと，塑性ヒンジ部の曲げ変形によるものに分けて算定する．

$$\theta_m = \theta_{m0} + \theta_{m1} = \delta_{m0}/L_a + \theta_{m1} \tag{5}$$

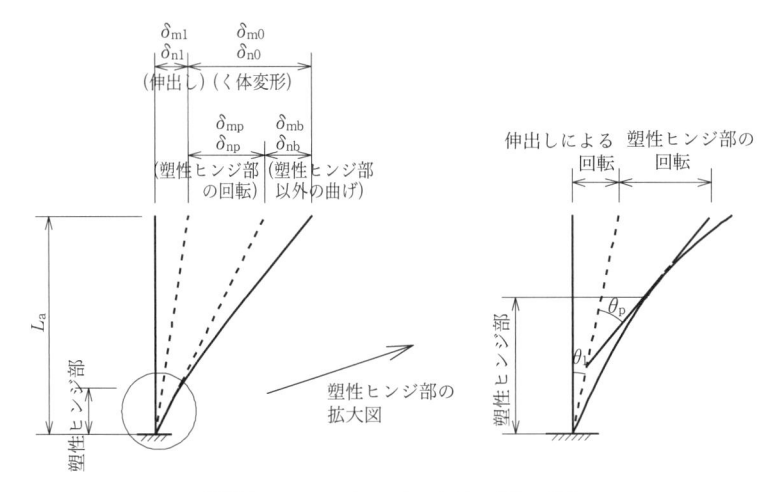

付属資料 8-4　鉄骨鉄筋コンクリート部材の復元力モデル

付属図 8.4.4　M 点，N 点における変位の算定

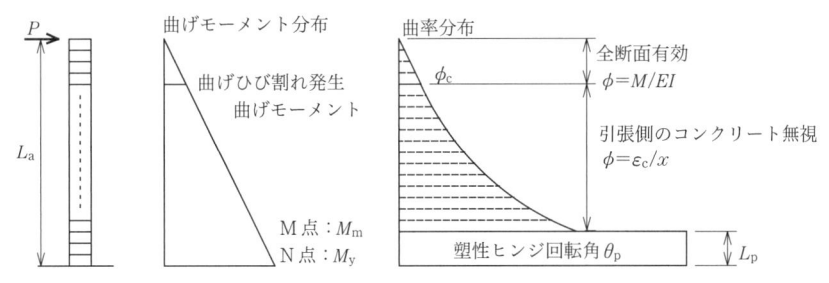

付属図 8.4.5　M 点，N 点におけるく体変形の算定

ここに，θ_m：M 点における部材角
　　　　θ_{m0}：M 点におけるく体変形による部材角（$=\delta_{m0}/L_a$）
　　　　L_a：せん断スパン
　　　　δ_{m0}：M 点におけるく体変形で，式 (6) により算定する

$$\delta_{m0} = \delta_{mb} + \delta_{mp} \tag{6}$$

　　　　δ_{mb}：M 点におけるく体変形のうち，塑性ヒンジ部以外の曲げ変形による変位で，部材を材軸方向に分割し，塑性ヒンジ部以外の部分について，それぞれの断面の曲率を 2 階積分することにより算定する（**付属図 8.4.5**）．
　　　　δ_{mp}：M 点におけるく体変形のうち，塑性ヒンジ部の曲げ変形による変位で，式 (7) により算定する．

$$\delta_{mp} = \theta_{pm} \cdot (L_a - L_p/2) \tag{7}$$

　　　　θ_{pm}：塑性ヒンジ部の回転角で，式 (8) により算定する．

$$\theta_{pm} = \frac{0.0365 p_w + 0.0159}{21.1(N'/N'_b)^{3.8} + 0.939} \tag{8}$$

　　　　ここに，　p_w：帯鉄筋比（%）
　　　　　　　　N'/N'_b：釣合い軸力比
　　　　L_p：等価塑性ヒンジ長

$$L_p = 1.0D \tag{9}$$

ここに，D：断面の高さ

θ_{m1}：M点における部材接合部からの軸方向鋼材の伸出しによる部材端部の回転角で，式 (10) により算定する．

$$\theta_{m1} = (3.0 - 2.0 N'/N'_b) \theta_{y1} \tag{10}$$

ここに，N'/N'_b：釣合い軸力比

θ_{y1}：Y点における部材接合部からの軸方向鋼材の伸出しによる部材端部の回転角

(iv) N点

① 曲げモーメント M_n

降伏曲げモーメント M_y とする．

② 部材角 θ_n

M点における部材角と同様に，く体の曲げ変形による部材角 θ_{n0} と，部材接合部からの軸方向鋼材の伸出しによる部材端部の回転角 θ_{n1} の和とし，く体の曲げ変形による部材角 θ_{n0} は，塑性ヒンジ部以外の曲げ変形によるものと，塑性ヒンジ部の曲げ変形によるものに分けて算定する（**付属図 8.4.4**）．

$$\begin{aligned} \theta_n &= \theta_{n0} + \theta_{n1} \\ &= \delta_{n0}/L_a + \theta_{n1} \end{aligned} \tag{11}$$

ここに，θ_n：N点における部材角

θ_{n0}：N点におけるく体変形による部材角（$=\delta_{n0}/L_a$）

L_a：せん断スパン

δ_{n0}：N点におけるく体変形で，式 (12) により算定する．

$$\delta_{n0} = \delta_{nb} + \delta_{np} \tag{12}$$

δ_{nb}：N点におけるく体変形のうち，塑性ヒンジ部以外の曲げ変形による変位で，部材を材軸方向に分割し，塑性ヒンジ部以外の部分について，それぞれの断面の曲率を2階積分することにより算定する（**付属図 8.4.5**）．

δ_{np}：N点におけるく体変形のうち，塑性ヒンジ部の曲げ変形による変位で，式 (13) により算定する．

$$\delta_{np} = \theta_{pn} \cdot (L_a - L_p/2) \tag{13}$$

θ_{pn}：塑性ヒンジ部の回転角で，M点とN点の間の塑性ヒンジ回転角の増分 $\Delta\theta_p$ を用いて式 (14)～(16) により算定する．

$$\theta_{pn} = \theta_{pm} + \Delta\theta_p \tag{14}$$

$$\Delta\theta_p = K_p \cdot (M_y - M_m) \tag{15}$$

$$K_p = -0.125/M_m \tag{16}$$

θ_{n1}：N点における部材接合部からの軸方向鋼材の伸出しによる部材端部の回転角で，M点と同じ値とする．

$$\theta_{n1} = \theta_{m1} \tag{17}$$

なお，式 (4), (8), (10) および (16) は，鉄骨鉄筋コンクリート部材の交番載荷実験結果を基に定式化したものであり，以下の範囲において適用が可能である．ただし，別途詳細な検討を行った場合については，この限りではない．

・せん断スパン比 7 以下　・鋼材比 2.5～5.0 %

・鉄骨鉄筋比 1.9〜8.5　　　・帯鉄筋比 0.15％ 以上
・軸力比 0.0〜0.5 程度（釣合い軸力程度）

（2）　部材端部の曲げモーメントと曲率の関係を用いる場合

　曲げモーメント分布が曲線状に変化する部材は，部材の非線形性を材軸直交方向の各断面の曲げモーメントと曲率の関係として表し，**付属図 8.4.1** のようにモデル化してよい．そのとき，**付属図 8.4.1** に示す C，Y，M，N の各点の曲げモーメントおよび曲率は，以下により算定してよい．

　なお，部材接合部からの軸方向鋼材の伸出しの影響は，式（2），（10），（17）により，部材端部の曲げモーメント M と軸方向鋼材の伸出しによる回転角 θ_1 の関係としてモデル化したばねを部材端に挿入することで表すことができるが，より簡易には，部材端の断面の曲げモーメントと曲率の関係に，伸出しの影響を加算して表してもよい．

（ⅰ）　C 点

① 曲げモーメント M_c

　曲げひび割れ発生時の曲げモーメントで，コンクリートの縁引張応力度が部材寸法の影響を考慮したコンクリートの曲げ強度に達するときの曲げモーメントとする．

② 曲率 ϕ_c

　全断面を有効として算定した M_c 時の曲率とする．

（ⅱ）　Y 点

① 曲げモーメント M_y

　引張鉄筋あるいは鉄骨の引張フランジが降伏するときの曲げモーメントとする．一般には，鉄骨端部がコンクリートに十分に定着されていることを前提に，鉄骨を鉄筋に換算して算定してよい．

② 曲率 ϕ_y

　引張鉄筋あるいは鉄骨の引張フランジが降伏するときの曲率とし，式（18）により算定する．

$$\phi_y = \varepsilon_{ry}/(d - x_y) \tag{18}$$

　ここに，ϕ_y：Y 点における曲率

　　　　　ε_{ry}：引張鉄筋あるいは鉄骨の引張フランジの降伏ひずみ

　　　　　d：有効高さ．ただし，引張鉄筋より鉄骨の引張フランジが先に降伏する場合には，圧縮縁から鉄骨の引張フランジまでの距離とする．

　　　　　x_y：降伏時の中立軸位置

（ⅲ）　M 点

① 曲げモーメント M_m

　コンクリートの圧縮ひずみが $\varepsilon'_c = 0.0035$ に達するときの曲げモーメントとする．一般には，鉄骨端部がコンクリートに十分に定着されていることを前提に，鉄骨を鉄筋に換算して算定してよい．

② 曲率 ϕ_m

　塑性ヒンジ部の平均曲率 ϕ_{pm} を用いることとし，式（19）により算定する．

$$\phi_m = \phi_{pm} = \theta_{pm}/L_p \tag{19}$$

　ここに，ϕ_{pm}：M 点における塑性ヒンジ部の平均曲率

　　　　　θ_{pm}：M 点における塑性ヒンジ部の回転角で，式（8）により算定する．

　　　　　L_p：等価塑性ヒンジ長で，式（9）により算定する．

（ⅳ）　N 点

① 曲げモーメント M_n

降伏曲げモーメント M_y とする．一般には，鉄骨端部がコンクリートに十分に定着されていることを前提に，鉄骨を鉄筋に換算して算定してよい．

② 曲率 ϕ_n

M 点における曲率と同様に塑性ヒンジ部の平均曲率 ϕ_{pn} を用いることとし，式（20）により算定する．

$$\phi_n = \phi_{pn} = \theta_{pn}/L_p \tag{20}$$

ここに，ϕ_{pn}：N 点における塑性ヒンジ部における平均曲率
θ_{pn}：塑性ヒンジ部の回転角で，式（14）により算定する．
L_p：等価塑性ヒンジ長で，式（9）により算定する．

なお，付属図 8.4.1 のモデルにおいて，ϕ_m，ϕ_n は片持ち部材の塑性ヒンジ部の平均曲率としてモデル化した値である．このモデルを部材の曲げモーメント分布が平坦な場合に適用すると，モデル化において仮定した等価塑性ヒンジ長（$=1.0D$）を超える広い範囲に ϕ_m 程度の大きな曲率が発生する可能性がある．このような部材においても，軸方向鋼材の座屈を伴うような損傷が生じる範囲は，ほぼ断面高さに等しい範囲に亘って形成される塑性ヒンジ部であることが予想されるため，付属図 8.4.1 に示すモデルを適用すると部材の変形性能を過大に評価する危険性がある．このような場合には，広い範囲に大きな曲率を発生させないような配慮が必要である．

4. 履歴曲線

鉄骨鉄筋コンクリート部材の履歴特性は，最大荷重程度までは鉄筋コンクリート部材とほぼ同様な傾向を示す．一般に，最大荷重以後の劣化域においては，鉄筋コンクリート部材に見られるピンチング挙動は認められず，埋め込まれた鉄骨の影響により比較的安定した紡錘形のループをなす傾向を示す．

ここでは，「付属資料 8-2 鉄筋コンクリート部材の復元力モデル」に示す履歴曲線を，より紡錘型のループとなるように若干変更した特性を有する復元力モデルについて述べる．

また，以下は $M-\theta$ モデルで正載荷側の骨格曲線上からの除荷と負載荷側への再載荷を例として示すが，$M-\phi$ モデルに対しても同様の履歴曲線を用いることができる．

(1) 骨格曲線上から曲げモーメント 0 までの除荷

① $\theta_{max} \leq \theta_c$ の場合

除荷剛性は初期剛性と同じ．

② $\theta_{max} > \theta_c$ の場合

除荷剛性 K_r は式（21）による．

$$K_r = \frac{M_m^+ - M_c^-}{\theta_y^+ - \theta_c^-} \left| \frac{\theta_{max}}{\theta_y^+} \right|^{-\beta} \tag{21}$$

ここに，M_m^+：正載荷側の M_m
M_c^-：負載荷側の M_c
θ_y^+：正載荷側の θ_y
θ_c^-：負載荷側の θ_c
θ_{max}：除荷開始点の θ
β：剛性低下率

(2) 曲げモーメント 0 から負載荷側の骨格曲線への再載荷

① 負載荷側で C^- 点を超えていない場合

負側の C^- 点を目指す．

② 負載荷側で C^- 点を超え，Y_b^- 点を超えていない場合

過去の最大変形点を目指す．

③ 負載荷側で Y_b^- 点を超え，M^- 点を超えていない場合

負側の Y^- 点を目指し，変形 0 の点を超えると，負側の最大変形点を目指す．

④ 負載荷側で M^- 点を超えている場合

負側の M^- 点を目指し，変形 0 の点を超えると，負側の最大変形点を目指す．

なお，上記①〜④の内容は，Y_b 点を通る骨格曲線を用いる場合について示したが，Y_b 点を通らず Y 点から M 点に向かう骨格曲線の場合については，Y_b^- 点を Y^- 点に読み替えるものとする．

（3） 曲げモーメント 0 から負載荷側の骨格曲線への再載荷途中での除荷

曲げモーメント 0 までは，正側の除荷剛性 K_r の直線上を進み，曲げモーメント 0 からは，正側での最大変形点を目指す．

以上の履歴法則を図示したものが，**付属図 8.4.6** である．

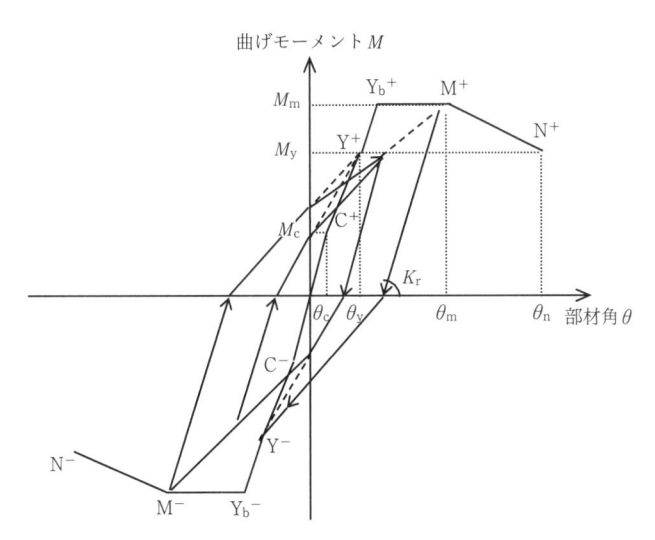

付属図 8.4.6 鉄骨鉄筋コンクリート部材の復元力モデル

5. 復元力モデルの適用性

付属図 8.4.7 は，鉄骨鉄筋コンクリート柱部材の交番載荷実験結果と「**4. 履歴曲線**」に示す復元力モデルの比較を示している．また，**付属図 8.4.8** は，「**付属資料 8-2 鉄筋コンクリート部材の復元力モデル**」に示すモデルを用いた場合を示している．ここでは，いずれも剛性低下率 β は 0.4 としている．また，対象とした試験体は，せん断スパン比 3.0，鋼材比 5%，鉄骨鉄筋比 4.8，帯鉄筋比 0.15%，軸力比 0.1 である．

付属図 8.4.7 より，「**4. 履歴曲線**」に示す復元力モデルは，除荷時の剛性は実験値とよく合っており，また第 2 象限および第 4 象限における再載荷時の剛性もほぼ合っている．一方，**付属図 8.4.8** の復元力モデルは，再載荷時に過去の最大変形点を目指すため剛性が小さく，実験値におけるループのふくらみを表現できていない．

付属図 8.4.9 は，これらの復元力モデルを用いた計算値と実験値の累積履歴吸収エネルギーの比較を示している．「**4. 履歴曲線**」に示す復元力モデルは，実験値の吸収エネルギーと合っており，鉄骨鉄筋コン

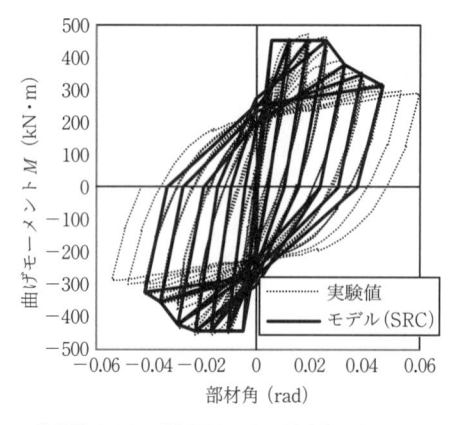

付属図 8.4.7 付属図 8.4.6に示す復元力モデル（モデル（SRC））実験値の比較

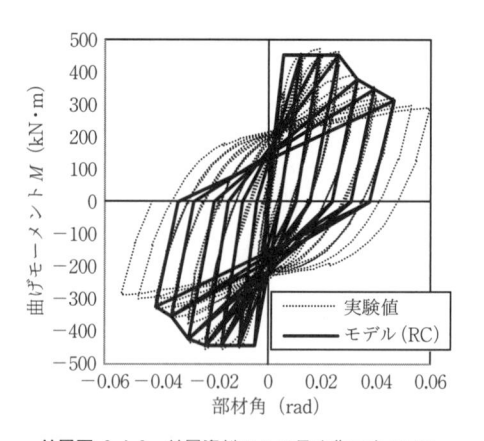

付属図 8.4.8 付属資料 8-2に示す復元力モデル（モデル（RC））実験値の比較

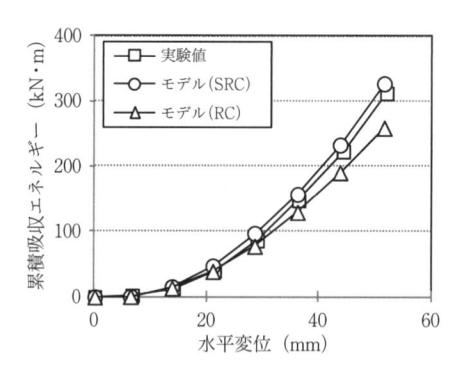

付属図 8.4.9 累積履歴吸収エネルギー量の比較

クリート部材には，この復元力モデルを用いるのがよいと考えられる．一方，**付属図 8.4.8**の復元力モデルでは，吸収エネルギーを過小評価する傾向にある．

なお，鉄骨量の少ない場合，あるいは高軸力が作用する場合には，ここで提案している復元力モデルを用いると過大評価となる可能性があり[3]，「**付属資料 8-2 鉄筋コンクリート部材の復元力モデル**」に示すモデル等を用いるのがよい．

6. むすび

ここに示した鉄骨鉄筋コンクリート部材の復元力モデルは，軸方向鋼材降伏後の部材が十分な変形性能を有し，かつ，せん断破壊しないことを前提としている．したがって，非線形解析に適用する場合には，その部材に変形性能が期待できるかどうかを適切に検討するとともに，別途，せん段破壊形態とならないことを確認する必要がある．

参 考 文 献

1) 村田清満，池田学，川井治，瀧口将志，渡辺忠朋，木下雅敬：鉄骨鉄筋コンクリート柱の変形性能の定量評価に関する研究，土木学会論文集 No.619/I-47, pp.235-251, 1999.4.

2) 池田学，村田清満，渡辺忠朋，瀧口将志，木下雅敬：SRC部材の変形性能と復元力特性，鉄道総研報告，Vol.13，No.4，pp.29-34，1999.4.
3) 池田学，村田清満，瀧口将志，渡辺忠朋，木下雅敬：SRC柱の変形性能の評価，鉄道総研報告，Vol.11，No.12，pp.17-22，1997.12.
4) 土木学会：コンクリート技術シリーズNo.12，阪神淡路大震災被害分析と靱性率評価式（阪神大震災調査研究特別委員会WG報告），pp.52-53，1996.
5) 池田学，村田清満：鉄骨鉄筋コンクリート部材の復元力モデル，土木学会第54回年次学術講演会講演概要集，1999.10.

付属資料8-5　コンクリート充塡鋼管部材の復元力モデル

1. はじめに

本標準では，構造物の設計応答値の算定は，動的解析法もしくは静的解析法（非線形応答スペクトル法）によることを基本としているが，どちらの方法を用いる場合も，構造物の非線形性を考慮する必要がある．

構造物の設計応答値を算定する方法には，大別して，骨組解析と有限要素解析があるが，設計実務においては骨組解析が用いられることが多い．骨組解析では，部材の非線形性を線材としてモデル化した棒部材の節点力と節点変位の関係を復元力モデルとして直接定義するのが一般的である．ここでは，非線形骨組解析に用いるコンクリート充塡鋼管部材（円形断面）の復元力モデルについて示す．

2. 復元力モデルの定義

コンクリート充塡鋼管部材は，一般にせん断変形や軸方向力による塑性変形の影響を無視できる荷重範囲で使用されるため，復元力モデルとしては，曲げ剛性に関するもののみを定義する．また，曲げ剛性の定義方法として，部材の全体の曲げ剛性，すなわち材端曲げモーメントと部材角の関係（以下，M–θモデル）を定義する場合と，部材断面の曲げ剛性，すなわち材端曲げモーメントと曲率の関係（以下，M–ϕモデル）を定義する場合がある．

3. 骨格曲線[1)–3)]

復元力モデルは，初載荷時に辿るルートを定義する骨格曲線と，除荷，再載荷時に辿るルートを定義する履歴曲線により定義される．本標準ではコンクリート充塡鋼管部材の骨格曲線の形状を付属図8.5.1に示すように，M–θモデル，M–ϕモデルとも以下の点を通るテトラリニアモデルとした．なお，C点を省略したトリリニアモデルとしてもよい．

① 仮想ひび割れ点（C点）
② 水平力方向に対して45°位置での引張側鋼管が降伏する点（Y点）
③ C点～Y点を結ぶ直線を最大曲げモーメントまで延長した点（Y_b点）
④ 最大曲げ耐力を維持できる最大変形点（M点）
⑤ 最大曲げ耐力後の耐力降下域で最大曲げ耐力の90％を維持できる最大変形点（N点）

C，Y，M，N各点の材端曲げモーメントおよび部材角または，断面の曲げモーメントおよび曲率の算定方法は以下に示す通りであり，Y_b点はこれらの点を基に算定するものとする．以下の算定方法は，コンクリート充塡鋼管部材の交番載荷実験結果に基づいてモデル化したものである．なお，コンクリート充塡鋼管部材に関しては，鉄筋コンクリート部材や鉄骨鉄筋コンクリート部材とは異なり，実際のひび割れを確認することができないため，ここでは，鋼管内部の充塡コンクリートの引張応力度が設計曲げひび割れ強度に達した時点の部材の状態を，仮想ひび割れ点とした．

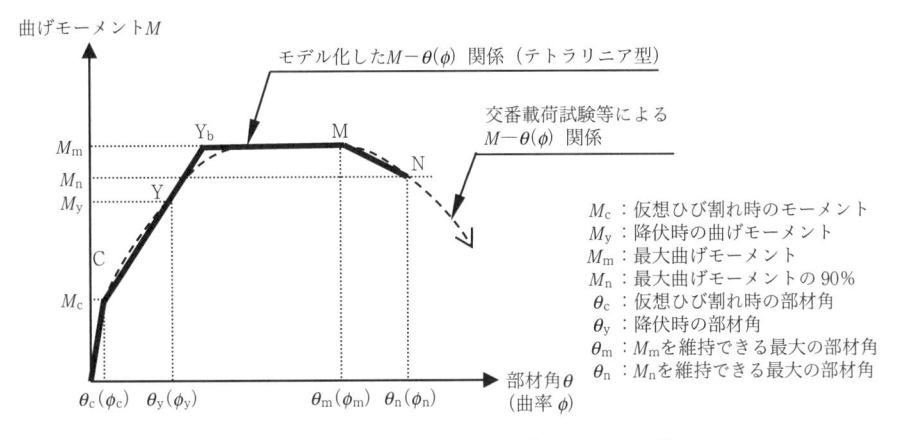

付属資料 8-5　コンクリート充填鋼管部材の復元力モデル　307

付属図 8.5.1　コンクリート充填鋼管部材の骨格曲線

M_c：仮想ひび割れ時のモーメント
M_y：降伏時の曲げモーメント
M_m：最大曲げモーメント
M_n：最大曲げモーメントの90%
θ_c：仮想ひび割れ時の部材角
θ_y：降伏時の部材角
θ_m：M_mを維持できる最大の部材角
θ_n：M_nを維持できる最大の部材角

(1) 部材端部の曲げモーメントと部材角の関係を用いる場合

曲げモーメント分布が三角形となる場合の部材端部の曲げモーメントと部材角の関係は，**付属図 8.5.1** のようにモデル化してよい．

付属図 8.5.1 に示す各折れ点の曲げモーメントおよび部材角は，以下により算定してよい．

(i) C点

① 曲げモーメント M_c

曲げひび割れ時の曲げモーメントで，鋼管内部のコンクリートの引張応力度が「鉄道構造物等設計標準・同解説（鋼とコンクリートの複合構造物）」に示す部材寸法の影響を考慮した設計曲げ強度に達するときの曲げモーメントとする．このC点は，充填コンクリート引張縁に曲げひび割れが発生する点を仮定したものであるが，仮想ひび割れ点を設けた方が実験結果を精度よく表現することができる．

② 部材角 θ_c

部材の全断面を有効として算定した M_c 時の部材角とする．

(ii) Y点

① 曲げモーメント M_y

コンクリート充填鋼管部材の降伏点は，水平力作用方向に対して 45° 位置での引張側鋼管が降伏ひずみに達したときと定義した[1]．曲げモーメント M_y は，**付属図 8.5.2** に示すようにコンクリート充填断面を

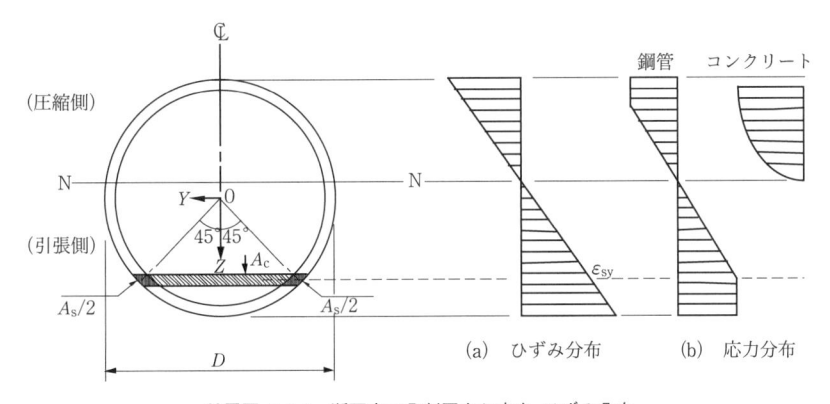

付属図 8.5.2　断面内の分割要素と応力-ひずみ分布

(a) ひずみ分布　(b) 応力分布

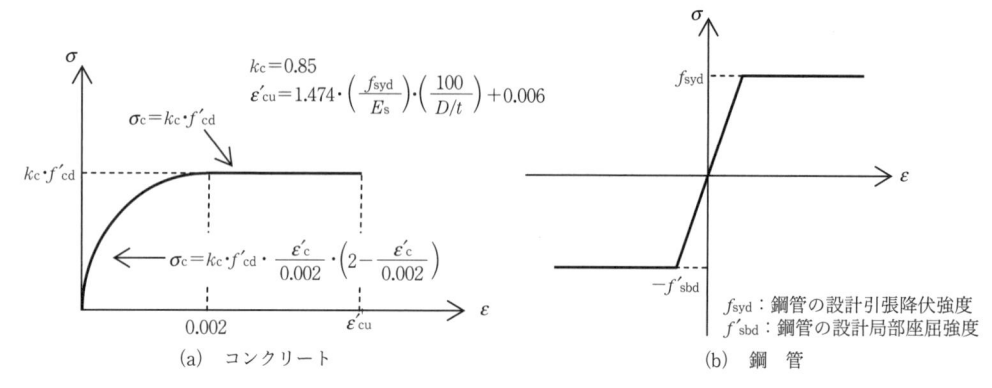

付属図 8.5.3 コンクリートと鋼管の応力-ひずみ曲線

(a) コンクリート　　(b) 鋼管

$k_c = 0.85$
$\varepsilon'_{cu} = 1.474 \cdot \left(\dfrac{f_{syd}}{E_s}\right) \cdot \left(\dfrac{100}{D/t}\right) + 0.006$

$\sigma_c = k_c \cdot f'_{cd}$

$\sigma_c = k_c \cdot f'_{cd} \cdot \dfrac{\varepsilon'_c}{0.002} \cdot \left(2 - \dfrac{\varepsilon'_c}{0.002}\right)$

f_{syd}：鋼管の設計引張降伏強度
f'_{sbd}：鋼管の設計局部座屈強度

ファイバー要素に分割し，以下の仮定を用いて算定してよい．
1) 繊ひずみは，部材断面中立軸からの距離に比例する（平面保持の仮定）．
2) コンクリートの引張応力は無視する．
3) コンクリートおよび鋼管の応力-ひずみ関係は，**付属図 8.5.3** に示すものを用いる．なお，鋼管の圧縮強度は，局部座屈強度を適用する．
4) 軸力は鋼管およびコンクリートに均等に載荷され，軸力による鋼管とコンクリートの軸ひずみは同じとする．

算出手順は，上記位置で鋼管が降伏ひずみに達したときの断面内ひずみ分布を平面保持の仮定を用いて設定し，材料の応力・ひずみ関係からコンクリートの圧縮応力度の合力，引張鋼材の合力と圧縮鋼材の合力を算定し，部材断面内の力の釣合い条件を満足するように中立軸位置を求め，さらに鋼管とコンクリートとの応力分布をもとに曲げモーメントを算定する．

② 部材角 θ_y

Y 点における部材角 θ_y は，式 (1) により算定する．

$$\theta_y = \theta_{y0} + \theta_{y1}$$
$$= \dfrac{\delta_{y0}}{L_a} + \theta_{y1} \qquad (1)$$

ここで，θ_y ：Y 点における部材角

θ_{y0} ：Y 点におけるく体変形による部材角（$= \delta_{y0}/L_a$）

δ_{y0} ：Y 点におけるく体変形による変位で，**付属図 8.5.4** に示すように部材を材軸方向に沿って分割し，それぞれの断面の曲率を 2 階積分することにより算定する．曲率の算定にあたっては，分割断面ごとに軸力と曲げモーメントの釣合い条件から算定する．

L_a ：せん断スパン

θ_{y1} ：Y 点における部材接合部からの鋼管の伸出しによる部材端部の回転角で，接合部の曲率分布を**付属図 8.5.5** のように仮定し，式 (2)〜(3) により算定する．

$$\theta_{y1} = \phi_y \cdot l_0 \qquad \text{（二重鋼管方式の場合）} \qquad (2)$$
$$\theta_{y1} = \phi_y \cdot l_0/2 \qquad \text{（埋込み方式の場合）} \qquad (3)$$

ϕ_y ：Y 点における曲率

l_0 ：部材端部の埋込み長

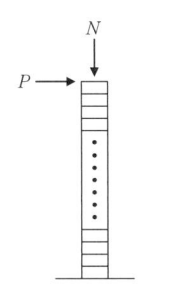

付属図 8.5.4 材軸方向の断面分割図　　**付属図 8.5.5** Y点における曲率分布の仮定

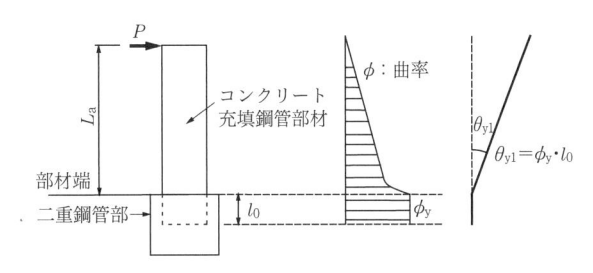

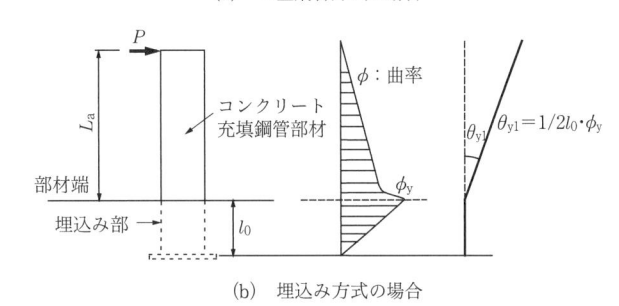

(iii) M点

① 曲げモーメント M_m

M点における曲げモーメント M_m は，コンクリートの圧縮ひずみを式（4）で規定し，「(ii) Y点」に示した仮定に基づき算定する[2),3)].

$$\varepsilon'_c = 1.474 \cdot (f_{syd}/E_s) \cdot (D/t/100)^{-1} + 0.006 \tag{4}$$

ここで，ε'_c：M点における最外縁コンクリート圧縮ひずみ
　　　　f_{syd}：鋼管の設計降伏強度（N/mm²）
　　　　E_s：鋼管のヤング係数（N/mm²）
　　　　D：鋼管の外径（mm）
　　　　t：鋼管厚（mm）

　　　　ただし，$D/t \geq 40$ とする．また，570 N/mm² 級以下の鋼材を用いる場合とし，それ以上の高強度鋼を用いる場合は，別途検討する必要がある．

その際，部材端部に破壊ゾーンが形成され，これが変形とともに端部から上方側に拡がっていくことを考慮し，**付属図 8.5.6** に示すように，等価塑性ヒンジ長だけ部材端部から上方にシフトした位置の曲げモーメント M_u を上記の方法により計算し，式（5）により曲げモーメント M_m を算定する．

$$M_m = \frac{L_a}{(L_a - L_p)} M_u \tag{5}$$

ここで，M_m：M点における曲げモーメント
　　　　L_p：等価塑性ヒンジ長
　　　　L_a：せん断スパン

なお，等価塑性ヒンジ長は，式（6）により算定する[4)].

$$L_p = D \cdot \{1.5 \cdot (N'/N'_y)^2 + 0.5\} \tag{6}$$

　　　　D　：鋼管の外径

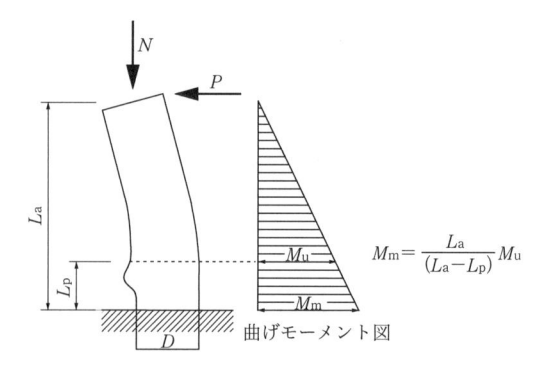

付属図 8.5.6 M点における曲げモーメント関係

N'：作用軸力
N'_y：コンクリート充塡鋼管断面の全塑性軸力
$$N'_y = f'_{syd} \cdot A_s + 0.85 f'_{cd} \cdot A_c$$
　　f'_{syd}：鋼管の設計圧縮降伏強度
　　A_s：鋼管の断面積
　　f'_{cd}：コンクリートの設計圧縮強度
　　A_c：コンクリートの断面積

② 部材角 θ_m

M点における部材角 θ_m は，式（7）により算定する．

$$\theta_m = \theta_{m0} + \theta_{m1}$$
$$= \frac{\delta_{m0}}{L_a} + \theta_{m1} \tag{7}$$

ここで，θ_m：M点における部材角
θ_{m0}：M点におけるく体変形による部材角（$=\delta_{m0}/L_a$）
δ_{m0}：M点におけるく体変形で，式（8）により算定する

$$\delta_{m0} = \delta_{mb} + \delta_{mp} \tag{8}$$

δ_{mb}：M点における塑性ヒンジ部以外の曲げ変形による変位で，**付属図 8.5.4** に示すように部材を材軸方向に沿って分割し，それぞれの断面の曲率を2階積分することにより算定する．曲率の算定にあたっては，分割断面ごとに軸力と曲げモーメントの釣合い条件から算定する（**付属図 8.5.7**）．

δ_{mp}：M点における塑性ヒンジ部の曲げ変形による変位で，式（9）により算定する．

$$\delta_{mp} = \phi_m \cdot L_p \cdot \left(L_a - \frac{1}{2} L_p \right) \tag{9}$$

ϕ_m：M点における曲率
L_p：等価塑性ヒンジ長で式（6）により算定する．
L_a：せん断スパン
θ_{m1}：M点における部材接合部からの鋼管の伸出しによる部材端部の回転角で，接合部の曲率分布を**付属図 8.5.7** のように仮定し，式（10）〜（11）により算定する．

$$\theta_{m1} = \phi_m \cdot l_0 \quad \text{（二重鋼管方式の場合）} \tag{10}$$

付属図 8.5.7 における図 (a) 二重鋼管方式の場合，(b) 埋込み方式の場合：M点における曲率分布の仮定

$$\theta_{m1} = \phi_n \cdot l_0 / 2 \quad (埋込み方式の場合) \tag{11}$$

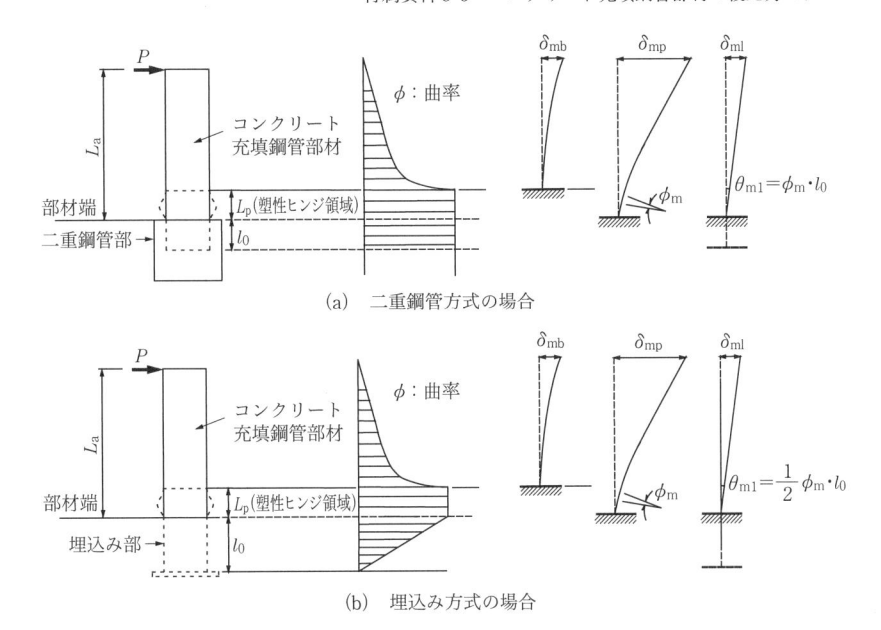

(iv) N点

① 曲げモーメント M_n

N点における曲げモーメント M_n は，M点における曲げモーメント M_m の90%とする．

② 部材角 θ_n

N点における部材角 θ_n は，式 (12) により算定する．

$$\theta_n = \theta_{n0} + \theta_{n1} = \frac{\delta_{n0}}{L_a} + \theta_{n1} \tag{12}$$

ここで，θ_n ：N点における部材角

θ_{n0} ：N点におけるく体変形による部材角（$=\delta_{n0}/L_a$）

δ_{n0} ：N点におけるく体変形で，式 (13) により算定する．

$$\delta_{n0} = \delta_{nb} + \delta_{np} \tag{13}$$

δ_{nb} ：N点における塑性ヒンジ以外の曲げ変形による変位で，**付属図 8.5.4** に示すように部材を材軸方向に沿って分割し，それぞれの断面の曲率を2階積分することにより算定する．このとき，曲率の算定にあたっては，除荷の影響は考慮しなくてよい．

δ_{np} ：N点における塑性ヒンジ部の曲げ変形による変位で，式 (14) により算定する．

$$\delta_{np} = \theta_{pn} \cdot \left(L_a - \frac{1}{2} L_p\right) \tag{14}$$

L_p ：等価塑性ヒンジ長で式 (6) により算定する．

L_a ：せん断スパン

θ_{pn} ：塑性ヒンジ部の回転角で，式 (15) により算定する．

$$\theta_{pn} = \theta_{pm} + \Delta\theta_p$$
$$\theta_{pm} = \phi_m \cdot L_p \tag{15}$$

$\Delta\theta_p$：塑性ヒンジ部の回転角の M 点からの増分で，式 (16) により算定する．

$$\Delta\theta_p = K_p \cdot (M_n - M_m) \tag{16}$$

$$K_p = -\frac{0.227}{M_m} \tag{17}$$

ϕ_m：M 点における曲率

θ_{n1}：N 点における部材接合部からの鋼管の伸出しによる部材端部の回転角で，M 点と同じ値としてよい．

$$\theta_{n1} = \theta_{m1} \tag{18}$$

なお，式 (4) および式 (15)～(17) は，コンクリート充填鋼管部材の交番載荷試験結果を基に算出されたものであり，その適用範囲は以下の通りである．ただし，別途詳細な検討を行った場合については，この限りではない．

適用範囲：$0.06 \leq R_t \leq 0.17$ ($40 \leq D/t \leq 120$)，$0.20 \leq \bar{\lambda} \leq 0.40$ ($3.0 \leq L_a/D \leq 6.0$)，$0.0 \leq N'/N'_y \leq 0.3$

鋼材：570 N/mm² 級以下，コンクリート f'_{ck}：50 N/mm² 以下

R_t：径厚比パラメータで，式 (19) により算定する．

$$R_t = 1.65 \cdot \frac{f_{syk}}{E_s} \cdot \frac{r}{t} \tag{19}$$

f_{syk}：鋼管の降伏強度の特性値

E_s：鋼管のヤング係数

r　：鋼管の半径

t　：鋼管厚

$\bar{\lambda}$　：細長比パラメータで，式 (20) により算定する．

$$\bar{\lambda} = \sqrt{\frac{N'_y}{N'_{cr}}} \tag{20}$$

N'_y：コンクリート充填鋼管断面の全塑性軸力で，式 (21) により算定する．

$$N'_y = f'_{syd} \cdot A_s + 0.85 f'_{cd} \cdot A_c \tag{21}$$

A_s　：鋼管の断面積

A_c　：コンクリートの断面積

f'_{syd}：鋼管の設計圧縮降伏強度

f'_{cd}：コンクリートの設計圧縮強度

N'_{cr}：柱の弾性座屈荷重で，式 (22) より算定する．

$$N'_{cr} = \frac{\pi^2}{l_e^2} \cdot E_s I_v \tag{22}$$

I_v：鋼材に換算したコンクリート充填鋼管部材の断面二次モーメントで，式 (23) により算定する．

$$I_v = I_s + I_c/n \tag{23}$$

I_s：鋼管の断面二次モーメント

I_c：コンクリートの断面二次モーメント

n　：鋼とコンクリートのヤング係数比で，式 (24) により算定する．

$$n = \frac{E_s}{E_c} \tag{24}$$

l_e：有効座屈長で，「鉄道構造物等設計標準・同解説（鋼とコンクリートの複合構造物）」や弾性固有値解析による．

(2) 部材断面の曲げモーメントと曲率の関係を用いる場合

曲げモーメント分布が曲線状に変化する部材は，部材の非線形特性を材軸直交方向の各断面の曲げモーメントと曲率の関係として表してよい．この場合，曲げモーメントと曲率の関係は**付属図 8.5.1**のようなテトラリニアモデルにより表してよい．なお，部材端部からの伸出しの影響は，式（2），（3），（10），（11），（18）により，部材端部の曲げモーメント M と鋼管の伸出しによる回転角の関係としてモデル化したばねを部材端に挿入することで表すことができるが，より簡易には，部材端部の断面の曲げモーメントと曲率の関係に，伸出しの影響を加算して表してもよい．

(i) C 点

① 曲げモーメント M_c

曲げひび割れ時の曲げモーメントで，鋼管内部のコンクリートの引張応力度が「鉄道構造物等設計標準・同解説（鋼とコンクリートの複合構造物）」に示す部材寸法の影響を考慮した設計曲げ強度に達するときの曲げモーメントとする．

② 曲率 ϕ_c

部材の全断面を有効として算定した M_c 時の曲率とする．

(ii) Y 点

① 曲げモーメント M_y

Y 点における曲げモーメント M_y は，水平力作用方向に対して 45° 位置での引張側鋼管が降伏ひずみに達したときの曲げモーメントとする．

② 曲率 ϕ_y

Y 点における曲率 ϕ_y は，式（25）により算定する．

$$\phi_y = \varepsilon_{sy} / (d - x_y) \tag{25}$$

ここに，ϕ_y：Y 点における曲率

ε_{sy}：引張鋼管の降伏ひずみ

d：鋼管圧縮縁から引張側の 45° 位置までの距離

x_y：鋼管圧縮縁から降伏時の中立軸までの距離

(iii) M 点

① 曲げモーメント M_m

M 点における曲げモーメント M_m は，コンクリートの圧縮ひずみが式（4）で算定されるひずみに達するときの曲げモーメントとする．

② 曲率 ϕ_m

M 点における曲率 ϕ_m は，塑性ヒンジ部の平均曲率を用いることとし，式（26）により算定する．

$$\phi_m = \varepsilon'_c / (x - t) \tag{26}$$

ϕ_m：M 点における曲率

ε'_c：M 点におけるコンクリートの最外縁圧縮ひずみで式（4）により算定する．

t：鋼管厚

x：鋼管圧縮縁から最大耐力時の中立軸までの距離

(iv) N 点

① 曲げモーメント M_n

N 点における曲げモーメント M_n は，M 点における曲げモーメント M_m の 90% とする．

② 曲率 ϕ_n

N 点における曲率 ϕ_n は，塑性ヒンジ部の平均曲率を用いることとし，式 (27) により算定する．

$$\phi_n = \frac{\theta_{pn}}{L_p} \tag{27}$$

ϕ_n：N 点における曲率
θ_{pn}：塑性ヒンジ部の回転角で，式 (15) により算定する．
L_p：等価塑性ヒンジ長で式 (6) により算定する．

なお，部材の曲げモーメント分布が平坦な場合に M-ϕ モデルを適用して解析を行うと，モデル化において仮定した等価塑性ヒンジ長を超える広い範囲に ϕ_m 程度の大きな曲率が発生する可能性がある．このような部材においても，鋼管の座屈を伴うような損傷が生じる範囲は，塑性ヒンジ部であることが予想されるため，M-ϕ モデルを適用すると部材の変形性能を過大に評価する危険性がある．このような場合には，広い範囲に大きな曲率を発生させないような配慮が必要である．

4. 履歴曲線

本資料では，コンクリート充填鋼管部材の交番載荷実験結果をもとに，履歴曲線についての検討を行った[2),5)]．**付属図 8.5.8〜8.5.10** に各モデルの検討結果を示す．検討したモデルは，「**付属資料 8-2 鉄筋コンクリート部材の復元力モデル**」に示すモデルおよび「**付属資料 8-4 鉄骨鉄筋コンクリート部材の復元力モデル**」に示すモデル，および深田モデルである．**付属資料 8-2** および **付属資料 8-4** に示すモデルについては，Y_b 点を通るテトラリニアの骨格曲線（モデル（Y_b））とし，剛性低下率を 0.3 として検討を行った．なお，対象とした試験体は，鋼管の径厚比（外径/板厚）60，せん断スパン比 3.0，軸力比 0.2 である．

付属図 8.5.8 より，**付属資料 8-2** に示すモデルは，第 2 象限および第 4 象限における再載荷時のふくらみを表現できず，累積吸収エネルギーが実験値を過小評価する傾向にあることがわかる．一方，**付属資料 8-4** に示すモデルは，**付属図 8.5.9** より，実験の履歴曲線をよく表現できており，累積吸収エネルギーも実験値とほぼ合っている．このため，コンクリート充填鋼管部材には，**付属資料 8-4** に示すモデルを適用

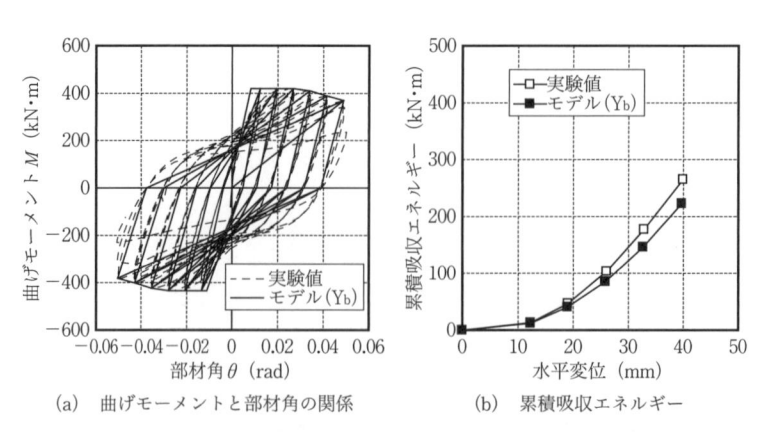

(a) 曲げモーメントと部材角の関係　　(b) 累積吸収エネルギー

付属図 8.5.8 付属資料 8-2 に示すモデル

付属資料 8-5 コンクリート充填鋼管部材の復元力モデル 315

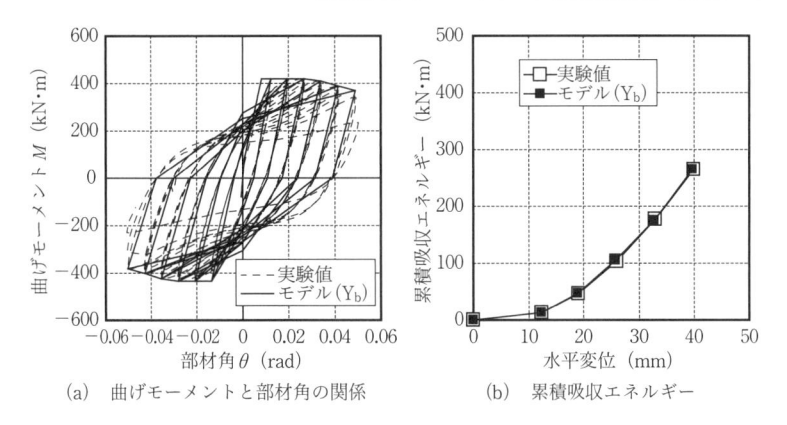

付属図 8.5.9 付属資料 8-4 に示すモデル
(a) 曲げモーメントと部材角の関係
(b) 累積吸収エネルギー

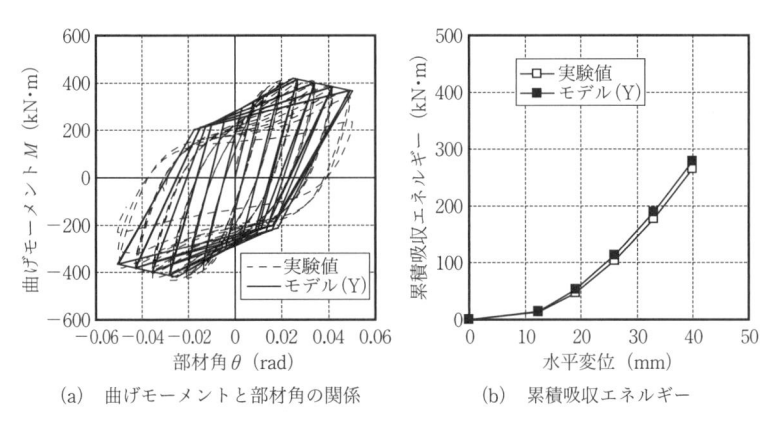

付属図 8.5.10 深田モデル
(a) 曲げモーメントと部材角の関係
(b) 累積吸収エネルギー

するのが望ましいと考えられる．また，深田モデルは，Y_b 点を通らず Y 点から M 点に向かう骨格曲線としているが，**付属図 8.5.10** より，累積吸収エネルギーが実験値とほぼ一致していることがわかる．ただし，深田モデルは第 2 折れ点までは標準バイリニア型の履歴特性のため，Y_b 点を通る骨格曲線とした場合には累積吸収エネルギーを過大に評価する．そのため，深田モデルを用いる場合には，骨格曲線は Y_b 点を通らず Y 点から M 点に向かう曲線に設定するなどの注意が必要である．

5．むすび

ここに示したコンクリート充填鋼管部材の復元力モデルは，鋼管の降伏以降も部材が十分な変形性能を有することを前提としている．したがって，非線形解析に適用する場合にはその部材に変形性能が期待できるかどうかを適切に検討する必要がある．

参 考 文 献

1) 村田清満，安原真人，渡邊忠朋，木下雅敬：コンクリート充填円形鋼管柱の耐荷力と変形性能の評価，構造工学論文集，Vol. 44 A，pp. 1555-1564，1998.3.
2) 山田正人，村田清満，池田学，瀧口将志，渡邊忠朋，木下雅敬：CFT 部材の変形性能と復元力特性，鉄道総研報告，

Vol. 13, No. 4, 1999.4.
3) 村田清満, 山田正人, 池田学, 瀧口将志, 渡邊忠朋, 木下雅敬：コンクリート充塡円形鋼管柱の変形性能の再評価, 土木学会論文集, No. 640, I-50, 2000.1.
4) 佐藤孝典：円形断面のCFT柱の荷重―変形関係のモデル化, 第3回合成構造の活用に関するシンポジウム講演論集, pp. 49-54, 1995.11.
5) 村田清満, 山田正人, 池田学, 瀧口将志, 渡邊忠朋, 木下雅敬：コンクリート充塡円形鋼管柱の復元力モデル, 土木学会論文集, No. 661, I-53, 2000.10.

付属資料 8-6　鋼部材の復元力モデル

1. はじめに

本標準では，構造物の設計応答値の算定は，動的解析法もしくは静的解析法（非線形応答スペクトル法）によるものとしているが，どちらの方法を用いる場合も，構造物の非線形性を考慮する必要がある．
構造物の設計応答値を算定する方法には，大別して，骨組解析と有限要素解析があるが，設計実務においては骨組解析が用いられることが多い．さらに，骨組解析では，部材の非線形性を線材としてモデル化した棒部材の節点力と節点変位の関係を復元力モデルとして直接定義するのが一般的である．ここでは，非線形骨組解析に用いる鋼部材の復元力モデルについて示す．

2. 復元力モデルの定義

鋼部材の復元力モデルとしては，一般に，矩形断面の場合には曲げ剛性とせん断剛性の両方を，円形断面の場合には曲げ剛性を考慮する．
曲げ剛性の定義方法として，部材全体の曲げ剛性，すなわち材端曲げモーメントと部材角の関係（以下，M-θ モデル）を定義する場合と，部材断面の曲げ剛性，すなわち断面の曲げモーメントと曲率の関係（以下，M-ϕ モデル）を定義する場合がある．
せん断剛性の定義方法としては，その非線形特性に未解明な点が多いこと，また通常の鋼部材の場合には非線形領域においては曲げ変形に比べてせん断変形は小さいことから，一般に線形としてよい．

3. 骨格曲線

復元力モデルは，初載荷時に辿るルートを定義する骨格曲線と，除荷，再載荷時に辿るルートを定義する履歴曲線により定義される．本標準では鋼部材の骨格曲線の形状を**付属図 8.6.1**に示したように，M-θ モデル，M-ϕ モデルとも以下の点を通るトリリニアモデルを基本とした．
① 降伏点（最外縁の鋼材が降伏する点）（Y 点）
② 原点～Y 点を結ぶ直線を最大曲げモーメントまで延長した点（Y_b 点）
③ 最大耐力を維持できる最大変形点（M 点）
④ 最大耐力後の耐力降下域で最大耐力の 95% を維持できる最大変形点（N 点）
また，「鉄道構造物等設計標準・同解説（鋼・合成構造物）」に示すように，変形性能の期待できる部材の場合には，骨格曲線を以下の点を通るバイリニアモデルとしてもよいこととしている．
① 降伏点を 1.3 倍に延長した点
② 最大耐力の 95% を維持できる最大変形点

Y，M，N 各点の材端曲げモーメントおよび部材角，または断面の曲げモーメントおよび曲率の算定方法は，「鉄道構造物等設計標準・同解説（鋼・合成構造物）」に示されている．また，Y_b 点は，これらの点を基に算定するものとする．これらの算定方法は，鋼製橋脚を模擬した鋼柱部材の交番載荷試験結果に

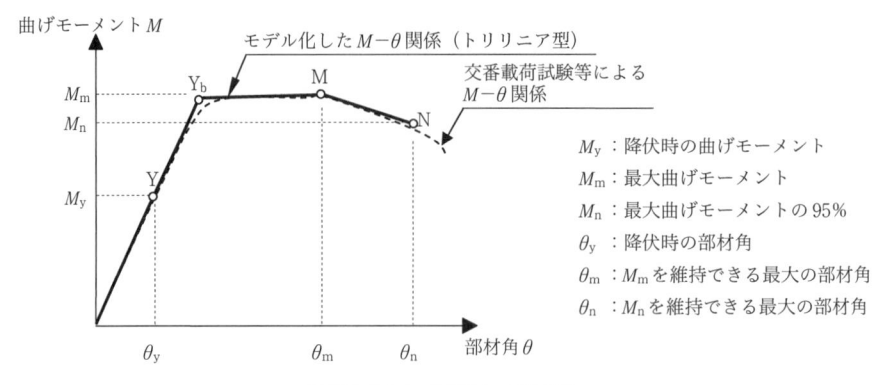

```
     曲げモーメントM
         ↑           モデル化したM-θ関係（トリリニア型）
                Y_b     M          交番載荷試験等による
    M_m  - - - - ●━━━━━●          M-θ関係
    M_n  - - - - - - - - - - ●N
                /                    M_y：降伏時の曲げモーメント
               /                     M_m：最大曲げモーメント
    M_y  - - ●Y                      M_n：最大曲げモーメントの95%
            /|                       θ_y：降伏時の部材角
           / |                       θ_m：M_mを維持できる最大の部材角
          /  |    |      |           θ_n：M_nを維持できる最大の部材角
         /   |    |      |
        /    θ_y  θ_m    θ_n   部材角θ
```

付属図 8.6.1 鋼部材の骨格曲線

基づいている．そのため，鋼製橋脚の軸力範囲（軸力比で最大0.3程度まで）を想定している．

鋼管杭については，軸力変動が大きく，かつ高軸力が作用するため，「鉄道構造物等設計標準・同解説（基礎構造物）」により別途モデル化する必要がある．

4. 履歴曲線

（1） 一 般

鋼部材の履歴特性には，繰返しによる剛性低下や強度劣化等を考慮できるモデルが提案されている[1),2)]．これらのモデルを用いることにより，最大耐力以後の劣化域を含む領域まで動的解析を精度よく行うことができる．しかしながら，パラメータの設定がやや煩雑であり，また汎用の解析ツールには組み込まれていないことから，設計実務に用いるには不向きな面もある．

本標準で対象としている鋼部材の終局点は最大耐力の95%を維持できる最大変形点としている．この程度までの範囲では，部材のプロポーションにもよるが，除荷時の剛性低下は小さい．そのため，鋼部材は，一般に，除荷時の剛性が初期剛性に等しい標準型で移動硬化則を適用した復元力モデルを用いることができる．

ここでは，骨格曲線がトリリニア型，トリリニア型（Y_b点を考慮）およびバイリニア型の3つの復元力モデルについて，交番載荷試験結果との比較および1質点モデルの時刻歴応答解析による比較の結果を示す．

（2） 交番載荷試験結果を用いた比較

骨格曲線がトリリニア型，トリリニア型（Y_b点を考慮）およびバイリニア型でいずれも移動硬化則を用いた標準型の履歴特性を有する3つの復元力モデルについて，鋼部材の交番載荷試験結果の荷重と変位の関係と比較した結果を**付属図8.6.2**に示す．また，累積履歴吸収エネルギー量の比較も示している[3)]．ここでは，トリリニア型は，第2折れ点の荷重を最大荷重とせずに最大荷重の95%とし，第2折れ点以降の勾配を0に設定している．また，Y_b点は，初期剛性のままで，降伏点をその荷重と最大荷重点の荷重を9：1に内分する荷重まで延長した点とした．

対象とした試験体は，実構造物の1/3程度のスケールの矩形断面で，幅厚比パラメータR_r=0.46，補剛材剛比のパラメータ$γ/γ^*$=2.9であり，変形性能が期待できるプロポーションを有している．

まず骨格曲線に着目すると，**付属図8.6.2**より，鋼部材の載荷試験結果では降伏点（Y点）以降も剛性がほとんど低下せずに荷重が増大する挙動を示しているため，トリリニア型（Y_b点を考慮）により骨格曲線を表現することが可能であることがわかる．

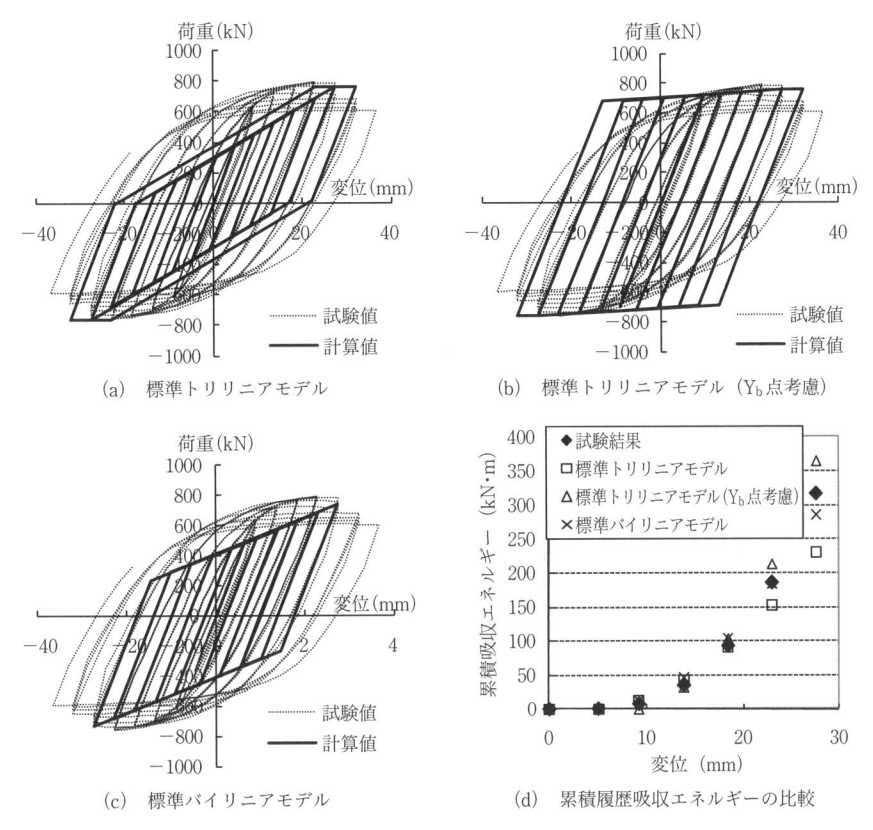

付属資料 8-6　鋼部材の復元力モデル　　319

(a)　標準トリリニアモデル

(b)　標準トリリニアモデル（Y_b 点考慮）

(c)　標準バイリニアモデル

(d)　累積履歴吸収エネルギーの比較

付属図 8.6.2　交番載荷試験結果と復元力モデルの比較

次に履歴に着目すると，標準トリリニアモデルでは交番載荷試験結果よりかなり内部を通り，累積履歴吸収エネルギー量は試験結果より過小となっており，安全側の評価を与える．Y_b 点を通る標準トリリニアモデル（以下，標準トリリニアモデル（Y_b 点考慮））では，骨格曲線は載荷試験と同様であるものの，復元力モデルは，第2象限と第4象限で試験結果の外側を通り，変位量が大きくなると履歴吸収エネルギー量を過大に評価する傾向にある．また，標準バイリニアモデルでは，累積履歴吸収エネルギー量は試験結果とほぼ同程度となっている．

(3)　1質点モデルの時刻歴応答解析による検討

前節と同様の3つの復元力モデルについて，1自由度系モデルに地震波を入力する時刻歴応答解析を行い，復元力モデルの違いが最大応答値や履歴吸収エネルギー量等に与える影響を確認した．**付属図 8.6.3** に，解析モデル，骨格曲線および解析パラメータ等を示す．なお，本検討では非線形モデルとして**付属図 8.6.3**に示す1ケースを対象としたため，多数の地震動を与えた計算を行うとともに，各地震動の最大加速度レベルを**付属図 8.6.3**中に示すように変化させることで，地震動と構造物の周期比，および降伏震度と地震動加速度の関係をパラメータとした解析を行った．

解析結果について，最大応答変位を**付属図 8.6.4**に，累積履歴吸収エネルギー量を**付属図 8.6.5**に示す．それぞれ横軸は標準トリリニアモデルでの解析結果，縦軸は標準トリリニアモデル（Y_b 点考慮）および標準バイリニアモデルでの解析結果を標準トリリニアモデルでの解析結果で除した値で整理している．なお，標準トリリニアモデルにおいて最大応答変位がN点を超えるケースについては参考値とする．これらの図より，以下の傾向が認められる．

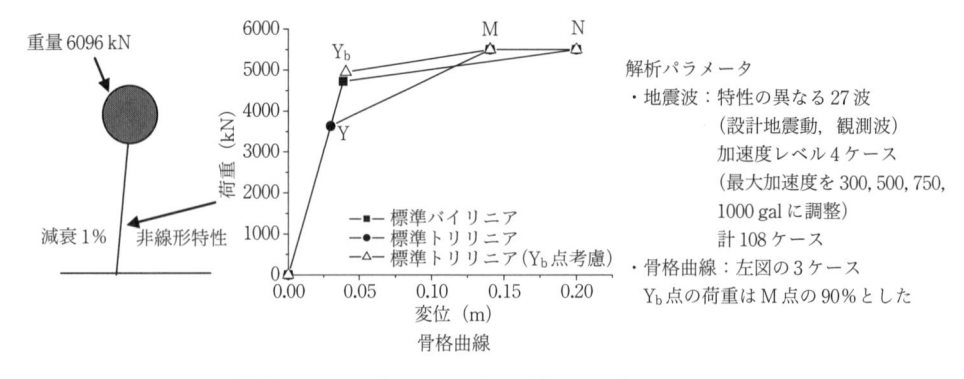

付属図 8.6.3 解析モデル，骨格曲線および解析パラメータ

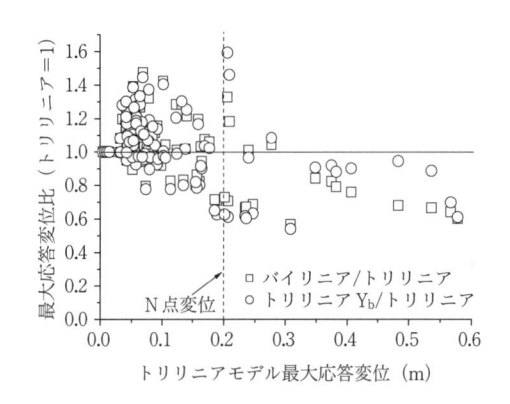

付属図 8.6.4 最大応答変位の比較

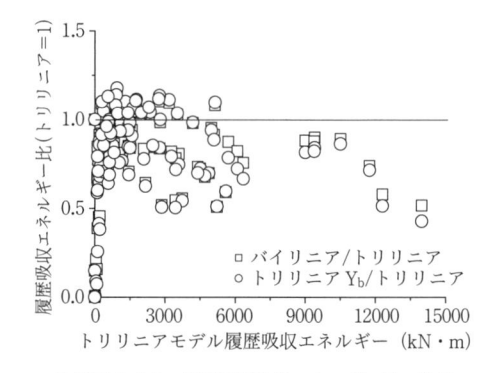

付属図 8.6.5 累積履歴吸収エネルギー量の比較

- 標準トリリニアモデルにおいてN点に達するまでの領域における最大応答変位は，全体的に標準トリリニアモデルより，標準バイリニアモデルと標準トリリニアモデル（Y_b点考慮）が大きい結果が多く，後者2つのモデルの最大応答変位はほぼ同程度である．
- 累積履歴吸収エネルギー量は，最大応答変位とは逆の傾向で，全体的に，標準トリリニアモデルより，標準バイリニアモデルと標準トリリニアモデル（Y_b点考慮）の方が小さくなるが，後者の2つのモデルの履歴吸収エネルギー量はほぼ同程度である．

特に，標準トリリニアモデル（Y_b点考慮）は，Y_b点を超える応答において最大応答変位が大きくなる傾向を示していた．また，本資料では割愛したが，残留変位は，ばらつきは大きいが，標準トリリニアモデル（Y_b点考慮）が最も大きい傾向を示していた．

以上より，標準トリリニアモデル（Y_b点考慮）について，他の二つの復元力モデルと比較すると，
- 最大応答変位はバイリニアモデルとほぼ同等，もしくは標準トリリニアモデル（Y_b点考慮）の方が大きな応答を与える傾向があり，N点までの範囲において，最大応答値の算定に適用することができると考えられる
- 交番載荷試験では履歴吸収エネルギーは大きい結果となったが，時刻歴応答解析結果では吸収エネルギーを過大に評価することはほとんどない

となる．以上のことから，時刻歴応答解析に，標準トリリニアと標準バイリニアに加えて，標準トリリニアモデル（Y_b点考慮）を用いることが可能であると考えられる．

なお，標準トリリニアモデルおよび標準バイリニアモデルについては，鋼ラーメン橋脚の模型試験体を

用いたハイブリッド地震応答試験結果とこれを再現した時刻歴応答解析結果を比較し,最大応答変位に関しては比較的精度よく算定できることを確認している[4].

5. むすび

本標準に示すように線材でモデル化する場合には,鋼部材の復元力モデルとして,ここに示した標準トリリニアモデル,標準トリリニアモデル(Y_b点を考慮)および標準バイリニアモデルの復元力モデルを,プッシュ・オーバー解析や非線形動的解析に用いることができる.

動的解析に用いる復元力モデルは,その解析の目的に応じて,所要の精度を確保できるモデルを用いる必要がある.また,本標準では,鋼部材は,降伏後も耐力の上昇および変形性能が期待できるプロポーションの部材を対象としている.したがって,ここで示した標準型の復元力モデルを非線形解析に適用する場合には,その部材が変形性能を期待できる部材であることを確認する必要がある.

参 考 文 献

1) 土木学会:鋼構造新技術小委員会最終報告書(耐震設計研究),1996.5.
2) 金田一智章,宇佐美勉,S. Kumar:Damage Index に基づく鋼製橋脚の復元力特性,構造工学論文集,Vol. 44 A, pp. 667-678, 1998.3.
3) 池田学,市川篤司,山田正人,平暁,安原真人:鋼部材の変形性能と復元力特性,鉄道総研報告,Vol. 13, No. 4, pp. 53-58, 1999.4.
4) 山田正人,市川篤司,池田学,安原真人:鋼製ラーメン橋脚の耐震性能評価実験,鉄道総研報告,Vol. 13, No. 4, pp. 47-52, 1999.4.

付属資料 8-7　相互作用ばねの非線形性のモデル化方法

1. はじめに

　構造物の設計応答値の算定では，解析モデルは，地盤抵抗特性を相互作用ばね（地盤ばね）でモデル化する質点系モデルが主に用いられる．また，大規模な領域をモデル化する場合等では，解析上の制約から地盤および基礎を支持ばねに置換したモデル（SRモデル）が使用されることがある．**付属図 8.7.1** には，杭基礎橋脚を例として，解析モデルに質点系モデルもしくは地盤および基礎を支持ばねに置換したモデルを用いた場合のイメージを示す．

　相互作用ばねの非線形性のモデル化には，骨格曲線と履歴曲線が必要となる．これらのばねに与える履歴曲線は，一般にバイリニア型モデルが用いられることが多いが，履歴性状は，基礎形式，施工方法および構造物と地盤の接触状態等に応じて異なるため，本来は，その影響を考慮してモデル化するのがよい．

　そこで，本付属資料では，代表的な基礎形式における相互作用ばねの非線形性のモデル化方法について示す．また，最近の研究では，地盤の非線形性をより詳細にモデル化する方法が提案されていることから，この方法についても併せて示す．

　なお，ここで示したモデルは，設計実務の観点から適用性が高い方法の例として示したものである．現在，各種のモデルが提案されており，ここで示した類似のモデルを用いることも可能であると思われる．

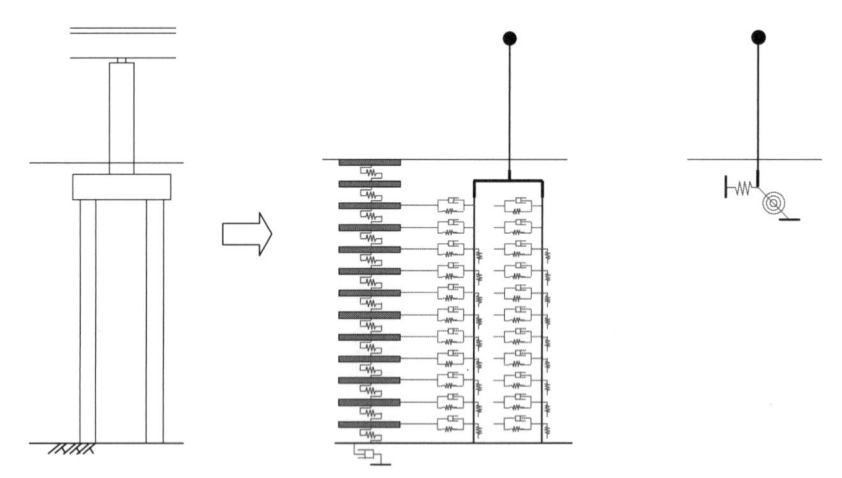

(a)　一般的な一体型モデル（質点系モデル）　(b)　簡易モデル（SRモデル）

付属図 8.7.1　杭基礎を例とした解析モデルのイメージ

2. 杭基礎の場合

2.1　一体型モデル（質点系モデル）を用いる場合

　杭基礎の地盤抵抗特性を相互作用ばねによりモデル化する場合は，一般に以下の特性を考慮する．

付属資料 8-7　相互作用ばねの非線形性のモデル化方法　323

(1) 杭の水平地盤抵抗特性（水平ばね）
(2) 杭先端の鉛直地盤抵抗特性（鉛直ばね）
(3) 杭側面の鉛直せん断地盤抵抗特性（鉛直ばね）

これらの地盤抵抗特性の骨格曲線は，「鉄道構造物等設計標準・同解説（基礎構造物）」に示すバイリニア型の骨格曲線を用いてよい．履歴曲線は，以下によりモデル化するのがよい．

（1） 水平地盤抵抗特性をモデル化した水平ばねの履歴曲線

水平ばねに与える履歴曲線は，剛性低下型モデルを用いるのがよい．例えば，Clough型を用いてよい．ただし，杭頭から $1/\beta$ $(\beta=\sqrt[4]{k_h D/4EI})$ の深さにおいては，地震時に地盤から杭体が剥離する場合がある．構造物周辺の状況を勘案して剥離の影響を考慮する必要があると判断された場合には，スリップ型でモデル化するのがよい．Clough型およびスリップ型の履歴曲線の概要を**付属図8.7.2**に示す．なお，一般的な条件では，除荷剛性は初期剛性と同等と考えてよい．

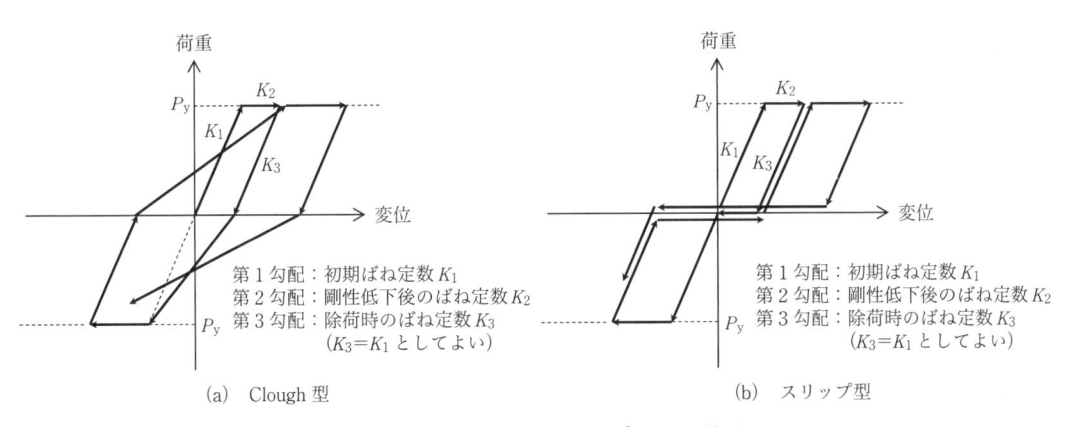

(a) Clough型　　(b) スリップ型

第1勾配：初期ばね定数 K_1
第2勾配：剛性低下後のばね定数 K_2
第3勾配：除荷時のばね定数 K_3（$K_3=K_1$ としてよい）

付属図 8.7.2 Clough型およびスリップ型履歴曲線の概要

（2） 杭先端の鉛直地盤抵抗特性をモデル化した鉛直ばねの履歴曲線

杭先端の鉛直地盤抵抗特性は，杭が地盤に押し込まれる時は地盤が抵抗力を発揮し，引き抜かれる場合は抵抗力を発揮しないと考えてよい．そこで，杭先端の鉛直ばねに与える履歴曲線は，非対称バイリニア型を用いてよい．非対称バイリニア型の履歴曲線の概要を**付属図8.7.3**に示す．

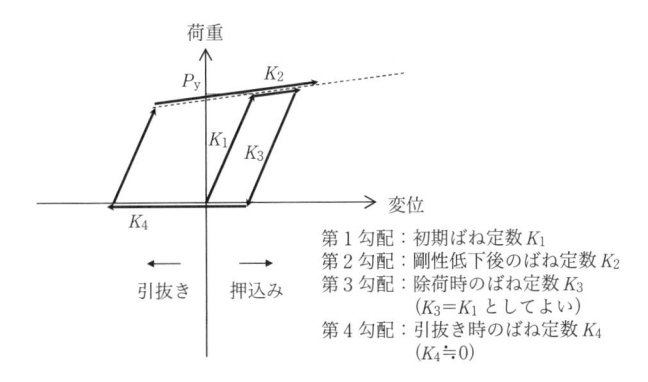

←引抜き　押込み→

第1勾配：初期ばね定数 K_1
第2勾配：剛性低下後のばね定数 K_2
第3勾配：除荷時のばね定数 K_3（$K_3=K_1$ としてよい）
第4勾配：引抜き時のばね定数 K_4（$K_4\fallingdotseq 0$）

付属図 8.7.3 非対称バイリニア型履歴曲線の概要

（3） 杭周面の鉛直ばねの履歴モデル

杭周面の鉛直ばねに与える履歴曲線は，バイリニア型を用いてよい．バイリニア型の履歴曲線の概要を付属図 8.7.4 に示す．

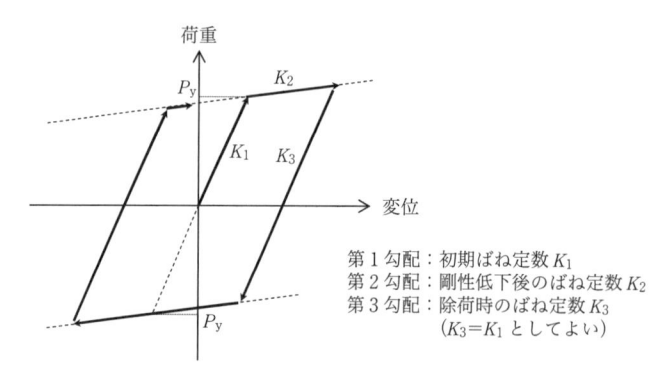

第 1 勾配：初期ばね定数 K_1
第 2 勾配：剛性低下後のばね定数 K_2
第 3 勾配：除荷時のばね定数 K_3
　　　　　（$K_3=K_1$ としてよい）

付属図 8.7.4　バイリニア型履歴曲線の概要

2.2 支持ばねに置換したモデルを用いる場合

杭基礎を支持ばねに置換したモデルは，大規模な領域をモデル化する必要がある等の理由で，解析上の制約から上部構造物の挙動のみに着目する場合など，解析の目的を限定的にした場合に用いられる．杭基礎を支持ばねに置換してモデル化する場合には，地震時の基礎および地盤の挙動が上部構造物に及ぼす影響を適切に表現できるような支持ばねとしてモデル化する必要がある．

支持ばねは，一般的な橋脚の場合には水平ばねと回転ばねの2種類を考慮すればよく，必要と判断される場合には鉛直ばねを考慮するのがよい．なお，ラーメン高架橋など複雑な構造物では，モデル化が困難な場合があることから，適用にあたっては注意が必要である．

（1） 支持ばねの骨格曲線

杭基礎の支持ばねの骨格曲線は，橋脚く体や柱，梁など，支持ばねとして評価する要素以外は線形として構造物全体系のプッシュ・オーバー解析を実施し，杭基礎の支持ばね位置における水平荷重 P 〜水平変位 δ，回転モーメント M 〜回転角 θ，鉛直荷重 P 〜鉛直変位 δ 関係に基づいて設定してよい．これは，構造物の応答が1次の振動モードが卓越すると仮定して算出したものであり，荷重 P 〜回転角 θ，曲げモーメント M 〜変位 δ の連成成分は含まれているものとして取り扱ってよい．

基礎・地盤系の荷重〜変位関係は滑らかな曲線形状となることが多い．その非線形性を適切にモデル化する方法として，多点の折れ点近似等，最も良く近似できるモデルを用いるのが望ましいが，一般には，原点と降伏点および許容する最大変形点を結ぶバイリニア型を用いてよい．

（2） 支持ばねの履歴曲線

支持ばねの履歴曲線は，基礎部材および地盤の特性を考慮して設定するものとする．一般に，杭基礎の支持ばねの履歴特性は Clough 型としてよい．

3. 直接基礎の場合

3.1 分布ばねを用いてモデル化する場合[1]

直接基礎の地盤抵抗特性を相互作用ばねによりモデル化する場合は，一般には以下の特性を考慮する．

（1）　フーチング底面の鉛直地盤抵抗特性（鉛直ばね）

（2） フーチング底面の水平地盤抵抗特性（水平ばね）

フーチング底面の鉛直地盤抵抗特性については，直接基礎の鉛直方向の沈下に対して抵抗力を発揮するだけでなく，回転変形に対しても抵抗力を発揮する．「鉄道構造物等設計標準・同解説（基礎構造物）」には鉛直ばねをフーチング底面全体に分布させ，上記の特性を直接評価できる分布ばねモデルが示されている．ここでは，分布ばねモデルに用いられる鉛直ばねと，フーチング底面の水平地盤抵抗特性をモデル化した水平ばねに与える履歴モデルの概要を示す．なお，各相互作用ばねに与える骨格曲線および上限値は，「鉄道構造物等設計標準・同解説（基礎構造物）」に基づいて設定してよい．

（1） フーチング底面の鉛直ばねの履歴曲線

分布させる各鉛直ばねに与える履歴曲線は，底面の浮き上がりと底面地盤の塑性化を考慮して，押込み側の塑性変位量を記憶する非対称スリップ型とする．非対称スリップ型の履歴曲線の概要を**付属図 8.7.5** に示す．なお，一般的な条件では，除荷剛性は初期剛性と同等と考えてよい．

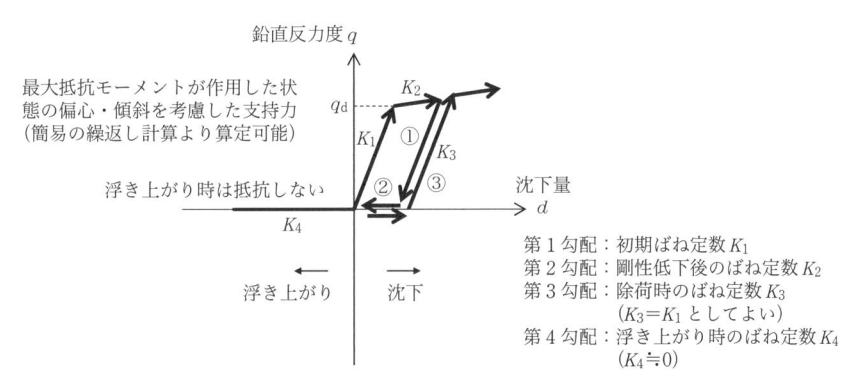

付属図 8.7.5 非対称スリップ型履歴曲線の概要

（2） フーチング底面の水平ばねの履歴曲線

フーチング底面の水平地盤反力特性をモデル化した水平ばねに与える履歴モデルは，バイリニア型の履歴曲線を用いてよい．バイリニア型の履歴曲線の概要は，**付属図 8.7.4** を参照してよい．

3.2 回転ばねを用いてモデル化する場合

直接基礎に用いられる回転ばねモデルは，地盤および基礎を支持ばねに置換してモデル化する方法に相当するモデルである．なお，回転ばねモデルは，過去に実施された直接基礎の各種模型実験，実構造物の載荷試験等に基づき設定されたものであり，多数の設計実績を有する．

支持ばねは，一般的な橋脚の場合には回転ばねと水平ばねの2種類を考慮すればよく，必要と判断される場合には鉛直ばねを考慮するのがよい．ただし，ラーメン高架橋などで基礎に作用する鉛直荷重の変動が大きい場合には，分布ばねモデルを用いるのがよい．なお，各相互作用ばねに与える骨格曲線および上限値は，「鉄道構造物等設計標準・同解説（基礎構造物）」に基づいて設定してよい．

（1） 回転ばねの履歴曲線

回転ばねの履歴曲線は，根入れの影響を考慮して設定するものとする．ただし，フーチング前面の水平ばね等により，解析で根入れの影響を別途考慮する場合には，注意する必要がある．

1） 根入れを確保した直接基礎の場合

岩盤以外の地盤に構築される直接基礎で，その根入れの大きさが一般的である場合の直接基礎用の回転

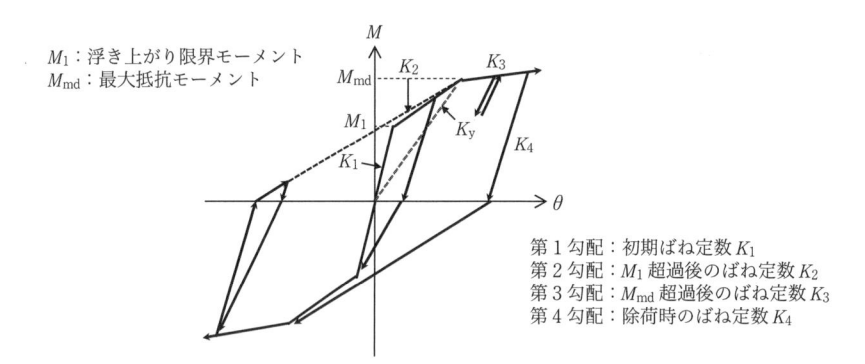

M_1：浮き上がり限界モーメント
M_{md}：最大抵抗モーメント

第1勾配：初期ばね定数 K_1
第2勾配：M_1 超過後のばね定数 K_2
第3勾配：M_{md} 超過後のばね定数 K_3
第4勾配：除荷時のばね定数 K_4

付属図 8.7.6 根入れの深い直接基礎の回転ばねに与える履歴曲線の概要

ばねの履歴モデルについて，その概要を**付属図 8.7.6**に示す．除荷時の経路（**付属図 8.7.6**中の K_4）については，根入れ深さに応じ，以下のように第4勾配 K_4 と第1勾配 K_1 の間に次式をあてはめるものとする．

$$K_4/K_1 = \alpha \tag{1}$$

ただし，$\alpha = D_f/B$
　　　　B：フーチング幅（m）
　　　　D_f：根入れ深さ（m）

2）岩盤上に構築された直接基礎の場合および著しく根入れが小さい直接基礎の場合

河川橋梁などの直接基礎では，岩盤上に構築される場合や，耐用期間内において河川低下が著しく進行し，根入れがほとんどなくなる状況に陥る場合がある．このような場合の回転ばねの履歴モデルは，原点指向の特性を考慮したモデルとしてよい．その概要を**付属図 8.7.7**に示す．なお，ここに示す原点指向型の履歴モデルは，鉄筋コンクリート構造物に用いられる一般的な原点指向型の復元力特性とは異なり，再載荷の経路で必ず骨格曲線を通過するモデルとした．これにより，過去の最大応答点を越えない範囲であっても履歴エネルギーの消費が期待できる特徴を持っている．

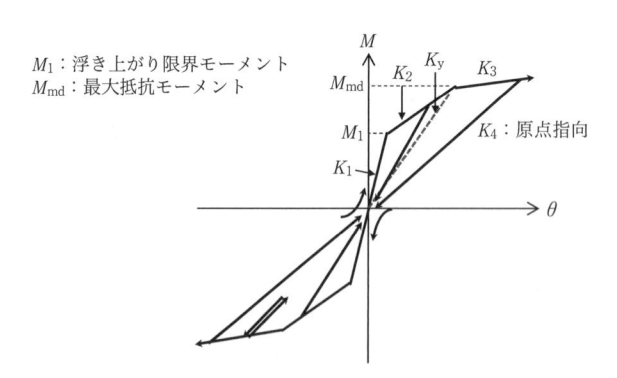

M_1：浮き上がり限界モーメント
M_{md}：最大抵抗モーメント

K_4：原点指向

付属図 8.7.7 根入れの浅い直接基礎の回転ばねに与える履歴曲線の概要

（2） 水平ばねの履歴曲線

水平ばねに与える履歴曲線については，分布ばねを用いてモデル化する場合のフーチング底面の水平ばねの履歴曲線（「**3.1 分布ばねを用いてモデル化する場合**」の（2））を参照してよい．

4. ケーソン基礎の場合

4.1 一体型モデル（質点系モデル）を用いた場合

ケーソンの地盤抵抗特性を相互作用ばねによりモデル化する場合は，一般には以下の特性を考慮する．

（1） 前・背面の水平地盤抵抗（水平ばね）
（2） 前・背面の鉛直地盤抵抗（鉛直ばね）
（3） 側面の水平せん断地盤抵抗（水平ばね）
（4） 底面の鉛直地盤抵抗（鉛直ばね）
（5） 底面の水平地盤抵抗（水平ばね）

以下に，各地盤抵抗の履歴曲線について示す．なお，各相互作用ばねに与える骨格曲線および上限値は，「鉄道構造物等設計標準・同解説（基礎構造物）」に基づいて設定してよい．

（1） 前・背面の水平地盤抵抗

前・背面の水平地盤抵抗をモデル化した水平ばねの履歴曲線の設定は，一般に杭基礎の水平地盤抵抗に準じて，Clough型を用いてよい．ただし，ケーソン上部などで剥離の影響が考えられる場合には，スリップ型を用いるのがよい．

（2） 前・背面の鉛直地盤抵抗

前・背面の鉛直地盤抵抗は，ケーソンと地盤の摩擦により発揮されると考えられる．そこで，前・背面の鉛直地盤抵抗をモデル化した鉛直ばねの履歴曲線の設定は，杭周面の周面ばねと同様に考え，バイリニア型を用いてよい．

（3） 側面の水平せん断地盤抵抗

側面の水平せん断地盤抵抗は，前・背面の鉛直地盤抵抗と同様にケーソンと地盤の摩擦により発揮されると考えられる．そこで，側面の水平せん断地盤抵抗をモデル化した水平ばねの履歴曲線の設定も同様にバイリニア型を用いてよい．

（4） 底面の鉛直地盤抵抗

底面の鉛直地盤抵抗は，直接基礎のフーチング底面と同様の考え方でモデル化してよく，分布ばねモデルもしくは回転ばねモデルが用いられる．したがって，履歴曲線の設定も直接基礎のモデル化方法を参考に設定するのがよい．

（5） 底面の水平地盤抵抗

底面の水平地盤抵抗についても，直接基礎のフーチング底面と同様の考え方でモデル化してよい．したがって，履歴曲線の設定も直接基礎のモデル化方法を参考に設定するのがよい．

4.2 支持ばねに置換したモデルを用いる場合

ケーソン基礎を支持ばねに置換したモデルを用いる場合は，地震時の基礎および地盤の挙動が上部構造物に及ぼす影響を適切に表現できるようにモデル化する必要がある．支持ばねは，杭基礎の場合と同様に，一般的な橋脚の場合には水平ばねと回転ばねの2種類を考慮すればよく，必要と判断される場合には鉛直ばねを考慮するのがよい．

なおケーソン基礎は，一般に入力損失効果が大きいことが知られている．入力損失効果を考慮する場合には，「**付属資料10-3** 橋梁および高架橋の所要降伏震度スペクトル」を参照するのがよい．

（1） 支持ばねに与える骨格曲線

ケーソン基礎の支持ばねの骨格曲線は，杭基礎と同様に，橋脚く体等，支持ばねとして評価される要素以外は線形として構造物全体系のプッシュ・オーバー解析を実施し，基礎頂部位置における水平荷重 P

~水平変位 δ，回転モーメント M～回転角 θ，鉛直荷重 P～鉛直変位 δ 関係に基づいて設定してよい．これは，構造物の応答が1次の振動モードが卓越すると仮定して算出したものであり，荷重 P～回転角 θ，曲げモーメント M～変位 δ の連成成分は含まれているものとして取り扱ってよい．

基礎・地盤系の荷重～変位関係は滑らかな曲線形状となることが多い．その非線形性を適切にモデル化する方法として，多点の折れ点近似等，最も良く近似できるモデルを用いるのが望ましいが，一般には，原点と降伏点および許容する最大変形点を結ぶバイリニア型を用いてよい．

（2） 支持ばねに与える履歴曲線

ケーソン基礎の支持ばねの履歴曲線は，基礎部材および地盤の特性を考慮して設定するものとする．ケーソン基礎の応答値における地盤抵抗の影響は，ケーソン基礎等のように大型基礎の場合では種々の要素が考えられるが，一般に基礎前面の水平抵抗の影響が最も大きい．この基礎前面の水平抵抗地盤の履歴特性は，自立型地盤ではスリップ型，非自立型地盤では紡錘型を示すことが知られている．ここで，自立型地盤とは，主働土圧が負となる領域にあり構造物が土から離れた場合に土が自立し隙間が開く地盤のことである．逆に非自立型地盤とは，構造物と地盤の間に隙間が開いた場合，土が自立せず隙間が埋まる地盤である．

このような履歴特性を考慮して，水平方向の相互作用ばねに，地盤の自立性状に応じた履歴特性を与えて解析を行い，基礎天端位置での基礎・地盤系の復元力特性を求めた結果，基礎の長さに占める地盤の自立領域の範囲が，基礎・地盤系の履歴性状に影響を及ぼすことが明らかとなっている．現状では実測データも少なく，おのおの地盤抵抗の影響度合いも解明されていないが，一般的なケーソン基礎の場合には自立高さを考慮した履歴曲線を用いてよいものとする．

履歴曲線の概要を，**付属図 8.7.8** に示す．荷重の増加に伴い変形は，①骨格曲線に沿って初期勾配で増加し，②降伏後は第2勾配上を骨格曲線に沿って増加する．除荷が起こると③初期勾配で荷重が0になるまで戻る．荷重が0から逆方向への載荷については④非自立線-Dと骨格曲線の交点を指向し，骨格曲線と交わると⑤骨格曲線に沿って増加し，降伏後は⑥骨格曲線の第2勾配に沿って増加する．第2ループ以降は，除荷が起こると⑦荷重が0まで初期勾配で戻り，⑧荷重が0になると，前ステップにおける非自立線-Uと除荷曲線③の交点を指向する．非自立線-Uと交わると⑨初期勾配で骨格曲線まで増加後，⑩骨格曲線に沿って増加する．

ここで，非自立線（U，D）は**付属図 8.7.9** に示すように，$\beta z=1$ の場合は第2勾配を延長した直線であり，$\beta z=0$ の場合は荷重0の線上とし，1～0の間では，両者を比例配分した勾配と接線を持つ直線とする．ここに，βz を非自立係数と呼ぶことにする．

βz の変化による履歴性状の変化を**付属図 8.7.10** に示す．(1) $\beta z=1$ の場合は完全非自立型，(3) $\beta z=0$

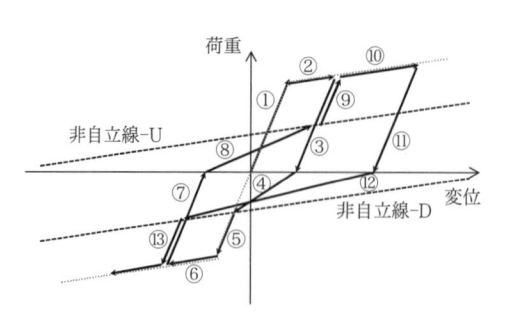

付属図 8.7.8 ケーソン基礎に与える履歴曲線の概要

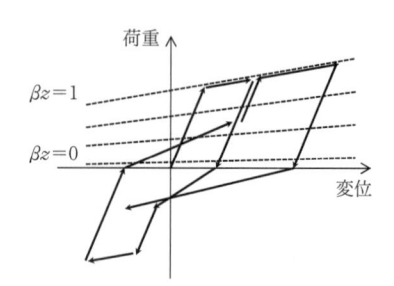

付属図 8.7.9 非自立線と非自立係数 βz の関係の概念図

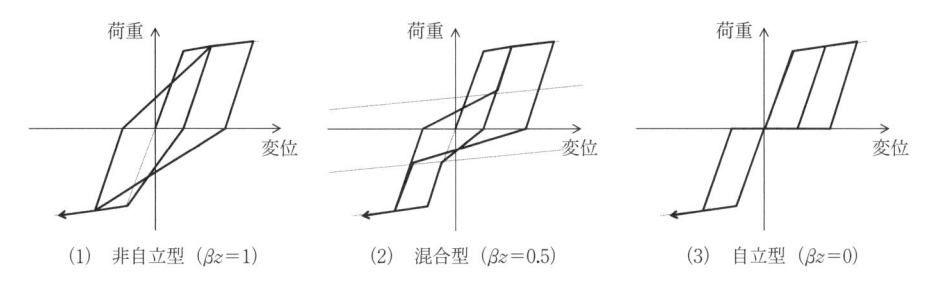

付属資料 8-7 相互作用ばねの非線形性のモデル化方法　329

(1) 非自立型（$\beta z = 1$）　(2) 混合型（$\beta z = 0.5$）　(3) 自立型（$\beta z = 0$）

付属図 8.7.10 非自立係数 βz による履歴性状の変化

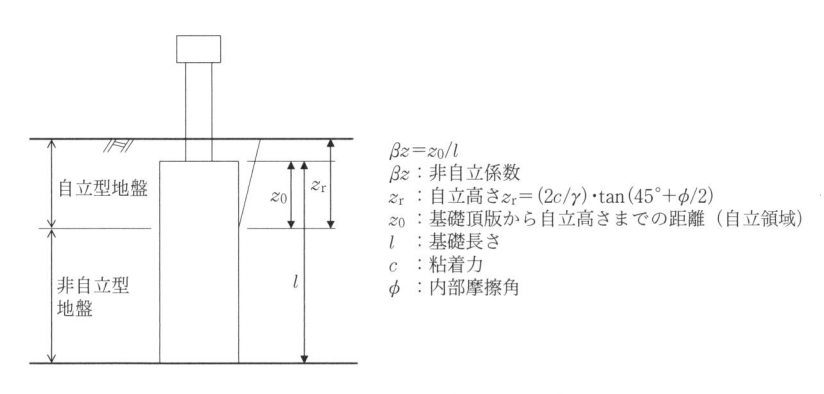

$\beta z = z_0 / l$
βz：非自立係数
z_r：自立高さ $z_r = (2c/\gamma) \cdot \tan(45° + \phi/2)$
z_0：基礎頂版から自立高さまでの距離（自立領域）
l：基礎長さ
c：粘着力
ϕ：内部摩擦角

付属図 8.7.11 非自立係数 βz の設定

では完全自立型となり，それぞれ Clough 型，スリップ型の履歴性状となる．(2) $\beta z = 0.5$ の場合は両者の中間的な値となる．

なお，βz の値は，側方地盤が自立型地盤か非自立型地盤であるか，また，側方および前面の地盤抵抗と基礎底面の割合などに複雑に影響されると考えられる．しかし，載荷試験のシミュレーションによると，βz の値を基礎長さ (l) と自立領域 (z_0) の比（ただし，基礎の回転中心付近は周囲の地盤が崩れやすい状況にあることを勘案して下限値を設定することとし，$0.4 \leq \beta z \leq 1.0$ とする）とすれば，概ね実測結果を表現できる．ここで，自立領域とは**付属図 8.7.11**に示す自立高さ以浅にあるケーソン基礎側方に存在する自立型地盤の領域のことである．自立型および非自立型地盤の判定は**付属図 8.7.11**の z_r の算定式による自立高さの判定による．なお，地下水中の砂質土は非自立型と判定するものとする．

5. 相互作用ばねの非線形性を詳細にモデル化する場合[2)]

相互作用ばねは，以下に示す 2 つの非線形性の影響を受けることが既往の模型杭による載荷試験により確認されている．

① ローカル非線形性（Local Nonlinearity）…上部構造物からの慣性力が杭に伝達され，杭と地盤間の相互作用により，杭周辺地盤が局所的に非線形化する影響
② サイト非線形性（Site Nonlinearity）…地盤がせん断変形して非線形化することによる影響

従来の設計において，相互作用ばねに用いられる剛性は，「鉄道構造物等設計標準・同解説（基礎構造物）」では，水平載荷試験により得られる地盤反力 P と基礎の変位 δ の関係（P-δ 関係）に対して，ある目標変位レベルに対する等価線形剛性として設計地盤ばね定数を定めて算出している．この目標変位レベルは基礎形式によって異なるが，杭の設計地盤ばね定数の場合は杭頭で 10 mm 程度を想定したもので

地盤反力 P

K_{h0}

K_h

実際の水平載荷試験から得られる P-δ 関係
—— 設計に用いる地盤ばね K_h（バイリニアモデル）
---- 微小ひずみ領域における地盤ばね K_{h0}

変位 δ

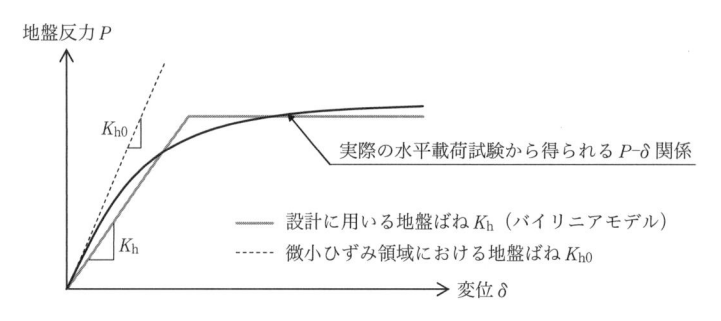

付属図 8.7.12 杭の水平載荷試験より得られる地盤反力と基礎変位の関係と設計地盤ばね定数の考え方

ある．**付属図 8.7.12** は，実際の P-δ 関係と設計で用いられている相互作用ばねのモデル化方法における剛性の関係を示したものである．つまり，バイリニア形モデルに与える初期剛性は，ある程度のひずみレベルを想定しており，これはサイトの非線形性がある程度考慮されているとも解釈できる．このような設定は，設計の利便性を考慮してモデル化されたものであるが，一般には十分な精度で評価できることが多い[3]．しかし，特に重要な構造物や大規模な構造物の設計を行う場合など詳細に解析を行う場合には，上記の2つの非線形性を陽な形で考慮することが重要である．そこで，ローカル非線形性とサイト非線形性を直接モデル化する方法を下記に示す．

（1）骨格曲線

1）ローカル非線形性の評価方法

ローカル非線形性は，慣性力により杭が変形することに起因する杭近傍地盤に生じる非線形性である．実験における地盤反力 P-変位 δ 関係は，従来のバイリニアモデルよりも複雑であり，一般にひずみレベルに応じて剛性が徐々に低下することが知られている．このようなモデル化には，例えば双曲線モデルなどを用いることができる．以下に，ローカル非線形性の骨格曲線に，双曲線モデルを用いた場合の評価方法を示す．

$$P = \left(\frac{K_{h0} \delta}{1 + (\delta/\delta_y)} \right) \quad (2)$$

$$\delta_y = P_e / K_{h0} \quad (3)$$

ここで，P：地盤反力
　　　　δ：変位
　　　　K_{h0}：微小ひずみ領域における地盤ばねの剛性
　　　　δ_y：基準変位で式（3）より求める
　　　　P_e：有効抵抗土圧

2）サイト非線形性の評価方法

サイト非線形性は，地震波の伝播に起因して自由地盤が非線形化することによる効果である．**付属図 8.7.13** にサイト非線形性のモデル化方法を示す．具体的には，自由地盤の非線形動的解析結果より得られる土の応力-ひずみ関係から，各層のせん断剛性（割線剛性）の時刻歴を算定する．この割線剛性を用いて，時々刻々相互作用ばねの初期剛性を算定・更新することによりサイト非線形性の影響を取り入れることができる．つまり，地盤の初期剛性が自由地盤のせん断ひずみ γ の関数 $K_{h0}(\gamma)$ として定義される．

3）ローカル非線形性とサイト非線形性の評価方法

2）で示した時々刻々変化する初期剛性 $K_{h0}(\gamma)$ を式（2）に代入することで，ローカル非線形性とサ

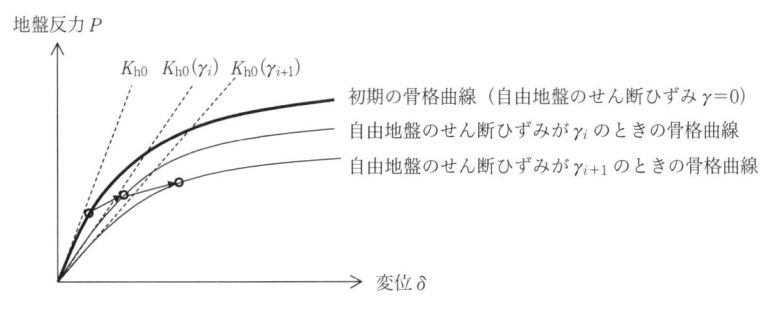

付属図 8.7.13 サイト非線形性を考慮した場合の相互作用ばねの考え方

イト非線形性を同時に考慮することができる．このモデルは，付属図 8.7.13 に示すように相互作用ばねの骨格曲線が自由地盤のひずみレベルに応じて変化し徐々に乗り移る挙動となる．これは，RC 部材の軸力変動モデルと同様の計算手法を用いることで解析可能である．なお，有効抵抗土圧を規定するパラメータである地盤の諸定数は変化しないものとしてよい．

(2) 履歴曲線

双曲線モデルを用いる場合には，履歴法則には Masing 則を用いてよい．

参 考 文 献

1) 西村隆義，西岡英俊，神田政幸，舘山 勝：分布地盤ばねモデルによる地震後の直接基礎の沈下量評価法，鉄道総研報告，Vol. 24, No. 7, pp. 23-28, 2010.7.
2) 室野剛隆，小長井一男：土の非線形性を考慮した動的相互作用の新たな表現方法，土木学会地震工学論文集，Vol. 27 (CD-ROM), 2003.
3) 室野剛隆，西岡英俊，野上雄太：地盤の非線形性を考慮した杭の地震時の水平抵抗特性，鉄道総研報告，Vol. 24, No. 7, pp. 35-40, 2010.7.

付属資料 8-8　構造物上の電車線柱の設計応答値算定法について

1. はじめに

　高架橋等の構造物上に建植されている電車線柱の地震時の挙動は，構造物との相互作用の結果として現れるものである．従来，土木構造物と電車線柱の設計は，実務上，それぞれ独立して実施されてきた．しかし，構造物上に建植された電車線柱にとって，構造物の応答が電車線柱への入力となるとともに，電車線柱の応答は構造物の設計にとっては地震作用の1つにもなる．つまり，構造物と電車線柱は相互作用系を成している．例えば，構造物の耐力が大きくなると，それは電車線柱への入力加速度が大きくなることを意味し，逆に，電車線柱の耐力を非常に大きなものにした場合には，高架橋側の受け梁等に過度な損傷が及ぶ可能性がある．

　また，2011年の東北地方太平洋沖地震では，多くの電車線柱が折損・傾斜する被害が発生するとともに，その被害を説明するには構造物の挙動の評価が必要不可欠であったことからも，構造物と電車線柱が相互作用系を成すことの重要性は明らかである．

　このような観点から，本標準では，「8.6 構造物に付随する施設の応答値の算定」を設け，電車線柱の挙動を算定する場合の入力波の与え方や，それに基づく設計応答値の考え方にも言及した．本標準では，上述したように，構造物と電車線柱が相互作用系を構成することから，電車線柱の地震時の挙動を算定する場合には，付属図 8.8.1 に示すような構造物－電車線柱を一体でモデル化（以下，一体型モデル）して評価することを基本とした．ただし，現状では，構造物と電車線柱の設計・照査は，実務上，それぞれ独立して実施されることが多く[1]，付属図 8.8.2 に示すような構造物と電車線柱を分離したモデル（以下，分離型モデル）を用いることが一般的である．この場合，電車線柱の耐震設計は，電車線柱の応答を電車

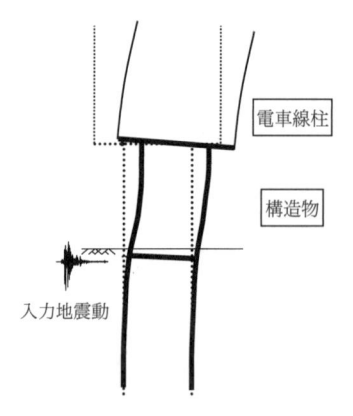

付属図 8.8.1　構造物と電車線柱の一体型モデル 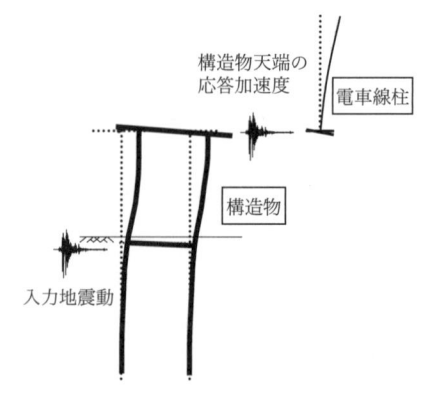　　　　付属図 8.8.2　構造物と電車線柱の分離型モデル

付属資料 8-8 構造物上の電車線柱の設計応答値算定法について　　333

線柱の応答スペクトルを用いて地震作用を決定し（応答スペクトル法），断面力や変形の照査を行うのが一般的である．上記のことに鑑み，本付属資料では，電車線柱の応答を分離型モデルによる応答スペクトルを用いて算定することを前提とした場合の入力と設計応答値の考え方について示すものとした．

なお，本標準では電車線柱への入力と設計応答値の考え方のみを示したものであり，その設計については，関連する標準や指針[1]によられたい．

2. 分離モデルにおける注意点

応答スペクトル法により電車線柱の設計応答値を算定する場合には，構造物天端の加速度波形を入力波として電車線柱の応答スペクトルを設定し，それにより電車線柱の設計応答値を算定する．しかし，近年の研究成果によると，構造物と電車線柱の相互作用の特性として，以下の現象による影響が大きいことが明らかになってきた[2]~[4]．

① 構造物と電車線柱の周期比と地震動の入力レベルの影響
② 地震動の継続時間による影響
③ 構造物の回転振動

そこで，上記①～③が電車線柱の応答へ及ぼす影響について記載するとともに，分離型モデルを用いた応答スペクトル法において，これらの影響を考慮した電車線柱の応答値の実用的な算定方法について示す．

3. 構造物と電車線柱の周期比と地震動の入力レベルおよび継続時間の影響

3.1 応答値を算定する上でのポイント

構造物上の電車線柱の応答は，構造物と電車線柱との周期比による影響を大きく受け，両者が共振すると著しく電車線柱の応答が大きくなる．そのため，構造物と電車線柱の周期の関係を把握しておくことが重要である．

構造物は一般に，地震力が大きくなると塑性化し，その振動周期も長周期化する傾向にある．逆に，構造物が塑性化しないような中小規模の地震では，地震時の構造物の周期は初期の振動周期を保持したままであると考えられる．そのため，構造物と電車線柱の周期の関係は，地震動のレベルによっても変化することになる．つまり，電車線柱の応答は必ずしも大地震時に最大となるとは限らず，中小地震においても構造物との周期が一致した場合の方が応答が大きくなる可能性が考えられる[2]．

また，構造物と電車線柱が共振する場合，継続時間の短い地震動に比べて，継続時間の長い地震動（例えばL2地震動スペクトルⅠ）の方が共振過渡応答の影響により，電車線柱の応答が大きくなる可能性が指摘されている[3]．

以上の点を考慮し，電車線柱の設計応答値は，電車線柱と構造物の周期比と入力地震動の大きさや継続時間に注意して算定する必要がある．

3.2 地震動の入力レベルが構造物上の電車線柱の応答に与える影響の例

地震動の入力レベルによる構造物の振動周期の変化とその影響を受けた電車線柱の応答値を確認するため，地震動の入力レベルを変化させ，構造物上の電車線柱の応答について検討した結果の一例を示す．解析方法としては，分離型モデルを用い，地震時の構造物の水平加速度を電車線柱へ入力する手法を用いた．また，構造物，電車線柱を1質点系でモデル化し，構造物には橋脚の復元力特性をCloughモデルにより表現した非線形モデルを，電車線柱には線形モデルを用いた．入力地震動はL2地震動スペクトルⅡをベースとし，地震動の振幅を0.2倍，0.3倍，0.5倍，1.0倍と調整した4ケースで検討した．

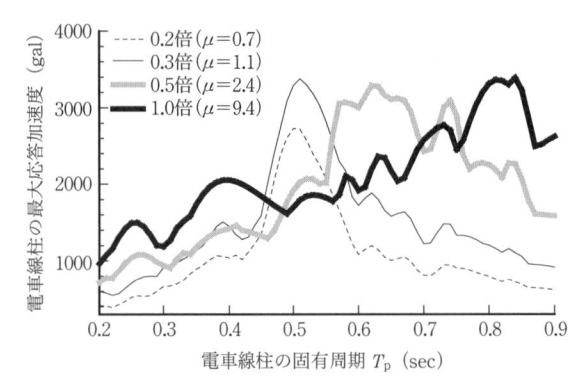

付属図 8.8.3 　地震動の入力レベルと構造物上の電車線柱の最大応答値

解析結果の一例として，構造物の等価固有周期 T_{eq} が 0.5 sec，降伏震度 k_{hy} が 0.5 である場合の構造物天端の波形を電車線柱への入力として，様々な周期を有している電車線柱ごとの最大応答値を**付属図 8.8.3** に示す．

付属図 8.8.3 より，入力レベルが 0.2 倍，0.3 倍の地震動では，構造物の応答塑性率 μ が 0.7，1.1 とほとんど塑性化しない．そのため，電車線柱の固有周期 T_p が構造物の等価固有周期 T_{eq} と一致する 0.5 秒の場合に，構造物と電車線柱が共振して電車線柱の応答が増幅していることが確認できる．一方，入力レベルが 0.5 倍，1.0 倍の地震動では構造物の応答塑性率 μ が 2.4，9.4 と塑性化しており，構造物の振動周期が長周期化する．そのため，入力レベルが 0.5 倍だと約 0.6 sec の電車線柱が，入力レベルが 1.0 倍だと約 0.8 sec の電車線柱がそれぞれ共振し，電車線柱の応答が増幅していることが確認できる．以上のことから，電車線材の固有周期 T_p が 0.5 sec の場合は，入力レベルの大きな地震動よりも入力レベルが 0.2 倍，0.3 倍と小さな地震動に対して，大きな応答値を示していることがわかる．

3.3 　地震動の継続時間が構造物上の電車線柱の応答に与える影響の例

3.2 と同様の解析方法を用いて，地震動の継続時間が電車線柱の応答に与える影響について検討した結果の一例を示す．ここで，構造物の等価固有周期 T_{eq} は 0.5 sec とし，線形モデルでモデル化した．入力地震動は，継続時間の長い L2 地震動スペクトル I と継続時間の短い L2 地震動スペクトル II を用いた．

解析結果を**付属図 8.8.4** に示す．電車線柱の固有周期 T_p が構造物の周期 T_p と近いと共振し，その際には L2 地震動スペクトル I の方が L2 地震動スペクトル II よりも 4 割近くも大きいことが確認できる．

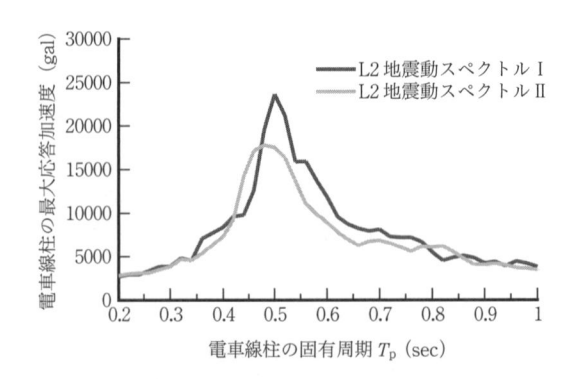

付属図 8.8.4 　地震動の継続時間と構造物上の電車線柱の最大応答値

付属資料 8-8　構造物上の電車線柱の設計応答値算定法について　335

3.4 電車線柱の応答スペクトルの設定法

3.2, 3.3 の検討結果より，電車線柱の耐震設計において，L2地震動だけでなく，振幅がそれよりも小さい地震や継続時間の長い地震に対しても配慮するのが望ましいことが分かる．よって，電車線柱の応答スペクトルを設定する場合には，L2地震動だけでなく，中小の地震も含めた電車線柱の応答スペクトルを算出し，**付属図 8.8.5** に示すようにこれらのスペクトル群を総合的に勘案して設定するのが望ましい．

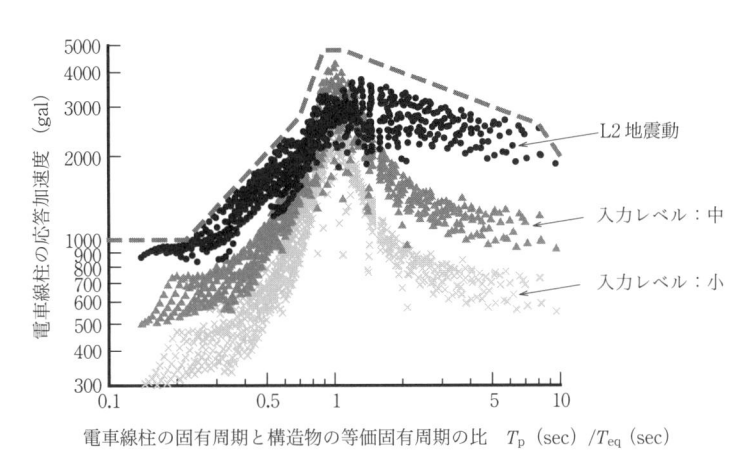

付属図 8.8.5　電車線柱の応答スペクトルの例

4. 構造物の回転振動による影響

4.1 応答値を算定する上でのポイント

前述したように，従来の電車線柱の耐震設計[1]では，**付属図 8.8.6** (a) に示すような分離モデルを用いて，地震時の構造物の水平振動のみを電車線柱への入力として，その応答スペクトルが設定されてきた．しかし，既往の研究では，電車線柱の地震時の挙動を適切に評価するには，構造物の水平振動の他に回転振動を電車線柱へ入力する必要性が指摘されている[4]．よって，分離型モデルを用いて構造物上の電車線柱の応答値を算定する場合は，**付属図 8.8.6** (b) に示すように構造物の水平振動と回転振動の両者を電車線柱へ入力する必要がある．本項では，電車線柱の応答が構造物の回転振動によって大きくなる例を示

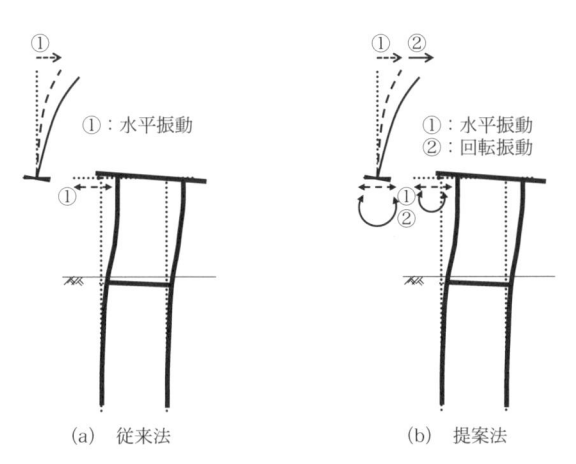

(a) 従来法　　　(b) 提案法

付属図 8.8.6　分離型モデルにおける電車線柱への入力方法

すとともに，電車線柱の耐震設計において，構造物の回転振動による影響を取り入れる実務的な方法を示す．

4.2 構造物の回転振動が電車線柱へ与える影響の例

構造物の回転振動が電車線柱へ与える影響について把握するため，一体型モデルと分離型モデルそれぞれで動的解析を行い，電車線柱の応答値を比較した．ここで，分離型モデルにおける電車線柱への入力は，構造物の水平振動のみの入力と，構造物の水平振動と回転振動の入力の2通りとした．以上の方法により算出された電車線柱上端の時刻歴応答加速度の例を付属図8.8.7に示す．これらの結果より，水平振動のみを入力した分離型モデル（付属図8.8.7 (a)）では，一体型モデルに比べて電車線柱の応答値が小さいが，水平振動と回転振動を入力した分離型モデル（付属図8.8.7 (b)）では，一体型モデルとほぼ同値であることがわかった．これより，分離型モデルを用いて電車線柱の応答値を算定する際，構造物の水平振動に加えて回転振動を電車線柱へ入力する必要があることが確認できた．

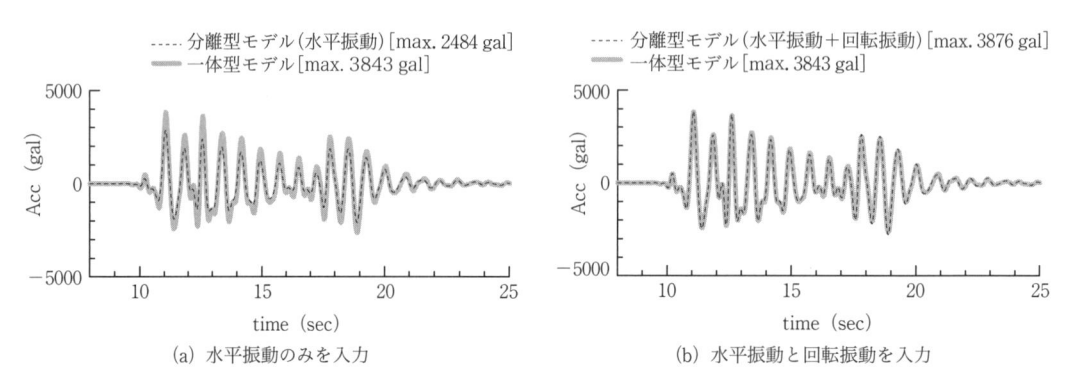

(a) 水平振動のみを入力　　　(b) 水平振動と回転振動を入力

付属図 8.8.7　電車線柱上端の時刻歴応答加速度（一体型モデルと分離型モデルの比較）

4.3 構造物の回転振動を考慮した電車線柱の応答算定法

4.2の検討から，分離型モデルを用いて電車線柱の応答値を算定する場合には，構造物の水平振動のほか，回転振動による影響を考慮する必要があることが確認された．このためには，構造物の回転振動が既知でなければならない．

動的解析法を用いて構造物の応答値を算定する場合には，構造物天端の水平振動および回転振動がその結果として得られるので，両者を電車線柱下端へ入力して電車線柱の応答値を算定すればよい．一方，静的解析法を用いて構造物の応答値を算定する場合には，構造物の回転振動を正確に算定することは難しい．そこで，構造物の水平振動から算定される電車線柱の応答値を補正して，構造物の回転振動による影響を取り入れる方法を提案し，以下に示す．

① 「**8.2** 設計地震動に対する応答値を算定するための解析」に基づき，構造物のプッシュ・オーバー解析を行う．

② ①の段階で，構造物が降伏したときの電車線柱下端の構造物の変位（以下，降伏変位）δ_y(m)，回転角（以下，降伏回転角）θ_y(rad) を算定する．

③ 降伏変位 δ_y(m)，降伏回転角 θ_y(rad) を用いて，回転振動による影響を考慮した補正係数 k_θ を式(1) により算定する．

$$k_\theta = \theta_y / \delta_y \tag{1}$$

④ 構造物の水平振動のみを考慮した電車線柱の水平応答震度 A_h から，式(2) を用いて，構造物の水平振動と回転振動を考慮した電車線柱の水平応答震度 A_h' を算定する．

$$A_h' = A_h \times (1 + k_\theta \times H) \tag{2}$$

ここで，k_θ：式（1）より算定される補正係数

　　　　H：電車線柱の高さである．

⑤ 電車線柱の照査を行う場合は，この水平応答震度 A_h' を用いて，関連する標準や指針[1]を参考に照査を行うとよい．

4.4 提案法の検証

4.3で示した提案法の妥当性を確認するため，提案法により算定される補正係数と動的解析により算定される電車線柱の応答値とを比較した．対象とした構造物を**付属表 8.8.1**に示す．電車線柱は，電車線柱高さ H を 10 m とし，鋼管柱・コンクリート柱の2種類を対象とした．

提案法により算定された各構造物の補正係数と，電車線柱最大応答値の一体型モデル/分離型モデル（従来法）の比を**付属表 8.8.2**に示す．また，一体型モデルと分離型モデル（従来法・提案法）の電車線柱天端の応答震度の比較図を**付属図 8.8.8**に示す．これらの結果より，多少のばらつきはあるものの，提

付属表 8.8.1　構造物の解析モデル諸元

解析 CASE	構造物種類	基礎形式	橋梁高さ (m)
CASE 1	1層ラーメン	1柱1杭	6.6
CASE 2	1層ラーメン	細径群杭	7.9
CASE 3	2層ラーメン	細径群杭	16.2
CASE 4	橋脚（降伏部位：く体基部）	太径群杭	8.0
CASE 5	橋脚（降伏部位：杭基礎）	太径群杭	8.0

付属表 8.8.2　提案法により算定された補正係数と回転振動による影響比較

解析 CASE	降伏震度 k_{hy}	降伏変位 δ_y (m)	降伏回転角 θ_y (rad)	提案法より算定		電車線柱最大応答値比 一体型モデル/分離型モデル（従来法）	
				補正係数 $k_\theta (= \theta_y/\delta_y)$	$1 + k_\theta \times H$	鋼管柱	コンクリート柱
CASE 1	0.611	0.068	0.00357	0.0528	1.53	1.63	1.47
CASE 2	0.419	0.024	0.00084	0.0354	1.35	1.10	1.04
CASE 3	0.427	0.064	0.00106	0.0166	1.17	1.16	1.09
CASE 4	0.717	0.183	0.01318	0.0719	1.72	1.75	1.61
CASE 5	0.571	0.165	0.00991	0.0602	1.60	2.09	1.83

＊ 電車線柱高さ H：10 m

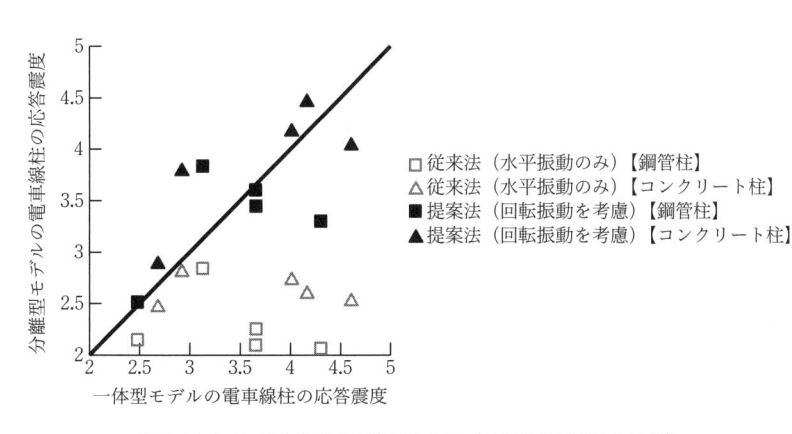

付属図 8.8.8　電車線柱の応答震度比較（従来法と提案法の比較）

案法を用いることで回転振動による影響を考慮して電車線柱の応答を良好に算定していることが確認できる．

参 考 文 献

1) 電力設備耐震性調査研究委員会：電車線路設備耐震設計指針（案）・同解説及びその適用例，1997．
2) 室野剛隆，加藤尚，豊岡亮洋：地震動の入力レベルが高架橋と電車線柱の共振現象に与える影響評価，第31回地震工学研究発表会，2011．
3) 加藤尚，室野剛隆：長継続時間地震動が電車線柱～構造物の地震応答に与える影響，強震継続時間が長い地震動に対する土木構造物の耐震性評価シンポジウム講演概要集，pp.31-34，2012.5．
4) 今村年成，室野剛隆，坂井公俊，佐藤勉：電車線柱-高架橋連成系の地震応答特性，土木学会地震工学論文集，pp.1182-1190，2007．

付属資料 9-1　列車の地震時の走行安全性に係る変位の考え方

1. はじめに

　大規模地震時の列車の走行安全性に対しては，構造物のみでなく，地震早期検知システムや軌道からの逸脱防止施設等を設置するなどし，鉄道システム全体として安全性の確保に努めるべきである．一方，構造物に適切な剛性を与えて地震時の変位を抑制することで，相当の強さの地震に対しても列車が安全に走行できることもこれまでの研究から分かってきている[1]．そのため，列車の地震時の走行安全性に対しては，「鉄道構造物等設計標準・同解説（変位制限）」に従い，L1地震動により生じる構造物の変位を走行安全上定まる一定値以内に留めることを照査するものとする．「鉄道構造物等設計標準・同解説（変位制限）」では，地震時の走行安全性に大きな影響を与えるものとして構造物の横方向の振動変位および軌道面の不同変位を挙げ，両者に対して照査を行うものとしており，本付属資料ではその基本的な考え方について述べる．

2. 地震時の横方向の振動変位に関する照査

　「鉄道構造物等設計標準・同解説（変位制限）」では，構造物の加速度応答波に対するスペクトル強度 SI を指標として，**付属図 9.1.1**に示す限界スペクトル強度 SI_L とL1地震動に対する応答値 SI を比較することで照査するものとしている．このスペクトル強度 SI および限界スペクトル強度 SI_L は「鉄道構造物等設計標準・同解説（変位制限）付属資料9 スペクトル強度 SI および限界スペクトル強度 SI_L について」に示されている．ただし，上記の付属資料には液状化の可能性のある地盤における応答値 SI は示さ

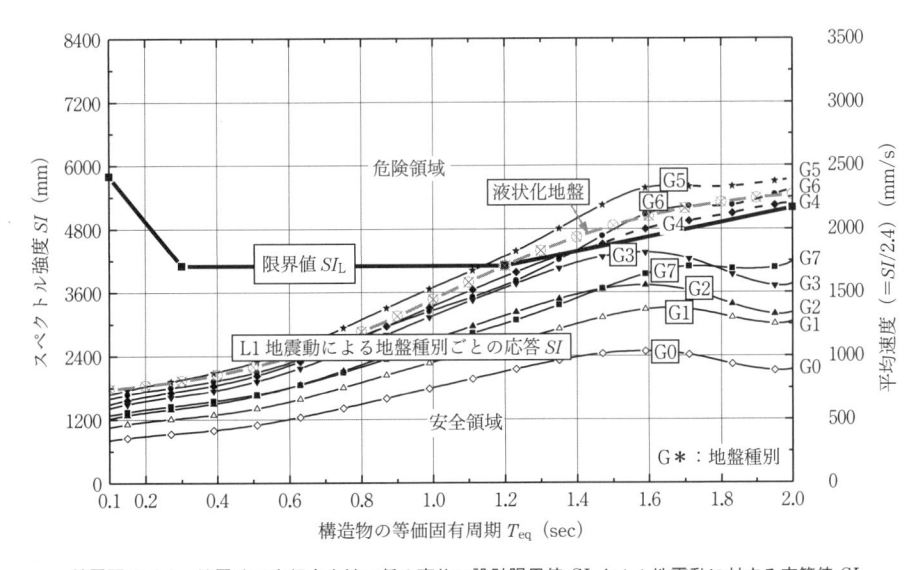

付属図 9.1.1　地震時の走行安全性に係る変位の設計限界値 SI_L とＬＩ地震動に対する応答値 SI

れておらず，本付属資料では新たに「**付属資料7-9 液状化の可能性のある地盤の地表面設計地震動**」に示すL1地震動に対する液状化の可能性のある地盤の弾性加速度応答スペクトルの適合波を用いて計算を行い，**付属図9.1.1**に示している．

　この照査は橋梁および高架橋が降伏しない領域を対象としているため，L1地震動に対して検討方向に係らず構造物が降伏しないことが前提条件となる．また，**付属図9.1.1**に示すスペクトル強度 SI は構造物の減衰を5%として算出したものであり，明らかに減衰の小さい構造物に対して用いる場合は変位を過小評価している可能性があるため注意が必要である．

　なお，選択可能な構造形式が複数ある場合には，SI/SI_L を比較して，走行安全性に有利な構造を選択することが望ましい．

3. 地震時の軌道面の不同変位に関する照査

　隣接する構造物の固有周期が大きく異なる場合は，構造物境界における軌道面の角折れ・目違い等の不同変位が生じ，列車の走行性に影響を与える．したがって，構造計画の段階から，隣接する構造物の固有周期を同程度にしたり，基礎を連結するなどして，できるだけ不同変位を小さくするのがよい．

　軌道面の不同変位の算出は，「鉄道構造物等設計標準・同解説（変位制限）付属資料11 地震時における軌道面の不同変位の応答値の算定法」によるものとし，慣性力および地盤変位による不同変位をそれぞれ算出する．なお，液状化の可能性のある地盤上の構造物における慣性力による軌道面の不同変位は，「**付属資料7-9 液状化の可能性のある地盤の地表面設計地震動**」に示すL1地震動に対する液状化地盤の弾性加速度応答スペクトルから慣性力を求めて算出してよい．地盤変位による不同変位は，液状化に伴う地盤の剛性低下を適切に考慮して算定するのがよいが，現在では未解明な点が多いため，本標準においては考慮しないものとする．

　「鉄道構造物等設計標準・同解説（変位制限）」に示されている地震時の軌道面の不同変位の限界値を**付属表9.1.1**に示す．

付属表 9.1.1　地震時の軌道面の不同変位の限界値

方向	最高速度 (km/h)	角折れ θ_L (・1/1000)		折れ込み	目違い (mm)
		平行移動			
		$L_b=10\,\text{m}$	$L_b=30\,\text{m}$		
水平	130	7.0		8.0	14
	160	6.0		6.0	12
	210	5.5	3.5	4.0	10
	260	5.0	3.0	3.5	8
	300	4.5	2.5	3.0	7
	360	4.0	2.0	2.0	6

参 考 文 献

1) 松本信之，曽我部正道，涌井 一，田辺 誠：構造物上の車両の地震時走行性に関する検討，鉄道総研報告，Vol.17, No.9, pp.33-38, 2003.

付属資料9-2　トータルコストを考慮した復旧性照査方法

1. はじめに

本標準において復旧性は，「想定される作用のもとで，構造物の機能を使用可能な状態に保つ，あるいは短期間で回復可能な状態に留めるための性能」と定義されている．地震時の復旧性において，想定される地震動に対して構造物を短期間で機能回復可能な状態に保つためには，構造物周辺の環境状況を考慮し，適用可能な技術により，妥当な経費で機能回復できる範囲内に構造物の損傷等をコントロールすることが必要である．

構造物が供用期間中想定される複数の地震動を受けた場合に，土木学会・地震工学委員会でも提案されているように復旧期間や経費等が供用期間を通じて妥当な範囲内となることは，初期費用と地震損失費用等から直接照査することが可能である[1]．例えば，大きな地震作用により構造物の倒壊を防止できた場合（安全性の確保）でも，損傷の程度が極めて大きい場合には地震後に部材等の構造要素の取替え等が必要となり，復旧に莫大な費用が発生し，輸送量の多い路線では供用停止による損失が大きくなる．すなわち，耐力が小さい構造物を設計した場合には，初期コストは抑えられるが，地震後の復旧および損失コストは大きくなり，耐力の大きい構造物を設計すれば初期コストは高くなるが，地震後の損傷を小さくでき，結果的に復旧・損失コストは抑えられることとなる．

ここでは，構造物に損傷が生じたことを想定して初期建設コストと機能回復に至るまでの費用と損失を算定し，それらの和が最小となるように構造物の諸元を設定することが合理的となるとの考え方に基づいた，トータルコストを照査指標とした復旧性照査の考え方と試算例について示す．なお，本試算例では，トータルコストを照査指標とした新しい考え方の一つの例を示すことが目的であり，用いている数値などは仮定を含んだものであるため，実際の適用の際には各種の条件に応じたものにする必要がある．

2. 性能の表現方法[2]

「妥当な期間および経費で機能を回復できる」という性能を工学的に表現する指標として，「初期建設コストと設計耐用期間における地震後の復旧コストと間接被害の期待値の和，すなわちトータルコストの最小化」を考える．その概念図を**付属図9.2.1**に示す．

耐震設計におけるトータルコストは式(1)により計算することとする．なお，安全性の照査を満足することによって構造物の崩壊を防止しているため，地震損失に利用者が被災することは想定していない．

$$TC = C_\mathrm{I} + \sum P_\mathrm{f} \cdot C_\mathrm{f} \quad (1)$$

TC：トータルコスト

C_I：初期建設コストであり，材料費および施工

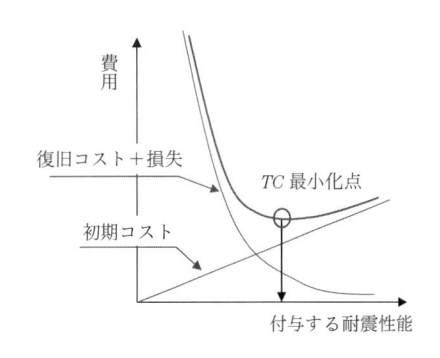

付属図9.2.1　トータルコスト最小の概念

費を考慮する．
P_f：構造物の損傷確率
C_f：損傷コストで，C_{RE} と C_{TD} の和
C_{RE}：直接復旧コスト
C_{TD}：供用停止に伴う損失コスト

3. 復旧性照査の手順と各コストの考え方[2),3)]

(1) 照査手順の概略

トータルコストの最小化を指標とした復旧性照査の流れを**付属図 9.2.2**に示す．照査においては，まず，照査対象とする構造物の断面や配筋詳細等の構造諸元を複数設定する．そして，別途，構造物の建設地点の地震危険度解析に基づいた生起確率付地震動群を算出し，この地震動群に対して設定した各構造物の動的解析を行い，損傷確率を算出する．そして，初期建設コストと損傷確率に基づく地震被害復旧コストを算出して，間接的な損失コストを含めたトータルコストが最小となっている最適な構造諸元を選定する．

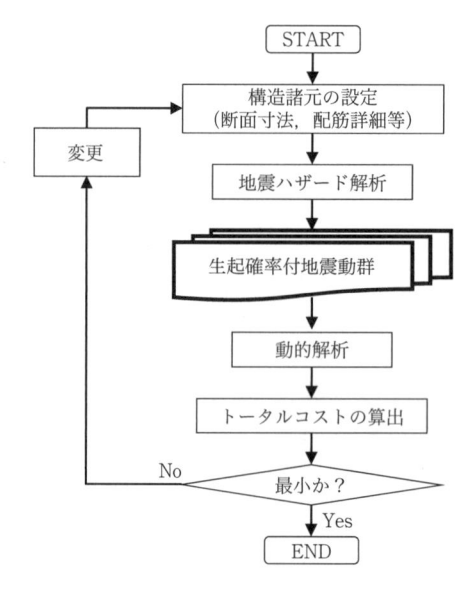

付属図 9.2.2 照査の流れ

(2) 構造諸元の設定

断面寸法や，配筋詳細等の構造諸元の設定方法の例を以下に示す．
① まず，構造物に想定する降伏震度の範囲を設定する．
② 想定した範囲内の各降伏震度において，初期建設コストが最小となるような，軸方向鉄筋と断面寸法の組合せを求める．
③ 各降伏震度の②で設定した断面寸法と軸方向鉄筋配置に対して，**付属図 9.2.3**に示すように安全性照査を満たし，変形性能の算定式における帯鉄筋比の上限を超えない範囲で帯鉄筋量を変化させた複数の断面を設定する．

また，構造物の損傷過程に関する条件としては，以下の事項を設定する．
① 柱部材が先行して降伏するものとする．

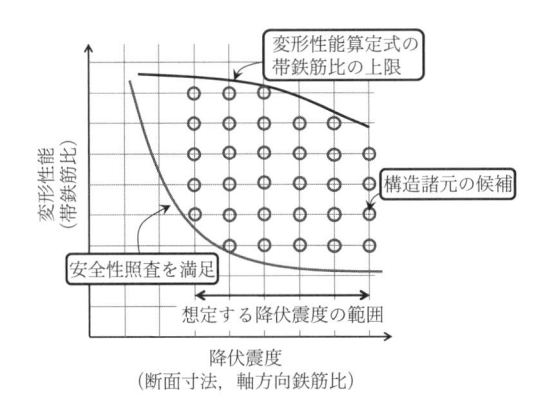

付属資料 9-2　トータルコストを考慮した復旧性照査方法　343

付属図 9.2.3　構造諸元の設定例

② 柱の破壊形態は曲げ破壊型とするものとする．
③ 上層梁および杭部材は，柱部材より先行して安全性の限界に至らないものとする．

　これらの条件は，降伏震度別にトータルコストを等価に比較するための前提条件となる．③に関しては，上層梁および杭部材の復旧コストは柱に比べて高いため，柱部材が先行して安全性限界に達する方が，復旧コストが安価となると考えられることからこの条件を設定している．

(3) 初期建設コストの算定の考え方

　初期建設コストとしては，設定した各構造諸元について，鉄筋やコンクリート等の材料費や施工費の直接工事費を算定する．

(4) 復旧コストの算定の考え方

　復旧コストの算定は，まず各降伏震度別の構造諸元に対して，生起確率付地震動群を入力し，すべての地震動に対する構造物を構成する各部材の損傷レベルを算定する．そして，**付属表9.2.1**に示すような損傷レベルに応じた復旧工法を想定し，復旧費用をそれぞれのケースについて算定する．算定された復旧費用に地震発生確率を乗じて合計することにより期待復旧費用が算定される．

付属表 9.2.1　想定した損傷レベルと復旧工法の例

損傷度 損傷箇所	損傷度			
	損傷レベル1	損傷レベル2	損傷レベル3	損傷レベル4
梁	無補修	足場工 ひび割れ注入工	足場工 ひび割れ注入工 かぶり修復	足場工 ひび割れ注入工 かぶり修復 必要に応じて部材取替え
く体/柱	無補修	足場工 ひび割れ注入工	足場工 ひび割れ注入工 かぶり修復 埋戻し工*	足場工 ひび割れ注入工 かぶり修復 必要に応じて部材取替え

＊　橋脚下端や柱下端が損傷した場合

(5) 損失コストの算定の考え方

　直接復旧コスト以外の地震損失コストとしては，地震被害による供用停止で被る運輸収入の減額を考慮する．一般的には，運行停止日数と運輸収入を乗じることにより損失（減収）が算定される．**付属表9.2.2**は，運行停止日数と損傷レベルの関係について，既往の鉄道被害の実績を踏まえて示した一つの例であるが，運行停止日数と損傷レベルの関係は対象となる構造物周辺の環境状況に応じて適宜設定する必要がある．また，平時の運輸収入についても，対象となる線区の状況に応じて適宜設定する必要がある．

付属表 9.2.2 想定される損傷と運行停止日数の関係の例

	損傷レベル			
	1	2	3	4
供用停止期間	0日	0.5〜1日	3〜7日	1ヶ月以上

ただし，運行停止に伴う損失コストは，個々の構造物ではなく路線に対して算出される．そのため，構造物を設計する際に，路線で被る損失コストを個々の構造物にどの程度負担させるのかを設定することは非常に難しい問題である．

4. トータルコストを照査指標とした復旧性照査の検討例[3]

（1） 検討対象構造物の概要

検討では，**付属表9.2.3**および**付属図9.2.4**に示す「鉄道構造物等設計標準・同解説（コンクリート構造物）」[4]（以下，RC標準と記す）に準拠したRCラーメン高架橋の照査例[5]の線路直角方向ラーメンを基本とした．対象としたRCラーメン高架橋はG3地盤に位置し，1柱1杭式で柱間隔および高さがそれぞれ5.0m，7.0mと一般的な諸元を有している．検討は，**付属図9.2.5**に示す流れで行った．

（2） 降伏震度ごとの断面の設定と初期建設コスト C_I の算定

ラーメン高架橋の降伏震度 k_{hy} としては，$k_{hy}=0.4$ を下限値，$k_{hy}=1.0$ を上限値として，その間を0.1刻みで7段階に設定した．

次に，設定した降伏震度ごとに，降伏震度近傍で初期コストが最小になり，かつ非線形応答スペクトル法による安全性照査を満足する断面の設定を行った．まず，地震時以外の照査を満足している**付属図9.2.4**に示す照査例の断面寸法を基本とし，軸方向鉄筋量を変化させるこ

付属表 9.2.3 RCラーメン高架橋の諸元

構造形式	RCビームスラブ式ラーメン高架橋
軌道構造	複線，直線スラブ軌道
基礎形式	1柱1杭基礎
地盤条件	G3地盤
列車荷重	EA-17
径間数（線路直角方向）	1径間
柱間隔（線路直角方向）	$L=5.0$ m
高さ（地中梁天端〜スラブ天端）	$H=7.0$ m

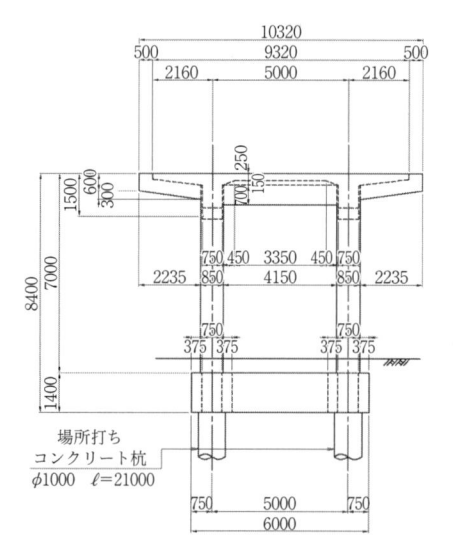

付属図 9.2.4 基本としたRCラーメン高架橋

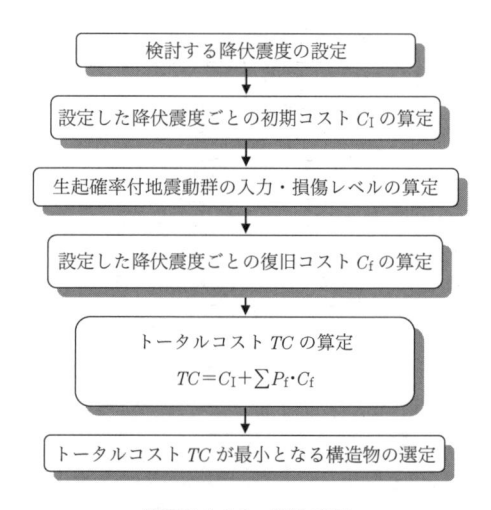

付属図 9.2.5 検討の流れ

- 検討する降伏震度の設定
- 設定した降伏震度ごとの初期コスト C_I の算定
- 生起確率付地震動群の入力・損傷レベルの算定
- 設定した降伏震度ごとの復旧コスト C_f の算定
- トータルコスト TC の算定
  $TC = C_I + \sum P_f \cdot C_f$
- トータルコスト TC が最小となる構造物の選定

とにより初期建設コストが最小となる降伏震度ごとの断面設定を行った．ただし，軸方向鉄筋量のみの調整で降伏震度の設定，あるいは安全性の照査を満足できない場合には断面寸法の変更を行うこととした．また，柱部材の帯鉄筋量は，**付属図9.2.3**に示すように，目標とする1つの降伏震度に対して以下の3種類のケースを設定した．

① 帯鉄筋量（低）：帯鉄筋比が照査の前提を満足し，かつ曲げ破壊型となる最小値
② 帯鉄筋量（高）：変形性能算定式の上限値となる帯鉄筋比
③ 帯鉄筋量（中）：①と②の中間程度の帯鉄筋量

これら3種類のケースは，同じ降伏震度で変形性能が最大となるもの，最小となるもの，およびその中間程度となるものを設定したこととなる．

以上の手順により降伏震度ごとに設定した断面の初期建設コストと，その場合の各部材の諸元をそれぞれ，**付属図9.2.6**，**付属表9.2.4**に示す．

付属表9.2.4に示す部材の諸元の場合，帯鉄筋比"低"のケースについてはせん断に関する照査を満足しないものが一部含まれているが，本検討では曲げによる損傷に着目することとし，検討ケースから除外しなかった．一方，**付属表9.2.5**に示すように，$k_{hy}=0.4$のケースでは，帯鉄筋比を"高"としても曲げ

付属表 9.2.4 設定した各部材の諸元と最小初期建設コスト

降伏震度			0.4	0.5	0.6			0.7			0.8			0.9			1.0		
柱部材の帯鉄筋量			高	高	中	高	低	中	高	低	中	高	低	中	高	低	中	高
初期建設コスト C_i(千円)			2142.0	2472.5	2499.0	2522.7	2535.7	2570.2	2596.6	2671.4	2690.6	2710.6	3066.3	3085.4	3107.2	3212.6	3232.6	3285.4
柱	B,H(mm)		850	850	850	850	850	850	850	850	850	850	900	900	900	950	950	950
	軸方向鉄筋	D	25	25	29	29	29	29	29	32	32	32	32	32	32	32	32	32
		本数	5	7	7	7	9	9	9	8	8	8	9	9	9	10	10	10
	帯鉄筋	D	19	19	19	16	19	19	13	19	19	19	22	19	16	22	19	16
		組数	2	2	2	2	2	2	1.5	2	1.5	1.5	1.5	1.5	1.5	2	1.5	1.5
		ピッチ(mm)	100	100	100	100	100	100	150	150	100	100	150	100	100	100	100	100
上層梁	B(mm)		750	750	750	750	750	750	750	750	750	750	1000	1000	1000	1000	1000	1000
	H(mm)		1100	1100	1100	1100	1100	1100	1100	1100	1100	1100	1100	1100	1100	1100	1100	1100
	上側軸方向鉄筋	D	29	32	32	32	32	32	32	32	32	32	32	32	32	32	32	32
		本数	12	10	12	12	16	16	16	16	16	16	20	20	20	20	20	20
	下側軸方向鉄筋	D	29	32	32	32	32	32	32	32	32	32	32	32	32	32	32	32
		本数	6	6	8	8	8	8	8	8	8	8	20	20	20	20	20	20
	帯鉄筋	D	16	16	16	16	16	16	16	19	19	19	22	22	22	22	22	22
		組数	2	2	2	2	2	2	2	2	2	2	2	2	2	2	2	2
		ピッチ(mm)	100	100	100	100	100	100	100	100	100	100	100	100	100	100	100	100
地中梁	B(mm)		750	750	750	750	850	850	850	850	850	850	1100	1100	1100	1200	1200	1200
	H(mm)		1400	1400	1400	1400	1400	1400	1400	1400	1400	1400	1400	1400	1400	1400	1400	1400
	上側軸方向鉄筋	D	25	29	32	32	32	32	32	32	32	32	32	32	32	32	32	32
		本数	12	12	12	12	12	12	12	22	22	22	28	28	28	34	34	34
	下側軸方向鉄筋	D	25	29	32	32	32	32	32	32	32	32	32	32	32	32	32	32
		本数	12	12	12	12	12	12	12	22	22	22	28	28	28	34	34	34
	帯鉄筋	D	22	22	22	22	22	22	22	22	22	22	22	22	22	22	22	22
		組数	2	2	2	2	2	2	2	2	2	2	2	2	2	2	2	2
		ピッチ(mm)	100	100	100	100	100	100	100	100	100	100	100	100	100	100	100	100
杭	D(mm)		500	500	500	500	500	500	500	600	600	600	650	650	650	750	750	750
	軸方向鉄筋	D	25	25	32	32	32	32	32	32	32	32	32	32	32	32	32	32
		本数	12	12	12	12	16	16	16	16	16	16	20	20	20	20	20	20
	帯鉄筋	D	22	22	22	22	22	22	22	22	22	22	22	22	22	22	22	22
		組数	1	1	1	1	1	1	1	1	1	1	1	1	1	1	1	1
		ピッチ(mm)	125	125	125	125	125	125	125	125	125	125	125	125	125	125	125	125

に関する安全性照査を満足できず（損傷レベル4），$k_{hy}=0.5$のケースでは，帯鉄筋比が"高"のケースのみが安全性照査を満足した．そのため，これらのケースについては，帯鉄筋比が"高"のケースのみを**付属表9.2.4**に示した．また，$k_{hy}=0.6$のケースでは，"低"のケースが安全性照査を満足しなかったため，"高"および"中"のケースを**付属表9.2.4**に示した．

なお，各降伏震度における帯鉄筋比が"高"のケースは，変形性能算定式の上限値（1.29%）を上回るような帯鉄筋の組合せとしている．例えば，D19では上限値以下となり，D22では上限値を超えるような場合にはD22を設定している．

付属図9.2.6を参照すると，設定した目標降伏震度が0.9を越えると初期建設コストの増加割合が大きくなっている．これは，**付属表9.2.4**に示すように，柱，上層梁，地中梁および杭の全部材で断面が増加していることが要因となっている．

（3） 生起確率付地震動群の入力と損傷レベルの算定

付属表9.2.4に示す降伏震度別のすべての設定断面に対して，「**付属資料6-6** 簡易に復旧性を検討する場合の作用と限界値の組合せに関する検討の例」に示すような方法で作成した生起確率付地震動群を入力し，構造物を構成する柱，上層梁，地中梁および杭の損傷レベルを算定した．地震動群としては，100～1500 galまでの加速度について100 gal刻みで，加速度レベルごとに10種類の地震波を作成した．

（4） 直接復旧コスト C_{RE} の算定

地震時の復旧では，工事用道路の確保や復旧用資材等の確保により多くのコストを要するものと考えられる．そこで，「**付属資料6-6** 簡易に復旧性を検討する場合の作用と限界値の組合せに関する検討の例」と同様に，直接復旧コスト C_{RE} は，理想的な条件下での復旧コスト C_{RE0} に，施工条件を考慮するための係数 b を乗ずることで補正することとし，過去の地震被害の事例を参考に $b=10$ として計算した．

理想的な条件下での復旧コスト C_{RE0} の算定は，まず，「（3） 生起確率付き地震動群の入力と損傷レベ

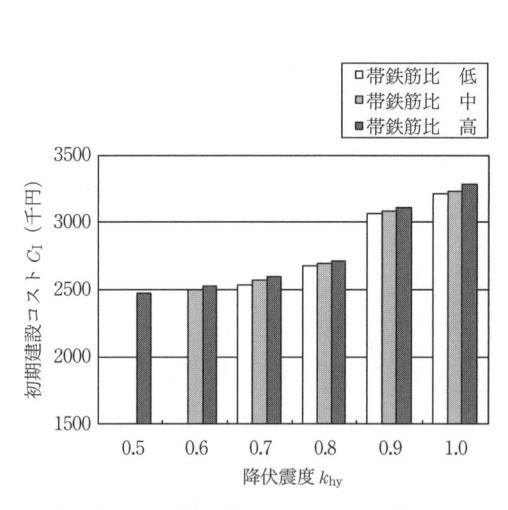

付属図9.2.6 降伏震度ごとの最小初期建設コスト

付属表9.2.5 安全性照査における柱部材の損傷レベル（曲げ）

降伏震度	柱帯鉄筋比	柱部材の損傷レベル
0.4	高	4
0.5	中	4
	高	3
0.6	低	4
	中	3
	高	2
0.7	低	3
	中	2
	高	2
0.8	低	2
	中	2
	高	2
0.9	低	2
	中	2
	高	2
1.0	低	2
	中	2
	高	2

ルの算定」の計算で得られた各地震波に対する部材の損傷レベルに応じて復旧コストを算定した．次に，式（2）に示すように，得られた復旧コストに地震発生確率を乗じ，全最大加速度で総和することにより，付属表9.2.4に示す各設定断面に対する理想的な条件下での復旧コスト C_{RE0} の期待値を算定した．

$$C_{RE0ij} = \sum_{k=1}^{N_S} (p(S_k) \cdot c_{ijk}) \quad (2)$$

ここで，

C_{RE0ij}：i 番目の降伏震度の j 番目の断面の理想的な条件下での直接復旧コストの期待値

$p(S_k)$：最大加速度 S_k の k 番目の地震波の発生確率

c_{ijk}：i 番目の降伏震度の j 番目の断面の最大加速度 S_k の k 番目の地震波による復旧コスト

付属図9.2.7および付属表9.2.6に，設定した各降伏震度と復旧費用の関係の算定結果を示す．図に示すように，目標とした降伏震度が小さくなるに従って復旧コストが大きくなるのが分かる．これは，より低い降伏震度では，損傷が発生する地震動の最大加速度が低く，かつ多くの部材で損傷が発生するためである．

一方，同一の降伏震度における帯鉄筋比の違いでは，本検討では明白な違いが算出されなかった．これは，本検討ではすべての設定断面において，1500galの地震動においても柱部材の最大の損傷レベルは2に留まり，帯鉄筋量の差がより顕著に現れる損傷レベル3に到達しなかったためであると考えられる．

(5) 損失コスト C_{TD} の算定

地震時損失コスト C_{TD} としては，地震被害によって供用停止する運輸収入の減額のみを想定することとし，構造物の損傷程度に応じた供用停止日数と，1日当たりの運輸収入とを乗じることにより算出した．ただし，その一般的な値を精度よく見積るのは現状では困難であるため，本検討では「付属資料6-6 簡易に復旧性を検討する場合の作用と限界値の組合せに関する検討の例」と同様に，供用停止による損失コストは直接復旧コスト C_{RE} の倍数であるとして，式(3)により算定した．なお，本検討においても，付属資料6-6と同様に兵庫県南部地震における直接復旧コストと営業損失の関係[6]を参考に，$k=2$ とした．

$$C_{TD} = k \cdot C_{RE} \quad (3)$$

付属表9.2.7に，設定した各降伏震度と損失コストの関係を示す．

付属表 9.2.6 設定した断面の諸元と復旧コスト

降伏震度	柱帯鉄筋比	C_{RE0}	$C_{RE}(=C_{RE0}b)$
0.5		40.0	402.0
0.6	中	24.2	242.0
	高	24.2	242.0
0.7	低	17.9	179.0
	中	18.1	181.0
	高	18.1	181.0
0.8	低	16.6	166.0
	中	16.7	167.0
	高	16.6	166.0
0.9	低	9.8	98.0
	中	9.9	99.0
	高	9.9	99.0
1.0	低	10.2	102.0
	中	10.2	102.0
	高	10.2	102.0

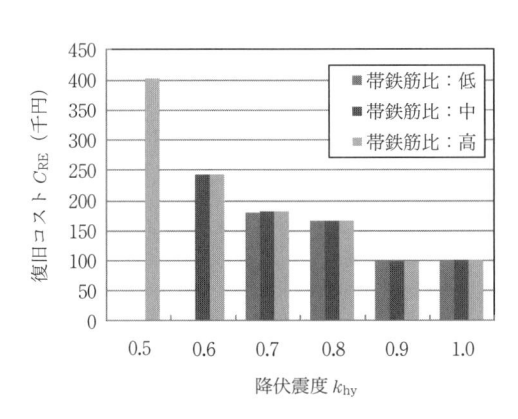

付属図 9.2.7 降伏震度と復旧コストの関係

(6) トータルコスト TC の算定

以上の計算結果より，トータルコスト TC は，初期建設コスト C_I，復旧コスト C_{RE}，損失コスト C_{TD} の和として式 (4) により算出した．

$$TC = C_I + C_{RE} + C_{TD} \qquad (4)$$

付属図 9.2.8 および付属表 9.2.7 に，設定した各降伏震度とトータルコストの関係を算定した結果を示す．

付属図 9.2.8 に示すように，本検討でトータルコストが最小である構造物として選択されたケースは，降伏震度 $k_{hy}=0.7$ で，帯鉄筋量が"低"のケースであった．

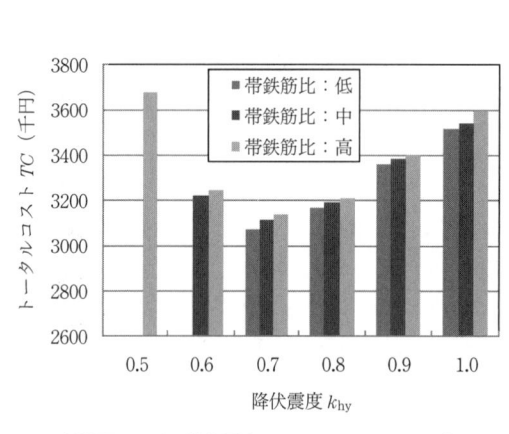

付属表 9.2.7 設定した断面の諸元とトータルコスト

降伏震度	柱帯鉄筋比	C_I	C_{RE}	C_{TD}	TC
0.5	高	2472.5	402.0	804.0	3678.5
0.6	中	2499.0	242.0	484.0	3225.0
	高	2522.7	242.0	484.0	3248.7
0.7	低	2535.7	179.0	358.0	3072.7
	中	2570.2	181.0	362.0	3113.2
	高	2596.6	181.0	362.0	3139.6
0.8	低	2671.4	166.0	332.0	3169.4
	中	2690.6	167.0	334.0	3191.6
	高	2710.6	166.0	332.0	3208.6
0.9	低	3066.3	98.0	196.0	3360.3
	中	3085.4	99.0	198.0	3382.4
	高	3107.2	99.0	198.0	3404.2
1.0	低	3212.6	102.0	204.0	3518.6
	中	3232.6	102.0	204.0	3538.6
	高	3285.4	102.0	204.0	3591.4

付属図 9.2.8 降伏震度とトータルコストの関係

5．おわりに

トータルコストを照査指標とした復旧性照査方法は，時間軸を考慮した上で合理的な構造物を設計するための有効な手段と考えられ，今後，実設計へ汎用的な適用が期待される．ただし，震災時における復旧コストや損失コストの算定方法については，算定精度の向上をはかることが必要と考えられ，今後の検討課題としたい．

参考文献

1) （社）土木学会・地震工学委員会耐震基準小委員会：経済性に基づく新しい耐震設計法の実施に向けての検討, 2008.
2) 坂井公俊, 室野剛隆, 佐藤勉, 澤田純男：トータルコストを照査指標とした土木構造物の合理的な耐震設計法の提案, 土木学会論文集 AI（構造・地震工学），Vol. 68, No. 2, pp. 248-264, 2012.
3) 岡本大, 室野剛隆, 坂井公俊：トータルコストを照査指標とした鉄筋コンクリート構造物の復旧性照査法, 鉄道総研報告, Vol. 25, No. 9, pp. 25-30, 2011.
4) 国土交通省 鉄道局監修, 財団法人鉄道総合技術研究所編：鉄道構造物等設計標準・同解説（コンクリート構造物），丸善，2004.4.
5) 財団法人鉄道総合技術研究所編：鉄道構造物等設計標準・同解説（コンクリート構造物）照査例 RC ラーメン高架橋，2005.3.
6) 阪神淡路大震災復興記録編纂委員会編：よみがえる鉄路, 山海堂, 1996.

付属資料9-3　支承部の損傷レベルと各装置の関係の例

1. はじめに

支承部の破壊および損傷に関する設計限界値は，支承部に設定する損傷レベル（**解説表9.5.5**）に対応して，支承部を構成する各要素の限界値を適切に定める必要がある．ここでは，標準的な支承部構造を取り上げ，支承部に設定する損傷レベルと各装置の限界値の例を示す．

2. 構造物の要求性能と支承部の損傷レベルの例

支承部の損傷レベルは，構造物の要求性能に対応して設定する必要がある．**付属表9.3.1**には，本標準で規定される構造物の要求性能と支承部の損傷レベルの対応の例を示す．ここで，復旧性に関する損傷レベルについては損傷レベル2に留めることを基本とするが，壁式橋脚の直角方向のように橋脚の耐力が大きくなる場合は損傷レベル3を許容してよい．

付属表 9.3.1　構造物の要求性能と支承部の損傷レベルの対応の例

要求性能	L1地震動に対する走行安全性（SIおよびノモグラムを用いる場合）	安全性	復旧性
支承部の損傷レベルの例	1	3	2～3[注]

注）　支承部の損傷レベルは2を基本とするが，壁式橋脚の直角方向のように橋脚の耐力が大きい場合には損傷レベル3を許容してよい．

3. 鋼製支承を用いた支承部の例

鋼製支承を用いた支承部において，支承部を構成する各装置の損傷レベルに対応する限界値の例を**付属表9.3.2**に示す．なお，記号の定義および限界値の算定方法は次によるほか，「鉄道構造物等設計標準・同解説（鋼・合成構造物）」および「鉄道構造物等設計標準・同解説（コンクリート構造物）」による．

付属表9.3.2中の記号の意味は以下の通りである．

B_{ud}：設計支圧耐力

M_{yd}：設計曲げ降伏耐力

M_{md}：設計曲げ耐力

f'_{ad}：コンクリートの設計支圧強度

f_{ryd}：鉛直力に対する補強鉄筋の設計引張降伏強度

V_{yd}：設計せん断耐力

T_{bud}：アンカーボルトの付着耐力

T_{ud}：アンカーボルト本体の引張耐力またはコンクリートのコーン破壊耐力の小さい値

f_{rvyd}：補強鉄筋の設計せん断降伏強度

付属表 9.3.2　鋼製支承を用いた支承部の損傷レベルと各装置の限界値の例

各装置の照査指標				支承部の損傷レベル 1	2	3	備　考
支承本体（鋼製支承）	本体	鉛直水平	支圧力	B_{ud}	B_{ud}	―	
			曲げモーメント	M_{yd}	M_{md}	―	
	桁座・桁端	鉛直	支圧力（コンクリート）	f'_{ad}	f'_{ad}	―	桁座，桁端がコンクリート構造の場合
			応力度（補強鉄筋）	f_{ryd}	f_{ryd}	―	〃
		鉛直	支圧力（鋼）	B_{ud}	B_{ud}	―	桁座，桁端が鋼構造の場合　上揚力が生じる場合にはボルト等の引張力に対しても照査が必要
移動制限装置	リブ	水平	支圧力（コンクリート）	f'_{ad}	f'_{ad}	―	
			せん断力	V_{yd}	V_{yd}	―	
	アンカーボルト	水平鉛直（上揚力）	付着力	T_{bud}	T_{bud}	―	
			引張力	T_{ud}	T_{ud}	―	
		水平	せん断力	V_{yd}	V_{yd}	―	
	ずれ止め	水平	せん断力	V_{yd}	V_{yd}	―	曲げモーメントとせん断力の合成の照査も行う
			曲げモーメント	M_{yd}	M_{md}	―	
	浮き上がり止め	水平鉛直（上揚力）	せん断力	V_{yd}	V_{yd}	―	曲げモーメントとせん断力，引張力とせん断力の合成の照査も行う
			曲げモーメント	M_{yd}	M_{md}	―	
			引張力	T_{ud}	T_{ud}	―	
	桁座・桁端	鉛直	支圧力（コンクリート）	f'_{ad}	f'_{ad}	―	桁座，桁端がコンクリート構造の場合
			応力度（補強鉄筋）	f_{ryd}	f_{ryd}	―	〃
		水平	せん断力（コンクリート）	V_{yd}	V_{yd}	―	〃
			応力度（補強鉄筋）	f_{rvyd}	f_{rvyd}	―	〃
		鉛直水平	断面力・応力度（鋼）	M_{yd}, f_{syd}	M_{md}, f_{syd}	―	桁座，桁端が鋼構造の場合
落橋防止装置	桁座寸法の確保*	水平	桁の水平変位量	δ_{bed}	δ_{bed}	δ_{bed}	損傷レベル3の限界値は，曲げ耐力以降の変形性能の評価が可能な場合は δ_{nd}（最大耐力程度を維持できる最大変形量）としてよい．
	桁座寸法の確保以外*	水平	曲げモーメント，せん断力等	移動制限装置と同等	移動制限装置と同等	移動制限装置の損傷レベル2と同等	

注）　―：装置の破壊を許容する（照査を省略できる）項目
　　　*：落橋防止装置はどちらか一方としてよい．

　f_{syd}：鋼材の設計引張降伏強度
　δ_{bed}：有効桁座寸法で支承中心から桁座縁端までの距離としてよい．

4.　ゴム支承およびストッパーを用いた支承部

　ゴム支承および，鋼角ストッパーまたは鋼棒ストッパーを用いた支承部において，支承本体および桁座寸法の確保を落橋防止装置とする移動制限装置における損傷レベルと限界値の対応例を付属表 9.3.3 に，

付属表 9.3.3 ゴム支承およびストッパーを用いた支承部の損傷レベルと各装置の限界値の例
(桁座寸法の確保を落橋防止装置とする場合)

各装置の照査指標				支承部の損傷レベル 1	2	3	備 考
支承本体	本 体	水平	水平変位量	せん断ひずみ200%	—	—	
	桁座・桁端	鉛直	支圧力(コンクリート)	f'_{ad}	—	—	桁座,桁端がコンクリート構造の場合
			応力度(補強鉄筋)	f_{ryd}	—	—	〃
		鉛直	支圧力(鋼)	B_{ud}	—	—	桁座,桁端が鋼構造の場合
移動制限装置(鋼角ストッパー・鋼棒ストッパー)	本 体	水平	曲げモーメント	M_{yd}	M_{md}	—	
			せん断力	V_{yd}	V_{yd}	—	
	桁座・桁端	鉛直	支圧力(コンクリート)	f'_{ad}	f'_{ad}	—	桁座,桁端がコンクリート構造の場合
			応力度(補強鉄筋)	f_{ryd}	f_{ryd}	—	〃
		水平	せん断力(コンクリート)	V_{yd}	V_{yd}	—	〃
			応力度(補強鉄筋)	f_{rvyd}	f_{rvyd}	—	〃
		水平鉛直	断面力・応力度(鋼)	M_{yd}, f_{syd}	M_{md}, f_{syd}	—	桁座,桁端が鋼構造の場合
落橋防止装置	桁座寸法の確保	水平	桁の水平変位量	δ_{bed}	δ_{bed}	δ_{bed}	

注) —:装置の破壊を許容する(照査を省略できる)項目

付属表 9.3.4 ゴム支承およびストッパーを用いた支承部の損傷レベルと各装置の限界値の例
(移動制限装置が落橋防止装置を兼ねる場合)

各装置の照査指標				支承部の損傷レベル 1	2	3	備 考
支承本体	本 体	水平	水平変位量	せん断ひずみ200%	—	—	
	桁座・桁端	鉛直	支圧力(コンクリート)	f'_{ad}	—	—	桁座,桁端がコンクリート構造の場合
			応力度(補強鉄筋)	f_{ryd}	—	—	〃
		鉛直	支圧力(鋼)	B_{ud}	—	—	桁座,桁端が鋼構造の場合
落橋防止装置を兼ねた移動制限装置(鋼角ストッパー・鋼棒ストッパー)	本 体	水平	曲げモーメント	M_{yd}	M_{md}	M_{md}	損傷レベル3の限界値は,曲げ耐力以降の変形性能の評価が可能な場合はδ_{nd}(最大耐力程度を維持できる最大変形量)としてよい.
			せん断力	V_{yd}	V_{yd}	V_{yd}	
	桁座・桁端	鉛直	支圧力(コンクリート)	f'_{ad}	f'_{ad}	f'_{ad}	桁座,桁端がコンクリート構造の場合
			応力度(補強鉄筋)	f_{ryd}	f_{ryd}	f_{ryd}	〃
		水平	せん断力(コンクリート)	V_{yd}	V_{yd}	V_{yd}	〃
			応力度(補強鉄筋)	f_{rvyd}	f_{rvyd}	f_{rvyd}	〃
		水平鉛直	断面力・応力度(鋼)	M_{yd}, f_{syd}	M_{md}, f_{syd}	M_{md}, f_{syd}	桁座,桁端が鋼構造の場合

注) —:装置の破壊を許容する(照査を省略できる)項目

支承本体および移動制限装置が落橋防止装置を兼ねる場合における損傷レベルと限界値の対応例を**付属表9.3.4**に示す．なお，記号の定義および限界値の算定方法は次によるほか，「鉄道構造物等設計標準・同解説（鋼・合成構造物）」および「鉄道構造物等設計標準・同解説（コンクリート構造物）」による．

付属表9.3.3および**付属表9.3.4**中の記号の意味は以下の通りである．

- B_{ud}：設計支圧耐力
- M_{yd}：設計曲げ降伏耐力
- M_{md}：設計曲げ耐力
- f'_{ad}：コンクリートの設計支圧強度
- f_{ryd}：鉛直力に対する補強鉄筋の設計引張降伏強度
- V_{yd}：設計せん断耐力
- f_{rvyd}：補強鉄筋の設計せん断降伏強度
- f_{syd}：鋼材の設計引張降伏強度
- δ_{bed}：有効桁座寸法で支承中心から桁座縁端までの距離としてよい．

5．水平力分散支承または免震支承を用いた支承部

水平力分散支承または免震支承を用いた支承部において，支承本体，橋軸直角方向の移動制限装置それぞれにおける損傷レベルと限界値の対応例を**付属表9.3.5**に示す．ここでは，支承本体が落橋防止装置を

付属表 9.3.5 水平力分散支承または免震支承を用いた支承部の損傷レベルと各装置の限界値の例

各装置の照査指標				支承部の損傷レベル	1	2	3	備 考
支承本体・落橋防止装置	本 体	水平		水平変位量	せん断ひずみ250%	せん断ひずみ250%	せん断ひずみ250%	支承本体が落橋防止装置を兼ねる場合
	桁座・桁端	鉛直		支圧力（コンクリート）	f'_{ad}	f'_{ad}	f'_{ad}	桁座，桁端がコンクリート構造の場合
				応力度（補強鉄筋）	f_{ryd}	f_{ryd}	f_{ryd}	〃
		水平		せん断力（コンクリート）	V_{yd}	V_{yd}	V_{yd}	〃
				応力度（補強鉄筋）	f_{rvyd}	f_{rvyd}	f_{rvyd}	〃
		鉛直水平		支圧力・断面力・応力度（鋼）	B_{ud}, M_{yd}, f_{syd}	B_{ud}, M_{md}, f_{syd}	B_{ud}, M_{md}, f_{syd}	桁座，桁端が鋼構造の場合
移動制限装置（橋軸直角方向）	本 体	水平		曲げモーメント	M_{yd}	M_{md}*	—	
				せん断力	V_{yd}	V_{yd}*	—	
	桁座・桁端	鉛直		支圧力（コンクリート）	f'_{ad}	f'_{ad}*	—	桁座，桁端がコンクリート構造の場合
				応力度（補強鉄筋）	f_{ryd}	f_{ryd}*	—	〃
		水平		せん断力（コンクリート）	V_{yd}	V_{yd}*	—	〃
				応力度（補強鉄筋）	f_{rvyd}	f_{rvyd}*	—	〃
		鉛直水平		断面力・応力度（鋼）	M_{yd}, f_{syd}	M_{md}*, f_{syd}*	—	桁座，桁端が鋼構造の場合

注）—：装置の破壊を許容する（照査を省略できる）項目
　　＊：移動制限装置（橋軸直角方向）が確実に破壊して水平力分散構造または免震構造に移行できる構造の場合には破壊を許容することができる．

兼ねる場合を示す．なお，記号の定義は「4．ゴム支承およびストッパーを用いた支承部」によるほか，「鉄道構造物等設計標準・同解説（鋼・合成構造物）」および「鉄道構造物等設計標準・同解説（コンクリート構造物）」による．

6．まとめ

本資料では，標準的な支承部構造を取り上げ，支承部を構成する各要素に設定する損傷レベルと各装置の限界値の例を示しているが，詳細な実験や解析を行い，支承部を構成する各装置の挙動を詳細に検討した場合は，本資料に示した例を参考に支承部を構成する各装置の限界値を別途適切に定めてもよい．

付属資料10-1　基礎が先行降伏する場合の地盤抵抗の割増しの考え方

1. はじめに

構造物の設計応答値の算定は，地盤と構造物との相互作用，部材および地盤の非線形性の影響等を適切に考慮するため，構造物と周辺地盤を一体とした全体系モデルにより実施される．構造部材および地盤の非線形性は，強度等のばらつきを考慮して設定されるが，一般に地盤の強度等のばらつきは構造部材よりも大きいため，構造部材の設計用値が平均値相当で評価されるのに対して，地盤抵抗の設計用値は下限値側で評価されることが多い．しかし，これは基礎の照査においては安全側となるが，構造物全体系で考えた場合には，必ずしも安全側にはならない．

設計応答値の算定において，基礎が先行降伏すると判定された場合は，主に基礎が塑性化してエネルギーを吸収するため，上部構造物の損傷は比較的軽減されることが多い．しかし，地盤が設計用値よりも大きな抵抗力を発揮した場合は，基礎よりも上部構造物が先行降伏して，上部構造物に想定以上の損傷や，最悪の場合には構造物全体系の破壊につながる可能性がある．このように，基礎が先行降伏する場合は，上部構造物の応答を過小評価して危険な破壊形態を見逃すことが想定される．

このため本標準では，上部構造物の主要部材よりも基礎が先行して降伏すると判定された場合には，地盤抵抗を割り増した条件を追加して，耐震性能の照査を行うものとした．なお，上部構造物の主要部材が先行降伏すると判定された場合には，基礎および地盤は十分な強度を有していると判断できるため，地盤抵抗を割り増した条件を追加しなくてもよい．

以下に，地盤抵抗を割り増した条件の追加に関する判定方法と設計応答値の算定方法について示す．

2. 地盤抵抗を割り増した条件の追加に関する判定方法

地盤抵抗を割り増した条件の追加の判定は，上部構造物の主要部材の降伏震度と基礎の降伏震度の比較により行うものとする．ここで，上部構造物の主要部材とは，柱部材など部材の破壊が構造物全体系の破壊に直結するような部材を指す．

上部構造物の主要部材および基礎の降伏震度の把握は，破壊形態を確認するための解析により行うものとし，「10.2.4 構造物の破壊形態を確認するための解析」に示すプッシュ・オーバー解析を用いるのがよい．解析の結果，基礎の降伏震度が上部構造物の主要部材の降伏震度より低い場合，つまり基礎が先行して降伏する場合には，地盤抵抗を割り増した条件を追加する必要がある．上部構造物および基礎の降伏震度の定義については，本標準によるほか「鉄道構造物等設計標準・同解説（基礎構造物）」によってよい．

なお，パイルベント形式などの特殊構造物や，地盤抵抗の変化が設計応答値に大きな影響を与えると判断される構造物の場合は，上記の判定法によらず地盤抵抗を割り増した条件を追加して性能の照査を行うのがよい．

3. 地盤抵抗を割り増した条件による応答値の算定

地盤抵抗を割り増した条件を考慮した耐震設計の一般的なフローを**付属図 10.1.1**に示す．耐震設計の手順は，地盤抵抗を割り増した条件においても同様とし，破壊形態の確認，設計応答値の算定，性能照査という手順に従うものとする．ただし，「基礎の安定・残留変位」の照査のうち，「基礎部材等の破壊・損傷」以外の性能項目に関する照査については，これを省略してもよい．また，液状化の可能性のある地盤における設計応答値の算定についても，地盤抵抗を割り増した条件における検討を省略してよい．

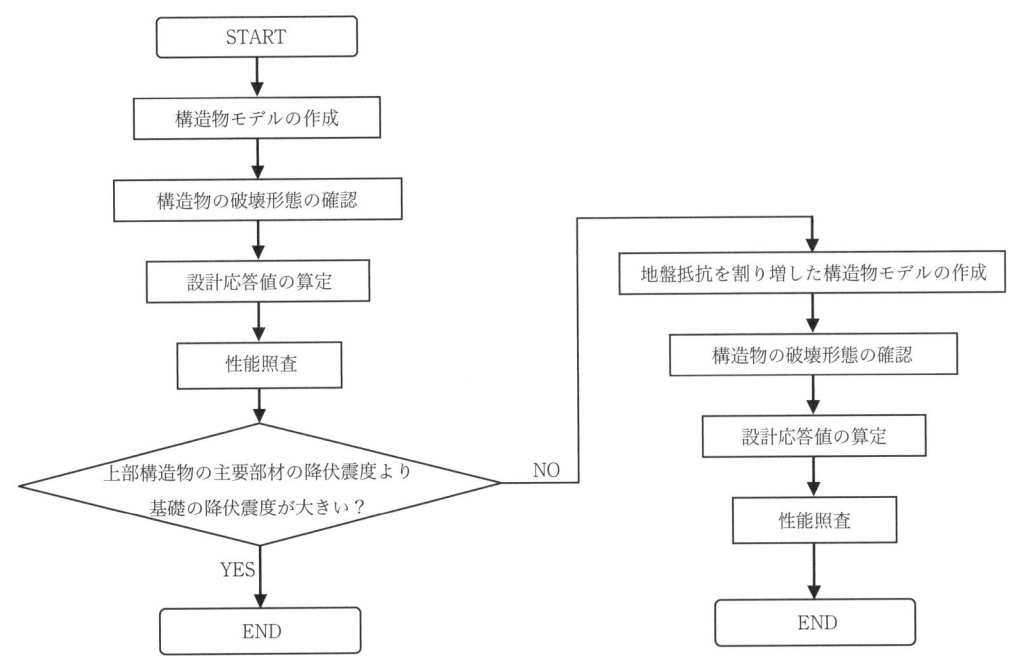

付属図 10.1.1 橋梁および高架橋の一般的な耐震設計フロー

地盤抵抗の割増しは，基礎の支持力修正係数 α_f を地盤の強度に乗じることでモデル化するものとする．なお，基礎の支持力修正係数は，一般には2としてよい．**付属図 10.1.2**には，質点系モデルで杭基礎をモデル化した場合の地盤ばねに，地盤抵抗の割増しを考慮した例を示す．図に示すように，地盤の強度となる支持力（基準先端支持力，基準周面支持力，有効抵抗土圧力等）に基礎の支持力修正係数 α_f を乗じて，モデル化してよい．また，直接基礎の場合には，設計最大抵抗モーメント M_{md} に基礎の支持力修正係数 α_f を乗じてモデル化してよい．

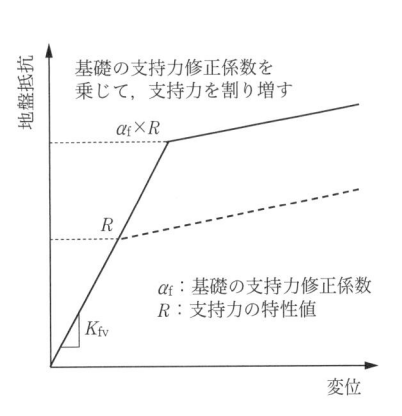

付属図 10.1.2 地盤抵抗の割増しの概念図

付属資料10-2　減衰の設定方法と設定例

1. 減衰の考え方

　動的解析法により設計応答値を算定する場合には，減衰の効果を適切に考慮する必要がある．減衰とは，振動エネルギーが部材や周辺地盤の塑性化あるいは熱エネルギーや地盤への波動の逸散等により消散する現象であり，代表的な減衰としては，構造減衰（部材の粘性減衰や接続部等による減衰を含む），部材や地盤の塑性化に伴う履歴減衰，地盤への逸散減衰がある．なお，減衰による効果は，式(1)の形で表される運動方程式において，速度に比例した力として表現される．

$$\mathbf{M}\ddot{\mathbf{U}} + \mathbf{C}\dot{\mathbf{U}} + \mathbf{K}\mathbf{U} = -\mathbf{M}\{i\}\ddot{z} \tag{1}$$

　ここで $\mathbf{M}$ は質量マトリクス，$\mathbf{C}$ は減衰マトリクス，$\mathbf{K}$ は剛性マトリクスを表す．また，$\mathbf{U}, \dot{\mathbf{U}}, \ddot{\mathbf{U}}$ はそれぞれ多自由度系に定義した各節点における変位ベクトル，速度ベクトル，加速度ベクトルであり，$\ddot{z}$ は地震動の加速度である．

　動的解析においては，減衰の与え方により応答が大きく異なることが知られており，構造物のモデル化にあたっては減衰マトリクスを適切に評価することが重要である．そこで，本付属資料では，減衰マトリクスの評価方法と，一般的な設定例について示す．

2. 減衰の評価方法

　減衰マトリクスは，(i)減衰を発揮する各要因・要素ごとに減衰係数を算定して直接減衰マトリクスを作成する方法と，(ii)何らかの仮定をおいて減衰マトリクスを簡易に作成する方法に大別される．ただし，減衰のメカニズムは複雑で個々の要素の減衰係数を直接算定するのは非常に難しいと言われており，設計実務上では(ii)の方法を用いればよい．なお，(ii)の方法には，様々なものが提案されており，代表的な減衰マトリクスの作成方法と，その特徴を**付属表10.2.1**に示す．

　一体型モデルを用いる場合，対象とすべき振動モードは，3次以上存在することも珍しくなく，10次程度ある場合もある．このような場合には，固有値解析を実施したすべてのモードを考慮できるひずみエネルギー比例型減衰を用いるのがよい．しかし，ひずみエネルギー比例減衰は，解析に多くの時間を要するだけでなく，解の収束性が悪い場合がある．そのため，設計実務上は，設定が容易で解析の安定性も高いレーリー減衰の使用実績が多いようである．

　レーリー減衰とは，式(2)に示すように，減衰マトリクスが質量マトリクスと剛性マトリクスに比例すると仮定したモデルである．

$$\mathbf{C} = \alpha \mathbf{M} + \beta \mathbf{K} \tag{2}$$

　　ここに，　$\mathbf{C}$：減衰マトリクス
　　　　　　　$\mathbf{M}$：質量マトリクス
　　　　　　　$\mathbf{K}$：剛性マトリクス
　　　　　　α, β：比例係数

付属資料 10-2 減衰の設定方法と設定例

付属表 10.2.1 各種減衰モデルの特徴

種別	特徴・利点・適用例	適用に際しての留意点
剛性比例減衰	・高振動数領域で減衰が大きくなり解析が安定 ・1つの主要モードの減衰を表現	・変位応答を過小評価する可能性 ・複数モードが卓越する場合は選択モード以外の減衰を過小・過大評価 ・剛部材や初期剛性の大きな部材の減衰を過大に評価
質量比例減衰	・1つの主要モードの減衰を表現 ・単独で用いられることは少なくレーリー減衰として用いられることが多い	・高振動数領域で減衰が小さくなるため解析が不安定化しやすい ・複数モードが卓越する場合は主要モード以外の減衰を過小・過大評価
レーリー減衰	・高振動数領域で減衰が大きくなり解析が安定 ・異なる2つの主要モードの減衰を表現(地盤系と構造系など) ・一般的によく用いられている	・主要2つのモード以外の減衰については過小・過大評価 ・全体剛性マトリクスに比例させて減衰マトリクスを構築するため,剛部材や初期剛性の大きな部材の減衰を過大に評価
ひずみエネルギー比例型減衰	・考慮したいすべてのモードの減衰定数を使用して減衰マトリクスを構築する	・高振動数領域で減衰が小さくなるため解析が不安定化しやすい
瞬間剛性比例減衰	・要素の接線剛性の非線形化に応じて減衰マトリクスを逐次変更する	・要素の剛性低下により減衰が低下するため非線形領域での解析が安定しない可能性がある
要素別レーリー(剛性比例)減衰	・減衰特性が同じと考えられるグループごとに剛性比例もしくはレーリー減衰により減衰マトリクスを構築し,これを重ね合わせることで全体減衰マトリクスを構築 ・剛部材や初期剛性の大きな要素の減衰を0もしくは小さな値とすることで過大な減衰を与えないようにすることができる ・ダンパー要素を用いる場合,該当要素の減衰を0もしくは小さな値とすることで,ダンパーによるエネルギー吸収と減衰マトリクスによる減衰を二重に評価することを回避 ・要素ごとに異なる減衰特性を表現可能(地盤・基礎・構造物で別々の減衰特性を与える場合など)	・考慮できる振動モードは1つ(剛性比例)もしくは2つ(レーリー減衰)

質量マトリクス $\mathbf{M}$ と剛性マトリクス $\mathbf{K}$ は既知なので,比例係数 α, β を求めれば,減衰マトリクス $\mathbf{C}$ を決定することができる.

比例係数の決め方は,以下によればよい.

① 対象とする構造物の固有値解析を実施し,固有(円)振動数,振動モード,モード減衰定数,刺激係数,有効質量比等を算出する.なお,この際には,モーダルマトリクスから,ひずみエネルギー比例型減衰として,減衰マトリクス $\mathbf{C}$ を作成する.

② 上記の振動モードから,地震時において支配的となるモードを2つ選択する.選択されたモードの固有円振動数 ω_1, ω_2,モード減衰定数を h_1, h_2 とする.なお,選択する際の判断基準としては,刺激係数や有効質量比が大きいかどうかが,1つの判断材料になる.

③ 上記で選択されたモードの固有円振動数とモード減衰定数を用いて，次式により，比例係数を算定することができる．

$$\alpha = \frac{2\omega_1\omega_2(h_1\omega_2 - h_2\omega_1)}{\omega_2^2 - \omega_1^2}$$
$$\beta = \frac{2(h_2\omega_2 - h_1\omega_1)}{\omega_2^2 - \omega_1^2} \tag{3}$$

この際，複数のモードを選定し，それらの振動数〜モード減衰定数関係を全体的に眺めて，比例係数 α，β を求めることもできる（次章を参照）．

なお，$\alpha=0$ とすると剛性比例マトリクス，$\beta=0$ とすると質量比例マトリクスになる．質量比例の場合は，減衰定数はモード減衰定数が固有振動数に反比例し，剛性比例の場合は固有振動数に比例する．つまり，剛性比例では高次のモードの減衰定数が大きくなり，全体の応答に占める高次モードの影響が相対的に小さくなることになる．**付属図 10.2.1** に減衰マトリクスの考え方の違いを概念的に示す．

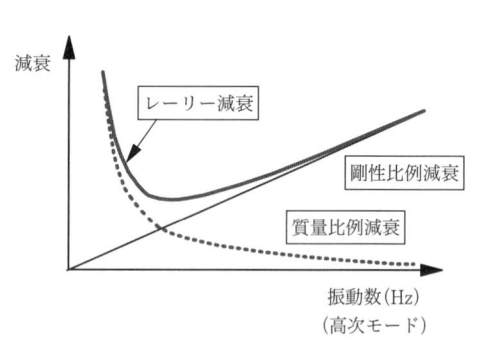

付属図 10.2.1　減衰マトリクスの考え方の違い

3.　減衰マトリクスの作成例

一般的な橋梁を対象に，減衰マトリクスの作成例を示す．対象構造物と地盤条件を**付属図 10.2.2** に示す．対象構造物は，杭基礎を有する RC 橋脚が PC 単純桁を支持する形式であり，杭は鋼管ソイルセメント杭（$\phi 1000$ mm，$L=26.5$ m）で 2×2 の計 4 本である．地盤条件は，図に示す条件で G3 地盤に相当

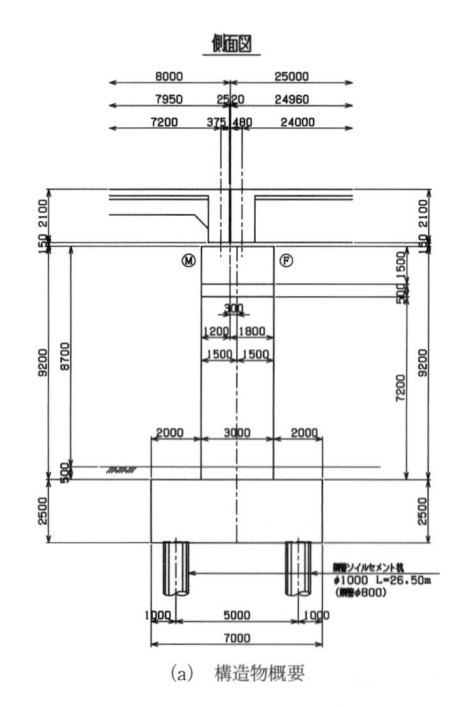

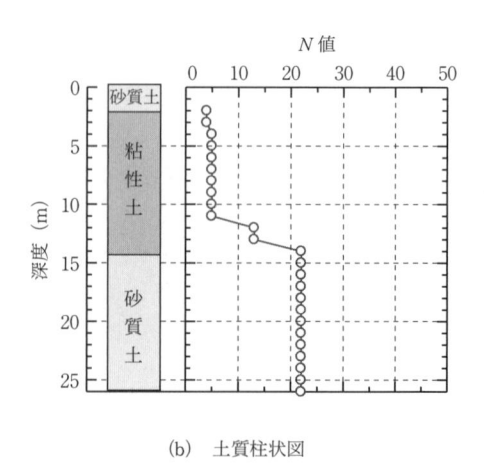

(a)　構造物概要

(b)　土質柱状図

付属図 10.2.2　対象構造物と地盤条件

する．解析モデルは，対象構造物を構造物系と自由地盤系を同時にモデル化する一体型モデルとし，質点系でモデル化する．減衰マトリクスの作成方法は，レーリー減衰を用いることとし，対象となる振動モードに対して安全側となるよう設定する．

(1) 解析モデルと各要素の減衰定数の設定

対象構造物の解析モデルを作成し，各要素の減衰定数を設定する．各要素の減衰定数は，一般には各材料の種類に応じて**解説表10.2.3**に示す値を目安として用いてよい．なお，測定や実験等により減衰定数が**解説表10.2.3**に示す値と異なることが確認された場合には，実測された値を用いるべきである．本資料では，減衰定数は**解説表10.2.3**に従って，**付属表10.2.2**のように設定した．

付属表 10.2.2　各部材の減衰定数の例

要素	種別	減衰定数
橋脚	RC部材	0.03
杭	鋼部材	0.01
相互作用ばね	地盤ばね	0.15
自由地盤	自由地盤	0.03

(2) 固有値解析による振動モードと全体系減衰定数の設定

(1)で設定した解析モデルを用いて，固有値解析を実施する．解析結果を**付属表10.2.3**および**付属図10.2.3**に示す．なお，全体系のモード減衰定数は，ひずみエネルギー比例減衰法により算出した．

付属表 10.2.3　固有値解析結果

モード次数	固有振動数（Hz）	固有周期（sec）	有効質量比	モード減衰定数
1	1.191	0.840	0.012	0.069
2	1.939	0.516	0.560	0.031
3	4.703	0.213	0.218	0.030
4	6.828	0.147	0.106	0.030
6	7.657	0.131	0.000	0.055

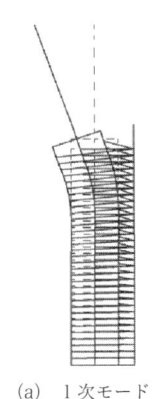

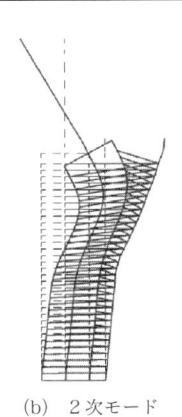

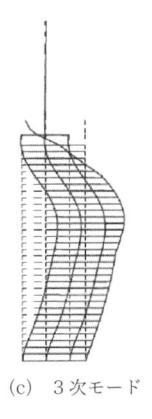

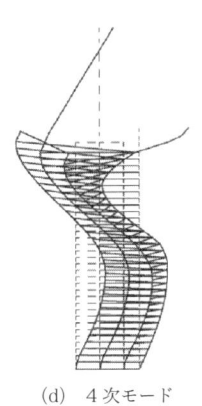

(a) 1次モード　　(b) 2次モード　　(c) 3次モード　　(d) 4次モード

付属図 10.2.3　振動モード図

(3) 振動モードの選定

対象とする振動モードは，固有値解析より得られる有効質量比を基に選定する．判断の目安としては，対象とする振動モードの有効質量比の合計が80～90%となるように選定するのがよい．ここで，一体型

モデルでは，構造物系と自由地盤系をモデル化するが，自由地盤系には構造物系に比べて非常に大きな質量を与えるため，自由地盤の卓越する振動モードの有効質量比が大きくなり，構造物系の振動モードを無視してしまう可能性がある．そこで，構造物系の振動モードを適切に判断できるように，構造物系，自由地盤系を取り出して，それぞれ固有値解析を実施して有効質量比を確認するのがよい．また，構造物系のみを考慮しても，基礎が大きい場合など特殊な形状の構造物の場合には，有効質量比のみを対象とすると橋脚の振動モードを見誤る可能性がある．このため，対象とする振動モードの選定は，モード形状も確認した上で行うのがよい．

これらの結果より，全体系の1次～4次モードを対象とすることとした．

(4) 減衰マトリクスの作成

減衰マトリクスは，対象とする全体系の1次～4次モードに対して安全側となるように配慮したレーリー減衰で設定する．設定例を**付属図10.2.4**に示すが，全体系の2次モードと4次モードをレーリー減衰の着目振動モードとすることで，対象とする振動モードに対して，安全側の設定となる．

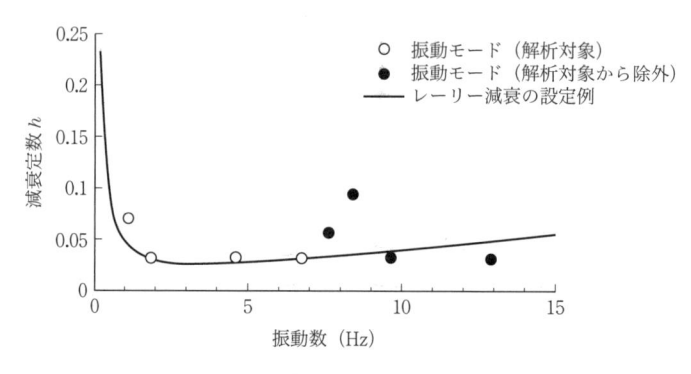

付属図 10.2.4 レーリー減衰の設定

4. 減衰マトリクスの設定に関する注意点

構造物が強非線形性を有しており挙動が振動モードと大きく異なる場合や，免震装置等の減衰メカニズムの異なる要素が存在するような場合には，減衰を合理的に評価できない場合がある．注意を要する構造物の例としては，以下のようなものがある．

① すべり支承など，支承部に特殊な機能を持たせた構造物
② 免震構造を有する構造物
③ その他，著しく剛性低下する要素が構造物の挙動に支配的な影響を与える場合

例えば，剛域やすべり支承の初期剛性のように大きな剛性を有する部材が存在する場合，剛性比例減衰やレーリー減衰を用いると非常に大きな減衰を与えることになる．このような場合には，要素別レーリー減衰や，瞬間剛性比例減衰などを用いて減衰マトリクスを作成することで，減衰を合理的に設定できることがある．なお，剛性比例減衰と瞬間剛性比例減衰が応答に及ぼす影響については文献1)，2)に詳しい．

5. 減衰マトリクスを直接設定する場合

減衰係数を直接評価できる場合は，これをそのまま全体減衰マトリクスに組み込めばよい．減衰係数を直接評価できる事例としては，以下のものがある．

① ダンパー装置などの制震部材で，その減衰係数が試験等により調べられている場合
② 自由地盤-構造物一体解析において，自由地盤と構造物の間にダッシュポットを設ける場合
③ 粘性境界を設定する場合（**解説図 7.3.3** 参照）

①や②の減衰を導入する場合において，構造全体系の減衰を「**3．減衰マトリクスの作成例**」に示すような方法で別途考慮する場合は，例えば要素別減衰を用いる等により導入した減衰と全体減衰を二重に評価しないようにする必要がある．

参 考 文 献

1) 室野剛隆・滝沢聡・畠中仁・棚村史郎：構造物の非線形動的解析における減衰マトリクスの設定に関する検討，第4回地震時保有耐力法に基づく橋梁の耐震設計に関するシンポジウム講演論文集，pp. 115-122, 2000．
2) 矢部正明：粘性減衰のモデル化の違いが非線形応答に与える影響，第4回地震時保有耐力法に基づく橋梁の耐震設計に関するシンポジウム講演論文集，pp. 101-108, 2000．

付属資料 10-3　橋梁および高架橋の所要降伏震度スペクトル

1. 所要降伏震度スペクトルの概念

　地震動に対する1自由度系の最大応答を，系の固有周期をパラメータとして算定し，横軸に固有周期，縦軸に応答値をとって図示したものを，応答スペクトルという．一般的には系を線形とした場合に求められる．しかし，構造物の耐震設計においては，地震時に構造物が非線形領域に入ることを許容せざるを得ない．そこで，構造物の非線形応答を応答スペクトルの形で表したものを，非線形応答スペクトルと総称して耐震設計に用いている．非線形応答スペクトルには，様々な形式のものが存在する．特に，縦軸に降伏震度をとって，塑性率ごとに固有周期と降伏震度との関係を図化したものを所要降伏震度スペクトルという．その概念図を**付属図10.3.1**に示す．

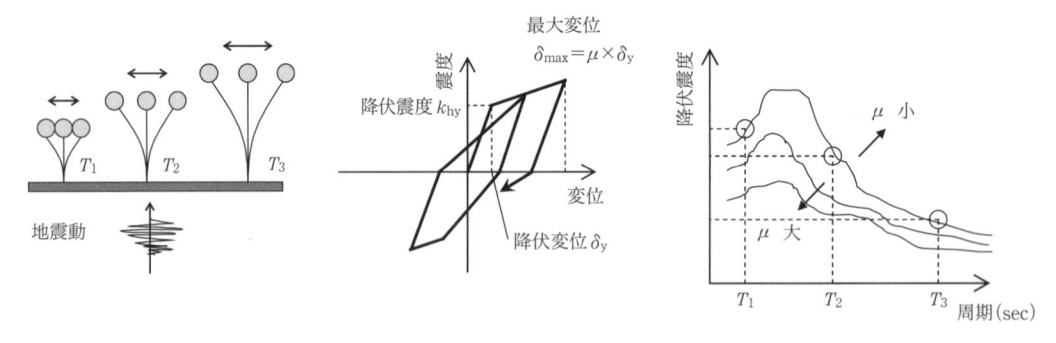

付属図 10.3.1　所要降伏震度スペクトルの概念図

2. 所要降伏震度スペクトルの作成条件

　所要降伏震度スペクトルを作成する際に用いた条件を**付属表10.3.1**にまとめて示す．所要降伏震度スペクトルの作成にあたっては，構造形式や主要な塑性化位置に応じて，非線形性（骨格曲線および履歴曲線[1])）や減衰を適切に考慮できるように配慮した．
　以下に，所要降伏度震度スペクトルの作成条件を示す．なお，これらの作成条件は，一般的な構造物を想定したものである．したがって，一般的な構造物と比較して，例えば，減衰が著しく小さい構造物には，所要降伏震度スペクトルをそのまま用いることはできず，補正して用いるなどの配慮が必要である．

（1）非線形性の考え方

　所要降伏震度スペクトルの算定において，非線形性は構造形式や主要な塑性化位置に応じて異なるモデルを用いている．以下に，各条件における非線形性の概要を示す．

1）上部構造物（RC，SRC，CFT系）先行降伏時の非線形性

　コンクリート構造物系（RC，SRC，CFT系）の上部構造物が先行降伏する場合には，骨格曲線は降伏

付属資料 10-3 橋梁および高架橋の所要降伏震度スペクトル

付属表 10.3.1 所要降伏震度スペクトルの作成条件

構造条件		パラメータ	骨格曲線		履歴曲線	減衰定数
			α [注1]	β [注2]		
上部構造物用	RC SRC系 CFT		0.10	0.2	Cloughモデル	$h = \dfrac{0.04}{T}$ ($0.10 \leq h \leq 0.20$)
	S(鋼)系		0.15	0.0	バイリニア型	
基礎構造物用	直接基礎		直接基礎モデル			$h = 0.10$
	杭 ケーソン その他		0.15	0.0	バイリニア型	$h = \dfrac{0.04}{T}$ ($0.10 \leq h \leq 0.20$)

注1) α は，降伏剛性に対する降伏後の剛性低下倍率を示す．**付属図 10.3.2, 10.3.3** を参照．
注2) β は，除荷時の剛性低下指数を示す．**付属図 10.3.2, 10.3.3** を参照．

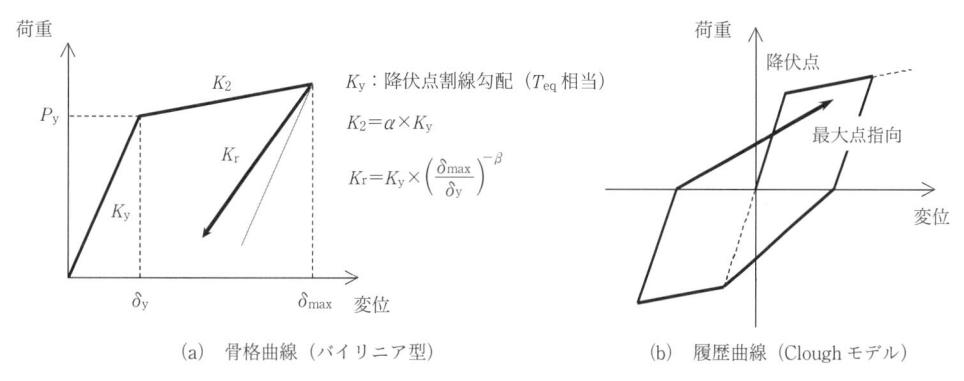

(a) 骨格曲線（バイリニア型）　　(b) 履歴曲線（Cloughモデル）

K_y：降伏点割線勾配（T_{eq} 相当）
$K_2 = \alpha \times K_y$
$K_r = K_y \times \left(\dfrac{\delta_{max}}{\delta_y}\right)^{-\beta}$

付属図 10.3.2 上部構造物（RC, SRC, CFT系）先行降伏時の非線形性の概要

点を考慮したバイリニア型，履歴曲線はClough モデルとした．非線形性の概要を**付属図 10.3.2**に示す．

2) 上部構造物（S系）先行降伏時の非線形性

鋼構造物系（S系）の上部構造物が先行降伏する場合には，バイリニア型の骨格曲線および履歴曲線を用いた．非線形性の概要を**付属図 10.3.3**に示す．

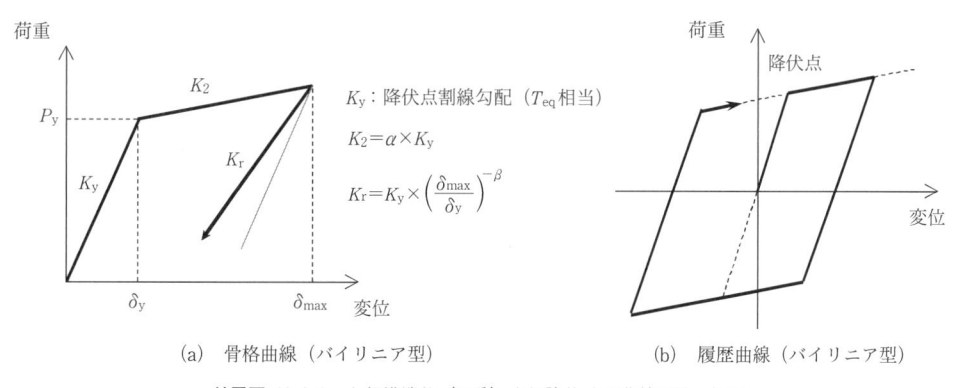

(a) 骨格曲線（バイリニア型）　　(b) 履歴曲線（バイリニア型）

K_y：降伏点割線勾配（T_{eq} 相当）
$K_2 = \alpha \times K_y$
$K_r = K_y \times \left(\dfrac{\delta_{max}}{\delta_y}\right)^{-\beta}$

付属図 10.3.3 上部構造物（S系）先行降伏時の非線形性の概要

3) 基礎構造物（直接基礎）先行降伏時の非線形性

直接基礎が先行して降伏する場合には，非線形性は直接基礎の回転ばねモデルに準じて根入れの影響を

考慮してモデル化するものとした．以下に，根入れの状況に応じた非線形性の概要を示す．

a) 岩盤以外の地盤上に，根入れを確保した状態で構築される直接基礎の非線形性

岩盤以外の地盤上に構築される直接基礎で，その根入れの大きさが一般的である場合（概ねフーチング幅の1/2程度）の非線形性は，根入れの影響を考慮するものとする．非線形性の概要を**付属図10.3.4**に示す．

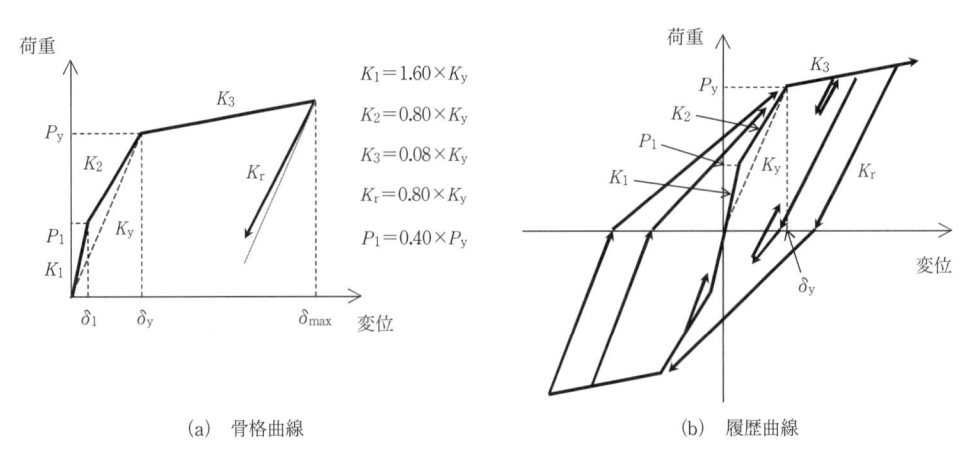

$K_1 = 1.60 \times K_y$
$K_2 = 0.80 \times K_y$
$K_3 = 0.08 \times K_y$
$K_r = 0.80 \times K_y$
$P_1 = 0.40 \times P_y$

(a) 骨格曲線　　　　　　　　　　　(b) 履歴曲線

付属図 10.3.4　基礎構造物（直接基礎）の非線形性の概要（根入れを考慮する場合）

b) 岩盤上の直接基礎あるいは，著しく根入れが小さい直接基礎の非線形性

岩盤上に構築される直接基礎あるいは，岩盤以外の地盤上に構築される直接基礎であっても根入れの大きさが著しく小さい場合の直接基礎の非線形性には，根入れの影響を考慮しないものとする．非線形性の概要を**付属図10.3.5**に示す．

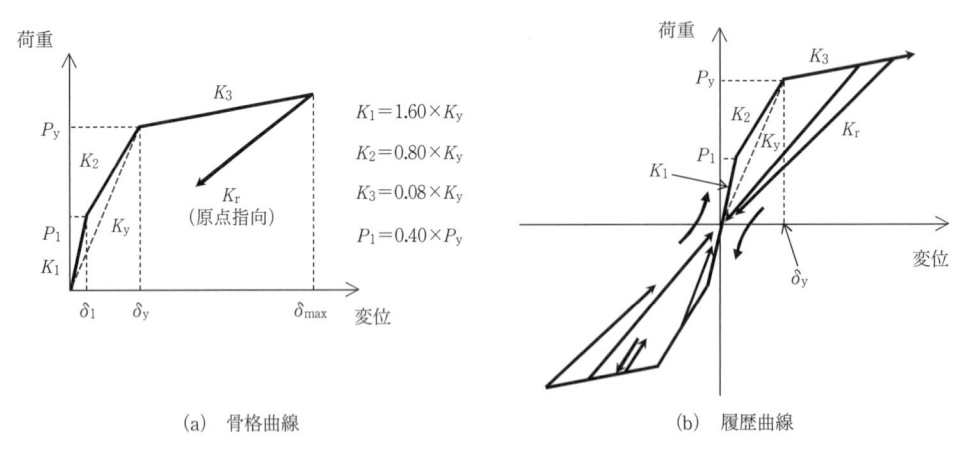

$K_1 = 1.60 \times K_y$
$K_2 = 0.80 \times K_y$
$K_3 = 0.08 \times K_y$
K_r（原点指向）
$P_1 = 0.40 \times P_y$

(a) 骨格曲線　　　　　　　　　　　(b) 履歴曲線

付属図 10.3.5　基礎構造物（直接基礎）の非線形性の概要（根入れを考慮しない場合）

4) 基礎構造物（杭基礎・ケーソン基礎等）先行降伏時の非線形性

杭基礎やケーソン基礎のような直接基礎以外の基礎が先行して降伏する場合には，バイリニア型の骨格曲線および履歴曲線を用いた．非線形性は，**付属図10.3.3**と同様のモデルを用いるものとする．

（2） 減衰定数の考え方

減衰効果には，構造減衰，逸散減衰，履歴減衰等がある．所要降伏震度スペクトルを作成する段階で，履歴モデルを用いた時刻歴非線形解析を行っているので，履歴減衰の影響については計算結果に自動的に取り入れられている．

構造減衰および逸散減衰の効果は，運動方程式を解く際の初期の減衰定数として取り入れた．この減衰については，これまでの実験結果や解析結果に基づき**付属表 10.3.1**に示すように，直接基礎は一定値，上部構造物，杭基礎およびケーソン基礎は周期依存型とした．

（3） 入力損失効果の考え方

入力損失効果とは，基盤から地震動が入力される際に，構造物の存在により地震動による地盤振動が拘束されるため，自由地盤と比較して構造物の有効入力動が低減される効果のことを指す．入力損失効果は，一般に大型基礎で大きいことが知られており，ケーソン基礎，連壁井筒基礎に対しては，従来の設計においてもこれを考慮してきた．しかし，短周期成分の卓越する地震動や地盤が比較的軟弱な場合には，杭基礎でも入力損失効果を期待できると考えられる．

有効入力係数は，自由地盤の振動に対する構造物に入射される振動の比を示す係数で，式（1）により算定できる．

$$\eta = \frac{u^f + u^s}{u^f} \tag{1}$$

ここに，　η：有効入力係数
　　　　　u^f：自由地盤の地表面変位
　　　　　u^s：地盤に対する基礎の相対変位

付属図 10.3.6に，有効入力係数の一例を示す．この有効入力係数は，入力損失効果が大きいと考えられるG2からG5地盤に対して，一般的な条件の杭基礎を有する構造物と地震時の剛性低下の影響を考慮した地盤を仮定して算出したものである[2]．静的解析法が適用可能となるような一般的な条件の杭基礎については，**付属図 10.3.6**に示す有効入力係数を用いてよい．ケーソン基礎等の大型基礎の場合には，別途詳細な検討を行うことで，より大きな入力損失効果を見込むことも可能である[3]．ただし，不整形地盤の影響が懸念される場合など，耐震設計上注意を要する地盤においては，入力損失効果の影響を考慮しないものとする．

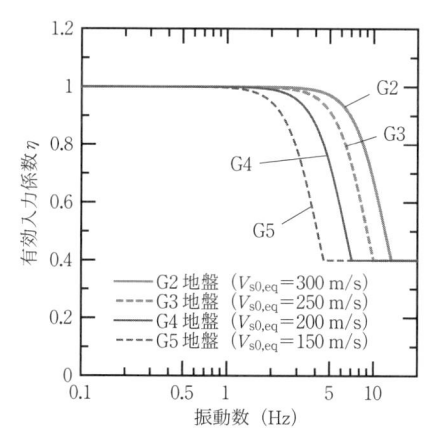

付属図 10.3.6 有効入力係数の例

なお，本付属資料に示す所要降伏震度スペクトルは，対象とする設計地震動や構造物の固有周期を勘案すると影響が小さいと考えられるため，安全側の観点から入力損失効果を考慮していない．

3. 短周期成分の卓越した設計地震動の取り扱いについて

本標準では，短周期成分の卓越する可能性のある地域において，固有周期の短い構造物（等価固有周期 T_{eq} が 0.3 s 以下）については，「**付属資料 6-4** 短周期成分の卓越した L2 地震動の考え方」に示す短周期成分の卓越した L2 地震動に対しても設計応答値を算定し，性能照査を実施することが望ましいとしている．これを考慮する場合には，この L2 地震動に対応する所要降伏震度スペクトルを新たに作成する必要がある．ここで，構造物に短周期成分の卓越した設計地震動が入力された場合には，一般に入力損失効果が大きくなることが分かっており，これを考慮することで合理的な耐震設計が可能となる．なお，入力損失効果を考慮する場合でも，「**2. 所要降伏震度スペクトル作成条件**」の (1)，(2) に示す非線形性や減衰については，同様に考えてよい．

入力損失効果を考慮した所要降伏震度スペクトルの作成方法の例を示す．「**付属資料 6-4** 短周期成分の卓越した L2 地震動の考え方」に示す設計地震動に対して，地盤の地点依存の動的解析（「7.3.3 動的解析による方法」）を実施して，地表面設計地震動を算定する．この地震動をフーリエ変換し，**付属図 10.3.6** に示す有効入力係数を乗じることで振幅を補正する．これをフーリエ逆変換することで，入力損失効果を考慮した地表面設計地震動を算定できる．この地表面設計地震動を用いることで，入力損失効果を考慮した所要降伏震度スペクトルを作成することができる．

参 考 文 献

1) 室野剛隆，佐藤勉：構造物の損傷過程を考慮した非線形応答スペクトル法の適用，土木学会地震工学論文集，Vol.29, pp.520-528, 2007.8.
2) 室野剛隆，坂井公俊：短周期の卓越した地震動が橋梁・高架橋の耐震設計に与える影響評価，鉄道総研報告，Vol.26, No.11, 2012.
3) 齊藤正人，西村昭彦：基礎の入力損失効果を考慮した所要降伏震度スペクトルに関する研究，第 25 回地震工学研究発表会講演論文集，pp.541-544, 1999.

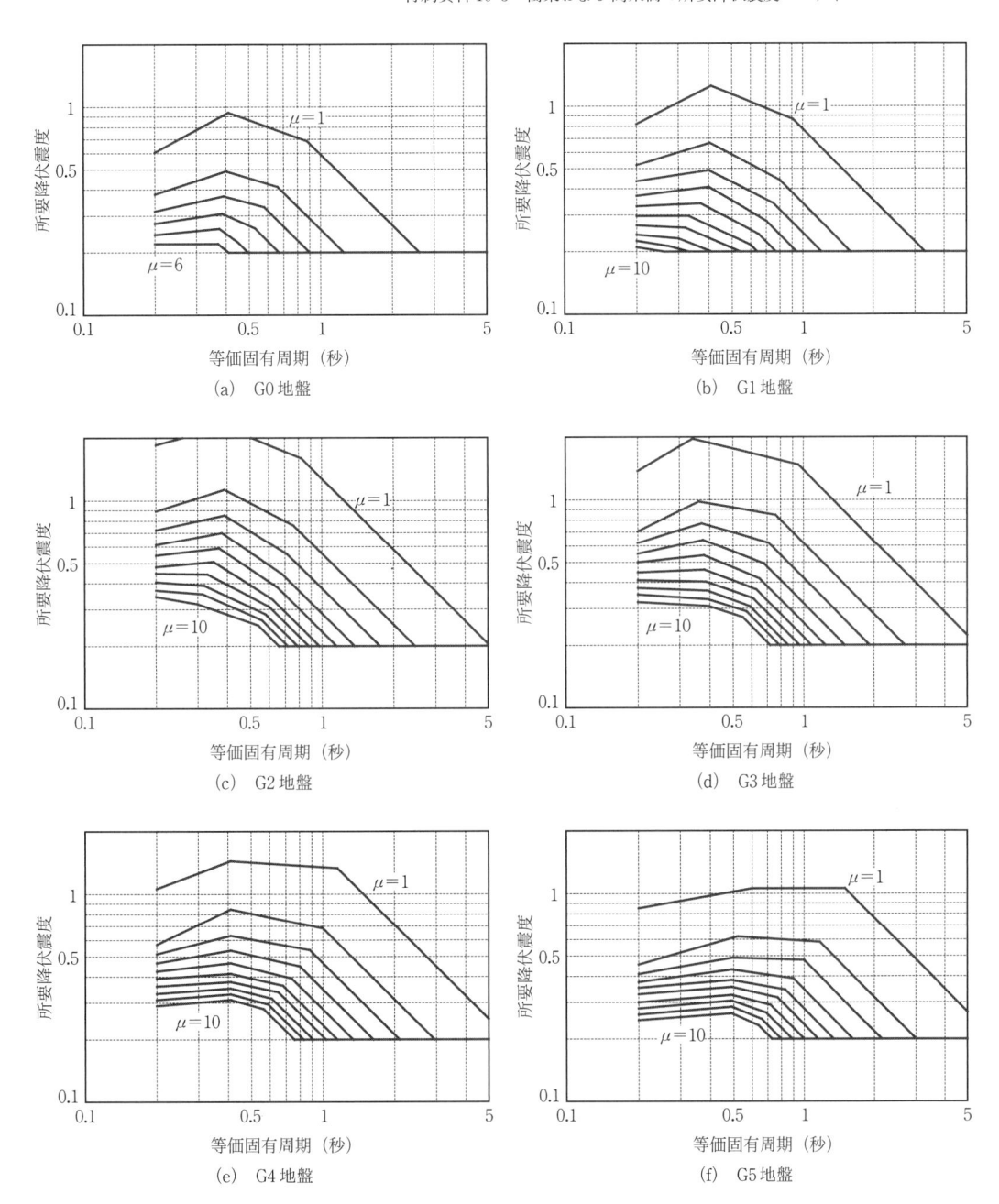

付属資料 10-3 橋梁および高架橋の所要降伏震度スペクトル

(a) G0 地盤

(b) G1 地盤

(c) G2 地盤

(d) G3 地盤

(e) G4 地盤

(f) G5 地盤

付属図 10.3.7 所要降伏震度スペクトル（スペクトル I，上部構造物，RC・SRC・CFT 系）

(a) G0 地盤

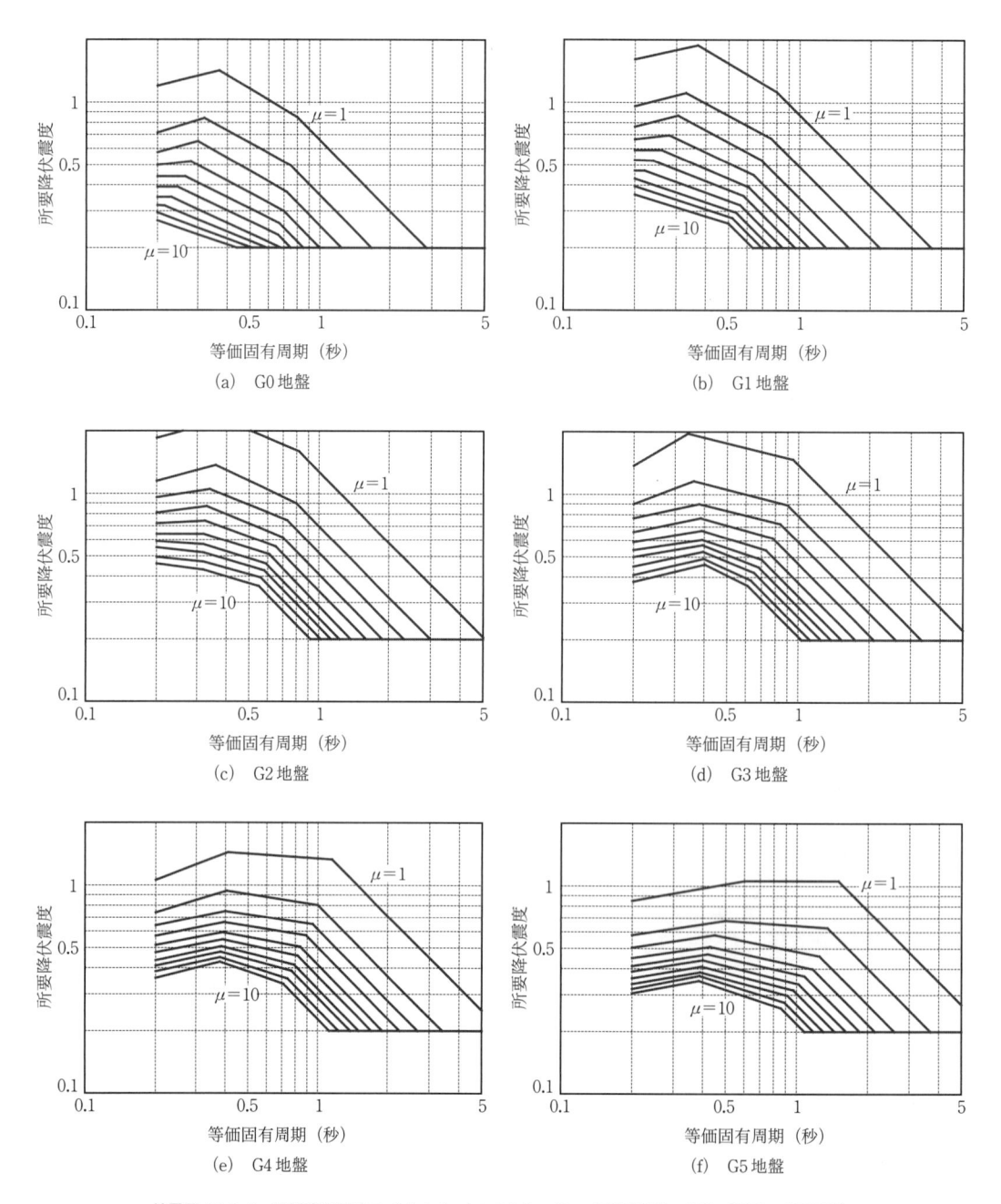

(b) G1 地盤

(c) G2 地盤

(d) G3 地盤

(e) G4 地盤

(f) G5 地盤

付属図 10.3.8　所要降伏震度スペクトル（スペクトルII，上部構造物，RC・SRC・CFT 系）

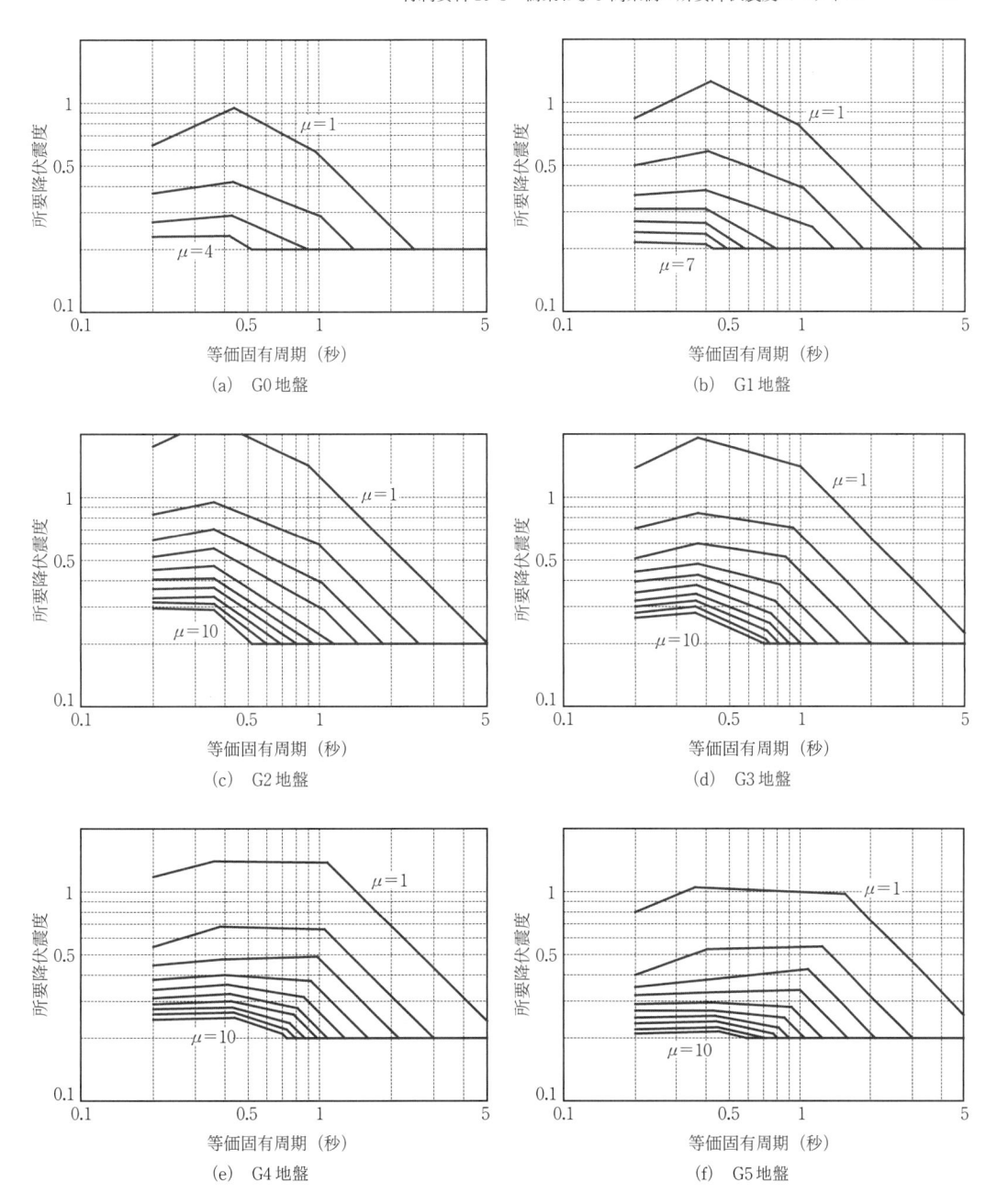

付属資料 10-3　橋梁および高架橋の所要降伏震度スペクトル

(a) G0 地盤

(b) G1 地盤

(c) G2 地盤

(d) G3 地盤

(e) G4 地盤

(f) G5 地盤

付属図 10.3.9　所要降伏震度スペクトル（スペクトルI，上部構造物，S系）

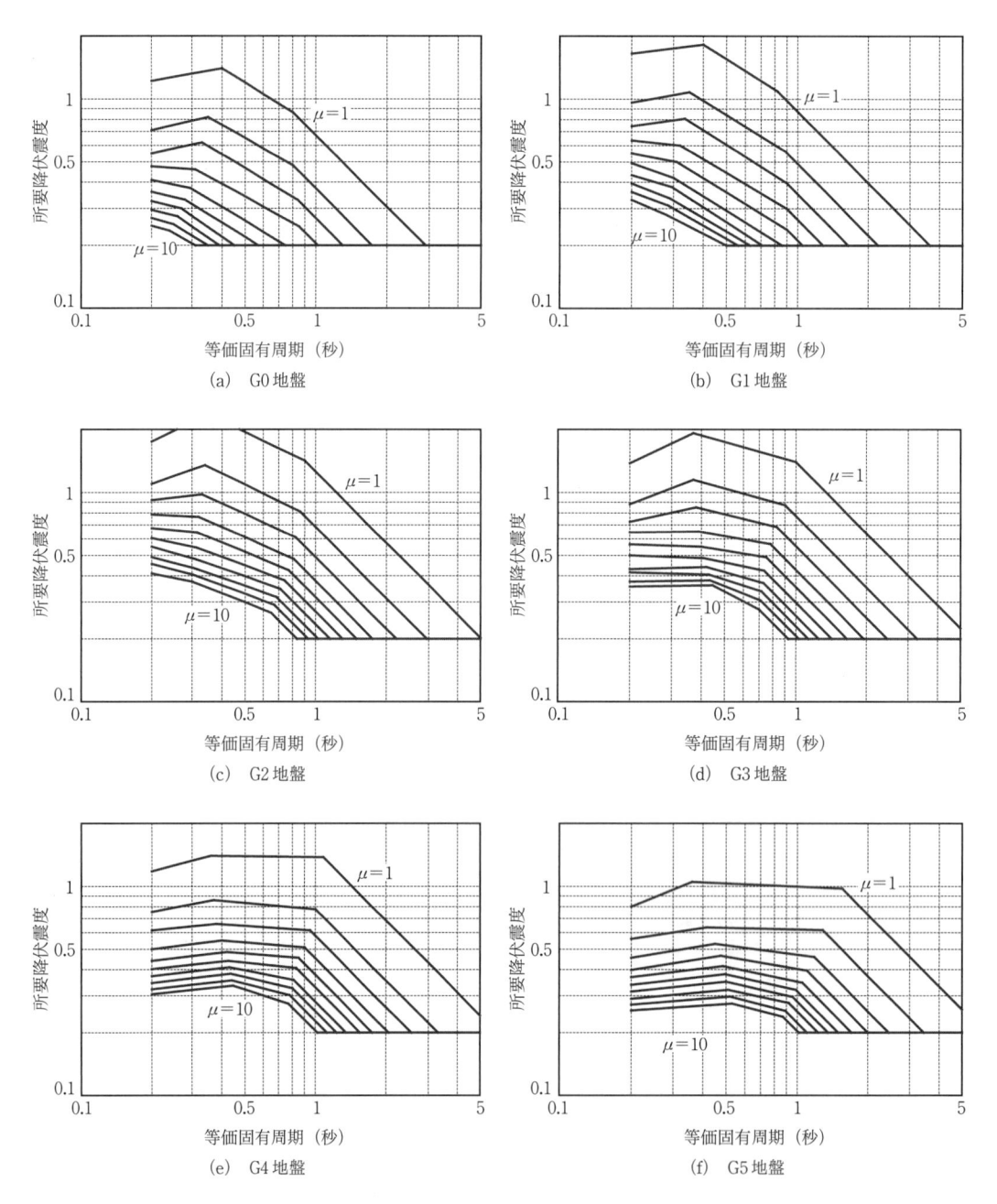

付属図 10.3.10　所要降伏震度スペクトル（スペクトルⅡ，上部構造物，S系）

(a) G0 地盤

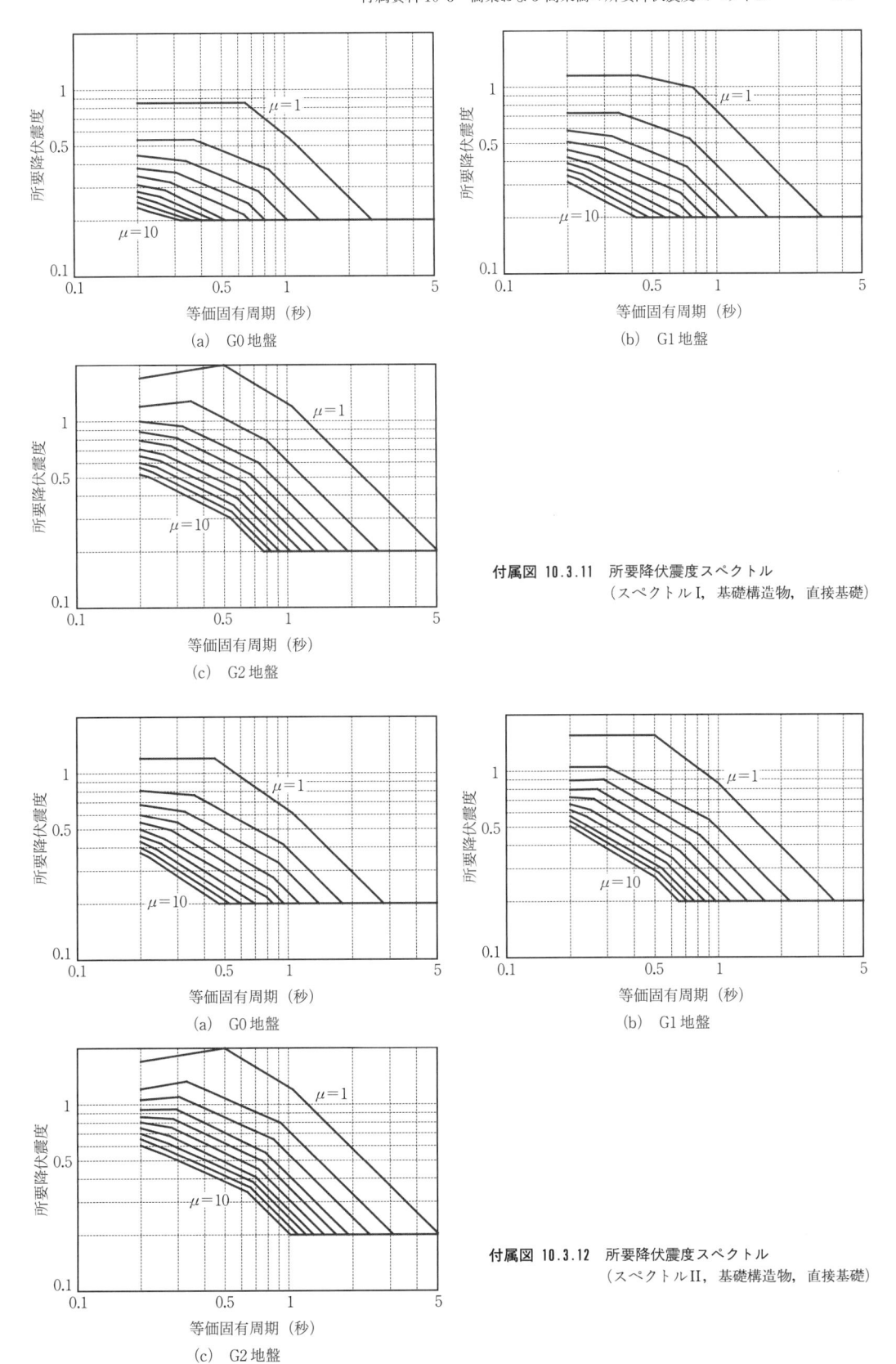

(b) G1 地盤

(c) G2 地盤

付属図 10.3.11 所要降伏震度スペクトル
（スペクトルI，基礎構造物，直接基礎）

(a) G0 地盤

(b) G1 地盤

(c) G2 地盤

付属図 10.3.12 所要降伏震度スペクトル
（スペクトルII，基礎構造物，直接基礎）

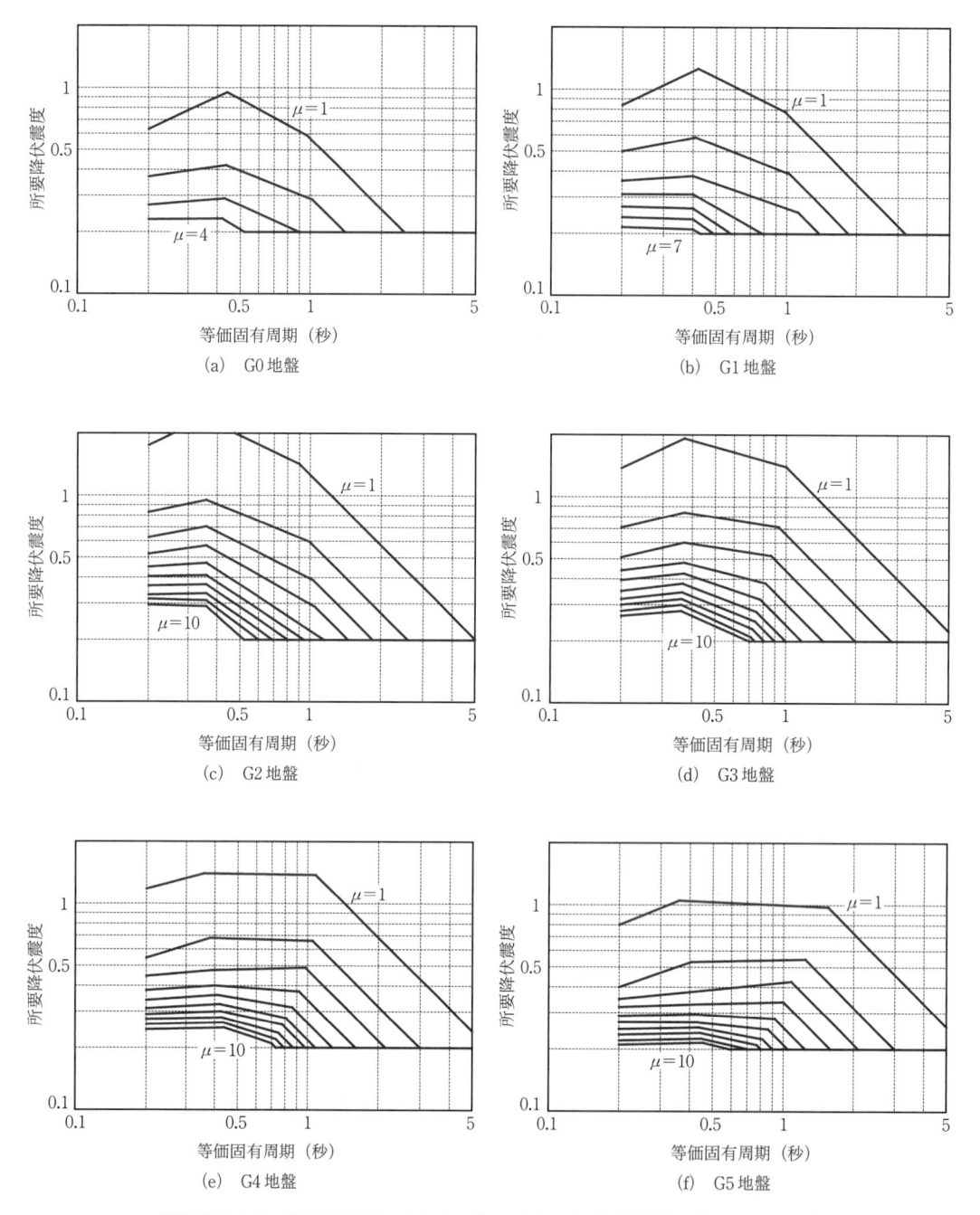

付属図 10.3.13 所要降伏震度スペクトル（スペクトルⅠ，基礎構造物，杭・ケーソン等）

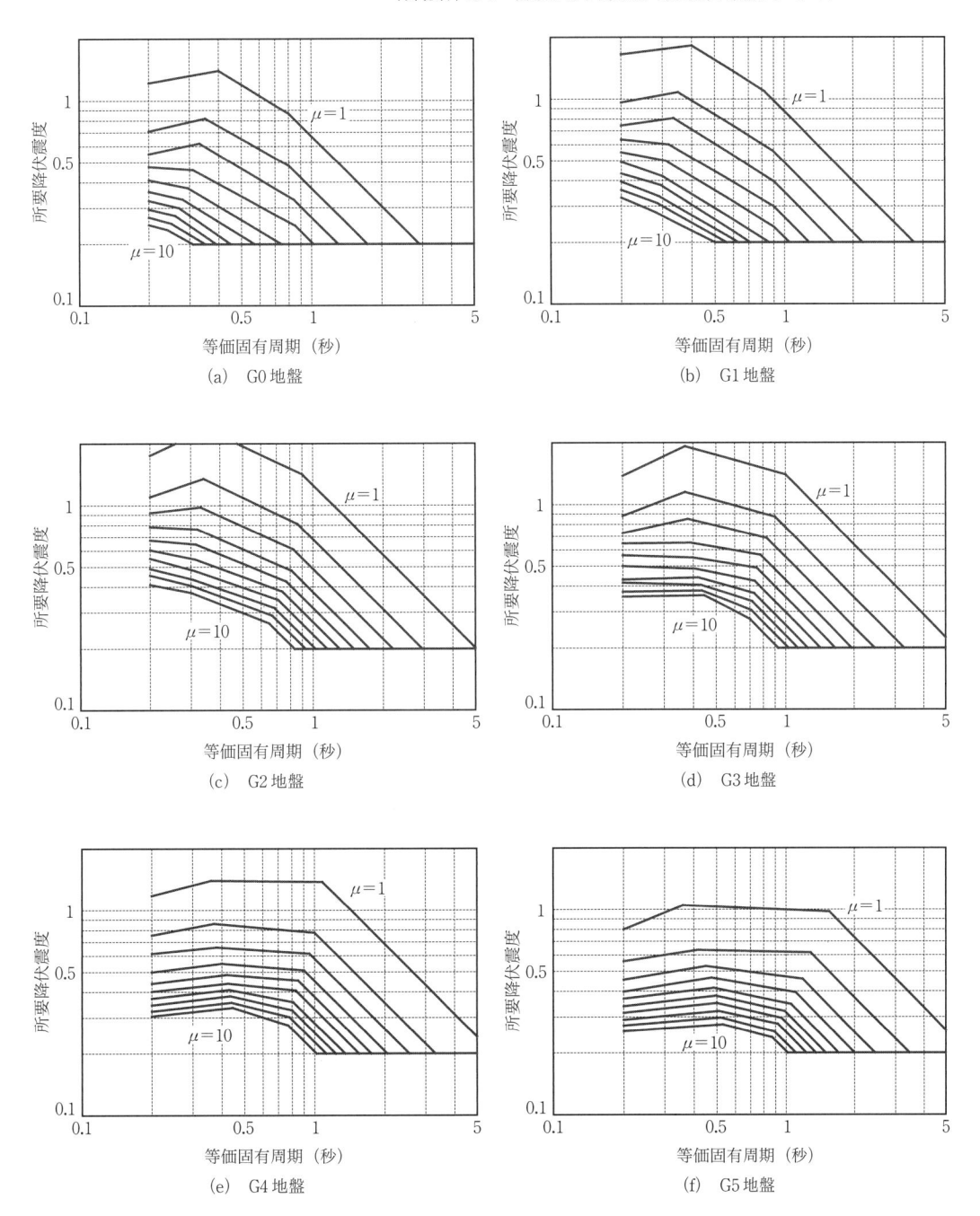

付属資料 10-3 橋梁および高架橋の所要降伏震度スペクトル

(a) G0 地盤

(b) G1 地盤

(c) G2 地盤

(d) G3 地盤

(e) G4 地盤

(f) G5 地盤

付属図 10.3.14 所要降伏震度スペクトル（スペクトルII，基礎構造物，杭・ケーソン等）

付属資料 10-4　所要降伏震度スペクトルの補正

簡易な手法により算定したL2地震動に，地域別係数や規模および距離による低減を考慮する場合には，所要降伏震度スペクトルを低減することができる．G2地盤からG5地盤の所要降伏震度スペクトルを低減する場合は，所要降伏震度スペクトルに式（1）に示す地盤種別ごとに求まる低減率 α_y を乗じて低減してよい．

G2地盤：

$$\alpha_y = \alpha^{1.07} - (\alpha^{1.07} - \alpha^{0.86+0.01\mu}) \exp\left\{-\left[\left(\frac{5.0}{1.5+1/\mu} - 0.6\alpha + 0.5\right)(T_{eq}-0.1)\right]^{1.5}\right\}$$

G3地盤：

$$\alpha_y = \alpha^{1.10} - (\alpha^{1.1} - \alpha^{0.645+0.02\mu}) \exp\left\{-\left[\left(\frac{3.3}{1.0+1/\mu} - 0.8\alpha + 0.15\right)(T_{eq}-0.1)\right]^{1.6}\right\}$$

G4地盤：
$$\tag{1}$$

$$\alpha_y = \alpha^{1.25} - (\alpha^{1.25} - \alpha^{0.55+0.025\mu}) \exp\left\{-\left[\left(\frac{2.2}{1.0+1/\mu} - 1.2\alpha + 0.5\right)(T_{eq}-0.1)\right]^{2.5}\right\}$$

G5地盤：

$$\alpha_y = \alpha^{1.15} - (\alpha^{1.15} - \alpha^{0.6+0.05\mu/3}) \exp\left\{-\left[\left(\frac{1.3}{1.5+1/\mu} - 0.2\alpha + 0.1\right)(T_{eq}-0.1)\right]^{5.5}\right\}$$

$$(0.2 \leq T_{eq} \leq 2.0)$$

ここで，α：設計地震動の低減率で，地域別係数（**解説表 6.3.2**）または「**付属資料 6-5** スペクトルⅡの規模および距離による低減方法」による．
T_{eq}：構造物の等価固有周期
μ：応答塑性率

付属資料10-5　液状化の影響を考慮した所要降伏震度スペクトル

　液状化の可能性があると判定された地盤上の橋梁および高架橋の所要降伏震度スペクトルについて解説する．所要降伏震度スペクトル作成の際の応答値算定の概念図を**付属図10.5.1**に示すが，構造物への入力として「**付属資料7-9**　液状化の可能性のある地盤の地表面設計地震動」に示す液状化の可能性のある地盤の地表面設計地震動（L2地震動）を用い，「**付属資料10-3**　橋梁および高架橋の所要降伏震度スペクトル」と同じ構造物の条件で応答値を算定している．地盤が液状化に至った場合，構造物の応答は液状化程度の影響を大きく受ける．そこで，液状化指数 $P_L=20$ を境として2つに分類し，所要降伏震度スペクトルを設定した．**付属図10.5.2～4**および**付属図10.5.5～7**に，スペクトルⅠおよびスペクトルⅡに対する所要降伏震度スペクトルを示す．なお，液状化地盤中の構造物を設計する場合には，**解説図8.4.10**に示すように液状化の影響を考慮する場合としない場合の両ケースについて照査することを前提とする．

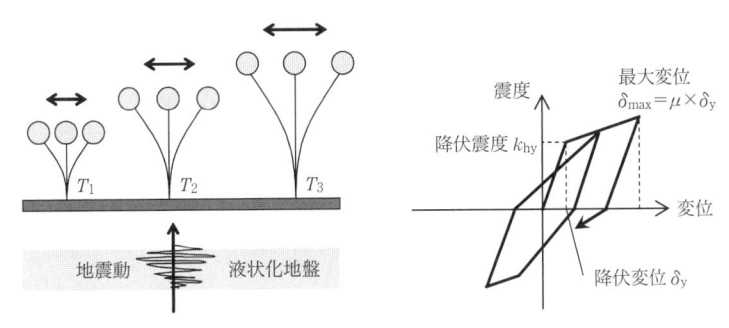

付属図10.5.1　液状化の可能性のある地盤での応答値算定概念図

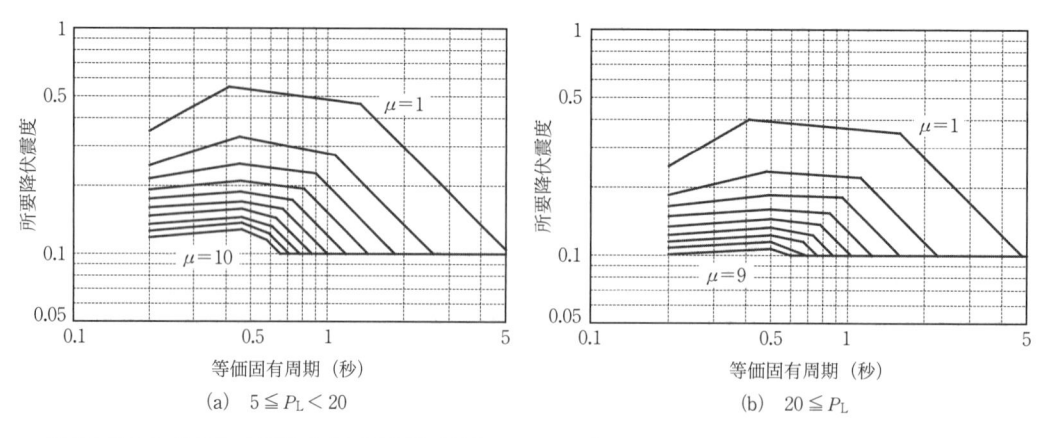

付属図 10.5.2　液状化の影響を考慮した所要降伏震度スペクトル（スペクトルI, 上部構造物, RC・SRC・CFT系）

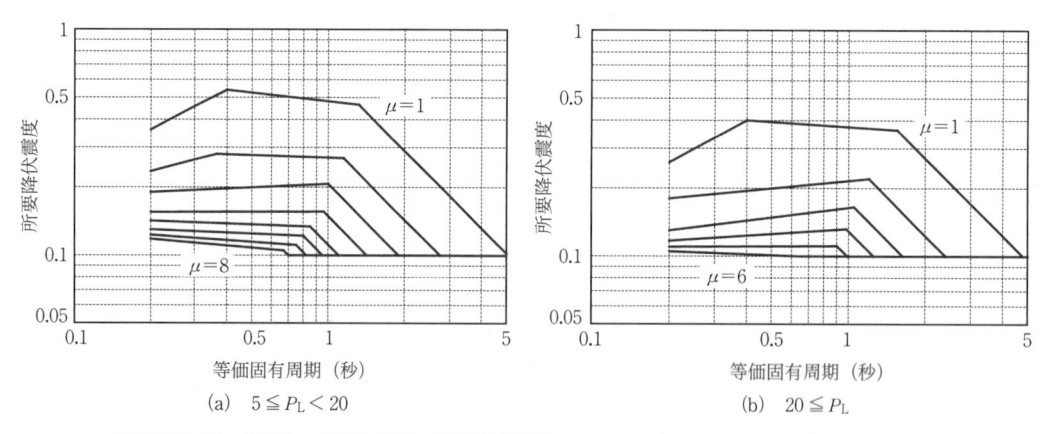

付属図 10.5.3　液状化の影響を考慮した所要降伏震度スペクトル（スペクトルI, 上部構造物, S系）

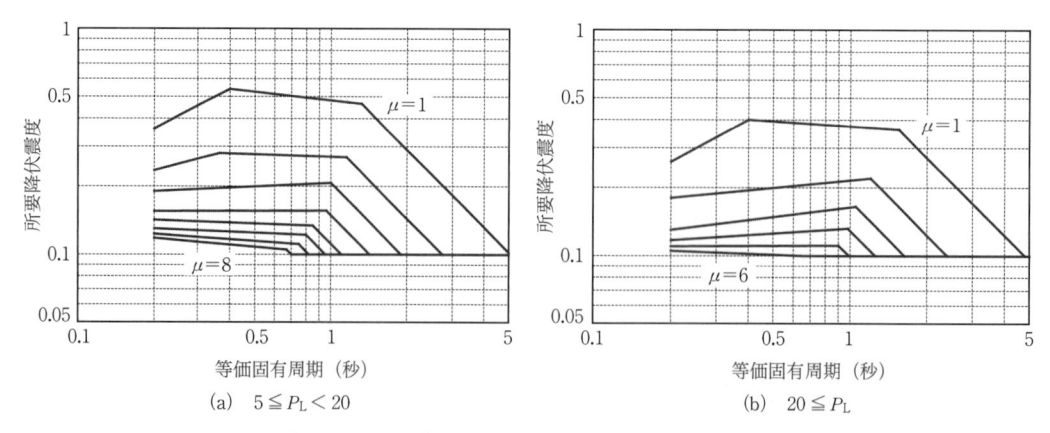

付属図 10.5.4　液状化の影響を考慮した所要降伏震度スペクトル（スペクトルI, 基礎構造物, 杭・ケーソン等）

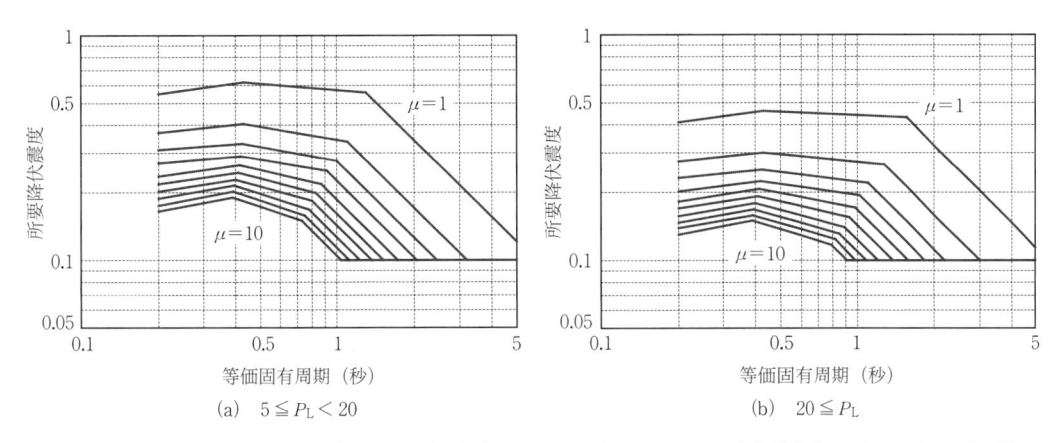

付属資料 10-5　液状化の影響を考慮した所要降伏震度スペクトル

(a)　$5 \leqq P_L < 20$
(b)　$20 \leqq P_L$

付属図 10.5.5　液状化の影響を考慮した所要降伏震度スペクトル（スペクトルⅡ，上部構造物，RC・SRC・CFT 系）

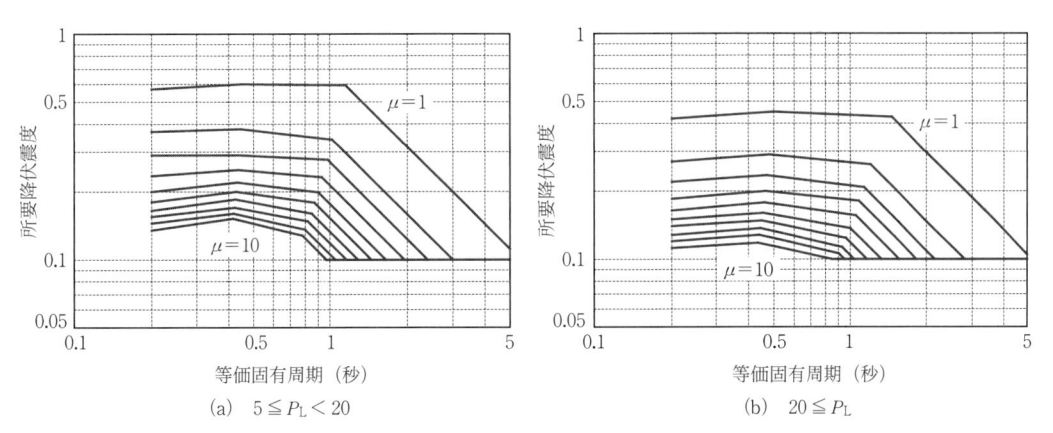

(a)　$5 \leqq P_L < 20$
(b)　$20 \leqq P_L$

付属図 10.5.6　液状化の影響を考慮した所要降伏震度スペクトル（スペクトルⅡ，上部構造物，S 系）

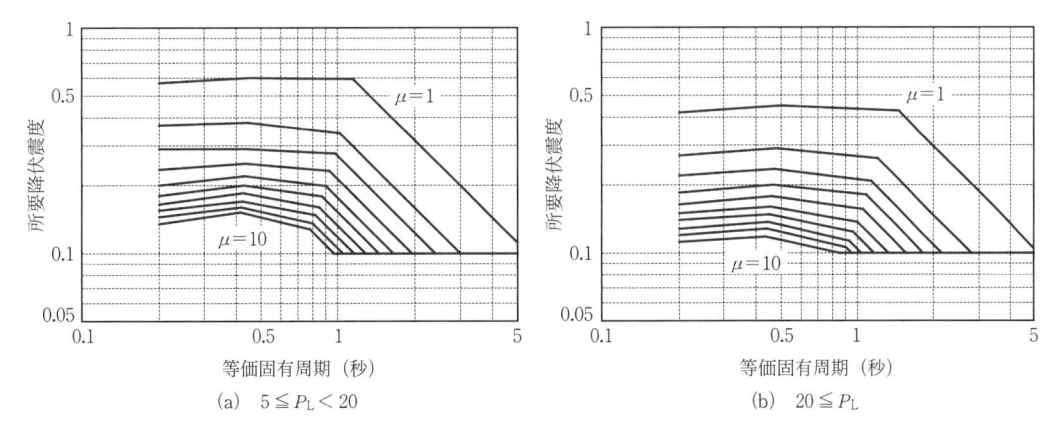

(a)　$5 \leqq P_L < 20$
(b)　$20 \leqq P_L$

付属図 10.5.7　液状化の影響を考慮した所要降伏震度スペクトル（スペクトルⅡ，基礎構造物，杭・ケーソン等）

付属資料 11-1　抗土圧橋台の所要降伏震度スペクトル

1. はじめに

　一般的な設計条件で1自由度の振動系としてモデル化できる抗土圧橋台の場合は，「**付属資料 10-3** 橋梁および高架橋の所要降伏震度スペクトル」と同様に，プッシュ・オーバー解析および非線形応答スペクトル法を用いた静的解析法により設計応答値を算定できる．ただし，抗土圧橋台の地震時挙動は，**付属図 11.1.1**に示すように桁等の上部構造物の慣性力の影響に加えて，橋台壁体と背面盛土との相互作用（地震時土圧）や前面方向（主働方向）への変位の累積性の影響を受けるため[1]，所要降伏震度スペクトルの作成に際しても，これを考慮する必要がある．本付属資料では，これらの影響を考慮した抗土圧橋台の所要降伏震度スペクトルの作成方法と，算定した所要降伏震度スペクトルを示す．

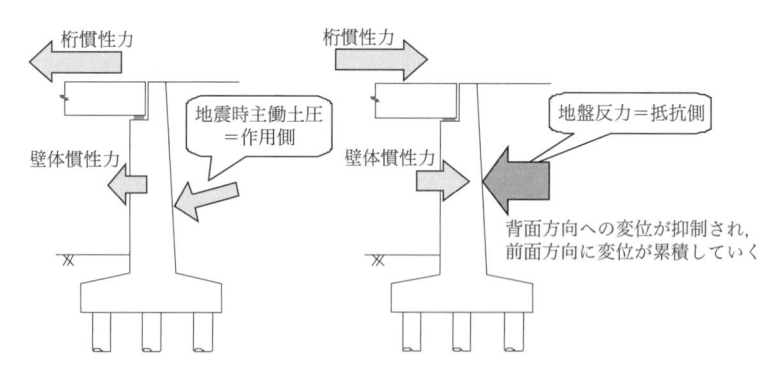

付属図 11.1.1　抗土圧橋台の地震時挙動の特徴

2. 抗土圧橋台の所要降伏震度スペクトルの作成条件

　抗土圧橋台の所要降伏震度スペクトルの作成にあたっては，橋台壁体と背面盛土との相互作用や前面方向への変位の累積性を考慮するため，「**11章 橋台の応答値の算定と性能照査**」および「鉄道構造物等設計標準・同解説（土留め構造物）」に示す，抗土圧橋台の1自由度系動的応答解析モデルを用いた．これは，背面盛土がない状態での正負対称の基礎・壁体の抵抗特性に，背面方向の変位増分に対してのみ抵抗する正負非対称の背面盛土の抵抗特性を重ね合わせてモデル化し，背面盛土からの土圧作用は付加質量として振動系の質量に加味してモデル化することで，一方向（前面側）に変位が累積するという抗土圧橋台の地震時挙動を便宜的に表現したものである．

　所要降伏震度スペクトルは，プッシュ・オーバー解析で得られる降伏震度と等価固有周期の2つの入力パラメータに対して，応答塑性率を算出するものであり，この1自由度系動的応答解析モデルから所要降伏震度スペクトルを作成するためには，何らかの仮定を行ってパラメータを絞り込む必要がある．その仮定条件を**付属表 11.1.1**にまとめて示し，その詳細を以下に示す．また，所要降伏震度スペクトル作成用

付属表 11.1.1 抗土圧橋台の所要降伏震度スペクトルの作成時の仮定条件

構造条件	パラメータ	基礎・壁体の抵抗特性	等価固有周期比（主働側：受働側：履歴内）	減衰定数
抗土圧橋台	直接基礎	正負対称バイリニア型モデル 2次勾配比 $K_{a2}/K_{a1}=0.05$	$T_{eq-a} : T_{eq-p} : T_{eq-r} = 2:1:1$	$h=0.10$
	RC壁体 杭基礎		$T_{eq-a} : T_{eq-p} : T_{eq-r} = 3:1:1$	$h=\dfrac{0.04}{T_{eq-r}} (h \geq 0.10)$

の仮定条件を考慮した1自由度系動的応答解析モデルの概要を**付属図 11.1.2** に示す．なお，これらの仮定条件は，模型実験のシミュレーション[2]や，従来設計法に対するコードキャリブレーション[3],[4]に基づき，スペクトル形状に及ぼす影響が少ないパラメータを簡素化した上で，全体のバランスを考慮した工学的な割り切りとして設定したものである．特に抗土圧橋台の場合は背面の沈下量はできるだけ小さい方が安全性・復旧性の観点から望ましいと考えられることから，等価固有周期が短い条件に設計結果が誘導されるようなスペクトル形状となるように配慮した．よって，各仮定条件は，今後の研究の進展に応じて見直されることが期待されるが，その際には他の仮定条件とのバランスも考慮する必要があることに注意を要する．

（1） 基礎・壁体の抵抗特性のモデル化

付属図 11.1.2(a) の①に示す基礎・壁体の抵抗特性（骨格曲線の種別や形状および履歴モデル）は，本来は橋梁および高架橋の所要降伏震度スペクトル作成時と同様に構造条件に応じて個別に選定するのがよい．ただし，その違いが抗土圧橋台の全体の応答特性に及ぼす影響は比較的小さいことが確認できていることから，所要降伏震度スペクトル作成上は，構造条件によらず杭基礎の場合に用いられるバイリニア型の抵抗特性を準用することとする．

（2） 背面地盤の抵抗特性のモデル化

背面地盤の抵抗特性は，**付属図 11.1.2**(a) の②に示すように前面方向の変位増分に対しては抵抗せず，背面方向の変位増分に対してトリリニア型の骨格曲線で抵抗するものとする．その剛性は，（3）に示す重ね合わせた後の抗土圧橋台全体のモデル化における仮定条件を満足するように設定する．また，第1折れ点の降伏荷重は，降伏震度における地震時土圧相当として，①に示す基礎・壁体の抵抗特性の降伏荷重 P_y の1/2とする．これは降伏震度において基礎に作用する慣性力と地震時土圧がほぼ同等であると仮定したことに相当する．終局荷重については，実際には背面地盤の抵抗が完全に喪失するとは考えにくいため，十分に大きな値とすればよいが，便宜的に常時の受働土圧 P_p として設定し，それ以降の剛性はゼロとする．ただし，所要降伏震度スペクトル作成上で実務的に使用されると想定される範囲の条件では，この終局荷重 P_p には至っていない．なお，具体的に数値解析上でこのような抵抗特性をモデル化するには，上限値の異なる正負非対称のバイリニア型ばねを2つ重ね合わせることで比較的簡便にモデル化することが可能である．

（3） 抗土圧橋台の抵抗特性のモデル化

抗土圧橋台の抵抗特性は，上述の基礎・壁体の抵抗特性と背面地盤の抵抗特性を重ね合わせた正負非対称モデルとしてモデル化される（**付属図 11.1.2**(a) の③）．この場合の前面方向と背面方向のそれぞれの抵抗特性は，両方向に対するプッシュ・オーバー解析に基づきモデル化するのがよいが，所要降伏震度スペクトルを作成する上では，前面方向のプッシュ・オーバー解析のみから応答塑性率が算出できるよう，便宜的に前面方向（主働側）の等価固有周期 T_{eq-a} に対する履歴内等価固有周期 T_{eq-r} および背面方向（受働側）等価固有周期 T_{eq-p} の比を仮定する．具体的には，**付属表 11.1.1** に示すように直接基礎の場合はこれらの比を 2:1:1 とし，RC壁体および杭基礎の場合は 3:1:1 とする．

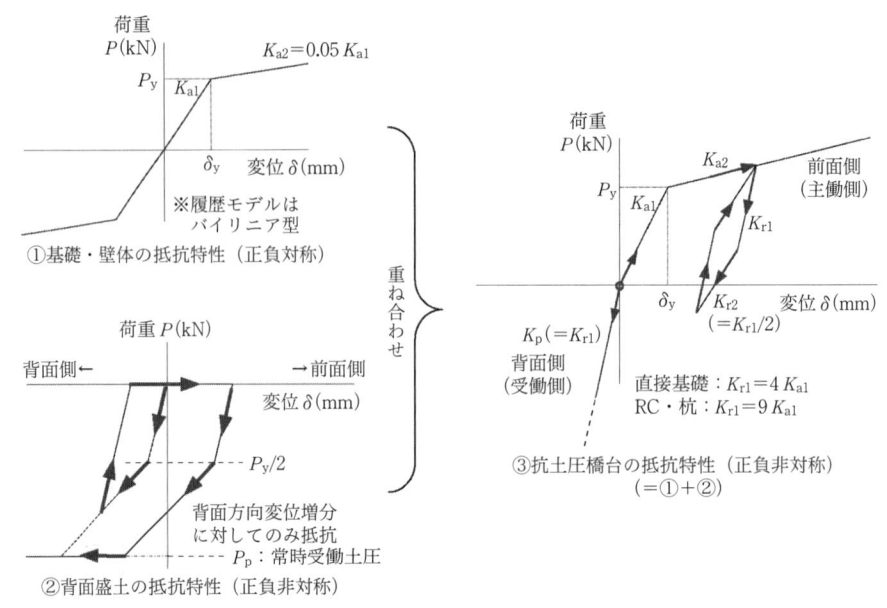

(a) 抗土圧橋台の抵抗特性のモデル化

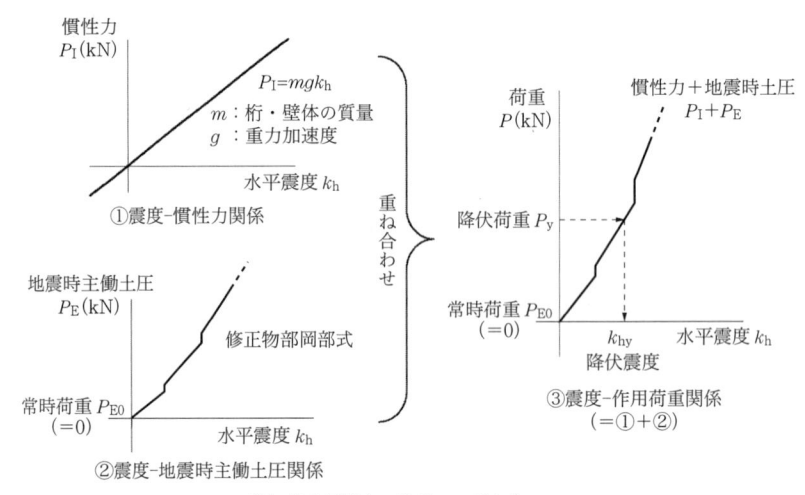

①基礎・壁体の抵抗特性（正負対称）
※履歴モデルはバイリニア型
$K_{a2}=0.05\,K_{a1}$

②背面盛土の抵抗特性（正負非対称）
背面方向変位増分に対してのみ抵抗
P_p：常時受働土圧

③抗土圧橋台の抵抗特性（正負非対称）（=①+②）
直接基礎：$K_{r1}=4\,K_{a1}$
RC・杭：$K_{r1}=9\,K_{a1}$
$K_{r2}(=K_{r1}/2)$
$K_p(=K_{r1})$

(b) 抗土圧橋台の作用のモデル化

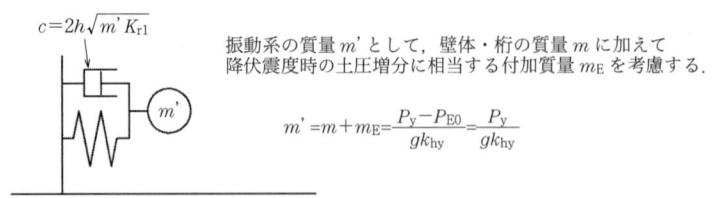

①震度-慣性力関係
$P_I=mgk_h$
m：桁・壁体の質量
g：重力加速度

②震度-地震時主働土圧関係
修正物部岡部式
常時荷重 $P_{E0}(=0)$

③震度-作用荷重関係（=①+②）
慣性力+地震時土圧 P_I+P_E
降伏荷重 P_y
常時荷重 $P_{E0}(=0)$
降伏震度 k_{hy}

(c) 抗土圧橋台の1自由度解析モデルにおける付加質量の取扱い

$c=2h\sqrt{m'K_{r1}}$

振動系の質量 m' として，壁体・桁の質量 m に加えて降伏震度時の土圧増分に相当する付加質量 m_E を考慮する．

$$m'=m+m_E=\frac{P_y-P_{E0}}{gk_{hy}}=\frac{P_y}{gk_{hy}}$$

付属図 11.1.2 抗土圧橋台の所要降伏震度スペクトル作成用の1自由度系動的応答解析モデル

各等価固有周期は，各初期剛性と以下の関係があることから，履歴内初期剛性 K_{r1} および受働側剛性 K_p は，直接基礎では主働側初期剛性 K_{a1} の 4 倍，RC 壁体および杭基礎の場合は 9 倍として算出される．

$$T_{eq-a} = 2.0\pi\sqrt{m'/K_{a1}} \tag{1}$$

$$T_{eq-r} = 2.0\pi\sqrt{m'/K_{r1}} \tag{2}$$

$$T_{eq-p} = 2.0\pi\sqrt{m'/K_p} \tag{3}$$

また，履歴内剛性の第 2 勾配 K_{r2} は，K_{r1} の 1/2 とする．

なお，各剛性（K_{r1}, K_{r2}, K_p）を上述の関係によらず，背面地盤を地盤ばねとしてモデル化した背面方向へのプッシュ・オーバー解析に基づいて設定する場合には，背面地盤自体の背面方向の慣性力の影響を考慮する必要があることのほか，後述する減衰定数が履歴内剛性 K_{r1} に応じて変化する影響が大きいことに十分注意する必要がある．

（5） 振動系の質量と常時土圧による初期変位の取扱い

所要降伏震度スペクトルを作成する際には，質量の大きさ自体は震度として正規化されるため，数値解析上は**付属図 11.1.2**(c) に示される m' を，ある単位質量（例えば 1 ton）と固定して計算する．

また，本標準では，抗土圧橋台に非線形応答スペクトル法を適用する場合には，式（解 11.2.1）および式（解 11.2.3）に示すように降伏変位から常時土圧による初期変位を控除して，等価固有周期の算定や地震時の応答変位量の算定を行うこととしている．そのため，所要降伏震度スペクトルの作成時点では，**付属図 11.1.2**(b) に示される常時土圧 P_{E0} およびそれに伴う初期変位 δ_0 は無視して（ゼロとして）扱う．

よって，主働側初期剛性 K_{a1} および主働側等価固有周期 T_{eq-a} は，ある降伏震度 k_{hy} と降伏変位 δ_y の組み合わせに対して，以下で算定される．

$$K_{a1} = P_y/\delta_y = m'gk_{hy}/\delta_y \tag{4}$$

$$T_{eq-a} = 2.0\pi\sqrt{m'/K_{a1}} \fallingdotseq 2.0\sqrt{\delta_y/k_{hy}} \tag{5}$$

（6） 減衰定数の設定

減衰定数は，橋梁および高架橋の所要降伏震度スペクトルと同様に，逸散減衰の効果を構造形式（先行降伏部位）に応じて考慮するものとし，**付属表 11.1.1** に示すように直接基礎の場合は一定値，RC 壁体および杭基礎の場合は周期依存型として設定する．ただし，RC 壁体および杭基礎の周期依存型の場合，橋梁および高架橋では $h=0.20$ を上限としているのに対して，抗土圧橋台では上限を設けないこととする．また，減衰定数 h を算出する際の周期としては，抗土圧橋台の振動特性の特徴を考慮して，式（2）に示す背面方向履歴時の初期剛性 K_{r1} から求めた等価固有周期 T_{eq-r} を用いる．また，数値解析上はダッシュポットによりモデル化するものとし，その減衰係数 c は付加質量を加味した m' を用いて式（6）により算出する．

$$c = 2h\sqrt{m'K_{r1}} \tag{6}$$

3. おわりに

本付属資料では，一般的な設計条件で 1 自由度の振動系としてモデル化できる抗土圧橋台を想定して所要降伏震度スペクトルとその作成の考え方を示した．一方，高さの低い橋台や大きな重力式橋台，あるいは可動側支承で桁の慣性力の影響が小さい橋台などでは，動的応答の影響が比較的小さくなり 1 自由度の振動系としてモデル化することが適切ではない場合もある．このような特殊な設計条件の抗土圧橋台のうち，等価固有周期が短く剛塑性挙動に近くなると考えられる場合については，抗土圧擁壁の応答値算定法に準じてニューマーク法による応答値の算定を併用するのがよい．

参 考 文 献

1) 西岡英俊，渡辺健治，篠田昌弘，澤田亮，神田政幸：橋台の地震時応答特性に関する実験的検討，第13回地震工学シンポジウム論文集，pp. 1130-1137，Vol. 13，2010．
2) 渡辺健治，西岡英俊，神田政幸，古関潤一：動的応答特性の違いを考慮した擁壁および橋台の耐震設計法，鉄道総研報告，Vol. 25，No. 9，2011.9．
3) 西岡英俊，渡辺健治，神田政幸，室野剛隆，日野篤志，西村昭彦：橋台の非線形応答スペクトル法による耐震設計法の提案，第67回土木学会年次学術講演会，2012.9．
4) 西岡英俊，日野篤志，神田政幸，室野剛隆：抗土圧橋台の耐震設計法と性能照査例，鉄道総研報告，Vol. 26，No. 11，2012.11．

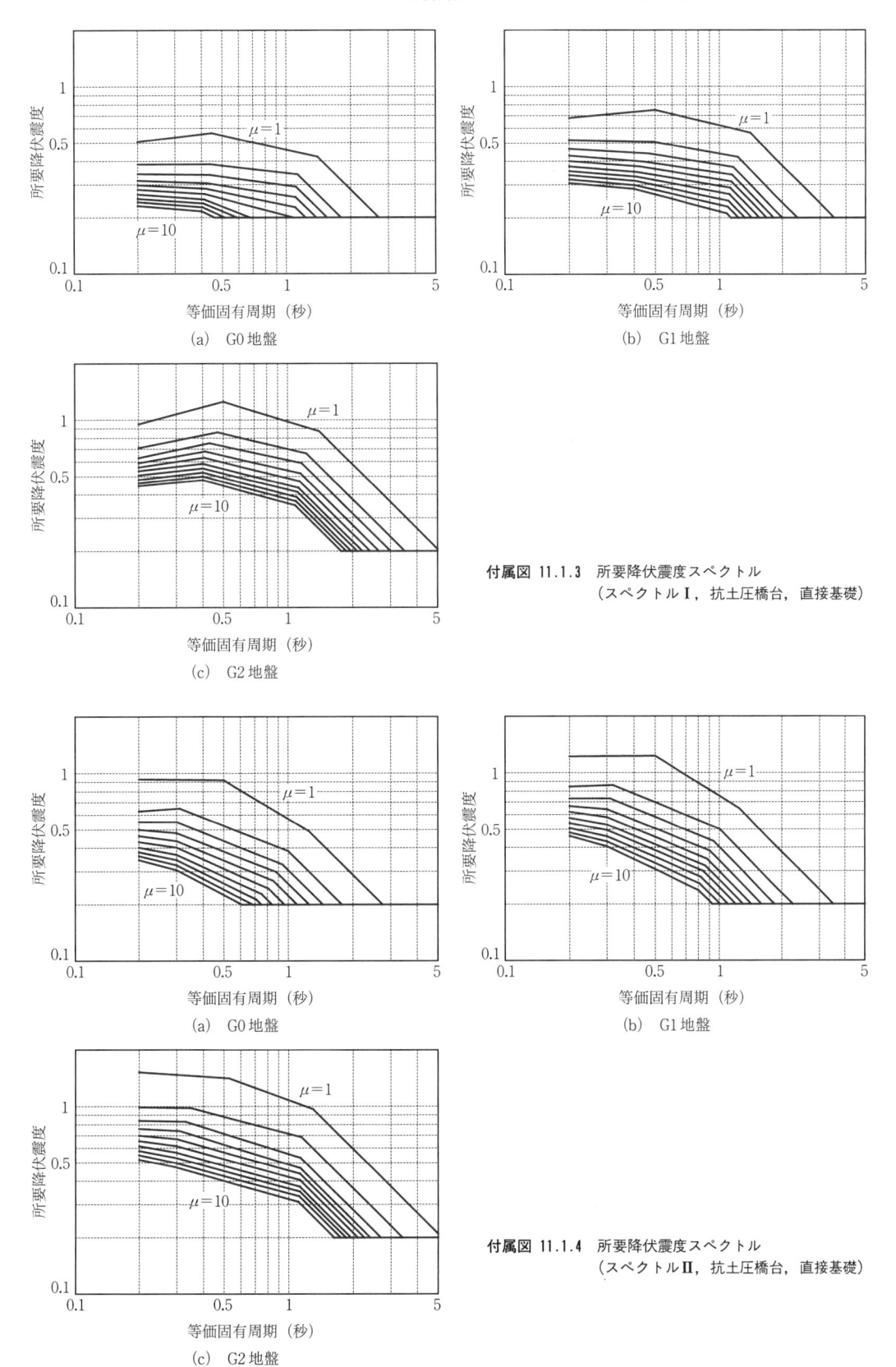

付属資料 11-1 抗土圧橋台の所要降伏震度スペクトル

(a) G0 地盤

(b) G1 地盤

(c) G2 地盤

付属図 11.1.3 所要降伏震度スペクトル
(スペクトルⅠ, 抗土圧橋台, 直接基礎)

(a) G0 地盤

(b) G1 地盤

(c) G2 地盤

付属図 11.1.4 所要降伏震度スペクトル
(スペクトルⅡ, 抗土圧橋台, 直接基礎)

(a) G0 地盤

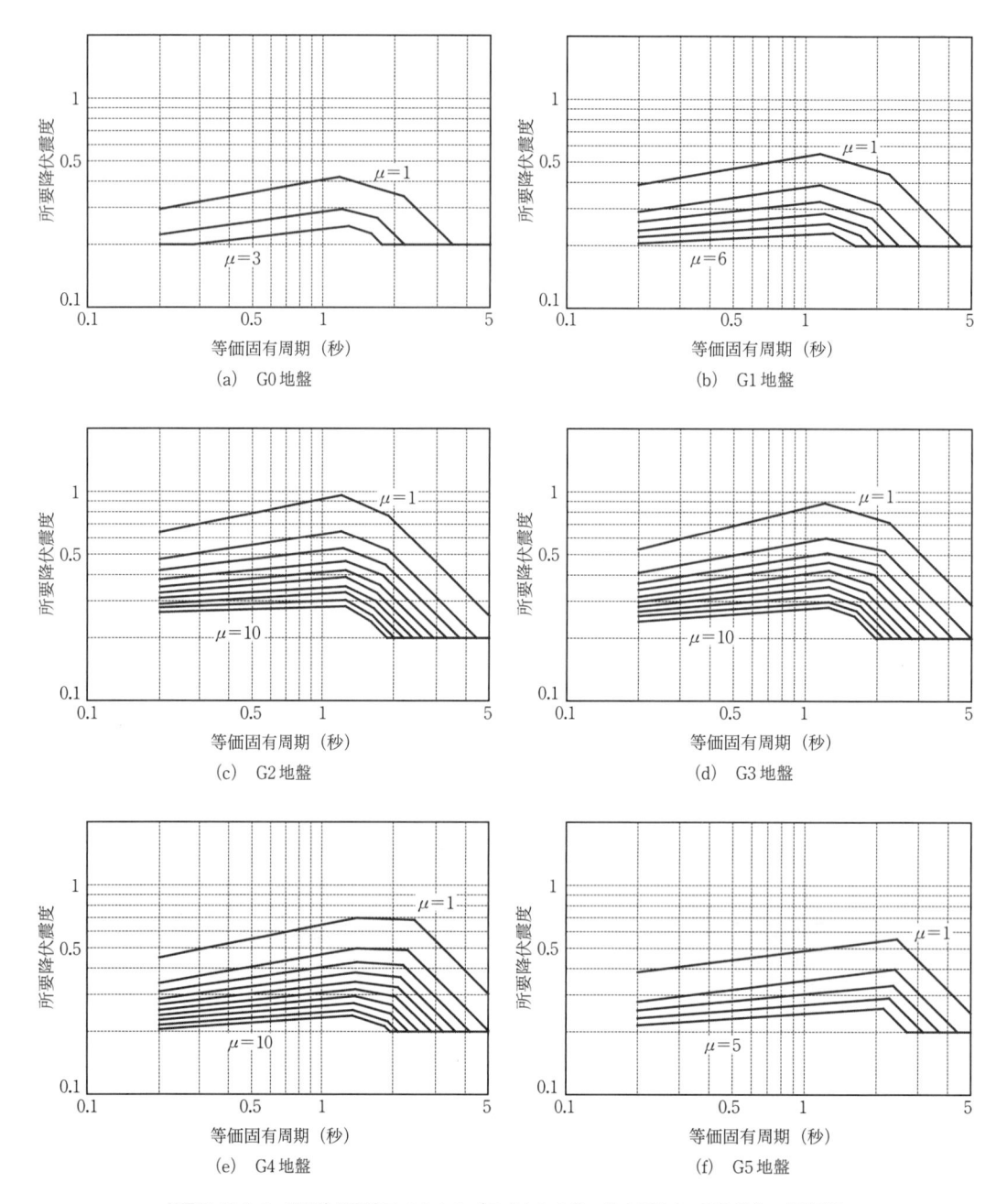

(b) G1 地盤

(c) G2 地盤

(d) G3 地盤

(e) G4 地盤

(f) G5 地盤

付属図 11.1.5　所要降伏震度スペクトル（スペクトルⅠ，抗土圧橋台，RC 壁体・杭基礎）

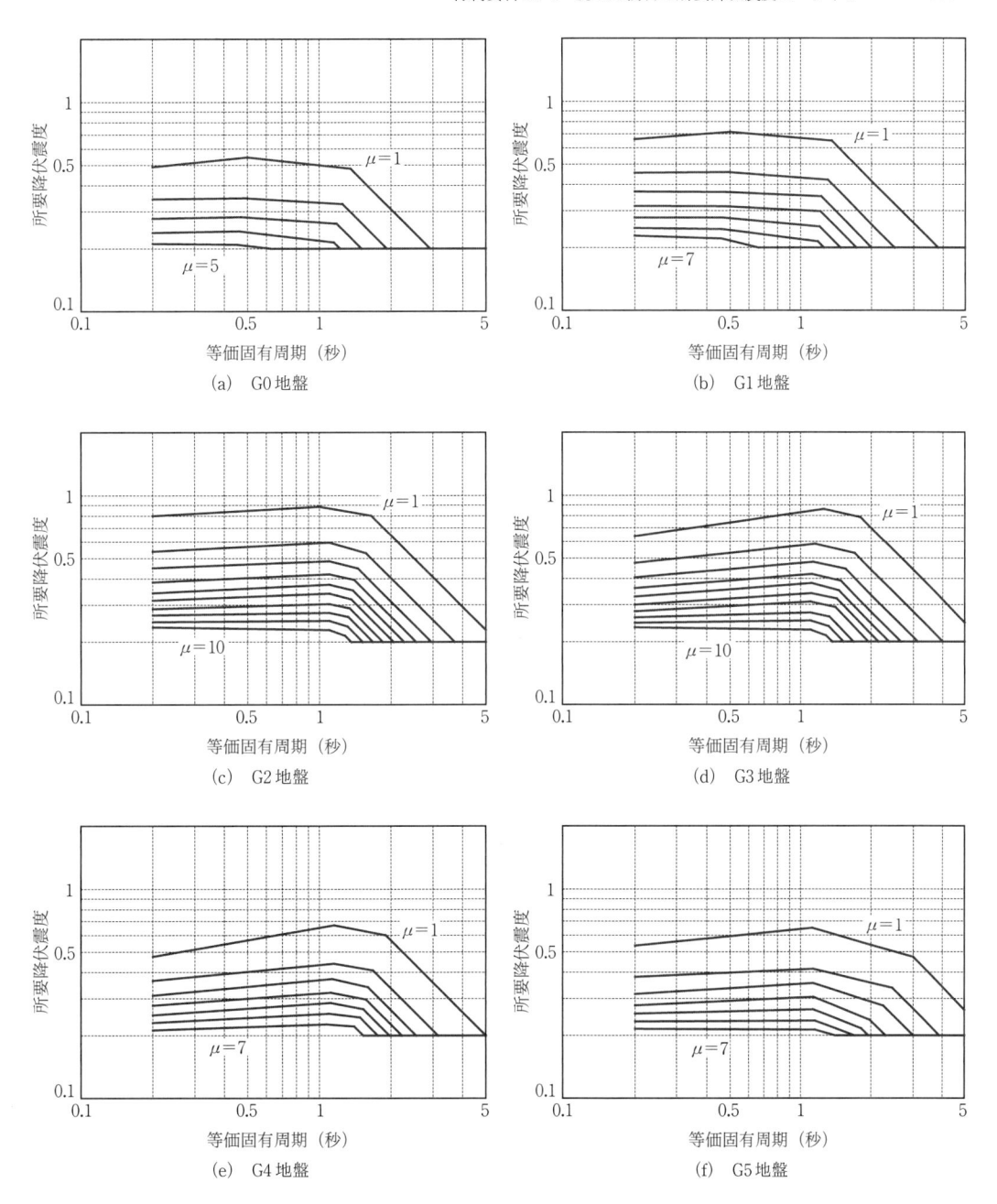

付属資料 11-1　抗土圧橋台の所要降伏震度スペクトル

(a) G0 地盤

(b) G1 地盤

(c) G2 地盤

(d) G3 地盤

(e) G4 地盤

(f) G5 地盤

付属図 11.1.6 所要降伏震度スペクトル（スペクトルII，抗土圧橋台，RC 壁体・杭基礎）

付属資料 12-1　盛土材料のせん断剛性率，履歴減衰について

本標準では，動的解析によって応答値を算定することを推奨しているが，解析方法としては等価線形化法もしくは時刻歴非線形解析法による方法が一般的である．盛土を対象した解析を行う場合には，盛土材料の正規化したせん断剛性率 G/G_0，履歴減衰率 h のせん断ひずみ γ への依存性（$G/G_0 \sim \gamma$，$h \sim \gamma$ 関係）を変形特性を求めるための繰返し試験（繰返し三軸試験，中空円筒供試体による繰返しねじりせん断試験）によって適切に設定する必要がある．しかし，多くの断面に対して設計を行う場合は，それぞれの盛土材料に対して，事前に室内試験を行うことは現実的ではないため，簡易に変形特性を推定する必要がある．

そこで，「鉄道構造物等設計標準・同解説（土構造物）」に示す盛土材料（土質1～3）に対応する砂質土および代表的な粘性土に対して，系統立てた繰返し三軸試験を実施したので，その結果を参考として示す．盛土材料の動的変形特性を簡易に設定する場合には，本結果を参考にするとよい．

1.　土質1のせん断剛性率，履歴減衰率の簡易設定

M-30 粒度調整砕石（最大粒径 $D_{max}=38mm$，50％粒径 $D_{50}=3.5mm$，均等係数 $U_c=12.75$，細粒分含有率 $F_c=8.5％$，$w=3.73％$）を用いて繰返し三軸試験から求めた結果[1] の $G/G_0 \sim \gamma$，$h \sim \gamma$ 曲線を**付属図 12.1.1** に示す．**付属表 12.1.1** は，代表的なひずみレベルでの G/G_0 および h の値を示す．「鉄道構造物等設計標準・同解説（土構造物）」の土質1の変形特性を簡易に設定する場合には，この曲線を用いてよい．

ただし，ひずみが1％を越える領域では非線形性が顕著となり，等価線形化法を用いる場合は適用範囲外であるので，他の解析手法（時刻歴非線形解析法など）によることになるが，やむを得ず使用する場合には，目的に応じて適切にモデル化するものとする．

ここで，繰返し三軸試験から G を求める場合は，式 (1) によった．G_0 については，せん断ひずみ振幅が 10^{-6} レベルにおけるせん断剛性率 G を G_0 と仮定した．また，履歴減衰率 h は各ひずみ振幅における履歴ループから面積（減衰エネルギー）を読みとって求めた．

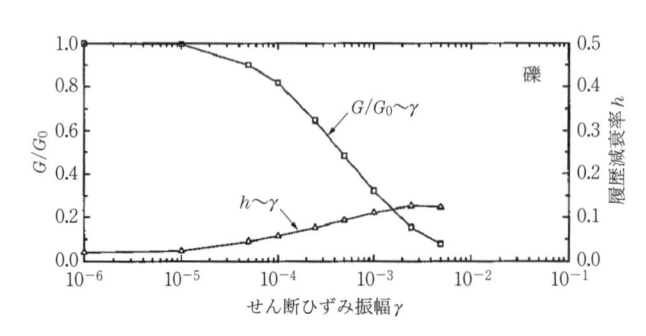

付属図 12.1.1　粒調砕石の $G/G_0 \sim \gamma$，$h \sim \gamma$ 曲線

付属表 12.1.1　粒度調整砕石の諸数値

せん断ひずみ振幅 γ	G/G_0	h (％)
1×10^{-6}	1	2.0
1×10^{-5}	0.99	2.4
5×10^{-5}	0.90	4.5
5×10^{-4}	0.48	9.3
1×10^{-3}	0.32	11.1
2.5×10^{-3}	0.15	12.6
5×10^{-3}	0.08	12.4
1×10^{-2}	(0.06)	(12.2)

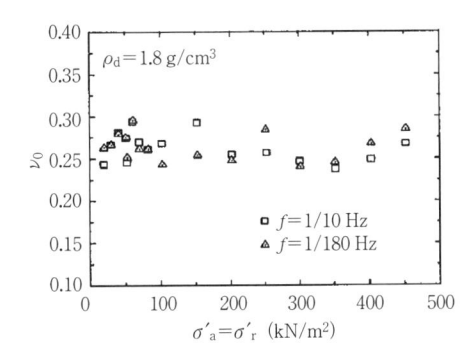

付属図 12.1.2 粒度調整砕石の ν_0 の拘束圧依存性

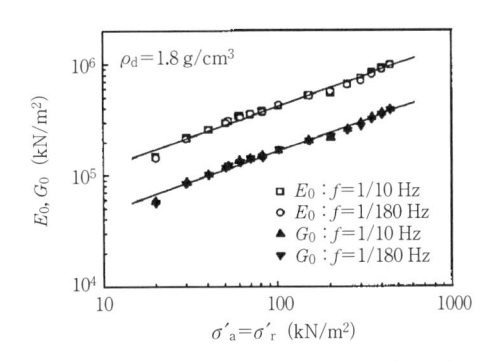

付属図 12.1.3 粒度調整砕石の E_0, G_0 の拘束圧依存性

$$G=\frac{\sigma_a}{2\varepsilon_a(1+\nu)} \quad (1)$$

ここに，σ_a：軸応力振幅，ε_a：軸ひずみ振幅，ν：ポアソン比である．

なお，G_0 (E_0) は拘束圧 σ'_r によって変化することが知られている．付属図 12.1.2，12.1.3 は，M-30 粒度調整砕石に対して動的変形特性試験によって求めたひずみレベルが 10^{-6} のせん断ひずみに対するポアソン比 ν_0，ヤング率 E_0，せん断剛性率 G_0 と拘束圧 σ'_r の関係を示す．これらから $G_0(E_0) \propto \sigma'_r{}^{0.52}$ であることが確認できる．

2. 土質 2，3 のせん断剛性率，履歴減衰率の簡易設定

「鉄道構造物等設計標準・同解説（土構造物）」の土質 2，3 の変形特性を把握する目的で，豊浦砂と稲城砂の繰返し三軸試験を実施した[2]．ここで，変形特性を簡易に設定する場合には，土質 2 相当として豊浦砂の結果を，土質 3 相当として稲城砂の結果を用いてよい．

試験に用いた試料は，豊浦砂の場合には空中落下で，稲城砂の場合には突き固めて作成した．豊浦砂の場合には気乾状態で乾燥密度 $\rho_d=1.55\text{g/cm}^3$ とし，稲城砂の場合には含水比 $w=21\%$ で湿潤密度 $\rho_t=1.65\text{g/cm}^3$ として所定の拘束圧まで等方圧密して作成した．

付属図 12.1.4，12.1.5 は，それぞれの G/G_0，h と γ との関係を，付属表 12.1.2，12.1.3 は各ひずみレベルにおける具体的な数値を示す．豊浦砂に比べて細粒分を多く含む稲城砂の方がせん断ひずみの増加に伴う G/G_0 の低下傾向がやや大きく，履歴減衰率 h は小さい．

また，付属図 12.1.6，12.1.7 は，参考までに軸ひずみが 10^{-5} 程度での稲城砂，豊浦砂それぞれの G_0，

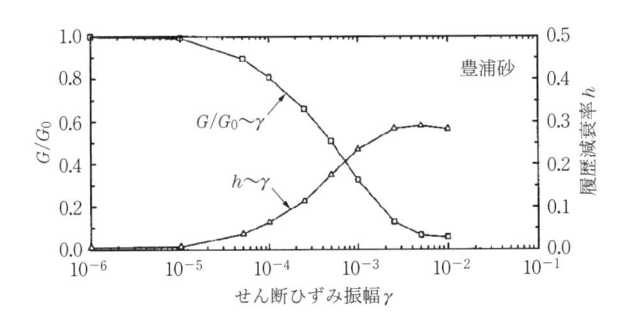

付属図 12.1.4 豊浦砂の $G/G_0 \sim \gamma$，$h \sim \gamma$ 曲線

付属表 12.1.2 豊浦砂の諸数値

せん断ひずみ振幅 γ	G/G_0	h (%)
1×10^{-6}	1.00	0.5
1×10^{-5}	0.99	0.7
5×10^{-5}	0.89	3.6
5×10^{-4}	0.50	17.4
1×10^{-3}	0.32	23.5
2.5×10^{-3}	0.12	28.4
5×10^{-3}	0.06	29.0
1×10^{-2}	0.05	28.2

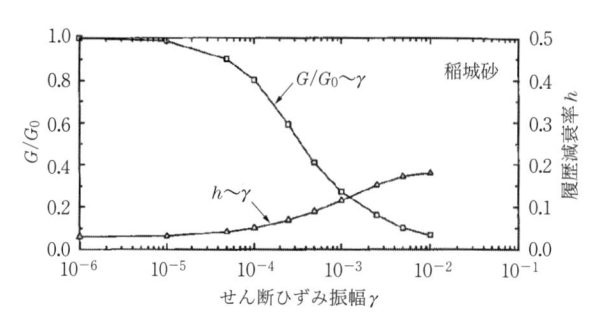

付属図 12.1.5 稲城砂の $G/G_0 \sim \gamma$, $h \sim \gamma$ 曲線

付属表 12.1.3 稲城砂の諸数値

せん断ひずみ振幅 γ	G/G_0	h (%)
1×10^{-6}	1.00	3.0
1×10^{-5}	0.98	3.2
5×10^{-5}	0.90	4.1
5×10^{-4}	0.40	9.0
1×10^{-3}	0.27	11.5
2.5×10^{-3}	0.16	15.1
5×10^{-3}	0.10	17.2
1×10^{-2}	0.07	18.0

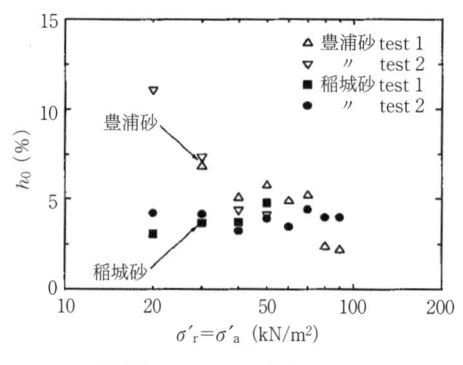

付属図 12.1.6 h_0 の拘束圧依存性

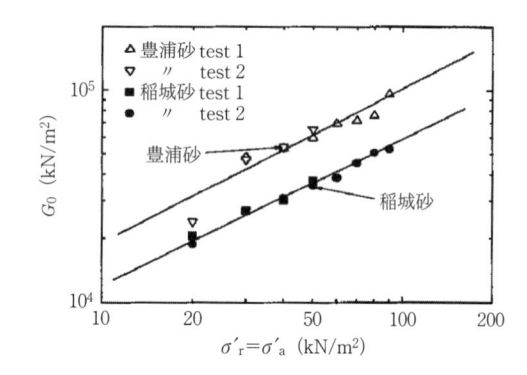

付属図 12.1.7 G_0 の拘束圧依存性

h_0 の拘束圧依存性を示す．この結果から，等方応力状態において，せん断剛性率 G_0 は拘束圧 σ'_r の増加とともに大きくなり，その関係は豊浦砂と稲城砂がともに $G_0(E_0) \propto \sigma'_r{}^{0.56}$ である．また，稲城砂の履歴減衰率が拘束圧に依存しないのに対し，豊浦砂の履歴減衰率は拘束圧の増加に従って小さくなる．

3. 粘性土材料のせん断剛性率，履歴減衰率の簡易設定

代表的な粘土性の変形特性を把握する目的で，岩手ロームの繰返し三軸試験を実施[3]した．ここで，盛土材料が粘性土の場合の変形特性を簡易に設定する場合には，この結果を用いてよい．

試料は，粘性質シルトが主体となる比較的均質な茶褐色ロームで，ブロックサンプリングと突固めの2種類によって作成した．含水比は自然含水比である．付属図 12.1.8 は，盛土に近い締固め密度比の供試体の G/G_0, h と γ との関係であり，付属表 12.1.4 は各ひずみレベルにおける具体的な数値を示す．ただ

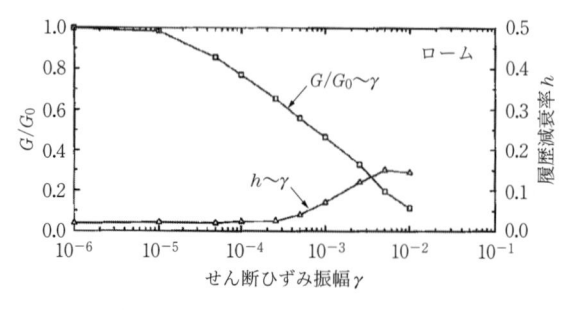

付属図 12.1.8 岩手ロームの $G/G_0 \sim \gamma$, $h \sim \gamma$ 曲線

付属表 12.1.4 岩手ロームの諸数値

せん断ひずみ振幅 γ	G/G_0	h (%)
1×10^{-6}	1.00	2.0
1×10^{-5}	0.98	2.0
5×10^{-5}	0.85	2.0
5×10^{-4}	0.55	4.0
1×10^{-3}	0.46	7.1
2.5×10^{-3}	0.32	12.0
5×10^{-3}	0.20	15.1
1×10^{-2}	0.12	14.5

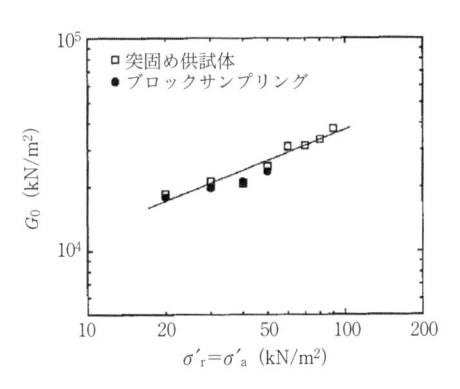

付属図 12.1.9 G_0 の拘束圧依存性

し減衰定数 h については，突固め供試体では，載荷中のクリープの影響でせん断ひずみ依存性が顕著に現れなかったため，h_{max} 以外の曲線性状はブロックサンプリング供試体の結果を用いて補正した．

付属図 12.1.9 は，軸ひずみが 10^{-5} 程度でのせん断剛性率 G_0 と拘束圧 σ'_r の関係を示す．この図には，両方の供試体のデータを示すが，両供試体とも G_0 は，拘束圧 $G_0(E_0) \propto \sigma'_r$ の増加とともに大きくなり，その関係は $G_0(E_0) \propto {\sigma'_r}^{0.46}$ であることが分かる．

参 考 文 献

1) 蔣関魯，舘山勝，青木一二三，米澤豊司，龍岡文夫，古関潤一：低拘束下でのレキの動的変形・強度特性の研究・第34回地盤工学会研究発表会，1999．
2) 青木一二三，松室哲彦，蔣関魯，舘山勝，龍岡文夫，古関潤一：低拘束下での砂質土の動的変形・強度特性の研究・第34回地盤工学会研究発表会，1999．
3) 木村英樹，青木一二三，米澤豊司，蔣関魯，舘山勝：低拘束下でのロームの動的変形・強度特性の研究・第54回土木学会年次学術講演会，1999．

付属資料 12-2　土構造物の応答値算定用の地震動について

1. ニューマーク法に用いる地表面設計地震動

　本標準では，地表面設計地震動として地盤種別ごとに標準的な地震動（スペクトル I, II）が示されている．地震動の特性を表す方法としては様々な指標があるが，本標準では，加速度応答スペクトルおよび時刻歴波形で表現されており，時刻歴波形は，位相特性を考慮に入れたスペクトル適合波が用いられている．この地震動は，地盤や構造物の動的解析に用いることを意識したものといえる．

　一方で，地震時における盛土の滑動変位量は，片方向に変形が累積する傾向にあり，変形の発生メカニズムは橋梁・高架橋などとは大きく異なる．また，盛土の滑動変位量の予測は，ニューマーク法を用いて行うのが一般的な方法として示されているが，ニューマーク法のように盛土の動的効果を考慮しない手法に対して，上記のスペクトル適合波を一律に用いることが適切であるかどうかは検討の余地がある．

　つまり，地震作用は地表面設計地震動をもとに構造物形式，構造物の解析法の種別や解析モデルに応じて設定するが，ニューマーク法を適用する際の地震作用についても解析モデルに応じたものとなっている必要がある．そこで，上記の地表面設計地震動に基づいてニューマーク法を適用する際の地震作用（土構造物照査波）に変換を行う過程とその結果について示す．

2. ニューマーク法の概要

　ニューマーク法は，地震時安定計算において算定される転倒（回転）モーメントから転倒に対する抵抗モーメントを差引いた不釣合いモーメントに対する運動方程式を解いて滑動（回転）変位量を算定するものである[1]．計算に必要な盛土の土質パラメータは安定計算に使用される土塊の単位体積重量およびすべり面のせん断強度定数（内部摩擦角，粘着力）だけであり，変形に関する定数は必要としないので実用的かつ簡便である．**付属図12.2.1**にニューマーク法による盛土の滑動変位の模式図を示す．

　円弧すべり土塊の運動方程式は次式で与えられる．

$$J\ddot{\theta} = M_D - M_R$$
$$= M_{DW} + M_{DKh} - M_{RW} - M_{RKh} - M_{RC} - M_{RT} \tag{1}$$

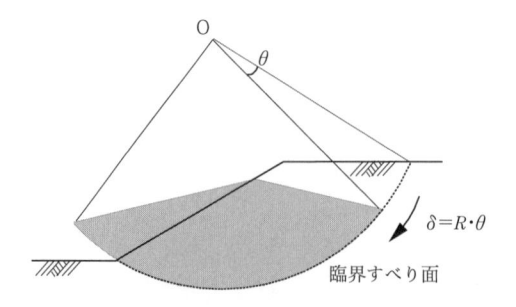

付属図 12.2.1　ニューマーク法による盛土の滑動変位の模式図

ここに，θ：回転角，J：慣性モーメント，M_R：転倒に対する抵抗モーメント，M_D：転倒モーメント，M_{DW}：自重による転倒モーメント，M_{RW}：自重によるすべり面の摩擦力による抵抗モーメント，M_{RC}：すべり面の粘着力よる抵抗モーメント，M_{RT}：補強材力による抵抗モーメント，M_{RKh}：すべり面の摩擦力による抵抗モーメントの地震慣性力成分，M_{DKh}：地震慣性力による転倒モーメントである．運動方程式（1）を降伏震度を用いて書き改めると，

$$\ddot{\theta}=\frac{1}{J}(k_h-k_y)(M_{DK}+M_{RK}) \tag{2}$$

ここに，M_{Dk}，M_{Rk}はそれぞれ単位震度当たり地震時慣性力による転倒モーメントとすべり面の摩擦力による抵抗モーメントである．

計算手順の概略は以下の通りである．

① 地震時安定計算を行い，最小安全率（$F_s=1.0$）のときのすべり面と降伏震度を求める．

② このすべり面に対して，線形加速度法により数値積分を行い，逐次的に角加速度，角速度，角度を算定する．

$$\ddot{\theta}_{t+\Delta t}=\frac{1}{J}\Delta M_{t+\Delta t} \tag{3}$$

$$\dot{\theta}_{t+\Delta t}=\dot{\theta}_t+\frac{1}{2}(\ddot{\theta}_t+\ddot{\theta}_{t+\Delta t})\Delta t \tag{4}$$

$$\theta_{t+\Delta t}=\theta_t+\dot{\theta}_t\Delta t+\frac{1}{6}(2\ddot{\theta}_t+\ddot{\theta}_{t+\Delta t})\Delta t^2 \tag{5}$$

③ 最終的な変位量を以下で算定する．

$$\delta=R\cdot\theta \tag{6}$$

ここに，Rは円弧半径である．

3. ニューマーク法による盛土の滑動変位量の算定

本標準で示している地表面設計地震動と多数の地震観測記録を用いて，ニューマーク法により盛土の滑動変位量を求めた．ここで，地表面設計地震動はスペクトルⅡ（G1地盤～G5地盤）を用いた．また地震観測記録に基づく地表面地震動は，既往の地震観測記録をスペクトルⅡで想定した地震規模・震源距離（$M_w=7.0$，断層直上，耐震設計上の基盤面位置）に補正した地震動を基盤地震動として設定し，多数の地盤に対して地盤応答解析を行い作成した．

付属図 12.2.2に盛土の降伏震度と盛土の滑動変位量の関係を示す．なお，盛土の滑動変位量は，式（1），式（2）より，以下の形で表現されるχと，盛土の降伏震度，時刻歴波形の形状のみから算定することが可能である[2]．そこで，今回の解析では，$\chi=1.0$として盛土の滑動変位量（基準化滑動変位量）を求めることにした．

$$\chi=R\times\frac{M_{DK}+M_{RK}}{J} \tag{7}$$

これらの結果より，地表面設計地震動による盛土の滑動変位量（図中，破線で示す）は，地震観測記録による盛土の滑動変位量（図中，＋印で示す）を概ね包絡している．ただしG4地盤およびG5地盤の場合，地表面設計地震動による盛土の滑動変位量（図中，破線で示す）は，地震観測記録による盛土の滑動変位量（図中，＋印で示す）を過大に評価している．

L2地動の標準応答スペクトルは，観測記録の加速度応答スペクトルの非超過確率90％を満足するように設定されている[3]．しかし，地表面設計地震動による盛土の滑動変位量は，観測記録による盛土の

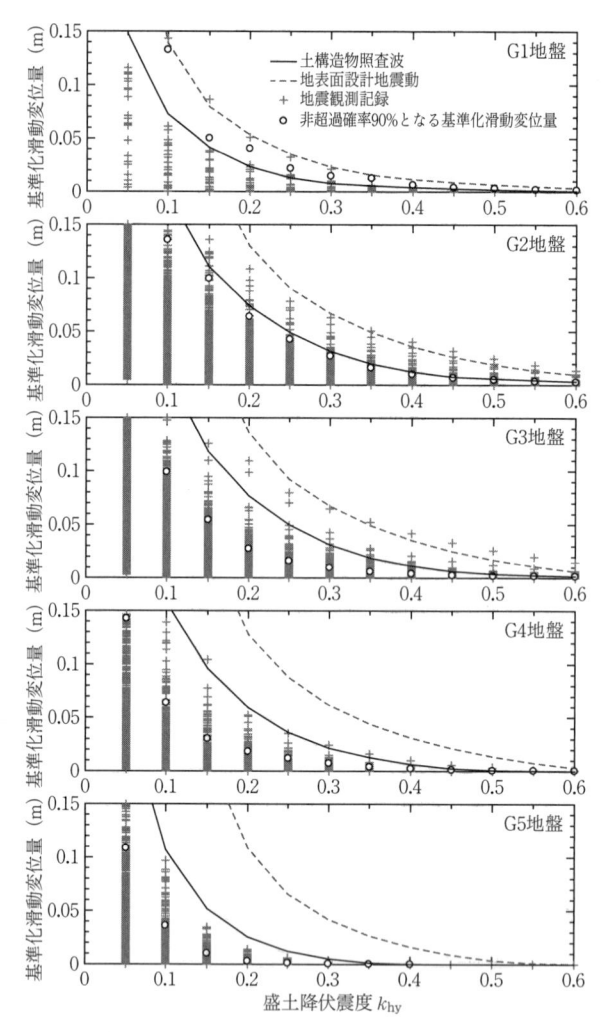

付属図 12.2.2　地震動ごとの盛土の滑動変位量の比較

滑動変位量の非超過確率90％（図中，○印で示す）を大きく上回っている．これは，前述のとおり本標準の地表面設計地震動が，地盤や構造物の動的解析に用いることを意識したものであるからである．そこで，土構造物の耐震性能の照査において，ニューマーク法に用いる地震動（土構造物照査波）としては，次に示すように補正したものを用いることとした．

4. 補正方法

本標準に示す地表面設計地震動は，既往の地震観測記録に対して地盤応答解析を行い，得られた結果を

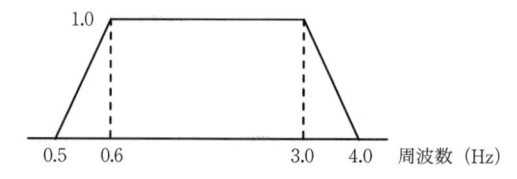

付属図 12.2.3　波形に施したバンドパスフィルター

非超過確率90%で包絡するように作成している．そこで，土構造物の耐震性能の照査においてニューマーク法に用いる地震動についても同様に考えることとした．具体的には，ニューマーク法による盛土の滑動変位量が，観測記録に対してニューマーク法を適用した結果の非超過確率90%（**付属図12.2.2**中の○印で示す）を概ね満足するように，地表面設計地震動に対して**付属図12.2.3**に示すバンドパスフィルターを施した．

5. 補正した地表面設計地震動波形

上記の方法により補正した地表面設計地震動（土構造物照査波）を**付属図12.2.4**に示す．

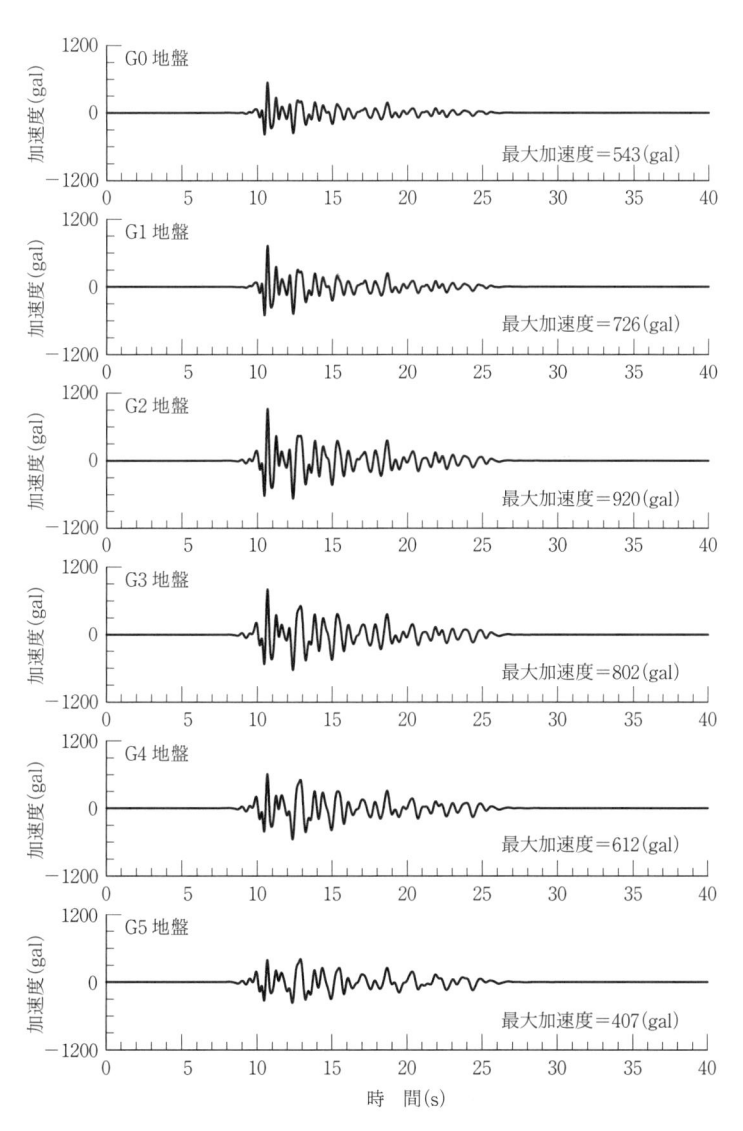

付属図 12.2.4　土構造物照査波

6. 土構造物照査波による盛土の滑動変位量

　土構造物照査波による盛土の滑動変位量を**付属図 12.2.2**に実線で示す．土構造物照査波による盛土の滑動変位量は，本標準の設計地震動の作成方法と同様の考え方（観測記録の非超過確率 90% を包絡）にすることで，観測記録と比較して盛土の滑動変位量を大きく評価していた問題をある程度改善できていることがわかる．

7. まとめ

　本検討は，土構造物の耐震性能の照査において，ニューマーク法に用いる地震動（土構造物照査波）を，本標準で示している地表面設計地震動に対してバンドパスフィルターを施すことにより作成した．これにより，土構造物の変位を過大に評価することはある程度防げると考えられる．ただし，今回の土構造物照査波を使用する際には以下のことに注意が必要である．
- 土構造物照査波は，ニューマーク法により土構造物を照査する場合にのみ用いることができる．
- スペクトル II の時刻歴波形を用いて「7.3.3 動的解析による方法」による場合は，得られた地表面設計地震動に対して**付属図 12.2.3**のバンドパスフィルターを適用し，得られた時刻歴波形を用いてニューマーク法により土構造物の滑動変位量を求めることができる．なお，それ以外の地震動には，このバンドパスフィルターを適用できない．

参 考 文 献

1) 舘山勝，龍岡文夫，古関潤一，堀井克己：盛土の耐震設計法に関する研究，鉄道総研報告，Vol. 12, No. 4, pp. 7-12, 1998.
2) 田上和也，坂井公俊，室野剛隆，松丸貴樹，渡辺健治，神田正幸：盛土の滑動変形量算定のための設計地震動に関する検討　鉄道工学シンポジウム論文集，第 15 号，pp. 170-174, 2011.
3) 坂井公俊，室野剛隆，澤田純男：地震基盤深度を考慮したレベル 2 地震動の簡易評価，第 12 回地震時保有耐力法に基づく橋梁等構造の耐震設計に関するシンポジウム講演論文集，pp. 317-322, 2009.

付属資料 12-3　盛土の適合みなし仕様の滑動変位量に関する試計算

1. はじめに

付属資料 12-2 に示す土構造物照査波を用いて，「鉄道構造物等設計標準・同解説（土構造物）」に示す盛土の適合みなし仕様における盛土の滑動変位量を算定した．

2. 検討ケース

付属表 12.3.1 に検討ケースを示す．入力地震動は，土構造物照査波（G1地盤〜G5地盤）を用いた．

付属表 12.3.1　検討ケース

			①	②	③	④	⑤	⑥
盛土高さ			$H=3$ m	$H=6$ m				$H=9$ m
性能ランク			II-2	I	II-1	II-2	III	II-2
盛土勾配			1:1.5	1:1.8	1:1.8	1:1.5	1:1.5	1:1.5
盛土材料	群分類	上部盛土	A群	A群	A群	A群	A群	A群
		下部盛土	B群	A群	B群	B群	B群	B群
	土質区分	上部盛土	土質1	土質1	土質1	土質1	土質2	土質1
		下部盛土	土質2	土質1	土質2	土質2	土質3	土質2
締固め管理値	平均D値	上部盛土	90%以上	95%以上	90%以上	90%以上	90%以上	90%以上
		下部盛土	90%以上	90%以上	90%以上	90%以上	90%以上	90%以上
軌道			有道床軌道	省力化軌道	有道床軌道	有道床軌道	有道床軌道	有道床軌道
路盤			アスファルト路盤	コンクリート路盤	アスファルト路盤	アスファルト路盤	土路盤	アスファルト路盤
補強材（$T=30$ kN/m）			なし	1.5 m毎に1層	なし	なし	なし	なし
層厚管理材（$T=2$ kN/m）			30 cm毎に1層	30 cm毎に1層	30 cm毎に1層	30 cm毎に1層	30 cm毎に1層	30 cm毎に1層

3. 検討結果

付属表 12.3.2 に検討結果を示す．検討は，円弧すべり安定解析で照査値が1.0となる限界すべり円弧と降伏震度に対して土構造物照査波を作用させ，ニューマーク法により盛土の滑動変位量を算定した．また，付属図 12.3.1 (a)，(b) にG2地盤における②〜⑤の盛土の滑動変位量と①，④，⑥の盛土の滑動変位量，同図 (c) にG2地盤〜G5地盤における④の盛土の滑動変位量を示す．

付属表 12.3.2　滑動変位量の算定結果

(単位：mm)

	①	②	③	④	⑤	⑥
G1地盤	27.0	4.5	47.6	73.8	111.4	71.1
G2地盤	89.0	38.7	130.5	248.3	466.9	242.0
G3地盤	52.6	15.7	118.8	235.0	462.2	230.0
G4地盤	8.5	0.0	56.1	154.0	320.0	152.3
G5地盤	0.0	0.0	0.0	10.4	84.5	11.6

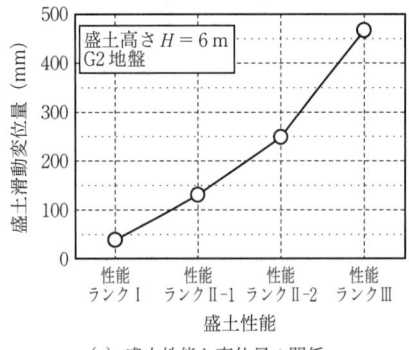

(a) 盛土性能と変位量の関係

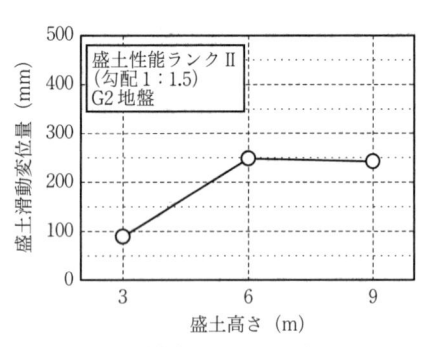

(b) 盛土高さと変位量の関係

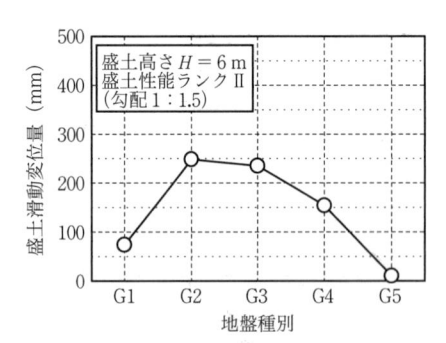

(c) 地盤種別と変位量の関係

付属図 12.3.1　各指標と盛土滑動変位量の関係

付属資料 12-4　盛土の揺すり込み沈下量の算定

「鉄道構造物等設計標準・同解説（土構造物）」においては，盛土の地震時における変形係数の劣化に伴う揺すり込み沈下量の算定方法が示されている．以下では，実際に繰返し三軸試験を実施し，その結果から累積ひずみ特性を定式化し，沈下量を算定した例を示す．

繰返し三軸試験は，実際の鉄道盛土から採取した砂質土（S-F, $w=14.5\%$）を用いて，現場密度に合わせて供試体を作成し，初期せん断応力比 SR_s（$=\tau_s/2\sigma_m$）と動的せん断応力比 SR_d（$=\tau_d/2\sigma_m$）をパラメータとして実施した[1]．この試験結果から，SR_s と SR_d と累積ひずみ ε の関係は，式（1）で近似的に表すことができる[2]．

付属図 12.4.1 は式（1）によって $SR_d \sim N$ 関係の近似曲線を ε 別に求めた結果と実測値（図中の□印）との対応を示すが，近似式は累積ひずみ特性をよく表現している．

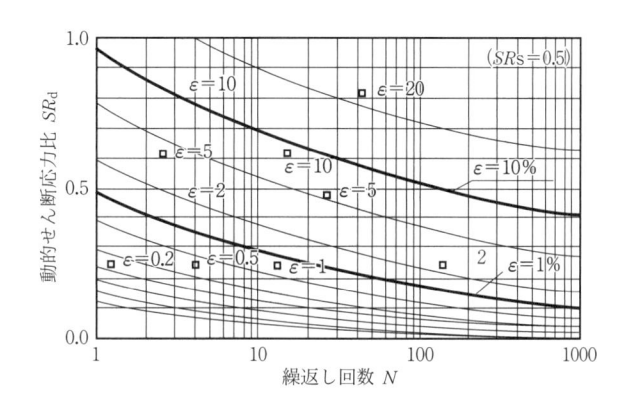

付属図 12.4.1　累積ひずみ実測値と近似式の関係

$$\varepsilon = (SR_d/B)^{1/4}$$
$$A = 0.3 \cdot N^{0.1} \quad (1)$$
$$B = \beta(1 - 2.86 SR_s^{3.2}) \cdot N^{-0.222}$$

ここに，SR_s は初期せん断応力比，SR_d は動的せん断応力比，ε は累積軸ひずみ（%），N は繰返し回数，τ_s は盛土中の静的せん断応力，τ_d は地震動によるせん断応力，σ_m は中間主応力，β は沈下係数を表す．

この累積沈下特性式を用いて揺すり込み沈下量を推定した．ここで，計算の概略は「鉄道構造物等設計標準・同解説（土構造物）」による．なお，入力波は兵庫県南部地震において神戸海洋気象台で観測された波形のNS成分を用い，盛土材料の諸数値は**付属表 12.4.1** に示すものを用いている．また，各土質に対する沈下係数 β は，盛土材料のせん断剛性率 G から推定した．

付属表 12.4.1　累積ひずみ実測値と近似式の関係

盛　土　材　料	単位体積重量 γ(kN/m³)	内部摩擦角 ϕ(度)	粘着力 c(kN/m²)
A（粒度配合の良好な砂，砂礫等）	18	45	6
B（一般の砂，砂礫）	17	40	6
C（粒度配合の悪い砂）	16	35	6
D（粘性土）	16	20	20

※盛土材料 A～C は「鉄道構造物等設計標準・同解説（土構造物）」の土質 1～3 に相当する

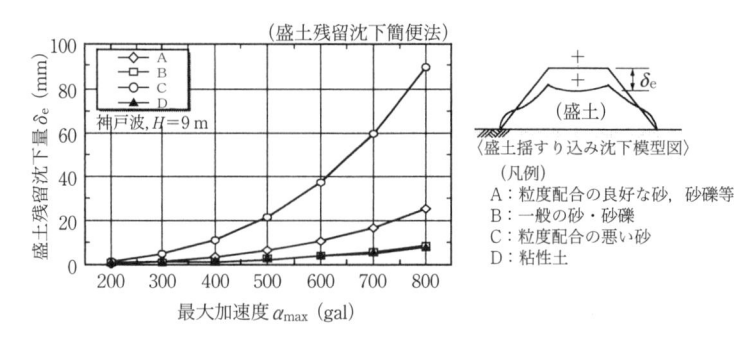

付属図 12.4.2 最大加速度による感度

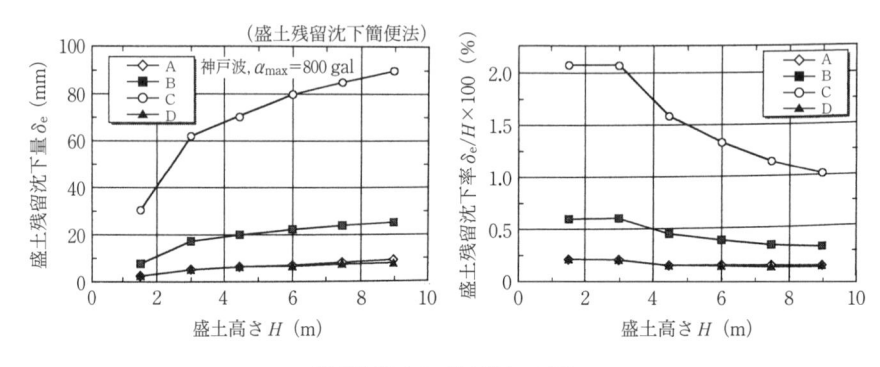

凡例
A：粒度配合の良好な砂，砂礫等
B：一般の砂・砂礫
C：粒度配合の悪い砂
D：粘性土

付属図 12.4.3 盛土高さの感度

付属図 12.4.2 は盛土高さ 9 m で，最大加速度の大きさを変化させて沈下量を求めた結果である．最大加速度が大きくなるにつれて，加速的に沈下量が増大する．

付属図 12.4.3 は最大加速度を 800 gal とし，盛土高さを変えて揺すり込み沈下量を求めたものであるが，盛土高さの増大に対して沈下量は一定値に収束する傾向にある．また一般的な条件では，その量はニューマーク法などによって算定される滑動変位量 S_s に比べれば 1 オーダー程度小さいので，無視してよいと考えられる．仮に小さな変形が問題となる場合は計算によることになるが，計算精度や煩雑さを考慮すると，試計算に示した種々の関係から補間して推定するのが現実的である．なお，計算の詳細については参考文献[3],[4]に詳しい．

参 考 文 献

1) 平野圭一，蔣関魯，舘山勝，筑摩栄，龍岡文夫：砂質土盛土材の変形特性・累積歪み特性，土木学会第 52 回年次学術講演会，1997．
2) 堀井克己，舘山勝，小島謙一，古関潤一：砂質土盛土の地震による残留沈下予測，土木学会第 52 回年次学術講演会，1997．
3) 舘山勝，堀井克己，小島謙一：盛土の耐震性能と耐震設計，鉄道総研報告，Vol.13，No.3，1999．
4) 舘山勝，堀井克己，龍岡文夫，古関潤一：盛土の地震時変形量の算定に関する研究，地盤工学会「土構造物の耐震設計に用いるレベル 2 地震動を考える」シンポジウム，1998．

付属資料 12-5　液状化地盤上の盛土の沈下量の目安

　盛土直下の支持地盤が液状化に至った場合，支持地盤の支持力低下および側方移動，盛土本体の変形により沈下が生じると考えられる（**付属図 12.5.1**）．しかしながら，このような要因による沈下量を定量的に算定するには，有効応力解析を用いた詳細な解析を行うなどの必要があり，設計レベルでは困難な場合が多い．そこで本付属資料では，液状化地盤上の盛土沈下量のある程度の目安を液状化指数 P_L を用いて簡易に推定する手法を示す[1]．

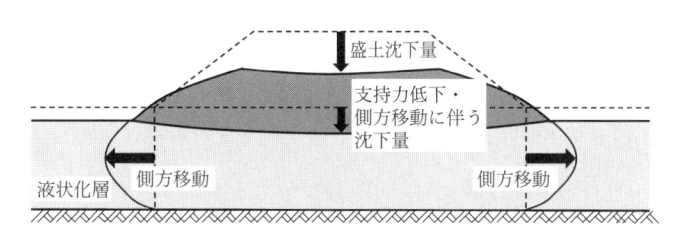

付属図 12.5.1　支持地盤の液状化に伴う盛土の変形性状

　一般に，液状化地盤上の盛土の沈下量は，盛土本体の変形に起因する沈下量よりも，支持地盤の支持力低下および側方移動に起因する沈下量の方が大きい．これは，支持地盤の液状化により盛土本体に大きな加速度が作用しないこと，一般に盛土は締固め土で構築されており，盛土本体が液状化に至りにくいことなどによる．一方，盛土の沈下量に大きく影響を与える支持地盤の支持力低下や側方移動は液状化程度に大きく影響を受けるため，盛土の沈下量も支持地盤の液状化程度に関連づけられると考えられる．そこで，過去に実施された実験結果[2]を基に，液状化程度を示す指標である液状化指数 P_L と盛土の沈下量の関係を整理した．

　付属図 12.5.2 に盛土天端の沈下量 δ を盛土高さ H で正規化した値 δ/H と液状化指数の関係を示すが，液状化指数と盛土沈下量には大まかに比例関係があることが分かる．また，支持地盤の相対密度 60% を境にしてデータを分類しているが，液状化指数が同程度であっても相対密度が低い場合に沈下量が大きくなる傾向がある．**付属図 12.5.3** には相対密度が 60% 以下の場合における繰返し回数 N_c の影響を示すが，繰返し回数の多い場合に沈下量が大きくなる傾向にあることも分かる．

　本手法により，支持地盤の液状化指数を用いて盛土の沈下量を簡易的に推定することが可能となる．しかしながら，これらの検討結果は過去の模型実験結果を整理したものであり，得られた値はあくまでも目安値である．液状化に伴う盛土の沈下量を精緻に算定する必要がある場合には，別途詳細な検討を行うことが望ましい．

　なお，過大な盛土の沈下が生じる可能性が高いと判断された場合には，適切な液状化対策[例えば3),4),5),6)]の実施を検討するのがよい．

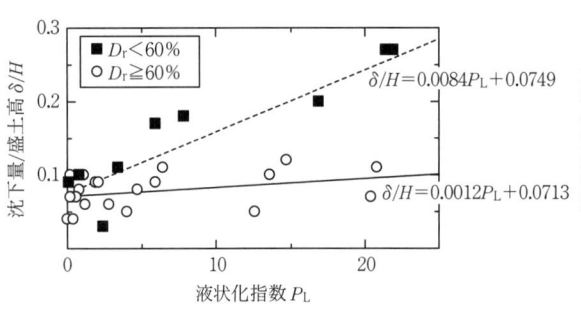

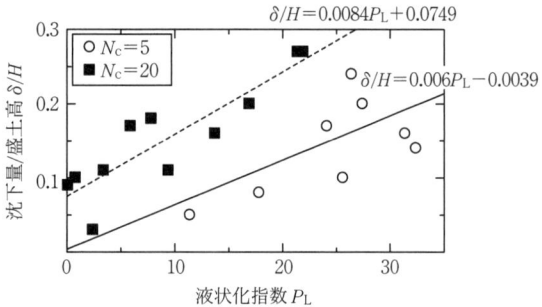

付属図 12.5.2　盛土の沈下量と支持地盤の液状化指数との関係（相対密度による違い（$N_c=20$））

付属図 12.5.3　盛土の沈下量と支持地盤の液状化指数との関係（繰返し回数による違い（$D_r<60\%$））

参 考 文 献

1) 澤田　亮，棚村史郎，西村昭彦，古関潤一：液状化地盤上における盛土沈下量の簡易推定法に関する一考察，第 34 回地盤工学研究発表会，pp. 2091-2092, 1999.7.
2) 建設省土木研究所：盛土のある地盤の液状化時の挙動に関する実験的検討，土木研究所資料，第 3264 号，1994.2.
3) 金口義胤，弥勒綾子，大木基裕，澤田　亮：液状化時における盛土の沈下対策に関する検討，第 39 回地盤工学研究発表会，pp. 1303-1304, 2004.7.
4) 富永真生，渡辺健治，澤田　亮：盛土を対象とした液状化対策工の沈下抑制効果に関する検討，第 40 回地盤工学研究発表会，pp. 1999-2000, 2005.7.
5) 富永真生，澤田　亮：液状化地盤上の盛土の沈下抑制を目的とした対策工の効果に関する実験的検討，第 28 回地震工学研究発表会，2005.8.
6) 渡辺健治，舘山　勝：セメント改良礫土の締固めと鉄道構造物への適用，基礎工，Vol. 37, No. 7, 2009.7.

付属資料 12-6　盛土の被害程度と沈下量の目安

　本標準においては，盛土の復旧性は盛土の変形レベルならびに，のり面工，路盤工，排水工など盛土の各構成部位に関する損傷レベルの組合せによって定めることとしている．このうち，盛土の変形レベルについては，「**9.5.4** 盛土等の土構造物の残留変位に関する設計限界値」に示したように，残留変位の発生状態に伴う補修・補強等の修復行為の難易度を考慮し，盛土の要求性能の水準に応じて適切に考慮して設定することとしている．

　付属表 12.6.1 は，既往の震害事例を参考に，盛土の変形レベルごとの地震時沈下量の目安値を示したものである．盛土の変形レベルに応じた残留変位の設計限界値は，盛土の立地条件，用いる軌道の種類やその構造，ならびに各鉄道事業者で定める軌道管理基準値などを勘案して適切に定める必要があり，その設定に際しては本表を参考にされたい．

付属表 12.6.1　盛土の被害程度と沈下量の目安値

変形レベル	被害程度	沈下量の目安値		
		省力化軌道の場合	有道床軌道の場合	
			一般盛土部[*1]	橋台・ボックスカルバート等構造物の背面盛土
1	無被害	無被害[*2]		
2	軽微な被害	沈下量 5 cm 未満[*3]	沈下量 20 cm 未満	背面の沈下差 10 cm 未満
3	応急処置で復旧が可能な被害	沈下量 5 cm 以上 15 cm 未満[*3]	沈下量 20 cm 以上 50 cm 未満	沈下差 10 cm 以上 20 cm 未満
4	復旧に長時間を要する被害	沈下量 15 cm 以上	沈下量 50 cm 以上	沈下差 20 cm 以上

*1　擁壁の背面盛土の残留変位の照査においては，一般盛土部での沈下量の目安値を用いるとよい．
*2　各鉄道事業者で定める軌道管理基準値等を参考に設定されたい．
*3　省力化軌道における変形レベルと沈下量の目安値の関係は，変形レベル 2 については軌道パッドによる調整を，変形レベル 3 については CA モルタルの再注入による復旧をイメージしている．

付属資料14-1　シールドトンネルの耐震設計の考え方

1. 一般

シールドトンネルについては，従来から許容応力度法[1]が採用されており，未だ性能設計体系への移行がなされていない．今後，シールドトンネルにおいても，性能設計への移行が早急になされることが期待される．そのため，本付属資料は，シールドトンネルの設計法が性能設計へ移行することを意識しつつ，耐震設計を行う場合の一般的な方法を示すものである．現状では，必ずしもここで示した方法により耐震設計を行うことが適当でない場合もあると思われるため，適用にあたっては，その時点の技術動向や設計基準の改定動向などを参考にして，十分な注意が必要である．

2. 応答値の算定

シールドトンネルの応答値の算定では，継手の非線形性を適切に考慮しつつ動的解析を行うことが望ましい．しかしながら，現状では多くの困難を伴うことから，「**14.2.3 静的解析法**」に示す静的解析法を用いてよい．この場合，地下構造物であることを考慮して，一般に分離型モデルによる応答変位法によるものとする．

（1）作用の算定

分離型モデルを用いた応答変位法により応答値を算定する場合，地震作用として考慮すべき慣性力，地盤変位，周面せん断力は，「**7章 表層地盤の挙動の算定**」に基づいて算定してよい．なお，シールドトンネルで耐震設計を行う場合は，通常，地層構成が複雑なことが多く，それに伴い，地層境界周辺では，地盤変位が急激に増大することもあるため，地震の影響は地盤の動的解析により検討することが望ましい．この場合は，「**7.3.3 動的解析による方法**」によるものとする．

地盤や構造物の非線形性を考慮する場合，慣性力，地盤変位，周面せん断力の関係も当然ながら非線形となる．また，地震時の地盤やトンネルの挙動は時々刻々と変化することから，慣性力，地盤変位，周面せん断力が最大となる時刻も一致しない．したがって，慣性力，地盤変位，周面せん断力を地震作用として設定するにあたって，それらのモデルへの載荷方法を定めておく必要がある．横断方向については，一般的なシールドトンネルの場合は，トンネル上下端間の相対変位が最大となる時刻の慣性力，地盤変位，周面せん断力を算定し，それらを同時に載荷させてよいものとする．

　a）慣性力

応答変位法に用いる慣性力は，「**14.2.3 静的解析法**」に示した，開削トンネルと同様の方法で算出してよい．

　b）地盤変位

横断方向の解析においては，着眼時刻におけるトンネル上下端間の相対変位を用いてよい．

　c）周面せん断力

構造物と地盤が接するトンネル周面に考慮する周面せん断力は，応答解析結果より算出した着目時刻に

おける地盤に作用しているせん断力としてよい．

(2) 応答値の算定

a) 線路直角方向（横断方向）[1]

横断方向については，**付属図 14.1.1** に示すように，トンネルを地盤ばねで支持した骨組構造によりモデル化し，(1) で算出された作用を考慮することにより応答値を算出する．

ここで，開削トンネルのような箱型トンネルとは異なり，シールドトンネルのような円形を基本とした構造物では，入力する地盤からの作用の設定が煩雑となるため，注意が必要である．例えば変位に関しては，自由地盤の地震時挙動の解析でトンネル位置に生じた変位を，周面せん断力を考慮し，トンネル接線方向，法線方向の成分毎に分離したうえで作用させる方法などがある．その他，構造条件や地盤条件が複雑な場合には，周面せん断力や地盤ばねの設定が難しい場合がある．このような場合には，地盤とトンネルの一体型モデルを採用し，自然地盤の地盤応答解析から得られた節点位置での加速度を，一体型モデルの節点荷重として作用させる手法も考えられる．

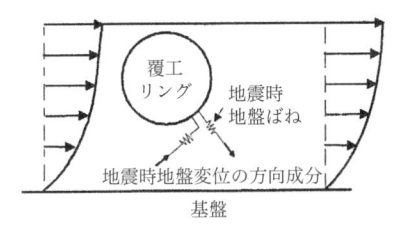

付属図 14.1.1 シールドトンネルの横断方向の解析モデルの例
（静的解析法－分離型モデル）

b) 線路方向（縦断方向）[1]

縦断方向の耐震設計は，一般的には地震時のトンネルの応力や変形が，トンネル軸線に沿った地盤変位の差によって生じると考え，**付属図 14.1.2** に示すように，分離型モデルを用いて行うことが多い．その他，立坑接合部等の構造変化部の耐震設計は，構造変化部の相互作用を適切に表現できるモデルを用いる必要がある．

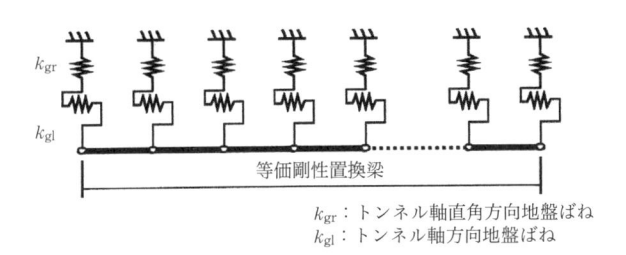

k_{gr}：トンネル軸直角方向地盤ばね
k_{gl}：トンネル軸方向地盤ばね

付属図 14.1.2 シールドトンネルの縦断方向の解析モデルの例

(3) 液状化の可能性のある地盤における応答値の算定方法

液状化の可能性がある地盤中に建設される場合は，液状化による影響を考慮してシールドトンネルの応答値を算定する必要がある．その場合の応答値は，基本的に「**14.2.5 液状化の可能性のある地盤における応答値の算定**」に示した開削トンネルと同様の方法で算出してよい．

3. 性能照査

　性能照査を行う場合は，要求性能に応じた性能項目に関して，定量的に評価可能な照査指標およびその設計限界値を設定して，照査を実施する必要がある．シールドトンネルにおいては，セグメントリングの力学性状および破壊過程が複雑であり，従来から許容応力度法[1]が用いられており，許容値を参考に設計限界値を設定して照査する方法が考えられる．最近では限界状態設計法も整備されつつあり，それに伴い，セグメント本体や継手の限界状態の具体例もいくつか示されている[2]~[4]ので，これらを参考にして照査する方法も考えられる．

参考文献

1) 国土交通省監修，鉄道総合技術研究所編：鉄道構造物等設計標準・同解説　シールドトンネル，2002.12.
2) 土木学会：トンネル標準示方書　シールド工法・同解説，2006.7.
3) 土木学会：トンネルライブラリー第19号　シールドトンネルの耐震検討，2007.12.
4) 土木学会：トンネルライブラリー第23号　セグメントの設計【改訂版】~許容応力度設計法から限界状態設計法まで~，2010.2.

付属資料14-2　山岳トンネルの耐震設計の考え方

1. 一般

本資料においては，山岳トンネルで地震の影響の検討を要する場合である，①小土被り未固結地山中に位置する場合や偏圧斜面中に位置する場合，②地質不良区間に位置する場合（「14.1 一般」を参照）について，応答値の算定と性能照査における一般的な考え方について述べる．

2. 応答値の算定

2.1 小土被り未固結地山中に位置する場合や偏圧斜面中に位置する場合

耐震設計上の基盤面近傍（特に，地盤のせん断弾性波速度が急激に変化する場合）の小土被り未固結地山中に位置する場合や，坑口部が偏圧条件にある場合は地震の影響が大きくなる．この場合の山岳トンネルの応答値は，一般的にはシールドトンネルと同様に，分離型モデルを用いた応答変位法による静的解析法から算定してよい．詳細は**付属資料14-1 シールドトンネルの耐震設計の考え方**を参照し，一般的には線路直角方向（横断方向）について実施すればよい．

（1）作用の算定

山岳トンネルの応答値を分離型モデルを用いた応答変位法により算定する場合の地震作用は，**付属資料14-1 シールドトンネルの耐震設計の考え方**を参照し，シールドトンネルと同様に算定してよい．

（2）応答値の算定

トンネルの覆工がRC構造の場合は，本標準や，「鉄道構造物等設計標準・同解説（都市部山岳工法トンネル）」[1]等を参考としてモデルを作成し，（1）で算定した地震作用を与えて応答値を算定するものとする．一方，トンネルの覆工が無筋コンクリート構造の場合は，その変形・破壊挙動を詳細に追跡するために引張強度到達後や圧縮強度到達後の挙動をモデル化する必要がある．コンクリートの引張破壊後の軟化および圧縮強度到達後の軟化挙動を考慮したモデル[2]なども提案されている．

2.2 地質不良区間に位置する場合

断層・破砕帯など地質不良区間に位置する場合には地震による影響が大きくなる．このような区間で予想される作用をあらかじめ算出することは現状では難しいが，既存の地震被害事例から予想される変位量を被害の再現解析から求め，作用としてトンネルに与える方法が考えられる[2]．なお，一般には線路直角方向（横断方向）について実施すればよい．応答値の算定については2.1と同様である．

3. 性能照査

性能照査を行う場合は，要求性能に応じた性能項目に関して，定量的に評価可能な照査指標およびその設計限界値を設定して照査を実施する必要がある．

トンネルの覆工がRC構造の場合は，本標準や，「鉄道構造物等設計標準・同解説（都市部山岳工法トンネル）」[1]等を参考として性能照査を行えばよい．一方，トンネルの覆工が無筋コンクリート構造の場合

は，現状では，標準的な性能照査法が提案されるまでには至っていないため，適宜照査指標およびその設計限界値を設定した上で，照査を実施する必要がある．ここで，山岳トンネルは地山に囲まれたアーチ状の構造物であり，単にひび割れが発生しただけでは安全性や復旧性上大きな問題とならないことに着目し，トンネルに圧ざが発生しないことをもって性能照査を行うなどの方法[2),3)]も研究されている．

参 考 文 献

1) 国土交通省監修 鉄道総合技術研究所編：鉄道構造物等設計標準・同解説（都市部山岳工法トンネル），2002.3.
2) 野城一栄，小島芳之，新井泰，岡野法之，竹村次朗：圧縮破壊後の軟化を考慮した無筋コンクリート山岳トンネル覆工の数値解析手法に関する研究，土木学会論文集 C, Vol. 65, No. 4, pp. 1024-1038, 2009.12.
3) 野城一栄，小島芳之，宮林秀次，西藤潤，朝倉俊弘，竹村次朗：地質不良区間における新設山岳トンネル用地震対策工の適用性，土木学会論文集 C, Vol. 65, No. 4, pp. 1062-1080, 2009.12.

付属資料14-3　開削トンネルの応答変位法に用いる地盤ばねの設定方法

1. はじめに

　応答変位法では，地盤ばねを適切に評価することが重要である．地盤ばねは，土被りの厚さや構造物と基盤までの距離などの地盤条件，構造物の幅や高さなどの形状・寸法，地震時における構造物と地盤の変形モード，および地震時の地盤のひずみレベル等を考慮して適切に算定する必要がある．一般には，式(1)〜(4)により算出される弾性ばねとしてよい[1]．しかし，構造物の幅が高さに比べて極端に大きい場合や，高さが幅に比べて極端に大きい場合などは，応答値の算定精度が悪くなる場合があるので，地盤ばねの値を適切に補正することが望ましい[1]．また，構造物側方で層構成が変化する場合は，各層について地盤ばねを算定するものとする．

　構造物と地盤間の剥離およびすべりの影響については，これを考慮することが望ましいが，一般的な規模の構造および地盤では，その影響が小さいため無視してもよい[2]．しかし，幅の広い構造物または背の高い構造物等で，剥離・すべりの影響が大きいと考えられる場合は，その影響を考慮するのがよい．

　なお，本付属資料に示す地盤ばねの設定方法は，地震動に対する開削トンネルの応答値を応答変位法により算定する際にのみ適用する．

2. 地盤ばねのモデル化

（1）上床版および下床版の鉛直地盤反力係数

$$k_v = 1.7 \alpha E_0 B_v^{-3/4} \tag{1}$$

　　k_v：上床版および下床版の鉛直地盤反力係数（kN/m³）
　　α：E_0の算定方法および荷重条件に対する補正係数（「3. 等価せん断弾性係数G_{eq}の算定方法」に示す等価せん断弾性係数G_{eq}よりE_0を求めた場合は$\alpha=1$としてよい）
　　E_0：地盤の変形係数（kN/m²）
　　B_v：上床版および下床版の換算幅（m）で，次式に示すうち小さい方の値とする
　　　　$B_v = B$
　　　　$B_v = (B \cdot L)^{1/2}$
　　　　B：上床版または下床版の幅（m）
　　　　L：トンネルの軸方向長さ（m）

（2）上床版および下床版のせん断地盤反力係数

$$k_{sv} = k_v / 3 \tag{2}$$

　　k_{sv}：上床版および下床版のせん断地盤反力係数（kN/m³）
　　k_v：上床版および下床版の鉛直地盤反力係数（kN/m³）

（3） 側壁の水平地盤反力係数

$$k_\mathrm{h} = 1.7\alpha E_0 B_\mathrm{h}^{-3/4} \tag{3}$$

k_h：側壁の水平地盤反力係数（kN/m³）

α：E_0の算定方法および荷重条件に対する補正係数（「3. 等価せん断弾性係数 G_eq の算定方法」に示す等価せん断弾性係数 G_eq より E_0 を求めた場合は $\alpha=1$ としてよい）

E_0：地盤の変形係数（kN/m²）

B_h：側壁の換算幅で，次式に示すうち小さい方の値とする

　　$B_\mathrm{h} = H$

　　$B_\mathrm{h} = (H \cdot L)^{1/2}$

　　H：側壁高さ（m）

　　L：トンネルの軸方向長さ（m）

なお，構造物側方で地盤の層構成が変化する場合は，各層について側壁の水平地盤反力係数を算出するものとする．この場合，E_0 は各層について算出するが，B_h は層ごとの高さをとるのではなく，構造物の全高さをとるものとする．

（4） 側壁のせん断地盤反力係数

$$k_\mathrm{sh} = k_\mathrm{h}/3 \tag{4}$$

k_sh：側壁のせん断地盤反力係数（kN/m³）

k_h：側壁の水平地盤反力係数（kN/m³）

（5） 地盤の変形係数

$$E_0 = 2G_\mathrm{eq}(1+\nu) \tag{5}$$

E_0：地盤の変形係数（kN/m²）

G_eq：等価せん断弾性係数（kN/m²）

ν：動的ポアソン比（沖積および洪積地盤で地下水位以深：0.50

　　　　沖積および洪積地盤で地下水位以浅：0.45

　　　　軟岩：0.40，硬岩：0.30　としてよい）

3. 等価せん断弾性係数 G_eq の算定方法

地盤の変形係数を求めるための等価せん断弾性係数 G_eq は，以下の2種類の方法のいずれかを用いて算出してよい．

（1） 動的解析から算定する場合

地盤の動的解析により算出する場合は，各層に発生するせん断応力をせん断ひずみで除して等価せん断弾性係数を求める．

$$G_\mathrm{eq} = \tau_\mathrm{d}/\gamma_\mathrm{d} \tag{6}$$

G_eq：等価せん断弾性係数（kN/m²）

τ_d：地盤応答解析におけるせん断応力（kN/m²）

γ_d：地盤応答解析におけるせん断ひずみ

なお，ここで用いるせん断ひずみおよびせん断応力は，一般には全時刻歴中の最大せん断ひずみとその時点のせん断応力としてよい．これは開削トンネルの上・下床版間の相対変位が最大となる時刻は，周辺地盤の各層のせん断ひずみが最大となる時刻とほぼ同じとなる場合が多いためである．ただし，周辺地盤の地層構成が複雑な場合は，これらの時刻が大きく異なる層がある場合もある．このような場合に全時刻

中の最大せん断ひずみに対して等価せん断弾性係数を求めると，与える地盤変位に対して小さい地盤ばねを設定することとなり，地盤変位を適切に構造物に作用させることができない可能性がある．したがって，このような場合には地盤の動的解析結果を確認し，与える地盤変位に対して妥当なせん断ひずみおよびせん断応力を用いて等価せん断弾性係数 G_{eq} を求めるのがよい．

（2） 簡易に算定する場合

地震の影響を簡易に設定する場合は，初期せん断弾性波速度より算出してよい．

$$G_{eq} = \gamma_t (\alpha_g V_{s0})^2 / g \tag{7}$$

γ_t：単位体積重量（kN/m³）
α_g：地震時のひずみレベルによる地盤の剛性低減係数（**解説表 7.3.6 による**）
V_{s0}：初期せん断弾性波速度（m/s）
g：重力加速度（m/s²）

参 考 文 献

1) 室谷耕輔，西山誠治，西村昭彦：多層開削トンネルの耐震設計における応答変位法の適用性の検討および地盤ばねの検討，第 9 回トンネル工学研究発表会，pp.343-348，1999.11.
2) 西山誠治，室谷耕輔，西村昭彦：開削トンネルの地震時挙動に及ぼす構造物・地盤間の剥離・すべりの影響，第 25 回地震工学研究発表会，pp.493-496，1999.7.

付属資料14-4 開削トンネルにおける破壊形態の確認方法

1. 開削トンネルの破壊形態の確認

開削トンネルの場合，部材がせん断破壊すると脆性的な破壊が生じ，大きな被害が生じることが懸念される．また開削トンネルは地中構造物であるため，構造物の破壊形態の確認を行い，脆性的な破壊を防ぐことが設計上の配慮としてきわめて重要である．

構造物の破壊形態の確認は，構造物全体系が終局するまで地震作用を漸増載荷させるプッシュ・オーバー解析によるのがよい．しかし，開削トンネルのような地中構造物は特有の地震時挙動を示し，構造物全体系の終局について明らかになっていない点が多いため，高架橋のように構造全体系の耐力が低下するまでプッシュ・オーバー解析を行うことが適切ではない場合が多い．このため，本付属資料では開削トンネルの破壊形態の確認方法と基本方針について述べる．

2. 破壊形態の確認方法

一般的な開削トンネルの破壊形態の確認は，設計地震動を割り増しした場合の応答値を算定し，その時点で部材がせん断破壊に至らないことを確認するものとする．この場合，以下の2つの方法がある．

(1) 設計地震動に対する応答値から破壊形態を推定し確認する方法

設計地震動に対する応答値から各部材の曲げ破壊に対する余裕度（M_u/M_d，M_u：曲げ耐力，M_d：発生曲げモーメント）とせん断破壊に対する余裕度（V_u/V_d，V_u：せん断耐力，V_d：発生せん断力）を算出し，両者を比較することで，開削トンネルの破壊形態を推定する方法である．一般的な開削トンネルにおいては，設計地震動に対してせん断破壊の余裕度が曲げ破壊の余裕度よりも大きい場合，その傾向は地震動を割り増して応答値を算定した場合でも大きく変わらないことがわかっている[1]．したがって，設計地震動に対する応答値から得られる各部材のせん断破壊に対する余裕度が曲げ破壊に対する余裕度を上回っていれば曲げ破壊先行型の構造物であると判断してよい．FEM解析等の一体型モデルを用いる場合も，この方法によってよい．なお，この場合の部材の余裕度は，解析モデルの要素ごとではなく，各部材ごとに判定するものとする．

(2) 割り増した地震動に対する応答値を用いて破壊形態を確認する方法

設計地震動を割り増して解析を行い，構成部材がせん断破壊しないことを確認する方法である．この場合，開削トンネルの荷重-変位関係を求めることができるが，水平力と層間変位量の代表値が必要となる．過去の研究から[2]，付属図14.4.1および式(1)，(2)に示すように水平荷重はハンチ端部のせん断力で代表できることがわかっており，この水平荷重と層間変位量を用いて荷重-変位関係を作成するのがよい．

$$P = \sum \frac{S}{2} = \frac{S_{LU}+S_{LD}}{2} + \frac{S_{CU}+S_{CD}}{2} + \frac{S_{RU}+S_{RD}}{2} \tag{1}$$

$$\delta = \delta_{XU} - \delta_{XD} \tag{2}$$

設計地震動を割り増して破壊形態を確認する方法は，大きく以下の3つに分けられる．

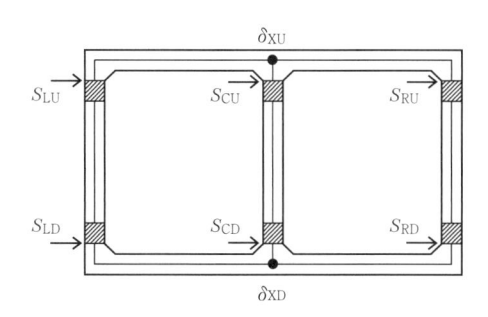

付属図 14.4.1 開削トンネルの荷重-変位曲線を作成する際の代表荷重と代表変位

① 応答変位法 A

設計地震動を用いて算定した地震作用を割り増した設計地震動に対応する時点まで漸増載荷し，部材がせん断破壊しないことを確認する．ここで，割り増した設計地震動に対応する時点に達する前にいずれかの部材が終局に至る場合は，その時点で部材がせん断破壊していないことを確認すればよいものとする．

この方法は応答値の算定で使用した地震作用を比例倍するだけのため，簡便な方法といえる．しかしながら，地盤ばねは一般に弾性ばねとしているため，地盤変位が大きくなった場合の地盤剛性の低下を考慮できず，構造物に過大な荷重を作用させてしまう可能性がある．したがって，得られた結果の妥当性を十分に検討する必要がある．

② 応答変位法 B

割り増した設計地震動に対して地盤応答解析を実施し，「**付属資料 14-3 開削トンネルの応答変位法に用いる地盤ばねの設定方法**」に従って地盤ばねを再算定した上で応答変位法を行い，部材がせん断破壊しないことを確認する．この場合，割り増した地震動に対応する地震作用と地盤ばねを用いるため，地盤の非線形性を考慮することができ，応答変位法 A より本来に近い状態を算定できると考えられる．応答変位法 A と B の比較を**付属図 14.4.2**に示す．

また，地震動倍率を変えて地盤応答解析を複数回行うことにより，荷重-変位関係を得ることができる．いくつかの地震動倍率を用いて応答変位法 B により算定した応答値を**付属図 14.4.3**に白丸で示す．また，比較として応答変位法 A により求めた荷重-変位関係も示した．応答変位法 B により算定した応答値は

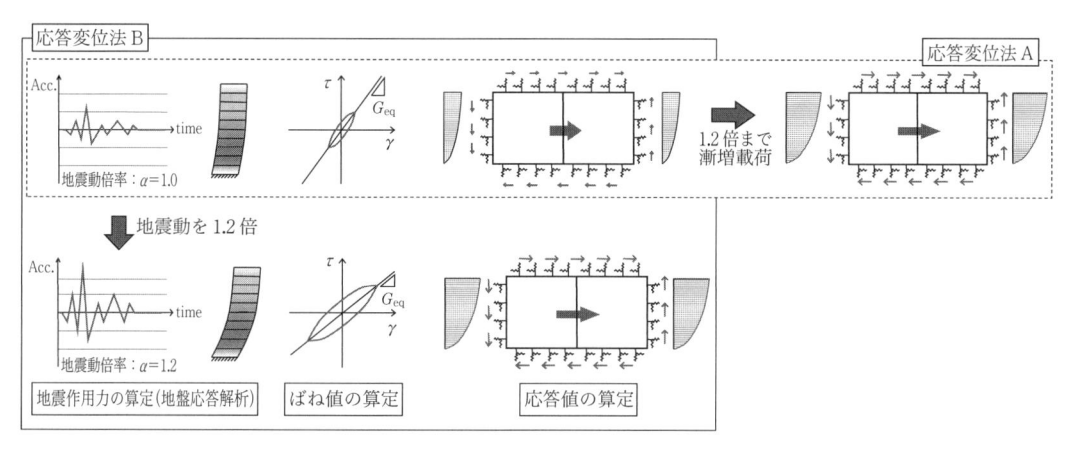

付属図 14.4.2 応答変位法を用いた破壊形態の確認方法

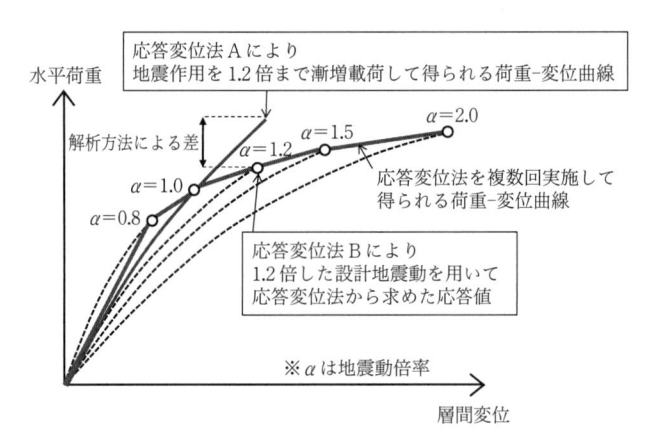

付属図 14.4.3 応答変位法を用いて得られる荷重-変位曲線の例

想定する地震動に応じた地震作用と地盤ばねを用いて得られた値であり，それらを連ねた曲線は本来の荷重変位曲線に近いと考えられる．

③ 一体型モデルを用いて動的解析を行う場合

FEM 解析等を用いた一体型の動的解析を行い破壊形態の確認を行う場合は，基盤に入力する地震動を割り増して解析を行い，部材に発生するせん断力がせん断耐力を超えないことを確認するものとする．

3. 基本方針

一般的な開削トンネルについては，「2.(1) 設計地震動に対する応答値から破壊形態を推定し確認する方法」に従って部材の曲げ破壊とせん断破壊の余裕度を比較し，部材のせん断破壊の余裕度が曲げ破壊の余裕度を上回っていれば，曲げ破壊型の構造物であると判断してよいものとする．いずれかの部材のせん断破壊の余裕度が曲げ破壊の余裕度を下回る場合はせん断破壊形態である可能性があるため，「2.(2) 割り増した地震動に対する応答値を用いて破壊形態を確認する方法」に従って，設計地震動を割り増して，部材がせん断破壊しないことを確認するものとする．

応答変位法を用いる場合は，応答変位法 A を用いた場合でも応答変位法 B と同程度の精度で破壊形態の推定が可能であることが過去の研究で確認されており[3]，一般的には応答変位法 A によってよいものとする．ただし，応答変位法 A で検討した結果，不合理に過大なせん断力が部材に発生するなどした場合には，応答変位法 B により地盤の剛性低下や地震作用を再算定した上で，部材がせん断破壊しないことを確認するのがよい．

ここで設計地震動の割増し率は 1.2 倍としてよいものとする．これは，設計地震動がすでに高い非超過確率で設定されたものであり，1.2 倍の地震動を考慮することで残余のリスクを十分に低減できると考えられるためである．

参 考 文 献

1) 西山誠治，井澤淳，川西智浩，室野剛隆：地震力増加に伴う開削トンネルの部材断面力の変化性状，第 46 回地盤工学研究発表会，pp.1569-1570，2011.7．
2) 西山誠治，川満逸雄，室谷耕輔，西村昭彦：開削トンネルの応答変位法による荷重変位曲線の算定に関する一考察，第 55 回土木学会年次学術講演会，I-B 487，2000.9．
3) 井澤 淳，西山誠治，川西智浩，室野剛隆：地盤の非線形性を考慮した開削トンネルの破壊形態の確認方法，鉄道総研報告，第 25 巻，第 9 号，pp.39-44，2011.9．

付属資料14-5　開削トンネルの浮き上がりによる安定レベルの照査方法

1. はじめに

大地震時において周辺地盤が液状化することにより，鉄道の開削トンネルなどの地中構造物が浮き上がりを生じ，軌道位置での過大な変形を引き起こす可能性がある．2011年3月11日に発生した東北地方太平洋沖地震においては周辺地盤の液状化により鉄道の開削トンネル相互の目違いが発生している[1]．本標準では，**付属図14.5.1**に示すように，浮力を考慮した鉛直方向の力の釣合いに基づく浮き上がり安全度により浮き上がりの判定を行っている．浮き上がり安全度による評価は実務的であるため，鉄道以外の地中埋設構造物や共同溝設計指針等[2],[3]においても広く用いられている手法である．しかしながら，周辺地盤の液状化の程度，構造物の浮き上がりやすさ等が勘案されず，安全度1以上になると抜本的な対策が必要となるなどの課題がある．また，既往の研究により地震時に浮き上がり安全度が過渡的に1を上回っても，液状化の範囲・程度が限定的であれば地中構造物は大きく浮き上がらないとの検討事例もある[4]．

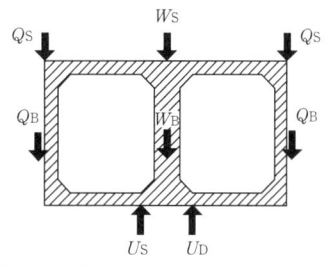

浮き上がり安全度

$$\gamma_i \frac{U_S + U_D}{W_S + W_B + 2Q_S + 2Q_B} \leq 1.0$$

($F_L < 1$で$Q_S=0$, $Q_B=0$)

W_B：開削トンネルの自重（kN/m）
W_S：鉛直方向外力（水の影響含む）（kN/m）
Q_S：上載土のせん断抵抗（kN/m）
Q_B：開削トンネル側面の摩擦抵抗（kN/m）
U_S：トンネル底面の静水圧による揚圧力（kN/m）
U_D：トンネル底面の過剰間隙水圧による揚圧力（kN/m）
γ_i：構造物係数，F_L：液状化抵抗率

付属図14.5.1　浮き上がり安全度の算定において考慮される外力

液状化による地中構造物の浮き上がり挙動に関しては，過去に多くの実験的，数値解析的研究が実施されているが，現段階では浮き上がり量を精緻に求められる手法は確立されていない．これは液状化時の地盤と構造物の挙動や，構造物への作用の特性に不明な点が多いためであると考えられる．たとえば，浮き上がり量を鉛直方向の運動方程式で算出する簡易法が提案されている[5]が，液状化地盤の浮き上がり速度に比例する抵抗係数（C）の算出方法が不明であり，実用化には至っていない．

以上を考慮し，本付属資料では開削トンネル模型を用いた模型振動実験の結果をふまえ，周辺地盤の液状化程度を考慮した指標により，トンネルの浮き上がりによる安定レベルの照査方法を示す．

2. 鉄道総研で実施した振動実験[6]

2.1 振動実験の概要

液状化地盤におけるトンネルの浮き上がり挙動を把握するために，1層2径間を想定した20分の1ス

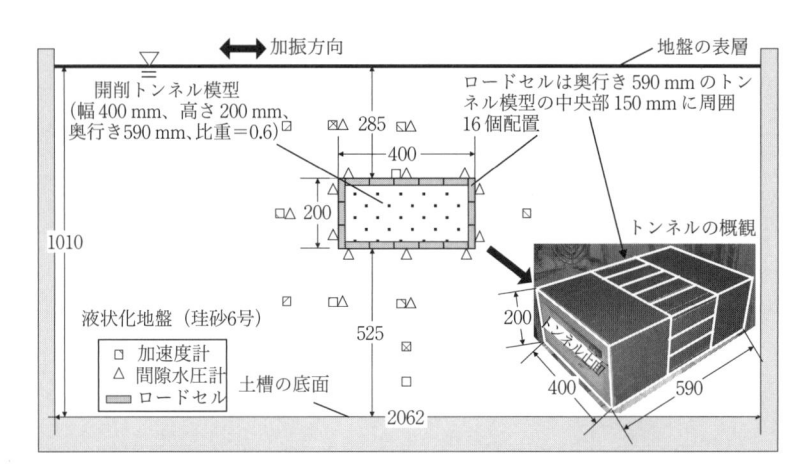

付属図 14.5.2 模型実験におけるトンネル，計測器の配置図，トンネルの外観（単位：mm）

ケールの開削トンネル模型（以下，トンネル）により模型振動実験を行った．トンネルは幅400 mm，高さ200 mm，奥行き590 mmである．付属図14.5.2に示すように，トンネルの周囲には16個の分割2方向ロードセルを配置し，トンネルに作用する土水圧の軸力成分，せん断力成分を計測した．液状化地盤模型は珪砂6号で作成した．

液状化地盤は固定土槽（幅2060 mm，高さ1010 mm，奥行き600 mm）内に空中落下法により作成し，その中央部にトンネルを設置した．付属図14.5.2に示したように，模型地盤中には加速度計，間隙水圧計を設置した．地盤中には5 cmおきに標点を設置し，高速度CCDカメラを用い土槽側面（強化ガラス面）を通じて撮影することにより，加振中の地盤の2次元的な変形量を計測した．

付属表14.5.1に各実験ケースの実験条件を示す．実験は地盤の相対密度，対策工の有無・種類・範囲等を変化させて行った．対策工を施した実験では地盤改良を模擬した実験，矢板による対策を模擬した実験を行った．地盤改良を模擬した実験（Case 5，10，12，13）では，既設トンネルの周辺地盤に薬液注入を行うことを模擬し，想定する改良範囲をポリマー溶液により固着させた砂礫により構築した．実験では改良位置，改良深さ，改良体の比重（比重小：1.0，比重大：2.0）を変化させた．また，矢板対策を模擬

付属表 14.5.1 実験条件

実験ケース名	地盤の相対密度	対策工	備考
Case 1	60%	なし	基本ケース
Case 2	80%	なし	
Case 3	60%	なし	トンネル下の液状化地盤層厚を半分に設定（263 mm）
Case 5	60%	下部改良	トンネル下部10 cmを改良（改良体の比重小）
Case 6	60%	なし	
Case 9	60%	矢板	矢板は支持地盤に根入れ
Case 10	60%	下部改良	トンネル下部10 cmを改良（改良体の比重大）
Case 12	60%	下部改良	トンネル下部25 cmを改良（改良体の比重大）
Case 13	60%	上部改良	トンネル上部を全面改良（改良体の比重大）

した実験（Case 9）ではトンネルの両側面に矢板模型を設置した．矢板上端は地表面高さとし，矢板下端は支持地盤（密な礫地盤で作成）に根入れした．

入力波形としては，各ケースともに同一とし，正弦波（3 Hz）を用い，10 波ごとに加速度を 100 gal ずつ 400 gal まで連続的に増加させた．詳細については文献 6）を参照されたい．

2.2 実験結果の概要，得られた知見

付属図 14.5.3，付属図 14.5.4 にトンネルの浮き上がり，周辺地盤の変形の様子を示す．これらより，液状化によりトンネルが浮き上がり，トンネル下部に向かって周辺地盤が流入していることがわかる．また，付属図 14.5.5 に Case 1 および Case 2 の加速度，浮き上がり量，浮き上がり安全度の時刻歴を示す．

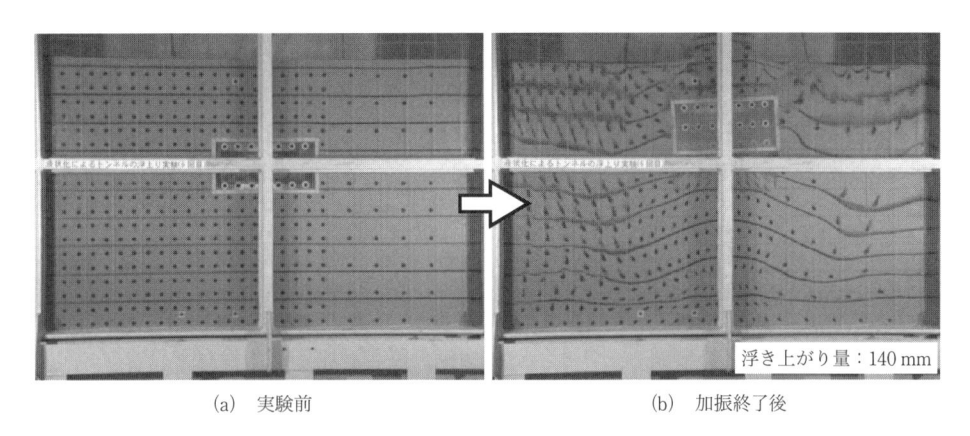

(a) 実験前　　　(b) 加振終了後

浮き上がり量：140 mm

付属図 14.5.3 加振によるトンネル模型の浮き上がり，周辺地盤の変形の様子（Case 6）

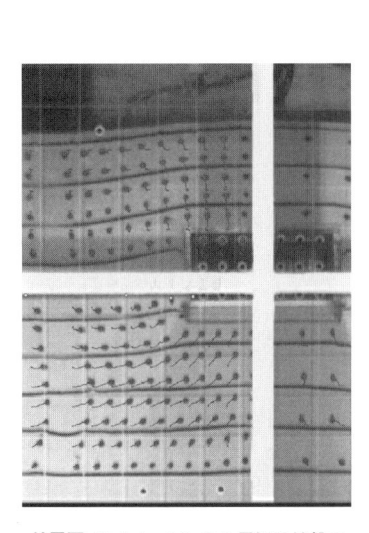

付属図 14.5.4 トンネル周辺の地盤の流動の観察（Case 1）

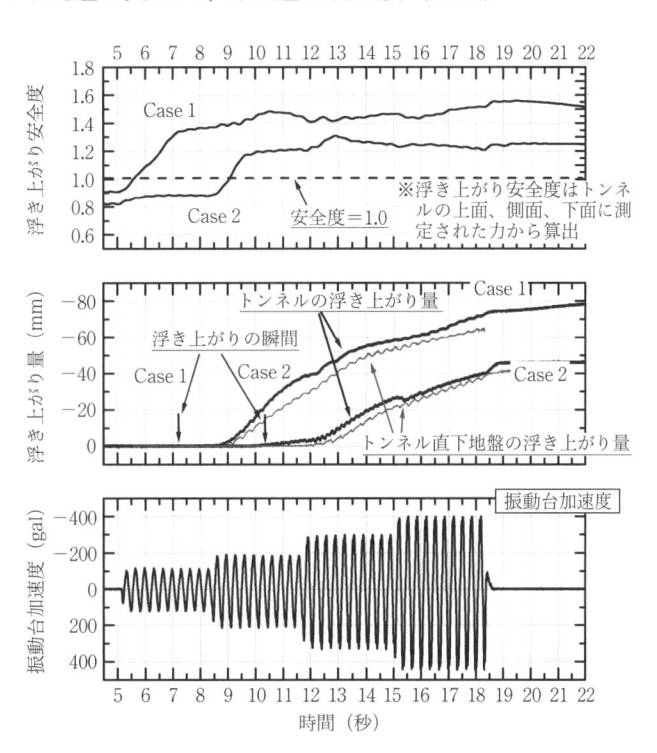

付属図 14.5.5 加速度，浮き上がり量，浮き上がり安全度の時刻歴（Case 1，Case 2）

※浮き上がり安全度はトンネルの上面，側面，下面に測定された力から算出

なお，浮き上がり安全率については，現在の設計標準の考えに基づいて**付属図14.5.1**中に示した式により算出しているが，同式中の W_s と Q_s については直接計算で求めるのではなく，W_s と Q_s の合力がトンネル上面のロードセルに測定されていると考えて，安全度を計算している．これより以下が考察できる．

① 浮き上がり安全度により，トンネルが浮き上がり始める時刻はある程度評価できる（Case 1：100 gal 加振時，Case 2：200 gal 加振時）．しかしながら，その直後は急速に浮き上がらず，加振を継続し，液状化程度がさらに進展した時に急速に浮き上がり始める．このような浮き上がり開始後の挙動については，浮き上がり安全度では評価できない．

② トンネル直下の地盤の上向き変位はトンネルの浮き上がりに追随して生じており，直下地盤が直接的にトンネルを押し上げているわけではなかった．ただし，トンネルが浮き上がるためにはトンネル直下に地盤が流入する（回り込む）必要がある．

③ トンネル下部の液状化層厚が小さい場合，あるいはトンネル直下を地盤改良した場合，浮き上がり量は低減した．これは，トンネルに作用する揚圧力（浮力）が軽減されたことに加え，トンネル直下への地盤の流入しにくかったことに起因していた．これらの実験結果から，トンネルの浮き上がり量は特にトンネル直下地盤の液状化程度の影響を大きく受けると考えられる．

以上より，トンネルの浮き上がり量はトンネル直下地盤の液状化範囲および液状化程度，加振継続時間等，浮き上がり安全度では考慮されていない要因の影響を大きく受けることがわかった．

3. 周辺地盤の液状化程度を考慮した浮き上がり挙動の簡易評価手法の提案

一般的な開削トンネルの応答値算定のフロー（**解説図14.2.4**）に示したように，液状化の可能性のある地盤において，まず浮き上がり安全度（解14.2.1）により安定レベル1を満足するか否か照査する．ただし，前項の模型実験結果で示したように，浮き上がり安全度が過渡的に1.0を上回っても液状化の範囲・程度が限定的であれば大きな変位に至らず，安定レベル2を満足するものと評価できる．

液状化程度を表す指標としては P_L 値があるが，P_L 値は液状化による地表面付近の構造物の被害の程度を予測するために用いられる指標であるため，地表面付近の液状化程度に重み付けを行っている．しかしながら，前述したようにトンネルの浮き上がりの場合は，トンネル周辺地盤の液状化の程度が大きな影響を及ぼすため，ここではトンネル直上，直下地盤に重み付けをする方法により P_L 値（以下，浮き上がり判定用の P_L 値）を算定し，模型実験で得られた浮き上がり量との相関性を検証する（**付属図14.5.6参照**）．

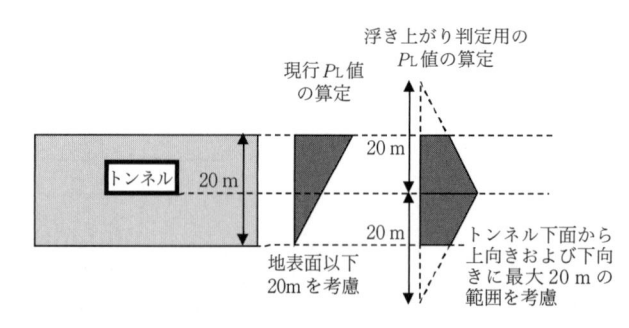

付属図 14.5.6 トンネルの浮き上がり判定用の P_L 値の算定に用いる形状係数 w の与え方

付属図14.5.7，**付属図14.5.8**に「現行 P_L 値」，「浮き上がり判定用の P_L 値」と，実験で得られた浮き上がり量の関係を示す．ここで，P_L 値の算定に際しては，模型地盤の作成に用いた珪砂6号の振動三軸試験結果と，模型地盤の密度および飽和度を考慮して液状化強度比（R）を算定した．また，浮き上がり

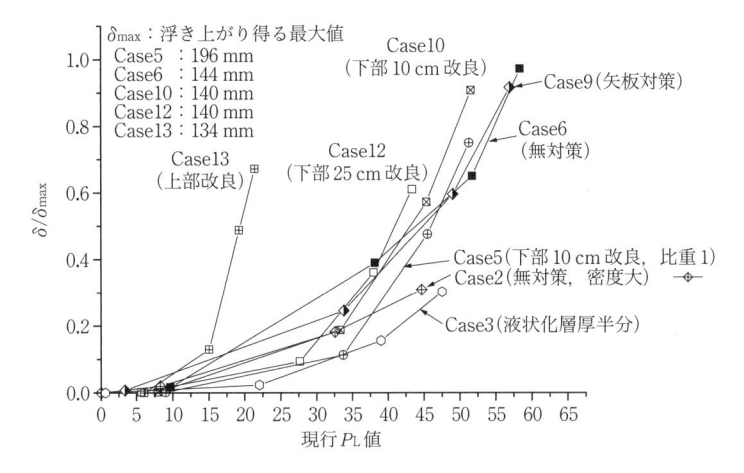

付属図 14.5.7 現行 P_L 値と正規化浮き上がり量の関係

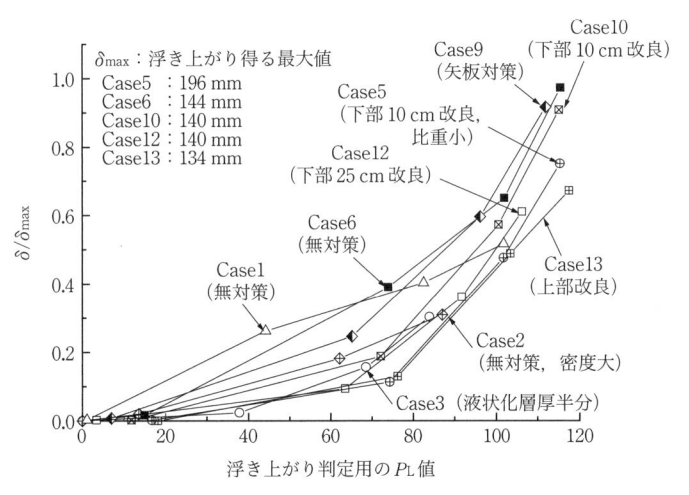

付属図 14.5.8 浮き上がり判定用の P_L 値と正規化浮き上がり量の関係

量は実験での測定値（δ）を最大浮き上がり量（δ_{max}）で正規化している．この最大浮き上がり量とは周辺地盤が完全液状化した場合に構造物が浮き上がり得る最大の浮き上がり量である．また，矢板で対策を施した実験ケースについては，矢板による地盤の拘束効果を考慮し，P_L 値算定時における静止土圧係数を 1.3 倍（$K=0.65$）とした．この土圧係数はトンネル側壁ロードセルで計測された動土水圧に基づいたものである．これらの図より以下が考察できる．

- 現行 P_L 値で評価した場合，トンネル上部に非液状化層がある場合や構造物下部の液状化層の厚さが小さい場合の評価が難しいことがわかる（**付属図 14.5.7**）．これは，現行 P_L 値では地表面近くの液状化程度に重み付けがされるためである．
- 現行法と比較して，浮き上がり判定用の P_L 値（**付属図 14.5.8**）の方が実験値と良好な相関関係が見られる．

以上の検討結果をふまえ，本付属資料で提案した「浮き上がり判定用の P_L 値」を新たな評価指標として導入し，以下に示すようにトンネルの安定レベルの照査に用いる．

・浮き上がり安全度を算定し，これを満足した場合は安定レベル1（トンネルが浮き上がらない状態）を満足すると判定する．
・浮き上がり安全度が1以下でも，「浮き上がり判定用の P_L 値」が0～20程度である場合は安定レベル2（液状化は生じるがその範囲・程度は限定的であり，浮き上がりは生じないと判断される状態）を満足すると判定する．

参 考 文 献

1) 大沢美春：仙台空港線の被災と復旧の状況，日本鉄道施設協会誌，第49巻，第10号，2011．
2) 日本道路協会：共同溝設計指針，1986．
3) 日本下水道協会：下水道施設の耐震対策指針，1997．
4) 地盤工学会（受託研究委員会）：液状化による地中埋設構造物の浮上がり被害に関する研究報告書（その2），2003．
5) 佐々木哲也，田村敬一：地中構造物の浮き上がり予測手法に関する検討，第11回日本地震工学シンポジウム，2002．
6) 渡辺健治，澤田亮，館山勝，古関潤一：周辺地盤の液状化による開削トンネルの浮き上がり量の評価法，鉄道総研報告，Vol.25, No.9, 2011.9．

平成 24 年 9 月	
鉄道構造物等設計標準・同解説—耐震設計	
平成 24 年 9 月 25 日	発　　　行
令和 6 年 4 月 10 日	第 6 刷発行

編　者　　公益財団法人 鉄道総合技術研究所

発行者　　池　田　和　博

発行所　　丸善出版株式会社
　　　　　〒101-0051 東京都千代田区神田神保町二丁目17番
　　　　　編集：電話(03)3512-3266／FAX(03)3512-3272
　　　　　営業：電話(03)3512-3256／FAX(03)3512-3270
　　　　　https://www.maruzen-publishing.co.jp

Ⓒ 公益財団法人 鉄道総合技術研究所，2012

組版印刷・中央印刷株式会社／製本・株式会社 松岳社

ISBN 978-4-621-08587-5 C3351　　　　Printed in Japan

本書の無断複写は著作権法上での例外を除き禁じられています。